O CÓDIGO

TAMBÉM DE MARGARET O'MARA
*Pivotal Tuesdays: Four Elections That
Shaped the Twentieth Century*

*Cities of Knowledge: Cold War Science and the
Search for the Next Silicon Valley*

*Visionários e instituições poderosas
criando os moldes para a inovação!*

O CÓDIGO

AS VERDADEIRAS ORIGENS DO VALE DO SILÍCIO E DO BIG TECH, PARA ALÉM DOS MITOS

MARGARET O'MARA

ALTA BOOKS
EDITORA
Rio de Janeiro, 2021

O Código

Copyright © 2021 da Starlin Alta Editora e Consultoria Eireli.
ISBN: 978-85-5081-519-0

Translated from original The Code: Silicon Valley and the Remaking of America. Copyright © 2019 by Margaret O'Mara. ISBN 978-0-3995-6220-6. This translation is published and sold by permission of Penguin Press, an imprint of Penguin Random House LLC, the owner of all rights to publish and sell the same. PORTUGUESE language edition published by Starlin Alta Editora e Consultoria Eireli, Copyright © 2021 by Starlin Alta Editora e Consultoria Eireli.

Todos os direitos estão reservados e protegidos por Lei. Nenhuma parte deste livro, sem autorização prévia por escrito da editora, poderá ser reproduzida ou transmitida. A violação dos Direitos Autorais é crime estabelecido na Lei nº 9.610/98 e com punição de acordo com o artigo 184 do Código Penal.

A editora não se responsabiliza pelo conteúdo da obra, formulada exclusivamente pelo(s) autor(es).

Marcas Registradas: Todos os termos mencionados e reconhecidos como Marca Registrada e/ou Comercial são de responsabilidade de seus proprietários. A editora informa não estar associada a nenhum produto e/ou fornecedor apresentado no livro.

Impresso no Brasil — 1ª Edição, 2021 — Edição revisada conforme o Acordo Ortográfico da Língua Portuguesa de 2009.

Erratas e arquivos de apoio: No site da editora relatamos, com a devida correção, qualquer erro encontrado em nossos livros, bem como disponibilizamos arquivos de apoio se aplicáveis à obra em questão.
Acesse o site **www.altabooks.com.br** e procure pelo título do livro desejado para ter acesso às erratas, aos arquivos de apoio e/ou a outros conteúdos aplicáveis à obra.

Suporte Técnico: A obra é comercializada na forma em que está, sem direito a suporte técnico ou orientação pessoal/exclusiva ao leitor.

A editora não se responsabiliza pela manutenção, atualização e idioma dos sites referidos pelos autores nesta obra.

Dados Internacionais de Catalogação na Publicação (CIP) de acordo com ISBD

O54c O'Mara, Margaret
        O Código: As Verdadeiras Origens do Vale do Silício e do Big Tech, para Além dos Mitos / Margaret O'Mara ; traduzido por Diego Franco. - Rio de Janeiro : Alta Books, 2021.
        512 p. ; 16cm x 23cm.

        Tradução de: The Code
        Inclui índice.
        ISBN: 978-85-5081-519-0

        1. Empresas. 2. Tecnologia. 3. Vale do Silício. I. Franco, Diego. II. Título.

2021-3398   CDD 658.4012
                                       CDU 65.011.4

Elaborado por Odilio Hilario Moreira Junior - CRB-8/9949

ALTA BOOKS EDITORA

Rua Viúva Cláudio, 291 — Bairro Industrial do Jacaré
CEP: 20.970-031 — Rio de Janeiro (RJ)
Tels.: (21) 3278-8069 / 3278-8419
www.altabooks.com.br — altabooks@altabooks.com.br

Produção Editorial
Editora Alta Books

Gerência Comercial
Daniele Fonseca

Editor de Aquisição
José Rugeri
acquisition@altabooks.com.br

Produtores Editoriais
Illysabelle Trajano
Maria de Lourdes Borges
Thié Alves

Marketing Editorial
Livia Carvalho
Gabriela Carvalho
Thiago Brito
marketing@altabooks.com.br

Equipe de Design
Larissa Lima
Marcelli Ferreira
Paulo Gomes

Diretor Editorial
Anderson Vieira

Coordenação Financeira
Solange Souza

Produtor da Obra
Thales Silva

Equipe Ass. Editorial
Brenda Rodrigues
Caroline David
Luana Rodrigues
Mariana Portugal
Raquel Porto

Equipe Comercial
Adriana Baricelli
Daiana Costa
Fillipe Amorim
Kaique Luiz
Victor Hugo Morais
Viviane Paiva

Atuaram na edição desta obra:

Tradução
Diego Franco

Copidesque
Bruna Ortega

Capa
Rita Motta

Revisão Gramatical
Thamiris Leirosa
Fernanda Lutfi

Diagramação
Catia Soderi

✉ **Ouvidoria:** ouvidoria@altabooks.com.br

Editora afiliada à:

Ao Jeff

———

Quer saber por que eu carrego este gravador por aí?
É para registrar as coisas.
Sou um homem de ideias, certo, Chuck?
Tenho ideias durante todo o dia. Sem controle, elas chegam invadindo e nem se eu quisesse poderia resistir a elas.

Corretores do Amor (1982)[1]

Em nome do futuro, peço a você, do passado, que nos deixe em paz.
Você não é bem-vindo entre nós. Você não tem domínio sobre o local onde nos reunimos.

JOHN PERRY BARLOW,
"Uma Declaração da Independência do Ciberespaço", 1996[2]

A máquina onipresente, aclamada como a própria encarnação do novo, revelou-se afinal de contas não tão nova, mas sim uma série de peles, camada sobre camada, envolvendo a confusa e sempre diferente ideia de computador.

ELLEN ULLMAN,
Life in Code, 1998[3]

SUMÁRIO

Lista de Abreviaturas	ix
Agradecimentos	1
Introdução: A Revolução Norte-americana	5

PRIMEIRO ATO : STARTUP

Chegadas	15
Capítulo 1: Fronteira Infinita	21
Capítulo 2: O Estado Dourado	35
Capítulo 3: Mire as Estrelas	49
Capítulo 4: Em Rede	59
Capítulo 5: Os Homens do Dinheiro	73
Chegadas	89
Capítulo 6: Prosperidade e Declínio	91

SEGUNDO ATO : LANÇAMENTO

Chegadas	101
Capítulo 7: As Olimpíadas Capitalistas	105
Capítulo 8: Poder para o Povo	119
Capítulo 9: A Máquina Pessoal	133
Capítulo 10: Feito em Casa	143
Capítulo 11: Inesquecível	151
Capítulo 12: Negócio Arriscado	165

VIII   O CÓDIGO

TERCEIRO ATO : ABRINDO O CAPITAL

Chegadas	183
Capítulo 13: *Storytellers*	187
Capítulo 14: Sonho Californiano	201
Capítulo 15: *Made in Japan*	217
Capítulo 16: *Big Brother*	239
Capítulo 17: Jogos de Guerra	257
Capítulo 18: Construindo sobre Areia	273

QUARTO ATO : MUDE O MUNDO

Chegadas	295
Capítulo 19: Informação É Poder	297
Capítulo 20: Paletós pelo Vale	315
Capítulo 21: Carta Magna	337
Capítulo 22: *Don't Be Evil*	353
Chegadas	371
Capítulo 23: A Internet É Você	373
Capítulo 24: E o Software Jantou o Mundo	389
Capítulo 25: Mestres do Universo	403

Partidas: Nos Carros Autônomos	421
Notas sobre as Fontes	429
Notas	437
Índice	497

Caderno de fotos do livro disponível no site. Acesse:
www.altabooks.com.br. Procure pelo nome do livrou ou ISBN

LISTA DE ABREVIATURAS

ACM	Association for Computing Machinery
AEA	American Electronics Association
AI	Artificial Intelligence
AMD	Advanced Micro Devices
ARD	American Research and Development
ARM	Advanced Reduced-instruction-set Microprocessor
ARPA	Advanced Research Projects Agency, Department of Defense, renamed DARPA
AWS	Amazon Web Services
BBS	Bulletin Board Services
CDA	Communications Decency Act of 1996
CPSR	Computer Professionals for Social Responsibility
CPU	Central Processing Unit
EDS	Electronic Data Systems
EFF	Electronic Frontier Foundation
EIT	Enterprise Integration Technologies
ENIAC	Electronic Numerical Integrator and Computer
ERISA	Employee Retirement Income Security Act of 1974
FASB	Financial Accounting Standards Board
FCC	Federal Communications Commission
FTC	Federal Trade Commission
GUI	Graphical User Interface
HTML	Hypertext Markup Language
IC	Integrated Circuit
IPO	Initial Public Offering
MIS	Management Information Systems
MITI	Ministry of International Trade and Industry (of Japan)

NACA	National Advisory Committee for Aeronautics, later superseded by NASA
NASA	National Aeronautics and Space Administration
NASD	National Association of Securities Dealers
NDEA	National Defense Education Act
NII	National Information Infrastructure
NSF	National Science Foundation
NVCA	National Venture Capital Association
OS	Operating System
OSRD	U.S. Office of Scientific Research and Development
PARC	Palo Alto Research Center, Xerox Corporation
PCC	People's Computer Company
PET	Personal Electronic Transactor, a microcomputer produced by Commodore
PFF	Progress and Freedom Foundation
PDP	Programmed Data Processor, a minicomputer family produced by Digital
R&D	Research and Development
RAM	Random Access Memory
RMI	Regis McKenna, Inc.
ROM	Read-Only Memory
SAGE	Semi-Automatic Ground Environment
SBIC	Small Business Investment Company
SC	Strategic Computing
SDI	Strategic Defense Initiative
SEC	Securities and Exchange Commission
SIA	Semiconductor Industry Association
SLAC	Stanford Linear Accelerator Center, later SLAC National Accelerator Laboratory
SRI	Stanford Research Institute, later SRI International
TCP/ IP	Transmission Control Protocol / Internet Protocol
TVI	Technology Venture Investors
VC	Venture Capital investor
VLSI	Very Large-Scale Integration
WELL	Whole Earth 'Lectronic Link
WEMA	Western Electronics Manufacturers Association, later AEA

AGRADECIMENTOS

Foi uma emoção e um desafio escrever a história de um lugar e de uma indústria de movimentos tão rápidos como o Vale do Silício. Nos anos que passei pesquisando e escrevendo *O Código*, a Apple lançou cinco gerações do iPhone, o Facebook adicionou 1 bilhão de usuários, as receitas de anúncios do Google dobraram e um bom número de startups saíram da obscuridade para valores de dez dígitos. Ao longo desse processo, meus colegas, amigos e familiares me inspiraram e me mantiveram em movimento. O meu nome é o único na capa, mas não teria conseguido chegar até aqui sem esta equipe fantástica.

Primeiro, agradeço às muitas pessoas que passaram tantas horas conversando comigo, compartilhando suas anotações e seus documentos pessoais, aprofundando minha análise e providenciando detalhes que eu não poderia ter encontrado em nenhum outro lugar. Agradecimentos especiais a Ann Hardy, Regis McKenna, Burt McMurtry e à família McMurtry, David Morgenthaler e à família Morgenthaler, e Ed Zschau, por concordarem em terem suas vidas e carreiras contadas neste livro, além de me conectarem a outros amigos e colegas. Jennifer Jones e Gary Morgenthaler foram os conectores originais — muito obrigada a ambos pelas conversas iniciais que me levaram a muito mais.

Obrigada aos arquivistas e arquivos da Universidade de Stanford, da Universidade da Califórnia, da Universidade de Harvard, da Universidade de Washington, do Museu da História do Computador [Computer History Museum], do Museu de História e da Indústria [Museum of History and Industry — MOHAI] de Seattle, do Centro de História Agilent [Agilent History Center], da Associação Histórica de Palo Alto [Palo Alto Historical Association], da History San José e das bibliotecas presidenciais do sistema de Arquivos Nacionais dos EUA por preservarem e catalogarem a história dessa indústria incansavelmente direcionada ao presente e ao futuro. Também estou em dívida com os jornalistas da Bay Area, de Seattle, e do restante

2   O CÓDIGO

do país, que cobriram o ritmo da tecnologia desde os anos 1970 até os dias de hoje; seus primeiros rascunhos da história tornaram possível o meu segundo esboço.

As seguintes instituições e bolsas de estudo proporcionaram tempo e recursos que tornaram este livro possível: a Bolsa de Estudos Frederick Burkhardt do American Council of Learned Societies; o Centro de Stanford para Estudos Avançados em Ciências Comportamentais [Center for Advanced Study in the Behavioral Sciences — CASBS]; o Programa de Stanford para a História da Ciência; o Departamento de História da Universidade de Stanford; o Centro de Humanidades Walter Chapin Simpson da Universidade de Washington; Lenore Hanauer; o Hanauer History Funds da Universidade de Washington; e o Keller Fund do Departamento de História da Universidade de Washington.

O ano que passei no CASBS foi a plataforma de lançamento ideal para este projeto e sou muito grata aos meus "companheiros" por suas ideias e *feedbacks* enquanto elaborava os primeiros esboços. Agradecimentos especiais a Fred Turner por uma conversa animada exatamente quando eu precisava; a Katherine Isbister, por ampliar meu pensamento sobre possibilidades tecnológicas; a Ann Orloff, por nossas aventuras na pesquisa de campo e à destemida líder da CASBS, Margaret Levi, por seu apoio constante a este trabalho. Agradeço a outros que ajudaram a tornar esse tempo produtivo e memorável: Jennifer Burns, Jim Campbell, Paula Findlen, Zepher Frank Allyson Hobbs e outro visitante, Louis Hyman, com quem eu sempre concordarei sobre 1877. Apresentei versões preliminares de partes deste livro em Princeton, Stanford, Johns Hopkins, na Universidade da Califórnia em Santa Bárbara, no Centro Miller da Universidade da Virgínia e em reuniões anuais da Associação Histórica Americana e da Organização dos Historiadores Americanos. Muito obrigada a todos os que me convidaram e a todos os que participaram e comentaram nessas sessões.

Agradeço aos meus colegas maravilhosos do Departamento de História da Universidade de Washington pelo encorajamento, apoio e *feedback* permanente sobre este trabalho em várias etapas. Obrigada a Ana Mari Cauce Judith Howard, Lynn Thomas e Anand Yang por garantirem que eu tivesse o tempo e o apoio necessários para levar o livro a um bom termo. Muito obrigada a todos aqueles que prestaram assistência especializada em diferentes pontos deste projeto: Kayla Schott-Bresler, Eleanor Mahoney e Madison Heslop da Universidade de Washington; e Andrew Pope da Universidade de Harvard.

Obrigado a Richard White, por acreditar nesta aventura audaciosa desde o início, e a David M. Kennedy e Lizabeth Cohen, pela oportunidade de pensar em

AGRADECIMENTOS   3

como esta história se enquadra no grande panorama da história norte-americana. Obrigada à Thaïsa Way por me ajudar a falar sobre as partes espinhosas desta narrativa enquanto caminhávamos por florestas sempre verdes e subíamos os picos de Cascade. Ed Lazowska me apresentou ao mundo tecnológico de Seattle quando cheguei à Universidade de Washington, há 15 anos, e, desde então, ganhei muito com a nossa colaboração e amizade.

Tive muita sorte de dois escritores brilhantes e queridos amigos, Leslie Berlin e Ingrid Roper, terem lido os primeiros rascunhos e fornecido comentários incisivos. Ingrid trouxe a sua grande sensibilidade editorial e o seu faro para boas histórias a todos os livros que escrevi e estou muito grata pelo seu encorajamento contínuo. E eu não poderia ter pedido um leitor melhor sobre a indústria de semicondutores no Vale dos anos 1970 do que Leslie, historiador e biógrafo por excelência do Vale do Silício. Obrigada a Bill Carr, Ryan Calo, Trish Millines Dziko, Bruce Hevly, Dan'l Lewin, Gary Morgenthaler, e Lissa Morgenthaler-Jones pela verificação crítica de passagens-chave. Várias pessoas muito ocupadas concordaram generosamente em ler na íntegra: Tom Alberg, Phil Deutch, Marne Levine, John Markoff, Brad Smith, Mark Vadon e Ed Zschau. Suas perspectivas temperadas tornaram este livro melhor e quaisquer erros de fato ou de interpretação que ainda existam são somente meus.

Geri Thoma tem sido uma defensora incondicional deste livro e de sua autora, indo além do chamado do dever de agente literário como guia de confiança, caixa de ressonância e amiga. Obrigada, muito obrigada, Geri. Outro grande golpe de sorte foi formar um time com o meu editor, Scott Moyers, que compreendeu imediatamente o que eu queria fazer com este projeto e me deu a orientação essencial para o levar até lá. Meus sinceros agradecimentos a Scott e ao resto da equipe classe A da Penguin Press, especialmente à Mia Council, Sarah Hutson, Caitlin O'Shaughnessy e Christopher Richards, à editora Annie Gottlieb e a todos os que conduziram o processo de produção de forma tão competente.

Duas pessoas deram grande inspiração e encorajamento, mas não viveram para ver a conclusão deste projeto. Uma delas foi Michael B. Katz, meu orientador, colaborador e amigo. Um historiador da política social e da pobreza que disfarçou habilmente o seu mal-estar quando uma de suas orientandas acabou por se especializar na vida de bilionários de alta tecnologia. Michael estava otimista com este projeto desde o início. Numa das nossas últimas trocas de e-mails, falei para ele das minhas ideias; e ele respondeu com um entusiasmo característico: "Vá escrever — nós precisamos deste livro!"

Outro grande campeão foi David Morgenthaler, que morreu em junho de 2016, aos 96 anos de idade, cujo apreço pelo longo arco da história veio de ter vivido tanto e tão frutuosamente. Ele não só passou muitas horas comigo compartilhando suas memórias pessoais e meditações judiciosas sobre o passado e o futuro do mundo da tecnologia, como também me conectou muito generosamente com vários de seus amigos e colegas.

O professor e o investidor de risco eram totalmente diferentes em suas políticas e em suas profissões escolhidas, mas ambos acreditavam firmemente no potencial dos Estados Unidos para ser uma terra de oportunidades, justiça e ideias ousadas. Espero ter servido bem ao legado deles.

Amigos antigos e novos fizeram com que eu me sentisse em casa em Palo Alto, durante a estadia da nossa família. Um agradecimento especial aos melhores vizinhos do mundo, Monica Stemmle e Jamie Zeitzer. O trabalho da Alana Taube tornou possível o meu e mal posso esperar para ver para onde ela vai a seguir. Obrigada também a Katie Smith pelo tempo que passou com a nossa família, aos professores e pais da Escola Lucile M. Nixon, e às mulheres-maravilha das 9h da manhã.

Em Seattle, e na Ilha Mercer, estamos rodeados de amigos que são como uma família, que assistiram e aplaudiram enquanto este livro tomava forma. Obrigada a todos vocês. A talentosa e generosa Alina Ostate manteve as nossas vidas nos trilhos enquanto eu estava grudada no teclado; eu não teria conseguido fazer isso sem ela. Muito amor à família que está tão longe: meus pais, Joel e Caroline Pugh; John Pugh e Liz Seklir-Pugh; meus cunhados, Frank e Marge O'Mara, Erin O'Mara e Roger Aschbrenner. Agradeço à Erin pelos verões de solidão laboral e tempo feliz em família em Harpswell.

Minhas extraordinárias filhas, Molly e Abby O'Mara, viveram com este livro por um bom pedaço da vida delas, adaptando-se com tranquilidade a dois estados, três casas, quatro escolas e uma mãe distraída pela escrita. Elas me rodeiam com alegria diária e bobices necessárias, trazem inspiração criativa e me dão esperança para o nosso futuro.

Por último, a cada passo nesta longa e sinuosa estrada, havia o Jeff O'Mara. Depois de escrever tantas palavras, agora luto para encontrar aquelas que expressem plenamente a minha gratidão e amor, e o melhor que posso fazer é dedicar este livro a você. Obrigada por ser o meu rochedo, a minha luz, a minha casa. Mal posso esperar pelo próximo capítulo.

INTRODUÇÃO

A Revolução Norte-Americana

Três bilhões de smartphones. Dois bilhões de usuários em mídias sociais. Duas companhias na casa dos trilhões de dólares. O arranha-céu mais alto de São Francisco, o maior empregador de Seattle, os quatro campi corporativos mais caros do planeta. As pessoas mais ricas da história da humanidade.

Os marcos alcançados pelas maiores empresas de tecnologia dos Estados Unidos nos primeiros anos da segunda década do século XXI deixam a imaginação perplexa. Somados, os valores de mercado das chamadas *Big Five* da tecnologia — Apple, Amazon, Facebook, Google/Alphabet e Microsoft — totalizam mais do que toda a economia do Reino Unido. Os magnatas da tecnologia estão comprando renomadas marcas da velha mídia, criando fundações filantrópicas e literalmente chegando à Lua. Depois de décadas de aberta desconfiança em relação à alta política, as elegantes linhas de código digitadas em cubículos da Costa Oeste invadiram todos os cantos do sistema político, semeando a divisão política com a mesma eficácia com que direcionam a publicidade online.[1]

Poucas pessoas tinham ouvido falar em Vale do Silício e sobre as empresas de eletrônica que lá se aglomeravam quando um jornalista especializado deu esse esperto apelido no início de 1971. Os centros de produção, finanças e política dos Estados Unidos estavam a 5.000km de distância, na Costa Leste. Boston superava o norte da Califórnia em arrecadação, diversidade de setores econômicos e atenção da mídia.

Mesmo dez anos depois, quando os computadores pessoais proliferaram em mesas de escritório e empreendedores com sobrenomes do tipo Jobs e Gates capturaram a imaginação pública, o próprio Vale ficou de escanteio. Uma névoa ocre de fumaça pairava sobre os subúrbios de quartos arrumadinhos quando o vento não

6   O CÓDIGO

soprava direito, ficando difícil discernir os amarronzados prédios de escritórios, e você ficaria na mão se tentasse pedir um jantar em um restaurante depois das 20h30. Um visitante britânico horrorizado chamou aquilo de "a terra dos *hobbits* de Poliéster".[2]

Mantendo os *hobbits*, mas perdendo um pouco da sonolência, tanto o Vale quanto Seattle, sua irmã tecnológica, subiram a alturas surpreendentes na década de 1990 — "a maior geração única — e legal — de riqueza que testemunhamos no planeta", brincou o capitalista John Doerr — apenas para despencar de volta quando o novo milênio amanheceu surrado e implodido pela NASDAQ, deixando espalhadas pelo cenário as carcaças das outrora empresas de internet. Capas de revistas declararam o fim da loucura, analistas de cara feia trocaram suas classificações de "compra" para "venda" e a atenção de Wall Street se voltou para os ritmos mais previsíveis dos corretores de ações *premium*. A ascensão arrasadora da Amazon parecia um delírio febril, a Apple ficou sem ideias para produtos, a Microsoft recebeu ordens de se dividir em duas e o Google era uma empresa de garagem cujos líderes pareciam mais interessados em ir para o *Burning Man* do que em ter algum lucro.[3]

Como as coisas mudam rápido. Avançando para o presente, o Vale do Silício não é apenas mais um lugar no norte da Califórnia. É uma rede global, uma sensibilidade comercial, um atalho cultural, um *hack* político. Na tentativa de capturar algo da magia original, centenas de lugares ao redor do mundo foram renomeados como Desertos, Florestas, Rotatórias, Estepes e Uádis de Silício. Seus ritmos ditam como todos os outros setores funcionam; alteram como os humanos se comunicam, aprendem e se mobilizam coletivamente; derrubam estruturas de poder e reforçam muitas outras. É como Marc Andreessen, um bilionário feito pelo Vale, disse alguns anos atrás: "O software está devorando o mundo."[4]

Este é um livro a respeito de como chegamos a este mundo devorado por softwares. É a história de sete décadas de como um pequeno vale verdejante da Califórnia decifrou o código para o sucesso nos negócios, desafiando repetidamente obituários prematuros para ver nascer e renascer uma geração de tecnologia após a outra, tornando-se um lugar que tantos outros ao redor do mundo tentaram e falharam em replicar. É também uma história dos Estados Unidos moderno: de rupturas políticas e ações coletivas, de oportunidades extraordinárias e preconceitos sufocantes, de fábricas fechadas e de pregões em alta, dos salões de mármore de Washington e dos cânions de concreto de Wall Street. Pois estas, como você verá, estavam entre as muitas coisas que tornaram o Vale do Silício possível — e que foram refeitas por ele.

A REVOLUÇÃO NORTE-AMERICANA

DESDE O PRIMEIRO MOMENTO EM QUE O VALE DO SILÍCIO ECLODIU na consciência pública, ele foi inundado por metáforas revolucionárias e antissistemas. "Comece sua própria revolução — com um computador pessoal", dizia um anúncio da nova revista *Personal Computing*, em 1978. "O computador pessoal representa a última chance para aquela relíquia da Revolução Norte-Americana, a maior contribuição de nosso continente para a civilização humana — o empreendedor", proclamou em 1980 o *InfoWorld*, boletim informativo da indústria de tecnologia.

Quatro anos depois, enquanto se preparavam para anunciar ao público o novo Macintosh, os executivos da Apple se concentraram em mensagens de marketing que enfatizavam "a natureza radical e revolucionária do produto". Um dos resultados foi uma das publicidades televisivas mais famosas da história, uma propaganda de cair o queixo transmitida para milhões de lares norte-americanos durante o Super Bowl de 1984, na qual uma ágil jovem percorre uma plateia sussurrante e atira um martelo numa imagem estilo Big Brother projetada numa grande tela azul, quebrando-a.[5]

O mal disfarçado golpe na IBM, principal rival da Apple, refletia uma veia antissistema mais ampla dessa retórica tecnológica, que ia além dos planos de marketing e slogans de anúncios. "Desconfie da Autoridade — promova a descentralização", dizia um panfleto que Steven Levy, jornalista da "ética dos hackers", usou em 1984 para descrever a marcante nova subcultura dos *geeks* de hardware e software que ajudou a tornar pessoal o computador. "Autoridade" significava grande tela azul, grandes empresas e grande governo.

Era a mensagem perfeita para a época. Depois de mais de dez anos de notícias irremediavelmente sombrias sobre negócios — paralisações prolongadas, empregos de chão de fábrica indo para o exterior, líderes corporativos desastrados e o espancamento de marcas norte-americanas por concorrentes estrangeiros — as empresas de alta tecnologia ofereceram um contraste brilhante e promissor. Em vez de gerentes de nível médio exaustos e peões amargurados, havia executivos chamativos como James "Jimmy T" Treybig, da Tandem Computers, que davam festas semanais regadas a cerveja para sua equipe e realizavam coletivas de imprensa ao ar livre, do lado da piscina da empresa. Havia CEOs como Jerry Sanders, da Advanced Micro Devices (AMD), que compraram um Rolls Royce em uma semana e um top de linha da Mercedes na semana seguinte. E, é claro, Steve Jobs, da Apple, e Bill Gates, da Microsoft, que exemplificaram um novo tipo de líder corporativo: jovem, inconformado e incrivelmente rico.

8   O CÓDIGO

E havia também o homem que deu seu nome à época, Ronald Reagan, um cruzado contra o grande governo, defensor de mercados desregulados, porta-estandarte do que chamou de "a década do empreendedor". Para o Grande Comunicador, como ele era chamado, nenhum local ou indústria exemplificava melhor a ação do livre mercado norte-americano do que o Vale do Silício e ele estava particularmente entusiasmado em exaltar suas virtudes para o público estrangeiro.

Durante sua histórica visita à União Soviética, na primavera de 1988 — a primeira de um presidente norte-americano em 14 anos e um movimento impressionante para um líder que se referia à URSS como um "império do mal" apenas alguns anos antes — Reagan estava diante de uma plateia de 600 estudantes de Ciência da Computação na Universidade Estatal de Moscou e discursou sobre as glórias do microchip fabricado nos Estados Unidos. Esses milagres de alta tecnologia, disse o presidente à multidão, enquanto uma gigantesca estátua de Vladimir Lenin pairava atrás de seu pódio, eram a melhor expressão do que a democracia ao estilo norte--americano tornou possível. A liberdade de pensamento e informação permitiu o surgimento de inovações que produziram o chip do computador e o PC. Ninguém demonstrou melhor as virtudes da liberdade de empreendimento norte-americana — particularmente a variedade de baixa tributação e baixa regulamentação amada por Reagan — do que os empresários de alta tecnologia ("não são mais velhos que vocês", lembrou ele aos estudantes) que começaram a fazer experimentos nas garagens suburbanas e acabaram liderando empresas de computador de enorme sucesso.

A próxima revolução, Reagan explicou naquele dia em Moscou, seria tecnológica. "Seus efeitos são pacíficos, mas eles alteram fundamentalmente nosso mundo, quebram antigas suposições e remodelam nossas vidas." E, liderando o caminho, estariam os jovens tecnológicos que tiveram a coragem de "ridicularizados pelos especialistas, apresentar uma ideia e vê-la virar febre entre as pessoas".[6]

Muitos dos homens e mulheres que estavam na base do que eles chamavam de "movimento da computação pessoal" eram filhos da contracultura dos anos 1960, cuja política esquerdista estava o mais longe possível do conservadorismo de Reagan. No entanto, havia um lugar em que os hippies e o Gipper (apelido de Reagan desde que interpretou no cinema um atleta homônimo) podiam concordar: a revolução dos computadores tinha uma alma de livre mercado.[7]

As metáforas revolucionárias não eram novas, é claro. Desde a época de Benjamin Franklin e Alexander Hamilton, os inventores norte-americanos e seus patrocinadores políticos e corporativos fizeram afirmações ousadas (e proféticas) sobre como as novas tecnologias mudariam o mundo. De Horatio Alger a Andrew

A REVOLUÇÃO NORTE-AMERICANA 9

Carnegie e Henry Ford, políticos e jornalistas elogiaram a figura do engenhoso empreendedor iniciante como uma inspiração e um exemplo do que os norte-americanos poderiam e deveriam fazer. Somente nos Estados Unidos você pode sair dos trapos para a riqueza. Somente nos Estados Unidos você pode ser julgado por seus próprios méritos, não por sua genealogia. Nessa visão, o Vale do Silício parecia perfeitamente o maior e mais recente exemplo da Revolução Norte-Americana em ação.

RONALD REAGAN ESTAVA CERTO. A REVOLUÇÃO HIGH-TECH FOI uma história puramente norte-americana. E ele e muitos outros estavam certos em elogiar pessoas como Jobs e Gates e Hewlett e Packard como heróis empresariais. O Vale do Silício nunca poderia ter existido sem a presença de líderes empresariais visionários e audaciosos. Reagan e seus aliados conservadores também estavam certos quando argumentaram que mercados excessivamente regulamentados e indústrias nacionalizadas poderiam representar grandes obstáculos à inovação empreendedora — qualquer um dos pretensos "Vales do Silício" espalhados pelo mundo atestariam isso.

No entanto, nessa celebração do livre mercado, do empreendedor individual e dos milagres de uma economia totalmente nova, o mito do Vale do Silício deixou de fora um dos aspectos mais interessantes, sem precedentes e quintessencialmente norte-americanos da indústria de tecnologia moderna. Esses empreendedores não eram cowboys solitários, mas pessoas muito talentosas cujo sucesso foi possível graças ao trabalho de várias outras pessoas, redes e instituições. Isso incluía os programas governamentais que líderes políticos democratas e republicanos criticavam com tanta força e que muitos líderes da tecnologia viam com suspeita, se não com total hostilidade. Da bomba atômica à viagem para a Lua, passando pelas estruturas pesadas da internet e além, os gastos públicos alimentaram uma explosão de descobertas científicas e técnicas, fornecendo a base para as futuras gerações de startups.

Declarar que o Vale do Silício deve sua existência ao governo, no entanto, é tão falso quanto declarar que é ele a expressão mais pura de ação do livre mercado. Não se trata de uma história só governamental e nem só de livre mercado: são as duas coisas.

Como veremos neste livro, tão importante quanto o fato de o governo dos Estados Unidos ter investido em tecnologia é o *modo* como esse dinheiro fluía — direta e competitivamente, de maneiras que deram aos homens e mulheres do mundo da tecnologia uma notável liberdade para definir como poderia ser o futuro, para forçar os limites do que era tecnologicamente possível e para ganhar dinheiro no processo. Cientistas acadêmicos e não políticos e burocratas estimularam o financiamento e moldaram o design de computadores mais poderosos, as inovações repentinas da inteligência artificial e a internet — a maravilhosa rede de comunicação com muitos nodos, mas nenhum centro de comando.

A generosidade do governo também se estendeu para além do complexo militar--industrial. A desregulamentação e as políticas tributárias amigáveis ao setor tecnológico, defendidas via lobby e benéficas especialmente às empresas e investidores em hardware e software, ajudaram o Vale a crescer; os correntes investimentos públicos em pesquisa e educação treinaram e subsidiaram a próxima geração de inovadores de alta tecnologia. Durante todo o tempo, uma crescente aversão política por grandes esquemas governamentais e planejamento centralizado manteve os líderes políticos e militares em grande parte fora do caminho da indústria. Apesar dos milhões de investimentos federais em suas veias, o grupo tecnológico da região foi deixado livre para crescer organicamente, com o tempo, praticamente fora do radar político.

Essa liberdade teve consequências imprevistas. Desde a era do *mainframe*, os políticos norte-americanos usaram uma mão notavelmente leve para regular os comportamentos de coleta de dados de uma indústria cuja tecnologia eles entendiam apenas vagamente, mas cujo explosivo gráfico de crescimento — com um formato que lembra a virada agressiva de um taco de hóquei — impulsionou a economia doméstica. Quando a internet construída pelo governo finalmente se abriu para a atividade comercial no início dos anos 1990, os políticos democratas e republicanos concordaram que a regulamentação deveria ser mínima, com as empresas majoritariamente se autopoliciando quando se tratava de privacidade do usuário. Tudo isso permitiu uma explosão maravilhosa de conteúdo e conectividade nas mídias sociais e outras plataformas, mas as pessoas que criaram as regras da internet não consideraram as maneiras pelas quais os maus atores poderiam explorar o sistema — e as pessoas que construíram essas ferramentas tinham pouca noção de quão poderosas (e vulneráveis) seriam suas criações.

Outra reviravolta em uma história aparentemente familiar: a revolução da alta tecnologia é resultado tanto do esforço coletivo quanto do brilho individual, além de muitas pessoas de fora da tecnologia terem desempenhado papéis críticos. O sucesso veio graças a um elenco vibrante e diversificado de milhares de pessoas e não apenas dos mais famosos, que se tornaram assunto de best-sellers biográficos e filmes de Hollywood. Alguns eram engenheiros brilhantes; outros eram marqueteiros, advogados, operadores e financiadores habilidosos. Muitos ficaram ricos; um número muito maior, não. Operando em um canto agradável e sonolento do norte da

Califórnia, muito longe dos centros de poder político e financeiro, eles criaram uma Galápagos empreendedora, lar de novas espécies de empresas, linhagens distintas de cultura empresarial e tolerância a um certo tanto de esquisitice. Era um lugar cheio de pessoas inteligentes que vinham de algum outro lugar — de outras partes do país, de outros cantos do globo — e que estavam dispostas a deixar o familiar para trás e pular no desconhecido. "Todos os perdedores chegaram aqui", disse-me uma vez um veterano da tecnologia, maravilhado, "e por algum milagre eles deram certo".[8]

A separação geográfica e mental entre o Vale e os centros de finanças e governo — para não mencionar os salões acadêmicos da Costa Leste, revestidos da característica hera — eram tanto uma grande vantagem quanto seu calcanhar de Aquiles. A inovação floresceu em uma comunidade pequena e fortemente conectada em rede, em que a amizade e a confiança aumentaram a disposição das pessoas em assumir riscos profissionais e tolerar falhas profissionais. Ainda assim, o círculo restrito do Vale, nascido em uma época em que o mundo da engenharia e das finanças era totalmente branco e masculino, programou em si um acentuado desequilíbrio racial e de gênero — o que estreitou o campo de visão da indústria sobre os produtos que deveriam criar e os clientes a quem poderiam servir.

A miopia ainda foi além. A cultura do Vale, dominada pela engenharia, recompensava um foco estrito, quase maníaco, na construção de grandes produtos e no crescimento de mercados; como consequência, ela muitas vezes prestou pouca atenção ao resto do mundo. Por que se preocupar demais com o funcionamento das instituições governamentais ou das indústrias tradicionais, quando seu objetivo era subvertê-las a favor de algo muito melhor? Por que se preocupar com a história quando você estava construindo o futuro?

Mas aqui, novamente, a realidade revolucionária se separa do mito revolucionário. Apesar de toda a sua determinação em afastar os *gatekeepers*, de desmontar as estruturas de poder ossificadas e de pensar de maneira diferente, a "nova economia" tecnológica estava profundamente entrelaçada com a antiga.

O capital de risco veio de Rockefellers, Whitneys e fundos de pensão sindical. Os microprocessadores alimentavam automóveis de Detroit e o aço de Pittsburgh. Em meio à estagflação da década de 1970 e à desindustrialização da década de 1980, quando todos os Estados Unidos procuravam uma narrativa econômica mais esperançosa, a velha mídia e os velhos políticos defendiam empresas de tecnologia e transformavam seus líderes em celebridades. Todo o empreendimento repousava sobre uma base de investimentos governamentais maciços durante e após a Segunda Guerra Mundial, de contratos de defesa da era espacial a subsídios para pesquisa universitária, passando por escolas públicas, estradas e regimes fiscais. O Vale do Silício não tem sido um show à parte do pulso principal da moderna história norte-americana. Ele esteve bem no centro dela, o tempo todo.

A história do Vale diz respeito a empreendedorismo *e* a governo, a novas *e* velhas economias, a engenheiros progressistas *e* a muitos milhares de não técnicos que tornaram possível sua inovação. Mesmo que todos os outros países industrializados tenham tentado de alguma forma imitar sua alquimia empreendedora; mesmo que suas empresas tenham espalhado suas conexões e seu poder disruptivo por todo o mundo, esta é uma história possível apenas nos Estados Unidos. E nasceu de um lugar e uma época particularmente feliz: na Costa Oeste dos Estados Unidos, naquele quarto de século após o fim da Segunda Guerra Mundial, em que grandes oportunidades esperavam algum jovem com as inclinações técnicas, os contatos certos e um senso de aventura.

PRIMEIRO ATO
STARTUP

Nós todos crescemos juntos, de verdade,
e tudo acabou dando muito certo.

FRED TERMAN[1]

Chegadas

PALO ALTO, 1949

A luz do sol atingiu seu rosto assim que ele saiu do trem. Nascido na Carolina do Sul, criado na Florida, e vivendo entre os montes de neve de Erie, Pensilvânia, David Morgenthaler sentia falta desse tipo de clima quente e acolhedor. Era janeiro de 1949. Alto e desenvolto, com um sabor sulista no sotaque e a energia inquieta do norte em seus modos, Morgenthaler tinha 30 anos e já possuía um currículo extraordinário. Ele se formara no MIT aos 21 anos, recusara uma oferta de emprego na GE aos 22 e aos 24 anos tivera, em tempos de guerra, 300 soldados ao seu comando. O jovem oficial construiu pistas de pouso no norte da África para os bombardeiros aliados, tornou-se o *Chief Technical Officer* [*Diretor Técnico*, em tradução livre] do exército no Mediterrâneo oriental e estava se preparando para zarpar para o Pacífico quando os Estados Unidos lançaram uma bomba atômica em Hiroshima, um dia após seu vigésimo sexto aniversário.

Voltando à vida civil, Morgenthaler ingressou em uma promissora empresa de engenharia na movimentada cidade industrial de Erie. Agora, ele havia mudado para uma segunda empresa, fabricante de caldeiras a vapor superaquecidas para geração de energia elétrica, e seus chefes o enviaram ao Oeste para dar uma série de palestras sobre seus produtos de ponta.

Você tem que pensar nisso como se fosse uma corrida de cavalos, Morgenthaler explicaria. Foi assim que o jogo de alta tecnologia funcionou. O cavalo era a tecnologia. A corrida era o mercado. O empresário era o jóquei. E o quarto e último ingrediente eram o proprietário e treinador — o investidor em tecnologia. Você poderia ter o melhor jóquei, mas, se ele montasse em um cavalo lento, não ganharia. O mesmo se daria se você tivesse um cavalo veloz, mas um jóquei terrível. Uma ótima tecnologia sem pessoas competentes gerenciando a empresa não chegaria muito longe. E a corrida tinha que ter boas apostas. Montar um cavalo veloz para vencer a corrida de uma cidadezinha qualquer não seria muito recompensador, mas o Kentucky Derby seria outra coisa. Mesma coisa com o mercado. Precisava haver clientes e crescimento, não saturação.

Com isso, chegamos à turnê de palestras: o campus da Universidade de Stanford está aninhado no sopé da costa, 50km ao sul de São Francisco. "Que lugar adorável para conseguir um emprego", pensou Morgenthaler. Mas, quando ele começou a procurar, suas esperanças diminuíram. "Gostaríamos muito de contratá-lo", disseram seus interlocutores locais, "mas não temos como pagar". Palo Alto era um lugar para agricultores e pecuaristas ou para pessoas que já eram ricas. A guerra fez da região um ponto ativo, mas o tempo de paz a devolveu à sonolência rural. Quase tudo o que acontecia no ramo de eletrônicos estava a 5.000km de distância; empresas de eletrônicos locais ainda eram pequenas. Suas finanças eram muitas vezes instáveis. Além disso, era longe de tudo, um telefonema de longa distância para a família no Leste custaria 5% de seu salário mensal.

Palo Alto não parecia ter cavalo, corrida, jóquei ou proprietário. David Morgenthaler voltou, relutante, às neves de Erie.[1]

NOVA YORK, 1956

Antes de entrar no metrô para uma entrevista na IBM, Ann Hardy procurou a palavra "computador" no dicionário que usava na faculdade. Ela não encontrou um verbete. Não importa. Ela queria um trabalho interessante e o trabalho na área de computação parecia ser a oportunidade.

Alegre, confiante e com mentalidade técnica, Hardy, de 23 anos, sempre desejara ser uma cientista. Ela passara por frequentes frustrações. Os primeiros anos de juventude foram nos subúrbios de North Shore, em Chicago, em uma família que reprovava profundamente a ambição profissional de uma mulher. Quando ela foi admitida em Stanford, sua mãe a proibiu de se matricular. Então, ela se consolou entrando em Pomona, outra faculdade da Califórnia em que poderia encontrar luz do sol, distância da família e um mestrado em Ciência.

Lá, mais uma vez, figuras de autoridade atravessaram seu caminho. "Mulheres não se formam em química", disse um diretor de Pomona, sem rodeios, a Hardy. Recusas semelhantes vieram de outras partes das ciências exatas. A caloura engenhosa continuou à procura. Ela encontrou seu futuro nos limites do campus, em um ginásio da universidade. Educação física: um programa acadêmico, presidido por uma mulher, cujos requisitos prévios de graduação incluíam todas as aulas de matemática e ciências que um geek poderia desejar.

Depois de se formar em 1955, Hardy foi para o leste, para a cidade de Nova York e para o Programa de Pós-graduação em Fisioterapia da Universidade de Columbia. Em poucas semanas, mais uma decepção. Os médicos estavam acima dos fisioterapeutas, explicou o professor para uma sala de palestras cheia de estudantes quietos e atentos. Não seria prudente discordar do diagnóstico de um médico, pública ou privadamente. Isso bastou. Hardy sabia que não duraria muito em uma posição que não a deixaria expressar sua opinião. Obter um MBA poderia ajudar, mas esses programas não aceitam mulheres. Ela abandonou a faculdade e começou um intenso período de networking. Certamente alguém conhecia alguma pessoa que poderia ajudá-la a encontrar algo emocionante, talvez até excepcional. Por fim, um homem que ela conhecia de Chicago agora trabalhava como programador de computadores na IBM. Eles precisavam de muitos programadores, ele a contou. Nenhuma experiência prévia era necessária. Tudo o que você precisava fazer era passar em um teste de aptidão.

A IBM estava a caminho de controlar 75% do mercado de computadores no dia em que Ann Hardy entrou pela porta da frente da empresa. Suas janelas de vidro brilhavam sem parar, emoldurando a sala limpa, iluminada por lâmpadas fluorescentes, repleta do que o recém-empossado CEO, Thomas J. Watson Jr., chamou de "técnicos bem vestidos" ocupados na programação do mais novo modelo da IBM. As mulheres jovens ficavam nos pontos mais visíveis da casa. Se homens de negócios que passassem por ali vissem as mulheres trabalhando nos computadores, Hardy lembrou o figurão da IBM dizendo a ela, as máquinas "parecerão simples e os homens as comprarão".

Todas as aulas de graduação do departamento de educação física foram recompensadas. A IBM era uma empresa cujo sucesso dependia de uma forte compreensão de seus clientes e vasculhava por gente iniciando a carreira médica: como disse Hardy, que "se preocupavam com as pessoas", além de terem uma formação científica.

Hardy passou no teste de aptidão com folga e começou o programa de treinamento de seis semanas da IBM, saindo-se como um dos três melhores graduados em um universo de 50. Embora homens com pontuações altas como a dela tenham recebido ofertas de emprego em vendas, tudo o que lhe foi oferecido foi uma vaga de "*Systems Service Girl*", uma assistente cativante que ajudaria novos clientes a aprender a trabalhar com suas máquinas. Não, obrigado. Ela estava determinada a ser uma programadora de computadores. Lá foi ela escadas abaixo, ao brilhoso saguão de entrada.[2]

PALTO ALTO, 1957

Um ano depois e 5.000km a oeste, outro jovem brilhante e ambicioso também começou um novo trabalho. Burton J. McMurtry tinha quase a mesma idade de Ann Hardy — idade o suficiente para se lembrar da depressão e da guerra, ao entrar na idade adulta durante a prosperidade e a ansiedade da Guerra Fria dos anos 1950. Segundo filho de uma modesta família de classe média de Houston, McMurtry determinou-se logo cedo a estudar na faculdade do outro lado da cidade, a Universidade Rice, que não cobrava mensalidades. Como ainda não havia muito dinheiro para pagar as despesas da vida de estudante, ele passou vários verões nos campos de petróleo, nos quais um jovem podia ganhar mais de US$1 mil por temporada.

O trabalho físico pesado era completamente diferente de tudo o que ensinavam na escola. Durante os dias ensolarados de 38°C, ele aprendeu a lidar com uma chave inglesa de um 1,5m de comprimento enquanto trabalhava no alto de uma plataforma de refinaria. Seus xucros colegas de trabalho tinham pouca educação formal, mas entendiam como resolver problemas. "Você aprende muito", lembrou ele, "sobre como fazer as coisas de um modo prático".[3]

Depois de se formar em engenharia pela Rice em 1956, McMurtry desembarcou em Schenectady, Nova York, para um estágio de verão no laboratório de micro-ondas da General Electric. Ele estava fissurado. A tecnologia de micro-ondas era como um "bebê de guerra eletrônico" — ferramenta que surgiu durante a Segunda Guerra Mundial, sua P&D foi alimentada quase que totalmente por contratos militares. Uma década depois, ela estava se transformando em um grande negócio. Essas frequências de ondas de rádio tinham muitas aplicações, desde o envio sem fio de sinais de televisão até o cozimento de batatas, passando pela geração de grandes quantidades de energia por meio da aceleração de partículas.

Se Burt McMurtry queria entrar no negócio de micro-ondas, disseram seus supervisores da GE, ele precisava ir para o norte da Califórnia. Stanford tinha o melhor programa de pós-graduação naquela área. Quase todas as grandes empresas de eletrônicos do país estavam abrindo laboratórios de micro-ondas nas proximidades. Tentar uma vaga em Stanford era um assunto bastante simples naquela época, particularmente para um jovem afiado, com as referências certas. Naqueles dias, a universidade aceitava cerca de metade dos estudantes de graduação que se inscreviam; para um graduado de Rice com boas conexões, a admissão seria fácil.

Desde a visita de David Morgenthaler, em 1949, o Programa de Engenharia de Stanford mais que dobrou de tamanho. Um bônus adicional para um homem recém-casado e com um bebê a caminho: Stanford tinha um programa de cooperação com empresas locais que permitia aos estudantes de pós-graduação trabalhar em período integral enquanto concluíam o seu curso, tudo sem cobranças adicionais.[4]

Era só uma questão de rastrear um desses empregos; McMurtry o encontrou na Sylvania, sediada em Nova York, que havia acabado de expandir suas operações de produção de micro-ondas em Mountain View para ficar perto da experiência do corpo docente e do manancial de talentos de Stanford. Nem mesmo uma visita de recrutamento durante um dia especialmente frio e chuvoso de fevereiro diminuiu sua empolgação com a perspectiva de ir para Stanford e trabalhar em microeletrônica. Seis meses depois, o rapaz de 23 anos e sua esposa, Deedee, estavam arrumando o carro e se dirigindo para o oeste.[5]

BURT MCMURTRY E SUA NOIVA JUNTARAM-SE A UMA MIGRAÇÃO EM massa de aproximadamente 5 milhões de pessoas que foram para a Califórnia na década de 1950, um êxodo que incluía alguns dos melhores engenheiros dos EUA a caminho dos $30km^2$ de South Bay. A maioria era como ele: tinha entre vinte e trinta e poucos anos, quase todos brancos e homens. Muitos vieram de pequenas vilas e cidades do Centro-Oeste e do Sudoeste e não das metrópoles do Leste. Alguns eram veteranos que adquiriram habilidades de engenharia enquanto trabalhavam em navios de guerra e estações de radar durante a Guerra da Coreia. Eram praças da Geração Silenciosa que exibiam cortes de cabelo militares e camisas e calças justas. Eles não tinham pedigree, contatos de ensino médio ou diplomas de universidades de elite. Em vez disso, tinham diplomas de energia, mobilidade e engenharia — moeda mais valiosa naquele mundo da Guerra Fria, impulsionado pela tecnologia.

Não há um responsável único pelo fenômeno econômico que mais tarde se tornou famoso como "Vale do Silício". Ele surgiu de uma tempestade perfeita de sorte e oportunidades, geopolítica e macroeconomia, talento e liderança, e jovens em busca do sol. Muitos desses fatores de transformação estavam brotando quando David Morgenthaler fez sua visita em 1949. Ao chegarem à cidade, em 1957, os McMurtrys estavam em plena floração.

Isso porque algo grande havia acontecido naqueles oito anos. O governo dos Estados Unidos entrou no negócio de eletrônicos e se tornou o primeiro, e talvez o maior, capital de investimento do Vale.

CAPÍTULO 1

Fronteira Infinita

Palo Alto, na Califórnia em meados da década de 1950, era uma vila ferroviária arrumada, cheia de bangalôs com detalhes vitorianos de madeira e fachadas de lojas exageradas. Bairros recém-abertos com casas estilo rancho dispersavam-se desde o centro da cidade, suas estradas eram sinuosas, pontilhadas por árvores magriças e recém-plantadas. Ainda assim, este não era um subúrbio comum. Cartas ao editor debatiam os méritos de Mozart, discos de música clássica vendiam mais do que os de rock and roll e os alunos do ensino médio "espantosamente inteligentes" eram classificados no nível "gênio" nos testes de QI. Numa época em que apenas 7% dos adultos norte-americanos haviam completado 4 anos de faculdade, mais de um terço dos homens de Palo Alto possuíam diploma universitário. Ainda mais impressionante, 20% das mulheres também. Infelizmente, todo o poder de fogo educacional não deu em grande coisa no que diz respeito à vida noturna. "Nem se me pagassem eu moraria aqui", disse um jovem solteiro a um repórter visitante. "A noite cai", observou o correspondente, "com um bocejo profundo em grande parte desta cidade".[1]

A FAZENDA

A universidade no centro deste sonolento rincão foi incomum desde o princípio. Inaugurada em 1891 por Leland Stanford, magnata da Southern Pacific Railroad, e sua esposa, Jane, a Universidade de Stanford não era um enclave das artes liberais como Harvard e Yale, fundadas para educar clérigos e nobres alfabetizados. Os Stanfords não eram intelectuais agudos e suas intenções eram pragmáticas: o objetivo da universidade era "qualificar seus alunos para o sucesso pessoal e para serem úteis na vida". Eles admitiam mulheres. As aulas eram gratuitas. Stanford não era um lugar para a elite;

era para esforçados da classe trabalhadora como fora o próprio Leland. Era para ser um lugar onde alguém, por mais humilde que fosse, poderia um dia se tornar um magnata também. "Introduzimos vocês em pé de igualdade", disse Jane Stanford aos homens e mulheres da primeira turma que entrou na escola, "e esperamos os melhores resultados".[2]

Além disso, os fundadores legaram à universidade milhares de acres de terra com a condição de que a propriedade pudesse ser arrendada, mas nunca vendida. Um grande campus de arenito e azulejo vermelho — diferente dos quadrantes góticos das universidades de elite — era apenas uma parte da "Fazenda", que se estendia para oeste, norte e sul em campos abertos e colinas cobertas de grama, onde cavalos e ovelhas pastavam enquanto estudantes e professores faziam piqueniques e caminhadas.

Antes da Segunda Guerra Mundial, uma paisagem muito semelhante se estendia ao norte e ao sul de Palo Alto, ao longo do fértil Vale de Santa Clara. A região era mais conhecida por sua prodigiosa colheita de ameixas, às vezes sendo manchete nacional durante sua "semana de ameixa" anual (slogan: "Coma cinco ameixas por dia e mantenha o médico afastado"). As revistas de viagem traziam artigos entusiasmados e escritores locais escreviam poemas sentimentais elogiando "O Vale do Prazer Cardíaco".[3]

Muitas árvores frutíferas ainda estavam por lá em meados da década de 1950, mas as ameixas estavam começando a dar lugar a coisas maiores. Pontilhado com instalações militares e aeronaves, o estado da Califórnia foi o principal beneficiário do gigantesco aumento dos gastos federais em defesa durante e após a Segunda Guerra Mundial. Durante a guerra, soldados atravessaram São Francisco a caminho do *front* no Pacífico. Milhares de civis migraram para o oeste para trabalhar nas fábricas de estaleiros e armamentos do Estado. Muitos ficaram para sempre; e as instalações e corporações que cobriam a Costa Oeste de cima à baixo voltaram à vida quando a Guerra Fria se intensificou. Enquanto Seattle, Los Angeles e partes da área da Baía de São Francisco se especializaram na grande indústria — aviões e navios de guerra — as vilas e cidades que se estendiam para o sul da península se especializaram em coisas pequenas. Graças aos gastos federais, o Vale do Prazer Cardíaco estava rapidamente se tornando o vale de sofisticados produtos eletrônicos e instrumentação.[4]

A explosão do pós-guerra não surgiu do nada. Algumas startups da área da Baía estavam há muito tempo produzindo os delicados componentes de alta tecnologia que davam o poder de processamento às maiores máquinas de computação e telecomunicações: tubos de vácuo, transmissores sem fio, fita eletromagnética.

Stanford foi um catalisador crucial desde o início. O capital inicial do primeiro reitor da universidade, David Starr Jordan, e de outros investidores foi aplicado na

FRONTEIRA INFINITA 23

fundação de uma empresa de radiodifusão chamada Federal Telegraph — em um bangalô de Palo Alto em 1909. Charles Litton, graduado em Stanford, trabalhou na Federal Telegraph, depois saiu para começar a sua própria empresa de comunicação via rádio em um quintal de Redwood City em 1932. Bill Eitel e Jack McCullough, entusiastas do radioamador e colegas de Litton, deixaram uma empresa fundada por outro aluno de Stanford para iniciar uma pioneira fabricante de requintados e caros tubos de vácuo necessários para os sistemas de radar. Em parceria com Sigurd e Russell Varian, William Hansen, membro do corpo docente, inventou o *klystron* — tecnologia fundamental para o uso de frequência de ondas — em um laboratório de Stanford em 1937. Os irmãos Varian comercializaram sua inovação uma década depois como Varian Associates. Por último, mas não menos importante, os ex-alunos de Stanford Bill Hewlett e David Packard juntaram US$595 para iniciar uma empresa de tecnologia da informação em uma garagem de Palo Alto em 1939.[5]

Os militares também estavam presentes já antes da guerra. Em 1930, no auge dos gigantes dirigíveis inflados à gás, o Vale de Santa Clara derrotou San Diego para se tornar o lar de uma grande estação de dirigíveis navais dos Estados Unidos. O ponto crucial foi quando um grupo de investidores locais reuniu recursos para comprar os mil acres de que a Marinha precisava. Também ajudou o fato de que o homem que assinou a lei que autorizou a operação — o presidente Herbert Hoover — foi aluno de Stanford com fortes laços locais. O resultado foi o Moffett Field, um importante centro de pesquisas aeroespaciais e de aviação que se estende ao longo da então recém-construída Bayshore Freeway, abrangendo a fronteira de Mountain View e Sunnyvale. O centro foi inaugurado em 1933; seis anos depois, o *National Advisory Committee for Aeronautics* [Comitê Consultivo Nacional de Aeronáutica, em tradução livre] ou NACA, que geraria depois a NASA, abriu um centro de pesquisa ao lado.[6]

Por mais tentador que seja ler a história de trás para frente, a área da Baía de São Francisco, no entanto, não era única. Nas primeiras décadas de rápido desenvolvimento industrial do século XX, você encontraria por todo o país cidades com pequenos grupos de jovens empreendedores. Os produtos de alta tecnologia apareceram por toda parte: automóveis em Detroit, biplanos em Dayton, câmeras em Rochester, lâmpadas em Cleveland, rádios em Nova York. Instalações militares também pontilhavam a paisagem. Entretanto, o norte da Califórnia rapidamente se afastou e finalmente superou toda a concorrência. A região conseguiu isso por causa de oportunidades extraordinárias que surgiram nos anos 1950 — e por pessoas extraordinárias que aproveitaram a oportunidade.

EXÉRCITO DE CÉREBROS

Tudo começou com a bomba. Para cientistas e políticos, a extraordinária mobilização tecnológica da Segunda Guerra Mundial — e sua impressionante e ameaçadora estrela, o Projeto Manhattan — demonstrou o quanto os Estados Unidos poderiam realizar com um investimento maciço do governo em alta tecnologia e nos homens que trabalhavam nela. O investimento de guerra dos Estados Unidos não apenas direcionou a ciência como também catalisou o desenvolvimento de sofisticadas redes de telecomunicações e o primeiro computador totalmente digital — tecnologias que sustentariam a vindoura era da informação.

Mesmo antes da paz ter sido declarada, os cientistas mais destacados começaram a defender a continuidade dos gastos públicos em pesquisa puramente teórica, não aplicável. Assim que a temperatura baixou no fim da Grande Guerra, dando lugar à Guerra Fria, a segurança nacional agora dependia de ter um arsenal das mais sofisticadas armas. Os gastos do governo norte-americano em pesquisa e desenvolvimento dispararam. Desse modo, começou uma extraordinária disrupção do mercado que acelerou o crescimento de novas empresas, setores e mercados.

O catalisador humano de grande parte dessa mudança foi um professor de engenharia com um nome estranho e um talento para conectar pessoas e ideias: Vannevar Bush, do MIT, contratado pelo presidente Roosevelt para dirigir o *Office of Scientific Research and Development,* ou OSRD, um escritório governamental de P&D, instituto que mobilizou milhares de PhDs e gastou meio bilhão de dólares do governo no final da guerra. Bush também foi cofundador de uma das primeiras empresas de alta tecnologia do século, a Raytheon, fundada em 1922 para comercializar tubos retificadores de gás que forneciam uma fonte de energia barata e eficiente para rádios domésticos.[7]

Enquanto os arquitetos da bomba atômica trabalhavam em segredo, Bush se tornou a face pública mais proeminente dos esforços de pesquisa do governo. Uma reportagem de capa da *Time* de 1944 o chamou de "General da Física". No entanto, o homem do MIT era mais do que um mero operador político ou burocrata. Ele era um pensador técnico audacioso e presciente. Em 1945, ele publicou um longo ensaio no *The Atlantic* que propunha um sistema mecanizado para organizar e acessar o conhecimento. Bush o chamou de *"memex"*, uma máquina que ele, cheio de entusiasmo, descreveu como sendo projetada para "a tarefa de estabelecer trilhas úteis por meio de uma enorme massa de informação". Gerações desde então saudaram o memex como inspiração para o hipertexto da World Wide Web.[8]

O impacto mais imediato do trabalho de Bush, porém, veio de outra de suas criações conectadas: o enorme exército de homens da ciência e laboratórios universitários de pesquisa da OSRD, mobilizado a uma velocidade vertiginosa para prover o poder computacional necessário para vencer a guerra. Fabricar armas modernas — das milhões de bombas convencionais despejadas das barrigas dos B-52 à própria bomba atômica — era, em essência, um problema de matemática, exigindo milhares de cálculos rápidos para determinar o arco de um míssil, os nodos de um sistema de radar, a disseminação de uma nuvem radioativa. "Mais de 100 mil cérebros treinados trabalhando como um só", foi como o *New York Times* descreveu, na época, os cientistas de Bush e os cérebros de elite que eles eram: tendo que mobilizar uma equipe rapidamente, o homem do MIT recorreu às pessoas e instituições que ele melhor conhecia.[9]

Uma dessas pessoas que entrou neste mundo íntimo e badalado de homens da ciência era um californiano genial, mas enérgico, que fora o primeiro aluno de doutorado de Bush: Frederick Emmons Terman, de Stanford. Como muitos que mais tarde deixariam sua marca na indústria de tecnologia, Fred Terman frequentava a universidade desde criança, por ser filho de Lewis Terman, famoso psicólogo de Stanford e pioneiro em testes de QI. (Stanford fez fama como um dos principais centros da eugenia, um campo cuja fixação nas hierarquias raciais e étnicas da "aptidão" humana semeou uma nova — e menos abertamente racista — pesquisa sobre testes de inteligência em crianças superdotadas.) O superdotado filho de Terman havia optado por uma orientação acadêmica diferente, indo para o leste no início dos anos 1920 para estudar Engenharia Elétrica em um local que na época ainda era conhecido como "Boston Tech".[10]

Depois de terminar o MIT, em dois anos, Fred Terman voltou para casa para se tornar o homem mais dedicado de Stanford, trabalhando sete dias por semana e curtindo cada segundo. Ele passou seus breves momentos de lazer jogando *bridge* competitivo. Quando perguntado por que ele nunca tirou férias, Terman respondeu: "Por que se preocupar quando seu trabalho é tão divertido?" À certa altura, ele era o principal orientador de metade dos estudantes de pós-graduação em seu departamento. Terman também embarcou em um projeto de longo prazo para incentivar os melhores alunos a se arriscarem no empreendimento por conta própria. Nove meses antes da invasão de Hitler à Polônia, Terman havia convencido dois de seus mais queridos protegidos de Stanford, Hewlett e Packard, a abrirem uma empresa de mesmo nome na cidade.[11]

Embora profundamente leal à sua universidade e cidade natal, quando Terman recebeu o chamado de Bush para voltar a Boston e se juntar ao grande projeto de

O CÓDIGO

trabalho de guerra, ele não hesitou. Destino: Harvard, onde Terman encabeçou um laboratório dedicado à "contramedidas de radar". O ritmo furioso do trabalho de guerra era perfeito. "Está tudo bem por aqui", escreveu sua esposa, Sybil, à irmã, mas "Fred trabalha tanto que não sei como ele consegue sobreviver".[12]

A experiência de Terman durante a guerra foi típica. Precisando agir com rapidez e produzir resultados imediatamente aplicáveis, a operação de pesquisa de Bush operou amplamente por meio de terceirização, enviando contratos de pesquisa básica e aplicada a laboratórios universitários e recrutando uma equipe de especialistas por toda a parte — mesmo que isso significasse pedir às pessoas que cruzassem o país enquanto a guerra durasse. O papel proeminente do governo foi uma mudança cultural significativa para as universidades norte-americanas, assim como a escala de gastos. Onde antes um departamento se considerava sortudo por receber uma doação privada de alguns milhares de dólares para um projeto de pesquisa industrial ou para um modesto trabalho de base, agora ele recebia regularmente doações governamentais maiores em muitas ordens de magnitude.[13]

A bonança, no entanto, não foi distribuída uniformemente. As instituições de Massachusetts receberam sozinhas um terço de todo o dinheiro gasto pela OSRD. A maior parte desse montante foi para um local: o Laboratório de Radiação do MIT ou "Rad Lab", encarregado de desenvolver um sistema secreto de tecnologia de radar para vencer a guerra. (O Rad Lab dedicava-se a tecnologias de ataque; o laboratório de Fred Terman, às de defesa, desenvolvendo tecnologias para sufocar o radar inimigo.) Graças aos gordos contratos do Projeto Manhattan, afiliado à Universidade da Califórnia, Berkeley ficou em segundo lugar. O estado de Nova York, lar da maioria das maiores empresas de eletrônicos do país, seguiu de perto. Todos os outros lugares ficavam muito atrás nos investimentos.[14]

BIG SCIENCE

Alguns meses após a revista *Time*, que trazia o Bush em sua capa, aparecer nas bancas do país, Franklin Roosevelt escreveu uma carta aberta ao seu "General da Física" pedindo recomendações formais de como o governo poderia incentivar a pesquisa de forma permanente. A linguagem do pedido do presidente era tão audaciosa quanto o memex, ideia emergente de Bush, e, provavelmente, recebeu dicas editoriais do próprio consultor científico, tão entusiástico. "Novas fronteiras da mente estão diante de nós", escreveu Roosevelt a Bush, "e, se elas forem desbravadas com a mesma visão, ousadia e motivação com as quais empreendemos essa guerra, podemos criar empregos — e uma vida — mais plena e frutífera".[15]

Já doente, Roosevelt não viveu para ver os resultados de seu discurso. Em julho de 1945, Bush entregou seu relatório a um novo presidente, Harry Truman. Intitulado *"Science, the Endless Frontier"*, o relatório adotou a extravagante e altamente evocativa linguagem de Roosevelt, seguindo com ela. "O espírito pioneiro ainda é vigoroso nesta nação", escreveu Bush. "É mantendo a tradição norte-americana — a que fez os Estados Unidos um país tão grande — que o desenvolvimento de novas fronteiras será acessível a todos os cidadãos norte-americanos." As descobertas científicas podem ser o destino manifesto dos Estados Unidos no século XX, assim como a conquista do Oeste fora no século XIX. A maneira de isso acontecer: uma nova agência administrada por especialistas científicos, uma "Fundação Nacional de Pesquisa". No mês seguinte, a detonação de bombas atômicas sobre Hiroshima e Nagasaki deu à fala de Bush sobre a capacidade tecnológica um argumento forte e sombrio.[16] Desde o início, então, houve uma dissonância cognitiva na maneira como os políticos e técnicos norte-americanos do pós-guerra falavam sobre as vantagens do investimento na alta tecnologia que estava mudando o mundo — aquela que expandia as fronteiras do conhecimento, avançava para uma sociedade desconhecida, mas melhorada, promovia a democracia — e as razões muito mais belicosas e inquietantes pelas quais esse investimento ocorreu em primeiro lugar. Vannevar Bush falou sobre uma "fronteira infinita", mas os líderes políticos aquiesceram com um gasto obsceno do dinheiro público em ciência e tecnologia para combater uma guerra sem fim. A ideia de Bush de uma agência pública dedicada ao financiamento de pesquisas básicas (então renomeada como *National Science Foundation* ou NSF) tornou-se realidade depois que o Congresso norte-americano recebeu em 1949 a notícia alarmante de que os soviéticos haviam conseguido construir uma bomba própria, mostrando aos líderes norte-americanos que a URSS tinha uma capacidade científica claramente muito maior do que se imaginava anteriormente. Um ano depois, quando o conflito soviético-americano esquentou com a guerra na Coreia, a Casa Branca de Truman emitiu a NSC-68, decisão ultrassecreta que autorizava um aumento nos gastos militares — e naquela era de armamentos físicos, isso significava mais dinheiro para a ciência e a tecnologia. No fim de 1951, os Estados Unidos haviam investido mais de US$45 bilhões em compras militares.[17]

A estratégia militar *New Look*, adotada a partir de 1953 por Dwight Eisenhower e John Foster Dulles, seu secretário de Estado, acelerou a mudança para a de ponta, afastando os gastos de defesa das tropas terrestres e armas convencionais para armamentos cada vez mais sofisticados e para os computadores que ajudaram a projetá-los. Os gestores militares consideraram precisar que o setor de eletrônicos aumentasse seus níveis de produção em cinco vezes para dar conta das demandas de segurança nacional.[18]

O significado desse esforço não estava apenas na quantidade considerável de dinheiro que os líderes políticos dos Estados Unidos concordaram em começar a gastar em ciência na década seguinte à guerra — estava também em *como* eles gastaram. Afinal, aquela época era também o auge da caça às bruxas do senador Joseph McCarthy, quando esforços governamentais de planejamento, audazes e centralizadores, cheiravam a socialismo e autoritarismo. Assim, a NSF seguiu o precedente do OSRD de Vannevar Bush: não conduziu a pesquisa básica, mas alocou doações para pesquisadores universitários por meio de um processo de seleção altamente competitivo. "Cada ideia", escreveram os funcionários da NSF em seu primeiro relatório anual, "deve competir com todas as outras no mercado da ciência".[19]

O mesmo aconteceu com o "D" da P&D: o Exército e a Marinha terceirizaram o trabalho de projetar e construir armas de alta tecnologia para empresas privadas dos setores eletrônicos e aeroespaciais, reanimando indústrias que haviam prosperado durante o período da guerra e entrado em declínio após o Dia da Vitória. Oficiais do Departamento de Defesa convenceram o Congresso a autorizar mais isenções de impostos para a construção de fábricas de eletrônicos e compraram para as empresas as caras máquinas necessárias para fabricar equipamentos de nível militar.

Novas tecnologias saturavam todos os ramos e atividades da máquina militar da Guerra Fria. Dos walkie-talkies carregados nos bolsos dos soldados aos sistemas de radar espalhados pelos continentes, equipamentos eletrônicos de comunicação alimentavam quase todos os aspectos das forças armadas modernas. Um único bombardeiro carregava então 20 diferentes aparelhos eletrônicos, cada um custando o mesmo que um avião inteiro custava apenas uma década antes. Aviões supersônicos exigiam sistema elétrico sofisticado para ajudar seus pilotos humanos, porque "os aviões simplesmente atravessam o espaço mais rapidamente do que a mente humana poderia raciocinar", como disse um executivo aeroespacial. Em 1955, graças ao dinheiro despejado sobre a indústria eletrônica, a receita era de US$8 bilhões por ano — a terceira maior dos Estados Unidos, atrás apenas da indústria automobilística e siderúrgica.[20]

OS JOVENS TÉCNICOS

O complexo militar-industrial precisava também de pessoas para funcionar. O aumento da P&D exigia milhares de físicos, engenheiros, matemáticos e químicos com habilidades de ponta e uma ética de trabalho ao estilo Terman. A demanda ultrapassava em muito a oferta. No total, as universidades do país haviam produzido apenas 416 físicos e 378 matemáticos entre 1946 e 1948. Era um problema clássico de o-ovo-ou-a-galinha. Os militares precisavam dos melhores cientistas. Na época, quase todos eles trabalhavam em universidades. Atraíam essas pessoas para trabalhar em projetos de defesa; e a pesquisa básica, tecnologia disruptiva, sofreria — e o mesmo aconteceria com a capacidade das universidades produzirem mais cientistas. Eric Walker, porta-voz do Pentágono, observou com pesar: "De fato, estamos repondo com lentidão um recurso estratégico nacional." Em 1952, a NSF estimou que os Estados Unidos tinham um déficit de quase 100 mil cientistas. Mas os gestores militares enxergavam um lado positivo. "Em certo sentido", considerou o executivo da General Electrics, Charlie "Elétrico" Wilson, também chefe de mobilização de defesa de Truman, "a escassez é um símbolo do nosso progresso".[21]

Para os jovens técnicos, o mundo era um parque de diversões. Um nova-iorquino folheando o *New York Times* dominical em qualquer final de semana de meados da década de 1950 teria encontrado a seção de empregos executivos recheada de chamados para profissionais ambiciosos e das áreas técnicas. "Procura-se: cientistas de ponta", proclamava a empresa de defesa Avco, de Connecticut. "O escopo do seu futuro pode ser tão ilimitado quanto o da ATOM", exultava o Tracerlab, com sede em Boston. "Você é um engenheiro ou projetista em busca de crescimento?", perguntava a Westinghouse, da Pensilvânia. Homens que haviam trabalhado com tecnologia militar durante a guerra eram prospectos particularmente valiosos ("preferimos veteranos", advertiu a Sperry Gyroscope), mas ainda mais valorizados eram os poucos doutores em Engenharia Elétrica, Física ou Matemática. "Se você tiver mais a oferecer", prometeu a IBM, a empresa retribuiria à altura. "Na IBM, os homens encontram o tipo de instalações, colegas e clima que estimulam as conquistas."[22]

É claro que, naqueles dias de classificados organizados por gênero, todos esses anúncios apareciam na seção "Vagas para Homens", e a onda de contratação de talentos técnicos da área de defesa geralmente se parecia, durante esses primeiros anos, com as salas de aula de ciências e engenharia das universidades norte-americanas: praticamente só de homens, todos brancos e com menos de 40 anos. "A ciência moderna", lembrou o *New York Times* a seus leitores, "é um negócio para rapazes".[23]

Cave um pouco mais, no entanto, e você poderá encontrar engenheiros que não se encaixam nesse estereótipo. As forças armadas do tempo de guerra, mais integradas, produziram também um bom número de veteranos negros com treinamento técnico; e a forte demanda e escassez de talentos em engenharia abriram oportunidades profissionais raramente vistas nos Estados Unidos racialmente segregado e profundamente desigual. Os jornais voltados à comunidade negra consideravam as

30   O CÓDIGO

realizações desses homens como um crédito para sua raça. Pode-se encontrar histórias brilhantes sobre homens como Raymond Hall, o melhor classificado formando do curso de engenharia da Universidade de Purdue, que trabalhou na RCA. Ou como o ex-pastor e físico Edward W. Jones, que supervisionava engenheiros juniores e fazia testes secretos na Westinghouse. "Vamos ser físicos como o papai", proclamaram seus quatro filhos (três meninos, uma menina) a um repórter do diário negro *The Pittsburgh Courier*.[24]

O mesmo vale para as mulheres. O esforço de guerra produziu dezenas de programadoras, que receberam treinamento e oportunidades não apenas porque muitos homens estavam em guerra, mas também porque os projetistas de hardware acreditavam que a programação era um trabalho rotineiro, não especializado, comparável a operações de telefonia ou estenografia. O trabalho ficou conhecido como "codificação" precisamente porque era considerado mais uma transcrição ou tradução do que uma criação de conteúdo original. Em tempos de guerra, e também depois, esporádicas matérias na imprensa celebravam as proezas matemáticas das máquinas de *mainframe* — os "cérebros eletrônicos" —, mas prestavam pouca atenção à força de trabalho feminina que tornou esses feitos possíveis. Na década de 1950, apesar das evidências crescentes de que a programação era uma profissão criativa que exigia muita habilidade e conhecimento subjacente, a área manteve uma reputação de escriturária — dando às jovens a oportunidade de entrar no ramo e aprender fazendo. Se essas mulheres tivessem sido razoavelmente educadas em ciências e matemática na faculdade, como Ann Hardy foi, seriam elegíveis para funções de supervisão.[25]

Não foi fácil subir na hierarquia. Hardy conseguiu fazê-lo em seus seis anos na IBM devido à sua capacidade de programação, a uma poderosa ética de trabalho e a uma insistência em não aquiescer com o absurdo sexista que a cercava. Como resultado, ela teve a oportunidade de trabalhar em projetos de computação revolucionários. Ela se tornou um dos primeiros membros do projeto *Stretch* da IBM (também conhecido como IBM 7030), um esforço audacioso para construir supercomputadores científicos para a pesquisa nuclear do governo no *Los Alamos National Laboratory*. Como tantos projetos financiados pelo governo, o *Stretch* literalmente ampliou os limites do que era possível na computação. Os supercomputadores eram vendidos por quase US$7 milhões; apenas 9 foram construídos. O governo era um cliente exigente. A equipe de Los Alamos lembrou à IBM nas primeiras reuniões de planejamento que "esperavam alta confiabilidade", e o desejo era por um equipamento "compacto". O resultado foi uma máquina que, pelo menos por alguns anos, reinou como o computador mais rápido do mundo. Ann Hardy era uma das poucas pessoas que sabia como programá-lo.[26]

Quando o *Stretch* acabou, no entanto, Hardy estava cansada de lutar contra a velha turma masculina na *Big Blue*, como era chamada a IBM. Ela se mudava lealmente "para cima e para baixo do Hudson" enquanto transferia-se de uma unidade da empresa para outra, saltando de Nova York para Ossining e Poughkeepsie, conforme exigia a IBM. Suas destacadas habilidades em programação a levaram a ser promovida para a gerência intermediária, mas ela não pôde avançar mais sem um MBA — idealmente, sugeriram seus supervisores, um feito em Harvard. Mas Harvard não aceitava mulheres. "Tudo o que eu procurava, não podia fazer", lembrou ela, exasperada. "Havia sempre algum obstáculo." A gota d'água foi descobrir que os homens que ela supervisionava ganhavam mais que ela. Depois de enfrentar os superiores, ela recebeu um enorme aumento — que ainda a deixava com um salário menor do que o homem mais mal pago da sua equipe.

Isso bastou. Hardy se despediu da IBM e largou para trás a Costa Leste. Se ela não conseguisse um MBA em Harvard, voltaria à universidade em um dos melhores lugares do mundo para aprender ciências e engenharia: a Universidade da Califórnia, em Berkeley. Um ano depois, ela ingressou em um laboratório federal em Livermore, uma instalação de segurança máxima nos confins das colinas orientais ensolaradas na Baía de São Francisco. Ela não era mais a única mulher em um cargo técnico. "Na realidade, eu compartilhava um escritório com uma mulher", ela se maravilhou. Os Estados Unidos corporativos não estavam acostumados a ter mulheres gestoras em suas empresas; a grande máquina técnica administrada pelos militares norte-americanos, em contraste, teve dezenas de mulheres presentes em sua criação durante os tempos de guerra, e o espírito igualitário sobreviveu. Nos confins livres de absurdos que eram então o coração da operação de pesquisa nuclear das Forças Armadas dos Estados Unidos, "eles não descartavam completamente as mulheres, como se você não importasse em nada".[27]

Ann Hardy não estava sozinha nesse êxodo para o oeste. Em uma época em que tantos norte-americanos estavam se mudando e quando tantas empresas estavam loucas para empregar jovens técnicos, muita gente estava empacotando suas coisas e indo rumo ao sol.

VÁ PARA OESTE

De seu escritório dos tempos de guerra, nos quadriláteros forrados de tijolos de Cambridge, Fred Terman viu com enorme clareza os contornos futuros da alta tecnologia dos Estados Unidos e determinou que sua pequena, poeirenta e quieta parte do norte da Califórnia faria parte disso. Esse foi o momento crítico de Stanford, escreveu ele com sinceridade para um colega em 1943. "Acredito que ou consolidaremos todo nosso potencial, criando as bases para uma posição no Oeste análoga à de Harvard, no Leste, ou cairemos para um nível semelhante ao de Dartmouth, uma instituição de boa reputação com cerca de 2% da influência de Harvard sobre a vida nacional." Agora que a pesquisa de alta tecnologia era uma prioridade nacional, tornar-se uma universidade poderosa não era apenas uma questão de orgulho acadêmico. Isso poderia desencadear uma nova onda de crescimento econômico para uma região inteira. Ao retornar à Califórnia, Terman começou a persuadir os administradores de Stanford a tirar proveito da "maravilhosa oportunidade" apresentada pelo surgimento de contratos governamentais — mesmo que isso significasse reorganizar a universidade.[28]

Não seria uma tarefa fácil. Mesmo após a guerra, a ação na computação eletrônica continuou predominantemente na Costa Leste, lar de grandes e pequenas empresas, de bancos e financiadores, e da maioria dos clientes do setor privado. A Filadélfia tinha o UNIVAC, o primeiro fabricante de *mainframe* digital comercializado pela ENIAC, a lendária máquina totalmente digital construída na Universidade da Pensilvânia durante os anos da guerra. ("UNIVAC" tornou-se uma abreviação para os primeiros computadores de *mainframe*, da mesma forma que "Danone" e "Google" mais tarde se tornaram símbolos de categorias inteiras de produtos ou serviços.) Nova York tinha a IBM, a empresa que, triunfante, se posicionou como "um negócio cujo negócio era o modo como os outros negócios fazem negócios", e cujas proezas nas vendas e marketing rapidamente a transformou na produtora dominante de *mainframe*.

Tanto o MIT quanto Harvard não eram apenas os maiores participantes no crescente complexo federal de pesquisa — os líderes dessas universidades foram os criadores desse complexo. O domínio delas transformou Boston no primeiro centro de operações da era do pós-guerra, lar de empresas que saíam de laboratórios universitários e do primeiro fundo de capital para empreendimentos de alta tecnologia. Quando se tratava do maravilhoso e temível mundo dos *mainframes* gigantes, piscando e apitando, os fabricantes e o mercado estavam quase inteiramente restritos à faixa de 800km do *Northeast Corridor*, a linha ferroviária que conecta Boston à capital norte-americana, Washington D.C., passando por Nova York e pela Filadélfia.

No entanto, Terman enxergava o que os outros não viam. A grande onda de gastos militares estava remapeando a geografia de alta tecnologia do país, tirando da Costa Leste a sua posição de capital da eletrônica avançada e criando uma oportunidade extraordinária para empreendedores do Oeste avançar. A era nuclear dera um novo propósito industrial à zona árida para além do 100° meridiano, cujos vastos desertos haviam proporcionado o afastamento, a abertura e a minúscula base populacional necessária para realizar testes e pesquisas nucleares em segredo.

Das represas Grand Coulee e Hoover a todos os rios e cataratas entre elas, os massivos projetos de construção de barragens iniciados em meio à seca e à Grande Depressão nos anos 1930 entraram em operação para fornecer energia hidrelétrica barata à indústria aeroespacial do pós-guerra, alta consumidora de eletricidade. Na costa do Pacífico, cidades cujas bases militares e estaleiros haviam impulsionado a luta contra o Japão, havia agora fábricas funcionando a todo vapor, produzindo aviões e mísseis e todos os tipos de armamentos para combater em diversas frentes da luta global entre os capitalistas norte-americanos e os comunistas soviéticos. A ênfase no Pacífico fez das empresas aeroespaciais sediadas na Costa Oeste — da Boeing à Lockheed e à Hughes Aircraft — uma das maiores indústrias do país.

Para as universidades da região, a ciência era, verdadeiramente, uma fronteira infinita. O MIT, Harvard e outras universidades de elite ainda estavam no topo da lista de donatários federais, mas o conjunto geral de gastos com pesquisa havia se tornado tão grande que as instituições em outros locais do país agora ganhavam partes consideráveis dessa generosidade. O dinheiro da pesquisa jorrou em direção às universidades do Pacífico Ocidental, desde os quadriláteros sempre verdes da Universidade de Washington, em Seattle, às praças perfumadas de flores da Caltech, em Pasadena. Impulsionadas por fluxos de dinheiro público e pela expansão da população estudantil, elas se transformaram no que Clark Kerr, chanceler da Universidade da Califórnia, chamou de "multiversidades", com imenso impacto econômico e político.[29]

Para os observadores que, do conforto da Costa Leste, contemplavam a remota singularidade da Califórnia, fazia sentido que Berkeley, lar dos físicos que construíram a bomba atômica, se tornasse uma das partes mais importantes da máquina de pesquisa do pós-guerra. Os forasteiros ficaram um pouco mais surpresos com Stanford, descrita como a tolice sentimental de um magnata do século XIX e sua esposa; uma universidade mais conhecida por suas belas paisagens, seu time de futebol errático e por Herbert Hoover — que se aposentou lá depois de sua derrota eleitoral em 1932. Quem poderia imaginar que essa universidade se tornaria um centro de pesquisa eletrônica de ponta? Quem pensaria que uma pequena cidade universitária do norte da Califórnia se tornaria a capital do mundo da alta tecnologia?

Fred Terman não duvidou disso um minuto sequer.

CAPÍTULO 2

O Estado Dourado

Terman voltou para casa pronto para começar a trabalhar. Em sua missão, ele encontrou um inestimável aliado em J. E. Wallace Sterling, um historiador que assumiu a presidência de Stanford em 1949. Forte como um zagueiro e cheio de charme, Wally Sterling era um especialista em relações exteriores que chegara a Stanford vindo da Caltech, o que lhe dera um forte apreço tanto pelas nuances das disputas da Guerra Fria quanto pela crescente importância das pesquisas universitárias sobre o tema. Sterling promoveu Terman de diretor de engenharia a reitor e deu sua bênção à reorganização da universidade em torno do que Terman chamou de "torres de excelência", desenvolvendo programas como Física, Ciência de Materiais e Engenharia Elétrica.[1]

Uma reorganização radical como essa nunca seria possível em Harvard ou no MIT. Mas Leland e Jane Stanford haviam desde o início dado à universidade uma tendência acentuada à engenharia aplicada, e não tinham estabelecido regras rígidas sobre como a universidade deveria se organizar. A universidade também era bastante jovem — à época da Guerra da Coreia, estava em atividade há pouco mais de 60 anos — e possuía relativamente poucas tradições ou práticas dominantes que poderiam resistir às conspirações de um engenheiro-administrador determinado a transformar Stanford no laboratório perfeito para o complexo militar-industrial.

Tal liberdade permitiu que Terman não apenas aumentasse a capacidade básica de pesquisa, mas também levou sua universidade a uma abordagem ainda mais aplicada, reunindo professores e recursos nos novos *Stanford Electronics Laboratories* [Laborátorios de Eletrônica de Stanford]. A instalação rapidamente se tornou um dos mais importantes centros militares de pesquisa e desenvolvimento em varredura e reconhecimento. Num momento em que os Estados Unidos viviam com medo que mísseis e bombas chovessem do céu, os pesquisadores de Stanford fizeram os bloqueadores de sinal e as válvulas a vácuo que impediam isso de acontecer. Os professores de ciências humanas rosnaram com a transferência de recursos de disciplinas que não tinham muita relevância para o esforço de pesquisa da Guerra Fria. No entanto, a estratégia se mostrou notavelmente eficaz. Dentro de alguns anos, Stanford se tornou um dos maiores beneficiários de verbas federais para pesquisa e subiu muitas escalas em prestígio.

Terman e seus colegas também exploraram outro grande (e exclusivo) ativo de Stanford: suas enormes propriedades imobiliárias. Os quase 9 mil acres legados à universidade pelo casal Stanford eram há muito tempo uma espécie de elefante branco; na capital mundial da ameixa, as únicas partes interessadas em arrendá-lo eram agricultores e pecuaristas. Mas durante o *boom* do pós-guerra, no qual não apenas riquezas militares, mas novos moradores invadiram os subúrbios da Península de São Francisco, a área cultivada de Stanford deixou de ser um problema no balanço financeiro para tornar-se uma máquina de gerar dinheiro.

Contrariando o conselho de consultores que incentivaram a universidade a tirar proveito do êxodo suburbano do pós-guerra e cobrir suas encostas com casas de estilo rural e com os típicos *cul-de-sacs*, ruas sem saídas dos subúrbios ricos norte-americanos, em 1952 Sterling e Terman começaram a desenvolver um centro de pesquisa para a indústria avançada em um terreno de 350 acres. Isso era algo que poucas universidades tinham feito antes (e muitas o fariam depois, em uma imitação esperançosa do modelo de Stanford). Os sortudos inquilinos desse espaço teriam acesso especial a estudantes e professores de Stanford, bem como a edifícios comerciais de primeira classe, a uma curta distância de bicicleta do campus. Projetados para se misturarem perfeitamente às casas e aos jardins das redondezas, os edifícios pareciam mais escolas de ensino médio suburbanas do que instalações industriais, repousando em um esplendor solitário em meio a amplos campos abertos.[2]

A aposta arrojada valeu a pena. Por insistência de Terman, as até então startups caseiras Hewlett-Packard e Varian Associates se tornaram as principais inquilinas na inauguração do parque industrial. E empresas de primeira linha da Costa Leste, como a GE e a Kodak, concordaram em se juntar a elas, pagando muito dinheiro para ficar perto dos "cérebros" da universidade, tanto os humanos quanto os digitais. Empresas da região se inscreveram nos programas de parceria de Stanford. Outros gigantes da eletrônica, como a Litton e a Sylvania, estabeleceram laboratórios de pesquisa de tubos de micro-ondas nas proximidades. "Obviamente, isso não é uma coincidência", orgulhou-se Terman. "Houve uma verdadeira contaminação a partir da atividade de Stanford", concordou David Packard. "Essas pessoas vieram a Palo Alto por uma única razão", observou ele, dois anos após a abertura do parque. "Eles querem estar perto da Universidade de Stanford porque [ela] é uma ótima fonte de ideias para a indústria eletrônica e uma fonte de engenheiros bem treinados."[3]

O parque industrial de Stanford transformou as empresas de alta tecnologia literalmente em vizinhos, e as tornou "Afiliadas Industriais" que (mediante uma taxa) podiam obter acesso privilegiado aos professores e alunos de pós-graduação de Stanford. Esses professores e estudantes saltavam entre as salas de aula e as startups de alta tecnologia, participando frequentemente dos lucrativos estágios iniciais de empresas que mais tarde se tornaram gigantes da área. Onde quer que Terman e seus professores de engenharia encontrassem o que havia de mais novo em tecnologia industrial, ajustavam os programas acadêmicos de acordo, garantindo que Stanford produzisse os tipos de graduados necessários para essas empresas. Como Terman declarou uma vez, a indústria de eletrônicos da Costa Oeste estava "vendendo os produtos do intelecto".[4]

O novo empreendimento acadêmico cresceu notavelmente rápido. Na época em que Burt McMurtry apareceu no campus, no outono de 1957, ele encontrou um parque de pesquisa lotado de inquilinos e um campus repleto de professores famosos e estudantes graduados. "Stanford era como um parque de diversões", lembrou ele. "Havia uma abertura muito diferente. A academia geralmente considerava estar em um plano superior à indústria, mas Terman tinha — com muito esforço — insistido que Stanford fosse aberta à comunidade externa." Os professores eram incentivados a passar um tempo na indústria, e eram bem-vindos quando voltassem. Muitos estudantes, como McMurtry, trabalhavam em empresas eletrônicas da cidade.[5]

Não era um fluxo de transferência de tecnologia, mas de talentos — pessoas que iam e voltavam entre os laboratórios de Stanford, os escritórios de seu centro de pesquisa, os armazéns abandonados e os edifícios de escritórios pré-fabricados que começaram a se desenrolar pelo El Camino Real em direção ao sul. Entre todos os outros lugares da década de 1950, a academia era uma verdadeira torre de marfim, cercada por muros inexpugnáveis entre a ciência e o mundo, entre pesquisas "puras" e empreendimentos comerciais. Em Stanford, esses muros se dissolveram.

BILL E DAVE

Em meados da década de 1950, a empresa fundada por dois dos alunos preferidos de Fred Terman havia se tornado um exemplo poderoso de como novas indústrias poderiam florescer no Vale de Santa Clara. Impulsionada pelos contratos de defesa e pela crescente demanda comercial por seus sofisticados dispositivos eletrônicos de teste e medição, a HP havia se tornado uma potência, com mais de mil funcionários e US$30 milhões em receita líquida. "Uma organização eletrônica de primeira linha em Palo Alto", proclamava a *BusinessWeek*. A empresa também ganhou uma reputação local e nacional por sua peculiar cultura empresarial, muito distante das filas de ternos cinzas e hierarquias executivas do capitalismo norte-americano do meio do século. Criaturas de laboratórios de engenharia, e não da lista das 500 empresas mais ricas da revista Fortune, os dois fundadores zombavam das teorias modernas de como administrar uma corporação — "Nunca gostei muito de especialistas em administração", observou Packard certa vez — e adotaram desde o início, como padrão, uma abordagem mão na massa, não hierárquica. Os dois fundadores gostavam de chamá-la de "gerenciamento por perambulação". Era o início de uma cultura corporativa e missão organizacional mais ampla, apelidada de "O jeito HP".[6]

Na sede da empresa, no coração do Stanford Research Park, funcionários e executivos sem paletó almoçavam juntos no pátio ensolarado do edifício. Eles jogavam vôlei e arremesso de ferraduras no gramado dos fundos e passavam horas fora do trabalho socializando com suas esposas. Embora esse fosse um ponto importante da sindicalização dos trabalhadores nos Estados Unidos, Hewlett e Packard tinham tanta paciência para os membros do sindicato, com suas credenciais penduradas no pescoço, quanto tinham para ternos, gravatas e escritórios de alta gerência. Em vez disso, para criar lealdade e companheirismo, a HP distribuía ações.

Depois que a HP abriu seu capital em novembro de 1957, as fortunas aumentaram com o preço de suas ações. No entanto, desde o início, os dois fundadores conscientemente apresentaram sua empresa como uma organização preocupada com coisas mais nobres. "Acho que muitas pessoas assumem, erroneamente, que uma empresa existe simplesmente para ganhar dinheiro", disse Packard certa vez aos gerentes da HP. "Embora este seja um resultado importante da existência de uma empresa, precisamos nos aprofundar para encontrar as reais razões de nosso ser." Não hierárquica, amigável, com o costume de vamos-mudar-o-mundo combinado com um foco inabalável no crescimento do mercado e nos resultados, a HP criou o padrão para as próximas gerações das empresas do Vale do Silício.[7]

Os fundadores da HP realmente buscavam mais do que apenas negócios. À medida que sua empresa crescia, Dave Packard se tornava um dos líderes civis mais importantes da região, o que incluía um cargo no Conselho de Administração de Stanford. Republicano fiel e defensor dos mercados livres e das políticas públicas

O ESTADO DOURADO   39

empresariais, Packard tinha fortes instintos políticos aliados às suas convicções ideológicas. Amigo de uma geração de políticos, mentor e doador da geração seguinte, ele alavancou sua reputação nos negócios para se tornar um embaixador *de facto* do Vale do Silício no mundo da política. E Packard pode ter sido um homem de livre iniciativa, mas ele estava profundamente sintonizado com a forma com que o relacionamento entre a indústria de tecnologia e Washington moldava suas fortunas.[8]

Como seu mentor Fred Terman, a educação política de Dave Packard começou durante a Segunda Guerra Mundial, quando ele reuniu colegas executivos para formar a West Coast Electronics Manufacturers Association [Associação de Fabricantes de Eletrônicos da Costa Oeste], conhecida como WEMA, que fez lobby por vários contratos militares em tempos de guerra. Quando as empresas de eletrônicos chegaram ao Vale na década de 1950, Packard se tornou o impulsionador-mor da região, embarcando em um circuito de palestras que variava de conferências nacionais a cafés da manhã nos clubes Rotary locais. Em qualquer local, ele fazia questão de apontar o que diferenciava a indústria da Costa Oeste do restante. Não havia problema no fato das empresas de eletrônicos do leste dominarem a produção de rádio e televisão, disse ele certa vez. "Os atrativos da Costa Oeste têm sido… os aspectos técnicos e científicos do negócio", e era dali que surgia o verdadeiro crescimento e inovação.[9]

Packard também usou os rapapés para falar de política. No início da década de 1960, ele havia se tornado um crítico franco do expansivo progressismo ativista que estava tendo seu apogeu na Washington de Kennedy. "Socialistas em nosso governo — e entre nosso povo — dão mais importância ao Estado do que ao indivíduo", alertou Packard em sua cidade natal — Pueblo, Colorado — em abril de 1963. "Eles querem direcionar nossas vidas desde Washington! Eles querem pegar nossa riqueza e a distribuir do jeito que quiserem." A maneira de proteger as liberdades individuais, segundo Packard, era livrar os mercados dos onerosos impostos e regulamentações. A *Grande Sociedade*, série de medidas de cunho social tomadas pelo presidente Lyndon Johnson, tornou as coisas ainda piores. "Quando o bem-estar social se torna monopólio do governo — algo que está acontecendo rapidamente — é apenas uma questão de tempo até vermos que são necessários apenas alguns passos para que os negócios sejam colocados sob o monopólio do governo", lamentou ele para uma audiência de Palo Alto em 1965.[10]

Packard não estava sozinho em propor essas visões. Outros empresários do pós-guerra, especialmente aqueles dos prósperos prédios do Cinturão do Sol, começaram a se manifestar em particular sobre suas crenças no livre mercado e a doar generosamente a candidatos e causas conservadoras. Um padrinho ideológico desse movimento — e alguém que Packard viera a conhecer muito bem — foi Herbert Hoover, ex-presidente e ex-aluno de Stanford que fez do campus sua casa durante as três últimas décadas de vida. Hoover também foi um crítico feroz do progressismo que estava em andamento em Washington, o primeiro anti-New Deal cujas visões conservadoras se cristalizaram em um forte anticomunismo quando a Guerra Fria começou. Em 1959, ele transformou seu Instituto Hoover de um modesto centro de pesquisa sobre política externa em Stanford em um *think tank* poderoso e altamente opinativo. Packard presidia o Conselho de Administração de Stanford na época, concedendo o selo de aprovação institucional que permitiu essa transformação.[11]

A nova fase de Hoover foi aberta com um estrondo. "O objetivo desta instituição", escreveu o ex-presidente no então recentemente revisado estatuto da instituição, "deve ser, por suas pesquisas e publicações, demonstrar os males das doutrinas de Karl Marx". Para impedir que os "esquerdistas" tomassem o controle, Hoover selecionou pessoalmente o novo diretor da instituição, um economista de 35 anos chamado W. Glenn Campbell.

Protestos do corpo docente ocorreram quase que imediatamente — Terman estava selando alianças profanas com a indústria, e agora Herbert Hoover estava fazendo política? —, mas Hoover, com a ajuda de Packard, prevaleceu. O instituto permaneceria independente do resto de Stanford, e Campbell se reportaria diretamente ao presidente Sterling. Campbell provou ser exatamente o homem que a instituição precisava. Durante quase 30 anos como líder, ele transformou o Instituto Hoover em uma potência com orçamento massivo e uma reputação como o primeiro *think tank* conservador do país.[12]

Assim, ao mesmo tempo que Fred Terman estava transformando a antiga fazenda na universidade técnica mais empreendedora do país, Glenn Campbell estava abrindo o caminho para estrelas do pensamento e da política conservadora — indiferentes à angústia que provocavam periodicamente nos recintos mais progressistas do campus, em torno da Torre Hoover. Nas décadas seguintes, Packard se tornou um dos doadores mais fiéis e generosos do Instituto Hoover.

Enquanto isso, Dave Packard continuou a cuidar da WEMA e de sua crescente base de membros das jovens empresas eletrônicas da Califórnia. O setor era tão novo que pessoas mais experientes não tinham escrúpulos em ajudar os recém-chegados. "Os executivos ficaram à vontade para revelar informações privilegiadas sobre como começar ou como fazer crescer uma empresa", lembrou um empreendedor. Mesmo sendo competidores ferozes, os jovens empresários da Costa Oeste sabiam que eram peixes pequenos e que se sairiam melhor se ficassem juntos, em vez de seguir sozinhos.[13]

DECOLAGEM

Apesar da reputação lendária que o norte da Califórnia teria no futuro como celeiro de startups, empresas nascidas localmente como HP e Varian eram apenas um detalhe da história da região na década de 1950. Os fundadores e empresários da empresa não alcançaram à época o status mítico e real que um dia alcançariam no Vale. Aqueles que se destacaram por conta própria foram uma minoria.

Burt McMurtry viu isso em primeira mão. "Se você estava começando uma empresa", observou ele, "provavelmente significava que você era estranho e não tinha como trabalhar para outros". Os lugares mais visíveis, interessantes e de prestígio para trabalhar eram as grandes empresas nacionais. Elas tinham dinheiro e influência para recrutar funcionários de primeira linha, construir instalações de ponta e garantir os maiores contratos de defesa. A maioria dos engenheiros do Vale trabalhava para empresas que já repousavam confortavelmente na Fortune 500.[14]

As duas maiores dessas empresas — e modelos do que o Vale se tornaria — eram a Lockheed e a IBM. A *Big Blue*, como a IBM é conhecida, abriu um laboratório de pesquisa eletrônica no norte da Califórnia, em 1952. Os CEOs Thomas Watson e Thomas Watson Jr., pai e filho, estavam começando seu grande empreendimento na computação digital e tendo pouca sorte em persuadir os engenheiros da Califórnia a voltar aos montes de neve do norte de Nova York. Depois de cinco anos em um edifício modesto no centro de San José, a IBM construiu uma nova fábrica de luxo que ganhou o prêmio de "Fábrica do Ano" de uma revista de negócios de 1957, por sua atmosfera "cuidadosamente cultivada no 'campus'". Frank Freeman, colunista do *San José Mercury*, disse que a fábrica da IBM era "tão diferente das experiências cotidianas comuns que é como estar em outro mundo, uma espécie do mundo de Buck Rogers... povoado por jovens cérebros, e não por cabelos compridos".[15]

No entanto, a verdadeira ação *a la Buck Rogers* — ficção científica quase delirante, com ares de guerra espacial — aconteceu na filial local de outra empresa nacional, uma instalação fechada para visitantes ocasionais devido à natureza extremamente secreta da maioria de suas operações. Ao longo da rodovia, ao lado do imenso hangar do governo em Moffett Field, havia uma instalação gigante que era o maior empregador de alta tecnologia do Vale em décadas: a Lockheed Missiles and Space Company [Companhia Lockheed de Mísseis e Espaço]. Era lá o coração regional da economia da guerra.

Em 1954, a Lockheed veio do sul da Califórnia para iniciar sua aventura no Sunnyvale, atraída pelo desejo de estar próxima dos especialistas em eletrônica de

Stanford e pelas pesquisas em aerodinâmica de alta velocidade que estavam sendo realizadas no Laboratório Aeronáutico Ames, da NACA. A Lockheed logo se tornou uma das afiliadas industriais mais fortes e ambiciosas de Fred Terman. Outra razão para a mudança: segurança. Com uma nação em alerta máximo diante da possibilidade de chover bombas soviéticas do céu, o Departamento de Defesa encorajou seus contratados a se localizarem em áreas "dispersas", longe dos principais centros populacionais que, presumivelmente, seriam o ponto zero para ataques. Para a Lockheed, também fazia sentido não ter todas as suas operações militares sensíveis localizadas em sua sede no sul da Califórnia. A divisão de mísseis e espaço se mudou para o norte. Adequadamente dispersa, a empresa logo conseguiu o contrato principal da Força Aérea para um novo satélite lançado por míssil.[16]

No ano seguinte, a empresa ganhou outro grande contrato — para o Polaris, um dos cinco mísseis balísticos gigantes, de longo alcance, que constituíam um esforço federal extraordinário para encontrar maneiras de zarpar armas nucleares cada vez mais poderosas para todo o planeta. Eles estavam entre as mais desenvolvidas tecnologias da época, combinando dois artefatos da Segunda Guerra Mundial — a bomba atômica e o foguete V-2 alemão — em um sistema poderoso e mortal. Na primavera de 1957, o programa de mísseis estava entrando em sua primeira fase de teste de voo e já era estimado em duas vezes o preço de todo o Projeto Manhattan. Um pesquisador de Stanford previu com confiança que o programa de mísseis resultaria na "maior explosão de dispositivos científicos" da história. Ele não estava longe da verdade.[17]

Além de trazer grandes contratos governamentais para o Vale de Santa Clara, a Lockheed trouxe cada vez mais pessoas. No fim da década de 1950, dezenas de milhares de engenheiros entraram diariamente nas portas da Lockheed com suas camisas brancas e gravatas estreitas, trabalhando em tecnologias de ponta tão secretas que eles não podiam, na hora do jantar, contar às famílias no que trabalharam naquele dia. Os subúrbios próximos estavam cheios de homens da Lockheed e suas esposas e filhos, distorcendo ainda mais a demografia do Vale em direção aos brancos de classe média e com ensino superior.

Muitos operários também encontraram emprego em Sunnyvale; como as outras empresas de eletrônicos da época, a Lockheed tinha linhas de montagem ao lado de seus laboratórios de pesquisa. Mas a falta de diversidade existia mesmo em trabalhos que não exigiam um diploma de engenharia. Em uma época anterior às ações afirmativas, a Lockheed e as outras grandes empresas de eletrônica do Vale não sofriam pressão para recrutar funcionários de minorias ou mulheres. Mesmo após a promulgação de leis federais de contratação que exigiam que empreiteiros como a

Lockheed cumprissem certas metas de contratação de minorias, a porcentagem de trabalhadores latinos, asiáticos e negros em suas instalações de Sunnyvale atingiu apenas 10%. Mais de 85% de sua força de trabalho era do sexo masculino.[18]

A FABRICANTE DE MÍSSEIS, A UNIVERSIDADE EMPRESARIAL, a sensibilidade comercial peculiar, as redes profissionais, o dinheiro do governo, a força de trabalho de elite (e homogênea): muitos dos principais ingredientes estavam reunidos em Palo Alto em meados da década de 1950. Algumas pessoas também começaram a ganhar quantias consideráveis de dinheiro quando a primeira geração de estrelas da tecnologia do Vale — Varian, HP, Ampex — tiveram estreias públicas bombásticas em Wall Street.

Mas a HP e outras empresas de eletrônica pioneiras não eram empresas de computadores. A Valley fabricava componentes de instrumentação e comunicação — osciladores, radares de alta frequência, fitas magnéticas — e não hardware e software. Os maiores empregadores do ramo tecnológico tinham suas sedes corporativas em outros lugares. Com o tempo, a Lockheed subcontrataria boa parte de seu trabalho, direcionando negócios para outras empresas menores do Vale, mas na década de 1950 esse era um mundo praticamente fechado.[19]

Em muitos aspectos, o Vale de Santa Clara de meados da década de 1950 era apenas uma Los Angeles em menor escala, lar de empresas aeroespaciais, de manufatura leve e de alguns cientistas acadêmicos inteligentes. Embora a Califórnia ganhasse a reputação de ser um excelente local para contratar um engenheiro elétrico, ela não oferecia muito em termos de capital e apoio operacional para aqueles que queriam começar por conta própria e iniciar uma nova empresa. Para fazer isso, você realmente precisava ir para o leste, para o lugar mais fortemente conectado à máquina de pesquisa da Guerra Fria, a primeira capital de startups dos Estados Unidos no pós-guerra: Boston.

Afinal, Boston tinha o MIT, que continuava arrecadando mais dinheiro federal do que qualquer outra universidade e que tinha fortes laços com o Pentágono e os maiores operadores eletrônicos da Costa Leste. O famoso Rad Lab do MIT se dissolveu após a guerra, mas laboratórios espetaculares e inovadores, financiados pelos militares, surgiram em seu lugar: o Laboratório Lincoln, do MIT, lar da computação digital de alta potência; o Laboratório de Instrumentação, que projetou sistemas de orientação para foguetes e mísseis; e os Laboratórios de Pesquisa da Força Aérea de Cambridge, dedicados à defesa por radar. No caminho, Harvard, o segundo maior beneficiário de dólares federais, ostentando um invejável pedigree intelectual e um grande celeiro de estrelas no corpo docente, incluindo o imperioso e hipnotizante pai do capital de risco de alta tecnologia, Georges Doriot.

A Lockheed podia governar o Vale, mas Boston tinha a Raytheon, de Vannevar Bush, agora um dos mais importantes empreiteiros aeroespaciais e de defesa do país, e muitos outros. Na zona rural da Nova Inglaterra, ao redor da orla metropolitana de Boston, corria a Rodovia Norte-Americana da Tecnologia, a Rota 128, e uma série de modernos parques de pesquisa e campi corporativos que atraíam as empresas de eletrônica da encardida Cambridge para os subúrbios em expansão.

No entanto, mesmo com todo o seu poder e capacidade, Boston também tinha um ingrediente-chave faltando, algo que David Morgenthaler mais tarde caracterizou como o melhor "facilitador", um "combustível" barato e potente para impulsionar a eletrônica da mesma maneira que o refino de petróleo impulsionou a indústria automobilística. Algo mágico, que poderia tornar os eletrônicos, já tão sofisticados, ainda mais rápidos e menores; algo que poderia escalar os "produtos do intelecto" da Guerra Fria a proporções que causariam uma disrupção do mercado.

Esse "algo" era o transistor de silício.

SHOCKLEY & CIA.

No mesmo verão movimentado de 1957 em que Burt McMurtry se preparou para cruzar o país com sua mudança, o diretor de Engenharia Elétrica de Stanford despachou outro jovem texano para uma startup de um ano de idade, em uma cabana reformada de Quonset ladeada por uma loja Sears no subúrbio vizinho de Mountain View. A empresa era a Shockley Semiconductor Laboratory [Laboratório de Semicondutores Shockley], e o homem em questão era um professor recém-formado chamado James Gibbons. Nascido e criado em Texarkana (ele e H. Ross Perot, futuro magnata da computação e candidato à presidência, foram colegas de escola) e aluno no MIT antes de se formar em Stanford, Jim Gibbons havia retornado recentemente à sua *alma mater* após um prestigiado período acadêmico na Inglaterra. Sua oferta de emprego vinha com uma condição: que ele passasse os primeiros seis meses na Shockley, a empresa mais famosa da cidade. As ordens dadas a Gibbons eram aprender sobre a fabricação de semicondutores na empresa para que Stanford pudesse "transistorizar o currículo" e construir seu próprio laboratório de eletrônica de estado sólido.[20]

O jovem professor-assistente encontrou uma empresa repleta de alguns dos engenheiros mais brilhantes da cidade. Mas graças a William Shockley, seu brilhante e mercurial fundador, nativo de Palo Alto e coinventor do transistor, a empresa já estava se tornando um local de trabalho tóxico.

Shockley deixou a principal instalação de pesquisa industrial do país, os Laboratórios Bell, depois de se convencer de que o germânio (o material usado para a primeira geração da tecnologia de transistores) era muito fraco e pouco confiável para alimentar os minúsculos interruptores no coração dos circuitos eletrônicos. Em vez disso, ele decidiu comercializar transistores feitos com silício mais puro e forte. Solteiro e sem amarras, Shockley considerava o sul da Califórnia um local possível, mas finalmente decidiu voltar para casa. Sua querida e idosa mãe estava doente. Além disso, um garoto de sua cidade natal, Fred Terman, esgrimia um argumento bastante convincente de que Palo Alto — e Stanford — seria um destino adequado.[21]

Embora brilhante, Shockley tinha uma excentricidade que era às vezes encantadora (ele adorava fazer truques de mágica com sua equipe), às vezes difícil (ele obrigava todos os contratados em potencial a fazerem uma bateria de testes de QI e de jogos de lógica). Significativamente, ele não conseguiu atrair ninguém que havia trabalhado com ele no Bell Labs para ir à Costa Oeste. Por isso, ele recrutou um grupo de jovens estrelas de outros laboratórios industriais e universidades, um grupo de origens modestas cujo maior pedigree era seu talento técnico. Um deles, Robert Noyce, era filho de um clérigo de Iowa. Outro, Jay Last, veio de uma família de professores da Pensilvânia. Um terceiro, Eugene Kleiner, chegou aos Estados Unidos como um adolescente refugiado da Europa devastada pela guerra. Na verdade, apenas um era do norte da Califórnia: o tímido e detalhista Gordon Moore, que crescera em uma modesta casa feita de tábuas em Menlo Park, ali pelas proximidades.[22]

Os jovens recrutas rapidamente concluíram que Shockley estava construindo seus semicondutores de maneira errada. Ele estava comprometido com um processo caro e trabalhoso chamado "diodo de quatro camadas", e se recusou a ser convencido de que chips de silício mais baratos e simples eram o caminho correto a seguir. Jim Gibbons apareceu à porta poucas semanas antes desses capitães de Shockley — Noyce, Last, Moore, Kleiner e mais outros quatro — pedirem demissão para abrir uma empresa chamada *Fairchild Semiconductor*, que rapidamente superou e ultrapassou a operação de Shockley. Antes de saírem, eles convidaram o jovem professor a se juntar a eles. Ele disse não. "Foi provavelmente a decisão mais cara que já tomei", disse Gibbons mais tarde.[23]

O episódio se tornou uma lenda do Vale, e inspirou centenas de futuros empreendimentos da alta tecnologia. Cansados de um chefe mal-humorado que se recusava a ouvir suas ideias, os homens da Shockley Semiconductor escreveram uma carta ao banco de investimentos Hayden, Stone, de Wall Street, onde o pai de Gene Kleiner tinha alguns negócios. Foi um enorme tiro no escuro: oito cientistas que nunca fizeram nada além de algumas experiências de laboratório, escrevendo para alguém que mal conheciam, pedindo ajuda para encontrar uma pessoa que os contratasse como um grupo para iniciar um novo empreendimento de fabricação de dispositivos de alta tecnologia sobre os quais quase ninguém fora da comunidade científica tinha ouvido falar. E eles queriam ficar na Califórnia para fazer isso. O banqueiro que recebeu a carta não sabia nada sobre semicondutores, então ele a passou para o analista júnior de alta tecnologia da empresa: Arthur Rock.

Rock não era o típico banqueiro bem-sucedido. Ele era de Rochester, Nova York, filho de imigrantes judeus proprietários de uma loja de doces. De lá, ele chegou à Harvard Business School [Escola de Negócios de Harvard] e depois à Wall Street, fazendo um pequeno desvio no meio para gerir a campanha da juventude republicana nova-iorquina para a chapa Eisenhower-Nixon, em 1952. Rock não era um engenheiro treinado, então seus instintos de investimento eram baseados em pessoas. "Boas ideias e bons produtos são coisas comuns", explicou mais tarde. "Boa execução e boa administração — em poucas palavras, boas *pessoas* — são raras."

Rock olhou para os oito cientistas de Shockley e viu pessoas como ele: homens de família com trinta e poucos anos, lutadores com credenciais de primeira linha, dispostos a perverter um pouco o sistema para conseguir fazer as coisas. Em suma, boas pessoas. O suficiente para Rock descolar-se momentaneamente de seu emprego diário e procurar um investidor-anjo — alguém confortavelmente rico, mas peculiar o suficiente para apostar voluntariamente em uma nova tecnologia e um monte de incógnitas. Ele encontrou Sherman Fairchild, um eclético entusiasta da alta tecnologia que se tornara multimilionário graças à sua herança de uma enorme quantidade de ações da IBM. Os oito cientistas de Shockley se tornaram os funcionários fundadores — e acionistas — de uma nova empresa chamada Fairchild Semiconductor.[24]

O moderno Vale do Silício começou com a Fairchild e os "Oito Traidores" que a fundaram. Financiadas por um excêntrico investidor-anjo em um negócio intermediado por um financista da Costa Leste, as origens da empresa destacam o quão estreitamente ligado o Vale estava, desde seu início, a interesses externos a ele — ligado à velha economia. Mas ao mesmo tempo estabelecia uma novidade nesse relacionamento — não se tratava de uma empresa que era apenas um posto avançado californiano de uma gigante eletrônica do leste, mas uma totalmente nova, fundada pelos próprios engenheiros. Noyce e Moore foram depois cofundadores da Intel, trazendo um colega de Fairchild chamado Andy Grove. (Grove, como Gene Kleiner, tinha sido um refugiado adolescente, escapando da Hungria devastada pela guerra para um novo começo, nos Estados Unidos ricos em oportunidades do pós-guerra.) Kleiner tornou-se o fundador de uma das firmas de capital de risco mais influentes da tecnologia, financiando e moldando gerações definitivas de empresas, da era do PC à era das mídias sociais. Rock mudou-se para o oeste em 1961, em parceria com um jovem gerente financeiro chamado Tommy Davis, para formar a Davis & Rock, levando a investimentos posteriores na Intel e na Apple. Outros fundadores e funcionários da Fairchild fundaram empresas de semicondutores que faturavam bilhões e substituíram as entranhas mecânicas de quase todos os produtos de consumo por minúsculos microchips.

A empresa fundada com o dinheiro da IBM não produzia computadores, mas foi a centelha para as tecnologias que acabaram por derrubar o mercado de *mainframe* que a *Big Blue* dominou por tanto tempo. Mais importante, os homens de Fairchild estabeleceram a trilha que milhares de outros seguiram nas próximas décadas: encontrar investidores externos dispostos a investir, dar aos funcionários a propriedade de ações, trazer disrupção aos mercados existentes e criar novos.[25]

Os fundadores da Fairchild fizeram uma grande aposta ao abandonar uma lenda ganhadora do Prêmio Nobel para se aventurarem por conta própria. Mas aconteceu que o momento deles não poderia ter sido melhor. Apenas três dias depois que os Oito Traidores oficialmente fundaram sua empresa, a União Soviética lançou o satélite Sputnik.

CAPÍTULO 3

Mire as Estrelas

V inte e nove mil quilômetros por hora. Essa era a velocidade orbital da esfera metálica que os soviéticos lançaram no espaço naquela noite de sexta-feira, no início de outubro de 1957. Quando as notícias do lançamento chegaram aos jornais norte-americanos naquela manhã de sábado, o satélite estava em sua décima órbita, voando mais de 800km acima do vale do rio Hudson, enquanto Ann Hardy tomava café da manhã na mesa de sua cozinha em Poughkeepsie. Segundos depois, passou sobre Boston enquanto Vannevar Bush soprava seu cachimbo em seu escritório cheio de livros. Na décima primeira volta, já passava de Cleveland, onde David Morgenthaler, 37 anos, estava recolhendo as folhas do quintal e pensando no novo emprego que começaria em alguns dias — depois de uma década transitando pelos degraus do gerenciamento, ele finalmente seria o presidente da empresa, dirigindo a filial norte-americana de uma operação química britânica. O satélite rumou para o sul, sobre as bases militares do Alabama e do Texas, passando pela extensão esbranquiçada pelo Sol dos locais de testes nucleares do Novo México e Nevada, acima das vastas fábricas de aviões da Califórnia e Washington e das grandes represas, cuja energia hidrelétrica as abastecia.

O orvalho da manhã ainda estava evaporando nas colinas da área da baía quando a esfera de metal completou sua décima segunda viagem ao redor da Terra, muito acima das ruas margeadas de carvalhos de Palo Alto e do modesto apartamento onde Burt e Deedee McMurtry tinham acabado de esvaziar as caixas de papelão de sua mudança que havia atravessado o país. McMurtry havia completado duas semanas de sua nova vida como aluno de pós-graduação em Stanford apenas. Ele esteve na Sylvania pouco mais que isso. Enquanto os jovens recém-chegados do norte da

50   O CÓDIGO

Califórnia, como os McMurtrys, tomavam café da manhã nos fundos da casa, vasculhando o céu maravilhados em busca da minúscula máquina que navegava para além da visão, eles tinham pouca noção do quanto o Sputnik mudaria tudo.[1]

CORRIDA ESPACIAL

O lançamento do Sputnik I foi uma surpresa absoluta para o *establishment* político dos Estados Unidos, e levantou suposições contenciosas a respeito da supremacia científica norte-americana. "Os russos não podiam mais ser vistos como 'atrasados' e 'derrotados'", lembrou o presidente Dwight D. Eisenhower alguns anos depois. "Não tinha sentido tentar minimizar a conquista ou o alerta daquela situação." Washington mal havia se recuperado do choque quando outra pancada foi desferida: o lançamento de um segundo satélite soviético, no início de novembro, dessa vez uma espaçonave de 450 quilos com ar-condicionado e uma vira-lata das ruas de Moscou chamada Laika. (Os amantes norte-americanos de cães, horrorizados, protestaram contra a crueldade de colocar um animal em órbita sem esperança de trazê-lo vivo. Os repórteres, desesperados para injetar algum humor na sombria situação, apelidaram o cão de "Muttnik", junção de "mutt" — ou vira-lata — e o nome do primeiro satélite soviético.[2]

Mais tarde, caindo como uma bomba na mesa do presidente, chegou o relatório de um estudo encomendado por Eisenhower no início do ano para avaliar a capacidade do país de resistir a um ataque nuclear soviético. O comitê, presidido por H. Rowan Gaither (advogado de São Francisco e cofundador da RAND Corporation), trazia péssimas notícias.

Apesar dos bilhões gastos pelos norte-americanos no desenvolvimento de mísseis balísticos desde o início dos anos 1950 — apesar do dinheiro esbanjado por Eisenhower no braço militar do "New Look" — os Estados Unidos foram superados. Apesar de terem uma economia bem menor, os soviéticos gastaram tanto quanto os norte-americanos. Eles tinham treinado muito mais cientistas, desenvolvido tecnologia mais rapidamente e avançado a passos largos para ir ainda mais longe. O inimigo da Guerra Fria agora tinha foguetes poderosos o suficiente para colocar um cachorro no espaço, o que significava que eles tinham capacidade para enviar ogivas nucleares a milhares de quilômetros sobre o oceano — com tanta velocidade e força que os sistemas de defesa da população civil dos Estados Unidos seriam totalmente vencidos. Todas as medidas de proteção e abrigos caseiros antinucleares seriam inúteis; os soviéticos agora possuíam a capacidade de aniquilar cidades inteiras. A única maneira de combater essa ameaça, informou esse comitê formado por executivos e consultores do setor de defesa, era cobrir o "déficit de mísseis". O painel projetou que isso exigiria um impulso nos gastos com pesquisa e desenvolvimento de defesa de mais de US$40 bilhões.[3]

Em questão de semanas, o secretíssimo Relatório Gaither vazou para a imprensa, e a ansiedade causada pelo Sputnik, ainda sob controle, transformou-se em um pânico político. Eisenhower detestava gastar irrestritamente no governo, mas a pressão combinada de seus próprios assessores e de um congresso liderado pelos democratas era forte demais. A torneira da defesa tornou-se uma mangueira de incêndio. Dólares saíam de Washington para levar mísseis cada vez mais poderosos para as alturas da atmosfera e para as profundezas do oceano. Bilhões adicionais foram lançados no Comando Aéreo Estratégico, a rede de comunicações dirigida por radares e transistores da qual agora dependia a sobrevivência militar norte-americana.

No outono de 1958, o país tinha uma nova agência espacial consideravelmente reforçada, a National Aeronautics and Space Administration [Administração Nacional da Aeronáutica e Espaço] ou NASA. E o Congresso concordou em financiar uma agência totalmente nova do Departamento de Defesa, dedicada a pesquisas espaciais e satélites de última geração — um local onde os pesquisadores poderiam, nas palavras do Secretário de Defesa, Neil McElroy, "perseguir essas miragens e, talvez, chegar até um ponto em que se possa determinar sua viabilidade e seu provável custo". A pequena operação ficou conhecida como Advanced Research Projects Agency [Agência de Projetos de Pesquisa Avançada] ou ARPA.[4]

Outro grande beneficiário do *boom* pós-Sputnik: foi o ensino superior, conforme intensificou-se a confiança do presidente nos acadêmicos, a quem ele chamava de "meus cientistas". Respondendo à pressão do Congresso, Eisenhower nomeou James R. Killian Jr., presidente do MIT, como o primeiro consultor presidencial para assuntos científicos. Enquanto os diferentes ramos das Forças Armadas brigavam pela liderança de programas de pesquisa recentemente ampliados, Killian e os outros cientistas que assessoravam Eisenhower demonstraram que as universidades eram um lugar natural para abrigar grande parte desses programas. Elas já eram parceiras importantes na luta da Guerra Fria, e a corrida espacial exigia pesquisas básicas que somente as universidades podiam realizar. Além disso, a terceirização para universidades impediria que um governo grande ficasse ainda maior.[5]

No fim do verão seguinte, a opção pelas universidades se intensificou ainda mais com a aprovação da Lei de Educação em Defesa Nacional (NDEA — National Defense Education Act) de 1958, que investiu milhões em fundos públicos para a construção de salas de aula e laboratórios, contratação de professores e equipe de pesquisa, aumentando as bolsas de estudos para que os Estados Unidos pudessem produzir tantos cientistas e matemáticos quanto os soviéticos. Era uma nova era. "Apesar de suas irritantes falhas", disseram os conselheiros científicos à Eisenhower, "as universidades são lugares essenciais para a esperança da nação, e devem ser tratadas de acordo".[6]

A onda de novos gastos com mísseis, sistemas estratégicos de defesa — e cérebros responsáveis — fez parecer acanhado tudo que já havia acontecido, incluindo o próprio Projeto Manhattan. Dwight Eisenhower nunca se sentiu totalmente à vontade com o mundo que crescia sob sua supervisão, e ao deixar o cargo, em janeiro de 1961, alertou sobre a crescente influência do que ele denominou como "o complexo industrial-militar" na vida norte-americana. Mas ele pôs em ação uma engrenagem aparentemente incontrolável.[7]

A velocidade desse processo aumentou ainda mais quando John F. Kennedy, o sucessor de Eisenhower, proclamou meses após assumir o cargo que os astronautas norte-americanos chegariam à Lua no fim da década de 1960. Ferido pela crise da Baía dos Porcos e precisando polir suas credenciais de política externa, Kennedy mirava a Lua como uma maneira de provar definitivamente para o mundo a primazia científica norte-americana — e ao povo norte-americano, em sua maioria ainda preocupado que a Rússia chegasse à Lua primeiro. "Optamos por ir à Lua nesta década, e fazer outras coisas, não porque são fáceis, mas porque são difíceis", declarou Kennedy em setembro de 1962 em Houston, sob a disparada das apostas em política externa logo depois da crise dos mísseis em Cuba.

Kennedy pronunciou essas palavras em um dia quente no sul do Texas, diante de uma multidão entusiasmada da Universidade de Rice, a *alma mater* de Burt McMurtry. O recém-criado Centro de Controle de Missões da NASA ficava do outro lado da cidade. "Os que vieram antes de nós garantiram que este país passasse pelas primeiras ondas da revolução industrial, pelas primeiras ondas da invenção moderna e pela primeira onda da energia nuclear, e esta geração não pretende ficar a lastro da vindoura era espacial." O objetivo era audacioso, os custos estratosféricos, mas o desafio era "aquele que pretendemos vencer".[8]

Impulsionados pelos mísseis e pela corrida à Lua, os gastos com P&D representaram mais de 10% de todo o orçamento federal dos Estados Unidos durante a primeira metade da década de 1960, e direcionou o Cinturão do Sol norte-americano à sua então emergente inclinação para o mundo da alta tecnologia. No extremo oeste, os já atarefados centros aeroespaciais no sul da Califórnia e no noroeste do Pacífico se assanharam ainda mais. O *New York Times* entusiasmou-se no início de 1963, afirmando que Los Angeles havia se tornado "a Detroit da indústria espacial".

Enquanto o ex-presidente Eisenhower se queixava da "imprudência fiscal" do governo Kennedy, no que se tratasse do programa espacial, a NASA transformou todos os lugares em que chegava.[9]

O Vale de Santa Clara não foi uma exceção. O programa de mísseis de Eisenhower e a disparada lunar de Kennedy aumentaram a demanda pelo tipo de coisa que os laboratórios eletrônicos da região já desenvolviam e comercializavam: micro-ondas e radares para rastrear trajetórias de satélites, osciladores e transistores para fornecer fontes de energia leves ou potentes, e redes para se comunicar com naves espaciais extra-atmosféricas. As lajotas de arenito e os azulejos de Stanford se espalharam em meio à abundância de gastos com educação superior pós-Sputnik; empresas pagaram um valor alto para locar espaços em seu campus.

Durante quase toda a década de 1950, esse pedaço da Califórnia empoeirado e florido era um lugar de jovens engenheiros industriais que trabalhavam principalmente para grandes empresas de eletrônicos. Na era espacial pós-1957, as start-ups começaram a crescer — não apenas como resultado dos avanços tecnológicos nascidos no Vale durante esse período, mas também devido à maneira pelas quais modificaram-se as contratações militares e aeroespaciais — com mais dinheiro fluindo, e fluindo de modo que abriu oportunidades comerciais significativas para iniciantes. Quando se trata de explicar por que o norte da Califórnia acabou tendo um papel tão grande no universo da alta tecnologia, os mísseis e foguetes da corrida espacial norte-americana ao espaço atingem o foco dessa história.

OS OLHOS DO MUNDO

Quando o Sputnik se desintegrou em órbita três meses após seu lançamento, o Vale já estava sentindo mudanças na atmosfera. Na Lockheed Missiles and Space, que desde o início conduzia, a partir de Sunnyvale, os trabalhos sobre espaço e satélite, "de uma hora para outra o 'mais rápido' se tornou 'muito mais rápido'", lembrou um funcionário. Em questão de meses, a divisão se tornou a maior e mais lucrativa unidade da Lockheed e a maior e mais empregadora do Vale, e seu campus de 300 acres ao longo da rodovia 101 empregava 19 mil pessoas, arrecadando quase US$400 milhões em vendas somente em 1959.[10]

Foi o centro de comando da unidade Lockheed em Sunnyvale que guiou os primeiros satélites norte-americanos a fazerem a viagem de ida e volta ao espaço, começando com a série Discoverer, que colocou uma cápsula em órbita e a trouxe de volta com segurança no fim do verão de 1959. A carga útil dessa primeira missão bem-sucedida não era cachorro ou homem, mas uma bandeira norte-americana que viajou meio milhão de quilômetros durante sua jornada de 26,5 horas. A cápsula percorreu o país naquele outono, fazendo paradas no Senado dos Estados Unidos e em convenções aeroespaciais antes de terminar em exibição em Sunnyvale. Para uma instalação fechada em segredos — no início, tudo o que aconteceu na Lockheed era pesquisa protegida, a ser compartilhada somente com aqueles que tivessem as devidas concessões de segurança — era uma rara oportunidade para as famílias dos funcionários e vizinhos curiosos visitarem o misterioso campus e verem um pouquinho daquilo tudo.[11]

No fim da estrada em Stanford, o benefício combinado de mais gastos com ciência e uma Lockheed mais movimentada significava que as grandes apostas de Fred Terman em física e tecnologia aplicada seriam ainda mais pródigas. Um programa turbinado de vigilância por satélite para o Comando Aéreo Estratégico aumentou a demanda por amplificadores de frequência e bloqueadores de sinal do Laboratório de Eletrônica de Stanford. O dinheiro que chegava em Sunnyvale para o programa aeroespacial foi despejado nos laboratórios de engenharia da "Fazenda". Então, em 1959, a administração Eisenhower aceitou a oferta de Stanford de um acelerador de partículas patrocinado pelo governo federal para pesquisas em física de partículas. Construído a um custo de mais de US$100 milhões, o gigantesco Acelerador Linear de Stanford logo se espalhou pelas ondulantes pradarias a alguns quilômetros a oeste do campus.[12]

Com tudo isso acontecendo, o mundo começou a tomar conhecimento. Na Feira Mundial de 1958, em Bruxelas, um viçoso diorama do parque industrial de Stanford foi a atração de destaque do pavilhão industrial norte-americano, um símbolo do trabalho intelectual hábil e moderno que se tornou possível pelo compromisso dos Estados Unidos com a tecnologia aplicada. "Dos nove parques apresentados", informou o Stanford University Bulletin orgulhosamente aos seus leitores, "os copatrocinadores consideraram o diorama de Stanford como o mais fotogênico".[13]

Foi então que, no outono de 1959, ninguém menos que o primeiro-ministro soviético Nikita Khrushchev visitou a IBM de San José, enquanto passeava pela Califórnia durante a empreitada do "Debate na Cozinha*" que teve em Moscou com o vice-presidente Richard Nixon. Os executivos da IBM estavam apreensivos com a visita. Khrushchev havia dado uma cena em Los Angeles um dia antes, depois de não poder visitar a Disneylândia. Ele apareceu em San José usando um boné de

---

* Em julho de 1959, Nixon e Krhuschev tiveram uma discussão pública não programada na cozinha de uma casa cenográfica montada para Exposição Nacional Norte-Americana, em Moscou. Centrado em comparações entre o capitalismo e o comunismo, o episódio ficou conhecido como "Debate na Cozinha". (N.T.)

MIRE AS ESTRELAS   55

marinheiro dado a ele naquela manhã por Harry Bridges, um incendiário sindicalista de São Francisco. No entanto, o primeiro-ministro se permitiu ser conduzido ao redor da instalação pelo CEO Tom Watson Jr. Ele teve bons momentos almoçando no refeitório dos funcionários. Embora Khrushchev "tenha sido efusivo em seus elogios e glorificações" sobre realizações técnicas dos Estados Unidos, um repórter observou que ele "acrescentou prontamente que aquilo não duraria muito".[14]

Seis meses depois, outra visita presidencial aos pomares e ruas sem saída do Vale: Charles de Gaulle, da França, em uma visita a São Francisco, pediu para ver as maravilhosas instalações de pesquisa do parque industrial de Stanford antes de ir embora. O burburinho da exposição de Bruxelas havia dado ao parque uma reputação global, e De Gaulle queria ver o motivo de toda essa confusão. Sua comitiva percorreu a Skyline Drive até Palo Alto, *le General* resplandecente em uma limusine conversível, com o pavilhão tricolor francês ondulando no capô sob o sol da primavera. Os tranquilos bairros da vizinhança ganharam vida com os espectadores. Na arborizada rua Waverly, no caminho da garagem original da Hewlett e Packard, um adolescente brincalhão, vestido como Napoleão, deitou-se na sarjeta enquanto a comitiva presidencial passava. Décadas mais tarde, os residentes ao longo da vida lembravam-se da visão estranha e emocionante do conversível de Gaulle passando pela loja da Town & Country Village, seu familiar perfil gaulês emoldurado pelo cenário incongruente do restaurante Hick'ry House e da Village Sudsette.[15]

O destino final desse passeio panorâmico era a HP, onde Bill Hewlett mostrou a linha de montagem da empresa e alguns de seus mais recentes modelos da era espacial. De Gaulle assentia com gosto, pensando o tempo todo sobre a maneira com a qual a França poderia construir fábricas e laboratórios reluzentes ao estilo da Califórnia. O subsecretário de Estado Douglas Dillon, anfitrião oficial do presidente em sua visita à Califórnia, declarou que o presidente estava "muito impressionado". Cinco anos depois, cada vez mais alarmado com as agressivas incursões dos fabricantes de computadores nos mercados franceses, De Gaulle anunciou o "Le Plan Calcul", um esforço maciço e plurianual para a construção de uma indústria francesa de computadores que inaugurou amplos programas de educação, parcerias corporativas e campus de pesquisa.

De Gaulle estava entre os primeiros — e longe de ser o último — a considerar o Vale de Santa Clara como um modelo sedutor, que valia a pena imitar. Delegações de autoridades curiosas começaram a fazer peregrinações na empreitada do líder francês: parlamentares do Japão, administradores de universidades do Canadá, funcionários de desenvolvimento econômico da Escócia. Antes da década de 1960, Fred

56   O CÓDIGO

Terman havia começado a viajar pelo mundo como consultor de desenvolvimento econômico, explicando os segredos de seu pequeno vale industrial para ansiosas audiências estrangeiras.[16]

Naquela época, haviam várias pessoas de olho, pois a região havia se tornado conhecida não apenas pela HP, pela Lockheed e pela moto-contínuo de Fred Terman, mas por uma nova geração de empresas de tecnologia. Tratavam-se de operações para as quais contratos de defesa não eram o mercado principal, e cujos produtos destinavam-se a deixar todos os tipos de máquinas mais rápidas, ágeis e poderosas — de computadores a carros, passando por equipamentos para linhas de montagem. Elas foram as empresas que trouxeram o silício para o Vale do Silício, e a corrida espacial ajudou a lançá-las à estratosfera.

PEQUENAS EMPRESAS DIVERTIDAS

Foi o que aconteceu com a Fairchild Semiconductor. Após três meses de existência, sem ter produzido um único chip, os "Oito Traidores" assinaram um contrato para fabricar cem transistores de silício para o computador de bordo de um "míssil tripulado", um novo bombardeiro de longo alcance. Sabiamente, Bob Noyce e Gordon Moore eram irredutíveis na decisão de que a Fairchild conduziria sua própria pesquisa, em vez de depender de contratos governamentais que não permitiriam que eles possuíssem as patentes resultantes. "O financiamento governamental para P&D tem um efeito mortal no incentivo às iniciativas civis", declarou Noyce. "Não é assim que se realiza um trabalho criativo e inovador." E quanto sobre ter o governo como cliente? Isso era menos problemático. Em 1958, 80% do portfólio da Fairchild vinha de contratos governamentais. E era apenas uma prévia de negócios ainda maiores.[17]

Nos laboratórios Fairchild do início de 1959, Jean Hoerni descobriu uma maneira de colocar vários transistores em uma única pastilha de silício, protegendo-os com uma camada de óxido químico. O "processo planar" de Hoerni permitiu que seu colega Bob Noyce experimentasse a ligação dos transistores, criando um circuito integrado, ou CI, mais poderoso do que qualquer dispositivo anterior. Outra vantagem: o material. De volta a Dallas, Jack Kilby, da Texas Instruments, teve a mesma ideia quase simultaneamente, fabricando seu CI usando germânio em vez de silício. Noyce foi o primeiro a registrar uma patente, em 1961, estimulando uma feroz luta de patentes entre as duas empresas. Os dois homens acabaram sendo creditados com a invenção, mas o dispositivo de silício de Noyce se mostrou mais propício à fabricação em grande escala, dando às empresas da Califórnia, movidas a silício, uma vantagem sobre os produtores de outros lugares, baseados em germânio.[18]

MIRE AS ESTRELAS   57

Esses dispositivos pequenos e elegantes não eram mais transistores — eles eram chips que inaugurariam todo um setor e, por fim, impulsionariam a revolução da computação pessoal. Mas isso ainda estava no futuro, e o CI era extremamente caro de se fabricar e comercializar. Os primeiros chips produzidos pela Fairchild custavam cerca de US$1 mil cada — muito mais do que os transistores individuais comuns. Por que um cliente corporativo precisaria de um dispositivo tão caro? Os CIs eram tão tecnológicos, tão de ponta, que as pessoas de fora da pequena fraternidade de engenharia elétrica realmente não entendiam sua capacidade de armazenamento de enormes quantidades de informações em uma lasca de silício não maior que a cabeça de um alfinete.

A NASA entendeu. A agência espacial começou a usar CIs no sistema de orientação dos foguetes da Apollo e, em seguida, para melhorar o sistema de orientação dos mísseis balísticos internacionais Minuteman. A Fairchild fechou pesados contratos para ambas as utilizações. Em 1963, a demanda criada pelos programas Apollo e Minuteman havia reduzido o preço dos chips de silício, de US$1 mil para US$25, levando-os a um preço que permitiria a compra por um mercado muito mais amplo. O governo continuou sendo um cliente fiel, como sempre. À medida que os testes da Apollo continuavam, intensificou-se a demanda para tornar os chips menores, mais leves e mais rápidos. "Faça-os cada vez menores", bradaram as fardas militares para os fabricantes de chips. "Queremos mais pelo nosso dinheiro."[19]

A demanda por construção mais barata veio de cima. Eisenhower sempre se preocupara com a influência e as despesas do complexo militar e ordenara ao Departamento de Defesa que podasse seus orçamentos no fim de seu mandato. Seus sucessores democratas aceleraram a redução de custos, não por preocupação com o poder dos generais, e sim porque tinham outras coisas para fazer. Kennedy e Johnson tinham ambições ousadas: travar uma guerra contra a pobreza, implementar novos programas sociais, ir à Lua e cortar impostos, tudo ao mesmo tempo. E depois houve aquela guerrinha cada vez mais cara no Vietnã. Os gastos deficitários chegaram ao limite; era necessário que houvesse mudanças fiscais, principalmente no orçamento aeroespacial e de defesa, em que os ilimitados contratos de fonte única levaram a crescentes custos de projeto, coisa que os militares não estavam bem equipados para controlar.

Com um empurrãozinho da Casa Branca e do Congresso, as agências de defesa abriram contratos para licitações competitivas e começaram a adotar como padrão contratos e preço fixo. Como Johnson afirmou em um discurso no Congresso em novembro de 1963, nas primeiras semanas de luto após o assassinato de Kennedy, o governo precisava obter "o valor de um dólar para cada dólar gasto". Para isso, acrescentou o secretário da Defesa, Robert McNamara, o complexo militar-industrial precisaria atrair novos atores. "Os subcontratos devem ser alocados competitivamente", disse ele, "para garantir o pleno desempenho do sistema de livre-mercado". O combativo McNamara, ex-presidente da Ford, assumiu o cargo prometendo administrar o governo como um negócio. E ele estava determinado a cumprir essa promessa.[20]

Essa movimentação abalou a indústria eletrônica do norte da Califórnia. As grandes empresas da Costa Leste que haviam estabelecido operações de transistores a vácuo no Vale reduziram suas operações ou as abandonaram por completo. Algumas empresas se fundiram, outras foram adquiridas. Eitel-McCullough e Varian, empresas pioneiras locais que dominaram o negócio de micro-ondas, foram largadas à míngua. Os engenheiros começaram a chamar isso de "depressão McNamara". Por outro lado, as empresas que estavam no negócio de CI floresceram. Um número crescente de jovens criou suas próprias empresas de semicondutores. Muitos haviam trabalhado na Fairchild, e suas startups tornaram-se conhecidas, naturalmente, como "Fairchildren".[21]

Contribuindo para o florescimento dessa indústria, estava o poder extraordinário de seu produto mais vistoso. Inventores buscavam fontes de energia mais rápidas e baratas desde o início da era do vapor. O chip de silício atendia essa expectativa. A cada ano, as empresas de semicondutores conseguiam multiplicar os transistores lógicos interconectados em cada chip, tornando os computadores ao seu redor mais rápidos, menores e mais poderosos. Gordon Moore previu em 1965 que o número de componentes por chip dobraria a cada ano. Uma previsão impressionante, dentro de uma década, a "Lei de Moore" se mostrou verdadeira. Uma vez aplicada, a tecnologia do silício desafiou todas as regras da economia, tornando-se a força propulsora por trás de uma segunda revolução industrial.[22]

O caso dos fabricantes de chips do Vale ressalta que o investimento público era muito importante, porém, mais importante ainda era o modo como se gastava esse dinheiro. O ambiente de contratos públicos descentralizado, privatizado e em rápida evolução incentivou o empreendedorismo. O Vale já tinha uma cultura fortemente fraternal, em que as pessoas estavam acostumadas a compartilhar ideias em vez de se apegar a elas. Conforme a era espacial atingia seu crescimento, essa característica foi reforçada pelo fato de que nenhuma empresa poderia ter o monopólio do setor. À medida que o mercado de semicondutores se tornava maior e mais rico, a Fairchild até o homem andar na Lua, quase 90% de todas as empresas de fabricação de chips dos Estados Unidos estavam localizadas no Vale de Santa Clara.[23]

CAPÍTULO 4

Em Rede

O sol e o silício do norte da Califórnia podem ter atraído a atenção de líderes estrangeiros curiosos e repórteres deslumbrados. No entanto, Boston — a cidade cujos impulsionadores novecentistas coroaram como "o centro do universo" — permaneceu sendo uma irmã mais velha, mais popular e mais séria do Vale ao longo daquela década de mísseis e corrida para a Lua. O MIT continuou a reinar no supremo mundo da pesquisa da computação; empresas derivadas dos laboratórios universitários de Cambridge transformaram Boston em um centro de startups bem antes da Califórnia ganhar essa reputação. Os grandes negócios da computação *mainframe* — tão dominados pela IBM que seus concorrentes eram chamados de "os sete anões" — mantinham raízes na metade oriental do continente. Também foi no Leste que surgiram outros desenvolvimentos tecnológicos seminais da espacial década de 1960. Primeiro veio o minicomputador, que reduziu as máquinas digitais a um tamanho mais manejável e relativamente acessível. Em seguida, ajudadas em parte pela expansão do minicomputador, surgiram as primeiras redes que transformaram os computadores em ferramentas não só de cálculo, mas também de comunicação.

Embora os minicomputadores e as redes não tenham nascido no norte da Califórnia, sua vasta adaptação ao longo da década ampliou e diversificou bastante o mundo da computação. Ao fazer isso, eles alteraram ainda mais a geografia dos negócios de tecnologia. O poder dos computadores não estava mais restrito a grandes instituições com recursos profundos ou a um pequeno sacerdócio de especialistas técnicos. Não se tratava mais de vender hardware eletrônico (computadores inteiros e seus componentes). Tratava-se de construir, vender e distribuir plataformas operacionais e serviços de software, além de redes e dispositivos para dar suporte à comunicação.

60   O CÓDIGO

O E-Business tornou uma grande fonte de *informação* na década de 1960, criando novos mercados e engajando novos usuários. E esses primeiros anos — décadas antes da eventual explosão das plataformas e softwares comerciais online — prepararam o cenário para que o Vale de Santa Clara um dia se tornasse o lugar mais conectado.

PENSANDO PEQUENO

Antes disso, voltemos a Boston, onde, seis meses antes do Sputnik, dois pesquisadores do MIT tiveram a iniciativa empreendedora de agir por conta própria. Ken Olsen foi um daqueles jovens sortudos que conseguiram estar nos primeiros estágios de alguns dos desenvolvimentos mais empolgantes da era digital, isso graças ao dinheiro público que entrava nos laboratórios da universidade durante e após a Segunda Guerra Mundial. O ritmo glacial da academia, no entanto, não combinava com Olsen, um laborioso inventor que passara os verões da infância trabalhando em uma ferramentaria e consertando rádios em seu porão. Associando-se no início de 1957 a Harlan Anderson, um colega pesquisador, Olsen conseguiu US$70 mil com Georges Doriot, professor da Harvard Business School, que havia estabelecido um fundo de investimento focado em tecnologias que ele chamou de "capital de risco" — o fundo dedicava-se a apoiar empreendedores jovens, ainda não testados. Olsen e Anderson partiram do MIT e se mudaram para uma fábrica têxtil fechada na antiga cidade industrial de Maynard. Sua nova empresa, a Digital Equipment Corporation, estava pronta para os negócios.

A Digital vendeu uma nova geração de computadores transistorizados e programáveis, com uma fração do tamanho e do preço dos *mainframes*. Seu motor era o circuito integrado de Noyce e Kilby, recentemente tornado acessível pela escala e escopo do programa espacial. Olsen o chamou de "programmed data processor" ["processador de dados programável"] ou PDP. Vendido por menos de US$20 mil em um momento em que os *mainframes* poderiam custar mais de US$1 milhão, este minicomputador inaugurou oficialmente a próxima geração de computação digital.[1]

Do tamanho de uma geladeira, essa máquina ainda estava muito longe dos computadores pessoais, mas resgatou seus usuários do mundo frio e remoto dos cartões perfurados e do processamento em série, permitindo que eles programassem e realizassem operações de computadores em tempo real. No fim da década, o modelo movido a CI que a Digital introduziu em 1965 — o PDP-8 — tornou-se uma visão familiar em laboratórios de informática de todo o país e uma porta de entrada para o mundo digital de toda uma geração de curiosos, e para futuros Ken Olsens: universitários e estudantes de pós-graduação que se divertiam com jogos de computador após o expediente, jovens programadores que escrevem seus primeiros programas, crianças em idade escolar que se tornaram cobaias nos testes dos primeiros softwares educacionais.

Assim como a Fairchild, que deu à luz a criação de chips no Vale, a Digital transformou Boston na capital da minicomputação, um setor que empregaria centenas de milhares de pessoas e geraria bilhões em receita por mais de duas décadas. Em 1968, um engenheiro-chave do projeto PDP-8 partiu da Digital para fundar outra empresa de minicomputadores, a Data General. Quatro anos depois, chegou a Prime Computer, que se localizava a meia hora de carro em Natick, outra cidade industrial envelhecida. Entre as paredes de tijolinhos das fábricas arruinadas que antes produziam aos borbotões, botas e cobertores para os soldados da Guerra Civil, os minifabricantes de Massachusetts construíram máquinas que inauguravam uma segunda geração transistorizada de computação digital, destruindo o domínio de mercado da IBM de um modo mais incisivo do que poderia a maior parte dos seus concorrentes diretos no setor de *mainframe*.

Nos confins abarrotados do mundo dos negócios de Boston, as empresas de minicomputadores importaram parte do espírito renegado e improvisado dos laboratórios de eletrônica do pós-guerra — o mesmo espírito que era a marca registrada das empresas californianas, da HP à Fairchild e seus rebentos. Antes de fundar sua empresa, Ken Olsen não havia trabalhado em nenhum outro lugar além da universidade. Ele tinha paciência limitada para especialistas em gerenciamento e gerentes de vendas em paletós azulados. Devoto frequentador de igreja, com pouco interesse nas armadilhas do dinheiro, ele gostava de passar suas horas de folga em sua canoa favorita, remando em silêncio nas lagoas da Nova Inglaterra. Olsen se considerava "um cientista, antes de tudo".

Embora isso muitas vezes tornasse Olsen um pouco alheio às nuances dos mercados de negócios e de consumo, também tornava sua empresa extremamente eficaz na construção dos produtos de que cientistas e engenheiros precisavam. No início dos anos 1970, a Digital havia se tornado a terceira maior fabricante de computadores do mundo. O investimento de US$70 mil de Doriot — com o qual ele obteve uma participação de 70% na empresa — lhe rendeu US$350 milhões. Foi um dos acordos mais lucrativos da história da alta tecnologia.[2]

HORA DE COMPARTILHAR

Na mesma época em que Ken Olsen se estabeleceu em sua fábrica em Maynard, John McCarthy começou a refletir sobre um jeito melhor de distribuir o poder dos computadores.

McCarthy, nascido em Boston e criado em Los Angeles, filho de um sindicalista, tinha a alma de um radical e a mente de um cientista. Ele se formou no ensino médio dois anos antes do previsto e graduou-se na Caltech e em Princeton, e então se tornou professor na Universidade de Dartmouth. Dos muitos estudiosos fascinados pelo potencial dos computadores de imitar e complementar o cérebro humano, McCarthy foi quem, em 1955, deu nome ao fenômeno e ao campo de pesquisa que se criou no seu entorno: "inteligência artificial."

Em 1958, McCarthy havia sido contratado pelo MIT, onde estabeleceu prontamente um laboratório de inteligência artificial com outra estrela em ascensão na faculdade: Marvin Minsky. Os dois, grandes amigos desde a pós-graduação, tinham 30 anos, com apenas um mês de diferença entre eles. Compartilhando a sensibilidade típica de sua geração, ambos estavam convencidos de que computadores poderiam e deveriam ser muito mais do que meras máquinas. Mas, para conseguir isso, os cérebros eletrônicos precisavam mudar a maneira como interagiam com seus usuários humanos. Isso significava que eles tinham que parar de fazer as pessoas esperarem sua vez na fila.[3]

Pois essa era a vida real no mundo dos computadores no fim da década de 1950. Os *mainframes* eram imensamente poderosos, mas eles só podiam processar um lote de dados por vez. Pesquisadores impacientes tinham que ficar em filas, cartões perfurados à mão, e passar horas ou até dias esperando uma resposta para sua pergunta. E naqueles dias difíceis da programação pioneira, eles só podiam executar o programa depois de passar um tempo considerável refinando suas instruções — outro trabalho que levava ainda mais tempo e pilhas de cartões. Tinha que ter um jeito melhor.

A solução, argumentou McCarthy, era adaptar um *mainframe* para que vários usuários pudessem trabalhar com a máquina ao mesmo tempo, criando um sistema de rede em que um *mainframe* estaria no centro e terminais de usuário na periferia, conectados por cabos coaxiais. Em vez de esperar, os usuários poderiam receber resultados em segundos, e se houvesse erros nos dados poderiam tentar de novo imediatamente. Em vez de usar os cartões perfurados, as pessoas digitavam instruções nos terminais, em tempo real. "Acho que a proposta indica o modo como todos os computadores serão operados no futuro", escreveu McCarthy ao chefe do laboratório de computação do MIT, no início de 1959, "e temos a chance de sermos os primeiros a dar esse grande passo à frente na maneira como os computadores são utilizados".[4]

John McCarthy não era a única pessoa em Boston que pensava em como melhorar a interface humano-computador. Uma ebulição nessas conversas vinha se formando desde o fim da década de 1940, quando o pai da cibernética, Norbert Wiener, liderou uma série lendária de seminários semanais em Cambridge para debater questões sobre homens e máquinas. A noção de fazer com que os computadores conversassem entre si não era impossível de se imaginar: as redes digitais existiam há quase tanto tempo quanto o próprio computador digital por meio de outro sistema nascido em Boston: o Semi-Automatic Ground Environment [Ambiente Semiautomático de Solo] ou SAGE. Patrocinado pela Força Aérea e projetado no Laboratório Lincoln do MIT, o projeto conectou computadores militares e radares, criando um sistema digital de comando e controle para defesa aérea. Testado ainda em sua versão beta em 1953, em Cape Cod, essa primeira rede online foi lançada nacionalmente naquele fatídico verão pós-Sputnik de 1958.[5]

E, do outro lado da cidade, McCarthy topou com um psicólogo chamado Joseph C. R. Licklider — conhecido por todos como "Lick" — que estava obcecado com perguntas sobre como as escalas de tempo radicalmente diferentes do pensamento computacional (rápido como um raio) e da reação humana (não tão rápida) poderiam ser superadas a partir de melhores projetos. Em 1960, ele refletiu sobre esse problema em um artigo intitulado "Man-Computer Symbiosis" ["Simbiose homem-computador"], um pequeno tratado que se tornou um dos documentos mais influentes e duradouros da história da alta tecnologia. Em sete páginas conciliatórias, Licklider expôs uma nova ordem mundial, em que os homens (o masculino sendo procurador de todos os gêneros) tiveram o trabalho criativo: "Estabeleça as metas, formule as hipóteses, determine os critérios e faça as avaliações." Os computadores executariam as tarefas rotineiras de coleta e cálculo de dados que, segundo as estimativas de Lick, consumiam 85% do tempo dos pesquisadores humanos. Mas essa simbiose exigiria novas ferramentas — incluindo o uso compartilhado dos computadores ou *time-sharing*.[6]

O desenvolvimento do primeiro computador da Digital proporcionou a Licklider e McCarthy a oportunidade que eles precisavam. Em 1961, os dois se uniram para adaptar um novíssimo Digital mini, para que ele pudesse funcionar como uma máquina *time-sharing*. No mesmo ano, o centro de computação do MIT aceitou o desafio de McCarthy de reconfigurar um IBM recém-entregue para que ele também pudesse acomodar vários usuários ao mesmo tempo. O compartilhamento do tempo passou de uma ideia crua para algo real.

E, ENTÃO, O TIME-SHARING CRESCEU IMENSAMENTE EM ESCALA.

Em 1962, J. C. R. Licklider foi para Washington, nomeado para executar uma nova iniciativa de computação dentro daquela pequena agência do Departamento de Defesa criada no fim de 1957, para perseguir o fogo-fátuo do pós-Sputnik: o ARPA.

64   O CÓDIGO

Alavancado por sua considerável reputação e pela força de sua personalidade, Licklider garantiu um orçamento extraordinariamente generoso e uma liberdade administrativa a contento para gastá-lo onde quisesse — e passou a direcionar uma parcela portentosa desses recursos ao MIT e a Stanford, onde John McCarthy acabara de ingressar no corpo docente.

À medida que o dinheiro fluía do ARPA para projetos acadêmicos de computação dedicados ao avanço da "simbiose homem-computador", a agência de pesquisa inspirada no Sputnik criou uma disciplina totalmente nova nas principais universidades norte-americanas: não apenas uma variante da física ou engenharia elétrica, mas a busca intelectual autônoma da "ciência da computação". Stanford conseguiu seu Departamento de Ciência da Computação no início de 1965, o último programa estabelecido por Fred Terman como reitor. John McCarthy tornou-se um dos seis membros fundadores do corpo docente da pequena, mas poderosa, faculdade.[7]

Com os dólares do ARPA como centelha, o compartilhamento de tempo se espalhou rapidamente. Agora, operações que não poderiam pagar pelo seu próprio *mainframe* (ou mesmo pelo seu próprio minicomputador) poderiam aproveitar o poder de processamento de um cérebro eletrônico em outra sala, outro prédio ou do outro lado da cidade. Os formuladores de políticas e os jornalistas logo estavam discutindo sobre a capacidade das redes de levar o acesso do computador às massas, tornando-se um "serviço público de computação", assim como eletricidade ou telefonia. "Exceto obstáculos imprevistos", aplaudiu o professor de administração do MIT, Martin Greenberger, no Atlantic Monthly, em 1964, "um serviço de computador interativo online, fornecido comercialmente por uma empresa informacional, poderia ser tão comum em 2000 como o serviço telefônico é nos dias de hoje".[8]

O *BOOM* DO TIME-SHARING

Embora os serviços de compartilhamento de tempo tenham nascido para a utilização de pessoas que executam trabalhos acadêmicos, agora havia dinheiro a ser ganho para fornecer aos usuários famintos pelo acesso ao poder da computação em seus escritórios e residências. Assim, na segunda metade da década de 1960, houve uma onda de empresas iniciantes tentando se instalar no negócio de compartilhamento de tempo computacional. No Texas, houve operações como a Electronic Data Systems, de H. Ross Perot, e a University Computing Company, de Sam Wyly, que distribuíam o poder de processamento de computadores e forneciam serviços de software aos usuários de *mainframe*. Mas empresas como essas não estavam realmente trabalhando em rede da maneira que McCarthy, Minsky e Licklider imaginavam; programadores humanos, não computadores, alimentavam as máquinas com dados e determinavam a ordem e a duração de cada execução. Foi um processamento em lote por fios telefônicos.

O verdadeiro *time-sharing* comercial veio de um grupo de empresas menores, mas sofisticadas tecnologicamente, que programaram poderosos computadores científicos para determinar a ordem e o tempo de execução dos trabalhos, e também construíram redes de comunicação por computador a partir das linhas telefônicas para prover serviços de processamento mais rápidos, baratos e poderosos para seus clientes. Foi em uma empresa que acabaria se tornando líder nessa segunda categoria, uma pequena e ágil startup de Palo Alto chamada Tymshare, que Ann Hardy se encontrou no início de 1966.

A Tymshare foi integralmente uma criação da Califórnia. Era uma ideia de dois engenheiros que trabalhavam no posto avançado da General Electric no Vale de Santa Clara, Tom O'Rourke e Dave Schmidt, que examinaram as empresas de eletrônicos da região e viram uma robusta base de clientes para *time-sharing* apenas esperando para ser atendida. As primeiras demonstrações da Tymshare aconteceram na Lockheed Missiles and Space, cujos engenheiros, que esperavam 24 horas para que seu código FORTRAN fosse processado, agarraram a chance de acelerar um pouco as coisas. A empresa usava um poderoso computador científico fabricado pela Scientific Data Systems, ou SDS, que foi transformado em uma máquina de compartilhamento de tempo por uma empresa sediada em Berkeley.[9]

Ann Hardy vivia e trabalhava no Laboratório Livermore há cinco anos, mas o trabalho de seu marido o transferiu para Palo Alto, e simplesmente não era viável fazer o trajeto a partir da Cross Bay (e era inimaginável que o emprego de uma esposa tivesse alguma preferência). Nova na cidade, sem emprego e sem rumo, Hardy decidiu que precisava de um terminal de compartilhamento de tempo em casa para manter suas habilidades afiadas, e então começou a procurar um serviço no qual pudesse se inscrever.

Ao ouvir falar sobre a Tymshare, ela ligou para Dave Schmidt, que ficou tão perplexo com a ideia de uma dona de casa local querer "brincar" em um computador *time-sharing* que acabou confessando que a máquina do Tymshare ainda não estava funcionando. Acostumados a trabalhar em uma máquina de compartilhamento de tempo na GE que já era capaz de acomodar vários usuários, O'Rourke e Schmidt não tinham percebido que a máquina que encomendaram de Berkeley não teria um sistema operacional (SO) com capacidade semelhante instalado. A máquina tinha sido testada para acomodar até dois usuários; uma operação comercial como a

Tymshare precisava de uma que pudesse compartilhar tempo entre pelo menos 20. Eles precisavam atualizar o sistema. "Eu disse que eles precisavam me contratar", lembra Hardy. Schmidt concordou, mal percebendo como a programação de Hardy seria fundamental para o eventual sucesso da Tymshare. "Se eu soubesse o que o sistema significava para essa empresa", admitiu ele mais tarde, "nunca teria contratado uma mulher para trabalhar nisso".[10]

A Tymshare rapidamente se tornou um sucesso. Os engenheiros aeroespaciais da Lockheed e da Philco-Ford tinham sede de acesso ao poder de processamento, e finalmente havia chegado um serviço que os permitiu aproveitar toda a computação de que precisavam e desejavam. Mas, com uma base de usuários quase inteiramente formada por engenheiros, o computador Tymshare rapidamente começou a ser hackeado. Provavelmente não pretendiam causar problemas, pensou Hardy. "Assim que você deixa um engenheiro no computador, ele tenta de tudo."[11]

O mundo da tecnologia ainda estava décadas distante dos padrões atuais de criptografia, mas a equipe da Tymshare quase imediatamente começou a criptografar suas senhas para estabilizar o sistema. Hardy se debruçou para começar a criar outros sistemas de verificação e contrapesos no sistema operacional, de modo que era mais difícil para os usuários causarem uma falha. Enquanto grandes empresas de computadores ainda estavam descobrindo protocolos compartilhados para permitir que diferentes máquinas conversassem entre si, a Tymshare havia se adiantado para encontrar maneiras de tornar essas comunicações mais seguras.

Então veio a rede própria. Os fundadores da Tymshare começaram a empresa apenas como um mercado local, mas o sucesso do serviço logo os levou a buscar novos locais. Porém, como a única maneira viável para seus clientes enviarem dados através dos fios era por meio de linhas telefônicas locais, tornar-se nacional significava criar centros de computadores em todas as cidades em que desejavam atuar — uma proposta cara e pouco escalável.

Enquanto os executivos da Tymshare enfrentavam o dilema de construir uma rede nacional de dados em uma época em que não existia infraestrutura, Hardy procurou um programador que ela conhecia no Laboratório Livermore, cujo nome (LaRoy Tymes) e experiência (redes de computadores) fizeram ele parecer destinado a trabalhar na Tymshare. Quando foi contratado pela primeira vez em Livermore, Tymes tinha 20 anos de idade e não tinha um diploma universitário; tudo o que ele queria era se tornar um aprendiz de eletricista. De repente, graças à grande onda de contratações técnicas do governo, ele estava operando computadores em uma das mais importantes instalações secretas dos militares. "Foi muito além de tudo que eu já vi na minha vida ou ouvi falar", lembrou ele. "Eu estava... muito impressionado com o fato de confiarem essas máquinas multimilionárias a alguém como eu."[12]

Como Ann Hardy, LaRoy Tymes havia tropeçado na programação — que provou ser sua grande vocação. Ele veio para a Tymshare no início de 1968 e começou a construir uma brilhante solução alternativa para o problema de rede: uma rede nacional de minicomputadores que poderiam atuar efetivamente como intermediários de informações entre o cliente e o todo-poderoso SDS 940, conectada às linhas de tecnologia multiplexa que permitiam que muitas mensagens passassem pelos fios ao mesmo tempo. A solução alternativa de Tymes — com a marca Tymnet — acabou sendo uma inovação para os padrões que viriam. Desde o seu lançamento em 1971 até o advento da internet comercial no início dos anos 1990, não havia nenhum serviço para clientes corporativos que fosse sequer comparável a ela.[13]

A Tymshare decolou, mas ainda parecia uma startup: pequena, jovial e tecnicamente emocionante. Depois de terminar uma semana de trabalho de 70 horas, os funcionários iam a uma churrascaria de esquina para tomar cerveja e conversar sobre o trabalho. Hardy tinha filhos pequenos, mas ela permaneceu na empresa, adaptando sua vida familiar às exigências do trabalho. Talvez fosse a cultura suburbana de bairro, ou a demografia predominantemente masculina da profissão de engenheiro, mas era raro encontrar uma mãe que trabalhava como ela, nas fileiras de tecnologia do Vale, muito menos uma que era executiva técnica. A revolução feminista das décadas de 1960 e 1970 estava em chamas, mas entre os parquinhos e ruas sem saída de Palo Alto ainda parecia a era Eisenhower.

À medida que o mercado crescia, a Tymshare se expandiu para se tornar uma empresa líder em um setor que atingia a maturidade comercial ao mesmo tempo em que Wall Street entrava em vários anos consecutivos de alta. Em setembro de 1970, a Tymshare abriu seu capital, ultrapassando o preço de emissão no primeiro dia de negociação e, assim, criando uma receita inesperada para seus fundadores e primeiros funcionários. Ann Hardy, no entanto, não era um deles. "Eles não me deram opções de ações, como deram a todos os homens", disse ela com naturalidade. Sem aposentadoria precoce para ela, que, de todo modo, não queria parar de trabalhar. Havia coisas muito mais interessantes pela frente.[14]

DESREGULAMENTAÇÃO

Embora o compartilhamento de tempo estivesse decolando no fim dos anos 1960, o futuro do computador em rede ainda dependia de regulamentação e política. Do outro lado do Atlântico, a Grã-Bretanha e a França mantiveram as operações de telecomunicações do governo. Nos Estados Unidos, as redes eram de propriedade privada, mas o governo exercia um grande controle por meio de regulamentações destinadas a manter a universalidade do serviço e os preços baixos. Na prática, empresas de telecomunicações como a AT&T e a Western Union possuíam o mercado para si. O controle da AT&T sobre os fios telefônicos foi um dos motivos pelos quais era tão difícil para empresas como a Tymshare construir nacionalmente, e isso se estendia ao controle das máquinas conectadas a eles. Os aparelhos telefônicos da Clunky Bell, alugados mensalmente pela companhia telefônica, tornaram-se um recurso quase universal nos lares norte-americanos no meio do século XX.

Nos anos 1960 e início dos anos 1970, no entanto, várias coisas aconteceram para garantir que o ambiente regulatório dos Estados Unidos para a computação fosse muito diferente do da telefonia. Pouco percebidas na época, essas diferenças acabaram se revelando extremamente significantes para o desenvolvimento da vindoura economia tecnológica.

Primeiro, houve o caso "Carterfone". O texano Thomas F. Carter era um homem dos pastos e dos campos petrolíferos que, em 1959, patenteou um dispositivo que ligava uma linha telefônica comum a um rádio bidirecional, dando aos fazendeiros e trabalhadores das empresas de petróleo uma maneira de se comunicar por distâncias que os radiocomunicadores não poderiam cobrir. Não demorou muito tempo para a AT&T atacar. Somente os equipamentos da *Ma Bell* poderiam ser usados na rede Bell, informou a gigante das telecomunicações. O Carterfone teria que ir embora. A empresa de Thomas Carter pode ter sido pequena, mas sua indignação era do tamanho do Texas. Ele decidiu lutar. Em 1965, Carter entrou com uma ação antitruste privada contra todos os Golias da indústria: a AT&T, suas 22 subsidiárias regionais e o provedor de serviços telefônicos número dois, General Telephone & Electronics (GTE).

Três anos depois, em julho de 1968, a Comissão Federal de Comunicação — ou FCC, Federal Communications Commission — encerrou o caso com uma regulamentação decisiva: a AT&T não tinha o direito de proibir o uso de equipamentos de terceiros em suas linhas. "Nós demos uma goleada", Carter escarneceu. "Fizemos pó deles." Um advogado de Washington declarou: "Foi o caso no setor de comunicação mais importante da última década." A decisão sobre o Carterfone ajudou a acelerar a entrada de novos fabricantes no mercado de telefonia, além de forçar a AT&T a desenvolver produtos mais atraentes. Uma geração de crianças norte-americanas cresceria com telefones do Mickey Mouse em suas mesas de cabeceira. E, mais importante para o futuro online à frente, foi aberto um mercado para um novo conjunto de participantes da alta tecnologia construir aparelhos, acopladores, roteadores e infraestrutura de rede que permitissem a comunicação por computadores.[15]

Mais uma batalha Davi versus Golias estaria adiante. Dessa vez, não nos campos de petróleo do Texas, mas nos desfiladeiros de Wall Street.

Se a Bolsa de Valores de Nova York era o Cadillac do mercado de ações norte-americano, o OTC [sigla em inglês para *over-the-counter* ou "mercado de balcão"] era o seu Ford-T levemente amassado. Tratavam-se de empresas pequenas demais para figurarem nos grandes mercados, ou mesmo em bolsas regionais, e que tinham suas transações controladas desde a década de 1930 por um grupo autorregulador de corretores chamado National Association of Securities Dealers [Associação Nacional dos Corretores de Seguros] ou NASD. O mercado era opaco e arcaico em seus métodos; suas tabelas de ações impressas eram altamente não confiáveis, e os compradores normalmente só podiam conhecer o preço de uma ação ligando para seus corretores. Quando esse mercado começou a crescer, os corretores da NASD perceberam que precisavam entrar no século XX, sem mencionar que precisavam incrementar sua reputação um pouco decadente. Informatizar todo o sistema seria a maneira mais rápida de se fazê-lo.

Em 1968, os revendedores fizeram o trabalho de "automatizar" seu sistema de licitação, e a ganhadora foi uma empresa de quatro anos do sul da Califórnia chamada Bunker Ramo. Ela tinha raízes no setor de defesa: fundada pelo presidente da Martin Marietta, George Bunker, e pelo vice-presidente da TRW, Simon Ramo, dedicou-se ao que os dois fundadores chamavam de "uma necessidade nacional de aplicação de eletrônicos na forma de lidar com informações". Um dos primeiros clientes foi a NASA, para a qual a Bunker Ramo construiu um dos primeiros sistemas de recuperação de informações computadorizadas do mundo, usando o computador de rede para classificar e categorizar grandes conjuntos de dados *a la* memex de Vannevar Bush.[16]

A princípio, o sistema que a Bunker Ramo projetou para os revendedores era simplesmente outro banco de dados digital que digitalizava e colocava online as tabelas impressas das ações. Mas, quando a empresa adicionou um recurso que permitia aos corretores comprar e vender pela rede, a AT&T novamente esperneou. Isso não era mais *time-sharing*, argumentaram os advogados da AT&T; eram telecomunicações bidirecionais e a *Ma Bell* não mais arrendaria suas linhas à Bunker Ramo.[17]

Assim como Thomas Carter, Bunker e Ramo revidaram. A reclamação que a empresa registrou na FCC culminou em outra decisão histórica dos conselheiros

70   O CÓDIGO

da instituição, dessa vez em 1971. Chamada de "Computer I", a decisão da FCC instituiu um acordo: uma nova categoria de comunicação de "serviços híbridos" na qual a maioria das comunicações bidirecionais via computador se encaixaria. Isso não esgotou o debate; a "Computer I" seria acompanhada pela "Computer II" e pela "Computer III" antes da década de 1970. No momento em que a FCC conseguira estabelecer algumas compreensões mínimas sobre como categorizar a comunicação por computador, o ritmo da mudança tecnológica já galopava muito à frente.

A indecisão da FCC basicamente resolveu a questão. Extinguiu-se a forte inclinação regulatória que caracterizou as quatro décadas anteriores e possibilitou o todo-poderoso universo *Ma Bell*. Em vez disso, uma variedade de serviços comerciais em rede habitava os fios telefônicos, fornecendo cada vez mais conteúdo e, com o tempo, permitindo e-mails, bate-papos e todos os tipos de comunicação bidirecional: CompuServe, fundada em Ohio em 1969; The Source, criada na Virgínia em 1979; Prodigy, uma *joint-venture* entre a CBS, IBM e Sears, em 1984. A Tymnet de LaRoy Tymes nunca se tornaria uma marca familiar como essas, mas a primeira rede de *time-sharing* verdadeira foi a mais durável de todas, rodando sem falhas de 1971 a 2003. "Ela nunca teve um *bug* em seu código de rede", maravilhou-se Ann Hardy. "Um trabalho incrível."[18]

O Carterfone, a Bunker Ramo e as decisões da FCC que foram precipitadas, fazendo com que os portais de comunicações digitais se tornassem o domínio de muitas empresas privadas, não apenas uma ou duas. E, embora imensamente populares, nenhum desses serviços se tornou um "serviço de computação" gerido monocraticamente, um análogo informatizado da AT&T. Em vez disso, o Congresso e a FCC impediram ativamente a AT&T de fornecer conteúdo online e desregulamentaram a totalidade do sistema, forçando a separação da *Ma Bell* no início dos anos 1980.

Nesse vácuo, a única rede poderosa e difundida o suficiente para se tornar a espinha dorsal do comércio eletrônico e da comunicação mundial era algo bem diferente — uma rede não hierárquica, não comercial e indomada, cria também da corrida espacial dos Estados Unidos. Era chamada de ARPANET.[19]

INTERGALÁCTICA

Quando os negócios de compartilhamento de tempo começaram a decolar, J. C. R. Licklider já havia passado para outras ideias muito maiores. A partir do momento em que desembarcou no Pentágono, Lick começou a emitir uma série de memorandos que levaram as redes de compartilhamento de tempo para o próximo nível

— optando por interconectar computadores compartilhados para criar uma poderosa rede nacional de supercomputação interativa. Com um floreio extravagante e intencionalmente humorístico que enfatizou a natureza selvagem da ideia, ele a chamou de "Rede Intergaláctica de Computadores".[20]

Acadêmicos adotaram o conceito, apesar do problema técnico perverso apresentado ao tentar colocar diferentes marcas e modelos de *mainframes* para se comunicarem. Equipes de cientistas da computação de diferentes campi pesquisavam temas parecidos, mas trabalhavam em sistemas totalmente separados que não podiam compartilhar dados ou descobertas. Era quase tão ineficiente quanto esperar 36 horas para processar seus cartões perfurados. O eventual sucessor de Licklider na ARPA, um texano fumante de cachimbo chamado Bob Taylor, trabalhou durante o restante da década de 1960 para resolver esse problema e tornar possível uma "Rede de Computadores de Compartilhamento de Recursos".[21]

O Pentágono já havia entrado na era dos cortes de orçamento de Robert McNamara, e os figurões das Forças Armadas se mostraram receptivos ao argumento de Taylor de que a computação em rede eliminaria ineficiências e liberaria os contratados para obter o melhor tipo de computador pelo menor preço. Um segundo argumento mais apocalíptico para uma rede nacional de computadores surgiu da RAND, cujos pesquisadores apontaram que essa rede descentralizada poderia servir como uma tábua de salvação da comunicação militar caso um ataque nuclear acabasse com o serviço telefônico regular e os centros de comando do Pentágono.

Os chefes disseram *sim*, mas não deram a Taylor um orçamento muito grande. Para obter ajuda com o intuito de projetar, ele voltou-se aos pesquisadores acadêmicos que estavam lidando com questões de simbiose homem-computador ao longo de quase uma década. A rede resultante, a ARPANET, foi criada por e para acadêmicos, e refletia suas prioridades: facilidade de comunicação, colaboração não hierárquica, sem nenhuma plataforma de hardware ou software em particular.

O compartilhamento de tempo rapidamente se tornou um mercado sedento de lucros, com diferentes empresas de computadores lutando com ferocidade para se tornarem o padrão do setor, e com isso toda a indústria entrou em colapso devido ao seu próprio peso. Outras tecnologias eletrônicas não aplicadas — como pesquisas teóricas sobre radares e micro-ondas até o transistor e o CI — tornaram-se militarizadas, fato que causou crescente sofrimento entre a comunidade acadêmica à medida que a oposição à Guerra do Vietnã crescia. A ARPANET era diferente: uma cria perfeita da era espacial, nutrida e modelada por um bando de professores temperamentalmente anárquicos e estudantes de pós-graduação de cabelos compridos do fim da tumultuada década de 1960. Era um produto do complexo industrial-militar que tinha alma de contracultura.

RICHARD NIXON TINHA SETE MESES DE PRESIDÊNCIA QUANDO Neil Armstrong deixou sua marca na superfície lunar em julho de 1969, atingindo o grande objetivo que John Kennedy havia estabelecido 8 anos antes. A "lacuna de mísseis" sobre a qual o Relatório Gaither havia alertado tão sombriamente acabou sendo uma miragem, com base em péssimas informações. Mas a enxurrada subsequente produziu resultados reais. O esforço norte-americano de alcançar os soviéticos acelerou todo tipo de inovação eletrônica, ampliando ainda mais a indústria de computadores e transformando o sistema de ensino superior dos Estados Unidos no mais rico e importante do mundo.

Três meses e nove dias após o pouso na Lua, a ARPANET entrou em operação. A rede foi um pontinho de nada no cenário amplo e caro do programa espacial norte-americano. Dos US$24 bilhões gastos na corrida espacial — entre a declaração de Kennedy e o "passo gigante da humanidade" de Neil Armstrong — apenas cerca de US$1 milhão foi dedicado à construção da ARPANET. Apenas alguns cientistas acadêmicos e burocratas do governo sabiam de sua existência. Seu lançamento não foi mencionado em nenhum dos jornais nacionais. No entanto, olhando meio século para trás, a rede em que a ARPANET se tornou — a internet — teve um efeito mais significativo na evolução política e econômica do mundo do que todos os lançamentos de foguetes, satélites e pousos na Lua juntos.

CAPÍTULO 5

Os Homens do Dinheiro

A história da alta tecnologia geralmente é apresentada como uma forte rivalidade entre Boston e o Vale do Silício. Uma história sobre vencedores e perdedores, tudo ou nada. No entanto, a maneira como as coisas se desenrolaram naquelas primeiras décadas do pós-guerra mostram o quanto estavam interligados os destinos das duas regiões desde o início, conectadas por afetos pessoais e invejas profissionais, catalisados por contratos federais. Essa ligação — e não apenas a rivalidade — foi parte do que tornou cada uma tão poderosa.

Fred Terman criou sua "comunidade de acadêmicos técnicos" com o MIT de Vannevar Bush em mente, um projeto à base de admiração tanto quanto de competição. Raytheon firmou contrato com a NASA para a criação do sistema de orientação da Apollo e logo após subcontratou os CIs com a Fairchild. O compartilhamento de tempo começou no MIT e migrou para o oeste em uma onda de dinheiro do Pentágono. A ARPANET era importante porque permitia que Palo Alto e Berkeley, Cambridge e Washington — ou qualquer outro lugar — se comunicassem e colaborassem. E tudo dependia das pessoas. O Vale estava repleto de engenheiros treinados pelo MIT, MBAs de Harvard e pessoas que já haviam trabalhado em algum lugar ao longo da Rota 128, a autoestrada da região de Boston que concentra empresas de tecnologia. (O Vale desfrutava de uma vantagem naquele troca-troca perpétuo, pois poucos que experimentavam o clima mediterrâneo do norte da Califórnia queriam retornar ao inverno da Nova Inglaterra.)

No entanto, havia diferenças marcantes entre as duas regiões — que moldaram o que viriam a se tornar. Geografia *era* destino. Como AnnaLee Saxenian observou em 1994, em seu estudo definitivo que comparou as duas regiões, a distância do

74   O CÓDIGO

Vale de Santa Clara dos centros de poder político e financeiro acabou sendo uma tremenda vantagem. Forçou a improvisação, alimentou novos tipos de empresas e isso significou menos dependência da inconstante generosidade do complexo industrial--militar. "Na tentativa de imitar" o modelo que Bush e outros haviam estabelecido em Boston, ela escreve, "eles sem querer o transformaram".[1]

O VALE DE SANTA CLARA NÃO ERA UMA CIDADE GRANDE, MAS um aglomerado isolado de pequenas casas suburbanas. "Quando me mudei para o Vale, parecia um oásis no deserto", lembrou Marty Tenenbaum, um engenheiro recém-saído do MIT que foi para a Lockheed em 1966. Antes de se mudar, ele comprou, na Harvard Square, livros suficientes para um ano de leitura, para o caso de não conseguir encontrar uma livraria decente. (Ele encontrou uma, mas não mais que isso.) As pessoas do ramo de tecnologia eram todas amigas e vizinhas. Com pouco para distraí-los, eles passavam suas horas de folga batendo papo enquanto assistiam aos jogos de baseball da Little League ou debatiam sobre o design de semicondutores nas poltronas de couro dos poucos pubs que existiam no Vale.[2]

Em outros contextos, a situação poderia ter levado a um provincianismo irremediável. Ligada aos rios de dinheiro e dezenas de pessoas que migravam para o oeste, para o complexo industrial-militar e para as salas de aula de Berkeley e Stanford, foi gerado um novo modelo industrial disruptivo e altamente eficaz.

Harvard e o MIT podem ter sido potências acadêmicas indiscutíveis, mas operavam de maneira muito diferente da empreendedora, oportunista e sempre ligeira Stanford. Boston poderia ter banqueiros e *Brahmins* — como são chamados os dândis locais —, mas o norte da Califórnia tinha jovens patrocinadores e advogados com uma visão aguçada do cenário tecnológico e das oportunidades que eram apresentadas para ganhar dinheiro. O Vale de Santa Clara tornou-se uma Galápagos particularmente inteligente e cheia de recursos, desenvolvendo novos e peculiares especialistas em negócios, focados exclusivamente em alta tecnologia. Nenhum outro lugar — nem mesmo Boston — tinha o que o Vale tinha. Foi esse ecossistema que finalmente deu ao norte da Califórnia sua vantagem competitiva.

Mesmo após a ascensão dos fabricantes de chips e das companhias produtoras de minicomputadores, empreendedorismo ao estilo faça-você-mesmo era uma aposta arriscada, exigindo conhecimento de mercado e recursos que nenhum contrato federal poderia fornecer. De modo geral, os empresários do setor de eletrônica eram jovens espertos de origens modestas, mas não tão espertos como os empresários de Wall

OS HOMENS DO DINHEIRO 75

Street. Estes pretensos "Bob Noyces" e "Ken Olsens" precisavam de conselhos sobre administração, orientação sobre marketing, vendas, publicidade, ajuda legal na elaboração de contratos, no registro de patentes e na alocação de opções de ações. E eles também precisavam de dinheiro. Os bancos tradicionais — na verdade, a maioria dos investidores — não estavam dispostos a dar dinheiro a jovens que nunca trabalharam fora de um laboratório acadêmico e que na maioria das vezes criavam produtos para os quais ainda não havia mercado. Os fundadores das startups precisavam de investidores que compreendessem a tecnologia que estavam construindo, mas que também soubessem como navegar no mundo dos negócios, que fosse um pouco apostador.

Eles precisavam de um capitalista de risco.

O GENERAL

O orvalho ainda não havia evaporado dos pomares de ameixa quando o Pontiac azul alugado ressoava pela estrada rural, alguns quilômetros ao sul de Palo Alto. Bill Draper estava ao volante. Seu amigo e parceiro de negócios, Pitch Johnson, estava fazendo a mesma coisa, em outro pomar, em um Pontiac azul idêntico. Eles faziam isso todas as manhãs naqueles dias inebriantes da Nova Fronteira de Kennedy: acordavam cedo, entravam nos carros alugados e caçavam bons negócios.

Draper reduziu a velocidade quando viu um celeiro de madeira entre as árvores. Um fazendeiro o construíra anos antes para secar a colheita, mas, ao se aproximar, Draper percebeu que o celeiro não estava mais cheio de ameixas. Pregada sobre a porta, havia uma placa com o nome da empresa — "techs" e "trons" que sinalizava uma operação eletrônica novata no interior. Desacelerando até parar, Draper pulou para fora do Pontiac e dirigiu-se à porta.

Uma batida rápida e a porta se abriu. Outro jovem em dificuldade olhou para a luz da manhã. Draper se apresentou e foi direto ao ponto. "Eu sou um capitalista de risco. Compramos participação minoritária em empresas como a sua e entregamos dinheiro para você expandir seus negócios." Era tudo o que um empresário com pouco dinheiro precisava ouvir. "Entre", respondeu o jovem. Draper acabara de pegar mais um. Manhã após manhã, empresa após empresa, Bill Draper e Pitch Johnson passaram a ser os caras, se você fosse uma jovem e faminta empresa de eletrônica.[3]

Bonito e confiante, com o andar de um atleta, William Henry Draper III era um tipo diferente de migrante da Califórnia, em comparação a rapazes como Burt McMurtry e Bob Noyce, de origem simples. Nascido no dia de Ano-Novo de 1928, era filho de um famoso banqueiro e diplomata, criado na afluência do condado de Westchester; um veterano da Coreia, membro da exclusiva e ultrassecreta sociedade *Skull and Bones*, de Yale. Depois de se formar em 1950 — um ano antes do colega *bonesman* e futuro presidente George H. W. Bush — Draper foi para a Harvard Business School.

Ele aportou na sala de aula do "inspiracional" Georges F. Doriot. O francês, conhecido como "General Doriot" — havia se tornado cidadão dos Estados Unidos para ingressar no exército durante a Segunda Guerra Mundial, e alcançou o posto de general de brigada — tinha cinco anos de carreira em investimentos em tecnologia como presidente da *American Research and Development Corporation* (ARD), mas seu investimento digital estaria a anos no futuro. Então, Doriot ainda não era uma lenda do capital de risco, mas simplesmente um dos membros mais populares do corpo docente do programa de MBA.

O curso de um ano do professor teve um título enganosamente sem graça, "Manufatura", mas foi uma jornada estimulante de palestras e experiências do mundo real que "nos ensinaram como era realmente ser um empresário", disse Draper. "Estou construindo homens e empresas", proclamou o professor. (Como a Harvard Business School não admitia mulheres, Doriot ofereceu uma aula simultânea para as esposas dos estudantes, em que deu dicas úteis sobre como ser uma solidária esposa de executivo, como recortar artigos relevantes da *BusinessWeek* para seus maridos e recebê-los em casa com seus drinks favoritos depois de um longo dia no escritório. A esposa de Draper, Phyllis, não gostou nem um pouco.)[4]

Embora os capitalistas de risco — CRs — tenham uma reputação popular como caras durões, que resistem às convenções, a primeira leva deles era ligada à tradição do *establishment* comercial. Doriot não foi exceção. O francês exigente havia deixado o Exército, mas mantinha um cronograma de precisão militar: acordava às 7h da manhã para caminhar para o trabalho, mantendo jornadas longas quebradas apenas por um almoço de dez minutos na cafeteria do escritório, e acordando regularmente às 2h da manhã para refletir sobre alguma questão comercial espinhosa. "Lembre-se sempre", advertiu ele aos seus alunos, com um olhar severo, "que alguém, em algum lugar, está criando um produto que tornará o seu obsoleto".[5]

O fundo de risco que Doriot dirigiu foi uma criação de Ralph Flanders, republicano de Vermont e senador por três mandatos que já dirigira o *Federal Reserve* de Boston. (Flandres, severamente independente, ganhou fama como o primeiro republicano a censurar o senador "caça-comunista" Joseph McCarthy, em 1954.) Os outros financiadores originais tinham o mesmo sangue azul: Paul Clark, presidente da companhia de seguros John Hancock, Merrill Griswold, do Massachusetts Investors Trust, e Karl Compton, presidente do MIT.[6]

Doriot pode ter popularizado o rótulo de "capital de risco", mas o investimento em empreendimentos novos e arriscados não era algo novo — longe disso. Da corte da rainha Elizabeth I à Florença dos Médici e aos patrocinadores que investiram em Henry Ford, pessoas ricas há muito tempo se dispunham a apostar em ideias e empresas novas e relativamente não testadas. Fazer investimentos de *adventure capital* em novas indústrias tornou-se um hobby entre os filhos e netos dos milionários da era dourada. Em meados do século XX, um número suficiente dessas apostas já havia dado retorno, e esses fundos de investimento familiares — como os dos Rockefellers e dos Whitneys — se transformaram em fontes confiáveis de financiamento para empresas em estágio inicial de diversos setores. Os iniciados chamavam esse tipo de transação de "colocação privada".[7]

Os titãs do dinheiro antigo não sabiam nada sobre como a eletrônica funcionava, mas podiam sentir o cheiro do dinheiro vindo dela. A contribuição de Doriot foi bancar o casamenteiro, usando sua profunda familiaridade com o cenário de pesquisa de Boston para farejar a tecnologia, encontrar os empreendedores e conectá-los à elite endinheirada. Quando Bill Draper entrou em sua sala de aula em Harvard, o General havia levantado milhões de dólares de investidores individuais e institucionais que semearam investimentos em várias empresas. A maioria estava em Massachusetts. Draper viu uma oportunidade.

O pai dele também. O veterano William Draper havia sido o subsecretário do Exército de Truman, e depois foi ao Atlântico para comandar as operações europeias do grande projeto de reconstrução do pós-guerra norte-americano, o Plano Marshall. Seu vice, Fred Anderson, era outro militar e diplomata ilustre. Os dois rapidamente se tornaram amigos. Voltando aos Estados Unidos, os dois homens se uniram a um terceiro parceiro: ninguém menos que H. Rowan Gaither, o Paul Revere da lacuna de mísseis.

Dois anos após o fatídico Relatório de Gaither ter ajudado a girar a roda dos gastos com tecnologia, os três homens fundiram sua experiência em Wall Street e suas conexões em Washington para levar o modelo de empreendimento de Doriot para a Costa Oeste. A estrutura, no entanto, era um pouco diferente. O General administrava a ARD como um fundo mútuo fechado e negociado publicamente; o trio optou por tornar sua operação uma parceria limitada, na qual os parceiros ganhavam a maior parte do dinheiro com o "*carry*" — um naco robusto de qualquer lucro obtido pelo fundo.

O modelo de parceria limitada, que nas últimas décadas se tornou predominante para os CRs do Vale, entrelaçou o destino financeiro de um financiador ainda mais estreitamente com o das empresas de seu portfólio. Ele o encorajou a escolher as apostas com cuidado e manter um relacionamento administrativo intensivo com seus empreendedores. Ao garantir uma grande porcentagem de uma empresa como pagamento por seu capital inicial, o CR tornou-se o parceiro de negócios mais importante do empresário — e possivelmente aquele com maiores retornos. A taxa de acerto foi de apenas um em cada dez. Mas, com o dinheiro a ser ganho com a eletrônica, você só precisava de um grande sucesso.

Depois de angariar US$6 milhões de financiadores de Nova York, incluindo US$2 milhões da família Rockefeller, Draper, Gaither e Anderson abriram as portas em 1959 como a primeira empresa de capital de risco de Palo Alto. O jovem Bill Draper veio para o oeste para se juntar a eles logo depois. Curiosamente, a empresa que foi pioneira na estrutura de parceria limitada não teve tanto sucesso, em grande parte porque os três fundadores estavam muito ocupados para deixar tudo de lado, arregaçar as mangas e se envolver no gerenciamento diário das empresas de seu portfólio. Você precisava de jovens para fazer isso, homens que ainda não haviam conseguido fortuna e reputação, homens que estavam dispostos a desbravar a bordo de Pontiacs azuis e caçar negócios.[8]

O GOVERNO

O capital de risco poderia ter permanecido uma espécie de negócio de boutique, o reino dos formados em universidades de elite com bom networking e dos investidores fiduciários, se Lyndon B. Johnson não quisesse ser presidente.

No verão de 1958, Johnson estava em seu quarto ano como líder da maioria no Senado, encerrando uma temporada verdadeiramente espetacular de realização legislativa e pensando em como ganhar a indicação presidencial democrata de 1960. Para chegar lá, ele precisava do apoio da ala liberal dos congressistas democratas do norte, que viam o tagarela texano apenas como mais um obstrucionista do sul quando se tratava de direitos civis. Então, uma vez nomeado, ele precisou trabalhar duro para atrair delegados eleitorais do mundo dos negócios, inclinados a seu provável adversário republicano, o vice-presidente Richard Nixon.

Um tema que atingiu esses dois alvos foi o investimento em pequenas empresas, que era amplamente percebido como insuficiente, sufocando o crescimento econômico ao desencorajar os empreendedores a abrirem seus negócios. Era exatamente o tipo de desafio legislativo que Johnson gostava. As pequenas empresas também eram boas políticas quando se tratava do homem de Abilene, o presidente Dwight Eisenhower, um antigo defensor de pequenos empreendedores — atividades "de vital importância para a solidez e vigor de nosso sistema de empresas competitivas livres", disse ele.

OS HOMENS DO DINHEIRO   79

Os democratas no Congresso tentavam passar algo nesse sentido desde a década de 1930, sem sucesso, em parte porque sua abordagem envolvia a criação de um grande banco governamental, cuja lógica e custo pouco atraíam os republicanos. Johnson sabia que precisaria de algo mais focado no setor privado. Para obter ajuda, ele procurou um professor de Harvard conhecido como especialista nesse assunto: Georges Doriot.[9]

Discutindo com seus colegas parlamentares à medida que o recesso do verão se aproximava, Johnson teve êxito na aprovação da "Lei de Investimentos para Pequenas Empresas", que estabeleceu um conjunto de benefícios fiscais surpreendentemente generoso e garantias de empréstimos federais para pequenas empresas e seus investidores. Se estabelecer como uma Small Business Investment Company [Companhia de Investimentos em Pequenas Empresas], ou SBIC, significa que para cada dólar que você aplicar de seu próprio capital, o governo garantirá US$3 a mais em empréstimos de longo prazo. Havia incentivos fiscais para investimentos em estágios iniciais e intervalos especiais para "serviços de consultoria de gestão". Era o modelo de Doriot, com o governo dos Estados Unidos substituindo os Rockefellers como anjo cheio de dinheiro. Com pouca regulação e abertas a quase qualquer pessoa que quisesse criar uma, as SBICs se tornaram o que um crítico mais tarde chamaria amargamente de "licença para roubar".[10]

Embora a medida de Johnson tenha se tornado um detalhe em meio a toda incendiária legislação daquele ano — NASA! Lei de Educação em Defesa Nacional! Direitos Civis! — o novo programa foi um sucesso imediato com os investidores. Em 1959, mais de 100 SBICs estavam no mercado; em 1961, o número subiu para 500. O programa trouxe uma onda de novas pessoas e empresas para os negócios, permitindo que jovens ambiciosos se tornassem capitalistas de risco, mesmo que ainda não fossem ricos. O programa iniciou uma onda de novos fundos de investimento em uma variedade de setores de manufatura leve e serviços administrativos, mas especialmente em eletrônica, em que a onda pós-Sputnik criou um mercado militar grande e faminto.[11]

A sinergia do SBIC com os gastos com defesa foi um estrondo em Palo Alto. Um inquieto Bill Draper saiu da empresa de seu pai e começou a negociar com um SBIC próprio, recrutando seu amigo Pitch Johnson para se juntar a ele. Cada um deles arrecadou US$75 mil. Johnson teve que recorrer ao sogro para conseguir a maior parte de sua participação. O governo emprestou US$450 mil à dupla.[12]

O GRUPO

Quando Draper e Johnson abriram seu negócio em 1962, eles já tinham companhia. A Bay Area abrigava grandes fortunas familiares, da madeira e agricultura à construção naval e ao café, e várias dessas empresas de dinheiro antigo entraram em investimentos em eletrônicos. Vários bancos e companhias de seguros sediados em São Francisco também abriram SBICs paralelamente. Os gerentes de fundos tendiam a ser como Draper e Johnson, sócios bem relacionados, na casa dos 20 ou 30 anos, ainda não ricos, mas capazes de serem embaixadores entre sua geração de jovens empreendedores eletrônicos e a geração de pais de banqueiros e financiadores. No Bank of America, havia George Quist, que mais tarde cofundou um dos bancos de investimento mais importantes da indústria da tecnologia. No fundo Fireman's, havia Reid Dennis.

Embora tivesse mais ou menos a mesma idade de seus colegas de empreendimento, Dennis tornou-se um conselheiro mais experiente para a crescente comunidade empreendedora da Bay Area. Em 1952, seis meses depois de se formar em Stanford com a combinação poderosa de um bacharelado em Engenharia Elétrica e um MBA, o nativo de São Francisco havia aplicado cada centavo que restara de seu fundo de faculdade — US$15 mil — em um investimento na Ampex, fabricante local de fitas magnéticas. Ele viu uma demonstração da tecnologia em um seminário no campus e achou interessante. Acabou sendo muito mais que isso; por fim, o investimento rendeu cerca de US$1 milhão.

Caxias, genial e meticulosamente organizado (ele manteve planejadores com códigos de cores durante toda a sua carreira, arquivando-os cuidadosamente para referência futura), Dennis tinha dinheiro suficiente para deixar o emprego, mas não o fez. Em vez disso, ele começou a convocar almoços regulares com outras pessoas da área financeira, como ele, com um apetite por fazer investimentos em pequenas empresas de tecnologia na Península. Alguns dos novos empreendedores eram descendentes de famílias ricas da Califórnia; outros foram contratados para administrar o dinheiro. Eles atingiram a maioridade em meio à agitação científica dos anos Eisenhower, tornando--os mais afinados do que os mais velhos com as novas e brilhantes oportunidades de negócios em microeletrônica, e eles agiam juntos como uma matilha.

Em meio ao revestimento de madeira e às torrentes de martinis dos restaurantes de alta classe de São Francisco, ansiosos fundadores de startups faziam seus pitchs diante do grupo. Posteriormente, os investidores mandariam o empreendedor tomar um ar, enquanto discutiam se deveriam fechar um acordo. "Houve vezes", lembrou Dennis, "em que empenharíamos US$100 mil durante o café". Eles tinham uma taxa de acerto notável. Dos 25 primeiros investimentos feitos pelo grupo de almoço, 20 foram bem-sucedidos e eles só perderam dinheiro em três. "Não havia competição" pelo que estavam fazendo no Vale, lembrou Dennis. Ele e seus companheiros de almoço se chamavam de O Grupo. Outros os chamavam de The Boys Club [O Clube dos Rapazes, em tradução livre].[13]

Embora tenha crescido enormemente nas décadas posteriores, a indústria do capital de risco do Vale do Silício se afastou muito pouco da demografia exclusivamente masculina, branca e de classe média alta que possuía no início. Não era surpresa que essa homogeneidade tenha sido seu ponto de partida. "O grupo de capital risco da Costa Oeste", relatou Pitch Johnson para um político que o inquiriu algumas décadas depois, "é praticamente uma combinação de engenheiros e MBAs". As mulheres não podiam nem entrar na maioria dos programas desses dois campos nos anos 1950 e 1960. Menos de 3% dos homens afro-americanos haviam concluído a faculdade ou a pós-graduação em 1960, em qualquer campo; apenas um punhado de estudantes não brancos pôde ser encontrado nos principais programas de MBA do país.[14]

As mulheres "computadorizadas" que programaram os primeiros *mainframes* deixaram o negócio, geralmente para se dedicar a suas jovens famílias. Se elas quisessem voltar ao trabalho após alguns anos, descobririam que suas habilidades já estavam duas ou três gerações de tecnologia desatualizadas. O hardware e o software se moveram rápido demais para suportar um intervalo para a maternidade.

As raras especialistas técnicas femininas que perseveraram, como Ann Hardy, eram praticamente invisíveis para os investidores que exploravam laboratórios e empresas à busca de alguém que pudesse ser um bom CEO. Ressaltando esse ponto, alguns dos lugares em que o Grupo se reunia para almoçar não permitiam a entrada de mulheres em seus salões.[15]

Por que esses padrões persistiam, mesmo quando mulheres e minorias fizeram incursões significativas em outros domínios profissionais? A explicação está na característica da comunidade de CR do Vale, que o diferencia de outras regiões e que o tornou tão bom em encontrar e nutrir uma geração de empreendedores após outra: sua natureza personalista, firmemente conectada.

Assim como a comunidade tecnológica mais ampla do Vale, a primeira geração de CRs da região consistia em homens iguais em idade, educação e temperamento. Eles eram amigos, colegas e concorrentes; eles escolheram seus investimentos com base no instinto e em métricas mais tradicionais. Mais tarde, um dos CRs mais influentes e bem-sucedidos da região, John Doerr, ficou em saia justa depois de admitir que um fator importante que guiava suas decisões era o "reconhecimento de padrões". Os empreendedores mais bem-sucedidos, ele descobriu, "todos parecem ser brancos, homens, nerds que abandonaram Harvard ou Stanford e que absolutamente não têm vida social. Então, quando eu via esse padrão", concluiu, "era muito fácil decidir investir".[16]

O CÓDIGO

Os empreendedores da década de 1960 podem não ter sido desistentes das faculdades vestindo jeans e moletons de capuz, mas eles também se encaixam em um padrão: diplomas de engenharia de certos programas, algum serviço militar, conservadores em sua posição política e totalmente dedicados e fascinados por desafios técnicos. Eles eram, de fato, muito parecidos com os capitalistas de risco que os financiavam. A fusão de mente entre empreendedores e CRs foi a grande vantagem do Vale do Silício e também sua maior fraqueza.

OS ENGENHEIROS ESTÃO DENTRO

O programa SBIC pode ter fornecido o dinheiro e os novos talentos necessários para aumentar o negócio de startups, mas, em longo prazo, provou ser um ajuste inadequado para o tipo de investimento de risco que o Vale precisava. Alarmado com o dreno do Tesouro dos Estados Unidos — previsivelmente, o SBIC nunca recebeu de volta a totalidade do dinheiro que tão generosamente emprestou —, o Congresso incrementou o programa com regulamentos adicionais e menos facilidades, sufocando a ação até então desembaraçada dos gerentes de fundos. À medida que o tempo passava e a comunidade de capital de riscos crescia, vários investidores que começaram com SBICs passaram para o modelo de parceria limitada. Alguns sequer se envolveram com SBICs.

Foi o caso de Arthur Rock, o primeiro corretor líder da Fairchild. Sentindo que o futuro estava na eletrônica da Costa Oeste, ele partiu de Wall Street para São Francisco em 1961, e logo convenceu seu amigo Thomas J. Davis a fazer parceria com ele. Com quase 40 anos, Tommy Davis era um investidor experiente que já possuía uma carreira notável e variada: faculdade de Direito, serviço de guerra como espião do *Office of Strategic Services* [Escritório de Serviços Estratégicos] ou OSS, nas selvas do sul da China, e depois uma ida ao Oeste para administrar o dinheiro de um império de petróleo e gado da Califórnia.[17]

Insatisfeito com a abordagem conservadora de seus investimentos, Davis aproveitou a oportunidade para estabelecer sociedade com Rock. Os dois tinham as mesmas prioridades voltadas a pessoas — Rock respeitava o mantra "apoiar as pessoas certas" — e logo se viram financiando um dos maiores sucessos da década de 1960, fundado por uma "pessoa certa" acentuadamente peculiar: Max Palevsky e sua empresa de computadores científicos, SDS. O negócio foi fantástico para a Davis & Rock, pois Palevsky, sedento por dinheiro, doou a maior parte de sua empresa a seus investidores em troca de financiamento inicial. Quando a SDS foi adquirida

OS HOMENS DO DINHEIRO

pela gigante Xerox em 1968, os parceiros obtiveram um retorno de mais de US$60 milhões em seu investimento de US$250 mil.[18]

À medida que os acordos ficaram mais rentáveis, mais pessoas entraram no negócio de capital de risco. Isso incluía grandes *players* além da Califórnia, notadamente Ned Heizer, um homem de Chicago afável e estupendamente trabalhador que levantou mais de US$80 milhões para iniciar um fundo de negócios quando Wall Street explodiu, apostando em tudo, de supermercados a semicondutores. Grandes fundos como os de Heizer eram inéditos no Vale, no entanto. A primeira geração de pioneiros em eletrônica estava apenas começando a ver seus retornos, e a grande maioria da riqueza dos Estados Unidos se aninhava no Nordeste.[19]

Embora o Vale ainda demorasse uma década para colher totalmente as recompensas, a escala relativamente modesta de suas operações de risco manteve os CRs próximos de suas empresas, seus empreendedores e tendências tecnológicas emergentes de maneiras impossíveis para os Ned Heizers do mundo. Isso só mudou quando uma nova onda apareceu no fim da década de 1960, advinda daquela grande leva de migrantes da década de 1950 que havia preenchido os laboratórios da Lockheed e da Sylvania, assim como as salas de aula de Stanford. Eram operadores *e* tecnólogos, trazendo uma compreensão tácita do negócio de eletrônicos que era imensamente valiosa em um ambiente de negócios em rápida mudança e intensamente competitivo. Um deles era Burt McMurtry.

Em 12 anos no Vale, o discreto texano passou de engenheiro júnior para um doutor, diretor de um laboratório que empregava 500 pessoas. Ele era mais leal do que nunca às suas raízes de Houston, fazendo uma peregrinação anual a Rice todos os anos para recrutar seus graduados em engenharia. A "máfia de Rice" que ele ajudou a criar no Vale foi a maior concentração de ex-alunos em qualquer lugar fora do Texas. Mas a Califórnia agora era sua casa, seu sol e energia, o que combinava com o otimismo e entusiasmo inatos de McMurtry por novos desafios de alta tecnologia. À medida que os fundos de risco proliferavam e o setor se diversificava, a ideia de ir para uma "companhiazinha" não parecia mais tão absurda.[20]

Um dos que fez algo diferente foi outro veterano do Vale, Jack Melchor. Após uma longa carreira em duas startups de sucesso, a segunda adquirida pela HP, Melchor começou a se preocupar com sua saúde. Dave Packard, seu mentor e chefe, era um trabalhador tão esforçado que desenvolveu um tique nervoso; Melchor também se desgastara tão completamente que acabou hiperventilando um dia no escritório e teve que ser transportado com oxigênio. Foi o suficiente para ele deixar a HP para o mundo um pouco menos exigente dos investimentos. "Por que você não vem se juntar a mim?", perguntou ele a

McMurtry. Os dois não se conheciam bem, mas Melchor ouvira coisas boas. McMurtry calculou que "essa era uma oportunidade boa demais para deixar passar".[21]

Estabelecendo-se como a Palo Alto Investment Company, a operação de dois homens instalou-se em um apartamento no segundo andar, acima de uma pizzaria. Todas as noites às 18h, um gigantesco órgão do cinema mudo instalado no restaurante entrava em operação, fazendo-o sair correndo do escritório em busca de paz e sossego. "Deedee disse que era o mais cedo que cheguei em casa, antes ou depois." Em quatro anos, ele e Melchor investiram em 16 startups, nunca investindo mais de US$300 mil em nenhuma delas. Comparado a alguns dos grandes fundos que vinham do Leste, era pouca coisa. Mas acabou sendo o início de uma das carreiras de CR mais conhecidas do Vale.[22]

GALÁPAGOS

O setor de capital de risco era uma parte importante do peculiar e tecnológico ecossistema do Vale que se aglutinou durante os anos 1960 —, mas era apenas uma parte.

Outra parte era a lei. Enquanto Draper e Johnson passavam pelos pomares e Dennis presidia reuniões durante o almoço, um escritório de advocacia de Palo Alto, capitaneado por quatro homens, começou a oferecer serviços a jovens empreendedores da alta tecnologia e capitalistas de risco. McCloskey, Wilson & Mosher era uma sociedade formada por três homens que — como muitos de seus clientes — cansaram-se do cenário corporativo e estavam prontos para "correr alguns riscos", como mais tarde afirmou o cofundador John Wilson. Educado em Yale e filho de um executivo da Akron, uma indústria de borracha, Wilson havia chegado à Califórnia como piloto da Marinha durante a Segunda Guerra Mundial. Estabelecido em Moffett Field, no Sunnyvale, ele foi impactado pelas "colinas douradas e pelos majestosos carvalhos" e voltou assim que pôde. Seu parceiro Paul "Pete" McCloskey era um nativo do *Golden State*, um aluno de Stanford e um veterano da Guerra da Coreia que liderou seis ataques à baioneta e ganhou dois Corações Púrpura, uma Estrela de Prata e a Cruz da Marinha. Os dois homens estavam um pouco superqualificados para se tornarem advogados de cidades pequenas, mas Palo Alto não era mais uma pequena cidade comum.[23]

Poucos anos após sua fundação em 1961, a empresa havia conquistado uma boa reputação pelo estrito apoio prestado aos clientes e por sua crescente experiência nas necessidades específicas das pequenas empresas de eletrônicos e da incorporação às patentes, passando pelos recursos humanos. Eles também ingressaram como advogados de alto nível em lutas importantes para a comunidade como um todo, como quando McCloskey representava a cidade bucólica e montanhosa de Woodside — onde ele e muitos executivos da indústria de eletrônicos viviam — em sua luta para impedir a Comissão de Energia Atômica de suspender enormes linhas elétricas aéreas pela cidade. Ironicamente, o destino dos fios era uma instalação que ajudou a criar a reputação da alta tecnologia do Vale: o Acelerador de Partículas Linear de Stanford, sedento por energia.

Em 1967, McCloskey usaria sua distinta persona pública para concorrer com êxito ao Congresso. A multidão que McCloskey derrotou nas primárias republicanas nessa eleição em especial incluiu Bill Draper, que havia decidido ceder a um desejo político de longa data, bem como a candidata favorita do Partido Republicano, Shirley Temple Black, estrela de cinema quando criança que se tornara uma dona de casa suburbana. A corrida acabou em Black versus McCloskey, e a surpreendente vitória do advogado ficou conhecida como "o bombardeio do *Good Ship Lollipop**".[24]

A partida de McCloskey para o Capitólio deixou uma vaga de sócio na empresa, logo preenchida por um jovem formado em direito em Berkeley chamado Larry Sonsini. Com a chegada de Sonsini, a empresa de cidade pequena começou a aprimorar seu peculiar modelo de negócio, possível somente no norte da Califórnia, para a prática de advocacia na alta tecnologia. O recém-renomeado Wilson, Sonsini, Goodrich & Rosati era um escritório de advocacia com o estilo prático e multitarefa de um capitalista de risco do Vale. Os sócios trabalhavam em estreita colaboração com os CRs desde o início de seus empreendimentos, fornecendo conselhos personalizados para as necessidades de empresas com pouco dinheiro disponível. Eles se concentraram em novos tipos de especialistas — não apenas advogados que entendiam diferentes aspectos do direito corporativo e societário, mas também doutores em ciências que entendiam de tecnologia e sua comercialização. Com o tempo, a Sonsini tornou-se cada vez mais interessada em ajudar os clientes a angariar dinheiro, uma vez que eles passavam por esse estágio inicial: atrair investidores institucionais, ajudar empresas a abrir o capital.[25]

O modelo perdurou pelas gerações seguintes do Vale do Silício. "Os advogados se orgulhavam de fazer parte da cultura", refletiu a advogada Roberta Katz, que veio ao Vale muito mais tarde como consultora geral da Netscape, a superestrela da era da Web. "Havia uma sensação de necessidade de ser ágil e rápido, e não ser sobrecarregado por muito peso burocrático." Mova-se rapidamente e faça o que for necessário para fechar negócios: o direito se tornou outro local de crescente divergência entre Boston e a

---

* *On The Good Ship Lollipop* é uma canção interpretada por Shirley Temple Black no filme *Olhos encantadores* (1934). A letra faz referência a uma aeronave, e a cena com a canção se passa no interior de um DC-2. Daí a referência a um bombardeio. (N. T.)

Califórnia. Entre outras coisas, Massachusetts impôs limites estritos aos advogados que realizam transações comerciais com clientes — como a prática do Vale de fazer opções por ações em vez de pagamento em dinheiro pelos honorários advocatícios — minando a capacidade das empresas iniciantes de Boston de obter o caríssimo aconselhamento legal de alto nível. (Décadas depois, alguns membros do Vale creditaram a Sonsini a paternidade original de um ditado frequentemente repetido sobre o modo como o local funcionava: "sem conflito, sem interesse.") Quando as ofertas de tecnologia se tornaram propriedades particularmente populares no mercado de ações dos anos 1960, a Bay Area tornou-se o lar de uma nova teia de bancos de investimento que borrou as linhas entre risco, direito e corretagem de modo semelhante. Mas o início se deu com os advogados.[26]

Uma segunda espécie exclusiva do Vale: construtores imobiliários da alta tecnologia. Os subúrbios de Boston formavam uma paisagem cheia de vilas coloniais e cidades industriais do século XIX, com regras cada vez mais estritas sobre onde novas casas e áreas de escritórios poderiam ser construídas. Em contraste, o Vale de Santa Clara tinha vastas extensões de terra prontas para o desenvolvimento industrial em grande escala — e um grupo de proprietários de terras que estavam ansiosos para vendê-las pelo preço certo. Durante o domínio espanhol e mexicano, o interior do norte da Califórnia foi dividido em grandes propriedades ou *ranchos*. Muitas dessas propriedades permaneceram intactas ou apenas moderadamente subdivididas no século XX, tornando extraordinariamente fácil o desenvolvimento de grandes extensões de área de uma só vez. Há décadas que as terras eram baratas no Vale, e poucos fazendeiros resistiam à tentação de lucrar com os construtores à medida que o mercado de eletrônicos esquentava.

Mais e mais pomares floridos deram lugar a escavadeiras, à medida que os construtores entravam e prontamente erigiam "*tilt-ups*" — edifícios industriais de poucos andares, feitos de lajes de concreto pré-fabricado. Ninguém estava ganhando nenhum prêmio de arquitetura, mas a capacidade do Vale em atender rapidamente à demanda do mercado foi mais um motivo pelo qual ele conseguiu crescer tão rapidamente.

Os reis das escavadeiras foram Richard Peery e John Arrillaga, que tiveram a grande sacada de ir aos pomares ao mesmo tempo que Draper e Johnson. Em vez de financiar empresas, seu objetivo era comprar terras e transformá-las em escritórios. Arrillaga cresceu na pobreza, em Los Angeles, e frequentou Stanford com uma bolsa de basquete, jogando profissionalmente antes de retornar a Palo Alto. Lá, ele conheceu Peery, um garoto local com uma feroz tendência empreendedora, e os dois juntaram US$2 mil do seu próprio dinheiro para começar a comprar pomares nas planícies baratas ao redor de San José. Os dois não estavam sozinhos. A dupla Ann e John Sobrato, mãe e filho, iniciou, com os lucros obtidos com a venda de

OS HOMENS DO DINHEIRO

um restaurante familiar, um negócio especulativo semelhante; no fim da década de 1960, eles estavam construindo centenas de *"tilt-ups"* e estavam — como Arrillaga e Peery — a caminho de figurar entre as pessoas mais ricas do Vale.[27]

O desenvolvimento imobiliário extremamente rápido se beneficiou não apenas do legado dos *ranchos*, mas também de uma série de outras circunstâncias regionais especiais. Havia a extensa infraestrutura de água e esgoto construída por San José, sob a vigilância de um prefeito extremamente ambicioso, que não se preocupava muito em obter permissões antes de construir qualquer coisa, e isso permitia que o lugar se desenvolvesse rapidamente como uma cidade-dormitório para todos os engenheiros que vinham ao Vale para trabalhar. Havia eletricidade barata, negociada durante e logo após a Segunda Guerra Mundial pelos governos locais como uma necessidade para a construção das plantas industriais. Ela alimentou não apenas a transformação massiva de areia em vidro, mas também a fabricação dos próprios chips. Havia também as rodovias — investimentos públicos nas décadas de 1950 e 1960 que ampliaram a US 101 no lado oceânico do Vale e construíram uma nova interestadual, a I 280, ao longo das colinas costeiras.[28]

Por último, mas não menos importante, houve o fator Califórnia. Os homens que lideravam o estado durante esse período de crescimento explosivo — o governador republicano Earl Warren, o governador democrata Pat Brown — pavimentaram o caminho para a construção não apenas de rodovias para carros e esgotos para casas de dois andares, mas também um incomparável sistema público de educação. Com bastante recursos e em rápida expansão, as escolas públicas da Califórnia educaram tanto os filhos dos engenheiros de colarinho-branco da Lockheed quanto os trabalhadores de colarinho-azul das linhas de montagem, enviando uma porção crescente deles para o expansionista sistema de ensino superior da Califórnia, que aumentou em três novos campi na década de 1960. A mensalidade para residentes do estado — incluindo a Universidade da Califórnia em Berkeley, uma das melhores universidades do mundo — era quase nula.[29]

Clark Kerr, reitor da Universidade da Califórnia, estava determinado a igualar ou ultrapassar as universidades de elite em excelência em pesquisa, embora desprezasse gentilmente o puro empreendedorismo de Fred Terman. "O professor, como indivíduo, é um empreendedor genuíno; o verdadeiro criador do produto intelectual", observou ele. "Com a ação livre de cada um, o público obtém o melhor produto, uma vez que os negócios competem com os negócios e a mente com a mente." Embora o desejo de Kerr em preservar e celebrar a torre de marfim possa ter abafado a capacidade dos professores e estudantes de Berkeley de capitalizar suas invenções (e ajudar a explicar por que a East Bay não se tornou um centro de alta tecnologia), o amplo compromisso com a educação pública forneceu ao estado um manancial de talentos abundante, com formação de excelência.[30]

Também houve um pouco de acaso em ação, no que diz respeito à situação do Vale. Por exemplo, o código civil do estado proibia a aplicação de cláusulas de não concorrência nos contratos de trabalho, uma proibição que não tinha nada a ver com a propriedade intelectual ou segredos comerciais da indústria eletrônica, mas que surgiu em 1870, quando os primeiros legisladores tentaram organizar a caótica confusão de regimes legais — espanhol, mexicano, anglo-americano— que imperava no estado. Mas o resultado dessa disposição ajudou a facilitar a busca de emprego que se tornou uma marca registrada da comunidade tecnológica do Vale.

Se um engenheiro deixasse o emprego e pulasse para um concorrente direto, seu antigo empregador não poderia fazer nada a respeito, mesmo que o conhecimento tático do funcionário pudesse ser o ativo mais valioso de uma empresa de tecnologia. Massachusetts, por outro lado, aplicava essas cláusulas, assim como Washington, Oregon, Illinois, Texas, Nova York, Nova Jersey e muitas outras. Todos os outros lugares dos Estados Unidos que tinham um setor de tecnologia praticavam a imposição de não concorrência; mas a Califórnia não. À medida que as cláusulas de não concorrência cresceram com a indústria de tecnologia e se espalharam para outros setores, a liberdade de mudar manteve o Vale cheio de empresas relativamente antiéticas e manteve o conhecimento transbordando de uma geração técnica para outra.[31]

AINDA DEMORARIA MAIS DUAS DÉCADAS ANTES QUE O VALE ultrapassasse Boston decisivamente, mas os ingredientes estavam lá desde cedo. Boston podia ter o MIT, Harvard e as principais empresas do mundo da eletrônica do pós-guerra, mas não possuía terras baratas e infraestrutura abundante, além de pessoas locais dispostas a capitalizá-las em um grau tão irrestrito. Nova York e Filadélfia podem ter tido o capital e os grandes fabricantes de eletrônicos e algumas das universidades, mas esses lugares não tinham o foco incansável em fomentar startups. Em nenhum outro lugar, a não ser no Vale, tinha a empreendedora e oportunista Stanford, os potentes tratores, os ansiosos escritórios de advocacia e os jovens homens endinheirados abrindo seus negócios ao longo da Sand Hill Road. Em nenhum outro lugar havia essas pessoas. A corrida do ouro na Califórnia já tinha terminado há um século, mas o *Golden State* continuava sendo um destino para jovens aventureiros de outros lugares, chegando com pouco a perder e com apetite por reinvenção.

Chegadas

PORTO DE NOVA YORK, 1965

"A lei que assinamos hoje não é revolucionária", disse o presidente Lyndon B. Johnson. "Isso não afeta a vida de milhões. Não vai reformular a estrutura de nossas vidas diárias, nem aumentar significativamente nossa riqueza ou poder." A retórica atenuada não era o que geralmente saía desses tipos de assinaturas presidenciais — ainda mais em um pronunciamento no grande palco da Ilha da Liberdade, com o pano de fundo de Manhattan brilhando no ar fresco de outono. Mas Johnson estava assinando uma ampla reforma no sistema de imigração do país, que varreu para longe as cotas que estavam em vigor desde os ansiosos dias de militância nativista do início da década de 1920, e abriu a porta para novos fluxos de migração de todo o mundo.[1]

Agora, a lei de imigração priorizaria habilidades e conexões especiais com famílias que já moravam nos Estados Unidos. Foram-se as leis que haviam excluído imigrantes asiáticos por tanto tempo; desapareceram também os limites para recém-chegados da América Latina e da África. Em vez de restringir a entrada por país de origem, o novo sistema operaria a partir do "princípio que valoriza e recompensa cada homem com base em seu mérito como homem", afirmou o presidente. Aqui estava o próximo passo necessário no compromisso dos Estados Unidos com os direitos civis e a equidade racial, corrigindo "um erro cruel e duradouro na conduta da nação norte-americana".

Para os opositores do projeto — os mais barulhentos deles eram democratas sulistas, companheiros de Johnson — a reforma da imigração foi uma abertura perigosa das comportas. O que aconteceria com a herança da nação, a conexão de seus cidadãos com suas raízes iluministas? "Não conheço nenhuma contribuição que a Etiópia fez para os Estados Unidos", bufou Sam Ervin, da Carolina do Norte. A provisão de habilidades especiais era "apenas propaganda santarrona", disse ele, permitindo que os imigrantes chegassem às dezenas de milhares "para competir com os norte-americanos pelos empregos disponíveis".[2]

Os efeitos do projeto de lei assinado naquele dia no porto de Nova York foram muito além do que Johnson ou Ervin imaginavam. As novas ondas de imigração que se seguiram trouxeram uma nova diversidade étnica, racial e religiosa e redefiniram quem e o que era "norte-americano". A imigração da Índia foi três vezes o que o governo Johnson havia previsto. Quase 6 milhões de novos imigrantes asiáticos vieram para os Estados Unidos apenas entre 1966 e 1993.

Poucos lugares nos Estados Unidos foram mais transformados — e economicamente e intelectualmente revigorados — por esses recém-chegados do que os polos da indústria da tecnologia: Boston, Texas, Seattle e, especialmente, o Vale do Silício. Os requisitos de habilidades não eram uma "propaganda santarrona" no mundo da alta tecnologia; imigrantes de Taiwan e Hong Kong, depois China, Índia e antiga União Soviética tornaram-se a espinha dorsal da engenharia de centenas de startups e grandes empresas de tecnologia. Muitos deles acabaram fundando suas próprias empresas. Na década de 1980, imigrantes da Índia e da China estavam no comando de quase um quarto das empresas do Vale do Silício. Na era da internet, o número de fundadores imigrantes no Vale era de 40%. Em todo o país, mais de 25% das empresas de alta tecnologia tinham um fundador nascido no exterior.[3]

A nova onda incluía pessoas igualmente críticas à expansão do fenômeno tecnológico, mesmo que seus rostos nunca aparecessem nas capas da *Fortune* ou da *Forbes*: trabalhadores de linha de montagem vindos do México e do Sudeste Asiático, que soldavam os semicondutores, construíram os desktops e fabricavam os roteadores. No fim dos anos 1980, mais da metade da força de trabalho de chão de fábrica do Vale do Silício era latina ou asiática.[4]

"Todos nós podemos acreditar que a lâmpada desta velha senhora está mais brilhante hoje", concluiu Johnson naquele longínquo outubro, fazendo referência à Estátua da Liberdade. "E a porta de ouro que ela guarda brilha mais forte à luz de uma liberdade aumentada para os povos de todos os países do mundo." Ele mal sabia o que tinha feito.

CAPÍTULO 6

Prosperidade e Declínio

"Dave, você se importa se eu fizer uma pergunta?" Com o olho vermelho piscante e a voz calma de um apresentador de telejornal, assim falou o supercomputador protagonista de *2001: Uma odisseia no espaço*, a temível parábola de Stanley Kubrick em que a inteligência artificial sai de controle. Lançado no início de abril de 1968, o filme era diferente de tudo o que os espectadores tinham visto antes: um espetáculo visual de naves espaciais precisamente modeladas e doideiras psicodélicas, com um enredo não linear, ritmo lento e poucos atores conhecidos. A coisa mais próxima que o filme teve de uma estrela foi o onisciente e ameaçador HAL 9000, que tomou controle da missão espacial de seus astronautas humanos.

De início, *2001* foi um fracasso de bilheteria, mas o boca a boca entre universitários o transformou em um fenômeno. Outros marcos da cultura pop também surgiram em 1968: o *Álbum Branco* dos Beatles, o musical da Broadway, *Hair*, e o retrato lírico e abrasador de Joan Didion da contracultural São Francisco, *Slouching Towards Bethemlehem*. Foi um ano de política fraturada, de raiva contra a máquina de guerra, de heróis mortos e violência nas ruas, de confiança destruída e autoridade questionada. Nos Jogos Olímpicos de Verão na Cidade do México, os atletas e medalhistas da Universidade Estadual de San José, Tommie Smith e John Carlos, levantaram os punhos em uma saudação Black Power no pódio, tornando-se uma das imagens mais duradouras da década.

Afastando-se pelo sul, pouco mais de 60km dos hippies malucos de Didion em Haight, e ao lado dos estudantes ativistas do estado de San José, os fabricantes de eletrônicos do Vale de Santa Clara viviam em outro universo. Sendo justo, os incêndios políticos daquele ano varreram o campus de Stanford e subiram as colinas onde poetas, ativistas e jovens urbanos buscando uma existência rural viviam em casas antigas e barulhentas e chalés de pedra. Alguns desses livres-pensadores logo começariam a atrapalhar os negócios de alta tecnologia, assim como estavam atrapalhando todo o resto. Mas ainda não.

Da Califórnia à Massachusetts, passando por todos os pontos intermediários, a indústria da tecnologia de 1968 permaneceu como domínio das corporações. Era um negócio de *mainframes* e minicomputadores, de engenharia e investimentos especializados, criados para serem vendidos para empresas e não para consumidores. Se você andasse pelo Vale de cima a baixo fazendo uma pesquisa, encontraria várias pessoas que planejavam votar em Nixon naquele outono. Você também encontraria várias pessoas que não planejavam votar.

A sociedade norte-americana poderia estar se fragmentando, mas a indústria da tecnologia avançava alegremente. Dinheiro era a razão. As pressões da Guerra do Vietnã frearam o aumento da verba proveniente da pesquisa do Pentágono; o programa Apollo logo acabaria. Não importava. Wall Street estava otimista com tudo que fosse eletrônico. Além dos mercados públicos, as empresas de tecnologia agora tinham uma base crescente de clientes do setor privado, novos nichos de produtos, expansão de mercados no exterior, novos *pools* de investimentos. Os anos de prosperidade vertiginosa acabaram sendo relativamente breves, mas deixaram uma longa sombra.

OS ANOS ACELERADOS

O *boom* tecnológico de Wall Street começou no verão de 1966, quando a Digital realizou sua primeira oferta pública. As 350 mil ações ordinárias da minifabricante, oferecidas a US$22, esgotaram quase imediatamente. Ken Olsen tornou-se instantaneamente um multimilionário. O alto patrimônio líquido não mudou significativamente a cultura de negócios discreta da empresa. O maior alarde de Olsen após o IPO Digital foi comprar uma segunda canoa.[1]

Outro pioneiro de Boston foi o "Wang Laboratories", que teve sua IPO no fim do verão de 1967, exatamente um ano após a estreia da Digital. "Um banqueiro me ligou e pediu 100 mil ações", disse um corretor. "Ele disse que não tinha ideia do que a empresa fazia, mas ouviu que era maravilhoso." A avaliação de Wang no dia anterior ao IPO era de US$1 milhão; no dia seguinte, foram US$70 milhões. Depois de perceber o valor de suas 100 ações da empresa, a secretária do CEO gritou: "Estou rica! Estou rica!"[2]

Era apenas o começo. É certo que os anos 1950 criaram milionários de alta tecnologia como Hewlett e Packard, e os primeiros anos sessentistas viram um aumento empolgante no valor do que os analistas chamavam de "ações da era espacial". Mas na segunda metade da década, houve uma explosão estonteante na capacidade das empresas de eletrônicos de ganhar quantias prodigiosas de dinheiro. Todo mundo queria um pouco de ações. Como o jornalista e empresário do Vale do Silício Adam Osborne observou mais tarde: "No fim dos anos 1960, tudo que você precisava fazer era parar no meio de Wall Street e gritar 'Minicomputador!' ou 'Software!' E você seria enterrado até o pescoço em dinheiro."[3]

Não foram apenas os garimpeiros de ações que impulsionaram o *boom*. A prosperidade geral das empresas em meados da década de 1960 criou novos *pools* de investimentos e ampliou as fileiras dos capitalistas de risco. David Morgenthaler, que fizera aquela breve visita de um ano de duração a Palo Alto duas décadas antes, era um exemplo. Em 1968, Morgenthaler alcançou um sucesso nos negócios que ele não poderia ter imaginado quando ainda era um adolescente louco por garotas na Carolina do Sul, que se encontrava devastada pela depressão. A presidência da empresa que ele assumiu logo após o lançamento do Sputnik provou ser um trampolim para um serviço ainda maior, pois a empresa que ele liderou se transformou em um conglomerado multinacional. Ele ganhou o suficiente para se aposentar várias vezes ou, pelo menos, tirar o pé do acelerador.

Morgenthaler, no entanto, não parava de pensar em Palo Alto. Cleveland, seu lar adotivo, era um lugar onde carreiras corporativas ricamente recompensadoras podiam ser construídas. Mas os dias de glória empreendedora da cidade já estavam no passado a pelo menos cinco décadas. Cleveland havia se tornado um lugar onde você trabalhava para outra pessoa, e "eu estava meio cansado de ter um chefe". O futuro, ele percebeu, estava nas pequenas empresas de eletrônicos surgindo na Califórnia e em Boston. Eles estavam comercializando, crescendo, impulsionando novos mercados, mesmo quando a corrida espacial esfriou e os gastos com defesa diminuíram. Ele queria mais. Aos 48 anos, David Morgenthaler entrou no ramo como um capitalista de risco, irrigando seu primeiro fundo inteiramente com seu próprio dinheiro.

Ele era bem diferente dos CRs do Vale, mais velho e um pouco mais cauteloso. "Eu queria estar próximo das novidades", explicou ele, mas "não tão próximo, para que não houvesse um risco muito alto de fracassar". No entanto, ele sabia como identificar boa tecnologia e bom talento, já que seu trabalho anterior envolvia a aquisição de uma pequena empresa após a outra — foram 57 no total. E em temperamento e perspectivas, o senhor de Cleveland tinha muito em comum com os californianos. Ele era um empresário com a experiência de um engenheiro do MIT e a empolgação de um garoto construindo um projeto de ciências. Ele gostava de ser prático, opinativo e pronto para substituir a gerência, se necessário. Ele era uma pessoa do povo: gregário, curioso, um conector. Embora tivesse permanecido em Cleveland por mais uma década, ele começou a se aproximar das pessoas, produtos e ambições da próxima geração da Califórnia.[4]

94   O CÓDIGO

O Oeste, agora, exibia muita ambição. Impulsionados pelo otimismo do mercado, os financiadores da tecnologia e os pioneiros em startups se inspiraram para começar de novo. No período de um ano, nasceram várias empresas no Vale que estabeleceriam o ritmo dos negócios da região nas décadas seguintes. Arthur Rock e Tommy Davis seguiram caminhos distintos. Davis fundou com William Miller, professor de Ciência da Computação de Stanford, uma nova empresa de CR, a Mayfield Fund. George Quist deixou o SBIC do Bank of America e juntou-se a outro jovem endinheirado de São Francisco, William Hambrecht, para iniciar uma nova geração de boutique de investimento, especializada em startups de alta tecnologia. E Bob Noyce e Gordon Moore partiram da Fairchild com seus investidores de microgestão para fundar uma empresa totalmente financiada por empreendimentos e que não precisava dar satisfação a um chefe da Costa Leste. Eles a chamaram de Intel.

À MEDIDA QUE SURGIAM AS NOVAS EMPRESAS DE TECNOLOGIA, o mundo livre cobiçava imitar o exemplo da nova economia norte-americana. O símbolo da posição invejada do país era um livro um tanto improvável que disparou nas listas de best-sellers europeus em 1967. Intitulado *Le Défi Américain* [*O Desafio Americano*], ele não era um grande romance nem uma história de espionagem, mas um livro sobre a supremacia tecnológica e econômica dos Estados Unidos — e o fracasso da Europa em os acompanhar. Escrito pelo proeminente jornalista e editor Jean-Jacques Servan-Schreiber (que era tão famoso na França que, como Brigitte Bardot, era conhecido simplesmente por suas iniciais, JJSS), o livro argumentava que a Europa precisava tornar-se mais parecida com os Estados Unidos, investindo pesadamente em pesquisa e desenvolvimento científico e adaptando as técnicas norte-americanas de gerenciamento e marketing. A mensagem atingiu um ponto sensível; *O Le Défi Américain* vendeu mais de um milhão de cópias na Europa e foi traduzido para 15 idiomas.[5]

A ida de Servan-Schreiber à lista dos mais vendidos não foi um incidente isolado. O livro abordou uma preocupação crescente de ambos os lados do Atlântico no fim da década de 1960: os Estados Unidos estavam se tornando tão economicamente inalcançáveis que uma "lacuna tecnológica" emergente estava drenando o talento da Europa, enfraquecendo suas instituições e potencialmente colocando em risco suas frágeis alianças internacionais. No mesmo ano, os ministros europeus se reuniram para discutir a possibilidade de um "Plano Marshall tecnológico" e o governo Johnson criou um comitê inter-agências para avaliar como os Estados Unidos poderiam aplicar seu poder tecnológico para corrigir esse desequilíbrio. "A menos que tenhamos cuidado,

PROSPERIDADE E DECLÍNIO   95

nosso conceito de parceria no Atlântico pode ser corroído pelo medo e preocupação com o poder do capital e da tecnologia dos norte-americanos", observou o vice-presidente, Hubert Humphrey, em um artigo publicado na primeira página do *New York Times*. O secretário de Defesa, Robert McNamara, foi mais mordaz e observou que a "reclamação dos europeus é que estamos tão à frente deles no desenvolvimento industrial que criaremos um imperialismo tecnológico". A inovação norte-americana estava em alta e o mundo estava se esforçando para alcançá-la.[6]

APAGUEM AS LUZES

Como as coisas mudam rápido. Quando os anos 1960 terminaram e os anos 1970 começaram, o *Le Défi Américain* permaneceu nas listas dos mais vendidos, mas o desafio tornou-se bem diferente. A Europa recém-energizada tinha em andamento projetos grandiosos subsidiados pelo governo em torno de processamento de dados e redes de computadores. O Japão estava se tornando uma potência econômica e um rival tecnológico ao enfrentar o "desafio norte-americano" não imitando os Estados Unidos, mas desenvolvendo modos diferentes e mais ágeis de produzir e vender seus produtos manufaturados. Em outras partes do leste da Ásia, ambiciosos estados-nação como Cingapura atraíram as operações de manufatura norte-americana com mão de obra qualificada e barata, incentivos comerciais e novos polos industriais.

A posição econômica internacional do país mudou. Em 1971, Maurice Stans, secretário de Comércio de Nixon, advertia o Congresso de que os Estados Unidos poderiam ter seu primeiro déficit comercial desde 1893. O otimismo desenfreado de Wall Street estremeceu. Os formandos daquele ano entraram em um débil mercado de trabalho, e ficaram perplexos com o que encontraram. "Antes, os garotos que desistiam pelo menos tinham uma escolha", lamentou um membro da turma de 71 da Universidade de Chicago, a um repórter. "Não tem sentido, porque parece que tivemos escolha. Nós desistimos porque não conseguimos emprego."[7]

À medida que o cenário político e econômico mudava, o mesmo se dava com o complexo militar-industrial. A Guerra do Vietnã tinha pressionado intensamente o orçamento militar dos Estados Unidos. O pouso bem-sucedido na Lua tinha encerrado a bonança dos contratos da era espacial; o orçamento da NASA em 1971 era metade do que foi em 1966. Ansiedades orçamentárias e preocupações ambientais tinham contribuído para o "não" voto do Congresso em projetos importantes como o *Supersonic Transport* ou SST, a resposta dos Estados Unidos ao Concorde, jato que atravessava o Atlântico em um pulo e fora lançado por um consórcio anglo-francês em 1969.

96   O CÓDIGO

O cancelamento do SST no início de 1971 arremessou a Boeing (designada por contrato como sua fabricante) a uma queda econômica e desencadeou uma profunda e duradoura recessão em Seattle, a cidade natal da gigante aeroespacial. As únicas pessoas na cidade que pareciam felizes com a decisão, relatou o *Wall Street Journal* com amargura, eram membros da esquerda radical da cidade. "Isso significa que mais pessoas insatisfeitas estão sem trabalho", observou com alegria um manifestante, enquanto sentava-se no meio de um movimentado banco de alimentos socialista e um cartaz de Che Guevara que os vigiava de cima para baixo. Em 1971, as perdas de empregos relacionadas à Boeing haviam esmagado de forma bruta a economia manufatureira regional, tanto que dois corretores imobiliários ergueram um cartaz sardônico ao longo de uma grande rodovia: "A última pessoa que sair de Seattle apagará as luzes?"[8]

As mudanças políticas e econômicas foram de encontro ao Vale de Santa Clara, que tinha desfrutado de um crescimento incontrolável nos tempos de *boom* do complexo industrial-militar e do otimismo do mercado da década de 1960. Os cortes de defesa contribuíram para a perda de 10 mil empregos na área metropolitana de San José entre 1969 e 1971. E não foram apenas os trabalhadores da linha de montagem: os grandes contratos de mísseis e satélites acabaram e não foram substituídos, e os maiores empregadores do Vale demitiram dezenas de engenheiros.[9]

Além disso, os acordos de Wall Street ficaram mais modestos. A febre dos IPOs de tecnologia, que conquistara o mercado em 1968, havia acabado completamente em 1971. Aconteceu que Burt McMurtry tornara-se um capitalista de risco justamente nos anos magros da indústria de CR. O primeiro fundo que ele e Jack Melchor operaram fora daquele escritório na sobreloja da pizzaria parecia uma tragédia (embora mais tarde tenha se tornado algo bem-sucedido). "A estratégia de saída mais simples", lembrou-se com tristeza, "era perdermos todo o nosso dinheiro".[10]

INTELIGÊNCIA COMPUTADORIZADA

No entanto, a mudança também trouxe novas oportunidades. Os contratos de pesquisa e desenvolvimento militar arrefeceram, mas surgiram outros. Quando Richard Nixon declarou guerra ao câncer, Stanford e Berkeley se tornaram líderes nos crescentes campos da pesquisa médica e biotecnológica. O Departamento de Ciência da Computação de Stanford iniciou seu próprio programa de afiliados industriais, em que pesquisadores e empresas locais de computadores podiam fazer demonstrações regulares. Era uma ótima maneira de arrecadar dinheiro para Stanford. Em breve, o "Computer Forum" [Fórum do Computador] arrecadaria US$1 milhão por ano em suporte corporativo.

PROSPERIDADE E DECLÍNIO   97

Se a Engenharia Elétrica definiu os anos Terman em Stanford, a Ciência da Computação definia cada vez mais aquela nova era. O financiamento federal para Ciência da Computação, que já tinha sido minúsculo em comparação com outros campos, agora estava aumentando rapidamente, financiando bolsas de pós-graduação e atividades de pesquisa de professores no valor de US$250 milhões por ano em todo o país, em meados da década de 1970. Na *Farm*, o professor Bill Miller, um dos criadores do programa de afiliados e cofundador do novo CR focado em Stanford — o Mayfield Fund — tornou-se o primeiro "Reitor Associado para Computação" do mundo e embarcou na digitalização das operações administrativas da universidade. Em 1971, ele tornou-se reitor de Stanford.[11]

O Vale também estava alcançando o MIT nos campos de robótica e inteligência artificial, graças ao laboratório de IA dirigido por John McCarthy e ao trabalho que acontecia no *SRI International*, um centro de estudos que recentemente havia sido desmembrado de Stanford — como resposta aos protestos estudantis contra a pesquisa militar secreta realizada na universidade. O SRI ainda fazia muitos trabalhos militares, mas agora estava chamando a atenção nacional pelo trabalho de fazer as máquinas pensarem. Em novembro de 1970, a *Life Magazine* convidou milhões de leitores para o "Meet Shaky", um encontro com um robô que deslizava pelos corredores de linóleo do SRI, capaz de se movimentar de um canto a outro "vendo" objetos em seu caminho e reconhecendo rudimentarmente a fala. O Shaky, movido a *mainframe*, era um smartphone e um carro autônomo, 50 anos antes de sua época.[12]

Colado no SRI, havia outro laboratório apontando para o futuro, o "Augmentation Research Center", liderado por um engenheiro de fala mansa, nos seus 40 anos, chamado Douglas C. Engelbart. Enquanto acadêmicos e formuladores de políticas se preocupavam com a questão da automação — que substituía trabalhadores humanos por máquinas robóticas e cérebros humanos por computadores inteligentes — Engelbart fazia parte de um pequeno e crescente grupo de pesquisadores interessados em *aumentar* as capacidades humanas por meio da tecnologia. As empresas de semicondutores trabalhavam para agregar cada vez mais tecnologia em chips cada vez menores, mas Engelbart não estava muito interessado em reduzir o tamanho dos computadores. O potencial real estava nas redes de computadores que poderiam permitir que os seres humanos se conectassem e se comunicassem.

Em dezembro de 1968, cinco meses após a incorporação da Intel, dois meses depois de Smith e Carlos levantarem os punhos no pódio olímpico e um mês após a primeira vitória presidencial de Richard Nixon, Engelbart e sua equipe fizeram, em uma conferência sobre computadores em São Francisco, uma apresentação com potencial comparável de mudar o futuro. Silenciosamente, sentado em um teclado no palco, Engelbart começou a usar os dispositivos à sua frente para enviar comandos a um computador em seu laboratório a 50km de distância. Os resultados apareceram nas telas atrás dele no auditório de São Francisco. As palavras que apareciam também não eram em inescrutável linguagem de programação. Ele digitou comandos simples, editou uma lista de compras, pulou o cursor de um lugar para outro na tela movendo uma caixa quadrada de madeira que cabia embaixo da palma da mão, com rodas na parte inferior e um cordão na traseira. Engelbart o chamou de "mouse".

A apresentação foi registrada na história do Vale do Silício como "a mãe de todas as *demos*". As invenções reveladas por Engelbart eram uma prévia de um mundo ainda há duas e três décadas no futuro: o mouse, computação interativa, hiperlinks, vídeo e áudio em rede. Mas, apesar de toda essa aura de ficção científica, a demonstração também foi importante para mostrar como esses dispositivos futuristas poderiam funcionar em um escritório ou em uma residência comum. Ele transformou o temível computador HAL em um tipo de máquina comum, acessível e até bastante amigável. A demonstração de Engelbart ressoou profundamente em uma nova geração de tecnólogos que estavam emergindo das salas de aula e laboratórios de Berkeley, Stanford e do MIT durante a era do Vietnã e seu arrastado desenlace. Eles não queriam nada com o complexo industrial-militar. Eles não queriam construir o HAL 9000 da vida real. Em vez disso, queriam tornar a tecnologia pessoal e deixar a informação correr livre.

É CLARO, ALGUMAS PESSOAS ESTAVAM DIZENDO QUE A derrocada dos gastos com defesa significava que os tempos de expansão da tecnologia haviam terminado. Talvez parecesse assim, se você visse as luzes sendo apagadas em Seattle, a cidade enriquecida à base da Guerra Fria. Você certamente sentiria a dor econômica se estivesse sentado no amplo campus da Lockheed, no lado leste da rodovia 101.

Mas, ao viajar apenas alguns quilômetros nessa estrada, você encontraria outras empresas — mais jovens, menores, que poderiam ter começado a fazer negócios federais, mas não o faziam. Você também encontraria muitas oportunidades interessantes nos laboratórios acadêmicos de Stanford ou nos institutos de pesquisa da cidade. Encontraria também uma nova geração de jovens técnicos, prontos para redefinir o que o computador pode ser. Talvez você pudesse fazer parte desses laboratórios. Ou entrar nessas empresas financiadas por capital de risco.

Melhor ainda, você poderia fundar uma.

SEGUNDO ATO
LANÇAMENTO

O Vale do Silício criou o Cinturão da Ferrugem. Tudo o que eles faziam ficava obsoleto quase que do dia para a noite.

FLOYD KVAMME[1]

Chegadas

PALO ALTO, 1969

Ter sido um adolescente campeão de patinação artística ensinara a Ed Zschau o valor do trabalho duro e da prática cuidadosa e repetitiva. Também o pusera à vontade para atuar diante de uma multidão, em sintonia com seus desejos, ansioso por corresponder às expectativas. Talvez tenha sido todo aquele tempo calibrando a estridência das lâminas ao rasparem o gelo, ou o arco de um salto loop perfeito, que o fizera interessar-se também pela física — suas particularidades técnicas, e a forma como funcionava no mundo.

Ou talvez fosse simplesmente um sinal dos tempos: nascido e criado em Omaha, ele tinha partido para Princeton no mesmo outono de 1957 em que o Sputnik zarpou para o espaço. A ciência estava na mente de todos; a tecnologia tornou-se uma preocupação norte-americana. Quatro anos depois, com um diploma de filosofia da ciência em mãos, Zschau entrou no êxodo para o oeste, para a Stanford Business School. Ele complementou seu doutorado em Administração de Empresas com um mestrado em Estatística, completando ambos tão rapidamente que lhe foi oferecido um cargo de professor em Stanford na época em que chegou na casa dos vinte e poucos anos.

Ed Zschau adorava estar à frente de uma sala de aula, e os alunos eram recíprocos. Ele fanfarronava, cantava canções folclóricas batidas, e vencia a monotonia da ciência da administração com filosofia e humor. Ele comprou uma motocicleta e se casou. Ouviu dicas quentes sobre as novas tendências da indústria enquanto jogava pinball no The Oasis do El Camino. Era o fim dos anos 1960, e o simpático jovem professor de jeans azul era uma lufada de ar fresco em um mundo acadêmico de *tweed* e fumaça de cachimbo. Mas lugares como Stanford não se importavam se alguém era

102   O CÓDIGO

um bom professor. O sucesso profissional significava publicar trabalhos, e Zschau não fazia isso o suficiente para merecer estabilidade. Então, antes de chegar aos 30 anos, o professor extrovertido embarcou no primeiro de vários episódios de "autor-renovação" e trocou de área — migrou para empreendedorismo de alta tecnologia.

O timing foi perfeito. Era 1969 e as novas empresas estavam crescendo em todo o Vale de Santa Clara, ajudadas por novos fundos de capital de risco, escritórios de advocacia especializados e agências de marketing, muitos iniciados por jovens como ele. Com seu charme e conexões, Zschau sabia que poderia começar algo. Mas o que era esse algo? Ele matutava nas possibilidades durante seu banho matinal. Até que encontrou.

O feixe de novas medidas ambientais que Richard Nixon acabara de assinar — o Clean Water Act [Lei da Água Limpa], o Clean Air Act [Lei do Ar Limpo], a criação da Environmental Protection Agency [Agência de Proteção Ambiental] ou EPA — criou uma grande demanda por instrumentos de medição de poluição. E agora existiam aqueles minicomputadores, vendidos aos milhares. Por que não construir um sistema de computador que usasse um mini para automatizar e analisar todos esses dados ambientais?

Não se tratou apenas de uma ideia de um US$1 milhão, mas de uma ideia de US$100 milhões — uma empresa chamada System Industries que começou medindo a qualidade da água e a composição das rochas lunares e depois passou a fornecer armazenamento de dados. A System Industries não era muito grande, e nunca teve um produto inovador, mas o antigo campeão de patinação artística era brilhante em fazer amigos e navegar nas aconchegantes redes profissionais da comunidade tecnológica local. Tudo isso veio naturalmente para Ed Zschau, assim como seu otimismo transbordante sobre para onde a vida poderia levá-lo. "Faça o que você gosta de fazer", dizia ele aos estudantes que procuravam conselhos. "Faça o melhor que puder, e coisas boas acontecerão."[1]

PALO ALTO, 1970

Quando o engenheiro trouxe uma ovelha para o trabalho, Regis McKenna sabia que ele não estava mais em Pittsburgh.

McKenna tinha chegado à idade adulta na cidade do aço e do fumo em uma época em que os seus moinhos estavam parados e havia poucos empregos a serem ocupados. Praticamente, a única oferta de emprego que ele recebeu foi para uma editora que escrevia sobre a indústria eletrônica, trabalho que acabou o levando para o Vale de Santa Clara, em 1963. Os arredores eram muito diferentes de tudo o que ele conhecia — os hectares de pomares, os edifícios pré-moldados pontilhando o terreno entre El Camino e a autoestrada 101, as vistas arrebatadoras das montanhas a leste e a oeste — e as coisas que aqueles companheiros estavam fazendo eram fascinantes. Instrumentação e empresas de condutores ainda cantavam de galo quando ele chegou, e ele passava tanto tempo tentando fazer vendas por telefone para empresas aeroespaciais de Seattle, ao norte, quanto aqui, no Vale. Mas não demorou para todas aquelas pequenas empresas de semicondutores começarem a brotar, a maioria delas fundadas por caras que saíram da Fairchild.

Em pouco tempo, McKenna juntou-se a um deles, uma pequena operação chamada General Microeletrônica, notável por sido a primeira empresa a usar o *metal oxide semiconductor* [semicondutor de óxido metálico], ou MOS, tecnologia que mais tarde configuraria o estado da arte da indústria. Esse trabalho o colocou na porta da National Semiconductor. A empresa era novinha em folha, e a gerência colocava a mão na massa: o CEO, Charlie Sporck, veio sozinho com um martelo e algumas ripas para construir um armazém seguro para os chips recém-fabricados. Trabalhar lá também não era para pessoas de coração fraco. Alguns dias depois, o homem que o contratou, Don Valentine, chamou McKenna ao seu escritório. Ele acenou com um cartão perfurado com nomes escritos à mão em tinta verde. "Estas são as 14 pessoas que contratei antes de o contratar", declarou Valentine.

"E por que você me contratou?", admirou-se McKenna.

"Porque você", sorriu o chefe com astúcia, "foi o único que eu percebi que não poderia intimidar".

O ethos da National não era apenas a casca grossa. Tratava-se de um repúdio consciente do enfadonho e do hierárquico, e de recompensar as pessoas pelo que conseguiram, não pelos seus diplomas ou prêmios Nobel. Se você tivesse um brilhantismo técnico, não importava de onde vinha ou como se comportava. Idiotas arrogantes ganhariam uma chance, desde que planejassem e executassem coisas grandes.

Foi desse modo que chegamos ao engenheiro e às ovelhas. O engenheiro era Bob Widlar, o designer principal da National, a mente genial por trás da linearidade elegante do CI da Fairchild. Um herói *cult* não só pela sua produção criativa, mas também pela sua excentricidade extrema — ele bebia até cair, mantinha um machado no escritório e mostrava o dedo do meio para praticamente todas as câmeras que se atreviam a tirar uma foto dele. Ele entraria num avião e desaparecia durante semanas. Não acreditava que alguém com mais de 30 anos pudesse projetar qualquer coisa que valesse a pena. E, quando o parcimonioso Sporck decidiu cortar custos e não aparar a grama diante do prédio da National, Widlar trouxe uma ovelha para fazer o trabalho.

O quieto e escrupulosamente organizado McKenna chegou como bastião da moralidade no meio daqueles homens selvagens, mas aquele era um ambiente onde ele brilhava. A falta de um diploma de engenharia tornou-se uma vantagem, pois ele agia como tradutor e mediador, explicando o pequeno e estreito mundo das jovens empresas de chips para o universo mais amplo além dele. Era necessário educar os clientes, batalhando por participação nos mercados existentes e descobrindo mercados totalmente novos. Era preciso contar histórias convincentes sobre a tecnologia que vinha daqueles prédios e sobre as personalidades que as faziam.

Sete anos depois de ter chegado ao Vale pela primeira vez, Regis McKenna deixou a vida de acotovelamento e dedos médios da National e abriu seu próprio negócio como consultor de todas as áreas do marketing. Havia várias dessas empresas florescendo no Vale naqueles dias — aqueles engenheiros precisavam de todos os marqueteiros que conseguissem —, mas só havia uma com tantas conexões e *insights* sobre o mundo dos microchips. McKenna agora entendia que o marketing de produtos tecnológicos exigia uma abordagem diferente de qualquer outra indústria. Durante anos, o seu primeiro slide em qualquer apresentação dizia: "Anúncios serão a última coisa que faremos."

McKenna também tinha absorvido a aversão dos fabricantes de chips pela hierarquia. Em 1970, ao mandar fazer seu cartão de visitas, ele sentiu que teria sido pretensioso ao assumir o título de "Presidente" de uma operação de um homem com zero clientes e apenas US$500 em capital inicial. Em vez disso, ele imprimiu cartões de visita com "Regis McKenna — o próprio". Ele nunca os mudou.[2]

CAPÍTULO 7

As Olimpíadas Capitalistas

O Vale do Silício recebeu esse nome porque Don Hoefler precisava de uma manchete. Um colaborador regular do jornal *Electronic News*, Hoefler havia acabado de escrever uma reportagem em várias partes sobre a crescente indústria de chips de computador do norte da Califórnia. Era o início da década de 1970 e, apesar do crescente apagão econômico, a Lei de Moore governava o Vale. Seus pequeninos semicondutores de silício, rápidos como um raio e com circuitos complexos, continuavam a ficar cada vez menores, mais baratos e mais poderosos a cada mês. Qualquer coisa que tivesse uma fonte, um transistor, um núcleo de memória ou um tubo de vácuo agora poderia ser alimentado por um chip de silício — de máquinas industriais e computadores *mainframe* até relógios de pulso. O poder dos macrocomputadores estava virando micro. Era uma revolução.

O norte da Califórnia tinha muita concorrência — em Dallas, ao sul, a Texas Instruments e a Motorola, gigantes da eletrônica, fabricavam chips aos milhares —, mas as inovações tecnológicas emergentes do Vale estavam alimentando as maiores e mais sofisticadas máquinas. A IBM, rainha dos *mainframes*, criou seus próprios chips, mas o resto da indústria de computadores norte-americana trilhou rumo ao oeste.

"Os caras em Nova York e Washington chamam este lugar de 'Vale do Silício'", informaram dois gerentes de vendas um dia à Hoefler durante uma visita para o almoço. Curto, memorável e levemente brincalhão — o silício, afinal, era feito de areia — o nome era exatamente o que o repórter precisava para descrever aos seus leitores esse pedaço descontraído e empreendedor do norte da Califórnia. "Vale do Silício, Estados Unidos", foi o título de Hoefler para a capa da edição do dia 11 de janeiro de 1971 da *Electronic News*. O nome acabou pegando.[1]

NO WAGON WHEEL

A durabilidade do nome teve muito a ver com a durabilidade de Don Hoefler, o exército jornalístico de um homem só, num momento em que os repórteres nacionais raramente olhavam para longe do Nordeste para considerar este trecho nerd da Califórnia suburbana. Ele formou grande parte de sua inteligência no que chamou de seu "escritório de campo": uma banqueta de bar no Walker's Wagon Wheel, um dos bares queridos pela indústria de semicondutores em uma área decididamente escassa em vida noturna. Conforme os *happy hours* se transformavam em sessões alcoolizadas de fofocas nas poltronas ultra-estofadas do bar, Hoefler colhia seus furos jornalísticos. Ele cobria tudo, de lançamentos de novos produtos e grandes contratações até os mais recentes casamentos e festas corporativas estridentes. Hoefler sabia qual empresa estava prestes a lançar uma nova linha, e qual CEO acabou de comprar um carro esportivo novo e chamativo. "Se não aparecesse no *Electronic News*", declarou um membro da indústria, "não tinha acontecido".[2]

Para quem começou na indústria como um publicitário corporativo de escritório, Don Hoefler entendeu bem a tecnologia, além de ter um faro para histórias recheadas de personalidade. Os forasteiros viam tecnologias desconcertantemente complexas e uma série tediosa de engenheiros de roupa social. Hoefler via as máquinas do futuro, construídas por cowboys empreendedores e estranhões geniais.

Num momento em que guerras, protestos e viagens à Lua dominavam as manchetes nacionais, a cobertura de Hoefler sobre a estranha Galápagos tecnológica do Vale do Silício deu o tom para os repórteres seguirem na sua cola. As personalidades carismáticas e a cultura intensamente competitiva da indústria de semicondutores eram muito chamativas, e os Estados Unidos certamente precisavam de alguns novos heróis.

O Wagon Wheel era um bom lugar para encontrá-los. Enquanto grandes empreiteiros e companhias aeroespaciais de toda Costa Oeste entravam em parafuso no pós-Vietnã, os fabricantes de chips disparavam. O Vale ainda tinha muitos postos avançados de ternos-e-gravatas das gigantes da eletrônica do Leste, mas as empresas de semicondutores locais eram as estrelas em ascensão. Elas ainda eram empresas jovens e ágeis, com baixos custos de capital fixo — um forte contraste com os fabricantes à moda antiga, cada vez mais vagarosos, que estavam se esforçando para se manterem competitivos. E elas não precisavam mais de contratos de defesa para sobreviver.

A rainha dos Fairchildren foi a Intel, fundada quando Bob Noyce e Gordon Moore abandonaram a Fairchild Semiconductor, em 1968, após anos de fricção com a microgestão da sua empresa-mãe da Costa Leste. Em contraste, a Intel era

AS OLIMPÍADAS CAPITALISTAS   107

inteiramente financiada por empresas locais. Depois houve Charlie Sporck, CEO da National, um filho de taxista cioso com os custos, o cara que não gostava de pagar para cortar a grama e que, enquanto estava na Fairchild, tinha sido pioneiro na ideia de terceirizar a montagem de chips para a Ásia Oriental. Descendo o Vale, tinha a Advanced Micro Devices (AMD), fundada por Jerry Sanders, que cresceu como um garoto de rua no lado sul de Chicago e se transformou em um executivo de vendas que gostava de ternos vistosos, carros esportivos e mocassins Gucci. Sanders roubou outros 12 funcionários da Fairchild para vir com ele.[3]

O aquecido mercado de fusões e aquisições do fim dos anos 1960 somou-se à diáspora, já que os gigantes da eletrônica no Leste compraram startups locais. Diante da perspectiva de adaptação para uma cultura corporativa enfadonha ou, pior ainda, de se deslocarem para as sedes das empresas, os funcionários dessas empresas adquiridas, como disse um deles, "começaram a procurar para onde correr".[4]

No entanto, Don Hoefler ainda escrevia sobre um mercado muito, muito de nicho. Se você estava apostando no lugar que se tornaria o centro computadorizado do universo no início dos anos 1970, o norte da Califórnia continuava a ser um tiro no escuro. A IBM ainda dominava o negócio dos computadores. Do Texas, jorrava muito mais microchips. A nova tecnologia que incendiou o mundo dos computadores, os minicomputadores, era um negócio de Boston. E a grande maioria do capital de investimento — incluindo operações de capital de risco como os fundos chefiados por Ned Heizer e David Morgenthaler — eram sediados ao leste do Mississippi.

Os analistas de Wall Street não tinham interesse em seguir a indústria de semicondutores ("A indústria de computadores é a IBM", informou friamente Regis McKenna), e o *Wall Street Journal* recusou-se a escrever sobre qualquer empresa que não estivesse listada na bolsa de valores. Tornava o Vale do Silício ainda mais invisível para o mundo em geral, pelo simples fato de suas empresas venderem para outras empresas de eletrônicos, não para os consumidores. Um chip da Intel poderia estar dentro de um computador no fundo da sala ou na calculadora em sua mesa, mas você não saberia.

Dez anos adiante, o Vale tinha aumentado muito em tamanho e influência e estava muito presente no negócio da eletrônica de consumo. Mais de uma década depois, a manchete de Don Hoefler tinha se tornado a abreviatura para se referir à indústria de hardware e software como um todo.

Por que é que o "Vale do Silício" não apenas venceu seus concorrentes regionais como também se transformou em três palavras que eram sinônimo de toda a indústria norte-americana de alta tecnologia? A tecnologia, ao que parece, era apenas parte da história.

O COMPUTADOR EM UM CHIP

Fora do berço da Guerra Fria, os fabricantes de chips do norte da Califórnia tinham estabelecido um saudável negócio não militar no início da década de 1970, fazendo chips de memória para fabricantes de computadores do Leste, bem como para um novo mercado em expansão: as calculadoras eletrônicas. Apenas alguns meses após a fundação da Intel, ela havia recebido uma comissão de um fabricante japonês para criar um chip sofisticado para uma linha de calculadoras de mesa. Isso precipitou um processo de design que eventualmente levou a um avanço do rival transistor de Shockley e do circuito integrado de Noyce: o microprocessador. O dispositivo foi muito além de simplesmente colocar múltiplos circuitos em um chip: agora haviam mais modelos, e eles eram programáveis. Com um microprocessador de memória armazenado dentro, qualquer tipo de aparelho ou dispositivo — carro, telefone, relógio de mesa de cabeceira— se transformaria perfeitamente em um computador. Rápido, potente e menos caro que os controles mecânicos, o microprocessador podia "ser colocado em todos os lugares", definiu Gordon Moore.[5]

Comercializado como "um computador em um chip", o Intel 4004 fez sua estreia pública com um anúncio no *Electronic News* em novembro de 1971, menos de um ano depois que a série de Hoefler deu seu nome ao Vale do Silício. Apenas alguns meses depois, a Intel prosseguiu com o lançamento do 8008, com o dobro da potência, seguido do 8080 em 1974. A essa altura, a Intel concebia o marketing tão cuidadosamente quanto os produtos que vendia, tendo trazido o próprio Regis McKenna para proporcionar visão e execução. A concorrência podia fazer anúncios e panfletos, mas McKenna entendia o negócio de semicondutores como ninguém.

"As tecnologias pioneiras exigiram 'educar o mercado'", disse McKenna. Não se tratava apenas de anúncios e folhetos de vendas; tratava-se de colocar artigos em revistas comerciais onde os designers de sistemas os pudessem ver, e de organizar seminários educativos para gestores empresariais que não sabiam coisa alguma sobre design e uso de semicondutores. Mas os anúncios também importavam: sendo modernos e falando uma linguagem que os empresários normais pudessem entender, os anúncios da Intel eram um caso à parte, estavam à frente do tipo comum visto na indústria, que tendia a pesar a mão nas especificações técnicas e subempregar os exemplos. "O Microcomputador 8080 chegou", resplandecia um anúncio colorido, "com uma interface incrivelmente fácil, simples de programar e de desempenho até 100 vezes mais rápido".[6]

AS OLIMPÍADAS CAPITALISTAS   109

Agora, uma lasca de silício continha todo o poder computacional de um *mainframe* ou minicomputador que custava dezenas de milhares de dólares. A tecnologia até então caríssima e volumosa estava a ponto de se tornar acessível a quase qualquer pessoa. O microprocessador acelerou a miniaturização do computador, transformou todo tipo de produtos analógicos em digitais, e deu à Intel e ao resto dos fabricantes de chips a convicção de que eles estavam realmente mudando o mundo. "Nós realmente somos os revolucionários do mundo de hoje — não os moleques de cabelo comprido e barba que estavam destruindo as escolas alguns anos atrás", disse Gordon Moore.[7]

Em 1975, a Intel tinha 3.200 funcionários e vendas na casa dos US$140 milhões. A National Semiconductor tinha vendas de US$235 milhões. As décadas de 1950 e 1960 do norte da Califórnia resumiram-se à fabricação sob medida de produtos caros para um pequeno número de clientes cheios de dinheiro: o Departamento de Defesa, a NASA, os fabricantes de computadores *mainframe*. A década de 1970 do Vale do Silício tratou de transformar esses pequenos produtos eletrônicos em *commodities* de mercado. O chefe de operações da Intel, Andy Grove, referiu-se aos produtos da empresa como "jujubas de alta tecnologia". Mas o seu plano de fabricação em escala de microchips não era como a linha de montagem de Henry Ford. Era o modelo de *franchise* dos hambúrgueres McDonald's. A fabricação cresceu com a construção de pequenas e médias fábricas em todo o país e, cada vez mais, no exterior.[8]

Dentro da sede, os executivos de chips agrupavam seus funcionários em pequenas equipes que competiam uns contra os outros para desenvolver o melhor produto. "Se é grande, é ruim", declarou Bob Noyce em uma conferência para um grupo de empresários em dezembro de 1975. "O espírito do grupo pequeno é melhor, e trabalha-se muito mais pesado." A Intel evitou contratar pessoas com mais de 30 anos de idade. Mas não se tratava de uma busca por rebeldes antissistema — era uma busca para encontrar pessoas com ambição de criar uma nova indústria.

Em meio ao mal-estar dos anos 1970, o lucro da indústria de semicondutores disparou. Os habitantes do Vale do Silício ficaram animados com o dinheiro que ganhavam e com o desejo de ganhar ainda mais. "O impulso básico da tecnologia é o desejo de fazer dinheiro", disse Robert Lloyd, da National. Don Hoefler fez dos costumeiros altos valores uma característica de sua cobertura da indústria. Em 1972, ele tinha feito tanto dinheiro que começou sua própria *newsletter* semanal, *Microelectronics News*, relatando todos os acontecimentos nas empresas locais. As grandes personalidades chamavam mais atenção. "Mal tinha secado a tinta do cheque de Jerry Sanders, no valor de US$64 mil por um Rolls-Royce Corniche", salivou Hoefler no final de 1975, "e um importador Mercedes-Benz lhe telefonou de Nova York para oferecer por US$40 mil uma máquina com motor de 7,5 litros que a M-B lançaria no próximo ano. Resposta do Jerry: embrulhe uma; eu quero. E assim se foi todo o salário de 1976 do Jerry".[9]

Com o aumento do fluxo de caixa e dos flashes, mais jornalistas da Costa Leste seguiram caminho para o Vale do Silício. O termo "Vale do Silício" começou a aparecer muito gradualmente nas seções de negócios do *New York Times* e do *Wall Street Journal* (quase sempre entre aspas). Gene Bylinsky, da *Fortune,* lançou uma série de artigos eufóricos sobre executivos da alta tecnologia e os capitalistas de risco que os financiavam, publicando perfis de arrojados iconoclastas que soavam muito como as crônicas que Hoefler trazia do Wagon Wheel e reportagens com personagens anônimos. Esta não era apenas mais uma história empresarial: era uma história empresarial de pessoas audazes ou imprudentes o suficiente para se lançarem por conta própria. "Se você é um capitalista — e eu sou — você se forma para as Olimpíadas Capitalistas ao iniciar novos negócios", disse um executivo do Vale do Silício a Bylinsky.[10]

O ESTILO DO VALE DO SILÍCIO

Aos forasteiros, certamente parecia que era algo diferente. A sombra do pior chefe do mundo, o rígido e imperioso Bill Shockley, ainda assombrava a indústria. Os fabricantes de chips não queriam ser micro administradores ao estilo "meu-jeito--ou-a-rua"; queriam dar espaço aos seus empregados para testar novas ideias. Eles também permaneceram homens dos laboratórios de eletrônica, escolhendo suas contratações com base em quem era "inteligente" e se orgulhando de seu compromisso com a meritocracia.

No entanto, a "meritocracia" do Vale também deu grande valor ao material já conhecido: gente que veio de cursos de engenharia familiares, de primeira linha, ou que trabalharam em empresas locais familiares, ou cujas referências vieram de fontes conhecidas e confiáveis. O alto grau de troca de empregos entre empresas facilitou isso, criando uma força de trabalho móvel que muitas vezes trabalhava em uma série de empresas diferentes, algumas vezes com os mesmos gerentes e colegas.

Os hábitos de contratação estabelecidos pelas empresas de semicondutores continuaram ao longo das sucessivas gerações tecnológicas do Vale. No fim dos anos 1990, as empresas da era ponto-com preenchiam cerca de 45% das vagas de engenharia por meio de referências de funcionários atuais. Até os anos 2010, os

AS OLIMPÍADAS CAPITALISTAS   111

gigantes do software estavam fazendo happy hours de "Indique Alguém", oferecendo férias e bônus em dinheiro para os funcionários que ajudassem a conseguir uma contratação bem-sucedida. Fazia sentido: engenheiros de ponta distinguiam as grandes empresas de tecnologia das meramente boas. Desde a era dos fabricantes de chips da primeira geração até a era do Google e Facebook, esse talento estava em escassez crônica. Além disso, as contratações que vinham de fontes familiares eram capazes de atingir o sucesso, adaptar-se rapidamente e produzir resultados na velocidade que o mercado exigia.[11]

E era um mercado ferozmente competitivo. Aparecendo em um momento em que o *boom* pós-guerra dos Estados Unidos estava dando lugar à precariedade econômica e novas rivalidades globais, os fabricantes de chips do Vale do Silício emprestaram da HP o ethos de imersão total, movido a tecnologia, e acrescentaram uma cobertura de luta darwiniana que refletia um negócio insanamente competitivo, de alto risco e alta recompensa. Não havia vagas de estacionamento reservadas para executivos do topo — mensagem de meritocracia, mas também um sinal do valor de se fazer longas jornadas de trabalho. Todos sabiam quem entrava mais cedo e conseguia os melhores lugares, junto à porta da frente. Todos sabiam de quem era o carro que permanecia no estacionamento muito tempo após escurecer.[12]

E, embora a maioria dos seus líderes exalasse um charme de genialidade, o negócio dos chips era coisa de macho. Além das secretárias e das mulheres de dedos ligeiros nas linhas de montagem de microchips, a indústria era quase inteiramente masculina. O resultado foi um híbrido de vestiário, barracas militares e laboratório de ciências, tudo coalhado de indecências, bitucas de cigarro e bebida em excesso. Enquanto isso, como a esposa de um executivo disse a Leslie Berlin, biógrafo de Noyce, as mulheres "ficaram em casa e fizeram suas coisas para que os guerreiros pudessem partir e dar conta da batalha". Em empresas que se esforçavam para acompanhar um ciclo de produtos frenético, a natureza tudo-ou-nada do design de hardware e software — as coisas ou funcionavam, ou não funcionavam — foi traduzida para organizações empresariais em que o trabalho superava a vida familiar, crítica sem verniz fazia parte da norma e a dúvida de si mesmo era uma fraqueza fatal.[13]

A aura de alta testosterona reverberou por todo o Vale. Quando Ann Hardy descobriu que ela era a única gerente da Tymshare não convidada para um retiro fora da empresa e confrontou o organizador da reunião sobre a omissão, ele respondeu: "Se nós a incluirmos, então precisaremos incluir todos os cônjuges." "Por que isso seria um problema?", perguntou ela. "Bem", disse ele, "na verdade só vamos a essas reuniões fora da empresa para podermos passar a noite com prostitutas". Hardy marchou até o CEO, Tom O'Roarke, para reclamar. O organizador desapareceu. Hardy não tem certeza do que aconteceu com as prostitutas.[14]

A cultura do Vale do Silício dos anos 1970 poderia ser tão antiquada quanto as suas relações de gênero. Em um momento em que a Bay Area se tornara sinônimo da contracultura do LSD e da libertina "Década do Eu" que se seguiu, a principal concessão dos fabricantes de chips para os tempos de mudança foi a de deixarem elas ficarem um pouco mais lado a lado. Eles se inclinavam para o republicanismo do mercado livre como o praticado por Dave Packard, mas estavam cientes de como o governo moldou suas operações, e prestavam deferência ao sistema. Como Bob Noyce disse em 1970: "Esta é realmente uma sociedade controlada, controlada a partir de Washington, e se está tentando desviar do congestionamento é melhor ouvir o que o policial está dizendo às pessoas."[15]

Os organogramas dessas empresas em crescimento pareciam-se muito com os das empresas típicas da "velha economia". Eles apresentavam todas as funções de apoio necessárias (vendas, marketing, recursos humanos) que tinham se tornado fundamentais para fazer negócios na era moderna. No entanto, elas diferiam de formas importantes. Por um lado, passavam por ciclos de produtos de forma mais rápida do que outros tipos de indústrias, pois a força propulsora da Lei de Moore tornou seus produtos mais rápidos, mais baratos e mais onipresentes a cada ano. Por outro lado, de Hewlett e Packard a Noyce, Moore e Grove, os fundadores de empresas muitas vezes ficavam no leme, como seus CEOs ou presidentes. Eles misturaram o organograma da corporação do século XX com as sensibilidades pessoais da empresa novecentista de único dono.

Naturalmente, quando os fundadores da empresa eram engenheiros sóbrios, essa abordagem altamente personalizada funcionava bem. Quando eles eram mais inconsequentes, isso podia gerar caos. Veja, por exemplo, a Atari, pioneira dos videogames.

Fundada perto de San José em 1972 por um grupo liderado por Nolan Bushnell, um carismático homem de 29 anos, a Atari foi uma das primeiras líderes de mercado em uma das muitas indústrias viabilizadas por microchips mais rápidos e baratos. Meses após sua fundação, a Atari estava perturbando o mundo ligeiramente desanimado dos pinballs e do tiro ao alvo com o Pong, seu fenômeno de arcade.

Tanto em sua forma de arcade quanto na versão de console doméstico que a Atari lançou três anos depois, o Pong era maravilhosamente simples, diabolicamente difícil e irresistivelmente viciante. A tecnologia era simples: uma tela preta, com linhas brancas pixelizadas em cada borda representando raquetes de tênis de mesa, e um ponto digital

AS OLIMPÍADAS CAPITALISTAS 113

branco representando uma bola que quicava de um lado para o outro. Você tinha três opções de jogo: individual, duplas e *catch* — aqui, em vez de rebater a bola para um parceiro, você tentava enfiá-la em uma pequena abertura na sua raquete.

O pessoal dos semicondutores pode ter desistido de vagas reservadas de estacionamento e se soltado após o trabalho no Wagon Wheel, mas a Atari levou a casualidade da Califórnia para um nível totalmente novo. Os primeiros anos foram caracterizados por brigas de gestão entre seus jovens executivos, uso de drogas na linha de montagem e ideias de produtos patetas que nunca teriam passado pela maioria das tomadas de decisões corporativas. Haviam jogos que só poderiam ter saído de uma empresa, cujos designers e engenheiros eram todos homens jovens, o mais notório sendo o *Gotcha*, de 1973, cujos controles foram desenhados para parecerem seios de mulheres. "Eles não pulavam nem nada", explicou um designer da Atari, "mas a forma como eles foram criados, do tamanho de laranjas grandes e um do lado do outro, você entendia a imagem do que eles deveriam ser".

Como um funcionário da Atari lembrou nebulosamente, a empresa era "um amontoado de pensamentos livres, fumo sendo puxado e pessoas divertidas e amorosas. Andávamos de barco, voávamos de avião, fumávamos erva e jogávamos videogame". Os executivos da Atari — "conhecidos também por se dedicarem à ganja" — estavam conscientes o bastante para perceber que a energia da sua empresa era um pouco demais para a sua tranquila vizinhança suburbana. O primeiro comunicado para os funcionários foi aberto com um apelo para "demonstrar a maior sofisticação possível para comunidade externa", porque "a ideia de uma empresa composta de cabeludos é assustadora para eles".[16]

Em meio a essa ágil e frouxa estrutura organizacional, a Atari teve alguns tropeços ao tentar transformar o sucesso de Pong em um negócio duradouro. Mas, em 1975, ela acertou na sena do consumo com seus consoles movidos a semicondutores e conectados às televisões das salas de estar. A Atari não estava sozinha, pois a Magnavox, gigante da eletrônica, já estabelecida e bem capitalizada, entrou no mercado doméstico ao mesmo tempo. O Odyssey da Magnavox e a versão caseira do Pong da Atari se tornaram os presentes de Natal do ano, viciando uma geração de crianças e adolescentes nos hipnóticos blips e blóins dos videogames.

Os produtos da Atari foram exatamente a distração certa para as famílias devastadas pela inflação familiar e pelas horas de espera na fila dos postos de gasolina — época do embargo do petróleo. Nas grandes e pequenas cidades do país, a Sears, gigante do varejo, colocou consoles funcionando no centro de seus showrooms para atrair possíveis clientes. As crianças que associavam a Sears a aborrecidas viagens com a família para comprar jeans e máquinas de lavar, agora faziam fila para jogar Pong — o primeiro jogo arcade que você não precisava de um salão para jogar. Depois corriam para casa e imploravam aos pais que lhes comprassem um.

Proporcionar uma fuga da estagflação dos anos 1970 deu dinheiro. Em 1976, depois de ter feito um IPO em Wall Street, Bushnell vendeu a Atari para a Warner Communications por US$28 milhões, recebendo pessoalmente US$15 milhões. Começara a revolução dos videogames — que introduziu os futuros engenheiros de software dos Estados Unidos às maravilhas da manipulação de pixels em uma tela transistorizada.[17]

ANIMAIS APOCALÍPTICOS

Um fator crítico e muitas vezes negligenciado na ascensão do Vale do Silício foi o contexto econômico nacional decididamente sombrio em que isso aconteceu. Nos anos 1970, os capitalistas do silício no norte da Califórnia proporcionaram um forte contraste com reportagens nos cadernos de negócio — páginas sobre montadoras de automóveis sitiadas, peões desempregados e inflação em ascensão. Numa época em que as grandes empresas eram cada vez mais impopulares, especialmente entre os jovens que haviam passado os anos de faculdade protestando contra as corporações como guerrilheiros impiedosos, essa nova geração de empresas entrou no mercado aparentemente sem ser incomodada pela história.

E, enquanto toda a sociedade norte-americana estava completamente saturada em política, a multidão do Vale do Silício parecia notavelmente (e, para muitos, tranquilizadoramente) alheia à política. A política deles era uma ideologia de trabalhar duro, construir alta tecnologia e ganhar muito dinheiro pelo caminho. Quase todos eles eram nascidos em algum outro lugar; suas lealdades e vínculos sociais estavam com a indústria que os levara para lá, e permaneceram notavelmente intocados pela cultura política local.

A dissonância estava exposta em San José. A cidade era o lar da Intel e da IBM, assim como de muitas pessoas empregadas pela indústria tecnológica. Ela tinha crescido muito — mais de 200 mil pessoas viviam lá em 1970 — e tinha conseguido isso principalmente por meio da anexação de lotes não urbanizados. San José manteve a alma de cidade pequena, um lugar com suas raízes no passado agrícola do Vale. Quando se tratava de política, a cidade poderia estar em um planeta diferente das empresas de tecnologia que a rodeavam — administrada por democratas, com uma crescente população de minorias e uma forte presença sindical. A mobilização política de sua classe média branca se limitou principalmente a impulsionar os controles de crescimento e as medidas de conservação da terra que limitariam o desenvolvimento feito a toque de caixa que subiria devastando as colinas costeiras desde as planícies.[18]

Estudantes de minorias continuaram a se mobilizar no campus da universidade estatal de San José, e no Vale, de cima a baixo, as comunidades latinas e asiáticas estavam ganhando novo reconhecimento, direitos e representação política. Do outro lado da rodovia, nas planícies de Bayshore, havia predominância de negros no leste de Palo Alto, onde o desemprego era o dobro da média nacional e a infraestrutura desmoronada refletia duas décadas de forte segregação e alocação desigual de recursos públicos. Ali, ativistas do Black Power lideraram a fundação de uma escola e uma faculdade diurna afrocêntrica e sugeriram a mudança do nome da cidade para "Nairóbi".[19]

Mas esses eventos nas proximidades não fizeram sequer uma marola nas práticas de contratação e na política cultural do mundo tecnológico da região, cujos habitantes raramente pararam para pensar sobre as implicações de ter engenheiros que se pareciam e pensavam de forma idêntica. De onde estavam, as origens comuns reforçavam o propósito comum, e o sucesso implicava um foco imersivo na construção do melhor produto possível.

A primeira geração de titãs tecnológicos que emergiu na penumbra de Fred Terman no meio do século — especialmente Dave Packard — mais tarde tornou-se profundamente envolvida em assuntos cívicos e políticas regionais. Packard presidiu o Conselho de Administração de Stanford, fundou um grupo de desenvolvimento econômico regional e foi patrocinador e mentor de uma geração de políticos estatais e locais. Ele até doou para a Universidade Nairobi, em Palo Alto Leste. Os líderes da indústria de semicondutores, particularmente Bob Noyce, acabaram por se envolver profundamente na política e na filantropia. Mas o seu envolvimento concentrou-se na política e na filantropia nacional e global, não na local.

Com certeza, os homens e mulheres do cenário eletrônico do pós-guerra se mobilizavam politicamente quando se tratava de questões com impacto direto em seus lares e em suas vizinhanças. A luta de Woodside contra as linhas de energia ocorreu no início dos anos 1960, aproximadamente na mesma época em que moradores de Palo Alto estavam se mobilizando contra uma proposta de expansão do Parque Industrial de Stanford; no início dos anos 1970, o ativismo local havia resultado em uma série de medidas locais para toda a Península de São Francisco, que controlavam o crescimento e protegiam os espaços abertos. E, como veremos mais tarde, os pioneiros dos semicondutores mobilizaram-se politicamente quando sua indústria entrou em perigo. Mas os fabricantes de chips permaneceram em grande

116   O CÓDIGO

parte distantes de assuntos regionais mais amplos. Eles eram, como Joan Didion escreveu mais tarde sobre os californianos inquietos e sem raízes que rodeavam Ronald Reagan, "um grupo desprovido de responsabilidades sociais precisamente porque seus laços com qualquer lugar haviam sido muito atenuados".[20]

TODA POLÍTICA É LOCAL

Em Boston, era muito mais difícil permanecer livre da história. As empresas de alta tecnologia da Rota 128 não só estiveram em meio a campos de batalha da Guerra Revolucionária e das grevistas cidades agrícolas do século XIX, mas também em uma economia regional ancorada no passado. Quando o Vale de Santa Clara ainda não era nada além de árvores frutíferas, a região metropolitana de Boston já era uma potência industrial há mais de um século. Em 1940, duas de cada cinco pessoas da força de trabalho regional trabalhavam na manufatura, agrupadas em cidades precárias como Lowell, Waltham e Maynard.[21]

Durante as três décadas seguintes, as fábricas fecharam e as empresas se mudaram para o sul e para o oeste, atraídas por impostos mais baixos e mão de obra mais barata, não sindicalizada. Ocuparam o vácuo: fabricação de aviões e eletrônicos. No fim da década de 1960, o Lincoln Lab e as outras unidades de pesquisa eletrônica do MIT, financiadas pelo governo federal, já haviam lançado mais de uma centena de empresas. A região metropolitana de Boston cresceu. O semicírculo suburbano da Rota 128, que quando construída, nos anos 1940, tinha sido ridicularizada como uma "estrada para lugar algum", agora estava cheia de centros comerciais que abrigavam alguns dos maiores nomes de alta tecnologia do país, desde empresas estabelecidas como a Raytheon, a RCA e a Sylvania até empresas mais novas, como a Polaroid e a Wang, desenvolvidas em Massachusetts. E depois havia as empresas de minicomputadores, lideradas pela Digital e sua irmã mais nova, a Data General. Os incentivadores saudaram a Rota 128 como "a ferradura dourada", "a estrada das ideias" e, claro, "A Autoestrada da Tecnologia Norte-Americana".[22]

Mas a intensa dependência dos gastos com defesa, combinada com a dependência contínua de outros tipos de manufatura, levou a economia de Boston a uma queda brusca no fim dos anos 1960. Mais de 100 mil empregos na indústria transformadora evaporaram-se entre 1967 e 1972, e os contratos de defesa destinados à região da Nova Inglaterra encolheram em 40%. Assim como em San José, os cortes da era do Vietnã deixaram dezenas de cientistas e engenheiros sem trabalho. Mas, no que diz respeito ao setor de defesa, Massachusetts teve maior impacto do que em qualquer outro lugar do

AS OLIMPÍADAS CAPITALISTAS

país. "O reerguimento nos anos 1960 foi apenas temporário, e disfarçou uma fragilidade subjacente", foi a avaliação azeda de um estudo de desenvolvimento econômico no outono de 1970. "Estamos novamente afinados com o padrão histórico."[23]

E esse padrão histórico, argumentou o *establishment* comercial de Boston, era um custo incrivelmente alto para se fazer negócios. Os custos médios de mão de obra tinham diminuído à medida que os empregos sindicalizados diminuíam, mas os impostos eram muito altos, e os custos de energia dos anos 1970 aumentaram consideravelmente a carga sobre as empresas. "Cuidado, Massachusetts!!!", avisou um panfleto disparado desde o Bank of Boston em 1972: com os altos impostos do estado e os grandes gastos com programas de bem-estar social, o banco argumentava e as empresas e os residentes estavam sendo esmagados.[24]

No meio do desemprego torturante e da conversa sombria sobre "Taxachusetts", os minicomputadores brilhavam como a grande esperança do estado. A folha de pagamentos da Digital cresceu de menos de 4 mil funcionários em 1970 para mais de 10 mil cinco anos depois. A Data General passou de uma *startup* com 200 funcionários para uma empresa de capital aberto com 3 mil funcionários. Minis tornaram-se o setor da indústria de computadores que mais crescia, e 70% dos fabricantes de minis do país estavam em Massachusetts.

Outras empresas de máquinas comerciais também deixaram a sua marca. Em 1975, a Wang viu suas vendas atingirem US$76 milhões. No ano seguinte, a empresa mudou sua sede para Lowell, uma cidade em dificuldades, onde a folha de pagamentos da empresa — 5.500 funcionários — a tornou maior do que qualquer uma das fábricas têxteis que a precederam, estimulando uma reviravolta que transformou o fundador, An Wang, num herói da caridade local. A taxa de desemprego em Lowell era de 15% quando Wang se mudou para lá. Dez anos depois, tinha encolhido para 3%. Com o surgimento de empresas como a DEC, a Data General e a Wang, a alta tecnologia foi responsável por 250 mil postos de trabalho na produção em Massachusetts no fim da década de 1970, um terço do total do estado.[25]

Mas Boston ainda não estava nas "Olimpíadas Capitalistas". Deixando de lado as origens briguentas, a região produziu coisas muito diferentes e operou num contexto muito distinto do norte da Califórnia. Com grande parte de sua indústria de computadores formada por empresas que pagavam com salários, e não em ações, Boston não era uma terra de jovens milionários como o Vale. Boston não só tinha apenas metade dos dólares de capital de risco fluindo pelo sistema, em comparação com o Vale do Silício, como também não tinha a rede de jovens capitalistas de risco focados em tecnologia, muitos dos quais haviam surgido na própria indústria eletrônica.[26]

A desvantagem regional ainda não seria evidente por muito tempo: os multi-bilionários dos dias de glória do minicomputador ainda estavam por vir, e Boston mais tarde produziu empresas de software para PC que governaram o mercado por um bom tempo durante os anos 1980. No entanto, o ecossistema da região nunca teve o poder de permanência sustentada e multigeracional do Vale. A era volátil da alta tecnologia exigia uma nova agilidade que Boston não possuía, enquanto as redes horizontais do Vale do Silício tinham — uma junção de empresa e capital de risco, advogado e marqueteiro, jornalista e banqueta do Wagon Wheel multibilionários.[27]

Mas havia uma história maior, uma história de política e economia, de uma região de Boston que ainda era, na sua alma, um centro manufatureiro, e onde as mudanças de poder dos anos 1970 eram evidentes em quase todas as esquinas. A cena da Rota 128 nunca esteve tão isolada dos eventos nacionais como os capitalistas do silício do norte da Califórnia. Seu eventual retorno econômico — o amplamente festejado "Milagre de Massachusetts" na década de 1980 — deveu-se em parte ao retorno dos gastos com a defesa, que em meados dos anos Reagan chegaram a US$12 bilhões, ou seja, mais de 8% do produto líquido do estado. "É converter ou morrer na '128'", advertiu o *Lowell Sun* nos primeiros dias dos cortes de verbas militares dos anos 1970. Muitas empresas eletrônicas de Massachusetts não se converteram — elas apenas ficaram esperando até que o orçamento da defesa aumentasse novamente.[28]

Embora disruptivos, os tipos de semicondutores do Vale do Silício não eram revolucionários. À medida que o mercado de chips crescia, os ordenados cresciam e as *startups* se transformavam em corporações globais com ações nas bolsas, a tolerância com os Bob Widlars do mundo diminuía. "Os rapazes geniais de olhar feroz e cabelo despenteados que dominam os *think tanks* e as empresas exclusivamente tecnológicas nunca levarão essa tecnologia para o estágio de jujubas", disse Andy Grove. "As nossas necessidades obrigaram que enchêssemos os nossos quadros superiores com um grupo de especialistas técnicos altamente competentes, até mesmo brilhantes, dispostos a adaptar-se a um ambiente muito estruturado e altamente disciplinado."[29]

A causa revolucionária teria que ser assumida por uma nova geração de tecnólo-gos, de 20 anos, em vez de 40, que estavam chegando à idade adulta em uns Estados Unidos muito diferente, fraturada por mudanças econômicas e lutas violentas pela justiça social. O chip de silício tinha dado seu nome ao Vale, e o microprocessador tinha transformado os chips em computadores.

Agora era hora de construir um computador a partir desse computador-em-um--chip — um que seria diferente, e muito mais pessoal do que nunca fora.

CAPÍTULO 8

Poder para o Povo

"Para mudar as regras, mude as ferramentas." Esse era o lema de Lee Felsenstein, uma revelação dos seus anos na Universidade da Califórnia, Berkeley, onde ele havia sido o técnico meio nerd em meio aos protestos mais revolucionários do campus, nos anos 1960. Rodeado por pessoas das artes liberais — tipinhos fervorosos, que sabiam tudo sobre política, mas pouco sobre tecnologia — Felsenstein percebeu que poderia contribuir para a causa da mudança social, projetando melhores formas de comunicação para os que estavam na linha de frente. Ele desenvolveu melhores sistemas de impressão e distribuição para os milhares de panfletos que bombardeavam Berkeley com convocações para "sit-ins" e "be-ins" — protestos e ocupações não violentos —, além das passeatas e marchas. Ele construiu radiocomunicadores para que os ativistas pudessem ouvir a radiodifusão da polícia. Ele criou megafones eletrônicos de som límpido para conduzir as multidões no campus. Socialmente inábil, achando difíceis as conexões interpessoais da vida real (mais tarde ele recebeu o diagnóstico de autismo leve), Felsenstein decidiu dedicar sua vida à criação de tecnologias que ajudassem pessoas a compartilhar informações de forma poderosa e eficiente —, mas de um jeito simples que qualquer um poderia usá-las.[1]

Nascido em 1945 na Filadélfia, Lee Felsenstein era menos de uma década mais jovem do que os capitães da indústria de semicondutores como Andy Grove e Jerry Sanders. No entanto, a experiência da sua geração foi tão diversa que poderia muito bem ter havido um século de diferença entre eles. Como muitos garotos de sua geração pós-guerra, todo mês ele torraria seus 25 cents, tão cuidadosamente economizados, para comprar a última edição da Popular Electronics, debruçando-se sobre os gloriosos anúncios em páginas duplas que descreviam como fazer suas próprias traquitanas eletrônicas. Aos 11 anos, ele construiu um rádio de galena a partir de um kit descartado pelo seu irmão mais velho. Quando ele tinha 12 anos, o Sputnik foi para o espaço, e ele construiu um pequeno satélite que ganhou o terceiro lugar na feira regional de ciências. Quando estava no ensino médio, ele montava em sua bicicleta para pedalar 5km até o grande templo da ciência e engenharia da cidade, o Instituto Franklin, para ver o UNIVAC, vindo da Filadélfia, que o museu mantinha orgulhosamente exposto numa redoma de vidro. No verão, após terminar o ensino médio, ele conseguiu um emprego como zelador do UNIVAC, ganhando US$1,54 por hora para desatarraxar sua fita magnética e cuidar de seus interruptores. Contrataram-no, ele recordou, por sua "competência técnica crua" e pela tolerância a um salário extremamente baixo.[2]

Quando ele não estava ocupado com gambiarras, ele estava em marchas e piquetes. "Eu era meio que um moleque radical, ridículo", ele se lembrou. "Eu realmente não sabia nada sobre política, mas sabia o suficiente para estar presente nas fileiras de piquetes." Ele marchou em Washington pelos direitos civis. Ele esteve em piquetes nas lanchonetes Woolworth's para exigir a extinção do segregacionismo sulista. O Instituto Franklin esteve perto de demiti-lo depois que ele se juntou a um protesto pacifista contra a visita de Edward Teller, pai da bomba H e dignitário do museu.[3]

A família de Felsenstein não tinha muito dinheiro para mandá-lo para a faculdade, então ele escolheu Berkeley por sua instrução relativamente barata, seu Programa de Engenharia Elétrica e sua reputação de esquerdista. Ele chegou a tempo de testemunhar o nascimento explosivo do Free Speech Moviment [Movimento pela Liberdade de Expressão], em dezembro de 1964. Foi o auge da era dos direitos civis. Como os universitários de todo país, muitos estudantes de Berkeley viajaram para o sul naquele ano para participar do Freedom Summer [Verão da Liberdade], retornando energizados para uma nova rodada de ativismo. Os administradores da universidade os sufocaram quase imediatamente, proibindo manifestações e outras atividades políticas no campus. Os estudantes responderam com uma temporada de protestos em massa que se tornou símbolo de uma luta mais ampla que emergia entre duas gerações com visões de mundo bem diferentes.

Berkeley, a joia californiana do ensino superior público, estava ainda mais envolvida do que Stanford, sua vizinha ao sul da baía, em programas federais de pesquisa militar. Universidade da Guerra Fria por excelência, Berkeley foi a instituição anfitriã de um grande laboratório de pesquisa federal e lar dos principais arquitetos de armas da guerra termonuclear. Estudantes que chegaram ao campus no início dos anos 1960 encontraram um local que zumbia com tantos laboratórios de pesquisa ultrassecretos e *mainframes* intermitentes, deixando muitos alunos de

PODER PARA O POVO   121

graduação sentindo-se como engrenagens infelizes em uma máquina tecnocrática moderna. "Clark Kerr declarou", de acordo com um boletim de estudantes sobre o reitor da universidade, "que uma universidade deve ser como qualquer outra fábrica — um lugar onde os trabalhadores que lidam com matéria-prima são tratados como matéria-prima pelos próprios administradores acima deles".[4]

Contudo, ao contrário dos seus compatriotas nas barricadas de Berkeley, Felsenstein não achava que os computadores eram o problema. As pessoas que controlavam os computadores eram o problema. "Construir uma ferramenta para uma empresa da Fortune 500 tenderia a não me satisfazer", declarou ele. "Construir ferramentas que as pessoas usam para tornar as empresas da Fortune 500 irrelevantes... isso é mais o meu estilo." Avançando vagarosamente nos estudos para evitar uma convocação militar, Felsenstein estava lá quando o cenário estudantil de Berkeley mudou do foco nos direitos civis para protestos contra a Guerra do Vietnã.[5]

Durante esse tempo, o humor do campus tornou-se mais radical, mais pessimista e, muitas vezes, violento. Um frenético 1967, repleto de manifestações cada vez mais aguerridas, culminou em um tumulto no fim de outubro no Centro de Alistamento do Exército de Oakland, onde mais de 2 mil manifestantes que eram contra os alistamentos militares foram recebidos por centenas de policiais brandindo cassetetes e disparando sprays de pimenta. Felsenstein não estava entre os 27 manifestantes enviados ao hospital naquele dia, nem foi um dos sete líderes antiguerra detidos (apesar dos megafones que ele construíra estarem no meio da multidão). Com o estresse disso tudo, ele teve um colapso nervoso logo depois.

Depois de reprovar em todas as matérias, ele saiu da faculdade. Passou os anos zanzando de um lado para o outro da Baía, entre Berkeley e o recém-batizado Vale do Silício, continuando a perseguir seu sonho de construir ferramentas técnicas que permitissem às pessoas escapar das garras do *establishment* e, possivelmente, derrubar o sistema por completo.[6]

NO MESMO INSTANTE EM QUE FELSENSTEIN ESTAVA debruçado sobre uma Popular Eletronics e desmontando aparelhos de rádio, Liz Straus estava sentada em uma sala de aula em Dana Hall, uma escola preparatória para meninas em Wellesley, Massachusetts. A matemática e a ciência já estavam no sangue dela: a mãe de Straus era professora de ciências na escola, e o pai, engenheiro, estava profundamente envolvido na pesquisa sobre computadores e radares no MIT. No ambiente exclusivamente feminino da Dana Hall, uma instituição venerável com muitas ex-alunas que haviam migrado para carreiras em ciência, engenharia e medicina, Straus desenvolveu a confiança que poucas garotas de sua geração tinham permissão para possuir. "Eu não sabia que meninas não eram boas em ciência e matemática porque todas as minhas colegas eram do sexo feminino e a maioria era tecnicamente excelente", ela se lembrou. Mas não havia computadores em seu colégio, e o trabalho de seu pai era altamente secreto. "Embora eu fosse praticamente um molequinho, ainda era uma garota", afirmou ela. "Garotas e eletrônica não se misturavam."[7]

Ela também não aprendeu muito sobre computadores na faculdade. Ingressando em Cornell como caloura no outono de 1963, o mais próximo que chegou de um computador foi "perfurar os cartões que meu namorado precisava para seu projeto de pesquisa". Era um ritual familiar para muitos estudantes universitários naqueles dias: correr para o centro de informática, entregar os cartões no guichê de entrega e voltar no dia seguinte para pegar os formulários contínuos na impressora matricial. A forte mística em torno dos computadores continuou durante vários anos, enquanto isso Straus decidiu voltar a estudar para obter um diploma de pós-graduação em educação.

A essa altura, já era 1971, e Liz Straus se tornou Liza Loop. Ela casou-se e foi viver na pacata cidade agrícola de Cotati, Califórnia, na zona vinícola do condado de Sonoma. Ela tinha perdido os dias mais ferozes de contracultura e protesto, e mesmo assim se tornou uma militante fervorosa —, mas pela reforma educacional. Ela queria que todas as crianças tivessem uma experiência de aprendizagem tão estimulante e fortalecedora como a que ela obteve em Dana Hall.

Liza Loop tinha companhia. Manifestações estudantis e greves de professores tinham se tornado um fenômeno global, à medida que os jovens recém-politizados eram jogados contra um sistema travado, baseado em decoreba e aparentemente preso no século XIX. Especialistas em educação questionavam a relevância de um ensino a base de papel e livros-texto numa época em que quase todas as famílias norte-americanas tinham uma televisão em sua sala de estar e, por isso, apoiaram entusiasticamente a ideia de introduzir "máquinas de ensino" programáveis na sala de aula. Além de tudo isso, as escolas norte-americanas continuaram a ser campos de batalha dos direitos civis, já que as contínuas lutas pela integração racial haviam dado lugar às ordens judiciais que informavam que crianças negras deveriam ser levadas em ônibus até as escolas exclusivas para brancos. Essas medidas levaram alguns pais brancos a resistirem violentamente, e muitos outros optaram por deixar as escolas públicas. Movimentos escolares alternativos, como Montessori e Waldorf, ganharam popularidade.[8]

Um número crescente de militantes da educação tinha começado a falar dos computadores como componentes críticos das melhores escolas do futuro. O recém-instalado governo Nixon começou a investigar como poderia construir e financiar uma rede de computadores nas escolas. Grandes empresas de eletrônica, incluindo a IBM, juntaram-se ao esforço para criar hardware e software especializados para a educação. A Fundação Ford estava tão comprometida com o empreendimento que fundou uma organização sem fins lucrativos à parte, dedicada à causa. "O aprendizado é a nova indústria em crescimento", exultou seu presidente, Harold Gores. Robert Tschirgi, reitor de Berkeley, proclamou que o computador era "a maior mudança na educação desde que Johann Gutenberg inventou o tipo móvel".[9]

No entanto, quando os primeiros computadores realmente aterrissaram nas salas de aula, a sonhadora retórica corporativa não se aproximou sequer remotamente da realidade educacional. O software era desajeitado. O hardware era tão rígido e burocrático quanto os sistemas analógicos que ele substituía. Acima de tudo, os professores não sabiam o suficiente sobre computadores para ensinar aos alunos como usá-los, e a interface não tinha sido projetada para que os alunos aprendessem por conta própria. Equipamentos sofisticados acabaram nos porões e armazéns da escola, acumulando poeira.

As coisas funcionaram de forma diferente quando os próprios especialistas em computação trouxeram as máquinas para as escolas e trabalharam com professores e alunos para criar currículos mais individualizados. Isso aconteceu no caso de Dean Brown, um psicólogo de Stanford que começou a trabalhar com professores Montessori para ensinar crianças muito pequenas a programar dispositivos e a jogar rudimentares jogos de aprendizagem. A visão de Brown sobre como os computadores poderiam transformar a educação estava a quilômetros de distância — e era conceitualmente muito mais audaciosa — das ideias que os líderes políticos e corporativos ventilavam. "A educação é a realização e o desdobramento daquilo que já está lá, latente", escreveu ele em 1970. "O professor é um artista criativo e o computador pode ser um cinzel em suas mãos."[10]

Pouco depois de se matricular no programa de mestrado da Universidade Estadual de Sonoma, Liza Loop se viu em uma aula de Brown. Tudo mudou. "Passei cinco minutos na sala com o Dean e disse: 'Encontrei minha carreira, é nessa que eu vou'", disse Loop. Intensamente sociável e amigável, essa dona de casa do condado de Sonoma não se enquadrava em nenhum estereótipo tecnológico. "Não estou particularmente interessada em computadores", confessou ela abertamente. "São os humanos que me empolgam." Mas a falta de uma educação formal em informática acabou por se tornar uma vantagem, permitindo-lhe ultrapassar o jargão técnico e com isso poder explicar de forma mais fácil para pessoas comuns — como crianças,

124 O CÓDIGO

professores e, especialmente, garotas e mulheres como ela — de que formas os computadores poderiam se tornar parte de suas vidas.[11]

A JOVEM GUARDA

Combinando o vamos-mudar-o-mundo da contracultura e o otimismo tecnófilo da era espacial, Felsenstein e Loop se tornaram dois dos membros de uma tribo tecnológica em constante expansão que surgiu na Bay Area e em outras cidades universitárias e centros aeroespaciais na virada dos anos 1970.

Muitos eram como Lee Felsenstein: rapazes da geração Sputnik, talhados em feiras de ciência, que deram de frente com a libertação cultural da era do Vietnã. Eles se chamavam orgulhosamente de "hackers"; tinham olhos somente para o futuro, desconfiavam da autoridade centralizada, varavam noites para escrever o código perfeito. Eles demonstraram talento técnico superior infiltrando-se em (e às vezes deliberadamente travando) redes de computadores institucionais. Mesclados às suas fileiras estavam os renegados "phone phreaks", que descobriram como se aproveitar dos estridentes sons telefônicos para entrar nas redes da AT& T e desfrutar de chamadas de longa distância de graça.[12]

Mas um bom número também era como Liza Loop: baby boomers levados aos computadores pela paixão de mudar a forma como a sociedade trabalhava, especial-mente em como ela educava as novas gerações. Havia Pam Hardt, uma desistente de Ciência da Computação de Berkeley e cofundadora de uma comunidade de São Francisco chamada Resource One; ela conseguiu um "empréstimo a perder de vista" de um velho minicomputador SDS, instalou-o na sala de estar da comunidade e fez dele a nave-mãe de um sistema compartilhado de bulletin-board chamado Community Memory. Houve Bob Albrecht, um engenheiro que desistiu do seu trabalho corporativo na Control Data Corporation, uma superfábrica de computadores, para se juntar a uma instituição educacional sem fins lucrativos chamada Instituto Portola, um coletivo de enorme alcance, mas com uma ninharia de orçamento. O Portola gerou a bíblia da contracultura tecnológica, o Whole Earth Catalog, criado pelo artista, utopista e empre-sário de "happenings" Stewart Brand. A alta tecnologia encontrou o mundo hippie nas páginas do Catalog, que trazia jaquetas com franjas e fogões de acampamento lado a lado com calculadoras científicas. Seu lema era: "Acesso às Ferramentas."[13]

Um projeto de Albrecht foi o People's Computer Company, iniciado em 1972 como um ponto comercial com porta para a rua que oferecia treinamentos em com-putação, e que era acompanhado por uma newsletter livre, leve e solta "sobre como se divertir com computadores". Emperiquitado com dragões desenhados à mão e uma tipografia errática, o PCC tinha o aspecto de um tabloide underground como o Berkeley Barb (onde Felsenstein tinha se tornado um redator fixo). Em vez de colunas que censuravam os bombardeios de Nixon sobre o Camboja, o PCC tinha matérias sobre como aprender linguagem de computação, com títulos como "BASIC! Ou, vc tb pode controlar um computador".[14]

Se Bob Albrecht era o Benjamin Franklin da revolução, então Ted Nelson ficou conhecido como seu Tom Paine. Um ex-aluno de pós-graduação em sociologia com o sotaque e os bons modos de um preppy, Nelson se considerava um especialista em ideias "grandiosas para o mundo". Em meados dos anos 1960, ele criou um sistema não linear para organizar a escrita e a leitura, ao qual chamou de "hipertexto". Em 1974, ele aplicou o conceito num livro autopublicado intitulado *Computer Lib: You Can and Must Understand Computers NOW! [Computação livre: você pode e deve entender de computadores AGORA!]*. (Se você virasse o volume de ponta-cabeça, encontraria um segundo livro, *Dream Machines,* que falava sobre computadores como plataformas de mídia. Nelson estava pensando bem à frente de seu tempo.)

"O conhecimento é poder e, por isso, tende a ser acumulado", exortava Nelson. "A guarda dos computadores não pode mais ser deixada a uma casta sacerdotal" que se recusava a construir computadores que pudessem ser compreendidos pelas pessoas comuns. Lançado ao mundo quando um Richard Nixon em desgraça deixava a Casa Branca a bordo de um helicóptero, Computer Lib deixava claro quem eram os inimigos. "Sistemas de computadores difíceis e amplamente difundidos seriam tentadores para duas partes perigosas, o 'crime organizado' e o Poder Executivo do governo federal (presumindo que ainda haja uma diferença entre os dois)", escreveu ele. "Se queremos ter a liberdade de informação que nós, como um povo livre, merecemos, as salvaguardas têm de ser construídas desde o começo, e agora."[15]

Naquele momento e lugar, esses homens e mulheres começaram a pensar e a falar sobre como os computadores poderiam transformar as temíveis armas do sistema em ferramentas de fortalecimento pessoal e de mudança social. É claro que o fato de o norte da Califórnia ter sido um centro da ciência da Guerra Fria foi, antes de mais nada, a razão pela qual muitos deles estavam lá. Eles tomaram rumo ao oeste para cursar a faculdade e a pós-graduação, ou para empregos em laboratórios do governo e em operações de pesquisa industrial. Seus conhecimentos de computação vieram de sua participação anterior no sistema tecnocrático que eles criticaram. E nem todos eram jovens. Muitos eram profissionais na casa dos20 ou 30 anos, com filhos, hipotecas e diplomas de graduação.

126 O CÓDIGO

Assim, o abismo entre os soldados-cientistas da Guerra Fria e os tecno-utópicos não era tão grande quanto parecia. Muitas das ideias que animaram a cruzada dos computadores pessoais, como a interação homem-computador e a colaboração em rede, eram as mesmas que haviam alavancado os seminários de Cambridge de Norbert Wiener nos anos 1940 e os laboratórios de McCarthy, Minsky e Licklider nos anos 1950. A nova geração acreditava no mesmo princípio que tinha animado a ciência governamental desde que Vannevar Bush celebrou sua "fronteira infinita" em 1945: a inovação tecnológica curaria os problemas da sociedade e construiria um futuro melhor para os Estados Unidos.[16]

Tal tecnofilia também fez desse movimento de vamos-mudar-o-mundo algo estranhamente conservador, no que diz respeito a romper os convencionais papéis de gênero, de ajustar as contas com o racismo da sociedade ou de reconhecer as enormes desigualdades econômicas e educacionais. Nessa multidão, as Liza Loops e Pam Hardts continuaram como uma distinta minoria. Rostos não brancos quase nunca apareciam. O impacto do feminismo radical foi breve e resplandecente; o Black Power e outros movimentos de direitos civis raramente recebiam um mísero aceno. Para alguns desses tecnólogos, um foco singular na computação era uma fuga da política identitária. Para outros, a tecnologia era uma resposta às injustiças sociais. Esmagadoramente branco e de classe média, esse grupo tinha fé que o "acesso às ferramentas" resolveria tudo.

Apesar de todos os seus pontos cegos, as mentes da nova geração foram abertas pelos terremotos poéticos e culturais dos anos 1960. E a tecnologia de fato os libertou, pois, pois por causa da existência do microprocessador foram capazes de tornar sua visão ambiciosa e intensamente pessoal de uma máquina pensante muito mais próxima da realidade. A sua ideia central — de que o computador podia ser usado por qualquer pessoa para a criação, comunicação, trabalho ou para jogar — acabou sendo a ideia certa na (exatíssima) hora certa.

SOBRECARGA DE INFORMAÇÃO

A metáfora do *mainframe* tinha atravessado toda a política dos anos 1960 como um eloquente símbolo das instituições políticas e sociais norte-americanas — governo, exército, corporações, universidades — e a sufocante conformidade que impunham. "Houve uma época em que a operação de uma máquina se tornou tão odiosa, que deixava as pessoas deprimidas, a ponto que você não queria tomar parte daquilo! Nem mesmo a distância!" — é a famosa declaração de Mario Savio, do Berkeley

Free Speech Movement, no fim de 1964. "É preciso enfiar seu corpo nas engrenagens e roldanas, nas alavancas, e em todo esse aparato, para fazê-lo parar." Naquele outono, manifestantes estudantis espetavam em seus peitos broches com palavras de ordem que apareciam em cada cartão perfurado da IBM: "Eu sou um estudante da UC [Universidade da Califórnia]. Por favor, não me dobre, não me torça, não me enrole e nem me mutile."[17]

Os alunos não se limitaram simplesmente a condenar os computadores como ferramentas que os despojaram de suas individualidades, mas também de sua privacidade. Apenas alguns meses antes de Savio e seus camaradas se mobilizarem em Berkeley, o jornalista investigativo Vance Packard chegou à lista dos best-sellers com *Sociedade Nua*, que delineou a temível extensão da bisbilhotice eletrônica em centenas de páginas indutoras de úlceras. "Se o Sr. Orwell estivesse escrevendo [1984] hoje e não nos anos 1940", escreveu Packard, "seus detalhes seriam certamente mais horripilantes [...] Há fileiras de gigantescas máquinas de memória que poderiam lembrar em poucos segundos cada ação pertinente — incluindo falhas, embaraços ou possivelmente atos incriminatórios — da vida de cada cidadão".[18]

Logo na sequência de Packard, veio a publicação da tradução em língua inglesa de *The Technological Society*, uma avaliação sinistra da condição moderna pelo sociólogo francês Jacques Ellul. O transistor e o computador tinham encerrado a sociedade moderna numa batalha entre a agência individual e a conformidade da máquina. A máquina parecia estar ganhando. Quando isso acontecesse, Ellul concluiu sombriamente: "Tudo será controlado, e as melodias das paixões humanas se perderão em meio ao brilho do cromo."[19]

Talvez nenhum autor tenha capturado melhor o zeitgeist da era da informação do que Alvin Toffler, jornalista e autonomeado futurista. Esse nova-iorquino hiperativo começou sua vida adulta no marxismo, como um ativista dos direitos civis, seguido de anos experimentando a vida de trabalhador como soldador em Cleveland. Finalmente, ele foi para o jornalismo, deixando Marx para trás e se tornando um editor da capitalista e exuberante revista *Fortune*. Com sua esposa, Heidi, ele abriu uma consultoria e começou a escrever livros (ela não recebeu crédito por sua autoria até muitos volumes mais tarde). Prolífico, propenso à hipérbole e um autopromotor incansável, Toffler estourou nas listas dos mais vendidos na primavera de 1970 com *Future Shock*, um tratado de 500 páginas sobre como a tecnologia estava transformando tudo — e abrindo a cabeça de todos durante o processo.

Com 41 anos e simpático às prioridades "pós-materialistas" e aos costumes sexuais mente-aberta da geração mais jovem, Toffler fez jorrar uma cachoeira

128   O CÓDIGO

trovejante de prosa concebida para fisgar e excitar — e assustar — o público em geral. "O que está ocorrendo agora não é uma crise do capitalismo, mas sim da própria sociedade industrial", escreveu ele. "Estamos vivendo simultaneamente uma revolução juvenil, uma revolução sexual, uma revolução racial, uma revolução colonial, uma revolução econômica, e a revolução tecnológica mais rápida e profunda da história."[20]

Se você achasse que a vida já estava caótica, Toffler argumentou, você ainda não havia percebido nem metade da história. "A mudança está atropelando as nossas vidas", disse ele, "e a maioria das pessoas estão grotescamente despreparadas para lidar com ela". Era, argumentou Toffler, uma questão de informação em excesso: "Todo o sistema de conhecimento da sociedade está passando por violentas convulsões. Os próprios conceitos e códigos a partir dos quais raciocinamos estão mudando em um ritmo furioso e acelerado." O mundo moderno, concluiu ele memoravelmente, teve um caso agudo de "sobrecarga de informação".[21]

Em uma nação já profundamente ansiosa com a tecnologia e um pouco mais, o livro de Toffler foi um sucesso logo de cara. Três grandes clubes de leitura selecionaram *Future Shock*, e o livro teve um bom desempenho nas vendas, apesar de resenhas desmoralizadoras. (Uma chamou o livro de "trabalho de ensino médio enraivecido".) Para não falar do estilo, os tons distópicos do livro eram certamente difíceis de engolir; a própria mãe de Toffler afirmou: "Se é assim que vai ser, eu não quero estar aqui." No entanto, *Future Shock* acabou por vender 5 milhões de cópias e fez de Alvin Toffler um inescapável vidente da era da informação.[22]

Apesar de todas as suas ideias malucas e de sua prosa balofa, o livro de Toffler era surpreendentemente presciente. Ele previu que a tecnologia fragmentaria as grandes burocracias em várias "ad-hocracias" menores e mais ágeis que poderiam crescer ou encolher de acordo com a demanda. Ele falou sobre como a comunicação eletrônica possibilitaria uma fragmentação da cultura de massa em milhares de canais diferentes e especializados, onde cada um poderia obter suas próprias notícias, especialmente adaptadas. Ele falou de como a inundação de informação reduziria a atenção e aumentaria o ceticismo em relação à autoridade especializada. Ele apontou o quanto os Estados Unidos já haviam mudado para uma economia de serviços, e como as tecnologias da informação aceleraram essa mudança.

Do Projeto Manhattan aos voos espaciais tripulados, passando pelas intervenções maciças da Guerra Fria no Terceiro Mundo, os norte-americanos haviam entendido a tecnologia como uma ferramenta de grandes organizações para resolver problemas de grande escala — guerra, fome, pobreza, educação, transporte e comunicação. A maioria dos analistas acadêmicos da sociedade pós-industrial geralmente operava sob a presunção de que esse reinado ainda prevaleceria, mesmo que os meios de produção mudassem. *Future Shock* refletiu uma mudança tomando um rumo diferente. A tecnologia poderia, em vez disso, tornar-se uma maneira de consertar os problemas do mundo, de pressionar as instituições sociais, e de alcançar a autorrealização. Mas o caminho certo para se fazer isso seria diminuir. Uma das poucas notas otimistas em *Future Shock* tinha a ver com o destino de organizações grandes e insensíveis. "A burocracia", escreveu Toffler, "o próprio sistema que supostamente esmaga a todos sob seu peso, está sofrendo com a mudança". Em última análise, ele afirmou que a tecnologia quebraria as grandes instituições, restaurando a autonomia individual no processo.[23]

O COMPUTADOR NUNCA ESQUECE

Não eram apenas os estudantes radicais e os futuristas grandiloquentes que questionavam o status dos *mainframes*, mas também os políticos do próprio *establishment*. Desde os dias de glória da Grande Sociedade de Lyndon Johnson, em meados dos anos 1960, até os últimos meses da era Nixon, que naufragaram com os escândalos, os legisladores do Capitólio dedicaram centenas de horas a discursos e audiências sobre computadores e privacidade. O alvo da sua ira não era a IBM ou as corporações que utilizavam seus produtos, mas sim as burocracias governamentais com bancos de dados eletrônicos em rápido crescimento que computavam tudo, desde a idade e estado civil de uma pessoa até seu histórico médico e de alistamento militar.

O senador Sam Ervin foi um dos mais proeminentes e insistentes desses críticos. Um constitucionalista rigoroso (e fervoroso segregacionista e antifederalista que, em 1965, tão profundamente desgostou das reformas na imigração), Ervin ganhou fama duradoura como presidente do Comitê Watergate no Senado. Antes disso, ele passou os primeiros anos da década de 1970 conduzindo uma investigação sobre computadores do governo, e suas audiências geraram manchetes suculentas. Com a caneta de presidente em uma mão e uma folha de microfilme densamente impressa na outra, Ervin avançava sobre a invasão da "ditadura do dossiê" em Washington, advertindo de forma sombria: "O computador nunca esquece."[24]

Na Câmara, o chefe da cruzada foi Neil Gallagher, democrata de Nova Jersey que, evocando um maneirismo a la Kennedy, tinha uma destreza para compor pungentes frases de efeito que fez o seu nome como advogado. Em 1966, ele começou a realizar audiências sobre "Computadores e a Invasão de Privacidade", trazendo testemunhas como Vance Packard. Em 1970, Gallagher estava levando seus discursos

O CÓDIGO

diretamente aos próprios profissionais da computação, descrevendo "o computador como 'o bebê de Rosemary'" em um angustiado ensaio para a revista *Computers and Society*. "O zumbido do computador enquanto ele digere e dissemina dossiês [...] é frequentemente o som da carne e do sangue sendo destituído da alma", escreveu ele. "Os dados brutos são agora extraídos da mesma forma que os dentes são arrancados: ou sob o éter do consentimento desinformado ou arrancados pelas raízes."[25]

As pessoas que construíam os *mainframes* podem até não ter usado termos tão apocalípticos, mas concordaram que as velhas noções de privacidade tinham desaparecido assim que o primeiro UNIVAC chegou ao mercado. "Na verdade, nesse momento há pouca privacidade em nossas vidas privadas", observou Evelyn Berezin, pioneira designer de computadores, em uma carta a Gallagher. As milhares de máquinas zumbindo nas agências governamentais e os bancos de computadores corporativos já tinham uma quantidade espantosa de informação pessoal, largamente desprotegida e quase sem vigilância. Os programadores podiam não saber ainda o que fazer com todos esses dados, mas o aumento do poder computacional indicava que eles logo saberiam. Como Paul Baran, do RAND, relembrou a um jornalista inquiridor: "Por trás de toda essa criação de registros está a suposição implícita de que um dia eles serão úteis."[26]

No sombrio verão da renúncia de Nixon, a privacidade se tornou uma questão com a qual quase todos podiam concordar naquela Washington irascível e ferida. "A sociedade do banco de dados está praticamente em vigor", alertou Barry Goldwater, o "Sr. Conservador", nas audiências convocadas por Ervin em junho. "Temos que programar os programadores enquanto ainda há alguma liberdade pessoal." Depois de uma eleição em novembro que viu uma onda de jovens candidatos reformistas (a maioria deles democratas) eleitos para o Congresso como "bebês de Watergate", o Congresso apressou-se em juntar uma enxurrada de propostas legislativas para aprovar a Lei de Privacidade de 1974. Apagando as luzes de um ano verdadeiramente terrível na política, Gerald Ford assinou a lei na noite de Ano Novo.[27]

As primeiras linhas da Lei de Privacidade deixaram claro que os computadores tinham sido seu catalisador: "O uso crescente de computadores e de tecnologia de informação sofisticada, embora essencial para as operações eficientes do governo, tem ampliado muito a extensão de possíveis danos à privacidade individual." E, como a maioria das audiências do Congresso sobre o assunto ao longo dos anos anteriores à sua aprovação, a Lei direcionou seus poderes diretamente para o governo federal. Embora as corporações estivessem entre os praticantes mais entusiastas das artes obscuras da vigilância, dos testes de personalidade e de sugar enormes quantidades de informação do consumidor para gigantescos bancos de dados, as investigações do Congresso concentraram-se no vilão que elas conseguiam enxergar e cujo orçamento controlavam: a burocracia federal.[28]

Sendo tão implacavelmente focados no governo, esses guerreiros da privacidade dos Estados Unidos prestaram pouca atenção no que a indústria tecnológica estava fazendo, ou deveria estar fazendo. Poucas regulamentações dificultavam o modo como as empresas norte-americanas coletavam dados sobre as pessoas que usavam seus produtos. O cidadão usuário de computador poderia ser capaz de colocar alguns limites no que o governo sabia, mas tinha poucos recursos quando se tratava de controlar o que as empresas poderiam descobrir. Essa liberalidade regulatória, naturalmente, tornaria possível um dos maiores triunfos comerciais do Vale do Silício moderno: reunir, sintetizar e personalizar grandes quantidades de informação, e lucrar muito com ela.

O NEGÓCIO É SER PEQUENO

Ao mesmo tempo em que políticos e ativistas apontavam a tecnologia desembestada como fonte dos muitos males da sociedade, eles também abraçaram as novas aplicações da tecnologia como uma forma de corrigi-la. A filosofia dos computadores na educação defendida por pessoas como Dean Brown foi uma manifestação de um impulso mais amplo para se pensar nos computadores como ferramentas para a mudança social. A reunião anual de 1970 da Association for Computing Machinery [Associação para Maquinaria Computacional] ou ACM, um paraíso nerd que normalmente ocupava um dia inteiro com apresentações de artigos técnicos, dedicou toda sua programação para discutir "como os computadores podem ajudar os homens a resolverem problemas nas cidades, saúde, meio ambiente, governo, educação, pobreza, deficientes e na sociedade em geral". Ralph Nader, um defensor dos consumidores, foi um dos oradores principais. O Programa de Oportunidades Tecnológicas da administração Nixon, de curta duração, refletiu o humor prevalecente, pedindo à indústria que apresentasse suas sugestões sobre como as tecnologias de computação e comunicação poderiam resolver problemas sociais.[29]

O mesmo se deu na cultura popular. *O Renascer da América*, homenagem de Charles Reich — professor de direito em Yale e defensor da privacidade — aos valores contraculturais, repousou durante semanas no topo das listas dos mais vendidos após seu lançamento em setembro de 1970. Assim como nas chamadas à ação que Mario Savio gritava por meio de seu megafone, Reich enquadrou o mundo moderno como uma máquina que precisava ser reiniciada: "Os norte-americanos perderam o controle da maquinaria da sua sociedade, e só novos valores e uma nova cultura podem restaurá-lo." O economista britânico E. F. Schumacher teve uma ênfase tecnológica semelhante no seu best-seller de 1973, *O Negócio É Ser Pequeno*. O impulso implacável para o crescimento econômico deveria dar lugar a uma nova filosofia do "basta". Sistemas grandes e desumanos precisavam ser substituídos por "uma tecnologia com rosto humano".[30]

Sublinhando a virada contra a grandeza, a maior de todas as empresas de computadores se viu cercada por concorrentes e reguladores. No último dia de trabalho da administração Johnson, em 1969, o Departamento de Justiça entrou com uma ação antitruste contra a IBM. Não era a primeira vez que a Big Blue estava na mira antimonopolista do governo, tendo sido alvo de uma ação da era Truman que acabou forçando a divisão entre seus negócios de hardware e serviços. Agora, o aumento da participação de mercado e do dinheiro gerado pela linha System/360, de enorme sucesso, atraiu a atenção do governo. A ação judicial gerou um plano de fundo, quando os liberais no Congresso começaram a questionar o monopólio empresarial da IBM. Em 1972, Philip A. Hart, um democrata de Michigan conhecido como a "consciência do Senado", introduziu no Congresso um "Ato de Reorganização Industrial" antimonopolista. Hart o descreveu como "o maior esforço empreendido para encontrar uma solução para a concentração econômica".[31]

Quando se tratava da indústria informática, pareciam óbvios os efeitos adversos dessa concentração para os consumidores. A automatização de tudo, desde cheques de pagamento até reservas aéreas, pode ter aumentado a eficiência do negócio, mas criou problemas no dia a dia quando o sistema dava uma bagunçada nas coisas. Cada boleto governamental extraviado ou reserva de hotel perdida tornava-se um argumento para os céticos quanto aos computadores. Os executivos do setor se viram na defensiva. "Talvez se observamos um pouco como as coisas funcionam", alguém protestou no comitê de Hart, "perceberíamos que não é um computador que de vez em quando faz uma bobagem; mas sim as pessoas que os utilizam e as que criam seus códigos".[32]

Os ativistas Lee Felsenstein e Liza Loop nunca imaginaram que teriam muito em comum com um executivo de terno e gravata de uma grande empresa de computadores. Mas todos estavam veiculando a mesma mensagem: o poder do computador vem do seu usuário.

CAPÍTULO 9

A Máquina Pessoal

L á em Stanford, ideias semelhantes estavam sendo elaboradas.

À medida que a turbulenta política dos anos 1960 se agitava em seu entorno, a outrora pacata e aparentemente apolítica Fazenda havia se transformado num foco de ativismo estudantil. Como seus colegas em Berkeley, os estudantes de Stanford se mobilizaram pelos direitos civis, lotando o Auditório Memorial para ouvir Martin Luther King Jr. falar na véspera do Verão da Liberdade de 1964, mobilizando-se em apoio aos trabalhadores rurais da Califórnia em 1965, e sediando um "Dia do Black Power" com Stokely Carmichael em 1966. Em 1967, essa energia ativista havia mudado grande parte de seu foco perante a Guerra do Vietnã. Em fevereiro, os estudantes de graduação de Stanford protestaram ruidosamente contra a visita do vice-presidente Hubert Humphrey e realizaram vigílias pela paz durante toda a noite na Igreja Memorial da universidade. Não muito tempo depois, os alunos queimaram um busto de Glenn Campbell, o diretor da Instituto Hoover, nas escadarias da Torre Hoover.[1]

Fred Terman havia passado duas décadas transformando o projeto afetivo de Leland e Jane Stanford em um dos mais importantes centros de pesquisa militar do país. Agora, seus pilares de excelência tornaram-se alvos da ferocidade e da raiva estudantil contra a Guerra do Vietnã. Durante nove dias de abril de 1969, centenas de estudantes ocuparam o Laboratório de Eletrônica Aplicada de Stanford — ou SRI, do inglês Stanford Research Institute — exigindo que a universidade pusesse um fim à pesquisa militar secreta. Logo depois, os administradores da universidade cortaram laços com o SRI e seu controverso portfólio de projetos sigilosos. A decisão decepcionou os estudantes, que esperavam que o Instituto fosse encerrado por completo.[2]

O CÓDIGO

Se isso tivesse acontecido, Stanford teria desperdiçado uma operação que estava construindo um universo inteiramente novo de computação conectada, direcionada aos humanos — o lar do robô Shaky, do laboratório de educação de Dean Brown e do "centro de pesquisa para aumento do intelecto humano" de Doug Engelbart.

Na sua ênfase na colaboração em rede, Engelbart — este modesto membro da Geração Grandiosa — estava completamente em sincronia com as correntes políticas radicais que corriam em torno do campus de Stanford e das lojas sem graça e suburbanas ao sul da Baía. Logo abaixo das instalações do SRI em Menlo Park estava a Kepler's Books, cujo dono, Roy Kepler, havia a transformado em um salão antiguerra e contracultural. Poetas beatniks, Joan Baez e os membros do The Grateful Dead se apresentavam no Kepler's, e as palestras sobre livros e sessões de poesia falada da loja tornaram-se eventos imperdíveis para muitos que faziam parte da comunidade tecnológica local. Isso incluía membros do laboratório Engelbart, que passavam por lá no caminho para pegar o trem que os levaria de volta para suas casas. E a visão de Engelbart sobre a expansão das capacidades da mente por meio da tecnologia em rede tinha muito em comum com a visão de Michael Murphy, um graduado de Stanford que foi cofundador do Instituto Esalen na costa do Big Sur, em 1962. O objetivo do Esalen, disse Murphy a um repórter da *Life*, era "alcançar uma terra incógnita da consciência". Enquanto Esalen tinha sessões de meditação e encontros, Engelbart usava computadores para, como seu amigo Paul Saffo disse mais tarde, "criar um novo lar para a mente".[3]

A demonstração de Engelbart de dezembro de 1968 foi uma revelação e uma inspiração para o clã de programadores e visionários da Bay Area que estavam pensando nos computadores como ferramentas para o trabalho, educação e diversão. O laboratório de Dean Brown usou o mouse de Engelbart para testar como os computadores melhorariam o aprendizado dos alunos. O evento também trouxe novos convertidos para o movimento, em especial Stewart Brand, que entrou na equipe de demonstração como cinegrafista e saiu como alguém completamente conectado ao poder da computação em rede. Seguiram-se a colaboração do Instituto Portola, de Brand e Albrecht, e do Whole Earth Catalog. A apresentação "literalmente fez brotar um novo ramo no percurso que a computação vinha fazendo nos dez anos anteriores", lembrou Saffo, "e as coisas nunca mais foram as mesmas".[4]

A FÁBRICA DE IDEIAS

Não muito tempo depois, a quase 5.000km de distância dos corredores robotizados do SRI, um grupo de executivos estava sentado num escritório revestido de madeira, tentando descobrir de onde viria a próxima geração de produtos de sua empresa. A Xerox era uma empresa relativamente jovem, mas sua ascensão tinha sido vertiginosa e espetacularmente lucrativa. Depois de desenvolver algumas das primeiras fotocopiadoras de escritório menos de duas décadas antes, ela havia dominado o mercado tão completamente quanto a IBM dominava a computação *mainframe*.

À medida que o dinheiro entrava, a Xerox decidiu seguir o exemplo dos seus predecessores mais venerados, como a AT&T, e criou um centro de pesquisa sem igual. E onde melhor do que Palo Alto? Há duas décadas, as principais empresas de eletrônica já estavam montando laboratórios na órbita de Fred Terman, e nenhum outro lugar poderia igualar a combinação de imóveis classe A, engenheiros classe A e clima classe A. "A Xerox planeja um laboratório de pesquisa na Califórnia", dizia um pequeno texto escondido dentro da seção de negócios do *New York Times*, na primavera de 1970. Seu propósito, disse Jacob Goldman, chefe de pesquisa da Xerox, era "avançar na tecnologia de processamento de dados".[5]

Aquele inócuo anúncio marcou o lançamento de um empreendimento que acabou por transformar a visão de Doug Engelbart em realidade de mercado. Ironicamente, apesar de a Xerox ter participado do empreendimento, a empresa não foi a beneficiária final dos avanços que patrocinou. Ela não era uma empresa de computadores, e o mercado de copiadoras era simplesmente lucrativo demais para justificar a criação de linhas de produtos e canais de vendas inteiramente novos para que ela se tornasse uma. Em vez disso, seu Centro de Pesquisa de Palo Alto — ou PARC, do inglês Palo Alto Research Center — tornou-se um viveiro de novas empresas, em sua maioria sediadas na Califórnia, cujos lucros acabariam por diminuir os das indústrias de fotocopiadoras e *mainframe*. O PARC passou a ser para a computação pessoal o que a NASA havia sido para os microchips: um patrocinador cheio de grana que despejou verbas na pesquisa e no desenvolvimento de tecnologia avançada, para depois praticamente sumir.

As pessoas que encheram os corredores do PARC nos primeiros anos da década de 1970 estavam fortemente conectadas por rede ao ecossistema de convivência dos profissionais ligados à informática da Bay Area. Em um tempo e lugar dominado pela indústria de semicondutores, "com seu famoso desprezo de machão pelas mulheres", como disse Lynn Conway, uma cientista do PARC, havia uma notável diversidade de gêneros em suas fileiras. As novas contratadas aproveitaram os abundantes recursos e a frouxa supervisão da Xerox para interpretar criativamente a definição de "tecnologia de processamento de dados" de Goldman, desenvolvendo projetos inspirados pelas ideias de Doug Engelbart sobre a inteligência aumentada e pela cultura hacker em geral. A operação do SRI de Engelbart havia se desdobrado depois que os grandes desbravadores não conseguiram descobrir o potencial comercial de seus dispositivos — e, com isso, vários membros de sua equipe se mudaram para o PARC. Outros vieram da diáspora acadêmica da engenharia de Stanford e Berkeley.

Havia Alan Kay, que queria desenvolver um computador suficientemente pequeno para caber em uma mochila. Ao fundo do corredor, Bob Metcalfe e David Boggs inventaram uma forma de conectar vários computadores, que batizaram de Ethernet. Do outro lado estavam Adele Goldberg e Dan Ingalls, também evangelistas da educação com computadores, que colaboraram com Kay em uma nova linguagem computacional transformadora e amigável chamada Smalltalk. Conway, que já tinha feito grandes avanços na arquitetura de computadores de alto desempenho anteriormente na IBM, foi recrutado na Memorex. E, chegando para liderar o Laboratório de Informática do PARC, estava ninguém menos que Bob Taylor, o homem que apenas alguns anos antes tinha posto de pé aquela maravilhosa rede acadêmica chamada ARPANET.[6]

A Xerox tinha reunido uma equipe de all-stars. Mas as suas instalações em Palo Alto ganharam a opinião pública com uma roupagem mais solta e rebelde, cortesia de um artigo de Stewart Brand que apareceu na *Rolling Stone* em dezembro de 1972. Intitulado "Spacewar: vida fanática e morte simbólica entre os folgadões dos computadores", a matéria de Brand falava sobre técnicos que controlavam as redes de computadores das instalações para jogar videogames durante a madrugada, dando aos seus escritórios nomes de personagens de J. R. R. Tolkien, deixando o cabelo crescer e tendo pouco respeito pela autoridade tradicional. Alan Kay disse a Brand: "Um verdadeiro hacker não é uma pessoa gregária. Ele é alguém que adora ficar acordado a noite toda, somente ele e a máquina em uma relação de amor e ódio... São crianças que tendem a ser brilhantes, mas não muito interessadas em objetivos convencionais. E a informática é realmente um lugar fabuloso para isso... É um lugar onde ainda se pode ser um artesão." Os ex-executivos na sede da Xerox ficaram tão horrorizados com a matéria de Brand que proibiram a equipe do PARC de falar com a imprensa. Entretanto, "Spacewar" tornou-se um documento fundador das lendas do Vale do Silício.[7]

As barbas, pufes e videogames à meia-noite dificultaram para alguns observadores contemporâneos a compreensão de que esses homens e mulheres estavam no processo de desenvolvimento das tecnologias fundacionais para a computação desktop e para as redes. Apenas três meses após a publicação de "Spacewar", a equipe do PARC produziu um protótipo de desktop. Chamada de Alto, a máquina ganhou um teclado e uma tela. Tinha um mouse. Tinha uma interface gráfica, em vez de texto. Os documentos apareciam na tela com o mesmo aspecto que apareceriam quando impressos em papel. A máquina possuía até correio eletrônico. Revelada menos de cinco anos após a mãe de todas as demonstrações, ela pegou as ferramentas futurísticas de Engelbart e as colocou em uma máquina que cabia em uma mesa de escritório. Era diferente de quase todos os outros computadores existentes, pois não era preciso ser programador de software para usá-lo.[8]

QUERO SER TOM SWIFT

Além do ambiente frondoso da fábrica dos sonhos da Xerox, a busca de Lee Felsenstein pela computação movida a pessoas continuou. Como quase todo mundo, ele passou um bom tempo nos pufes do PARC. Apesar de estar impressionado com a tecnologia, o paladino da justiça social que havia nele não gostava da ideia de se submeter a um barão da indústria. O Alto tinha custado US$12 mil para ser construído. A etiqueta no varejo prometia ser três vezes maior.

Felsenstein queria construir redes que fossem baseadas na comunidade, e baratas o suficiente para serem acessíveis a quase todos. Ele conspirara com Pam Hardt e o pessoal do Resource One para a construção do Community Memory, pioneiro bullet board system, cujos terminais então pontilhavam as lojas de discos e cafeterias Bean Sprout da Bay Area. Mas as unidades eram apenas telas que dependiam de dados de um computador central, e a rede, temperamental, tendia a cair facilmente. O que o mundo precisava agora, concluiu o frustrado hacker, era de um terminal "inteligente", com seu próprio sistema de memória.[9]

As populares revistas de ciência e seus "projetos de construção caseiros" para amadores continuaram a ser um recurso para engenheiros de bricolage como Felsenstein, e a edição de setembro de 1973 da Radio-Electronics (subtítulo: "Para Homens com Ideias para a Eletrônica") apresentava uma reportagem de capa sobre um dispositivo que poderia resolver todos os seus problemas. A "máquina de escrever para a TV" foi uma criação de Don Lancaster, um engenheiro aeroespacial que se exilou no deserto do Arizona para se tornar um vigia de incêndios, retornando à vida no campo, e ao ar livre. O dispositivo simples de Lancaster era capaz de transmitir palavras datilografadas num teclado para uma televisão. Ela levou à loucura a comunidade eletrônica amadora. Aqui estava uma conexão entre teclas e caracteres na tela que permitia aos homebrewers fazer uma versão peso-pluma do Alto, computador do PARC.

A ideia de Lancaster inspirou Felsenstein a postar avisos no Community Memory e a caçar ideias nas festinhas semanais do PCC, procurando informações sobre como construir um dispositivo que fosse como a máquina de escrever na TV, mas que tivesse maior capacidade. Poderia ser possível fazer algo assim usando um dos microprocessadores da Intel, mas custaria milhares de dólares cada um. Felsenstein queria algo barato, inteligente e fácil de construir.

O resultado foi o "Terminal Tom Swift", que recebeu o nome de uma antiga série de livros de aventura que fora um dos principais elementos da infância norte-americana em meados do século XX. Felsenstein publicou o projeto na newsletter do PCC no fim de 1974. O usuário do Tom Swift não só podia rolar a tela para cima ou para baixo, como podia conectar diferentes placas de circuito pré-impressas para adicionar novas funções — imprimir, calcular, rodar jogos — e isso era feito por um barramento que retransmitia as comunicações dos periféricos para o terminal. Em essência, o sistema desmontou a arquitetura da informática normalmente selada dentro de um computador ou chip fabricado em massa, e a transformou em componentes isolados que qualquer nerd da eletrônica poderia construir sozinho. "Para que o trabalho se torne uma brincadeira", a propaganda proclamava logo de cara, "as ferramentas devem se tornar brinquedos".

Como muito do que apareceu no PCC, o artigo sobre o Tom Swift não era apenas um conjunto de especificações de engenharia. Ele fez o lançamento de uma nova filosofia política. Não muito antes, o pai de Felsenstein tinha entregado uma cópia do livro ^{Tools for Conviviality} [Ferramentas para a convivência, em tradução livre], de Ivan Illich, padre-filósofo, socialista e guru contracultural. Illich já tinha feito barulho com Sociedade Sem Escolas, um ataque de fôlego contra a educação tradicional que inspirou inúmeros estudantes a cair fora — e sintonizar. Agora ele tinha mudado seu foco para a tecnologia. Como Charles Reich e. F. Schumacher, Illich denunciou o "monopólio radical" que as elites e especialistas detinham sobre as funções da vida moderna, resultando em um sistema "em que as máquinas escravizam os homens". Mas as coisas estavam diferentes. "Agora podemos desenhar a máquina para eliminar a escravidão sem escravizar o homem para a máquina."[10]

Essa visão encantou Felsenstein. Em uma parte das especificações do Tom Swift, ele acrescentou a sua própria declaração. "O cifrão não se encontra onde deveria estar", escreveu ele, uma piscadela para o socialismo de Illich. "Antes de haver um sistema industrial, as pessoas construíam ferramentas que outras podiam usar sem muito treino... O PCC demonstra como os softwares de computador podem ser usados de forma mais social." Ele aprofundou a ideia em um artigo técnico publicado pouco depois. O computador *mainframe* era como uma organização burocrática: hierárquica, dividida em silos, um domínio de especialistas. O design via barramentos é "um sistema de livre intercâmbio sujeito apenas a simples regras de tráfego".[11]

A MÁQUINA PESSOAL 139

O otimismo desabrido da "cibernética social" que Lee Felsenstein delineou em 1974 — tal como as ousadas declarações de Ted Nelson sobre "liberdade computacional" naquele mesmo ano — brilhou como uma tocha entre a comunidade de programadores e reformadores sociais, mesmo quando as esperanças da contracultura se dissiparam. As boas vibrações do Verão do Amor e de Woodstock tinham sido subsumidas pela violência de Altamont, de Charles Manson e do massacre na Universidade Estadual de Kent. Ocupações não violentas no campus tinham dado lugar aos ataques à bomba do Weather Underground. A herdeira Patricia Hearst, raptada de seu apartamento em Berkeley por outro grupo de radicais violentos, o Exército de Libertação Simbionês, reapareceu em abril de 1974, com armas à mão, participando de um assalto a banco. A inflação disparou, os rendimentos estagnaram e o presidente era um vigarista. Os destroços reforçaram a convicção dos tecnólogos de que a política pura não era suficiente. Como Illich tinha dito, "Mudanças na gestão não são revoluções". As desigualdades da sociedade derivam do modo industrial de produção, e não terminariam se a plataforma em si não mudasse.[12]

Mas, ao contrário de Ivan Illich, os revolucionários informáticos tinham poucos verdadeiros marxistas em suas fileiras. Eles podem não ter se afiliado de todo coração ao sistema, mas suas carreiras tinham se beneficiado muito com a generosidade do *establishment*. Eles trabalharam nos programas de engenharia de ponta de Stanford e Berkeley. Tinham construído o futuro de dentro da ARPA e o restante dentro do Departamento de Defesa. Tinham desfrutado dos amplos orçamentos de pesquisa industrial de empresas como a Xerox, o que lhes permitiu construir o computador desktop em rede dos seus sonhos em menos de três anos. E, além disso, eles podiam olhar para as empresas de semicondutores do Vale e ver como a nova tecnologia poderia torná-los muito ricos.

Em 1974, a nova geração tinha muitas provas do potencial dos computadores em mudar tudo, mas sem explodir tudo. Felsenstein resumiu a filosofia em poucas palavras: "Não é preciso deixar a sociedade industrial, mas também não é preciso aceitá-la como ela é."[13]

COMPUTADORES COMO PROFESSORES

Essa mensagem ressoou nos subúrbios do norte da Califórnia em meados dos anos 1970, quando os homens e mulheres da era de Aquário migraram para a vida comum de classe média — casas avarandadas e cul-de-sac, crianças pequenas e empregos administrativos de terno e gravata. Apesar das aparências externas, essa geração era

140 O CÓDIGO

notavelmente diferente da geração dos seus pais, continuando em busca de realização pessoal, libertando-se do conformismo de suas juventudes. Praticaram yoga, estiveram em retiros em Esalen e participaram dos seminários de desenvolvimento pessoal EST. Eles saíram do armário e da cozinha, e marcharam pelos direitos das mulheres e pela Emenda da Igualdade de Direitos. Com a mudança dos papéis de gênero e dos costumes sexuais, a taxa de divórcio na Califórnia mais do que dobrou entre 1960 e 1975, facilitada pela introdução de leis de divórcio que prescindiam da definição de um culpado.[14]

Em Cotati, Liza Loop ainda não estava se divorciando, mas sua vida em casa não estava bem. Ser mãe em tempo integral — mais um bebê, exigências da primeira infância — a consumiu por vários anos após aquele fatídico encontro com Dean Brown nas salas de aula da Universidade Estadual de Sonoma. Mas ela não tinha parado de pensar em computadores, e mantinha contato com Brown. O condado de Sonoma não estava assim tão longe do Vale do Silício, mas faltavam redes e organizações pelas quais ela pudesse se conectar com outros entusiastas e aprender mais sobre computação. Ela estava impaciente. Não fazia sentido, ela disse, continuar à espera de que surgisse uma revolução informática em Sonoma. Ela própria deveria começar uma.

Primeiro, ela embarcou em seu próprio curso intensivo de construção de hardware e programação de software. A experiência dela em computadores não havia sido muito mais do que digitar aqueles cartões IBM na Universidade Cornell. Ela fez tudo o que pôde para aprender sozinha, assinando o PCC e indo até Menlo Park para visitar o novo "People's Computer Center", criação das atividades de Albrecht e onde tanto adultos como crianças podiam se inscrever para aprender a programar e jogar. Ela aprendeu BASIC. Para tirar a dispersa e reclusa população local de hackers de seus porões e garagens, ela começou seu próprio grupo: o Clube de Computação do Condado de Sonoma. Como muitos outros que apareceram pelo país, misturavam-se entre os membros do clube tecnólogos e autodidatas apaixonados — refletindo um Estados Unidos em que "meninas e eletrônicos não se misturam" — eles eram esmagadoramente homens. (Quando o Clube de Computação do Sul da Califórnia fez uma pesquisa com seus 184 membros no outono de 1975, apenas cinco respondentes se identificaram como "Sra.", em vez de "Sr.". "Vamos lá, meninas, vamos equilibrar esse clube!", exortou o boletim da organização, como se a fraca representação fosse simplesmente devido à falta de esforço das mulheres.)[15]

Ser quase a única "Sra." no pedaço não dissuadiu Liza Loop. Ela tampouco foi intimidada pelos seus conhecimentos técnicos relativamente rudimentares. A tecnologia estava mudando tão rapidamente que até o mais experiente usuário de computador poderia achar seu conhecimento obsoleto. E a força inexorável da Lei de Moore estava tornando os computadores mais baratos e rápidos, abrindo verdadeiramente a porta para uma época em que as salas de aula podiam ter computadores e apontadores de lápis.

Ela persuadiu Brown e Stuart Cooney, um projetista de computadores, a ajudá-la a entrar em um centro educacional no centro de Cotati, onde qualquer pessoa poderia chegar e aprender a usar computadores. Ela alugou um terminal de computador e montou uma linha telnet, e depois abriu uma conta em uma empresa de compartilhamento de tempo no Vale, com acesso a um *mainframe* HP 2000. O nome foi LO*OP Center, do inglês "Learning Options Open Portal" [Portal Aberto de Opções de Aprendizagem]. O uso do sobrenome Loop deixou claro quem estava no comando. Adultos e crianças podiam aprender a programar e usar diferentes softwares. Havia jogos de computador para as crianças. Havia até uma copiadora disponível para o público, que era algo como uma droga de acesso comunitário para aqueles que achavam que os computadores não tinham nada de interessante para oferecer.

À medida que os computadores cresciam, o LO*OP Center também cresceu. Ele se mudou de um escritório no segundo andar para uma sobreloja. Loop fechou sua conta de compartilhamento de tempo e comprou um Digital PDP-8 de segunda mão do People's Computer Center, em Menlo Park. Nas horas vagas, ela colocava o equipamento do centro — minicomputador, teletipo, periféricos — na parte de trás de sua empoeirada caminhonete e dirigia pelo condado de Sonoma, parando de escola em escola feito um pregador. Liza Loop queria desmistificar os computadores, não os glorificar. Em sua opinião, os professores humanos continuariam sendo centrais para o sucesso de uma sala de aula assistida por um computador. "O computador é apenas um meio de comunicação entre professor e aluno", disse ela às turmas que visitou. "Ele nunca poderá substituir o professor." A tecnologia finalmente tinha conseguido o seu rosto humano.[16]

UM PROJETO REVOLUCIONÁRIO!

Embora a vida doméstica tivesse atrasado sua entrada no mundo dos clubes de computação e dos centros educativos, o timing de Liza Loop tinha sido perfeito. Porque no momento em que ela estava preparando seus planos para o LO*OP Center, tinha surgido um kit de computador que era diferente de tudo o que os hackers e ativistas já tinham visto. Ele foi chamado de Altair, era fabricado por uma pequena empresa de Albuquerque chamada MITS, e tomou de assalto o mundo dos amadores depois de ser revelado na *Popular Electronics*, no início de 1975.

Aqui estava um projeto de montagem como nenhum outro. Havia as habituais placas, componentes e barramentos, com a adição de uma bela caixa azul de metal, na qual tudo era encaixado. Mas, ao contrário de qualquer outro kit, o Altair tinha um microprocessador Intel 8080 para o seu processamento e memória. Ed Roberts, o empresário e projetista por trás da MITS, tinha feito um acordo com a Intel para comprar no atacado alguns chips levemente avariados, a US$75 cada um — uma fração do seu preço de varejo. Nas mãos de um hacker experiente com paciência e um ferro de solda, o kit Altair se tornou um computador desktop que custava pouco mais de US$400.

Depois que o protótipo fez sua estreia na capa de janeiro da *Popular Electronics* — "Projeto Revolucionário!", entusiasmava-se a manchete — o MITS foi inundado com pedidos: 200 na primeira semana, e 2 mil no fim de fevereiro. Roberts não conseguiu acompanhar a demanda, e os amadores esperavam impacientemente enquanto os kits saíam a conta-gotas da linha de montagem em Albuquerque. Assim que uma pessoa sortuda na cidade conseguia o seu Altair, todos seus companheiros se reuniam e debruçavam-se sobre ele. Do jeito clássico dos hackers, eles começavam a pensar em modos de tornar o projeto ainda melhor — com periféricos e software. Logo, as habituais redes informais e festinhas semanais não eram suficientes. Começaram os encontros mais organizados. E os fuçadores, amadores e cruzados contraculturais começaram a pensar em como poderiam não só construir gadgets para melhorar o Altair, mas também em como começar empresas para vender esses gadgets.[17]

As conversas e os encontros para mexer nos computadores aconteceram por todo lado, mas o centro da ação era o Vale do Silício. Se alguém como Liza Loop queria descobrir como tirar máximo proveito do Altair e juntar-se à revolução da computação pessoal, então ela precisava ir até Palo Alto. Por meio de suas conexões no PCC, ela ouviu que um novo grupo tinha iniciado reuniões mensais, atraindo todo tipo de pessoas interessantes — de hackers do PARC até engenheiros da Intel, de pesquisadores de Stanford aos figurões da Whole Earth.

Assim, em abril de 1975, Liza Loop contratou uma babá, entrou em sua caminhonete e seguiu para o sul, para o segundo encontro do Homebrew Computer Club.

CAPÍTULO 10

Feito em Casa

Você está montando seu próprio computador? Um terminal, um teclado para a TV? Um periférico? Ou qualquer outra caixinha mágica digital? Você está usando serviços de compartilhamento de tempo? Se sim, você pode se interessar por uma reunião de pessoas com interesses semelhantes. Partilhe informações, troque ideias, converse sobre trabalho, ajude em um projeto, o que quer que seja...

A ssim dizia o convite mimeografado para a primeira reunião do *Homebrew Computer Club*, em março de 1975. Para a Palo Alto daqueles dias, o panfleto que Fred Moore rapidamente esboçou e distribuiu de bicicleta não era tão incomum. Hackers e militantes da informática vinham se reunindo há anos em torno de pratadas de espaguete nas festinhas semanais da *People's Computer Company* (PCC), nos pufes em seminários do PARC ou nas maratonas *Spacewar!* que varavam as noites nos laboratórios de informática de Stanford. Coisas semelhantes estavam acontecendo em Boston, no sul da Califórnia, em Seattle — em qualquer lugar que tivesse uma massa crítica de programadores e amadores da eletrônica. Mas o anúncio de Moore e Gordon French, seu parceiro de conspiração, sinalizou o início de uma nova era para a alta tecnologia.[1]

Aqueles dois formavam uma dupla estranha. Moore era um pacifista. Quando adolescente, ele tinha fugido de casa numa tentativa falha de se juntar à revolução cubana. Calouro de Berkeley, em 1963, ele abriu a porteira para décadas de ativismo

144   O CÓDIGO

estudantil, conduzindo uma greve de fome nas escadas do Sproul Hall para protestar contra sua entrada forçada no ROTC — o programa norte-americano de treinamento militar de estudantes universitários. Ele via os computadores como um meio de compartilhar informações sobre o ativismo pela paz. French era um engenheiro da geração dos anos 1950, um cara sério, com autorização para acesso a informações militares e cuja principal concessão para as mudanças da época tinha sido deixar o cabelo crescer um pouquinho. Quando construiu o seu próprio computador, deu-lhe o nome de *Chicken Hawk* — gíria para defensores da guerra que, no entanto, evitavam o serviço militar. Moore e French se conheceram por meio da PCC, e se uniram por uma paixão compartilhada pela divulgação e educação sobre informática, tornando--se forças motrizes por trás do *Peoples's Computer Center* de Menlo Park. Quando Ed Roberts, da MITS, enviou ao centro um Altair de testes, os dois decidiram que era a hora de uma demonstração e chamaram as pessoas até a garagem de French.[2]

BEM-VINDOS AO CLUBE

Trinta e duas pessoas apareceram naquela noite chuvosa, e quando as cadeiras acabaram algumas sentaram-se de pernas cruzadas no chão frio de concreto, despretensiosamente compartilhando especificações técnicas e informações privilegiadas. Era um paraíso de nerds. O grupo "discutiu sobre tudo, do melhor chip para microprocessadores até as diferentes virtudes das notações octo e hexadecimal para a codificação de computadores", lembrou o participante Len Shustek. "Seis pessoas já haviam construído seus próprios computadores e quase todo mundo queria construir um."[3]

A reunião atraiu muitos dos suspeitos de sempre, como Lee Felsenstein que veio dirigindo de Berkeley, mas também atraiu novos rostos. Chegando de Cupertino, vinha um ex-*phreaker* de telefones que, em conjunto com um amigo do ensino médio, passou seus anos de faculdade vendendo "*blue boxes*" — os praticamente ilegais dispositivos que enganavam centrais telefônicas, permitindo ligações gratuitas — de porta em porta em seu alojamento estudantil. O nome dele era Steve Wozniak, e o nome de seu amigo era Steve Jobs.[4]

Parte bazar de trocas, parte reunião de inteligência, e parte sessão de networking, as reuniões quinzenais da *Homebrew* rapidamente se transformaram em um fenômeno local. A segunda reunião passou da garagem de French para as instalações de inteligência artificial de John McCarthy, em Stanford, e depois foi para o auditório do *Stanford Linear Accelerator Center*, em Sand Hill Road, atraindo centenas de pessoas todos os meses. As conversas que começaram nas reuniões continuaram

FEITO EM CASA 145

com cervejas e hambúrgueres no *The Oasis* (ou *"The O"*), um decrépito boteco universitário em El Camino Real. Demorou um pouco para escolher um nome para o clube. *Steam Beer Computer Club, 8 Bit Byte Bangers* e *Tiny Brains* foram todos rejeitados antes que o grupo chegasse a *Homebrew*.[5]

French conduziu os dois primeiros encontros, mas sua fala monótona não foi párea para a inquieta multidão. Então Lee Felsenstein assumiu o comando, aproveitando-se de uma habilidade construída durante anos de protestos antiguerra e militância comunitária. Moore escreveu um boletim informativo para registrar os procedimentos e compartilhar as descobertas com o mundo externo. Com retratos dos membros do clube (predominavam barbas, cabelos compridos e garrafas de Coca-Cola), participantes identificados por seus primeiros nomes e design meio que de qualquer jeito, os boletins ecoavam a informalidade tagarela do PCC, ainda que o *Homebrew Computer Club* o ultrapassasse em tamanho e influência.

Liza Loop se destacava na multidão. Ela era a única mulher na lista inicial de membros da *Homebrew*, e era uma novata em computadores. Para incentivar a troca e o compartilhamento, os boletins de Moore incluíam anúncios de membros sobre suas habilidades e necessidades. O de Steve Wozniak era típico, exibindo virtuosismo técnico estonteante: "tenho um TVT [teclado de TV] que eu mesmo criei... tenho minha própria versão do Pong", ele escreveu. "Trabalho em um xadrez para TV (17 chips, inclui 3 *store boards*); em uma interface para TV com 30 chips. Habilidades: design digital, interface, dispositivos de I/O, tenho pouco tempo livre, possuo representações esquemáticas." Em contraste, Loop escreveu: "Eu não sou bem uma pessoa da informática. Portanto, minha maior contribuição é ajudar os profissionais a se comunicarem com leigos e crianças. Tenha acesso a maças, ovos frescos, belas paisagens. Preciso de: TTY, modem acústico."[6]

Apesar de hackers muito ativos terem dominado a cena *homebrew*, a ascensão espantosamente rápida do computador pessoal (ou "microcomputador") — e a mística do *Homebrew Computer Club* — têm muito a ver com as Liza Loops: pessoas que não eram necessariamente amadoras desde sempre, mas evangelistas apaixonados pelas possibilidades do computador, capazes de traduzir a linguagem interna da tecnologia para levar a história para um mundo mais amplo. E essas pessoas não estavam todas na Califórnia. Eram educadores como Liza Loop, trabalhando para trazer computadores para as salas de aula de matemática e bibliotecas escolares de Nova York ao Texas, passando pelo estado de Washington. Poucos anos após a primeira reunião do *Homebrew*, laboratórios de informática do ensino médio e clubes de informática extraescolares haviam proliferado na Bay Area e além, tornando os computadores um recurso cada vez mais comum durante o período escolar da maioria dos norte-americanos de classe média nascidos depois de 1965.

Os evangelistas eram também jornalistas e *publishers*. Wayne Green, redator da *New Hampshire* e entusiasta do rádio amador, iniciou a revista *Byte* em setembro de 1975. Tão polida quanto o *PCC* era simplório, a primeira edição teve a manchete dos sonhos de Lee Felsenstein: "COMPUTADORES — Os Melhores Brinquedos do Mundo!" A *Byte* não estava sozinha para espalhar a boa-nova. Três anos despois do início do *Homebrew*, quase uma dúzia de revistas sobre microcomputadores estavam saindo das impressoras em todo o país.[7]

Também espalharam a boa-nova os empresários de eventos que expandiram o espírito dos clubes de computadores até o tamanho das megafeiras. David Bunnell, um organizador da Scientific Data Systems que virou diretor de marketing do MITS, orquestrou a primeira delas, a *World Altair Computer Convention* em Albuquerque, no início de 1976. Sol Libes, um redator de manuais técnicos de Nova Jersey, lançou o *Trenton Computer Festival* alguns meses depois. (Ted Nelson deu uma palestra maluca no evento de Bunnell, alarmando a multidão enquanto expunha as maravilhosas possibilidades de brinquedos sexuais movidos a microchip.) Em 1977, a reunião de Nova Jersey tornou-se um evento anual, com a *Computermania* em Boston e a *Personal Computing Expo*, patrocinada pela *Byte*, em Nova York.

Na Bay Area, havia Jim Warren, um professor de matemática que se tornou um entusiasta da programação e membro do *Homebrew*, e que começou a maior feira de todas: uma feira anual de computadores da Costa Oeste que atraiu 13 mil pessoas na sua primeira edição, na primavera de 1977. "O impacto do computador pessoal será comparável ao de uma arma", comentou ele. "A arma iguala as diferenças físicas do homem, e o computador privado fará o mesmo pelo seu intelecto." Warren, um espírito livre com a fama de dar festas naturistas no seu *rancho* em Redwood City, soube encontrar uma metáfora para chamar a atenção.[8]

Warren também se tornou a personalidade responsável por outra importante plataforma inicial para a crescente população de viciados em computadores, o *Periódico de Calistenia e Ortodontia Informática do Dr. Dobb: Funcionando Contente Sem Ficar Quente*. A publicação bizarra e fantasiosa surgiu de uma edição especial em três partes do PCC que reimprimiu o código de software despojado que Albrecht e Dennis Allison, cientistas da computação em Stanford, haviam desenvolvido para as crianças programarem computadores em sua loja em Menlo Park. "Ele estava sendo montado meio que no tempo livre da galera do PCC", explicou Warren aos leitores na segunda edição, lançada no início de 1976. "Quando tomamos conhecimento da

FEITO EM CASA 147

lacuna de informação que estamos agora focados em preencher, foram necessárias semanas para reunir uma equipe e organizar um esforço de produção em grande escala da revista." Warren não era programador, nem era o próximo Henry Luce, mas como editor do *Dr. Dobb*, ele ajudou a preencher a lacuna entre a disponibilidade cada vez maior de computadores e a falta de software disponível para o mercado.[10]

Havia então os varejistas, que pipocaram como distribuidores de kits Altair, mas que rapidamente se transformaram em muito mais que isso. Paul Terrell abriu a Byte Shop em Mountain View no fim de 1975, desconsiderando os conselhos de amigos que achavam que ele nunca encontraria clientes. Quando 16 pessoas apareceram um dia na loja para o seminário "Introdução aos computadores", Terrell percebeu que os cursos de informática precisavam ser um recurso regular na Byte Shop. As aulas básicas viraram vendas, de modo tão rápido que Terrell abriu uma filial quatro meses depois, e tinha 60 lojas em todo o país até o fim de 1977. Três outras redes haviam aparecido, além de centenas de marcas independentes com nomes como *Computer Shack* e *Kentucky Fried Computer* (cujo proprietário teve que mudar o nome após uma ordem *cease & desist* da gigante de *fast-food*). As lojas de varejo tornaram-se mercados informais, assim como os clubes de informática. "Dez por cento das pessoas que entram", disse Terrell, "estão lá para me vender, não para comprar. Eles representam a si próprios, e o que oferecem é um *widget* melhor, projetado no quarto dos fundos ou na garagem".[11]

NOVA ERA CALIFORNIANA

A montagem caseira de computadores era um fenômeno nacional, mas somente no norte da Califórnia havia uma combinação tão robusta de coisas acontecendo para dar impulso e velocidade ao novo movimento. O Vale tinha seus silício-capitalistas dos semicondutores e indústrias de hardware de computador, bem como seu distinto clube de investidores de risco em busca da próxima grande novidade. Certamente, os fabricantes de chips tinham muitas outras coisas em mente entre 1975 e 1976. Seus grandes clientes eram os fabricantes tradicionais de *mainframe* e minicomputadores, assim como as montadoras, os fabricantes de relógios e outros tipos de empresas colocando microchips em todos os tipos de produtos para o consumidor. A desaceleração geral na economia dos Estados Unidos forçou demissões e redução de pessoal, bem como mais acordos no exterior com o Japão. Além disso, o pessoal dos semicondutores criava "computadores em chips". Eles não fabricavam computadores *de verdade*.

148   O CÓDIGO

No entanto, no mundo pequeno e acolhedor que percorria a coluna de El Camino Real, a maioria dos hackers da *Homebrew* tinham conexões pessoais e profissionais com o *establishment* do Vale do Silício. Boa parte dos participantes da primeira reunião da *Homebrew* tinha empregos diurnos em empresas de alta tecnologia como a HP e a Intel; muitos outros trabalharam em Stanford. Quando o clube se mudou para um grande auditório, mais funcionários de empresas locais começaram a aparecer para ouvir o burburinho em primeira mão. Alguns deles estavam desanimados com as ondas de demissões e a estagnação de ofertas de ações, e estavam pensando em entrar em seus próprios empreendimentos empresariais. Alguns estavam simplesmente curiosos para ver o motivo de toda essa confusão.

Enquanto muitas das principais empresas de chips continuavam céticas, ficou claro para alguns mais adiante na cadeia de comando que um novo mercado estava prestes a surgir. Albert Yu, engenheiro da Intel (e um dos rostos estrangeiros cada vez mais comuns na indústria de semicondutores do Vale do Silício), não precisou comparecer a uma reunião da *Homebrew* para perceber que os microprocessadores acabariam além de sinais de trânsito e alternadores de carros. "No que isso vai dar?" ele pensou. "Vai para as casas. Então, os computadores domésticos estão prestes a acontecer, e serão contados na casa dos milhões." Yu convenceu dois de seus colegas da Intel a abandonar o navio e se juntar a ele na criação de uma empresa de computadores domésticos chamada Video Brain.[12]

Outra figura da Intel que começou a sapear as reuniões da *Homebrew* foi John Doerr. Natural de St. Louis, graduado em engenharia em Rice que seguiu a trilha aberta por Burt McMurtry e partiu para o Vale, Doerr comercializava o 8080, o chip que alimentava o Altair. Conforme estudava o ecossistema emergente de computadores pessoais, Doerr percebeu que o mercado de microprocessadores da Intel poderia se tornar ainda maior do que seus chefes ousavam imaginar. Em 1980, ele acabou atravessando a Sand Hill Road para se juntar à Kleiner, Perkins, Caufield & Byers, emergente potência do capital de risco. Mais tarde, ele conduziu alguns dos maiores negócios da história do Vale.[13]

O fenômeno da microcomputação ganhou velocidade a partir de forças políticas e culturais mais amplas. Cinco meses antes da primeira reunião de *Homebrew*, os eleitores da Califórnia elegeram Jerry Brown, de 36 anos, como o novo governador do estado. Filho de Pat Brown, o ícone liberal que presidiu o expansivo *boom* do pós-guerra californiano antes de ser derrotado pelo conservador Ronald Reagan em 1966, o jovem Brown ganhou principalmente por causa do nome e por causa do humor antirrepublicano na esteira de Watergate. Ele rapidamente se destacou por suas ambições nacionais (sua candidatura à nomeação para o Partido Democrata em 1976 começou quase instantaneamente) e por sua mistura de ideias contraculturais com um conservadorismo fiscal pragmático.

A abrangência do trabalho de Brown era estadual; sua visão de mundo era cósmica. Ele ia regularmente para um retiro zen na Bay Area, e tomava conselhos de Stewart Brand, de quem se tornou amigo e com quem compartilhava o gosto pelo teatro, bem como a crença no poder da tecnologia para mudar o mundo para melhor. "O que estamos propondo na Califórnia é algo diferente da ética dos caubóis, onde as pessoas viajam para a cidade, a destroem e seguem em frente", proclamou o governador, a quem os especialistas de Sacramento gostavam de chamar de "O Espírito Livre". Ao mesmo tempo, Brown se distanciou de seu pai progressista, reprimindo os gastos públicos, especialmente em serviços sociais. "Os limites impõem restrições", disse ele, "mas também criam possibilidades".[14]

As empresas de alta tecnologia se encaixavam na visão de mundo de Brown, de uma sociedade em que as empresas e o governo, eficientes e focados no futuro, ainda tinham um coração e uma alma. No fim do verão de 1977, enquanto os norte-americanos se alinhavam aos milhões nos cinemas para ver outro campeão de bilheteria produzido no norte da Califórnia — *Star Wars* — Brown proclamava um "Dia do Espaço" em todo o estado para celebrar a conquista tecnológica. Embora suas propostas tecnofuturistas mais tarde tanham dado a Brown o apelido ridículo de "Governador da Lua", eles reforçaram a reputação da Califórnia como o lugar onde nasciam novas ideias — e novos movimentos.

E também novas indústrias. Os valores contraculturais que uma década antes semearam livrarias feministas e empresas de alimentação saudável já estavam desovando uma nova geração de empresas de *baby boomers* que buscavam fazer o bem e ganhar dinheiro ao mesmo tempo. Nas palavras de Duane Elgin e Arnold Mitchell, psicólogos do Instituto de Pesquisa de Stanford cuja pesquisa sobre "segmentação psicográfica" mais tarde teve grande influência na forma como as empresas do Vale posicionavam seus produtos, cada vez mais norte-americanos escolhiam vidas de "simplicidade voluntária... vivendo de uma forma que é externamente simples e interiormente rica". Esses consumidores ainda queriam comprar coisas, observaram Elgin e Mitchell, mas a etiqueta do preço importava menos do que a percepção de que um produto refletia os seus valores sociais.[15]

Embora o idealismo social e a paixão tecnológica tenham motivado *homebrewers* como Moore e French, a explosão de clubes, boletins, feiras e lojas, além do interesse pela indústria de microchips e do futurismo da Califórnia, mostraram aos tecnólogos hippies que a computação pessoal não era apenas um novo movimento. Era um novo mercado. Em pouco tempo, os aficionados das garagens se transformaram em empreendedores.

CAPÍTULO 11

Inesquecível

O MITS estava completamente despreparado para o sucesso. A máquina que Ed Roberts tinha exibido na capa da *Popular Electronics* em janeiro de 1975 era uma caixa vazia, não um computador funcional. Quando as encomendas do Altair começaram a chegar, tudo o que ele tinha em mãos eram alguns protótipos. A pequena empresa mal conseguia dar conta de entregar os kits básicos — e muito menos estaria pronta para atender as encomendas de placas *plug-in* e periféricos que tinham sido originalmente prometidas aos clientes Altair. Mas os acessórios não eram penduricalhos; eram essenciais para fazer do Altair uma máquina funcional.

Os hobbyistas agarraram a oportunidade. Bob Marsh e Gary Ingram, dois amigos de universidade de Lee Felsenstein, fundaram uma empresa pouco depois da primeira reunião do *Homebrew*. Chamada *Processor Technology*, ou Proc Tech, ela construía memórias plug-in e placas I/O. Eles montaram uma oficina na garagem de Marsh, em Berkeley, mantendo um cantinho para Felsenstein trabalhar internamente como técnico dos temperamentais Altairs enquanto projetavam placas e outros produtos. O negócio decolou. Como disse Sol Libes, um entusiasta de Nova Jersey, a *Processor Technology* "fez do Altair um verdadeiro computador, e não apenas um brinquedo".[1]

Em outra garagem, a alguns quilômetros dali, na cidade de San Leandro, em East Bay, o engenheiro e hobbyista Bill Millard estava determinado a fazer ainda melhor. Ele não ia apenas construir *add-ons* para Altairs, ele construiria e venderia um microcomputador completo, turbinado por chips 8080. Chamado IMSAI, os kits da empresa custavam US$100 a mais do que os do MITS, mas eles provaram ser muito mais confiáveis e poderosos. Os computadores de Millard logo começaram a vender mais que os Altair. Enquanto isso, outras pequenas empresas de inspiração

152   O CÓDIGO

caseira e nomes amalucados (Cromemco, Xitan, PolyMorphic) se espalharam pela Bay Area. Muitas começaram a vender Altairs e periféricos, mas muitas vezes migraram para o negócio de construir microcomputadores do zero.[2]

Com a bênção de Les Solomon, o editor da *Popular Electronics* que prometeu uma matéria de capa, Felsenstein juntou-se à equipe da Proc Tech para comercializar o Tom Swift Terminal. Apesar dos cuidados que eles tiveram para não entrar na área dos Altairs — o produto foi concebido como um "terminal inteligente", em vez de um computador — no fim das contas foi produzido um importante concorrente de Altair, o Sol. Em mais uma novidade, o Sol incluía não só hardware, mas também o software BASIC. A base de usuários tinha então crescido para além das pessoas que simplesmente queriam consultar o *Dr. Dobb's*, e incluía agora aqueles que poderiam programar suas máquinas. Como uma indicação do tamanho da *Popular Electronics* no começo do cenário dos computadores pessoais, a Proc Tech deu esse nome em homenagem a Les Solomon.[3]

Por todos os Estados Unidos, startups pipocavam em quase todos os lugares onde houvesse muitos engenheiros e hobbyistas em ação. Publicações especializadas, varejistas e feiras de negócios espalharam a palavra para os crentes de longa data e os novos convertidos. O governador da Califórnia estava indo a retiros zen, e *Star Wars* estava batendo recordes de bilheteria. Era o momento certo para transmitir uma mensagem sobre a tecnologia como algo luminoso, emancipador e divertido.

A cena empresarial se expandiu para incluir os magnatas mais improváveis da computação, como as donas de casa Lore Harp e Carole Ely, esposas de engenheiros elétricos no sul da Califórnia. Elas estavam propondo a criação de uma agência de viagens, mas quando o marido de Harp desenvolveu uma placa de memória elas pularam para o barco da microinformática. No verão de 1976, no bicentenário da independência norte-americana, as duas juntaram US$6 mil e colocaram de pé uma estrutura de produção na casa suburbana de Harp. A empresa, que recebeu o nome de Vector Graphic, conseguiu enviar 4 mil unidades em 12 meses, e seu investimento inicial se transformou em mais de US$400 mil em receita. No verão de 1977, elas estavam produzindo um sistema elegantemente projetado, que descreviam como "o microcomputador perfeito". O design mostrava o que um computador pode se tornar quando projetado por não especialistas. Em contraste com a proliferação de interruptores e luzes do Altair, o Vector 1 tinha apenas dois simples botões na sua frente.

Cinco anos mais tarde, a Vector Graphic teve um faturamento anual de US$25 milhões. Enquanto se destacavam como mulheres empreendedoras numa indústria quase exclusivamente masculina, Harp e Ely eram como muitos outros novos empresários de tecnologia, na medida em que o enorme sucesso profissional delas trouxe um custo pessoal vertiginoso. Ambas se separaram de seus maridos poucos anos depois da fundação da Vector. "Eu estava saindo de um casamento", disse Carole Ely, "e indo para uma empresa".[4]

A geração original da microcomputação não entrava nos negócios necessariamente esperando ganhar milhões. Lee Felsenstein ganhou cerca de US$10 ou US$12 por unidade nos computadores que ele projetou para a Proc Tech, o que ele considerava "um trocado razoável". Inicialmente, hackers como ele estavam apenas interessados em fazer o Altair funcionar, em trocar componentes uns com os outros e compartilhar conhecimentos da mesma forma como eles estavam fazendo há anos no PCC e em outros lugares.

Mas muito em breve os usuários de computadores já não seriam apenas os hackers. Em 1977, Jim Warren estimou que existiam 50 mil computadores pessoais em uso. Ele pode ter exagerado, mas não muito. Esse mercado se traduzia em dinheiro, atraindo pessoas que tinham inteligência empresarial, bem como talento para engenharia. As empresas que saíram do *Homebrew* e os outros clubes, geralmente envolviam duplas improváveis como Gordon French e Fred Moore: hackers obcecados por tecnologia e visionários empresariais. Dessas dúzias de startups desajeitadas, no entanto, as poucas que se expandiram para empreendimentos milionários também envolveram pessoas como Lore Harp e Carole Ely: gente que entendia como administrar uma empresa e como vender o sonho da alta tecnologia para clientes que nunca desmontaram um aparelho de rádio ou assinaram a *Popular Electronics*.

A ASCENSÃO DOS STEVES

Esse, é claro, tornou-se o segredo da Apple Computer Co., o mais lendário de todos os produtos do *Homebrew*. A empresa não era muito diferente das dezenas que brotaram do chão dos clubes de computador em 1975 e 1976. Mas ela se distinguiu na multidão porque, muito cedo, fez a ponte entre o mundo hacker do *The O* e os laboratórios das lojas de informática do ecossistema do Vale do Silício, na Wagon Wheel e na Sand Hill Road. Desde o início, temperando seu posicionamento corporativo com credenciais contraculturais, a Apple foi a primeira empresa de computadores pessoais a se juntar aos capitalistas do silício.

No início, Steve Wozniak era apenas mais um hacker na garagem úmida de Gordon French, destacando-se um pouco porque ele era um tanto quanto obcecado por tecnologia. O gregário rapaz de 25 anos vinha de uma longa imersão no mundo eletrônico do Vale, já que seu pai tinha sido um engenheiro na Lockheed. Enquanto outros rapazes da escola construíam aparelhos de rádio de galena, Woz brincava com transistores. Projetar computadores tornou-se uma obsessão no colegial e durante a faculdade. Quando viu o Altair no *Homebrew*, ele ficou em transe, mas não tinha dinheiro para um kit. Foi então que ele começou a construir um por conta própria.

O resultado foi o Apple I, uma simples caixa de madeira que parecia ter saído de uma feira de ciências do ensino médio, mas encapsulando circuitos de design extremamente elegante. O poder daquela máquina vinha de um microprocessador de US$20 da MOS Technology, baseada na Pensilvânia, em vez do caro Intel 8080, tornando-a uma intrigante demonstração de engenhosidade hacker e custo-benefício. Embora todos no *Homebrew* parecessem estar entrando no negócio, Woz não estava interessado em vender seu gadget. Ele o construiu porque era legal.

O seu amigo Steve Jobs teve que o convencer do contrário. Jobs era cinco anos mais novo que Wozniak, mas eles já tinham participado de uma porção de empreendimentos para fazer dinheiro — primeiro aquele modem *phreaker* em Berkeley, e depois uma aventura criando um novo jogo para Atari, onde Steve Jobs trabalhava na época. Jobs ajudou Woz a criar o Apple I ("nós afanamos alguns componentes da Hewlett-Packard e da Atari para fazer isso", ele mais tarde se gabou). Depois de ver a resposta do pessoal do *Homebrew*, ele sentiu que essa placa de circuitos dentro de uma caixa de madeira poderia ser o começo de algo muito maior.[5]

Filho de um casal de classe média-baixa na cidade vizinha de Cupertino, Steve Jobs exibiu desde o início uma suprema autoconfiança e um foco implacável. Ele era uma criança do Vale, mas de uma geração ainda mais nova. Aos 12 anos, ele ficou sem componentes para um projeto eletrônico. Por isso, ele ligou para a HP e pediu, na cara de pau, para falar com Bill Hewlett; foi atendido e então perguntou ao titã da tecnologia se ele tinha algumas peças de reposição. Job as conseguiu, e Hewlett ofereceu um emprego de verão àquele convencido garoto em idade escolar.

Enquanto Doug Engelbart fazia "a mãe de todas as *demos*" e prototipava o primeiro mouse de computador, Jobs, com seu cabelo escorrido, era um frequentador do *Homestead High School Computer Club*. Enquanto a Xerox estabelecia o PARC e desenvolvia interfaces gráficas, Jobs fazia *phreaking* e consertava aparelhos de som para seus colegas de classe. Em aparência e visão de mundo, ele estava a milhas de distância dos engenheiros arrumadinhos que tinham povoado a indústria eletrônica por décadas. Na época em que o *Homebrew* começou, ele havia desistido da faculdade, viajado pela Índia e adquirido hábitos de higiene e dieta tão incomuns que a Atari aceitou de bom grado dar a ele o turno da noite para que seu jeitão não perturbasse os outros.

INESQUECÍVEL 155

Jobs era um hacker, mas não da estirpe de Steve Wozniak. Na verdade, a sua força veio da sua tenacidade e de sua notável capacidade de explicar aos outros o poder transformador dos computadores. Como Regis McKenna observou mais tarde, "Woz foi afortunado em se juntar com um evangelista".[6]

Em 1º de abril de 1976, os dois Steves e um terceiro parceiro, Ron Wayne, iniciaram a Apple Computer Co. A primeira logo, desenhada por Wayne, tinha o design retro-hippie adorado por newsletters de tecnologia como a PCC e a Dr. Dobb's. Ela trazia Isaac Newton sentado sob uma árvore, cercado por palavras ditas não por Newton, mas por William Wordsworth: "Uma mente viajando para sempre por estranhos mares de pensamento — sozinha." O panfleto de vendas inaugural foi igualmente disparatado, com um erro de digitação na primeira frase.[7]

Jobs persuadiu Paul Terrell, da Byte Shop, a comprar 50 unidades do Apple I, o que Terrell concordou em fazer sob uma condição: nada de kits. As máquinas precisavam estar totalmente montadas. Em um movimento que os marketeiros da Apple mais tarde se certificaram de incorporar à lenda da empresa, Jobs vendeu seu microônibus VW e Woz vendeu duas calculadoras HP para financiar os custos da startup. Após meses trabalhando frenéticas 60 horas por semana, a Apple enfim produziu e distribuiu 200 Apple I. Nem todos foram vendidos. Woz, ainda um capitalista ambíguo, deu um a Liza Loop para o seu LO*OP Center em Cotati.[8]

A essa altura, os Steves tinham nos planos uma nova linha de produtos, que rivalizaria com o ainda em desenvolvimento Sol: um computador totalmente pronto, com terminal, teclado e software BASIC incluso. Eles o chamavam de Apple II. Para chegar a um mercado além dos hobbyistas, era óbvio que Jobs precisava ir além do grupelho do *Homebrew* para obter conselhos sobre como escalar o negócio. (Ron Wayne, alarmado com a intensidade da ambição do Jobs, tinha ido embora. Jobs comprou seus 10% de participação por US$2.300.)

Um grande admirador de Bob Noyce, da Intel, Jobs queria lançar uma campanha para o Apple II que fosse tão vibrante quanto a que tinha levado o Intel 8080 às alturas. Em uma repetição da sua audaciosa ligação para Bill Hewlett uma década antes, Jobs discou para a central telefônica da Intel, onde alguém o conectou com o homem que havia criado aquela campanha de marketing, o próprio Regis McKenna.

McKenna não se abalou com o clima de garagem da Apple e com a aparência desgrenhada dos fundadores. Ele já tinha trabalhado com "muita gente estranha" no Vale, e estava familiarizado com a cena *homebrew* e as intrigantes pequenas empresas que pipocavam a partir dela. O primeiro encontro, no entanto, foi um

156   O CÓDIGO

fracasso. Os Steves queriam ajuda para colocar na *Byte* um artigo sobre o Apple II, de autoria de Woz. Acontece que Steve Wozniak era muito melhor na construção de elegantes placas-mãe do que na criação de prosa acessível; a matéria era uma bagunça desconexa mais adequada para a multidão de fãs da *Dr. Dobb's*. McKenna disse-lhes que a matéria teria de ser reescrita, e Woz, ofendido, recusou. Então não tenho nada para lhe oferecer, respondeu McKenna.[8]

Mas Steve Jobs não era de aceitar um não como resposta. Sempre persistente, ele ligou para McKenna "cerca de 40 vezes" para persuadi-lo a aceitar a Apple como cliente. Eis o acordo, McKenna disse a Jobs. O bom marketing corporativo envolve muitos elementos diferentes, e tudo isso custa dinheiro. A Apple precisava de capital de risco para que funcionasse. Jobs já havia feito tentativas infrutíferas de arrecadação de fundos: apresentações para os chefes de Wozniak na HP, depois para a Commodore, fabricante de computadores, depois para Nolan Bushnell, um antigo chefe seu que tinha acabado de ganhar US$10 milhões ao vender a Atari para a Time Warner. Não tinha dado em nada.

Tanto McKenna como Bushnell indicaram a Jobs um financiador que poderia estar disposto a ajudar: Don Valentine, o executivo linha-dura da National Semiconductor, que na época havia se tornado um investidor de risco. Valentine concordou em ir à garagem. Engravatado, dirigindo uma Mercedes, o republicano encontrou um garoto magro e barbudo que "parecia o Ho Chi Minh" e seu sócio nerd e igualmente desgrenhado. "Por que me mandou para esses renegados da raça humana?", Valentine ligou para perguntar a McKenna depois da reunião terminar. O investidor não entraria no negócio, mas refletiu o suficiente sobre o potencial da Apple para pôr os dois Steves em contato com Mike Markkula, um dos *Fairchildren* e veterano da Intel que, aos trinta e poucos anos, recentemente se aposentara como um milionário dos microchips. Markkula ficou intrigado. Aqueles dois fundadores eram muito jovens e meio estranhos, mas o Vale estava cheio de nerds estranhos, e o Apple II era animador.[10]

Com Markkula a bordo como conselheiro, a Apple tinha credibilidade e dinheiro suficiente para que os investidores de risco e marqueteiros do Vale começassem a levá-la a sério. Em dezembro de 1976, Regis McKenna tinha adotado a Apple como cliente e elaborado um plano de marketing abrangente, escrito em firme letra de mão em um caderno de espiral pautado. (Entre os canais de distribuição possíveis, apontados por McKenna em 1976: "Apple Store". Ele estava pensando grande.) A próxima meta era uma logo melhor. Rob Janoff, diretor de arte de McKenna, substituiu a gravura hippie de Newton pela icônica maçã mordida. As cores do arco-íris foram adicionadas por Tom Kamifuji, um designer local conhecido por sua capacidade em adaptar para campanhas corporativas os grafismos psicodélicos dos cartazes de rock sessentistas. Os traços enxutos da alta tecnologia infundidos com um espírito contracultural: uma nova e perfeita imagem para uma empresa de microcomputadores com ambições de transformar o mercado.[11]

A equipe de McKenna orquestrou uma transformação semelhante na publicidade impressa da empresa, que passou de peças com erros de grafia para uma apresentação colorida e elegante, com tipografia clean e o máximo de impacto visual. "As pessoas que estávamos tentando alcançar eram muito específicas", explicou McKenna. "Hobbyistas procurando um computador acessível, mas de ponta; pessoas com habilidades de programação e que construíam seus próprios computadores a partir de kits." Mas o Apple II também era para aqueles que ainda não tinham esse conhecimento: "Profissionais como professores, engenheiros ou pessoas que investiriam tempo e esforço para aprender a usar esse novo computador."

Em 1977, quase todo mundo desse público-alvo era do sexo masculino. A peça publicitária para o lançamento do Apple II, veiculada em revistas de interesse geral como a *Scientific American*, bem como em publicações mais especializadas, trazia a fotografia de um jovem marido em uma mesa de cozinha, verificando um gráfico de ações em seu computador enquanto sua esposa sorridente o olhava da pia, onde lavava a louça. O texto do anúncio tinha sido escrito por uma mulher, mas a foto valia por mil palavras. "Em apenas algumas semanas", a redatora confessou, "Steve [Jobs] recebeu uma carta de uma mulher do Oregon, reclamando que o anúncio era sexista — o que era mesmo, com toda razão". Quer suas propagandas fossem diretas ou não, todas as empresas de computadores pessoais eram como a Apple: comercializavam seus produtos para homens, que já estavam inclinados a usá-los. Mulheres e eletrônica *ainda* não tinham se misturado.[12]

Quando Jobs, Wozniak e Markkula chegaram ao circuito das feiras, em 1977, a empresa estava começando a obter um polimento profissional que desmentia o fato de que se tratava de uma pequena operação, com cerca de uma dúzia de funcionários. Os Steves vestiram camisas sociais, pentearam o cabelo e alfinetaram ao peito plaquetas com seus nomes. A parada inaugural deles foi na primeira convenção West Coast Computer Faire, de Jim Warren, por si só um marco na história da tecnologia. A Apple se instalou num cobiçado estande perto da entrada.[13]

Apesar da proliferação de novos empresários, esta primeira convenção tinha uma programação e um clima que era mais *Whole Earth Catalog* do que *The Wall Street Journal*. Painéis focados no potencial vamos-mudar-o-mundo da computação, com títulos como "Se 'pequeno é lindo", micro será maravilhoso? Uma abordagem sobre a

158 O CÓDIGO

microcomputação dando importância às pessoas" e "Poder (de processamento) para o povo: o mito, a realidade e o desafio". Houve sessões sobre computadores para deficientes físicos, e quatro painéis sobre o uso de computadores pessoais na educação (Liza Loop esteve em um deles). Os novatos foram recebidos com seu próprio painel: "Uma introdução à computação para que você pareça inteligente na feira." Raramente foram mencionados usos comerciais, além de um painel que considerou "Computadores e sistemas para negócios muito pequenos". Por US$4, os participantes poderiam comprar uma camiseta oficial da conferência que dizia: "Seja Exata: Namore um Micreiro."[14]

Mas aquela não era uma confraternização do PCC. Os tempos estavam, finalmente, mudando. "Aqui estamos nós, à beira de um novo mundo", proclamou Ted Nelson no seu discurso de abertura na feira. "Pequenos computadores estão prestes a refazer a nossa sociedade, e vocês sabem disso." Ele continuou:

> Computadores assim, miudinhos... trarão mudanças sociais tão radicais quanto as provocadas pelo telefone ou pelo automóvel... A corrida vai começar. A indústria manufatureira norte-americana vai ficar doida de raiva. A sociedade norte-americana vai perder a cabeça. E os próximos dois anos serão inesquecíveis.[15]

A exuberância de Nelson não pareceria tão irracional assim se alguém saísse da plateia e fosse até o piso da feira, vendo as multidões se aglomerarem em torno dos estandes das novas microempresas de computação nascidas no Vale. O estande com a maior multidão foi o da Apple, onde os arrumados Steves exibiam orgulhosamente o novo Apple II. O dispositivo finalmente entregou o que os evangelistas da tecnologia tinham prometido por tanto tempo: uma unidade coesa e pronta. Você o ligava a uma tomada, conectava a uma TV comum e a um gravador de cassete e já começava a digitar. O Apple II tinha o BASIC instalado para que você não precisasse programar seu próprio software. Tinha oito — atenção, oito — slots de expansão, que permitiam ao usuário adicionar periféricos e memória. O Apple II não era barato — a US$1.300, custava o dobro do Apple I e três vezes mais do que o Altair —, mas era a máquina pequena e amigável que o microprocessador finalmente tornara possível. Como dizia o primeiro anúncio da Apple: "Acabaram-se as desculpas para não possuir um computador pessoal."[16]

As apresentações revelaram o Apple II ao mundo, e também apresentaram Steven P. Jobs à imprensa nacional. Enquanto os repórteres de negócios percorriam

INESQUECÍVEL   159

os salões das feiras em Boston, Dallas e Nova York durante os frenéticos meses de 1977, a equipe de McKenna se certificou de que o "Vice-Presidente de Marketing" estivesse disponível para falar. Um rosto jovem, meio Luke Skywalker, e que falava uma linguagem próxima do consumidor, Jobs seguramente oferecia comentários luminosos e interessantes o suficiente para gerar histórias. Normalmente, ele era o único empresário da computação a ganhar aspas na imprensa.

Steve Jobs pode não ter construído a placa-mãe do Apple, mas ele sabia explicar em linguagem evocativa, um talento raro no mundo da engenharia. A indústria de chips estava rica de personalidades exigentes, estilo atire-primeiro-pergunte-depois, e, por isso, o temperamento inquieto de Jobs não chamava atenção. Mas o seu conjunto de habilidades, sim. Lá estava alguém que combinava a compreensão de produto de Andy Grove com o carisma de Bob Noyce em um pacote jovem, com apelo contracultural. O vegano descalço com a barba desgrenhada também entendeu que o trabalho de vendas em mãos envolvia mais do que logos apelativas e engenharia de slogans. "As invenções vêm de indivíduos", observou Regis McKenna, "não de empresas".[17]

A indústria de computadores grandes era legível e familiar para os repórteres e seus leitores. A indústria de microcomputadores era misteriosa, e ainda era difícil entender por que alguém esbanjaria US$1.300 num Apple II que não podia fazer muito mais do que registrar e administrar os valores de um talão de cheques. Jobs entendia muito bem esse dilema. "A maioria das pessoas está comprando computadores não para fazer algo prático, mas para descobrir sobre computadores", disse ele ao *New York Times*. "Será um produto de consumo, mas não agora. Os programas ainda não estão aqui."[18]

Ah, os programas: a Apple e outras empresas conseguiram desenvolver hardware para computadores pessoais, mas ainda havia uma enorme falta de softwares para rodar neles. Isso foi um impeditivo para usuários domésticos e de escritório, que não tinham apetite para aprender BASIC e codificar eles mesmos seus programas. Apesar de todo o *hype*, o negócio dos computadores pessoais permaneceu minúsculo. A venda total em 1977 chegou a cerca de US$100 milhões — em uma indústria de mais de US$22 bilhões. Para aumentar a escala, era necessário que os fabricantes de software adquirissem o mesmo espírito empreendedor que havia tomado conta dos construtores de kits.[19]

No entanto, software era uma proposta de negócio muito diferente. O hardware eletrônico era algo que os hackers estavam acostumados a comprar desde crianças, brincando com seus primeiros kits de rádio de galena. Para conseguir peças, você ia a uma loja e pagava por elas. Mas códigos não eram algo que se pudesse encontrar na prateleira de uma loja de varejo. Eram *know-how*, algo que se aprendia fazendo.

Se você não escrevesse seu próprio software, poderia pedir emprestado a outros. As únicas entidades que vendiam softwares eram gigantes como a IBM, que os entregavam com seus enormes e caros computadores. No cálculo moral dos hackers, roubar software de grandes empresas de computadores era equivalente a usar modems para fazer chamadas telefônicas de longa distância gratuitas. Ninguém se prejudicava, só corporações que já tinham feito muito dinheiro.[20]

Quando o *Homebrew* começou e o *Dr. Dobb's* publicou o código do Tiny BASIC, era entendimento comum que o software de computador pessoal deveria ser compartilhado, "liberto" das corporações, e dado de graça. Menos de um ano depois dos felizes encontros de trocas do *Homebrew*, no entanto, os organizadores receberam um recado muito claro de alguém que estava tentando transformar o software em um negócio. "Uma carta aberta aos hobbyistas" não perdeu tempo em colocar a culpa pela falha de software nos próprios hackers. Pagar por hardware, mas não por software, impedia que bons programas fossem escritos. "Quem pode se dar ao luxo de fazer um trabalho profissional por nada?", perguntou o autor. "O que vocês fazem é roubo."[21]

A carta veio de Albuquerque, escrita por outro implacável rapaz de vinte e poucos anos, também desistente da faculdade. O nome dele era Bill Gates.

SEATTLE, JET CITY

William Henry Gates III era um garoto da Seattle da Guerra Fria, nascido e criado em um lugar e época onde abundavam oportunidades para um menino curioso aprender sobre informática. Sua infância coincidiu com o *boom* da Boeing em Seattle, quando a gigante aeroespacial empregava centenas de milhares de funcionários e produzia sucessivas gerações de aviões comerciais inovadores a um ritmo surpreendentemente rápido. Seattle também foi o lar da Universidade de Washington e de seus múltiplos programas de ciência e engenharia financiados pelo governo federal, inclusive na nova disciplina acadêmica da Ciência da Computação. A cidade de modestos bangalôs se transformou em uma metrópole de milhões de habitantes, rodovias serpenteavam pelos bairros e pontes flutuantes se desdobravam sobre o lago Washington para conectar os subúrbios do Eastside.

Em 1962, o impulso da era espacial de Seattle gerou a exposição Century 21, uma feira mundial futurista que inaugurou a arrojada Space Needle e exibiu as últimas inovações em computação — o UNIVAC, com informação o suficiente para uma biblioteca, uma "TV-telefone", que emitia imagens com som, e a cápsula *Freedom*

INESQUECÍVEL   161

7, que acabara de levar ao espaço Alan Shepard, astronauta da NASA. Gates tinha apenas 6 anos quando a visitou, e sua parte favorita foi andar no novo e elegante monotrilho da feira. Mas, quando chegou ao ensino médio, ele já era um cara da matemática e das ciências, a ponto de não se preocupar em ganhar notas decentes em outras disciplinas. Desde cedo, Bill Gates só se importava com a tecnologia, e ele tinha certeza de que a entendia melhor do que ninguém.

Felizmente, seus pais o haviam enviado para a escola particular Lakeside, na esperança de que sua reputação de rigor acadêmico se impregnasse em seu filho. Exortados por um professor talentoso que acreditava que os computadores estavam prestes a se tornar o futuro da educação, os pais de Lakeside haviam levantado verba para comprar para a escola sua própria máquina de teletipo conectada a um sistema de compartilhamento de tempo. A partir da oitava série, a sala de computadores tornou-se o refúgio de Gates. Foi onde ele aprendeu BASIC, e onde conheceu um calmo aluno do primeiro ano do ensino médio chamado Paul Allen. Logo, os dois poderiam ser encontrados cercando os laboratórios de informática da Universidade de Washington, desvendando as entradas e saídas de um Digital PDP 10 e tornando-se notórios por sua habilidade em invadir habilmente lugares onde não deveriam estar. No último ano do ensino médio de Gates, ele e Allen embarcaram em seu primeiro empreendimento comercial, vendendo um dispositivo baseado em microprocessador que eles programaram para analisar o volume de tráfego nas ruas da cidade. Eles batizaram a empresa de Traf-O-Data.

Gates tornou-se um calouro de Harvard em setembro de 1973, o mesmo mês em que a "máquina de escrever para TV" de Don Lancaster ganhou a capa da *Radio-Electronics.* Seu amigo e sócio Allen também foi para Boston, para aceitar um emprego na Honeywell. Gates não ficou muito tempo na faculdade, mas deixou sua marca. "Ele era um bom programador", lembrou-se seu orientador, mas era "um saco". Gates estava muito mais interessado em atividades hackers extracurriculares e em videogames do que em seus cursos em Harvard. (A certa altura, ele ficou obcecado com *Breakout*, o jogo que tinha sido feito pelos dois Steves antes deles fundarem a Apple.)[22]

Depois, no meio do seu segundo ano, veio o Altair. O kit era só hardware, sem software. Gates e Allen sentiram imediatamente uma oportunidade. Mesmo não tendo conexões ou um contato firme no MITS, eles enviaram uma carta para Ed Roberts. Escreveremos BASIC para o Altair, e você nos dá em troca royalties e um deles. Roberts, cético, mas desesperado, disse-lhes que daria uma olhada. Depois de seis semanas virando as noites, Allen voou para o oeste, fitas perfuradas à mão, para demonstrar o seu novo software. Funcionou, e os dois nativos de Seatlle tinham

162 O CÓDIGO

um acordo. Em poucos meses, os dois tinham transferido suas coisas de Boston para Albuquerque, e o Traf-O-Data tinha um novo nome: Micro-soft.[23]

Bill Gates tinha sido como a maioria dos hackers, com poucos escrúpulos com relação a atalhos que lhe permitissem obter coisas de graça. Ele se metera em apuros em Lakeside e Harvard por monopolizar o tempo livre dos computadores, por usar os computadores da escola e da universidade para os seus próprios projetos paralelos. Mas agora que ele e Allen estavam dedicando cada momento acordados à construção de um negócio de software, sua indignação se direcionou àqueles que pensavam que poderiam conseguir código de graça. Apenas alguns meses depois da aventura de Gates e Allen no MITS, uma bobina de sua fita perfurada do Altair BASIC chegou às mãos de um *homebrewer* que, ao modo clássico dos hackers, fez 50 cópias para distribuir a outros membros. Essas pessoas fizeram cópias para seus amigos e assim por diante. Esta fita perfurada se tornou, como observaram Stephen Manes e Paul Andrews, biógrafos de Gates, "o primeiro e mais pirateado software do mundo".[24]

O jovem empreendedor ficou furioso e disparou o bilhete raivoso que entraria na história da tecnologia como a "Carta Gates". Nela, Gates esboçou duradouras linhas de batalha do mundo da tecnologia. De um lado, havia as pessoas que acreditavam que a informação — o software — deveria ser um dado proprietário, protegido e pago. Por outro lado, havia aqueles que acreditavam num universo de software como o *Homebrew*: onde as pessoas partilhavam e trocavam, interagiam e melhoravam, e não cobravam um centavo. Eric Raymond, famoso evangelista de software livre, duas décadas depois formulou essa divisão como "a catedral" *versus* "o bazar".[25]

Com a revolução dos computadores pessoais ganhando velocidade e giro financeiro, e com Jobs e Gates passando de garotos esquisitos a dois dos mais ricos e celebrados líderes empresariais do mundo, o espaço entre a catedral e o bazar — e entre os empresários e idealistas, os mercenários e os missionários — ampliou-se ainda mais.

MENINOS BRINCARAM COM A ELETRÔNICA DESDE O INÍCIO da era do rádio. Os hackers poderiam ter ficado em seus porões e quartos se a tecnologia do microprocessador produzido em massa não tivesse entrado em cena, e um pelotão de fabricantes de chips ferozmente inovadores não tivessem criado novos mercados para a informatização de quase tudo. O microcomputador poderia ter permanecido um brinquedinho engraçado, se não fosse pelos educadores, evangelistas e marqueteiros que mostraram como ele poderia funcionar na sala de aula, no escritório e como entretenimento doméstico.

Isso não nasceu do nada. As mesmas condições que, em primeiro lugar, tornaram possível o *Homebrew* — microprocessadores e miniaturização; um afastamento do complexo militar-industrial em direção a outras aplicações para a tecnologia; compartilhamento de tempo e disseminação de linguagens de programação como o BASIC; um desejo por uma relação mais inspiradora e interativa com a tecnologia — criaram caminhos para que os hackers do Vale do Silício transformassem suas ideias em negócios viáveis. Uma economia sombria elevou o desejo por fantasia escapista alimentada por tecnologia, de *Star Wars* a videogames, passando pelo "Dia do Espaço" do governador Jerry Brown.

Além disso, os hobbyistas da eletrônica se reuniram num momento em que os habitantes do próspero e complacente mundo do pós-guerra viviam uma mudança violenta e desconcertante. Os Estados Unidos e a Europa Ocidental estavam cheios de dados, e cada vez mais desconfiados das instituições e dos especialistas que os geriam. O computador pessoal prometia uma recuperação do controle.

"A verdade é que um dos principais problemas — talvez o problema principal — é que o nosso mundo sofre de sobrecarga de informação e já não consegue lidar com isso sem ajuda", escreveu o futurista britânico Christopher Evans no seu presciente best-seller de 1979, *The Micro Millennium*. "O mundo precisa de computadores agora, e vai precisar mais deles no futuro; e porque precisa deles, vai tê-los."[26]

CAPÍTULO 12

Negócio Arriscado

À medida que centenas de pessoas se aglomeravam nas reuniões do *Homebrew*, longas filas eram formadas do lado de fora dos estandes da Byte Shops e da Computer Faire, e enquanto as inscrições na *Byte* decolavam e dezenas de milhares de cópias do livro *101 BASIC Computer Games* sumiam das prateleiras das livrarias, parecia mesmo que uma revolução estava a caminho. Porém, quando 1977 deu lugar a 1978, poucas das pequenas empresas que surgiram no mundo dos clubes de computadores conseguiram fazer o que a Apple havia feito: manter o financiamento externo e a experiência administrativa necessários para transformar a startup de fundo de garagem de um neófito em uma vasta operação que mirava um mercado consumidor mais amplo.

Em vez de a nascente indústria de computadores do Vale do Silício dividir o mercado só entre si, operadores experientes e com bons recursos chegaram rapidamente de outros lugares. No mesmo momento em que Jobs e Woz estavam revelando o Apple II na West Coast Computer Faire, uma fabricante de calculadoras da Pensilvânia chamada Commodore, revelava, em alguns estandes para frente, o Personal Electronic Transactor ou PET. (O projetista achou que a enigmática sigla pegaria uma boa carona na moda setentista das *Pet Rock* — uma pedra de estimação de brinquedo.) Alguns meses depois, a Radio Shack, gigante de eletrônicos recreativos do Texas, entrou no jogo com um computador pessoal chamado TRS-80. Ambas as máquinas tinham menos potência e sofisticação do que o Apple II, mas custavam metade do valor e ainda incluíam um monitor.[1]

Um fato incômodo permaneceu: quer fossem empresas iniciantes ou bem financiadas, os fabricantes de microcomputadores estavam mudando o mundo para um grupo relativamente pequeno de nerds aficionados. Os micros ainda não tinham o poder computacional ou os softwares corporativos para transformá-los em sérios concorrentes para os *mainframes* e minicomputadores no mercado empresarial. Os computadores pessoais eram ótimos para jogar e usar sem muito compromisso, mas não passava disso. Mesmo no Vale do Silício, o *Homebrew* permaneceu como um coadjuvante para os fabricantes de semicondutores e outros eletrônicos. Se a nova geração queria criar um *commodity* disruptivo, como o microprocessador a preço de banana de Andy Grove, eles precisavam de mais velocidade, mais softwares — e mais investidores para ajudá-los a crescer.

No entanto, os investidores de risco tinham outras preocupações.

CRISE DE LIQUIDEZ

O problema começou em 1970, ano em que a ebulição da Wall Street dos anos 1960 deu lugar a um arrocho no mercado. "O pessimismo matou o capital de risco?", choramingou a manchete de uma edição da *Forbes* naquele verão. A torrente de ofertas públicas virou uma gota de água. Mais de 500 novas empresas abriram o capital em 1969. Em 1975, foram apenas quatro.

No momento em que o embargo petrolífero da OPEP fazia os motoristas norte-americanos mofarem durante horas em filas nos postos de combustível, empresas de eletrônica famintas por dinheiro estavam arrefecendo a produção e vendendo tecnologia e licenças para empresas estrangeiras. Em 1969, a indústria nacional de capital de risco havia levantado mais de US$170 milhões em novos investimentos. Em 1975, lucrou míseros US$22 milhões. Além disso, apenas um de cada quatro investimentos de risco direcionou-se a empresas de tecnologia. A revolução do silício parecia estar acabando logo depois de começar.[2]

Por que é que as coisas ficaram tão difíceis de repente? A eletrônica era um mercado em crescimento! Os microchips estavam sendo usados em tudo! As empresas eram dinâmicas e flexíveis, capazes de abrir e fechar fábricas conforme as necessidades. Eles já tinham mudado a produção para outro lugar, o Cinturão do Sol, e aproveitavam a mão de obra qualificada barata em Taiwan e Singapura. Elas não eram derrubadas por planos de pensão gigantescos e processos de fabricação ultrapassados, como aqueles que estavam afogando os fabricantes norte-americanos da velha guarda.

No entanto, a cintilante novidade das startups tecnológicas tornou-se um peso quando se tratava de levantar dinheiro para além da fase de lançamento. Os empreendedores de tecnologia estavam começando a ficar ricos, mas a maior parte do dinheiro grande ainda era dinheiro velho: os donativos das fortunas da Era Dourada, os planos de pensão dos grandes sindicatos, as operações de investimento internas de corporações gigantes. A nova economia dependia da velha economia para o financiamento, e a velha economia era conservadora, especialmente em um mercado em baixa. Havia razão para o investimento em tecnologia ser chamado de "capital de risco". Embora o retorno pudesse ser grande, os riscos eram gigantes. De Cupertino a Cleveland, os *venture capital*, ou *VC*, não conseguiam que os investidores comprassem o que estavam oferecendo.[3]

Os homens de dinheiro do Vale foram surpreendidos pela crise, especialmente aqueles que eram relativamente recém-chegados ao mundo dos investimentos. Depois de um primeiro e modesto fundo com Melchor, McMurtry reuniu-se com Reid Dennis e partiu para angariar dinheiro para um novo e muito maior fundo — no auge do embargo petrolífero da OPEP. Apesar das conexões e da reputação de Dennis, demorou praticamente um ano para eles angariarem US$19 milhões. Então, a Dow Jones despencou, chegando a menos de 600 pontos no outono de 1974. Até um otimista inveterado como McMurtry se assustou. "Estávamos tão aterrorizados", ele confessou, "que não fizemos nenhum investimento durante 15 meses".[4]

A coisa também ficou feia no Leste. Stewart Greenfield era um ex-marqueteiro da IBM que, no início dos anos 1970, tinha migrado para o investimento de risco em tecnologia, liderando o que era chamado de fundo "Sprout" no banco de investimento Donaldson, Lufkin & Jenrette, de Nova York. Em 1974, ele também estava tentando começar um novo fundo e já tinha recebido de seus investidores promessas de US$12 milhões. Ele estava confiante de que conseguiria mais que o dobro disso. Então, como ele disse, "algo estranho aconteceu". Investidores ligaram para ele um depois do outro durante aquele verão e outono, "retirando o interesse". Os fundos de pensão tinham sido alguns dos seus maiores investidores, mas Greenfield não veria qualquer centavo desses fundos durante três anos.[5]

O mundo da tecnologia ainda era movido por jovens empresas, mas novos participantes não conseguiriam decolar. A economia ruim e as altas taxas de juros reduziram o entusiasmo dos investidores. E, depois do crescimento explosivo do negócio dos chips no início da década, não foi tão surpreendente que a indústria tenha atingido um platô. O próximo estouro, os microcomputadores, ainda era um mercado de nicho. Mas, como a comunidade de VC enxergou, o que mais assustava os investidores não era nada disso. Era o sistema fiscal dos Estados Unidos.[6]

MORTES E IMPOSTOS

As raízes desse medo eram profundas. Em 1921, menos de uma década após a aprovação da Décima Sexta Emenda à Constituição norte-americana, que criou o imposto de renda federal, o Congresso respondeu às pressões do setor empresarial para conceder impostos especiais mais baixos sobre a renda de investimentos, também conhecidos como ganhos de capital. Ao longo da Grande Depressão e o *New Deal*, durante a austeridade do tempo de guerra e a prosperidade do pós-guerra, os impostos sobre ganhos de capital permaneceram baixos, apesar da escalada dos níveis de gastos e impostos governamentais. As taxas de impostos efetivas pairavam em torno de 15%; a taxa mais alta já alcançada foi de 25% — ainda que os impostos para o escalão mais alto dos investidores excedessem 90%.[7]

Embora as taxas fossem relativamente modestas, os investidores e seus aliados políticos tinham um ódio incandescente pelo imposto sobre ganhos de capital. Em 1928, a Associação Americana de Bancos qualificou o imposto como "injusto e economicamente infundado", e o culpou pela excessiva especulação na bolsa. Em 1930, o presidente Herbert Hoover declarou que o imposto "incentiva diretamente a inflação, estrangulando a livre circulação de terras e títulos". Ao longo da década de 1930, Dick Whitney, presidente da Bolsa de Nova York que, como Hoover, tornou-se um opositor aberto do *New Deal* de Roosevelt, atacava o imposto sobre ganhos de capital em todas as oportunidades, afirmando que a recuperação econômica viria da "iniciativa da empresa privada, da inteligência da gestão privada e da coragem do capital privado".[8]

Houve outra razão pela qual os investidores resistiram ferozmente ao aumento do imposto sobre ganhos de capital, claro: era um imposto sobre um grande pedaço do seu rendimento. Isso era particularmente verdade para o modelo de sociedade limitada que se tornou tão prevalecente no mundo do investimento de risco em tecnologia. As taxas regulares de gestão eram apenas uma parte de seus lucros; a maior parte da renda vinha dos robustos 20% de retorno de fundos — ou seja, dinheiro sujeito ao imposto sobre ganhos de capital. No entanto, isso raramente era mencionado nos gritos de guerra que ressoavam cada vez que os rumores de reforma tributária se espalhavam em ambos os extremos da Avenida Pennsylvania.

Os banqueiros e investidores argumentavam a favor da "economia do lado da oferta" décadas antes da Revolução Reagan: cortar impostos desencadearia investimentos em novas indústrias, novas empresas, novas ondas de empreendedorismo. Qualquer prejuízo ao Tesouro seria mais do que reembolsado pelas novas receitas fiscais criadas por esse crescimento. Para republicanos e democratas dos anos 1960, a manutenção do diferencial de ganhos de capital havia se tornado um inquestionável pilar da política fiscal, apesar da escassa evidência de que as taxas de imposto sobre ganhos de capital tivessem os excessivos efeitos econômicos que Wall Street afirmava ter. Alguns poucos e corajosos investidores arriscaram a opinião de que uma alíquota baixa encorajava o investimento especulativo simplesmente pelo benefício fiscal, e um aumento nas taxas mandaria os saqueadores "de volta à escola". No entanto, o diferencial nos ganhos de capital não andou.[9]

Isso mudou em 1969. Um Congresso liderado pelos democratas aumentou a taxa, argumentando que os ricos precisavam dar a sua parte. Em 1972, o imposto sobre ganhos de capital tinha subido para mais de 36%, e a retórica da campanha presidencial daquele ano indicava que poderia subir ainda mais. "O dinheiro criado pelo dinheiro deve ser tributado à mesma taxa que o dinheiro criado pelos homens", declarou o candidato democrata George McGovern. Após sua vitória esmagadora, Richard Nixon permaneceu concentrado na "maioria silenciosa" da classe média, que poderia entrar na coluna republicana. Cortar os impostos sobre ganhos de capital não renderia muitos desses votos.[10]

Influenciados pelos ares populistas, os homens de negócio mais uma vez lançaram argumentos de que os ganhos de capital e outros cortes nos impostos corporativos eram na verdade coisas que ajudavam o populacho. Ned Heizer, o rei dos investidores de risco, ficou indignado com a hesitação do Congresso. À medida que a economia se deteriorava, até mesmo esse ricaço de Chicago tinha sofrido grandes perdas. "Este país foi fundado por empreendedores", declarou ele, "mas o Congresso está matando essa história". O futuro da economia não era uma questão de apoiar a U.S. Steel ou a General Motors. "Se pudéssemos assegurar um fluxo de capital para jovens empresas, então, se passar um tempo e a General Motors não fizer um bom trabalho, novas empresas poderiam competir contra ela."[11]

No meio de tudo isso, surgiu, em 1974, a *Employee Retirement Income Security Act* [Lei da Segurança dos Rendimentos de Pensão] ou ERISA, que impôs regulamentos rigorosos e padrões de desempenho para os planos de pensão privados, incluindo uma "regra de prudência" que aumentou a responsabilidade pessoal dos gerentes de fundos pela forma como eles investiam o dinheiro dos aposentados. Eis a razão pela qual Stew Greenfield tinha perdido, de repente, todos os seus investidores. Um par de anos após a aprovação da ERISA, um estudo bancado pela indústria descobriu que a maioria dos administradores tinham se tornado "avessos em investir em tudo, menos em ações de empresas bem estabelecidas e títulos governamentais". Os VCs tinham perdido uma das maiores fontes de dinheiro que havia.[12]

A SALA VIP

Enquanto o tempo fechava no início de 1973, Pete Bancroft, um investidor de São Francisco, solidarizava-se com alguns colegas em um almoço de negócios informal. "Enviar representantes dos Rockefellers, Phipps e Jock Whitney para pressionar o Congresso em Washington a respeito da necessidade de redução de impostos certamente faria com que acabássemos ridicularizados na cidade", ele lamentou. Eles tiveram que se organizar de maneira diferente, mudando o rumo da conversa.

Aquele almoço levou a um encontro improvisado dos maiores nomes da indústria em um lugar que era um meio-termo facilmente acessível entre o Leste e o Oeste dos Estados Unidos, e que por acaso estava no quintal de Ned Heizer: a sala vip da United Airlines no Aeroporto O'Hare, em Chicago. Dessa sessão de estratégia saiu um novo e grandioso grupo comercial, a *National Venture Capital Association* [Associação Nacional de Capital de Risco] ou NVCA. Nem todos concordaram que a política deveria ser o negócio da NVCA: um membro fez piada, sugerindo que o grupo não precisava organizar nada mais formal do que ocasionais partidas de golfe. Porém, David Morgenthaler não pensava dessa forma. Quando Heizer perguntou por voluntários para ir a Washington fazer lobby por uma redução de impostos, ele deu um passo à frente.[13]

Fazia uns poucos anos que Morgenthaler estava em sua segunda investida como VC, da qual estava gostando imensamente. Ele estava em uma posição diferente dos McMurtrys e Greenfields do mundo, tendo patrimônio o suficiente para não se preocupar tanto em buscar dinheiro em outras fontes. Com uma carreira que se estendia do *New Deal* até o auge do complexo militar, Morgenthaler tinha idade suficiente para saber do que uma intervenção do governo era capaz. No entanto, ele já era um executivo há tempo suficiente para ter um forte desgosto por regulamentações excessivas e impostos altos. Nos primeiros meses do governo Ford, Morgenthaler já frequentava regularmente o curto voo entre Cleveland e os corredores de mármore de Washington. Pete Bancroft voou de São Francisco para se juntar a ele.

Não deu muito certo no início. Os dois não entenderam as hierarquias bizantinas do sistema de comitês, o balé legislativo e o fato de que conseguir uma reunião com um senador ou congressista não era garantia de conseguir a aprovação de uma lei. O dois não contrataram lobistas de alta categoria; eles mesmos faziam o serviço. Então entraram em desespero quando, em 1976, os legisladores aumentaram ainda mais o imposto. Os mais ricos agora tinham que pagar impostos sobre ganhos de capital de quase 50%. "Éramos muito ingênuos naquela época", lembrou Morgenthaler mais tarde. "Nós nos considerávamos da mesma categoria dos figurões de Nova York, até que chegamos lá e descobrimos que os congressistas nos viam como simpáticos meninos do interior."[14]

No entanto, no final, os rapazes do campo tinham chegado a Washington na hora certa. O pós-Watergate foi o momento certo para reformar o sistema e acolher os forasteiros. O presidente tinha renunciado. Empregos no setor industrial estavam sendo dizimados. Cidades grandes e progressistas como Nova York estavam à beira da falência. O keynesianismo que impulsionou os gastos generosos e o alto déficit do *New Deal* de Roosevelt, bem como o complexo industrial-militar de Eisenhower, tinha caído abruptamente em desgraça. Políticas de austeridade — impostos, redução de gastos, equilíbrio orçamental — ganharam força.[15]

Com a mudança de clima, o governo federal ficou mais interessado em como as empresas de alta tecnologia poderiam dar à economia o impulso que ela precisava. No início de 1976, o Departamento de Comércio de Ford lançou um estudo defendendo as "empresas de tecnologia" como poderosas criadoras de empregos, revelando que as jovens empresas de alta tecnologia tinham uma taxa de crescimento de emprego quase 40 vezes superior à das empresas "maduras". Deixando de lado o fato de que a amostra era de 16 empresas ao todo, e que talvez não fosse surpreendente que os empregos na área de tecnologia estivessem se alastrando como fogo em capim seco durante o *boom* dos microchips do início dos anos 1970, a equipe da Ford enxergou um suculento tópico para aquele ano eleitoral.[16] Morgenthaler e Bancroft tinham encontrado uma saída. Se as empresas de tecnologia eram criadoras de empregos, então Washington deveria agir para consertar o clima horrível no investimento de risco. Era hora de a NVCA produzir um dossiê. *Emerging Innovative Companies — An Endangered Species* [Empresas inovadoras emergentes — uma espécie ameaçada] chegou ao Capitólio em novembro de 1976, apenas algumas semanas depois que Jimmy Carter, outro autointitulado empreendedor de fora de Washington, ganhou a presidência. Pete Bancroft tinha escrito a maior parte do dossiê. Morgenthaler garantiu que todos os escritórios do Congresso tivessem uma cópia. A derrota eleitoral republicana não os dissuadiu. Eles tinham grandes esperanças em Carter, um plantador de amendoim da Georgia e um reformista de centro que tecera elogios às pequenas empresas durante a campanha — e eles se esforçaram para demonstrar que as empresas de tecnologia também eram pequenas empresas.

"É a nova e bem-sucedida pequena empresa de hoje que se torna a importante empresa inovadora de amanhã", declarava o relatório. "Elas mantêm os Estados Unidos na vanguarda tecnológica e ajudam a nossa balança comercial externa."

172 O CÓDIGO

Seis meses mais tarde, eles publicaram um complemento do dossiê com um plano fiscal abrangente para combater a "erosão do capital de investimento" que estava matando as empresas inovadoras. Tal como os banqueiros vinham fazendo desde a década de 1930, os jornais impulsionaram um argumento convincente para a economia do lado da oferta. Quaisquer investimentos feitos por meio de cortes de impostos seriam recuperados em novos empregos e "aumento de receita sob a forma de impostos de renda" — na verdade, milhões a mais do que as "empresas maduras" da economia manufatureira. O futuro econômico dos Estados Unidos dependia das suas empresas de alta tecnologia, e os cortes de impostos eram a forma de garantir que essas empresas prosperassem.[17]

JANTAR EM WOODSIDE

As pequenas Galápagos do Vale do Silício não se envolveram muito nessas primeiras missões aos salões de mármore de Washington. O lobby não era uma atividade fácil de vender para aqueles engenheiros que se tornaram fabricantes de chips e se consideravam uma raça à parte dos figurões de economia antiga. A WEMA, a associação comercial fundada por Dave Packard nos anos 1940, continuou focada principalmente na política de compras militares — algo com pouca relevância para as empresas que agora estavam governando o Vale. Embora o lobby empresarial estivesse surgindo nos anos 1970, a WEMA tinha acabado de contratar seu primeiro representante em Washington. O quartel-general permaneceu em Palo Alto, a quase 5.000km de distância dos corredores do poder.[18]

Isso serve perfeitamente para o Vale. Os fabricantes de chips eram altamente céticos em relação às pessoas que procuravam ajuda no governo. As encrencadas fabricantes de automóveis de Detroit poderiam ir de chapéu na mão para Washington D.C., mas o Vale nunca se rebaixaria a isso. Claro, eles deram dinheiro aos candidatos republicanos quando Packard lhes pediu, mas Charlie Sporck, da National Semiconductor, resumiu os sentimentos de uma robusta minoria quando declarou: "Eu era contra o governo e via todos os políticos como um bando de safados."[19]

A única exceção a essa regra poderia ter sido Pete McCloskey, um membro republicano do Congresso. E era assim, em grande parte, porque McCloskey não se preocupava com o que o *establishment* de Washington pensava dele. Fuzileiro naval condecorado, ele tinha sido um crítico precoce e muito presente da Guerra do Vietnã, chegando ao ponto de concorrer com o presidente Nixon nas primárias de 1972 como um protesto contra o bombardeio no Camboja. Era um ambientalista

NEGÓCIO ARRISCADO   173

fervoroso, de centro-esquerda, numa época em que o partido tinha começado a dar uma forte guinada para a direita. O governador Ronald Reagan e líderes estaduais do partido tentaram e não conseguiram encontrar alguém para desafiar McCloskey em 1972 e 1974. Depois da renúncia de Nixon, o congressista já não parecia tanto um traidor do partido, mas ainda assim não conseguiu uma nomeação decente em alguma comissão.[20]

Apesar do seu longo histórico no Vale, aquele irlandês muito objetivo não era um cara da tecnologia. Ele era um advogado. Wilson Sonsini tinha se tornado uma potência da tecnologia depois de ter partido, e ele não tinha gasto muito tempo em questões econômicas durante sua temporada por ali. Isso precisa mudar, pensou Reid Dennis.

Como alguém que desde o início vinha organizando o grupo de VC do Vale, não é de surpreender que Dennis estivesse entre os primeiros a aderir à NVCA. Em pouco tempo, ele se tornaria presidente da organização. E, estando na casa dos chips de silício, ele tinha uma visão clara de outra ameaça de alta tecnologia que se aproximava: o Japão. Enquanto os Estados Unidos estavam estagnados, o governo japonês estava turbinando sua economia, inclusive fazendo grandes investimentos em pesquisa e desenvolvimento de semicondutores.

Todo mundo se conhecia no pequeno mundo dos primeiros estágios do Vale, mas Reid Dennis já conhecia Pete McCloskey há muito tempo. Eles tinham sido colegas de classe em Stanford duas décadas antes; eram vizinhos em Woodside há muito tempo. Então, ele decidiu convidar o congressista — e alguns outros velhos amigos — para jantar e falar de política.[21]

As destrambelhadas reuniões no *Homebrew* aconteciam a apenas alguns quilômetros de distância do jantar à luz de velas naquela noite quente da Califórnia, mas o contraste não poderia ter sido mais acentuado. Em vez de engenheiros descabelados com placas-mãe, havia milionários em casacos esportivos, todos olhando para o convidado de honra da noite. Bob Noyce, da Intel, estava lá. Assim como Tom Ford, o corretor imobiliário que estava no processo de transformar a Sand Hill Road no principal endereço dos investidores de risco. O único democrata de carteirinha entre os convidados era Mel Lane, editor californiano da revista *Sunset*, cujas páginas luminosas tinham trazido o estilo de vida do pós-guerra na Califórnia, banhado de sol, a uma audiência nacional. A única mulher na sala era a esposa do anfitrião, que deslizava tranquilamente reabastecendo os copos de vinho dos convidados e trazendo novos pratos da cozinha.

174   O CÓDIGO

Quatro décadas mais tarde, McCloskey ainda não tinha esquecido a rapidez com que a conversa à mesa se tornou um confronto. Ele precisava parar de abraçar árvores e protestar contra as guerras por detrás do balcão e começar a se comportar como "um congressista dos homens de negócios". A indústria da tecnologia precisava de cortes nos impostos. Eles precisavam de menos regulamentação; precisavam de ajuda para competir com o Japão. O que eles realmente precisavam era de um choque de realidade, pensou McCloskey. "Sou um republicano num congresso democrata", reagiu ele. "Não estou em nenhuma comissão importante. Todos os envolvidos com Nixon queriam me colocar na cadeia." Ele fez uma pausa, olhando para os rostos insensíveis em volta da mesa. Só havia realmente uma coisa que ele podia fazer para ajudá-los. Ele poderia apresentá-los aos seus amigos que tinham funções em comissões poderosas e que poderiam ajudá-los a aprender os caminhos em Washington.[22]

Esse primeiro e combativo jantar foi o início de um novo empurrão — dessa vez, dos próprios CEOs das empresas — para que Washington fizesse algo a respeito dos problemas fiscais da tecnologia. Muitos dos executivos em volta da mesa engoliram o seu desagrado pelo *laissez-faire* e começaram a se deslocar para o leste, para Washington, tal como David Morgenthaler tinha feito, para pressionar pessoalmente por políticas que pudessem aliviar a crise de capital e ajudar a tecnologia a crescer.

A WEMA estabeleceu uma "Força-Tarefa de Formação de Capital" e destacou Ed Zschau para executá-la. Após sua fundação em 1969, as Indústrias System, de Zschau, tinham crescido e se tornado um negócio de US$17 milhões por ano. Foi de certa ajuda que este ex-professor de Administração pudesse aproveitar seus antigos alunos para levantar capital, e isso deu à empresa o estofo de que ela precisava no início do período das vacas magras. Porém, tornou-se cada vez mais difícil atrair novos investidores para fornecer o capital de que ele precisava para mantê-la ativa. Zschau licenciou parte da tecnologia que ele desenvolveu para empresas japonesas, mas isso não foi suficiente. Em 1974, ele levou seis meses para conseguir US$750 mil. "Estávamos a 36h da falência", recordou ele.[23]

Zschau não estivera particularmente envolvido em política antes, mas a experiência de quase morte da sua empresa tinha lhe dado ganas políticas. Ele também tinha um apetite e aptidão para a pesquisa, e desenvolveu um poderoso panfleto de quatro páginas em que defendia a capacidade de empresas de alta tecnologia de criar empregos. Zschau logo teve companhia; outro jantar à luz de velas resultou em um grupo de lobby especificamente para os fabricantes de chips do Vale: a *Semiconductor Association Industry* [Associação da Indústria de Semicondutores] ou SAI.

NEGÓCIO ARRISCADO   175

Apesar de ele e Reid Dennis agora trabalharem lado a lado, Burt McMurtry não participou de nenhum desses jantares. Ele estava tão disposto a contribuir para a indústria quanto o colega, mas achava que seu parceiro de negócios estava perdendo seu tempo. O mercado estava sombrio, entretanto, havia sinais de que iria se recuperar. Um dos sinais mais brilhantes era a ROLM, uma empresa em que seu antigo sócio Jack Melchor vinha investindo desde sua fundação, em 1969.

McMurtry estava mais próximo da ROLM do que de qualquer outra empresa do seu portfólio. A ligação era pessoal — os quatro jovens fundadores da empresa eram membros da *Rice Mafia* (grupo de engenheiros egressos saídos da Universidade Rice e estabelecidos no Vale), três dos quais haviam trabalhado para McMurtry pouco antes de se tornarem investidores. O quarto era alguém que ele tinha tentado recrutar. A ROLM destacou-se entre os seus pares pela diversidade da sua linha de produtos: os primeiros produtos da marca incluíam um minicomputador "robusto" para os militares e a primeira central telefônica totalmente controlada por computador. (Investir na área de hardware de telecomunicações foi algo particularmente corajoso, numa época em que a AT&T controlava todas as linhas telefônicas de longa distância e obrigava os clientes a pagar aluguéis mensais por desajeitadas unidades domésticas.)

Contra todas as probabilidades, a empresa se manteve em atividade, crescendo de forma lenta, mas firme, mesmo que não estivesse proporcionando quaisquer ganhos aos seus investidores. Precisando angariar mais dinheiro, ela abriu o capital em 1976 — e durante 15 meses vendeu abaixo do preço de oferta. Mas, quando Reid Dennis estava reunindo as pessoas em torno de sua mesa de jantar, o preço das ações da ROLM começou a subir do nada. "O mercado estava começando a reagir", lembrou-se McMurtry. "Já se via os primeiros voos." No caso de Burt McMurtry, a paciência valeu a pena. Em última análise, ele e os seus colaboradores obtiveram um retorno quadruplicado do seu investimento na ROLM, o que lhe rendeu uma fortuna e uma reputação como um dos mais sábios investidores da cidade.[24]

Mesmo que esses promissores sinais significassem que tinham pessoas no Vale que não estavam convencidas de que a politicagem seria necessária, o grosso dos envolvidos mergulhou obsessivamente na tarefa. Outra fase na relação do Vale do Silício com Washington tinha começado.

A BATALHA DE 1978

Foi Jimmy Carter quem fez do imposto sobre ganhos de capital (um tema de nicho) um debate político *mainstream* — e não foi por estar do lado dos investidores de risco.

O CÓDIGO

Apesar de toda a conversa de sua campanha sobre reduzir a burocracia e promover pequenos negócios, Carter não provou ser o reformador dos sonhos dos investidores.

Por um lado, a sua administração não mexia na odiada regra do "homem prudente". Stew Greenfield tinha se tornado o nome da NVCA no que se referia a essa questão, e ele ficou atônito com o ceticismo do Department of Labor (DOL) [Ministério do Trabalho], a respeito das consequências não pretendidas da regra. Cansado das repetidas visitas de Greenfield, seus contatos no governo foram contundentes. "Não é isso que o Congresso pretende", eles o informaram. "Mas os nossos amigos nos sindicatos estão felizes porque os investimentos que vocês fazem não têm relação com eles." Um Greenfield furioso saiu convencido de que eles "queriam colar essa pecha na NVCA". Dennis e Morgenthaler encontraram uma resistência semelhante. Saindo do DOL após outra visita infrutífera, os dois encontraram um sardônico cartum da revista *New Yorker* grudado atrás da porta de uma das secretárias do gabinete. No cartum, dois homens cacarejavam: "Investimento de risco! Quem se lembra disso?"[25]

Então, no início de 1978, o presidente lançou um destemido plano de reforma fiscal, que partiu para cima dos peixes grandes. "Os poucos privilegiados estão sendo subsidiados pelo resto dos contribuintes", declarou Carter, "quando rotineiramente deduzem as taxas sobre cotas de seus clubes e chalés de campo, jantares elegantes, ingressos de teatro e esportes, e shows noturnos". Embutida dentro dessas proposições com sangue no olho, estava uma proposta com relação aos ganhos de capital: não para reduzir a taxa, mas para eliminar o diferencial no seu conjunto, tributando os ganhos à mesma taxa que a renda ordinária.[26]

Via lobby, a comunidade tecnológica multiplicou no limite a pressão. Os californianos reforçaram a WEMA, transformando-a num grupo nacional e rebatizando-a como *American Electronics Association* [Associação Americana de Eletrônica] ou AEA. Boston também mobilizou seu setor de tecnologia, com os principais fabricantes de minicomputadores ajudando a fundar o Massachusetts High Technology Council [Conselho de Alta Tecnologia de Massachussetts], e tanto a Digital como a Wang juntaram-se à Massachusetts Business Roundtable [Comissão de Negócios de Massachussetts], organização que defende os interesses das grandes empresas do estado. Zschau expandiu sua força-tarefa para trazer mais do contingente nacional e começou a trabalhar mais estreitamente com Morgenthaler, Dennis e os investidores de risco.[27]

O enérgico pelotão bombardeou Washington com dossiês. Conversas depois de conversas, eles demonstravam que os altos impostos sobre a tecnologia estavam

NEGÓCIO ARRISCADO 177

"matando a galinha dos ovos de ouro". Zschau, em particular, demonstrou um zelo desinibido na sua busca por uma redução de impostos, chegando ao ponto de compor e cantar uma canção original intitulada *"Those Old Risk Capital Blues"* [Aqueles antigos blues de capital de risco] e de entregar fitas cassete da gravação nas mãos de todos os congressistas e senadores. Os que as escutaram relataram que a voz de Zschau era "um lamento simplório, que soava como algo entre Leadbelly [*bluesman* da década de 1940] e um Frank Sinatra constipado".[28]

Novos e espertos operadores de Washington rapidamente se juntaram à causa. Um deles era Mark Bloomfield, um funcionário do Comitê de Formas e Meios [*House Ways and Means*, principal órgão propositor de legislação fiscal da Câmara dos Deputados dos Estados Unidos]. Ele em breve se juntaria a um novo grupo de pressão dedicado aos objetivos da economia do lado da oferta que adotou o grandiloquente nome de Conselho Americano para a Formação de Capital. Um maratonista que em 1976 passou a trabalhar na candidatura de Ronald Reagan à presidência republicana, o tenaz Bloomfield tinha simpatia pelas causas dos mais desfavorecidos, e juntou-se a Zschau na caça a legisladores simpáticos à causa e que pudessem propor as leis fiscais. Antes da primavera de 1978, tinham encontrado um: o jovem legislador republicano chamado Bill Steiger, que tinha assento no poderoso Comitê de Formas e Meios. Por sorte, Steiger também era amigo de Pete McCloskey.

William Albert Steiger era um republicano de Oshkosh, Wisconsin. Extremamente exigente, de bochechas rosadas, era tão jovem quando foi eleito pela primeira vez em 1967 que era muitas vezes tido como um *office-boy* do Capitólio. Sua aparência de membro do *4-H Club* — rede de organizações norte-americanas voltadas para o desenvolvimento juvenil — mascarava uma mente séria e uma prodigiosa ética de trabalho, e ele rapidamente conseguiu um bom posto como redator de leis fiscais no Comitê de Formas e Meios. Ainda assim, durante os seus primeiros mandatos, permaneceu como um membro obscuro do partido da minoria. Ele representava um distrito rural de laticínios e casas de fazenda revestidas de madeira, e parecia mais interessado em educação e questões agrícolas.

No entanto, ele fazia parte de um grupo de legisladores rurais — congregando democratas e republicanos — que se preocupava profundamente em manter baixo o imposto sobre ganhos de capital. Os agricultores e os donos de propriedades eram também empresários, e uma boa parte dos seus rendimentos poderia provir da valorização da propriedade ou de ações. A própria família de Steiger era dona de uma empresa de desenvolvimentos; ele sabia bem como um imposto sobre os ganhos poderia afetar o balanço final. A partir das apresentações da Bloomfield e

178   O CÓDIGO

de McCloskey, Steiger em breve passaria para o campo das principais empresas de tecnologia. Ele concordou em propor leis para voltar o imposto sobre o ganho de capital aos níveis de 1969.[29]

Os investidores de risco e o Vale não poderiam ter encontrado um porta-voz melhor. Com credenciais e amigos do outro lado do Capitólio, Steiger era sério, meticuloso e sabia como ser politicamente agressivo. Ele também compreendeu que o tema fiscal era uma questão tanto de psicologia quanto de economia. "Os impostos sobre ganhos de capital são mais importantes como fator determinante das decisões de investimento do que como produtor de receitas", explicou. "Este ponto é fundamental, e é um ponto que, para minha tristeza, os conselheiros do Presidente não conseguem reconhecer."[30]

O projeto de lei impulsionou Steiger da obscuridade à fama no alto escalão de Washington, e também aumentou a visibilidade política dos executivos da tecnologia que chegavam à capital em número crescente. Desde aquelas primeiras visitas desastradas ao Capitólio, três anos antes, David Morgenthaler transformou-se de político novato em um eloquente evangelista da classe empresarial. "Antes de 1969, a sociedade dizia com clareza para os empreendedores que ela valorizava muito a criação de novas empresas, com os seus novos empregos e novas tecnologias", ele afirmou numa audição realizada naquele ano. A alta dos impostos tinha mudado tudo isso. "As pessoas de melhor formação e mais bem-sucedidas, aquelas que acabam sendo melhores empreendedores, não têm dificuldade em entender essa mensagem." Embora houvesse poucas provas de que o público em geral se preocupava de fato com a redução do imposto sobre os ganhos de capital — uma pesquisa, na verdade, constatou que as medidas fiscais de Carter tinham um bom apoio entre os eleitores — Washington tornou-se obcecada pelo assunto.[31]

É importante notar que os democratas, que há muito consideravam esses incentivos fiscais como algo que beneficiava injustamente os ricos, começaram a aderir à narrativa. Um editorial do *Washington Post* em apoio ao projeto adotou uma retórica esperta, baseada no *New Deal*, ao chamar o investidor norte-americano de "o esquecido da atualidade" — Roosevelt usou a mesma expressão na década de 1930, evocando anônimos trabalhadores de classe média baixa como o pilar de suas propostas de reestruturação econômica. Essa disposição apoiava-se na aprovação da Proposta 13, na Califórnia, uma lei de cortes de impostos sobre propriedade que pôs fim à era de expansão da despesa pública e do crescimento de infraestrutura.[32]

Legisladores preocupados olharam para a crescente revolta fiscal e não quiseram ficar do lado errado da história. "É a velha visão de Horatio Alger", disse um analista.

"As pessoas querem manter baixos os impostos sobre investimentos para o caso de um dia eles próprios ficarem ricos." "É óbvio", observou o conselho editorial do *Washington Post* em junho, "que houve uma profunda mudança nas opiniões básicas sobre a estrutura fiscal — em especial entre os democratas".[33]

O governo Carter rebateu com força. Michael Blumenthal, secretário do Tesouro, escarneceu dizendo que aquilo deveria ser chamado de "Lei de Socorro do Milionário". Mas outros democratas estavam se juntando à causa da redução dos impostos. Com a ajuda do linguajar legislativo fornecido pela força-tarefa de Zschau, o senador Clifford Hansen, um democrata conservador de Wyoming, reuniu 60 copatrocinadores para aprovar um projeto de lei complementar à medida de Steiger. Quando o verão se aproximava do fim, ficou claro que os defensores da redução de impostos tinham uma maioria de votos a favor. A Casa Branca teve que recuar. No outono de 1978, Carter assinou uma lei de reforma fiscal que parecia muito diferente do pacote populista que tinha introduzido apenas alguns meses antes. E lá dentro estava o trabalho de Bill Steiger: uma redução do imposto sobre o ganho de capital para 28%. Os investidores de risco e a indústria tecnológica tinham vencido — e, no processo, seus emissários tornaram-se operadores políticos experientes.[34]

Washington aprendeu uma potente lição política em 1978. O negócio da alta tecnologia era agora um fator político valoroso, até popular. Não haveria nenhuma vantagem em dar a impressão de que a política era um obstáculo no caminho de seu crescimento. Então, no ano seguinte, outro aliado técnico da indústria, o demo-crata texano Lloyd Bentsen — "uma joia", declarou Stew Greenfield — chamou o Ministério do Trabalho para afrouxar a sua interpretação da regra do "homem prudente". Abriram-se as torneiras. Entre 1978 e 1980, um investimento de risco adicional de US$1,5 bilhão fluiu para o mundo da tecnologia.[35]

Olhando para o ano de 1978, a indústria tecnológica teve a total convicção de que a redução fiscal foi o catalisador para o *boom* da alta tecnologia. Os mesmos fatores continuaram a exercer pressão sobre um imposto de ganho de capital ainda mais baixo ao longo da década de 1980. Mas será que a taxa foi o fator decisivo? Os cortes fiscais certamente fizeram a diferença, mas outros fatores é que botaram fogo na coisa, sem dúvida. A economia começou a amansar. Sob o comando de Paul Volcker, o Federal Reserve, espécie de Banco Central norte-americano, deu à economia um tratamento de choque, com elevadas taxas de juros, o que começou a frear a inflação. E o computador pessoal finalmente chegou a um ponto tecnológico e a um preço que possibilitaram um grande mercado consumidor.

180 O CÓDIGO

Análises subsequentes indicaram que o afrouxamento da regra do "homem prudente" teve, na realidade, um impacto maior no alargamento do conjunto dos investimentos de risco, salientando que os investimentos sujeitos a ganhos de capital constituem apenas uma fração minoritária do investimento de risco global. A maior vantagem que a redução fiscal de 1978 pode ter proporcionado foi psicológica, dando tanto aos VCs quanto aos empresários mais confiança para entrarem de novo no jogo das startups.[36]

BILL STEIGER NÃO CHEGOU A VER A EXTRAORDINÁRIA transformação da indústria tecnológica que estava prestes a chegar. Depois de Jimmy Carter ter transformado em lei aquele projeto fiscal, a AEA organizou uma grande festa em Palo Alto para brindar Steiger e Hansen, os legisladores que tinham levado aquela causa à vitória. Mais de 400 executivos do Vale encheram o salão de festas da Rick's Hyatt House, em El Camino. Ed Zschau foi o anfitrião.[37]

Tragicamente, essa festa na Califórnia acabou por ser a última de Steiger. No regresso a Washington, na segunda-feira seguinte, o congressista sofreu um ataque cardíaco fulminante. Tinha 39 anos, era diabético desde a adolescência e tinha uma saúde mais frágil do que sua pesada rotina de trabalho dava a entender. O Congresso todo sofreu, fazendo fila para prestar uma homenagem bipartidária no Plenário. "Penso que o céu era o limite para Bill Steiger", disse um triste George H. W. Bush, que tinha sido um dos amigos mais próximos daquele homem de Wisconsin. Os investidores de risco demonstraram a sua gratidão de outra forma, estabelecendo um fundo universitário para apoiar o jovem filho de Steiger.[38]

Os republicanos tinham perdido uma estrela em ascensão, mas a esposa de Steiger, Janet, deu sequência à herança familiar com uma carreira de duas décadas na política, tanto em administrações republicanas quanto nas democratas. Ela se tornou a primeira mulher a presidir a Comissão Federal do Comércio. Ali, em 1990, deu início à primeira investigação antitruste na florescente indústria de software. O seu alvo: a Microsoft.

TERCEIRO ATO
ABRINDO O CAPITAL

Senhor, aqui é o Oeste. Quando a lenda vira um fato, publique a lenda.

O Homem que Matou o Facínora (1962)[1]

Chegadas

TUCSON, 1979

Para sobreviver, a mãe de Trish Millines limpava casas, dia após dia, em uma cidade litorânea de Nova Jersey cujos veranistas eram brancos e ricos, e cujos moradores, como ela, eram em sua maioria negros e da classe trabalhadora. Alta, atlética e impaciente, nascida em 1957, Millines era a filha única e adotiva de uma mãe solteira. Era a melhor aluna em quase tudo, mas especialmente em matemática. Levou um tempo para os professores descobrirem seu talento, pois não se esperava que uma desajeitada garota negra tivesse esse tipo de habilidade. Quando os adultos com quem convivia descobriram, Millines já estava muito atrás dos demais alunos com melhor desempenho, e teve que passar longas horas depois das aulas, inclusive nas férias de verão, correndo atrás do prejuízo. Chegou exausta ao fim do ensino médio, e declarou à sua mãe que não iria para a faculdade. Uma furiosa Sra. Millines respondeu levando a filha para o trabalho, mostrando os esfregões e as limpezas de banheiros que a esperavam se ela não conseguisse um diploma universitário. Mensagem captada.

Uma bolsa de estudos de basquete levou Millines para uma faculdade local, Monmouth College, cujo campus se espalhava ao longo das calçadas de Jersey Shore. Ela pretendia se formar em Engenharia Elétrica, mas as aulas de laboratório obrigatórias aconteciam no mesmo horário dos treinos de basquete. Ela então decidiu optar por Ciência da Computação.

A entrada de Trish Millines no mundo da tecnologia foi muito diferente da entrada dos brilhantes jovens que respiravam o ar rarefeito de Stanford e do MIT, mas foi um caminho seguido por milhares de norte-americanos nos anos 1970 e no início da década de 1980 — brancos e negros, homens e mulheres, imigrantes e

184   O CÓDIGO

nativos. Os programas de informática haviam surgido em muitas instituições públicas de médio porte como Monmouth, respondendo a uma demanda sempre constante por programadores qualificados. Havia mais cursos do que *mainframes* universitários; para que seus cartões perfurados fossem analisados, Millines teve que ir para os laboratórios de informática da Rutgers, que tinham mais recursos. A cena tecnológica na qual ela se inseria não era a dos *homebrewers* e das feiras de informática. Era uma cena de jovens da classe trabalhadora, que estudavam em escolas comuns, aprendendo uma habilidade que poderia tirá-los de Asbury Park ou Wilkes-Barre ou Utica — pequenas cidades provincianas do Leste norte-americano. Continuava sendo um mundo de *mainframes*, teletipos, sistemas informáticos de administração e programação em B, de empregos de TI em grandes empresas ou contratos freela como programadores autônomos.

A revolução dos computadores pessoais já estava a mil quando ela se formou, em 1979. Mas Trish Millines vivia no mundo dos grandes computadores, uma jovem sem ligações com o Vale. Ela era mulher, negra e gay, nunca tendo tido um estágio ou um emprego de verão que pudesse abrir portas e levá-la a um salário de verdade. Ela vasculhava os classificados de emprego, entregava seu currículo onde desse, e finalmente encontrou seus primeiros empregos. Primeiro, veio uma empresa da área de defesa nos subúrbios da Filadélfia. E então, alguns meses depois, veio uma oferta da Hughes Aircraft, em Tucson, Arizona.

Tendo feito as malas e encaixotado todos os seus bens materiais, Trish Millines voou para o Oeste em direção ao deserto. Ela nunca mais viveria em Nova Jersey novamente.[1]

WALL STREET, 1980

Apesar de nunca ter trabalhado no Vale do Silício, a carreira de Ben Rosen cruzava-se com o Vale desde o início. Nascido em Nova Orleans, no fim da Grande Depressão, Rosen demonstrou uma sagacidade com relação à tecnologia que o impulsionou em direção ao Oeste, para o prestigioso Programa de Engenharia Elétrica da Caltech, no início dos anos 1950. Gordon Moore, aluno do primeiro ano de pós-graduação, foi seu monitor de química. Mais tarde, Rosen brincou com suas baixas notas nas aulas do cofundador da Fairchild Semiconductor e da Intel, "que obviamente nunca tinha ouvido falar em inflação de notas" — a prática de aumentar as notas de alunos para manter a reputação de uma instituição. A próxima parada foi em Stanford, para um mestrado em Engenharia, e depois em Columbia, para um MBA.

CHEGADAS 185

Ao contrário da maioria de seus colegas certinhos, Ben Rosen teve dificuldades em descobrir o que queria ser quando crescesse. Ele cumpriu os estágios de praxe em algumas grandes empresas de eletrônica. Depois, deu uma parada para pegar um bronzeado e vender *frisbees* nas praias da Riviera Francesa. Ele finalmente voltou ao mundo dos ternos e gravatas no início dos anos 1970, terminando na Morgan Stanley, corretora de Wall Street. Lá, ele forjou uma reputação como o principal analista de eletrônica, ascendendo com a indústria de semicondutores.[2]

Essas empresas precisavam desesperadamente de alguém como Rosen. Os fabricantes de chips da Califórnia poderiam estar fazendo produtos técnicos incríveis, mas Wall Street não estava muito interessada nisso. "Em nossa opinião", uma análise da Merrill Lynch observou com ligeireza, em 1978, "os futuros desenvolvedores de tecnologias promissoras, novos produtos e novos serviços provavelmente serão divisões bem financiadas de grandes corporações". Era uma visão típica. Os analistas não só não promoveram o Vale nos anos 1970, lembrou Regis McKenna, "eles apostaram contra". Em contraste, Rosen estava constantemente otimista a respeito de microchips, mesmo quando o crescimento da indústria teve seus hiatos no meio da década. No fim da década, ele estava transformando sua análise em um império de negócios, publicando um boletim informativo obrigatório sobre a indústria e lançando uma conferência anual sobre semicondutores que se tornou um evento essencial para qualquer pessoa envolvida no negócio de microchips.[3]

Então, quando os empresários na Califórnia começaram a colocar microprocessadores nas placas-mãe e a construir computadores em torno delas, Rosen foi a primeira pessoa em Wall Street a notar. Havia uma nova indústria, Rosen percebeu, e organizou um "Fórum de Computação Pessoal" no início de 1978 para mostrar os computadores pessoais aos seus clientes investidores. Suas esperanças estratosféricas rapidamente voltaram ao chão. Cerca de apenas 20 pessoas compareceram. Os palestrantes quase superaram o número de participantes. "Ben", disse-lhe um dos clientes do setor bancário de Rosen, "quando você tiver uma conferência sobre uma indústria com investimentos reais, me avise".[4]

Então, de repente, as coisas começaram a se tornar reais.

CAPÍTULO 13

Storytellers

"Quando inventamos o computador pessoal, inventamos um novo tipo de bicicleta". Assentada sobre um anúncio de página inteira da Apple, a manchete garrafal faiscou quando os leitores do *Wall Street Journal* abriram seus exemplares na manhã do dia 13 de agosto de 1980. Na parte de baixo, vinha uma página repleta de declarações acompanhadas de um retrato de seu autor, Steven P. Jobs, um barbudo de ar professoral, "falando sobre os computadores e seus efeitos na sociedade".

O texto se referia repetidamente a Jobs como "o inventor" do computador pessoal, uma fantasia criativa que se sobrepunha ao fato de que as elegantes entranhas da Apple vinham da mente inventiva do cofundador Steve Wozniak, avesso à mídia. E não se trata de especificações técnicas ocultas. O anúncio usava uma linguagem simples e evocativa. "Pense nos grandes computadores (os *mainframes* e os minis) como os trens de passageiros, e o computador pessoal da Apple como um Volkswagen", escreveu Jobs. Um fusca pode não ser tão poderoso como um trem de passageiros, mas pode levar você aonde quiser, no seu próprio horário. Ele trouxe liberdade; ele desencadeou a criatividade. Era o futuro.[1]

Aqui estava a mesma história que o pessoal da contracultura informática vinha propagando há anos. Agora, Steve Jobs a estava levando para um público muito mais amplo de negociantes de Wall Street, que pensavam em computadores como os gigantes da IBM, que consideravam o processamento de texto o trabalho de secretárias e que nunca tinham empunhado um ferro de solda e nem madrugado na porta de uma loja de componentes de computador. Mesmo que o mundo financeiro não entendesse a tecnologia, no entanto, seus habitantes salivavam com os números de

188 O CÓDIGO

vendas da Apple. A empresa contava agora com mais de 150 funcionários. Sua receita em 1980 estava prestes a atingir US$200 milhões — o dobro do que a indústria de microcomputadores *inteira* havia ganhado apenas três anos antes. A Apple estava pronta para sua abertura de capital, e os corretores estavam ansiosos para entrar em ação. "É como se fossem ursos atraídos por mel muito doce", comentou um deles.[2]

O DESPERTAR DE WALL STREET

Muito devido ao estresse do ano em que Jimmy Carter se elegeu, a recessão ainda prendia a economia norte-americana, mas a bonança estava voltando para Wall Street, e a tecnologia foi um grande impulsionador desse *boom*. No início de 1980, os analistas haviam saudado a nova década com alguma incerteza — o ano poderia ser "ou o início da tão esperada recessão ou o início dos tão almejados *Eletronic Eighties*", especulou Ben Rosen.

Acabou sendo este último. A média de valorização das ações naquele ano acabou batendo em 40%, e o desempenho da indústria eletrônica se mostrou ainda mais impressionante com a alta nos preços das ações voando ao patamar médio de 65% de ganhos. O entusiasmo pelas ações de tecnologia começou a ser tão grande que alguns analistas estavam se preocupando com a repetição da exuberância irracional do fim dos anos 1960. Para a indústria de semicondutores, o aumento das ações desafiou a lógica econômica. Os chips estavam ficando mais baratos e a demanda das indústrias estabelecidas havia diminuído, mas, como observou Rosen, "os preços das ações de tecnologia não fizeram nada além de subir".[3]

Uma série de fatores contribuiu para esse *boom*. Um deles foi a natureza meio ilógica do próprio negócio dos chips, já que o desdobramento da Lei de Moore entregava produtos que se tornaram muito mais poderosos à medida que se tornaram mais baratos. Outro foi o rio de capital que fluía para a indústria de tecnologia, acelerado pelo aumento da confiança dos ganhos de capital, com a redução de impostos e a flexibilização das regras de investimento em fundos de pensão. De repente, parecia que todos estavam começando um novo fundo de risco: corretoras, empresas estabelecidas, antigos e novos investidores de risco e os próprios empreendedores. A tecnologia agora constituía a maior parte dos investimentos de *venture capital* (VC). "Passamos de um extremo para o outro", comentou Gordon Moore, um pouco ansioso. A correria dos recém-chegados gerou para a indústria um apelido sardônico e difícil de se livrar: "*vulture capitalist*", ou "abutres capitalistas", em um trocadilho com o termo em inglês para investimento de risco.[4]

STORYTELLERS 189

Tudo isso impulsionou o burburinho em torno da computação pessoal, e da Apple em particular. Corretores frenéticos aumentaram os preços das ações dos principais rivais da Apple, apesar de ninguém ter novos produtos no horizonte. O apetite deles foi aguçado ainda mais pelo surgimento de um novo conjunto de ofertas do crescente campo da biotecnologia, notadamente a Genentech, uma firma cofundada por cientistas de Stanford e da Universidade da Califórnia e por investidores de risco do Vale do Silício.

Embora a Genentech tivesse tido lucro apenas uma vez em seus quatro anos de história, os negociadores salivaram com a perspectiva de entrar no começo de um campo novo e extremamente lucrativo. *New Issues*, uma newsletter do setor de ações, chamou a empresa de "a Cadillac, Mercedes e Rolls-Royce da indústria eletrônica em uma empresa só". O caso *Diamond versus Chakrabarty*, julgado na Suprema Corte dos Estados Unidos em junho de 1980, deu mais fôlego à estrondosa valorização ao decidir que novas formas de vida criadas em laboratórios seriam invenções patenteáveis. Outro fator foi a legislação prestes a ser assinada por Jimmy Carter, o chamado *Bayh-Dole Act*, que permitiu que as universidades e seus pesquisadores comercializassem invenções que surgiram a partir de pesquisas financiadas pelo governo — movimento de particular benefício para as ciências da saúde. As perspectivas de comercialização biotecnológica fizeram a Genentech parecer apenas a ponta de um iceberg muito grande.[5]

A biotecnologia era profundamente diferente de hardware e software de computador — estava muito mais ancorada na pesquisa básica, era regulada de forma mais rigorosa e tinha ciclos de desenvolvimento de produtos muito mais lentos —, mas os investidores reconheceram justamente que os dois setores compartilhavam do mesmo DNA de capital de risco. De fato, a Genentech devia sua existência a Eugene Kleiner e seu sócio Tom Perkins, que tinham adaptado um modelo de "incubação" de recrutamento de jovens associados, dando-lhes então um encargo para caçar tecnologia promissora e construir novas empresas em torno dela. Quando a Genentech abriu seu capital no dia 14 de outubro, a negociação foi aberta a US$35 por ação e subiu para um pico de US$88 apenas uma hora depois. Foi a maior valorização da história de Wall Street. No entanto, o pico foi breve, e as ações acabaram ficando a apenas alguns dólares a mais do que sua valorização inicial. A IPO tinha enriquecido os fundadores da Genentech, mas não tinha sido tão boa para outros investidores.[6]

Observando com reprovação que a maioria das corretoras de Wall Street ainda carecia de analistas com conhecimento suficiente para entender adequadamente tanto a tecnologia quanto a biotecnologia, "ou para fazer avaliações adequadas

190   O CÓDIGO

sobre essas questões", a *BusinessWeek* rapidamente proclamou a Genentech como "o exemplo perfeito de como os investidores podem exagerar na resposta a ações". Mas o cofundador da empresa, Bob Swanson, também reconheceu outra coisa. "O mercado estava pronto para uma empresa pequena e arriscada", observou ele. Biotecnologia "era o tipo de tecnologia que podia captar a imaginação das pessoas. As pessoas diziam: 'Vamos comprar essas ações e deixar para nossos netos. Isto é algo para o futuro.'"[7]

A febre da Apple poderia ter sido facilmente interpretada como apenas mais uma reação exagerada do mercado. A indústria de computadores pessoais era mais jovem do que uma criança na pré-escola. Enquanto as vendas rugiam, ainda não estava claro se esses aparelhos seriam apenas uma moda passageira. Nenhum dos recém-chegados tinha ainda conseguido quebrar o grande mercado dominado pelos *mainframes* IBM e pelos minis da Digital e da Data General. Eles também não estavam despejando *commodities* no mercado, como a Texas Instruments ou a Intel.

Além disso, no fim de 1980, a Apple ainda era uma *one hit wonder*. O Apple II tinha sido vendido às dezenas de milhares, mas seu próximo lançamento, o Apple III, ficou aquém das expectativas. Investidores mais experientes duvidaram que ela conseguisse manter seu ritmo de crescimento surpreendente. Se Wall Street estava pronta para uma pequena empresa de risco, havia muitos outros candidatos por aí com perspectivas comparáveis, se não melhores.

Mas a Apple — e o Vale do Silício — tinham algo que as empresas de computadores já estabelecidas, e muitos outros concorrentes da nova era, não tinham: uma boa história. Direto do norte da Califórnia veio uma fábula que se encaixava bem na lenda norte-americana: uma história de invenção, do mais cru empreendedorismo ao estilo faça-você-mesmo, de pensar diferente. Ao mesmo tempo, a história apareceu com um verniz polido e multifacetado que posicionou a Apple como um empreendimento comercial sério. Era uma mensagem contracultural que os capitalistas poderiam amar.

VENDENDO MAÇÃS

Apesar do espalhafato da estreia do Apple II em 1977, o mundo da tecnologia levou um pouco de tempo para digerir a empresa, seus fundadores e o potencial de negócios dos micros. Ken Olsen, da Digital, descartou a noção de que haveria "alguma necessidade ou uso para um computador na casa de alguém". Os financiadores de empreendimentos também estavam céticos em 1977. "Talvez já tenha passado um tempo desde que ele tomou banho", pensou Arthur Rock ao conhecer Steve Jobs. No entanto, Rock ficou impressionado com as hordas que se aglomeravam ao redor dos estandes da Apple, bem como com o fato de Mike Markkula estar fornecendo supervisão sênior. Ele concordou em investir US$60 mil.[8]

David Morgenthaler achava que os microcomputadores eram uma possibilidade de negócio incerta, e, quando se tratava dos Steves, ele "ficava desanimado pelo fato de os dois serem praticamente crianças". Mas o envolvimento de Rock despertou sua curiosidade, e ele despachou um de seus associados juniores para ver o lançamento da Apple. Não deu muito certo. "Eles me fizeram esperar por meia hora", relatou o colega. "E foram realmente arrogantes." Morgenthaler teve pouca paciência com esse disparate, e foi embora. Um ano depois, após pesquisar 25 empresas de computação pessoal, o investidor de Cleveland percebeu que "aqueles dois caras iam vencer" e se juntou a uma segunda rodada em 1978 — pagando um preço muito mais alto pelas ações. Embora o negócio tenha gerado uma fortuna e selado sua reputação como um dos principais negociadores da indústria, Morgenthaler nunca deixou de lamentar ter perdido sua primeira chance. "Isso me custou muito dinheiro."[9]

A Apple também não era a líder de mercado. Essas, no caso, eram a Tandy/Radio Shack e a Commodore — empresas de bem longe do Vale do Silício e do circuito de clubes de informática, sem nenhum investidor de risco por trás — que se tornaram as portas de entrada do mercado de massa para a informática pessoal, gerando inicialmente números de vendas muito maiores do que o Apple II. O preço e a distribuição foram os grandes responsáveis por isso. O TRS-80 da Tandy era muito mais barato e estava amplamente disponível por meio da rede nacional de lojas Radio Shack da endinheirada empresa texana. Os verdadeiros nerds zombavam de um computador magriço como aquele, chamando-o de "Trash 80", mas a profundidade do mercado "nos arremessou para cima", comentou um executivo da Radio Shack. "Ainda estamos maravilhados." Foi também assim com o Commodore, que acumulava milhares de pedidos do seu humilde PET, um computador que os puristas também descartaram como sendo nada mais do que apenas uma calculadora com teclas parecendo chicletes.[10]

Regis McKenna sabia que, se a Apple quisesse abrir o mercado para seu produto mais caro, a empresa precisava apelar para o coração, e não para a cabeça. Aqueles compradores curiosos que vagavam pela Computerworld e pela Byte Shop precisavam ser convencidos de que os Apples não eram brinquedos baratos, mas sim aparelhos caseiros indispensáveis, que valiam com folga o preço da etiqueta. A startup, fundada por duas pessoas que abandonaram a faculdade, precisava parecer "um grande e estável fabricante de computadores". Então foram lançados os anúncios de revistas em quatro cores, prometendo aos potenciais compradores um mundo doméstico totalmente novo de eficiência e descobertas. "Outras empresas de computadores pessoais enfatizavam as especificações técnicas de seus produtos", observou McKenna. "A Apple enfatizou a diversão e o potencial da nova tecnologia."[11]

As duas páginas espelhadas anunciando a estreia do Apple II — aquela, com o marido brincando no computador e uma admirada esposa lavando louça — era só o começo de um fluxo de anúncios impressos e panfletos corporativos usando títulos amigáveis para penetrar diretamente nas psiques de consumidores pragmáticos, ciosos do preço e mais do que apreensivos sobre como lidar com a tecnologia de um computador. "As ações de relações públicas foram um processo de educação", disse McKenna, com firmeza, "não um processo promocional". A Apple estava lá para educar.[12]

"Um design sofisticado torna tudo mais simples", garantiu um anúncio. "Como comprar um computador pessoal", explicava outro. "Estamos em busca do uso mais original para uma maçã [*Apple*] desde Adão", dizia um slogan posicionado acima de uma foto de um belo surfista, nu se não fosse por um Apple II estrategicamente posicionado. Não se tratava apenas de um método melhor de contabilidade doméstica. O assunto era liberdade, criação, revolução. Os anúncios também se permitiram um pouco de licença poética, chamando o Apple de "o computador pessoal mais vendido", o que só valeria se você considerasse o TRS-80 e o PET como calculadoras turbinadas. Textos simples, não técnicos, eram essenciais. "Não venda hardware", a Apple lembrava a seus parceiros varejistas. *"Venda soluções."*[13]

O uso de anúncios foi mais um trunfo para as ousadas ambições da empresa. Além das usuais lojas de computadores, a Apple publicou propagandas na *Playboy*, no *New Yorker* e em revistas de voo de companhias aéreas. Outras empresas miravam na pequena fatia demográfica dos norte-americanos que haviam passado a juventude em oficinas de porão e estandes de feiras científicas. A Apple pensou grande: "Homens, 25 a 54 anos, com US$35 mil ou acima de renda familiar, pós-graduados." (Embora logo houvesse mulheres seniores tanto nas fileiras de marketing da Apple como nos escritórios da Regis McKenna Inc., ainda não tinha ocorrido a ninguém anunciar o pequeno e amigável produto especificamente para as consumidoras do sexo feminino)[14].

Com o tempo, a empresa se tornou ainda mais ousada nas afirmações sobre seus produtos, conforme perseguia os corações e mentes de homens norte-americanos que estavam subindo na hierarquia social. No fim da década, seus anúncios em revistas apresentavam atores vestidos como grandes homens da história, com imagens e anúncios martelando a mensagem de que a Apple estava mudando o mundo. "Que tipo de homem possui seu próprio computador pessoal?", perguntou um desses anúncios, acompanhado de uma foto de um ator caracterizado como Benjamin Franklin deliciando-se com as maravilhas de um Apple II. "Se seu tempo significa dinheiro", continuou o anúncio, "um Apple pode ajudar você a ter mais". Outros anúncios da série contaram com Thomas Jefferson, Thomas Edison, os irmãos Wright e Henry Ford. Os Apples eram ferramentas para homens lendários, engenhosos e inovadores, e eram ferramentas para homens como você. "Não fique para trás na história", dizia o texto.

Jobs, nos seus 24 anos, estava quase tão elegante quanto seu relações públicas, com seu cabelo cortado, vestindo um casaco esportivo com gravata e assumindo a confiança de uma nova geração de capitalistas da Califórnia. McKenna enviava seu cliente para entrevistas exclusivas com repórteres-chave que ele conhecera ao longo de anos no negócio, não apenas os suspeitos habituais da ciência e tecnologia, mas os repórteres de assuntos gerais de negócios que cobriam Wall Street. McKenna estava particularmente interessado em uma boa cobertura no *Wall Street Journal*, que a equipe considerava uma "ferramenta de posicionamento/educação" particularmente importante, pois publicaria prontamente aspas de executivos e analistas de apoio, especialmente nas indústrias que os repórteres sabiam muito pouco — como a de computação pessoal. Durante almoços ou jantares, Jobs não só dava aos repórteres sua opinião sobre a Apple, mas também fornecia um curso intensivo sobre a história e filosofia da computação.[15]

"O homem é um fabricante de ferramentas [e] tem a capacidade de fazer uma ferramenta para ampliar a habilidade inerente que ele tem", Jobs gostava de dizer. "Estamos construindo ferramentas que amplificam a capacidade humana." Primeiro houve o ENIAC, explicou ele. Depois vieram os *mainframes* comerciais e o compartilhamento de tempo. Agora a marcha do progresso levaria um computador a cada escrivaninha.[16]

Em sua releitura acessível sobre como os computadores evoluíram e para onde iam, Steve Jobs nunca mencionou o papel do governo. O trabalho de guerra que inspirou o ENIAC, e a cascata de supercomputadores que vieram na sua esteira, nunca apareciam nessa história. Apesar de Jobs citar muitas vezes Bill Hewlett e Dave Packard como uma inspiração empresarial da Apple, ele nunca falou sobre o complexo militar-industrial que tinha ajudado a HP e o resto do Vale a crescer. Ele não mencionou os tiros no escuro que impulsionaram o negócio de microchips ou as bolsas de pesquisa que transformaram Stanford em uma potência da engenharia. Ele e seus confrades dos micros não mencionaram que a Lockheed ainda assobiava tranquila, como a maior empregadora do Vale do Silício.

Steve Jobs, o filho adotivo de um homem que não passou do ensino médio, foi de fato um produto do Sonho Norte-Americano — e uma prova do que era possível em meio à abundância do pós-guerra que, particularmente no norte da Califórnia, veio de um investimento público considerável em pessoas, lugares e empresas. Mas, se o governo estava em algum lugar de sua história, ele se retraiu como uma ameaça enfadonha, responsável pela ansiedade nuclear, guerras estrangeiras malconduzidas e pela imposição de um *status quo* ultrapassado.

Embora jovem demais para a contracultura, Jobs confessou que o tumulto dos anos 1960 havia sido pessoalmente transformador para ele. "Muitas ideias daquela época focavam pensar de fato por si mesmo, em ver o mundo através de seus próprios olhos e não ficar preso pela forma como você foi ensinado a ver as coisas a partir dos outros." E o que Jobs encontrou, como ele disse aos seus ouvintes arrebatados, foi que a maneira de mudar o mundo era por meio dos negócios, não da política. "Acho que os negócios são provavelmente o segredo mais bem guardados no mundo", ele vaticinou. "É realmente uma coisa maravilhosa. É o que há de mais avançado."[17]

A habilidade de contar uma história — e de dar uma cara para a extraordinária história da alta tecnologia norte-americana — fez de Steve Jobs um novo tipo de celebridade dos negócios, o principal evangelista para o negócio de computadores pessoais. "Ele era um de nós em um mundo maior e alienígena, explicando nossa pequena indústria e produtos imaturos a um público muito mais amplo do que nós mesmos poderíamos alcançar", explicou Esther Dyson, uma analista júnior de Wall Street que era uma das poucas que acompanhavam o negócio de computadores pessoais na época. "Nossa pequena indústria tinha muitas estrelas internas, mas apenas Steve tinha o encanto e a eloquência para ser uma estrela no mundo exterior."[18]

COWBOYS DOS COMPUTADORES

A fábula de Steve Jobs sobre o mundo da alta tecnologia não era nova, é claro. Ele estava apenas refletindo o que tinha ouvido durante toda sua vida, desde os salões da Homestead High School até o turno da noite na Atari e as confraternizações na *Homebrew*. Era a última iteração da narrativa do livre mercado que tinha impulsionado o Vale desde o início.

STORYTELLERS 195

O mito se intensificou cada vez mais à medida que a geração dos semicondutores amadureceu e a indústria de computadores pessoais ganhou tração de mercado. O *zeitgeist* independente tinha sido superado por um bocado de autossatisfação dos milionários. Repórteres misturados às multidões de uma convenção em 1979 comentaram sobre o "singular senso de aventura do Vale, sua autoconsciência que diz: 'Ei, nós somos as pessoas fazendo tudo acontecer.'" A tecnologia era o domínio dos rebeldes, dos cowboys, dos revolucionários. Era negócio, mas com autenticidade na alma.

A imprensa de negócios que cobria a indústria de microcomputadores tornou-se um amplificador crucial dessa mensagem nos últimos anos da década de 1970. À medida que a base de consumidores crescia, agora havia muito dinheiro a ser ganho com esse tipo de publicação. Livros para leigos com títulos como *BASIC Computer Games* eram vendidos às centenas de milhares, proporcionando para um novo conjunto de usuários e programadores neófitos uma navegação pragmática e amigável pelo mundo muitas vezes desconcertante da computação pessoal.

Um dos empresários de livros didáticos foi Adam Osborne, um engenheiro químico britânico picado pelo bichinho da informática amadora depois de se mudar para a Califórnia, no início dos anos 1970. Destacando-se entre os californianos desgrenhados com seu bigode aparado e sotaque chique, Osborne tornou-se uma lenda por um manual que escreveu, *An Introduction to Microcomputers*. Incapaz de encontrar uma editora comercial interessada em um assunto tão esotérico, Osborne publicou ele mesmo o texto, o que se mostrou uma decisão lucrativa após ávidos *hobbistas* arrebatarem mais de 300 mil exemplares. Com isso, ele lançou um selo editorial dedicado à área, depois vendido por uma bela soma à McGraw-Hill, gigante dos livros didáticos.

Os humildes tabloides da tribo dos microcomputadores haviam se transformado em revistas comerciais muito mais brilhosas, ampliando suas bases de assinaturas durante essa trajetória. A revista *Intelligent Machines Journal*, de Jim Warren, dono da West Coast Computer Faire, tornou-se *InfoWorld*. Adam Osborne escrevia uma coluna para ela, em que suas críticas ácidas sobre produtos e perspectivas empresariais lhe renderam o apelido de "Howard Cosell da indústria da computação", em referência a um jornalista esportivo norte-americano famoso entre os anos 1950 e 1980 por suas críticas duras e personalidade arrogante. Estrelas dos clubes de computação, como Sol Libes e Lee Felsenstein, tornaram-se grandes colaboradores. Novos títulos como *Personal Computing* e *Compute!* juntaram-se à *Byte* nas bancas de jornal, todos repletos de anúncios de página inteira para os mais novos modelos de micros. As estantes dedicadas a publicações especializadas em informática ficaram mais compridas. Quase todas as grandes empresas de computação pessoal tinham pelo menos uma revista ou newsletter dedicada aos seus fãs e usuários. Essas revistas de interesse especial também mostraram aos leitores como ampliar o poder de suas máquinas por meio de periféricos e softwares, impulsionando ainda mais as vendas.[19]

A partir da leitura dessas revistas, ficava claro que a computação pessoal estava crescendo. As fitas de código de software ao estilo faça-você-mesmo eram coisa do passado. Em vez disso, havia previsões do mundo das ações e anúncios de produtos. Mas a *InfoWorld* não era exatamente a *BusinessWeek*: o evangelismo da geração dos micros ainda estava em ação na forma como os repórteres e editores falavam sobre o computador e seu potencial, ainda vinculando a máquina ao mito. "O usuário de computador pessoal é o Homem Eletrônico cavalgando em direção ao (poente) Sol do Oeste", declarou William Schenker, colunista da *InfoWorld*, no início de 1980. "Ele é o último dos individualistas da resistência, e o computador pessoal é sua única arma eficaz."[20] Tais grandes ideias também ganharam exposição e velocidade graças ao popular subgênero de livros de negócios que, por sua vez, desesperavam-se a respeito do estado da "velha" economia norte-americana e faziam previsões otimistas sobre o seu futuro orientado pela tecnologia. O maior deles foi Alvin Toffler, cujo *Future Shock* se tornou uma pedra de toque para os norte-americanos sobrecarregados de informação durante a volátil década de 1970. Os fãs ardorosos de Toffler incluíam Regis McKenna, que admitiu sem demora que lia Toffler "sem parar".[21]

As ideias nas gastas páginas do *Future Shock* fervilhavam por baixo da alegria dos anúncios da Apple e do tecnoevangelismo de Steve Jobs. "Importantes máquinas novas", Toffler havia escrito em 1970, "sugerem soluções inovadoras para problemas sociais, filosóficos e até mesmo pessoais". Uma década depois, Jobs compartilhou reflexões semelhantes: "Acho que os computadores pessoais vão promover muito mais um sentido de individualidade, que não é o mesmo que isolamento. Vai ajudar alguém que está dividido entre amar seu trabalho e amar sua família."[22]

A essa altura, a admiração já tinha se tornado mútua. Toffler, vendo a popularidade do computador pessoal como prova de que suas previsões estavam certas, publicou uma atualização, *A Terceira Onda*, no início de 1980. Em mais de 500 páginas repletas dos gloriosamente exagerados tofflerismos, como "tecnoesfera" e "infoesfera", Toffler desvendou a chegada de uma era inteiramente nova na economia política, alimentada pela tecnologia da computação. As instituições gigantes da Era Industrial — incluindo o Estado grande ao estilo norte-americano — se tornariam "desmassificadas" e diversificadas. O mercado privilegiaria a autonomia pessoal, de escolha quase infinita do consumidor. Era um futuro, ele escreveu, "mais sadio, sensato e sustentável, mais decente e democrático do que qualquer outro jamais concebido".[23]

A CARTA DE ROSEN

McKenna poderia conseguir repórteres para publicar o evangelho de Steve Jobs, e Toffler poderia persuadir leitores curiosos a comprar livros sobre um maravilhoso futuro tecnológico. Porém, convencer gestores e investidores corporativos a serem otimistas com a computação pessoal também exigia vozes confiáveis de *dentro* da indústria financeira. Isso porque, se tudo estava lindo e maravilhoso para o computador como uma ferramenta de empoderamento pessoal, o dinheiro real da indústria viria quando o computador fosse uma ferramenta essencial para os *negócios*. A Apple poderia ser outra Digital? Outra Wang? Outra IBM? Wall Street não tinha certeza.

Para isso havia Ben Rosen. Apesar do ceticismo dos investidores em relação à microcomputação, o analista aficionado manteve-se atento à medida que a indústria avançou dos primeiros modelos para máquinas mais poderosas. Ele notou com interesse quando a Texas Instruments entrou na computação pessoal em novembro de 1979, lançando o TI-99/4, um elegante desktop projetado para concorrer em pé de igualdade com o Apple II. Se você adicionasse todos os periféricos, custaria cerca de US\$2 mil para transformar o TI em algo que pudesse fazer um trabalho decente no cálculo da sua restituição de imposto de renda. No entanto, isso demonstrou que os micros poderiam estar chegando um passo mais perto de morder um naco dos pequenos negócios que constituíam a base dos minicomputadores.

Rosen observou de perto como a Tandy/Radio Shack também melhorou seu jogo, lançando um TRS-80 II de ponta e lançando dentro do mesmo ano mais três produtos, em rápida sucessão, cada um com maior vigor computacional e maior apelo de mercado. "As empresas começaram a ver um relatório favorável de Ben Rosen como a chave para o sucesso no negócio de computadores pessoais", observou Regis McKenna. "Uma má crítica de Rosen era o beijo da morte."[24]

Felizmente para McKenna, Ben Rosen reservou suas críticas cinco estrelas para a Apple. Um dos caras dos semicondutores que Rosen conhecera por meio de suas conferências foi Mike Markkula, e uma das primeiras coisas que Markkula fez quando se juntou à Apple foi apresentar Rosen a Steve Jobs e ao Apple II. Rosen ficou imediatamente viciado, carregando a máquina que Markkula havia lhe dado entre sua casa e o trabalho, porque o departamento de TI da Morgan Stanley se recusou a comprar uma para ele. Ele logo se tornou, em suas palavras, "o evange-lista autoungido dos computadores pessoais em geral e da Apple em particular".[25]

Rosen levava seu Apple II quando visitava seus clientes investidores. Ele fez demonstrações para jornalistas financeiros, dando à Apple — e a Rosen — uma valiosa publicidade entre leitores da área de negócios. *"Apple for Ben Rosen"* [Maçã para Ben Rosen], dizia a manchete em uma edição de agosto de 1979 da revista *Forbes*, no topo de um artigo que mostrava como o analista usava um Apple II para fazer seu trabalho. Ele falou sobre a empresa e seus produtos dentro da Morgan Stanley — se houvesse apenas uma corretora bem estabelecida, seria ela, que repre-sentava algumas das maiores e mais conhecidas marcas do país. O Apple II não era um brinquedo, ele dizia aos seus colegas, e a Apple era um negócio sério. Em paga-mento por sua lealdade, Rosen conseguiu um suporte ao cliente de primeira classe. "Quando ele não entendia alguma característica do Apple", observou o jornalista Michael Moritz, "ele ligava para a casa de Jobs ou Markkula".[26]

Dois meses depois de Rosen aparecer na *Forbes*, uma pequena empresa de software sediada em Boston lançou o VisiCalc, um aplicativo de negócios completo para computadores pessoais — e o fez para o Apple II. A dupla por trás desse pro-grama de planilha eletrônica foi outro exemplo da mágica que poderia acontecer quando você casava engenharia e finanças: Dan Bricklin era um veterano da Digital, com MBA em Harvard, e Bob Frankston era um cientista da computação com vários diplomas do MIT. Naquele mundo de softwares para PCs dominado por jogos à la *Space Invaders* e programas educacionais rudimentares, Bricklin e Frankston entre-garam um software que provou que o micro poderia ser uma máquina de negócios séria. Adam Osborne proclamou solenemente que a VisiCalc tinha finalmente pro-duzido algo "que permitia a essas caixas idiotas fazer algo útil".[27]

Quando o anúncio do "novo tipo de bicicleta" da Apple brilhou nas páginas da *Journey* no fim do verão, Ben Rosen estava totalmente confiante sobre onde os semicondutores e computadores pessoais levaria Wall Street. "O mercado está olhando adiante, bem adiante, dessa recessão", ele declarou. "O efeito salutar da Era Dourada dos Eletrônicos será dramático e de longo prazo — certamente estendendo--se pelo resto deste século e provavelmente até o próximo." Aumentando ainda mais o otimismo de Rosen, a velha e antiquada Morgan Stanley endossou com avidez a IPO da Apple. No entanto, a revolução não tinha conquistado todos os neófitos — ainda. Reguladores em Massachusetts ainda consideravam as ações da Apple "muito arriscadas" e impediram seus clientes de comprá-las. Os habitantes da Rota 128 não conseguiriam uma fatia do mais glorioso negócio do Vale do Silício até então.[28]

ABRINDO O CAPITAL

Em 12 de dezembro, a Apple fez sua estreia na bolsa de valores, oferecendo 4,6 milhões de ações a US$22 cada. A Hambrecht & Quist juntou-se à Morgan Stanley como subscritora do negócio. Em poucas semanas, a empresa teve uma valorização de quase US$2 bilhões: maior que as da Ford, Colgate Palmolive e Bethlehem Steel. Burt McMurtry nunca tinha visto nada parecido. "Estamos vivendo uma época meio maluca", disse ele a um repórter.[29]

A IPO da Apple enriqueceu todo o ecossistema do Vale. Os primeiros investidores de risco como Arthur Rock e David Morgenthaler ganharam milhões de dólares, assim como os dois Steves e sua equipe fundadora. (Alguns anos depois, apareceu na capa da revista *Time* um desenho extravagante de Rock — permanentemente avesso à mídia — usando um terno feito de dinheiro.) O deleite da Morgan Stanley pelos resultados levou a firma a mergulhar de corpo e alma no negócio da tecnologia. A corretora que não quisera comprar um Apple II para Ben Rosen tornou-se a negociadora favorita das empresas do Vale do Silício, intermediando algumas das maiores IPOs das próximas duas décadas.[30]

Ser otimista sobre os computadores pessoais — e sobre a Apple — também valeu muito a pena para Rosen. No ano seguinte, ele passou sua newsletter e sua convenção de negócios para sua jovem assistente Esther Dyson, e se uniu ao empresário L. J. Sevin para iniciar uma nova operação de capital de risco com base em Dallas. A Sevin Rosen começou a ter lucros gigantescos com sucessos como a Compaq Computer e o Lotus, pioneiro processador de textos, transformando um fundo de US$25 milhões em US$120 milhões em três anos. Em meio a essa incrível criação de riqueza, outros evangelistas da tecnologia não suportaram ficar para trás. Michael Moritz, repórter da *Time*, fez dos seus primeiros contatos com Jobs a chance para ser um *insider* sem igual na Apple, e depois deixou o jornalismo para se juntar à Sequoia Capital, de Don Valentine, em 1986.[31]

Outros jornalistas também se transformaram em empresários. Em 1981, Adam Osborne pegou os ganhos da sua venda para a McGraw-Hill e fundou sua própria empresa de informática. As máquinas não eram as mais bonitas nem as mais poderosas, mas tinham um bem que poucos possuíam — eram pequenas o suficiente para um executivo em viagem colocá-las debaixo de um assento de avião. Foi o primeiro computador pessoal portátil. "Eu vi uma lacuna do tamanho de um caminhão na indústria", observou Osborne, "e eu a explorei".

Capitalizando sua marca pessoal, Osborne se colocou no centro do palco da sua empresa, e não hesitou em fazer comparações grandiosas, à la Jobs. "Henry Ford revolucionou o transporte pessoal", proclamava um anúncio. "Adam Osborne fez o mesmo para a computação pessoal corporativa." Com mais de 3kg, o computador "portátil" de Osborne não estava à altura do hype revolucionário. No entanto, o pessoal da tecnologia apreciou o legado. Sabendo muito pouco sobre o assunto — ele fora treinado como químico, afinal de contas — Osborne procurou uma das melhores mentes técnicas do Vale para projetar a máquina: Lee Felsenstein. O computador contracultural tinha voltado ao seu ponto de origem.[32]

A geração anterior de empreendedores de tecnologia eram engenheiros de formação, homens com múltiplos diplomas e milhares de horas de trabalho em laboratórios de pesquisa e lojas de componentes. Assim também eram muitos dos investidores de risco originais do Vale. Um fundador de empresa como Adam Osborne — autor de livros-texto, redator de revista, *showman* — teria sido inimaginável em outra época. Mas agora a tecnologia não era mais apenas algo voltado à engenharia. Ela tinha se tornado um negócio de narrativas e desempenho de vendas.

Também tinha se tornado algo mais do que computadores e eletrônica. Era uma síntese da própria nova economia. Steve Jobs estrelou inúmeras capas de revistas durante sua vida. A primeira grande revista foi a *Inc.*, em outubro de 1981. Ao lado do rosto de Jobs, a manchete dizia: "Este Homem Mudou os Negócios para Sempre."[33]

CAPÍTULO 14

Sonho Californiano

Três coisas acontecendo em rápida sucessão no segundo semestre de 1980 — a euforia com a Apple, a deslumbrante estreia biotecnológica da Genentech e a eleição de Ronald Reagan para a presidência dos Estados Unidos — marcaram o início de uma nova e ainda mais intensa fase do longo fascínio norte-americano pela Califórnia, um lugar de novos começos, novas ideias e sonhos se tornando realidade.

Reagan foi mais um dissidente que virou *mainstream*, um candidato pintado como conservador demais para a Casa Branca, mas que ganhou a parada com uma presença enérgica, talhada para a TV, que espantava o mal-estar dos anos 1970 e mirava avidamente para o futuro. "Alguém disse uma vez que a diferença entre um norte-americano e qualquer outro tipo de pessoa", declarou Reagan em seu primeiro discurso da campanha, "é que um norte-americano vive na expectativa pelo futuro porque sabe que ele será excelente".[1]

O Vale do Silício veio para encarnar esse futuro. O lugar era ainda uma das muitas grandes regiões tecnológicas dos Estados Unidos, mas o crescimento explosivo e a agitação da mídia na virada dos anos 1980 haviam tornado sua cultura empresarial tão influente que até Bill Gates, na chuvosa Seattle, e Ken Olsen, na fria Boston, poderiam ser empacotados sob a categoria jornalística de "empreendedor do Vale do Silício". Sua variação do sonho californiano atingiu velocidade e altitude não só porque a tecnologia tinha chegado a um ponto crítico de inflexão — Um computador em cada mesa! Um videogame em cada sala de estar! —, mas também porque muitos norte-americanos queriam e precisavam sonhar de novo. Para uma sociedade cujos ídolos tinham sido abatidos por projéteis de assassinos e manchados por corrupção e escândalo, era como se os novos heróis tivessem aterrissado.

202 O CÓDIGO

Como os dois principais partidos políticos norte-americanos embarcaram em projetos de reinvenção — os republicanos agitavam triunfantemente a bandeira do empreendedorismo e da livre iniciativa, e os democratas lutavam para redefinir seu partido para uma era pós-industrial — ambos consideraram irresistível esse pendor para o futuro do Vale. A classe política norte-americana queria marcar presença na história do Vale do Silício e fazer do sonho californiano um modelo da direção para onde a nação poderia ir na sequência.

Mas o Vale ainda era pequeno e jovem, em busca de uma identidade. Era inigualável em sua capacidade de produzir empresas de tecnologia, mas não muito mais que isso. Seus habitantes eram pontos fora da curva: engenheiros cheios de títulos, que haviam passado a vida toda trabalhando obsessivamente em coisas com as quais poucas pessoas se importavam ou entendiam. O sucesso chegou por meio de uma busca incisiva e altamente focada em construir os melhores produtos, de forma mais rápida do que o cara da sala ao lado ou do outro bairro. O Vale não estava pronto para ser um modelo para o resto do mundo. "Se essa área tem tanta influência sobre nossas ideologias, nossas filosofias e nosso modo de vida", observou um morador quando se aproximava o dia das eleições de 1980, "Deus nos ajude".[2]

DEMOCRATAS DA ATARI

No mesmo agosto em que a febre da Apple tomou Wall Street, corretores de ações em trens matinais, folheando o *Wall Street Journal* com seus paletós listrados, teriam encontrado um artigo de primeira página sobre Gary Hart, um democrata do Colorado, que estava concorrendo à reeleição para um segundo mandato no Senado dos Estados Unidos. Hart era uma capa estranha para um jornal conservador, pois tinha entrado em cena pela campanha do candidato presidencial mais progressista que se tinha notícia, George McGovern. No entanto, como o *Wall Street Journal* explicou, o senador do Colorado não era um progressista puro-sangue. Nem era um populista/centrista como Carter. Ele era um novo tipo de democrata: vindo da grande onda das "crias de Watergate" eleitas após a renúncia de Nixon, que tendiam a ser mais jovens, mais suburbanas e ocidentais, e obcecadas por mudar um sistema político falido.[3]

Como Hart, muitos desses políticos representavam lugares com prósperas indústrias de eletrônicos. O senador Paul Tsongas era filho de um comerciante greco-americano de Lowell, Massachusetts, que tinha testemunhado o quanto as empresas de alta tecnologia reviveram a economia de sua cidade natal depois que a Wang mudou sua sede para lá alguns anos antes. Uma vez descrito como um "progressista perfeito",

SONHO CALIFORNIANO   203

Tsongas acreditava que seu partido estava cada vez mais desfasado por conta de uma economia que funcionava a partir de habilidades especializadas em vez de poder sindical. O futuro não era nem do conservadorismo mais estrito nem do progressismo tradicional, mas um meio-termo de "forças do livre mercado suavizadas pela compaixão". O congressista Tim Wirth era outro dessa nova raça. Natural do Colorado, com excelente desempenho televisivo e o gosto pelo ar livre de alguém que, por qualquer desculpa, embarcaria em uma longa caminhada pelas montanhas, Wirth fizera seu nome por meio da cruzada por energias alternativas e pela quebra do monopólio da AT&T. Ele era um observador arguto, sem medo de falar abertamente, e uma fonte confiável para repórteres de Washington.[4]

E havia Albert Gore Jr., um jovem legislador do Tennessee de queixo anguloso e comportamento obstinado. Embora não fosse de um local de alta tecnologia, Gore era, ao mesmo tempo, um ambientalista apaixonado e um futurista desabrido ao estilo de Toffler. Um pensador do futuro preso em um mundo político incessantemente de curto prazo, Gore organizou uma "Câmara de Informações sobre o Futuro" que se reunia mensalmente para discutir sobre temas como clonagem, mudanças climáticas e redes de computadores. O grupo era bipartidário: juntando-se a Gore na sala, estava Newt Gingrich, outro entusiasta de Toffler e fã de ideias ousadas, natural da Geórgia.[5]

A nova onda tomou conta também dos governos estaduais. Bill Clinton, um ex-agente da campanha de McGovern, tornou-se governador do Arkansas aos 32 anos de idade, em 1978. Bruce Babbitt, outro jovem advogado, tornou-se governador do Arizona. Alguns começaram como centristas; outros se mudaram para a direita em meio ao novo clima. O feroz sentimento anti-impostos de 1978 expulsou Michael Dukakis, um jovem governador progressista de Massachusetts, substituindo-o por Edward King, um democrata mais amigo dos negócios. (King era tão conservador que Ronald Reagan o elogiou como "meu governador democrata favorito". Mais tarde ele se tornou republicano.) Um Dukakis reprimido e nitidamente mais centrista venceu King em 1982, voltando ao cargo. Aconteceu algo semelhante com Bill Clinton: nocauteado por um republicano após um mandato, ele ganhou seu antigo emprego de volta após uma guinada para o centro político. Também houve certa aquiescência ao tradicionalismo do seu estado: Hillary, sua esposa e sócia na política, mudou seu sobrenome de Rodham para Clinton.[6]

A alta tecnologia não estava na mente desses homens quando eles entraram para a política. Eles foram garotos que comandavam grêmios estudantis, em vez de construir aparelhos de rádio em seus porões. Mas eles também tinham sido transformados pelos anos 1960, adquirindo, de modo similar, uma sensibilidade de vamos-mudar-o-mundo.

Lee Felsenstein e Liza Loop tinham driblado o sistema; já estes homens tinham decidido mudá-lo a partir de dentro. O entusiasmo coletivo do grupo pelo setor de alta tecnologia acabou levando a imprensa de Washington a dar-lhes um apelido sarcástico: "Os democratas da Atari." Eles não gostaram muito. "Nós preferíamos ser *os democratas da Apple*", comentou Wirth ironicamente. "Soa mais norte-americano." Mas, uma vez que as piadas começaram, foi um rótulo difícil de descolar.[7]

Embora os rumores se proliferassem com especulações sobre qual desses jovens líderes ambiciosos poderia concorrer à presidência, apenas Jerry Brown, governador da Califórnia, havia sido corajoso o suficiente para renunciar ao cargo e se candidatar à nomeação democrata de 1980. Embora a fama de Brown fosse mais forte em Hollywood do que no Vale do Silício — seu círculo de alto glamour incluía Warren Beatty e Francis Ford Coppola — ele avidamente adicionou à campanha a estrela em ascensão da indústria, argumentando que a "reindustrialização" da nação estava ligada à produção de lugares como o Vale.[8]

A jogada de Brown pela Casa Branca provou-se fraca e de vida curta. Sua desistência foi cimentada por um discurso televisionado ao vivo dos degraus do parlamento de Wisconsin, dirigido pelo próprio Coppola. A apenas duas semanas de ganhar o Oscar de melhor filme por *Apocalypse Now*, o diretor estava com a criatividade à flor da pele. Ele colocou Brown diante de um fundo azul, projetando ali imagens arrojadas destinadas a fazer eco à agenda futurista do governador. Mas a tecnologia de *chroma-key* não funcionou, e na televisão parecia que a cabeça degolada de Brown estava flutuando nas fotos de fundo. A temperatura abaixo de zero, uma multidão congelando e a atuação acanhada de Brown piorou tudo. A estranha exibição foi um dos discursos mais desastrosamente encenados na história da política norte-americana — um candidato da alta tecnologia que naufragou por causa de equipamentos eletrônicos com defeito. Repórteres políticos alegremente chamaram o episódio de "Apocalypse Brown".[9]

OS DEMOCRATAS PODIAM TER UM BOM PONTO DE FALA SOBRE a tecnologia, mas eram os republicanos que, em 1980, tinham vantagem eleitoral no Vale do Silício. O Vale sentia o mesmo que os eleitores de outros lugares: Carter tinha sido uma decepção, e era hora de mudança. Regis McKenna foi um democrata desde sempre, mas ele se preocupava profundamente com o futuro. "Não acredito que a administração atual entenda de economia", admitiu com pesar.[10]

SONHO CALIFORNIANO   205

O namoro de Reagan com a direita religiosa desanimou muita gente na liberal Bay Area, e a forma como ele cortou os gastos públicos do ensino superior quando era governador da Califórnia não conquistou muitos fãs entre o pessoal mais estudioso de Stanford e Berkeley. No entanto, lá estava um candidato que prometia cortar impostos e fazer as reformas regulatórias que eles queriam há anos. Dave Packard, que alegava ter endossado Gerald Ford em vez de Reagan na disputa de 1976, juntou-se a um grupo de líderes corporativos de alto escalão que estava levantando milhões de dólares para Reagan em 1980. À medida que os chefões da política galgavam degraus, pessoas normalmente reticentes do Vale começaram a dar declarações públicas elogiando o "entendimento muito claro [de Reagan] sobre como estimular efetivamente as forças produtivas em nossa economia". Na véspera da eleição, Jerry Sanders estava indo direto ao ponto, dizendo aos seus colegas fabricantes de chips: "Eu gostaria de fazer um apelo sem rodeios para todos vocês votarem no candidato Republicano!"[11]

Realmente, não deve ter sido uma grande surpresa. Apesar de toda a propaganda em torno da contracultura dos computadores pessoais, o Vale do Silício continuava nas mãos de homens patrióticos da metade do século XX que ficaram ricos na Guerra Fria. O astro de cinema nascido na mesma época, que montava cavalos e aparava o mato em seu rancho, foi o candidato perfeito para um grupo de migrantes da Califórnia e milionários que gostavam de pensar em si mesmos como cowboys capitalistas. As aventuras da indústria tecnológica no fim dos anos 1970 em Washington só reforça-ram sua convicção de que os burocratas do governo eram ruins para os negócios e aprofundaram sua fé na economia ao lado da oferta.

Além disso, muitas pessoas simplesmente deixavam a política de lado. De modo geral, os recém-chegados da próxima geração da indústria de computadores pessoais estavam muito ocupados sendo produtivos em 1980 para prestar atenção no mundo político, mesmo que esse mundo estivesse prestando cada vez mais atenção neles. "Nunca votei em um candidato presidencial", admitiu Steve Jobs alguns anos depois, sem um pingo de vergonha. "Eu nunca votei em toda a minha vida." O comentário da *InfoWorld* sobre o período eleitoral limitou-se a um único cartum editorial: "Eu ia acompanhar as declarações importantes de todos os candidatos", comentou um homem em frente a um terminal de computador, "mas não tem como processar um HD vazio".[12]

OS REPUBLICANOS DO LIVRE MERCADO

Quatro de novembro foi um glorioso dia eleitoral para o Partido Republicano. Não só Reagan teve sua vitória esmagadora, como o Senado dos Estados Unidos passou para o controle republicano pela primeira vez em três décadas. No dia seguinte, Wall Street teve seu dia de negociações mais movimentado da história, com mais de 84 milhões de ações compradas e vendidas. Os empreendedores da área da defesa mal conseguiram conter seu entusiasmo. "Eu preparei para mim um vodka martini e acordei na manhã seguinte com a cabeça latejando", confessou um executivo da Rockwell International, sediada no sul da Califórnia, cujo contrato multimilionário recentemente cancelado por um jato de bombardeio seria restaurado por Reagan. A vitória, proclamou Richard Lesher, um ebuliente chefe da Câmara de Comércio Americana, foi "o fim de um período de 40 anos de economia estatizante na qual você apelaria à burocracia governamental para obter resultados".[13]

A nova geração democrata concordou. "O New Deal morreu na terça-feira", declarou Paul Tsongas. "Os velhos slogans e soluções democratas não têm mais apelo", disse Gary Hart. "O progressismo tradicional, a velha abordagem pragmática, não é mais aceito, pelo menos nestes tempos."[14]

A eleição de Ronald Reagan transformou a simpatia morna de Washington por empreendedores em um tórrido caso de amor. Eles eram a turma de Reagan: alguns de seus primeiros apoiadores e financiadores, de quando ele entrara para a política nos anos 1960, eram magnatas empreendedores do sul da Califórnia, como o rei dos conglomerados Justin Dart e o milionário Charles Wick. Pequenos empresários oprimidos pela inflação e pelas regulamentações governamentais apoiaram com zelo o corte de impostos e o encolhimento do governo proposto por Reagan. Em contraste, os Estados Unidos corporativos engravatados tinham apostado seu quinhão em quase todos os outros candidatos republicanos até ter ficado claro que Reagan se tornaria o indicado.

Enquanto a Casa Branca de Reagan cortejava agressivamente o apoio do empresariado em geral, sua equipe e seus apoiadores falavam quase sem parar do empreendedor como um caso especial, um exemplo de uma forma maior e melhor de capitalismo norte-americano, e um modelo para um governo melhor. "O objetivo do empreendedor é ser bem-sucedido", declarou Wick. "Ele é alguém que enfrenta os riscos." O país é "apenas um negócio gigantesco. Outras pessoas que já dirigiram o país — cientistas sociais — nunca tiveram que lidar com uma folha de pagamento".

SONHO CALIFORNIANO   207

Era razoável que a Casa Branca fizesse tudo ao seu alcance para apoiar e aprender com os empreendedores.[15]

Os líderes da alta tecnologia não eram da mesma raça que os Darts ou os Wicks, nem tinham muito em comum com os comerciantes dos centros urbanos, mas Reagan não deu muita atenção a essas distinções. "Empreendedor" era uma categoria elástica para o "Grande Comunicador", e uma potente estratégia retórica para avançar em sua agenda. O empreendedor estava no centro de seu enquadramento idealista do que os Estados Unidos foram um dia e do que voltariam a ser. Os norte-americanos estavam começando seus próprios negócios em número recorde, e o novo presidente estava lá para apoiá-los. "Há dois séculos, neste país", proclamou Reagan, "os pequenos empresários [...] rebelaram-se contra a tributação excessiva e a interferência do governo e ajudaram a fundar esta nação". Agora era hora de "outra revolução" contra a burocracia e os altos impostos, continuou o presidente, para apoiar os imaginativos empreendedores da nova geração que não tinham medo de correr riscos. Alguns anos depois, Reagan declararia que os Estados Unidos haviam entrado "na era dos empreendedores".[16]

A mensagem ecoou entre os eleitores. Começar o seu próprio negócio era arriscado, mas poderia colocar o empreendedor de volta no controle após uma década de imprevisibilidade econômica. "É você", entusiasmou-se um empreendedor de Boston, "no comando de tudo". Negócios não mais significavam apenas paletós e maletas; não mais significavam ser um vendedor para um *Patrão*. "Empreendedores são as estrelas dos negócios", exclamou Ben Rosen, no seu novo posto de investidor de risco.[17]

Lobistas da indústria de alta tecnologia aproveitaram o momento. A Associação Americana de Eletrônicos havia passado de um escritório empoeirado em Palo Alto para uma fortaleza na K Street — rua da capital norte-americana que concentra escritórios de lobby —, seus membros se estendendo de costa a costa com a força de 1.600 empresas. O lobista-chefe Ken Hagerty tornou-se um mestre do que ele gostava de chamar de "lobby de base", enviando um fluxo regular de CEOs para Washington para dar depoimentos pessoais perante o Congresso. "A experiência deles", vangloriou-se Hagerty, "é algo que os lobistas de Washington não conseguem reproduzir".[18]

Depois vieram os *venture capitalists*. Reagan prometeu mais cortes nos impostos; os VCs queriam vê-lo dar mais um passo e fazer o imposto desaparecer. "Capital é tipo grão de milho", proclamou Tom Perkins, o então presidente da NVCA, um investidor de risco com aura de mosqueteiro. "O capital não deve ser tributado".[19]

Mas o novo "lobby empresarial" era composto de homens da geração anterior: banqueiros, fabricantes de eletrônicos e investidores de capital de risco já estabelecidos. Eles eram os Burt McMurtrys, os David Morgenthalers e os Ed Zschaus; eles já existiam há algum tempo e acreditavam em trabalhar pelo sistema, em vez de explodi-lo.

Enquanto isso, a parte da indústria que fora o principal catalisador de toda essa hiperatividade política — os fabricantes de hardware e software de computadores pessoais — continuou a ignorar Washington. Lendo a *InfoWorld*, indo a uma das conferências sobre PCs de Dyson ou de Rosen, frequentando o Wagon Wheel ou o The Oasis, você ouviria muita conversa sobre novos projetos de chips, interfaces, sistemas operacionais e videogames. Mas você não ouviria muito sobre política, e isso parecia se adequar muito bem à nova geração.

PARAÍSO NERD

A ligeireza com que o mercado de computadores pessoais cresceu foi realmente notável. Em 1980, os norte-americanos compraram 724 mil computadores de algumas dezenas de fabricantes. Dois anos depois, em 1982, o mercado tinha inflado para 2,8 milhões de unidades, fabricadas por mais de 100 empresas. No ano escolar de 1981–1982, 16% das escolas norte-americanas possuíam um microcomputador. Esse número mais que dobrou — foi a 37% no ano seguinte. Os *mainframes* e minicomputadores ainda movimentavam mais unidades e tinham maior receita de vendas, mas o diferencial dos computadores pessoais era o fato de eles serem *pessoais* — a maioria dos norte-americanos via uma dessas máquinas quase diariamente, seja em casa, no trabalho ou na escola. E todas essas vendas significavam muito lucro, grande parte dele fluindo na direção de um pequeno território de pouco mais 500km^2 no norte da Califórnia.[20]

À medida que o *boom* dos computadores pessoais criava vários milionários por minuto, os jornalistas iam até o Vale para documentar sua classe dominante, os nerds, com minúcias antropológicas. "Construções baixas e de bom gosto, de vidro e concreto, estão salpicadas entre as colinas marrons, como um enorme campus de cursos de paisagismo", relatou a *Esquire*. "Sem chaminés, sem calçadas, sem barulho, apenas 'a mais bela autoestrada do mundo' e indústrias de alta tecnologia com vendas na casa dos bilhões". Alguns olharam para a mesma paisagem com um horror mal disfarçado. Vendo os prédios beges de concreto pré-moldado e os insípidos shoppings, o crítico de arquitetura britânico Reyner Banham viu uma mistura do capitalismo voraz de

Reagan e do zelo hippie-californiano, um estranho reino governado por "pós-doutores apaixonados, confiáveis, socialmente responsáveis e ecologicamente conscientes".[21]

Nem mesmo publicações norte-americanas menos sofisticadas deixaram de fazer zoações em meio aos elogios gerais. "Dirigindo pelo Vale do Silício, sou flanqueado por uma mancha monótona de prédios retangulares baixos, nos quais placas de identificação corporativa exibem fusões de palavras de alta tecnologia que dão poucas pistas do que acontece por ali", escreveu o correspondente da *National Geographic*. Sobre tudo isso, naquele lugar intensamente dependente do carro, havia um "véu opaco de fumaça marrom-rósea". Os forasteiros reagiram ao Vale com a mesma mistura de fascínio e medo que os norte-americanos tinham de computadores desde os dias do cérebro eletrônico. Não importa quão estranho, quão implacavelmente nerd, quão terrivelmente plano e cheio de autoestradas, o Vale do Silício ainda era um lugar maravilhoso, com uma capacidade inigualável de jorrar uma inovação atrás da outra, e com eles um punhado de dólares.[22]

Os anos da informática pessoal levaram ao excesso o que um engenheiro chamou de "o *ethos* calvinista predatório" do Vale. Oitenta horas por semana eram a norma; a imersão total no trabalho era um distintivo de honra. Quando os garotos-propaganda da sua indústria eram Bill Gates e Steve Jobs, parecia normal que o sucesso deveria implicar uma desistência da vida pessoal, de banhos regulares e até mesmo da compra de móveis apropriados para a sala de estar. O vício em trabalho havia se tornado endêmico ao capitalismo norte-americano do fim do século XX. No negócio do computador pessoal, no entanto, ele ganhava mais torque, pois repousava sobre uma cultura hacker de imersão total, que consistia em colocar tudo de lado para construir uma placa-mãe ou escrever o código perfeito. "Ter amigos", como disse um engenheiro da Apple, "é diametralmente oposto a projetar computadores".[23]

Mas a corrida por trabalhar mais pesado não era apenas vaidade. Assim como na indústria de semicondutores de 15 anos antes, o ritmo da mudança tecnológica era de tirar o fôlego. As empresas tinham que manter um ritmo torturante para que suas linhas de produtos não afundassem na obsolescência. Como sempre, o verniz casual da Califórnia embutia expectativas surpreendentemente altas para cada empregado, que trabalhava ciente de que poderia ser exilado do paraíso da tecnologia a qualquer momento. "O objetivo não é a utopia", observou um colunista da *Esquire*, "é o lucro".

Os grandes sucessos ainda não tinham melhorado as chances remotas de se tornar rico com a alta tecnologia, mas o novo consumo conspícuo tinha tornado muito menos largo o abismo entre vencedores e perdedores. Agora, todos pareciam um Jerry Sanders em miniatura, recebendo em acesso a ações para comprar carros esportivos escandalosos. Engenheiros sobrecarregados saíam para pegar seu jornal da manhã, viam as Ferraris e DeLoreans na garagem de seus vizinhos e redobravam sua determinação de trabalhar ainda mais. Os técnicos murmuravam sobre "surtarem aos 30 anos", mas simultaneamente mantinham uma esperança, não tão secreta, de que já teriam ganhado o suficiente para se aposentar até lá.[24]

A força de trabalho mudou de outras maneiras. O rápido crescimento da indústria tecnológica e sua busca frenética por engenheiros qualificados, ocorrendo no mesmo momento em que os escritórios corporativos em todos os tipos de indústrias estavam finalmente se abrindo para as mulheres, significava que havia mais rostos femininos no Vale do que houve na década anterior.

Mulheres com formação técnica que já faziam parte da indústria há décadas, como Ann Hardy, aproximavam-se dos postos executivos. As recém-chegadas encontravam oportunidades em uma indústria voltada ao consumidor que não mais exigia uma formação técnica para entrar no mercado. As operações ampliadas de marketing e relações públicas tornaram-se os lugares mais prováveis para se encontrar uma mulher em uma função executiva. Uma dessas primeiras estrelas foi Jean Richardson, uma das primeiras contratadas da Apple que logo subiu para liderar as operações de marketing — uma posição imensamente poderosa em uma empresa cujo produto era sua marca, e sua história. Regis McKenna pode ter se tornado uma figura paterna para Steve Jobs, mas ele e sua equipe se reportavam a Richardson. Não havia quase nenhuma mulher na Apple quando ela chegou; em poucos anos sua equipe era, em maioria, feminina.[25]

A Regis McKenna Inc., ou RMI, tornou-se uma importante primeira parada para as mulheres que procuravam fazer carreira no Vale. Ellen Lapham foi uma delas, tendo sido atraída da Costa Leste para a escola de Administração de Stanford em 1975 pelo burburinho inicial em torno dos microcomputadores. "Eu via o micromundo como algo jovem, de mente aberta e empreendedor. Ele tinha um espírito missionário", disse ela. "A microrrevolução também foi uma revolução cultural." Com o MBA em mãos, Lapham aterrissou no escritório da McKenna, depois pulou para a Apple. Em 1981, Lapham já tinha vendido suas ações da empresa para se tornar CEO de uma startup que vendia sintetizadores musicais à base de tecnologia Apple. Jennifer Jones entrou para a RMI mais ou menos na mesma época em que Lapham saiu. Ela também passou quase toda a sua carreira na Apple. "Os anos 1980 foram os melhores", disse Jones. "Colocaram a empresa no mapa." Outro membro da equipe, Andrea "Andy" Cunningham, começou seu próprio escritório de relações públicas em meados dos anos 1980. Pegando uma ideia do próprio Regis McKenna, o cartão de visitas de Cunningham trazia simplesmente "Andy".[26]

Não que as coisas tenham sido fáceis. Os executivos da RMI trabalhavam regularmente entre 80h e 90h semanais e sentiam nem sempre receber o crédito pelo esforço. "Regis" era um nome célebre no Vale; os deles não eram. Em um evento, a equipe foi uniformizada com camisetas que traziam estampada a frase "Eu sou Regis McKenna". Uma típica ação do Vale para fortalecer equipes, mas para aquele grupo de profissionais que tentavam ser levados a sério por si próprios foi um chute que passou longe do gol. Além de tudo isso, havia o desprezo com que muita gente técnica do Vale tratava o marketing e as pessoas da área, algo refletido no apelido depreciativo que durante anos acompanhou as mulheres do quartel-general da RMI: as "Regettes".

Para as mulheres da área técnica ou não, a vida no Vale exigia casca grossa, tenacidade e uma vontade de trabalhar de forma absurdamente dura. Poucas tinham diplomas reluzentes do MIT, de engenharia de Stanford ou MBAs de Harvard. Elas tinham que aprender sobre negócios no trabalho. "Você traça seu próprio curso, trabalha como o diabo, e melhora a si mesma", disse Jean Richardson que, depois de sete anos gerenciando o marketing da Apple, saiu para fazer a mesma coisa na Microsoft. "Tudo é possível, se você estiver disposta a se dedicar em 150%. E você deve amar o seu trabalho."[27]

Um mercado extremamente competitivo e um horário de trabalho sem fim fizeram com que as empresas se esmerassem em benefícios para manter os funcionários felizes durante a jornada. O descontentamento dos funcionários poderia significar a perda dos melhores talentos para os concorrentes ou, que Deus não permita, a sucumbência dos trabalhadores à sirene das organizações laborais e à formação de um sindicato. Trilhas de *jogging* recém-pavimentadas cercavam o campus da Intel em San José. A HP oferecia café e donuts grátis todas as manhãs. A ROLM orgulhosamente se autointitulava "Um ótimo lugar para se trabalhar". Do outro lado do Vale, quadras de vôlei se enchiam à tarde com jovens funcionários descansando de longos dias olhando para as telas dos computadores.[28]

A linha entre a vida profissional e pessoal se confundia a cada jornada de trabalho de 12 horas, e as empresas de tecnologia tornaram-se lendárias — e muito celebradas — por eventos sociais que eram expressões extravagantes da quantidade de dinheiro que agora elas tinham em mãos. Foram-se os tempos dos saudáveis churrascos dos primórdios da HP, quando Bill Hewlett e Dave Packard amarravam os aventais para eles mesmos assarem hambúrgueres. Agora, os eventos sociais da empresa estavam mais próximos do *ethos* "Os negócios são demais!" da Atari, com ênfase nos barris de cerveja e o ocasional baseadinho recreativo. A energia jovem e a extravagância

FESTAS NA PISCINA DE JIMMY T

Naquele início dos anos 1980, poucos lugares simbolizavam melhor o novo *zeitgeist* do Vale do que a Tandem Computers, uma das enormes histórias de sucesso da época. Assim como a Apple, a Tandem tinha laços estreitos com as gerações anteriores do Vale.

O homem por trás da Tandem veio da "máfia de Rice", o tão profícuo grupo empreendedor de Burt McMurtry, com origem na Universidade de Rice. James "Jimmy T" Treybig teve uma carreira que refletia as conexões que ainda ligavam o Texas ao Vale: depois de Rice, ele teve uma curta passagem como vendedor pela Texas Instruments, depois um MBA em Stanford, e terminando na Hewlett Packard como marqueteiro de seus minicomputadores. Treybig trilhou um caminho espetacularmente bem-sucedido na HP, mergulhando avidamente na sabedoria gerencial de Bill Hewlett. Em seguida, ele levantou acampamento e partiu para a Kleiner Perkins, almejando farejar formas de começar sua própria empresa. Em 1974, ele encontrou: um novo e melhor tipo de mini, um "computador à prova de falhas" com um sistema de backup embutido funcionando ininterruptamente.

Recrutando três de seus antigos colegas da HP e persuadindo Eugene Kleiner e Tom Perkins a aportarem um investimento, Treybig lançou a Tandem. Para clientes corporativos como bancos, que não podiam se dar ao luxo de ter seus bancos de dados eletrônicos inoperantes por eventuais defeitos, a máquina era a resposta às suas preces, e o mini de Treybig tornou-se um sucesso gigantesco. Abrindo capital em 1977, a Tandem acabou se tornando uma grande vitória para a Kleiner Perkins, e uma das duas primeiras empresas a oferecer aos investidores de risco do Vale a esperança de que a recessão dos anos 1970 acabaria um dia. (A segunda foi a ROLM, bancada por Burt McMurtry.)

No início da década de 1980, a Tandem havia se tornado uma das empresas que mais cresciam nos Estados Unidos. A forma como crescia chamou quase tanta atenção quanto os produtos que vendia. Espalhafatoso e corpulento, Jimmy T acreditava tanto no trabalho duro quanto na farra. Ele insistia em tirar um mês de férias todos os anos e mantinha abertamente uma atividade de radioamador enxerido. Sua persona pública estava o mais longe possível da Hewlett e Packard, mas ele estava determinado a construir uma cultura corporativa tão leal e aberta quanto aquela que ele tinha visto na HP — e os benefícios que ele oferecia aos seus trabalhadores tornaram-se quase tão famosos quanto os computadores que ele produzia.

Todos na Tandem recebiam opção de compra de ações, é claro. Mas eles também tiravam períodos sabáticos de seis semanas a cada quatro anos, e férias com os cônjuges, pagas pela empresa. A sede tinha uma piscina que ficava aberta dia e noite. A quadra de vôlei tinha vestiário e chuveiros. Ninguém usava crachás. Ninguém tinha que bater ponto. A maior fama vem das canecas de cerveja que a Tandem oferecia todas as sextas à noite depois do trabalho, o que não só atraía milhares de funcionários, mas fazia dos escritórios da Tandem em Cupertino um destino para tantos outros do Vale que queriam fazer *networking* e tomar umas bebidas grátis.

"Esse estilo de gestão 'orientado às pessoas' enfatiza uma informalidade total, a pressão dos colegas e a comunicação aberta", relatou a *BusinessWeek* em um brilhante perfil de julho de 1980, ilustrado por uma foto de um Jimmy T sorridente ao lado da piscina da empresa. As chaves do sucesso da Tandem, comentou um executivo, foram "a postura de que as pessoas são adultos responsáveis e a nossa disposição de gastar dinheiro para manter as pessoas felizes". É claro que se esperava muito trabalho em troca de todas essas delícias. "Dado que o crescimento da Tandem exige alta produtividade, simplesmente não há espaço aqui para pessoas das quais não se pode depender", disse outro. "A Tandem é uma *sociedade* em que todos são importantes."[29]

Ainda que o olho gordo do excesso de competitividade tenha sido vislumbrado por detrás da happy hour, o quadro geral apresentado na matéria foi uma utopia capitalista distante das realidades econômicas sombrias de quase todos os outros lugares. Vá algumas páginas à frente na mesma edição da *BusinessWeek*, para além da animada seção "Processamento de Dados" que abordava os milagrosos trabalhadores de alta tecnologia da indústria de computadores, e você encontraria um lamaçal implacável de notícias terríveis sobre o fechamento de fábricas, trabalhadores grevistas e carros japoneses temerosamente eficientes. O contraste não poderia ter sido mais claro.

Havia também um forte contraste com a abordagem de imprensa sobre a Rota 128, na Costa Leste. Com certeza, havia muitas histórias positivas sobre os homens e as máquinas de Boston nas páginas de revistas e jornais nacionais. E havia muitas boas notícias econômicas: após um mergulho recessivo logo no início da década, a indústria de tecnologia da região estava a toda, graças à combinação mágica da receita provinda de minicomputadores e contratos de defesa de primeira linha. Em 1982, mais de 200 mil pessoas estavam empregadas na área de tecnologia em Massachusetts, mais do que no Vale. Liderada pelo trio composto pela Digital, Data General e Wang, a receita total de vendas aproximou-se de US$20 bilhões.[30]

No entanto, a forma como os repórteres escreviam sobre o ecossistema tecnológico de Boston raramente atingia o auge da efervescência que caracterizou grande parte da cobertura do Vale do início dos anos 1980. Até mesmo referir-se ao *boom* tecnológico de Boston como o "Milagre de Massachusetts" fazia essa história parecer o improvável triunfo de um estado do Cinturão da Ferrugem que, contra todas as probabilidades, conseguira sair da crise. Foi um ponto de vista que ofuscou a longa e singular história da região: do MIT e de Harvard como gigantes do complexo federal de ciência, de Boston como a primeira capital das startups de alta tecnologia, de Doriot como o primeiro investidor de risco, da Digital e muitas outras empresas com raízes naquele extraordinário momento de inovação eletrônica que brotou de Cambridge na década seguinte à Segunda Guerra Mundial. Os repórteres não perceberam que o "Milagre" não foi uma história de superação, mas sim a história de uma indústria tecnológica regional que começou muito à frente das demais e nunca tinha parado de ter sucesso.

Também não houve matérias de capa e reportagens sobre o estilo de vida das pessoas. Faltava à Rota 128 um Jimmy T e suas as festas na piscina. Em vez disso, havia um Ken Olsen, abotoado de cima a baixo, e o engravatado An Wang, engenheiros sóbrios da geração anterior. O que havia era empreiteiros de defesa da velha guarda, como Raytheon. Seja no *New York Times*, na *BusinessWeek* ou na *Time*, as matérias sobre os titãs tecnológicos de Boston raramente se desviaram do perfil-padrão de CEO em qualquer tipo de indústria — admirável, solene, e não muito atrativo.

Os empresários de Boston construíram empresas tecnológicas colossais e de grande influência. Eles empregavam dezenas de milhares de pessoas. Fizeram produtos comparavelmente inovadores. No fim das contas, a Tandem era só mais uma fabricante de minicomputadores tocando seu barco. Mas as indústrias de Boston simplesmente não davam uma história tão boa. E não estavam na Califórnia: a terra do sol, das celebridades e *mavericks*, a terra do futuro dos Estados Unidos.

MUDANDO O MUNDO

As sementes da lenda do Vale do Silício já tinham sido lançadas antes dos *tours* de imprensa de Steve Jobs e das canecas de cerveja de Jimmy T. A lenda já ganhara a mídia desde os anos 1950, de viagens a pátios ensolarados aos *hackathons* noturnos, nas histórias sobre os carros de Jerry Sanders e os aviões de Bob Noyce, das odes às "Olimpíadas do capitalismo" patrocinadas pelo investimento de risco às "jujubas da alta tecnologia" dos fabricantes de chips. Essas histórias também foram produtos de relações públicas magistrais, desde o incansável reforço de Fred Terman até o *networking* barroco de Regis McKenna. Como todas as lendas duradouras, essa tinha poder porque estava enraizada na realidade.

O Vale do Silício era *de fato* maravilhosamente empreendedor, um ecossistema único que incentivava a tomada de riscos e a autoinvenção. Produziu, *de fato*, inovações tecnológicas surpreendentes em períodos de tempo notavelmente curtos, incluindo a evolução espantosamente rápida do computador pessoal — de protótipos caseiros a um produto de consumo em massa em menos de cinco anos. Era, *de fato*, uma maneira diferente de fazer negócios, que proclamava que se podia fazer dinheiro e mudar o mundo ao mesmo tempo. "Para muitos", observou o *New York Times*, as novas empresas de tecnologia "encarnam a combinação mágica do progresso sem ônus, do crescimento econômico sem transtornos — são uma base para as indústrias do futuro".[31]

Ao mesmo tempo, o Vale era menos um domínio de aventureiros de fora do sistema do que a cobertura da imprensa dava a entender. A cultura empresarial do Vale tinha sido forjada no mundo da Guerra Fria, com seus testes de mísseis e cortes de cabelo militares, e onde a audácia fora premiada na engenharia, mas, *de fato*, em nenhum outro lugar. Ela floresceu como uma meritocracia de homens com pós-graduação, onde quase todas as mulheres eram esposas e secretárias. O Vale havia acrescentado uma camada de contracultura graças à geração dos microcomputadores, mas o conservadorismo permanecia.

As pessoas que forneciam o dinheiro e a "supervisão sênior" gerencial também eram produtos daquela geração anterior, e suas sensibilidades foram moldadas por uma época em que eletrônica significava hardware (não software), quando os mercados eram outras empresas (não uma gama diversificada de consumidores), quando os executivos corporativos eram brancos e homens. E o Vale poderia falar em mudar o mundo o quanto quisesse, mas agora havia se tornado um lugar dedicado à busca pelo dinheiro. Em grande parte, os sonhadores e os bons samaritanos da geração dos micros — os Lee Felsensteins e as Liza Loops — saíram de cena. Os novos líderes da computação pessoal eram muito parecidos com os fabricantes de chips que vieram antes: apaixonadamente técnicos, ferozmente competitivos.

O Vale era único para ultrapassar os limites do tecnologicamente possível. Não tinha a capacidade, ou a vontade, de mudar o mundo.

A *TIME* ELEGEU O COMPUTADOR PESSOAL "A MÁQUINA DO ANO" de 1982, somente depois de, primeiro, considerar Steve Jobs para o título. A troca irritou o jovem e voraz magnata, e a história toda o deixou furioso com Mike Moritz, cujo editor (que geralmente escrevia sobre estrelas do rock) tinha revisado com mão pesada a matéria de Moritz sobre Jobs, transformando-a em um perfil fofoqueiro de celebridade. A reportagem de capa reconhecia obliquamente o papel de Jobs, mas contrariava a narrativa de "Grande Homem" que ele e McKenna vendiam desde 1977. "Teria sido possível destacar como Personalidade do Ano um dos engenheiros ou empreendedores que dominam essa revolução tecnológica", observou a *Time*, "mas é evidente que nenhum deles dominou completamente esses eventos turbulentos".[32]

Isso porque algumas outras coisas estavam acontecendo nesse ínterim.

CAPÍTULO 15

Made in Japan

O caixote retangular de alumínio azul pesava menos de 400g (um pouco mais, quando se inseria a fita cassete). Adicione fones de ouvido, elegantes controles para tocar, parar e rebobinar, e um botão laranja para pausar, caso você esbarrasse em alguém e quisesse bater um papo. O Sony Walkman foi feito para o movimento, para levar a música com você de uma maneira mais portátil e pessoal do que nunca. Revelado em 1979, mesma época em que os integrantes da geração "Eu", loucos por exercícios físicos, lotavam as pistas de *jogging* e calçavam seus patins, o Walkman se tornou um fenômeno do consumo de eletrônicos. Rendeu centenas de milhões de dólares, apesar de seu preço de US$200, tornando-se um icônico acessório para quem ascendia socialmente nos anos 1980. A NASA enviou um Walkman especialmente preparado para o espaço. A princesa Diana possuía um modelo banhado a ouro. Anúncios impressos da Sony diziam: "Há uma revolução nas ruas."[1]

À medida que as calçadas do país foram ficando repletas de amantes da música, os executivos da indústria norte-americana de eletrônicos começaram a perder o sono. O milagre econômico japonês já havia derrubado a indústria automobilística de Detroit, afastado as siderúrgicas de Pittsburgh e conquistado a participação de mercado dos televisores RCA e refrigeradores Whirlpool. Utilizando métodos modernos de manufatura e muita automação, o Japão produzia com menor custo e sem sacrificar a qualidade. Seus operários eram famosos por serem leais e trabalharem pesado; a produtividade deles superava a dos norte-americanos na razão de dois para um. Hondas trafegavam pelas rodovias vicinais, restaurantes de sushi brotavam nas esquinas das grandes cidades e as prateleiras das livrarias estavam abarrotadas com títulos descrevendo como o Japão fazia tudo melhor. As empresas norte-americanas

218   O CÓDIGO

de alta tecnologia pareciam ser as únicas que haviam escapado da surra, mas havia sinais preocupantes de que uma tempestade estava por vir. O Walkman foi um deles.

As razões para o sucesso do Japão foram muitas, mas uma delas foi a capacidade de seus fabricantes se adaptarem e melhorarem de forma inteligente as inovações e práticas comerciais já existentes. O aparelho de som portátil da Sony não era uma exceção. O Vale do Silício não estava no negócio da música, mas o Walkman era o neto de tecnologias que tinham nascido lá: a miniaturização transistorizada da Intel, a tecnologia de fita magnética da Ampex, os sintetizadores que criaram o som do pop dos anos 1980. Mas os microchips dentro do Sony Walkman não eram produzidos nos Estados Unidos. Eram feitos no Japão, assim como os microchips que alimentavam outros produtos japoneses, de televisores a aparelhos de som domésticos e uns brinquedos novos, chamados videocassetes. E eles também alimentavam um número crescente de produtos de fabricação norte-americana.

Os chips japoneses eram como os veículos Toyota: mais baratos, eficientes e abundantes. E os fabricantes de chips do Vale do Silício estavam morrendo de medo.

JAPÃO, O NÚMERO 1

Jerry Sanders era um dos que se preocupavam. Externamente, tudo parecia bem. O preço das ações da AMD, sua empresa de 11 anos de idade, estava em alta. A empresa vendera US$225 milhões em 1980, cerca de US$75 milhões a mais do que a Apple, a queridinha de Wall Street. A indústria de semicondutores tinha aumentado sua base de consumidores dez vezes mais desde o início dos anos 1970, e o futuro do mercado parecia ilimitado. "A tecnologia de processamento de semicondutores é o petróleo bruto de hoje", gostava de dizer Sanders, "e as pessoas que controlam o petróleo bruto vão controlar a indústria eletrônica".[2]

E era isso que dava um mal-estar em Jerry Sanders. Os Estados Unidos ainda produziam a vasta maioria dos microchips do mundo, mas as firmas japonesas estavam ganhando asas. Pior ainda, o Japão começava a invadir a ponta mais tecnologicamente avançada do negócio. O Vale do Silício tinha inventado e comercializado chips de memória 4K, mas agora o estado da arte era os de 16K. As empresas japonesas agora representavam mais de 40% desse mercado.[3]

Pior ainda: financiado pelo governo, o Japão tinha iniciado um consórcio de pesquisa alguns anos antes para desenvolver a próxima onda de chips superpotentes, empilhando milhares de circuitos integrados em uma fita de silício para criar computadores milhares de vezes mais potentes do que qualquer outro já visto. O método que eles empregaram para fazer isso foi o *Very Large Scale Integration* [Integração em Escala Muito Grande] ou VLSI. Desenvolvida na segunda metade dos anos 1970 por um grupo de pesquisadores liderados por Lynn Conway, do PARC, e Carver Mead, da Caltech, a metodologia simplificou e padronizou o processo que a Intel usou para construir seu "computador em um chip", tornando-o escalável ao separar o design da produção. O manual sobre VLSI que Mead e Conway lançaram tornou-se simplesmente conhecido como "O Livro" por uma tribo mundial de cientistas da computação, e o método teve efeitos massivos na indústria. O projeto do chip não requeria mais os recursos e a mão de obra de uma grande corporação; ele agora podia ser executado por pequenas equipes. O projeto de chips padronizados e complexos aumentava a automação das fábricas de montagem. Tornar o projeto um processo independente deu origem a todo um conjunto de empresas que simplesmente fabricavam chips para outros projetos. A maioria delas estava na Ásia.[4]

Sanders teve uma enorme participação nos novos superchips, tendo posicionado a AMD como fornecedora comercial de empresas de telecomunicações cujos equipamentos exigiam novos e poderosos designs. Para ele, foi uma frustração sem fim o fato de que a tecnologia desenvolvida na Califórnia — e licenciada livremente a empresas japonesas, ele admitira — impulsionasse o Japão para uma posição de liderança no mercado.[5]

Ainda mais frustrante: graças ao governo japonês, o preço praticado por esses concorrentes poderia prejudicar seriamente as empresas do Vale. Era a mais recente manifestação do "milagre japonês", que há duas décadas vinha dando azia econômica nos Estados Unidos e na Europa, e que já havia colocado de joelhos as indústrias siderúrgica e automobilística norte-americanas. Por muito tempo a casa de baratos eletrônicos transistorizados, o Japão obstinara-se a subir na cadeia de valor do microchip vários anos antes, usando o que a imprensa norte-americana chamou de "*Japan, Inc.*": o imensamente poderoso *Ministry of International Trade and Industry* [Ministério do Comércio Internacional e da Indústria] ou MITI. O novo consórcio VLSI foi um exemplo do poder que o MITI tinha para impulsionar os mercados por meio de enormes investimentos em P&D.

Como os automóveis, o aço e os têxteis antes dele, a produção de semicondutores tornou-se uma "indústria-alvo" para o Japão, impulsionada por programas especiais e subsídios comerciais destinados a aumentar a participação no mercado global. Além da criação do consórcio de pesquisa em semicondutores, o MITI subsidiou fortemente a produção e as vendas antecipadas de chips da próxima geração, permitindo "preços a termo": as empresas reduziriam os preços antecipadamente, a fim de capturar uma grande fatia do mercado. No lado norte-americano do Pacífico, a estratégia parecia *dumping*: inundar ilegalmente o mercado com chips mais baratos e depois, uma vez estabelecida uma base de clientes, aumentar os preços.[6]

Ironicamente, o problema surgiu em parte por causa da crise de capital de risco dos anos 1970, que levou muitas empresas norte-americanas a licenciarem suas invenções para empresas japonesas em troca de um dinheiro desesperadamente necessário. Isso tinha sido bom, é claro, enquanto os Estados Unidos lideravam o mercado de microchips sofisticados. Agora, algumas das mais valiosas propriedades intelectuais da indústria estavam em mãos japonesas.

Piorando tudo, havia um crescente problema de roubo. Como os microchips e a tecnologia por trás deles tornaram-se mais valiosos, houve uma onda de roubos de chips de alta tecnologia por todo o Vale, e os produtos eram direcionados para um crescente "mercado negro" no qual os compradores raramente faziam perguntas sobre de onde as coisas vinham. Os detalhes eram tão selvagens quanto qualquer crime de Hollywood. Durante o feriado de Ação de Graças em 1981, ladrões conseguiram passar por câmeras de circuito fechado, detectores de movimento e várias camadas de arame farpado para roubar meio milhão de circuitos programáveis de um armazém da fabricante de chips Monolithic Memories, em Sunnyvale. Contrabandistas e compradores estrangeiros faziam reuniões secretas no aeroporto de São Francisco, onde trocavam pilhas de chips por malas recheadas com dinheiro. O líder de um dos maiores círculos do crime eletrônico do Vale foi apelidado de "Jack Caolho". Empresas em países sob embargo comercial — como Alemanha, China e África do Sul — tinham clientes particularmente ansiosos, acrescentando uma dimensão de segurança nacional ao problema. Espalhavam-se rumores de que um dos maiores compradores de chips roubados do Vale era a KGB.[7]

Desde a criação da *Semiconductor Industry Association* (SAI) [Associação da Indústria de Semicondutores], em 1977, os fabricantes de chips tentavam fazer Washington dar alguma atenção aos seus problemas. O mesmo se dava com Regis McKenna, cujas raízes de Pittsburgh haviam lhe dado uma compreensão apurada de como um lugar poderia ser extremamente bem-sucedido durante uma geração, e na próxima entrar em forte decadência. Os californianos testemunharam perante o Congresso, forneceram dados da indústria aos reguladores federais e até conquistaram o ouvido de Katherine Graham, editora do *Washington Post*, quando ela comparecera a um dos jantares entre jornalistas-chave e membros da indústria, cuidadosamente organizados por McKenna. Noyce, que tinha decidido recuar do dia a dia da Intel, dedicou a maior parte de seu tempo à causa, iniciando um perpétuo

MADE IN JAPAN   221

vaivém até Washington para defender o caso em frente aos legisladores. Esse era o tipo de "aposentadoria" daquele inventor hiperativo.[8]

No início, até mesmo o charme e o carisma de Bob Noyce tiveram dificuldades para surtir efeito. Os políticos não diferenciam RAM de ROM, e era difícil convencê-los a se preocuparem com empregos que *poderiam* ser perdidos no futuro quando tantos empregos norte-americanos estavam desaparecendo naquele *mesmo momento*. Detroit havia cortado 30% de sua produção. Mais de 200 mil trabalhadores de automóveis estavam desempregados. Em outubro de 1979, Lee Iaccoca, CEO da Chrysler, foi de chapéu na mão ao Congresso para pleitear mais de US$1 bilhão em garantias de empréstimos federais para manter sua empresa falimentar em funcionamento. Apesar de alguma relutância — um "trambiqueiro no Congresso!", ralhou Richard Kelly, um republicano da Florida — os legisladores deram à Chrysler o presente que ela queria de Natal.[9]

Em contraste, o Vale do Silício era uma cidade em expansão, desde as movimentadas linhas de montagem nas fábricas de microchips até os pequenos e transbordantes escritórios das empresas de computação pessoal em crescimento. Era uma paisagem de fábricas sem chaminés, sem desemprego, muito sol e oportunidades. A vida era tão boa que as pessoas tinham o luxo de não prestar muita atenção às notícias nacionais. Muitos nem se davam ao trabalho de assinar um jornal. "Todos estavam sobre uma prancha de surf de alta tecnologia", ironizou Larry Stone, um vereador de Sunnyvale, cidade que tinha um superávit tão grande que seus líderes pensaram em devolver US$1 milhão em impostos aos seus moradores.[10]

As altas nos preços das ações refletiam a avaliação de Wall Street de que os fabricantes de chips do Vale forneciam um bom modelo para a manufatura norte-americana. As Três Grandes de Detroit — GM, Ford e Chrysler — foram lentas em sua reação internacional, e tinham os balanços afetados por pensões e benefícios para uma força de trabalho inchada e envelhecida. No Vale era diferente. Empresas como a National e a Intel deslocaram a produção bem cedo, instalando fábricas no Leste Asiático mais de uma década antes. Cerca de metade da base de funcionários da indústria já estava no exterior. Os altos custos de mão de obra em casa também não eram um problema, já que os fabricantes de chips se opuseram inabalavelmente à sindicalização dos trabalhadores. Um mau negócio para os operários; no entanto, um grande negócio para as empresas de microchips, permitindo-lhes aumentar e diminuir sua força de trabalho de manufatura à medida que a demanda mudava.

Além disso, nem todas as empresas norte-americanas de chips tinham a mesma opinião sobre a ameaça que se aproximava. A onda japonesa abriu uma trincheira entre o Vale do Silício e o resto do país — refletindo ecossistemas e formas de fazer negócios fundamentalmente diferentes que separavam os californianos de seus concorrentes em outras partes do país.

As principais empresas do Vale nunca se afastaram muito das suas raízes de startup. A ideia de que a tecnologia ficaria dentro de uma só empresa ia contra essa tradição. Quando engenheiros talentosos saltavam de emprego em emprego, ajudados pelas leis da Califórnia, a tecnologia muitas vezes ia com eles. Era "uma estrutura que permitia que uma centena de flores desabrochassem", como disse Andy Grove, da Intel: empreendedores deixando grandes organizações para abrir suas próprias empresas. Mas startups não tinham lastro para fazer pesquisas muito avançadas. Os laboratórios de pesquisa industrial *de facto* da região tinham sido financiados pelo governo federal na Lockheed, no Centro de Pesquisa Ames, da NASA, e em Stanford e seu SRI — e o governo não estava fazendo o tipo de investimento em pesquisa que costumava fazer. [11]

Em contraste, empresas endinheiradas como a IBM, a RCA e a Texas Instruments tiveram o capital necessário para investir em pesquisa e em novas fábricas. A Texas também tinha conseguido uma formidável vantagem de mercado após flagrar empresas japonesas violando uma de suas patentes no fim da década de 1960: em troca de licenciar o Japão para produzir a tecnologia, a empresa conseguira uma permissão para fabricar lá seus microchips — a única empresa norte-americana a ter essa regalia. Em 1980, ela tinha três fábricas próprias no Japão.

Fred Bucy, presidente da Texas Instruments e um texano de língua afiada, teve pouca paciência para as lamúrias dos californianos sobre a competição japonesa. "Aqueles companheiros da Costa Oeste têm uma espécie de esquizofrenia", ele repreendeu. Todos tiveram a mesma oportunidade de se antecipar à competição japonesa. Os californianos foram muito lentos em tomar as providências. "É tolice dizer que a gente abriu nosso caminho no Japão na base do facão." Se o Vale do Silício quisesse reclamar em Washington, estaria por conta própria.[12]

Para os CEOs da área dos semicondutores, os primeiros meses do governo Reagan não foram melhores do que Carter. Na verdade, as coisas pareciam piorar. "Washington foi realmente um desastre", lembrou Regis McKenna. Em vez de fazer perguntas sobre como e por que o problema do Japão precisava ser resolvido, congressistas rabugentos só queriam saber "por que não conseguimos nenhum dinheiro" do Vale do Silício na hora de arrecadar fundos? Os fabricantes de chips não conseguiam acreditar que seus poderes de estrelas corporativas não tinham sido suficientes para mudar a mente dos legisladores.[13]

Quanto mais tempo os executivos do Vale passavam em Washington, mais eles percebiam a dificuldade que seria mudar a opinião dos legisladores sobre o assunto. "Os japoneses desafiam a política tradicional deste país", observou um. "Os republicanos estão confusos com esse novo tipo de competidores internacionais e não percebem que precisamos de um sistema privado renovado, para o qual o governo aponte o caminho do futuro. Os democratas não sabem como lidar com uma indústria como a nossa, que não é sindicalizada." Cortes de impostos não seriam suficientes. Tampouco subsídios gerais para todas as indústrias, independentemente de estarem crescendo ou encolhendo — uma abordagem que estava ganhando força em alguns círculos democratas do Cinturão da Ferrugem.

"Todos nós acreditamos na propriedade e na abertura dos mercados", disse um exasperado Charlie Sporck a um repórter. "Eu mesmo defendo o *laissez faire* e o mercado livre, mas o mundo não concorda." Era hora de os Estados Unidos escolherem "indústrias-alvo" como o Japão tinha feito com o MITI, fornecendo apoio à pesquisa e alguma proteção comercial cuidadosamente aplicada. Era hora de ter uma política industrial.[14]

ASSIM SEGUE A CALIFÓRNIA

Jerry Brown também estava com problemas. As licitações para satélites espaciais e os flertes com a filosofia oriental deram a ele uma reputação excêntrica, ampliada quando ele adotou uma dieta vegetariana e começou a namorar a cantora pop Linda Ronstadt. Sua parcimônia quando se tratava de gastos públicos o deixava bastante à direita de muitos democratas na política, e sua imagem pessoal o colocava muito à esquerda para a maioria das outras pessoas. O homem a quem um repórter chamou de "um esquisitão de 41 anos" voltou à poeirenta Sacramento depois de sua derrota nas primárias presidenciais de 1980, em busca de assuntos que dessem a ele uma nova persona que aumentasse seu índice de aprovação e — por favor, por favor — que o ajudasse a acabar com o rótulo de "Governador de Lua".[15]

Entra em cena, mais uma vez, Regis McKenna. Retornando à Costa Leste depois de outra inconclusiva viagem de lobby, ele decidiu ligar para o governador para explicar a situação terrível dos fabricantes de chips do Vale do Silício — problema que colocara todo o milagre da alta tecnologia da Califórnia em um estado precário. Você não precisa ouvir isso só de mim, McKenna insistiu, sentado no carpete felpudo e entre os revestimentos de madeira do gabinete do governador. Você precisa ir jantar com o pessoal da indústria.

Logo, todos estavam reunidos em torno da confortável mesa de jantar da fazenda de McKenna, em Sunnyvale, dizendo ao governador o que ele deveria fazer. Era uma mistura de gerações da alta tecnologia, ligadas pelo guru do marketing que as tinha transformado em celebridades mundiais de negócios: Bob Noyce ao lado de Steve Jobs, Charlie Sporck de frente a Jerry Sanders, e, na cabeceira da mesa, uma estrela em ascensão — uma CEO chamada Sandra Kurtzig, uma das poucas fundadoras mulheres do Vale. Não era surpresa que Noyce e Sporck abrissem espaço em suas agendas, mas só Regis McKenna conseguira persuadir o apolítico povo dos computadores pessoais do Vale a tirar uma noite de suas vidas para jantar com o governador. As coisas correram bem. "Jerry era muito inteligente", lembrou McKenna, "e ele realmente comprou a ideia".[16]

Não demorou muito para aparecerem sinais da influência dos titãs da tecnologia. "Não podemos ser complacentes", disse Brown em janeiro de 1981, no seu discurso sobre as condições do estado. "Outros estados estão tentando persuadir muitas de nossas empresas de alta tecnologia a saírem da Califórnia, e as próprias indústrias enfrentam uma concorrência agressiva." Em meio a cortes e gastos fixos, ele propôs um centro de pesquisa em microeletrônica na Universidade da Califórnia em Berkeley, no valor de US$10 milhões, a ser pago em conjunto por fundos estaduais e corporativos. Como se quisesse ressaltar os avisos de Brown sobre a rivalidade interestadual, Massachusetts e Carolina do Norte logo apresentaram planos para projetos de pesquisa similares.[17]

No outono de 1981, logo após Reagan assinar seu pacote econômico, Jerry Brown formou a Comissão de Inovação Industrial da Califórnia, nomeando uma lista de mandaschuvas (com a curadoria de Regis) para demonstrar como a Califórnia poderia estar à frente de Washington em matéria de política econômica. A comissão foi uma mistura curiosa: juntaram-se a luminares como Dave Packard, Sporck e Jobs reitores de universidades e representantes sindicais. Não havia gigantes aeroespaciais do sul da Califórnia ou reis da agricultura do interior. O Vale do Silício, ao que parecia, seria o lugar onde brotaria toda a futura inovação industrial da Califórnia.

Parecia ser uma estratégia bastante lógica. Afinal, lugares que não eram o Vale do Silício já estavam tentando descobrir como se tornar um Vale do Silício. A busca de políticos estaduais e locais para replicar a magia do sol da região continuava praticamente inalterada desde que a limusine tricolor de Charles de Gaulle passara por Palo Alto, vinte anos antes. A fortuna crescente de empresas como a Apple, aliada ao estado cada vez mais desesperado da manufatura norte-americana, impulsionou uma série de novos esforços para transformar cidades do Cinturão de Ferrugem e terras agrícolas em cintilantes "Algo do Silício".

MADE IN JAPAN   225

Em todo o país, os fundos estaduais estavam apertados de dinheiro, mas os líderes conseguiram espaço orçamental para financiar parques de pesquisa e *campi* de alta tecnologia, que se multiplicaram em quase todos os estados. Todos presumiram que, se você os construísse, a tecnologia apareceria. E seria a salvação — mesmo que, como observou John Young, CEO da HP, a tecnologia fosse apenas a nona maior indústria do país. "Se as oito acima estão doentes, obviamente de nada vai adiantar agregar-se a todas elas. Não existe mágica." Esqueça as observações amargas de Young. As autoridades estaduais e locais estavam prontas para um pouco de pensamento mágico. "Nós somos a Brooke Shields da economia", riu Howard Foley, lobista-chefe do Conselho de Alta Tecnologia de Massachusetts.[18]

A comparação com a supermodelo adolescente preferida dos Estados Unidos foi uma boa opção. Os políticos podem não diferenciar um microchip de uma placa-mãe, mas começaram a mudar as prioridades de gastos para uma indústria que era glamorosa, jovem e que parecia repleta de potencial econômico. E, com o surgimento das iniciativas estatais, as autoridades começaram a perceber que os microchips eram o combustível que mantinha tudo isso funcionando. Agora que o Japão tinha 40% do mercado de chips de 16K e impressionantes 70% do mercado de 64K, sua ameaça à indústria eletrônica norte-americana já não era mais hipotética.

Assim, quando os membros da Comissão de Inovação Industrial da Califórnia emitiram seu relatório final, em setembro de 1982, os políticos começaram a escutar.

Os membros da Comissão endossaram fortemente uma abordagem do tipo "escolha os vencedores" — baseada na presunção de que os vencedores dos Estados Unidos eram, inquestionavelmente, as empresas de alta tecnologia. De acordo com a complicada relação que o Vale do Silício tinha com o governo que ajudou a criá-lo, a linguagem do relatório misturou celebrações da livre iniciativa com apelos por mais planejamento e subsídios estatais agressivos. "A Califórnia mostra que o espírito de assumir riscos está vivo nos Estados Unidos", proclamou o relatório, e o governo "deve fazer o que for necessário para garantir que nossas indústrias de ponta — como a de semicondutores, computadores, telecomunicações, robótica e biotecnologia — mantenham sua liderança competitiva". A necessidade de ação não parou na fronteira do estado: "Esta experiência da Califórnia deve se tornar o padrão dos Estados Unidos nos anos 1980. O país deve se lançar em um caminho consciente de fomento à inovação tecnológica e à criatividade, se quisermos fomentar o crescimento econômico."

Tendo levado a expectativa a essas alturas, a Comissão entregou uma lista de 50 recomendações de políticas necessárias para que esta mandinga empresarial acontecesse, desde a eliminação de impostos sobre ganhos de capital até a renegociação de acordos comerciais internacionais. Não houve unanimidade — murmúrios de insatisfação *laissez faire* de conservadores como Packard temperaram os apelos mais expansivos por novos gastos e protecionismo. Mas o tom geral e a ambição eram claros: Jerry Brown e os californianos decidiram escrever o plano de política industrial nacional.[19]

O projeto de Brown chegou em boa hora. A recessão se prolongou; os grandes incentivos fiscais e cortes de gastos do plano econômico de Reagen não deram o impulso que a Casa Branca prometera. Os democratas da nova estirpe estavam desfrutando um maior tempo de mídia e mais atenção por parte dos veteranos do partido. Para políticos como Paul Tsongas, Gary Hart e Tim Wirth, uma agenda que misturava princípios do mercado livre com estratégias de educação e treinamento era um triunfo político inquestionável: eles representavam lugares repletos de eleitores com formação universitária, que tinham Apples em seus quartos e cópias do livro *Japan as Number One* [Japão como o Número Um, em tradução livre] em suas cabeceiras. Indústrias como a de semicondutores e computação pessoal apareciam como o tipo de negócio que esta multidão de gente menos-é-mais queria ver: empreendedora, meritocrática e sem nenhuma chaminé à vista.

A Casa Branca se surpreendeu ao ver um governador democrata e um bando de progressistas novatos do Congresso brilhando ao defender cortes nos impostos das empresas e menos regulamentação, e decidiu entrar no jogo da competitividade industrial. No verão de 1983, o presidente anunciou a criação de sua própria comissão sobre competitividade industrial, nomeando para a lista grandes nomes do Vale do Silício, como Noyce e John Young, da HP. O grupo foi encarregado de abordar "os fatores tecnológicos que afetam a capacidade das empresas dos Estados Unidos de enfrentar a concorrência internacional no país ou no exterior".[20]

A equipe dos semicondutores foi elogiada por toda a cena política. "Estamos virando campeões de Washington", comemorou Jerry Sanders. "Não somos mais considerados cowboys do capitalismo, uma indústria de boutique ou chorões da Califórnia." Antes do fim do mandato de Reagan, a SIA se transformara de um pequeno bando de forasteiros políticos em uma fortaleza do lobby. Suas empresas-membro se uniram a empresas de computação como a Control Data e a Honeywell para criar o *Microelectronics and Computer Technology Consortium* (MCC) [Consórcio de Tecnologia de Computadores e Microeletrônica], em 1983, um órgão privado de pesquisa para impulsionar a próxima geração da tecnologia da informática. Cidades de todo o país competiram furiosamente para se tornar a sede do MCC, propondo ofertas de incentivos fiscais e subsídios públicos; a vencedora, Austin, desfrutou de uma ajuda pesada de Ross Perot, magnata da computação, que oferecera aos executivos do MCC voos ilimitados em seu jato corporativo, aliciando-os a se mudarem para o Texas. Os macacos velhos do Vale, familiarizados com as táticas de Perot, olharam com pouca surpresa e certo deslumbramento. Era tão previsível. Perot não ia ficar para trás.

Os consórcios floresceram no rastro do MCC, graças em boa parte à força do lobby e às conexões políticas da SIA. Um projeto de lei afrouxando a aplicação da lei antitruste para permitir a pesquisa conjunta entre empresas foi aprovado em 1984 por um Senado sob controle republicano. Alguns anos depois, os fabricantes de chips conseguiram a aprovação de um consórcio de pesquisa público-privado de referência, chamado Sematech, para desenvolver tecnologia de semicondutores de ponta.[21]

Mas a mudança mais marcante veio do partido do *New Deal* e da *New Left*, o partido que tentava conquistar de novo na Casa Branca, cujas estrelas mais brilhantes acreditavam que o futuro do partido dependia da mudança para o centro político, mais amigo dos negócios. Com o aproximar das eleições de meio de mandato de 1982, o grupo dos Democratas decidiu patrocinar um relatório sobre política econômica de longo prazo e pediu a Tim Wirth que o escrevesse. O resultado, intitulado "Reconstruindo a estrada das oportunidades", demonstrou o quanto as coisas já haviam mudado. "Cabe ao nosso partido reacender o espírito empreendedor nos Estados Unidos", declarou o relatório, "para incentivar o investimento e a tomada de riscos — na indústria privada e no setor público — que é essencial se quisermos manter a liderança na economia mundial".

Ao mesmo tempo em que incluía um programa de requalificação profissional mais saudável e outras medidas voltadas para os círculos eleitorais sitiados pelos democratas do Cinturão da Ferrugem, o relatório estava em notável sintonia com o que os californianos de Jerry Brown tinham sugerido. "A característica mais clara da economia mundial emergente", concluiu os democratas, "é que o futuro será ganho com inteligência".[22]

UM APPLE PARA OS PROFESSORES

Ah, inteligência. Essa era outra questão com a qual os políticos se preocupavam a respeito do Japão. Para o desafio japonês, não se tratava apenas de Walkmans e microchips: tratava-se da formação de inteligentes estudantes de matemática e ciências que um dia construiriam a próxima geração de produtos de alta tecnologia. Os japoneses e os cingapurianos tinham anos escolares extensos, currículos altamente rigorosos, padrões esmagadoramente altos; os norte-americanos tinham estudantes em dificuldades, edifícios envelhecidos, distritos escolares famintos por dinheiro. Mas os Estados Unidos tinham o Vale do Silício e sua feitiçaria de alta tecnologia. E foi assim que Steve Jobs acabou por dobrar a resistência de Pete Stark a respeito de computadores nas salas de aula.

Stark não era nem um pouco um democrata Atari. O congressista californiano da East Bay era um progressista ferrenho, rápido em criticar o que via como as pretensões daqueles novos tipos. "Tim Wirth falando de economia é absurdo", ele zombava, "e Gary Hart está dizendo a mesma coisa que Ronald Reagan". No entanto, Stark estava literalmente mais perto do centro do mundo da alta tecnologia do que a maioria no Congresso: seu distrito de East Bay ficava ao lado do Vale do Silício. Além disso, ele era um presidente do Subcomitê de Proposição de Leis do Comitê de Formas e Meios, dando lhe um poder que poucos democratas Atari conseguiam igualar. Essas duas coisas trouxeram Steve Jobs para a órbita de Stark no início de 1982, propondo uma prévia de uma nova redução de impostos.

A essa altura, Jobs já tinha atingido novos patamares como celebridade. No entanto, como sempre foi o caso na perenemente volátil indústria tecnológica, uma fachada lisa cobria uma realidade acidentada. A IBM estava mergulhando no negócio de computação pessoal. Outras empresas do Vale do Silício estavam se esforçando para manter suas fatias de participação de mercado. Agora, os negócios do setor de educação da Apple se tornaram mais importantes do que nunca para a base da empresa — e, para Jobs, um ponto crítico para provar por que a Apple era uma empresa mais criativa, altruísta e progressista do que qualquer outra no pedaço. Quando os alunos usam computadores, Jobs explicou com seriedade a Ted Koppel, da ABC, durante uma aparição no popular programa *Nightline*, eles veem "um reflexo da parte criativa de si mesmos sendo expressa". O resultado é "algo bastante democrático".[23]

No entanto, havia um limite para o crescimento do mercado de educação. Lugares que tinham adotado cedo os computadores pessoais — e com entusiasmo — estavam atingindo a saturação de mercado (Minnesota tinha espantosos 97% de seus alunos de ensino médio frequentando aulas de informática). A Proposta 13, projeto de lei aprovado em 1978 na Califórnia estabelecendo limites para o pagamento de impostos sobre pro-priedades, colocou os orçamentos escolares do estado em queda livre. Medidas similares em outros estados sufocaram as principais fontes de receita das escolas. Reagan entrara no cargo prometendo cortes profundos no orçamento do Departamento de Educação, e ele foi em grande parte fiel à sua palavra. O dinheiro simplesmente não estava lá para as escolas comprarem computadores, especialmente Apples superequipados. A maneira de conseguir mais computadores nas escolas era se as empresas pudessem doá-los. Mas isso tinha um preço enorme. Não fazia sentido, raciocinou Jobs, pedir ao Congresso que o ajudasse a pagar por algo que beneficiaria tanta gente?

Felizmente, havia muita gente no Congresso que acreditava em "alfabetização digital" tão fortemente quanto Steve Jobs. (Al Gore se importava tanto com isso que já tinha dado aulas de informática para seus colegas congressistas.) O código tributário norte-americano já previa uma grande redução de impostos para as empresas que doassem computadores a instituições de ensino superior. Não pareceu tão ilógico estender a isenção para as escolas de ensino fundamental e médio. Afinal de contas, argumentou Jobs, "as crianças não podem esperar". Stark dificilmente simpatizava com grandes corporações, mas foi prontamente conquistado pelo poder de persuasão de Jobs. Em resumo, o congressista introduziu uma lei escrita em grande parte pela equipe da Apple, a "Lei de Tecnologia Educacional de 1982". Pessoas do Congresso usavam um título menos oficial: "A Lei Apple".

Steve Jobs, o neófito político que nunca se preocupara em votar, concentrou todo o seu poder de celebridade em conseguir que o Congresso aprovasse a Lei Apple. Seguindo os passos dos fabricantes de microchips que tinham sido seus mentores, "recusei contratar lobistas e fui eu mesmo para Washington", vangloriou-se. "Eu realmente andei pelos corredores do Congresso por cerca de duas semanas, o que foi a coisa mais incrível. Conheci provavelmente dois terços da Câmara e mais da metade do Senado, e me sentei e conversei com eles." Foi uma introdução e tanto, mas Jobs não ficou muito impressionado. "Descobri que os deputados da Câmara são rotineiramente menos inteligentes do que os senadores, e que estavam muito mais atentos aos seus eleitores", relatou o magnata de 28 anos de idade. "Talvez fosse isso que os deputados queriam. Eles não deveriam pensar muito; deveriam representar seus eleitores".[24]

A Lei Apple teve um apoio entusiasmado de figuras já esperadas — Al Gore discursou em apoio, assim como Jim Shannon, que havia herdado o antigo distrito de Paul Tsongas ao longo da Rota 128 —, mas, para a decepção de Jobs, vários membros expressaram ceticismo. Isso não seria apenas uma enorme doação para os fabricantes de computadores pessoais? Por que uma empresa rica como a Apple precisava de uma isenção fiscal? Em frente ao comitê de Stark, Jobs pacientemente rebateu as críticas ponto por ponto. Haviam maneiras mais eficientes de aumentar as vendas de educação da Apple, afirmou ele. Além disso, a conta beneficiaria todos os concorrentes da Apple, assim como a própria empresa. Ele convenientemente não mencionou que a Apple detinha uma participação muito grande no mercado de educação. "O Congresso seria louco de não aprovar isso", concluiu.[25]

230 O CÓDIGO

O Congresso acabou concordando, e a Lei Apple foi aprovada por uma vantagem esmagadora. Todos estavam preocupados com o estado da educação norte-americana e sobre como dar aos filhos as habilidades necessárias para o trabalho moderno. Em um ano de eleições de meio de mandato, colocar computadores nas escolas era um bom projeto para ter no currículo.

Foi então que veio a derrota. Do lado do Senado, o projeto de lei só veio à tona em uma sessão de fim de mandato, após as eleições de 1982. E lá ele ficou; nadou e morreu na praia. Stark prometeu apresentá-lo novamente no ano seguinte. Um Jobs fumegante, sem experiência na lenta dança legislativa, largou de mão. Ele tinha despendido *duas semanas inteiras* para fazer lobby pessoalmente por esse projeto de lei, e sem resultados. Washington era tão inútil quanto todos sempre disseram ser.

Felizmente, a Apple tinha a Califórnia. Ao mesmo tempo em que vinha pressionando o Congresso, Jobs estava garantindo com sucesso que a Lei Apple se tornasse uma recomendação-chave da Comissão de Inovação Industrial da Califórnia — e que a Califórnia apoiasse um tipo similar de medida tributária como um *backup*, caso a legislação federal falhasse. Com apoio bipartidário no legislativo e Jerry Brown no gabinete do governador, a medida virou lei em setembro. Steve Jobs pode não ter conquistado a nação, mas tinha conquistado seu maior estado.

A lei de computadores na educação foi um marco da entrada na política da nova geração do Vale do Silício, e muitos observadores gostaram do que viram. "A Apple tem exercido responsabilidade corporativa — uma qualidade lamentavelmente rara", escreveu Milton Stewart, colunista da *Inc*. No início de 1983, o programa "Crianças Não Podem Esperar" da Apple — criado pessoalmente por Jobs — enviou cerca de 10 mil Apples para escolas da Califórnia. Graças ao crédito fiscal da Califórnia, o custo final para a Apple foi de cerca de US$1 milhão, uma migalha, em um ano em que a Apple estava arrecadando centenas de milhões de dólares em receitas. Por uma fração do que gastava a cada ano em publicidade, a empresa fez do Apple II o primeiro computador usado por milhares de alunos da Califórnia.[26]

———————

STEVE JOBS PODE NÃO TER CONSEGUIDO SEUS INCENTIVOS fiscais, mas o entusiasmo a respeito de computadores na educação continuou a crescer. Naquela mesma primavera do "Crianças Não Podem Esperar" chegou "Uma Nação em Risco", a avaliação mordaz do estado das escolas norte-americanas produzida por uma comissão de excelência educacional do presidente Reagan, que memoravelmente declarou que "os fundamentos educacionais de nossa sociedade estão sendo corroídos por uma crescente maré de mediocridade". Todos os ganhos educacionais obtidos após o Sputnik tinham sido desperdiçados, disparou o relatório. Os estudantes eram preguiçosos, indisciplinados, despreparados para o desafio global que os esperava. As coisas tinham que mudar, e isso tinha que acontecer rapidamente. "A história não é gentil com os preguiçosos."[27]

Com a competitividade educacional transformada em uma questão de vida ou morte, a causa da "alfabetização digital" tornou-se uma pedra de toque para políticos de todas as estirpes. Muitos dos problemas enumerados pela comissão implicariam em correções maciças e estruturais — do aumento do ano letivo para mudar a forma como as escolas eram financiadas até (a mais espinhosa de todas) retificar as profundas desigualdades raciais e econômicas que persistiam na educação norte-americana. Todas essas correções eram duras, caras e politicamente explosivas. Em contraste, aumentar o acesso a computadores era fácil, rápido e politicamente amado.

Dê computadores às crianças norte-americanas, e elas poderão aprender matemática e ciências, do mesmo modo que seus colegas japoneses. Ensine-os BASIC e faça-os jogar jogos de computador, e eles estariam prontos para competir na nova economia. Coloque computadores em salas de aula problemáticas nas periferias, e o vasto abismo entre os que têm e os que não têm desapareceria. Acima de tudo, você melhoraria a educação norte-americana com o *estilo norte-americano*. Os computadores eram ferramentas para a criatividade, para a exploração intelectual, para o acesso à informação e para a independência do aprendizado. As ideias que rondavam os computadores e a educação desde os primeiros dias do PCC e do LO*OP Center agora se tornaram *mainstream* — e passaram a ser subsidiadas publicamente.

Ao longo dos anos 1980, alimentada pela perspectiva de alfabetização digital e não querendo ficar para trás, uma legislatura estadual após a outra aprovou programas obrigatórios de educação informática, o que significava que as escolas tinham que fazer brotar o dinheiro para comprar computadores para as salas de aula. Percebendo a oportunidade apresentada por um grande e cativo mercado de futuros clientes, as empresas de informática passaram a oferecer às escolas enormes descontos na esperança de que seus produtos se tornassem a plataforma escolhida. Mas a Apple permaneceu como a rainha. A presença de tantos Apples nas escolas da Califórnia reforçou seu domínio no mercado educacional. No ano letivo de 1985-86, a empresa forneceu 55% dos cerca de 800 mil microcomputadores das salas de aula norte-americanas.[28]

Mas os computadores não eram um elixir mágico para a educação norte-americana. Na verdade, eles refletiam e amplificavam alguns de seus maiores problemas. Num sistema altamente desigual e tão segregado do ponto de vista socioeconômico, algumas crianças em idade escolar receberam o dom da alfabetização digital mais cedo que outras. Distritos que eram mais pobres e aqueles com muitas matrículas de minorias receberam computadores mais tarde do que a maioria dos distritos brancos e influentes, e o treinamento e o software também chegaram atrasados. Além disso, tanto nos distritos ricos quanto nos pobres, os rios de dinheiro público que colocavam computadores nas escolas raramente vinham com programas adequados de treinamento para professores.

Na Califórnia, o treinamento veio por meio de uma série bastante superficial de seminários oferecidos em lojas de informática independentes. "As doações estão chegando, quer as escolas estejam prontas ou não", relatou o *Los Angeles Times*. "Alguns diretores relatam que seus computadores Apple doados permaneceram guardados nas caixas por meses, porque não tinham pessoal treinado, dispositivos antirroubo ou o dinheiro para comprar programas educacionais." Alunos que já eram conhecedores de informática fizeram dos laboratórios das escolas um dos lugares preferidos para depois das aulas. Para aqueles que ainda não tinham acesso a computadores e videogames em casa, o tempo no computador não era um período de criatividade — era só frustração. "Errar é humano, mas realmente acabar com tudo é coisa que exige um computador", ironizou um.[29]

Os maiores beneficiários de todo o negócio pareciam ser as empresas de informática e os fabricantes de software, que haviam entrado em contato com um grande e novo grupo de cidadãos instruídos em informática. As deficiências da corrida para a literacia da informática eram abundantemente claras para muitos na linha de frente da educação norte-americana. Professores cansados de tudo esperavam que a loucura tecnológica diminuísse para que "pudéssemos voltar ao ensino real". Mas isso nunca aconteceu.[30]

Três décadas depois, as sementes plantadas pela breve aventura de Steve Jobs no Congresso floresceram em um negócio gigantesco e multibilionário. Enquanto uma onda de reformas se espalha sobre o cenário da política educacional norte-americana, o único acordo bipartidário é que a alfabetização digital e o acesso dos estudantes à tecnologia são essenciais para o ensino do século XXI. Os gigantes da tecnologia tornaram sua presença reconhecida em quase todas as salas de aula norte-americanas, com estados e distritos escolares de pouco dinheiro avidamente aceitando softwares com desconto da Microsoft, aplicativos gratuitos na nuvem e Chromebooks do Google, *e-readers* da Amazon, e — sim — iPads e iMacs e iTudo da primeira campeã da era da computação pessoal, a Apple.[31]

GANHOS NO CONGRESSO

Enquanto os fabricantes de microchips ganhavam tração e Steve Jobs evangelizava sobre computadores na educação, os investidores de risco que há muito vinham defendendo o empreendedorismo de alta tecnologia no Congresso estavam mais ocupados do que nunca. Liderando o grupo estava uma das figuras mais familiares da luta fiscal da era Carter, agora um oficial eleito pronto para superar os democratas Ataris em seu próprio trabalho: o congressista republicano Ed Zschau, que chegou ao Congresso no início de 1983.

Este CEO, e fã do estilo musical *blues-crooning*, tinha sido picado pelo bicho da política na luta pela Emenda Steiger, e nunca mais se curou. Quando Pete McCloskey deixou seu assento para embarcar em uma disputa fracassada para o Senado, Zschau adentrou suavemente o filho favorito de um distrito projetado para permanecer um feudo do Partido Republicano. Zschau era o tipo de candidato que os eleitores do distrito gostavam. Ele não era um conservador como Reagan e todos aqueles falcões militares do condado de Orange. Ele era um milionário numa motocicleta, comandando salas de diretoria da Sand Hill Road e salas de aula em Stanford, igualmente à vontade no Wagon Wheel ou no The Oasis. Ele era de casa.

O congressista do Vale do Silício abordou o lobby da alta tecnologia de forma diferente dos democratas Atari. Pessoas como Tsongas e Wirth poderiam representar distritos de alta tecnologia, mas eles nunca dirigiriam empresas de alta tecnologia. A visão de política industrial deles era a de um Estado grande — o progressismo do governo vestido com um exterior de silício. Eles estavam tentando freneticamente copiar o Japão sem se atinar ao milagre do Vale do Silício já ali, entre eles. Para Zschau, a resposta não era um esquema elaborado de subsídios e programas de treinamento; era manter o custo do capital baixo e impor restrições à exportação para que as empresas norte-americanas pudessem competir livremente. "Uma das minhas grandes preocupações é que, nessa corrida maluca para parecer preocupado com a alta tecnologia, alguém vai acabar estragando tudo", ele disse com seriedade a um repórter. "Venho de uma indústria que cresceu sozinha e nunca pediu ajuda do governo."[32]

Fiel à sua história, Zschau mergulhou em seu novo emprego com força total, trabalhando furiosamente para ouvirem sua mensagem, apesar de ser um membro calouro do partido minoritário. Ele ia às audiências a que ninguém mais comparecia, participava das reuniões do comitê e tomava muitas notas. Ele reuniu um grupo novamente, juntando-se a David Morgenthaler e ao lobista Mark Bloomfield em uma "Coalizão de Ganhos de Capital" para lutar por outro corte de impostos. Agora eles tinham um caso muito mais fácil de defender, e tinham conquistado os convertidos de ambos os partidos. Paul Tsongas tinha votado "não" na Emenda Steiger, mas ele ficou tão impressionado com as consequências que, em 1984, ele estava declarando que o "projeto de lei tinha mais a ver com o renascimento econômico do meu distrito do que eu".[33]

Zschau pode ter sido um novato, mas sua incansável defesa causou impressão. "Se ele não tivesse feito mais nada", observou um colega do Partido Republicano, "ele pelo menos fez os membros do Congresso falarem 'Vale do Silício' em vez de 'Vale do Silicone', e eu acho que muitos de vocês reconhecerão isso como uma melhoria e tanto".[34]

Um novo rosto também se juntou à multidão: Burt McMurtry. Quando Ronald Reagan entrou na Casa Branca, McMurtry comandava um dos portfólios mais valiosos do Vale, valendo mais de US$200 milhões em 1983. A vitória da Emenda Steiger mudou sua opinião sobre política, tanto que ele teve um mandato como presidente da NVCA e se tornou um dos financiadores mais ligados ao Vale na Washington dos anos 1980.

Logo após a posse de Reagan, McMurtry começou a enviar grupos de legisladores e funcionários do poder executivo para o Vale, onde os conduzia em turnês pelas empresas preferidas de seu portfólio. Ele gostava particularmente de levá-los a uma startup chamada Sun Microsystems, fundada por três graduados de Stanford para construir um poderoso híbrido — um mini-meio-micro — chamado *workstation*. O fundador Scott McNealy — "um baita showman", lembrou McMurtry — nunca falhava na tarefa de impressionar seu público. "Quem lhe disse que você poderia fazer isso?", perguntou um senador ao empresário, em estado de perplexidade, depois que ele conheceu os produtos da Sun. "Como você conseguiu a permissão?" McMurtry balançou a cabeça pesarosamente. "Era um exemplo perfeito da desconexão entre Washington e o Vale do Silício."[35]

Apesar disso, o texano continuou impressionado com o mundo político. Ele não tinha sido um grande fã de Reagan no início, mas, quando ele participou da sua primeira reunião de líderes empresariais na Casa Branca, o presidente foi charmoso, engajado e "dirigiu aquela reunião tão efetivamente quanto qualquer CEO que eu já tinha visto". Com acesso à Casa Branca e defensores enérgicos no Congresso, aventureiros, como McMurtry e Morgenthaler, e CEOs de direita, como Young e Noyce, ganharam mais um corte nos impostos sobre ganhos de capital, mais créditos fiscais para P&D, e muito mais. Steve Jobs e Regis McKenna podiam estar batendo uma bola com os democratas liberais, mas os homens do dinheiro e os fabricantes de microchips estavam, na sua maioria, aderindo ao Partido Republicano, e eles estavam colhendo dividendos.

O MITI DOS ESTADOS UNIDOS

Enquanto observadores externos (de então e de agora) tendem a pensar no Vale do Silício como uma unidade homogênea, e "a indústria de tecnologia" como um substantivo singular, o desafio japonês e a política que se espalhou a partir dele deixou claro que havia múltiplos Vales, e múltiplas indústrias de tecnologia, existentes lado a lado. E, no início dos anos 1980, os interesses comerciais das diferentes partes do Vale do Silício não estavam alinhados. O grupo dos semicondutores queria restrições comerciais para que seus chips mais caros pudessem recuperar sua fatia de mercado. Os fabricantes de computadores pessoais, como a Apple, contavam com chips baratos para manter seus preços competitivos.

Todos os Vales do Silício estavam unidos em seu desejo de pagar o mínimo possível em impostos, mas suas prioridades de redução de impostos eram diferentes. Os ganhos de capital continuavam sendo a principal preocupação da geração mais velha, mas raramente se encontrava alguém do grupo mais jovem somando sua voz. Os Bob Noyces e os Burt McMurtrys fizeram lobby junto aos legisladores na forma testada e aprovada por quase todas as outras indústrias: visitas a escritórios do Congresso, tempestades de dossiês, horas de depoimento e sessões de comissões presidenciais. Os Steves e Bills, a apenas alguns anos de distância da época em que hackeavam sistemas de comunicação para fazer ligações gratuitas e roubavam compartilhamento de tempo dos computadores, não tinham interesse e nem necessidade desse tipo de política.

Regis McKenna — *consigliere* da nova geração, um democrata solitário em um lugar fortemente republicano — tentou conseguir com que o grupo dos computadores pessoais se envolvesse na boa e velha política do varejo. Ele fez campanhas de arrecadação de fundos para a candidatura presidencial de Gary Hart em 1984; às vezes ele se fez de casamenteiro entre seus amigos da indústria e a nova geração de políticos amigos da tecnologia. Mas era difícil conseguir tração no meio da *Revolução Reagan*, não importava quantos democratas Atari aparecessem no Congresso. As desventuras de Jobs com a Lei Apple não ajudaram. E ter o "Congressista do Vale do Silício" trabalhando duro em Washington fez pouca diferença para McKenna. Ele e Ed Zschau tinham pouca paciência um com o outro, sendo ambos partidários extremos com ideias muito diferentes sobre o que Washington precisava fazer para apoiar a indústria tecnológica.

ENTÃO, O QUE ACONTECEU COM A POLÍTICA INDUSTRIAL?

Jerry Brown trabalhou forte; os democratas Atari não conseguiam parar de tagarelar.

Republicanos como Ed Zschau mal podiam suportar a ideia, mesmo concordando que algo tinha que mudar. O Japão estava fazendo os Estados Unidos comerem poeira por causa do MITI. No entanto, a ideia de outro MITI deixou desconfortáveis os membros de ambos os partidos. O MITI estava ganhando a guerra dos microchips, geladeiras e Walkmans porque controlava de perto a economia nacional, subsidiando mercados, escolhendo produtores favorecidos e, definitivamente, escolhendo vencedores. O "desenvolvimentismo capitalista" japonês, como o economista Chalmers Johnson o chamou, não era o estilo norte-americano, e certamente não o da era Reagan.

O que era o estilo: gastos com defesa. A *Revolução Reagan* colocou o complexo militar-industrial novamente em marcha, acordando a besta dos contratos de defesa que estava adormecida desde o fim da era do Vietnã. A austeridade poderia ter dominado a maior parte do poder executivo, mas não dentro do Pentágono, onde os orçamentos inchavam a cada ano de Reagan no poder.

E, assim como naqueles meses depois do Sputnik, o surto de defesa envolveu muito dinheiro para pesquisa universitária. Mas dessa vez não era para mísseis e foguetes: era para supercomputadores, IA, modelagem de cenários e segurança cibernética. A ARPA tinha acrescentado um "D" de defesa, tornando-se DARPA, mas continuou sendo a Dama da Grana da Informática. Em 1983, quando os democratas reconstruíram a estrada para as oportunidades econômicas e Ed Zschau e David Morgenthaler pediram outro corte no imposto sobre ganhos de capital, a DARPA deu início a um novo programa: um que enfrentaria os desafios de segurança nacional que a ameaça econômica japonesa representava. E tudo se resumia a computadores.

Em setembro de 1982 — mesmo mês em que a comissão de inovação de Jerry Brown emitiu seu plano de 50 pontos para o futuro econômico — o pessoal da DARPA lançou "Um Programa de Defesa em Supercomputação, da Microeletrônica à Inteligência Artificial, para os anos 1990". O título era confuso, o conteúdo seco, a acessibilidade para o público, inexistente. Meio ano depois, a revelação do programa que o relatório inspirou — a *Strategic Computing Initiative* [Iniciativa de Computação Estratégica] ou SCI — mal fez barulho na imprensa. Mas o orçamento proposto era pesado: US$650 milhões, mais do que a totalidade do orçamento da DARPA apenas alguns anos antes. E seu pedigree era inigualável. A DARPA recrutou Lynn Conway, cocriadora da VLSI, para ajudar a conduzir o programa. Os contratos foram feitos com base em uma única fonte, não competitiva, para os departamentos da elite da informática: MIT, Caltech, Stanford e Carnegie Mellon.

O Japão estava trabalhando em seu programa de computação "Quinta Geração", um ambicioso salto para a supercomputação, IA e aprendizado de máquina. O novo empurrão da DARPA tinha como objetivo melhorar e aproveitar o poder da computação de ponta para desafios de defesa mais ordinários ao longo do caminho. A agenda de abertura da SCI incluiu projetos de construção de veículos autônomos, um copiloto computadorizado para caças e software de IA para auxiliar na tomada de decisões no campo de batalha.

Os primeiros meses do programa foram difíceis, para dizer o mínimo — Conway e outros talentos técnicos classe A saíram de lá rapidamente, e os pesquisadores tinham sentimentos contraditórios a respeito dos objetivos militares do programa —, mas o impulso na computação acabou tendo um impacto tremendo. Entre o início dos anos 1980 e meados dos anos 1990, o financiamento federal para pesquisa em Ciência da Computação mais do que triplicou, chegando a cerca de US$1 bilhão por ano fluindo para os laboratórios acadêmicos. O Pentágono foi de longe a maior agência de financiamento, apoiando a pesquisa avançada em supercomputação, design de microchips e IA. Ao todo, as bolsas federais foram responsáveis por 70% do dinheiro gasto em pesquisa acadêmica em Ciência da Computação e Engenharia Elétrica entre meados dos anos 1970 e o novo milênio. A maior parte desse total federal veio da DARPA.[36] O dinheiro do governo transformou as salas acadêmicas de informática em bancos de talentos para as inovações da era da internet, em motores de busca, redes sociais e software em nuvem, sem falar no financiamento de uma geração de estudantes de pós-graduação em Ciência da Computação que passaria a projetar o futuro do software no Vale do Silício e além. Os políticos continuaram a discutir sobre qual era o melhor caminho a seguir quando se tratava de enfrentar o desafio dos anos 1980 no Japão. Mas, enquanto discutiam, os militares e os burocratas decidiam o assunto.[37]

O MITI dos Estados Unidos seria a DARPA, e o trabalho que realizou na década seguinte não só colocou os Estados Unidos de volta na liderança da corrida global de alta tecnologia, como também tornou o Vale do Silício mais rico e influente do que nunca.

CAPÍTULO 16

Big Brother

Enquanto os líderes da DARPA pensavam nos computadores do futuro, o Vale do Silício, por sua vez, estava preocupado com os computadores do presente. Isso porque a ameaça que tirava o sono da maior parte dos técnicos do Vale nos primeiros anos da década de 1980 não era o Pentágono. Era a IBM.

A sabedoria convencional há muito zombava da IBM por estar dormindo no ponto quando se tratava da revolução do computador pessoal. Na realidade, a *Big Blue* vinha testando protótipos de minicomputadores há quase tanto tempo quanto o Apple II estava no mercado. Com certeza, a ação antitruste surgida nas horas finais da presidência de Lyndon Johnson arrastara-se até a era Reagan (ela seria extinta pelo Department of Justice — equivalente ao Ministério da Justiça brasileiro — em 1982), e a batalha tinha minado a energia da IBM e restringido sua capacidade de entrar em novos mercados. Mas, no verão de 1980, quando a *applemania* atingiu Wall Street e a VisiCalc demonstrou que softwares de computadores pessoais poderiam realmente ser aplicados nos negócios, a IBM concordou em criar um computador pessoal, batizando a investida com um nome de peso: Projeto Manhattan. Precisando se mover rapidamente e fazer as coisas relativamente baratas, os gerentes encarregados da missão fizeram exatamente o que Vannevar Bush fizera 40 anos antes. Eles terceirizaram, vasculhando todos os cantos do país em busca de potenciais parceiros de hardware e software. Lá em cima, no sempre verde noroeste norte-americano, eles encontraram a Microsoft.

PARA ALÉM DO BASIC

Depois que o Altair entrou em sua fase final, Bill Gates e Paul Allen levaram a Microsoft de volta para Seattle em 1979 (deixando cair o hífen em seu nome ao longo

240   O CÓDIGO

do caminho). Os fundadores tinham primeiro pensado em ir para o Vale, mas Allen argumentara contra a ideia. Os engenheiros da Bay Area trocavam de emprego com muita frequência. O custo da moradia era muito alto. Seattle poderia ter um clima fechado, mas a chuva manteria todos no escritório, trabalhando como maníacos.

A mudança para o norte coincidiu com um estouro nas vendas, à medida que mais e mais empresas se preparavam para se posicionar no ramo da computação pessoal e começaram a agregar o Microsoft BASIC às suas máquinas. Os números invejáveis das vendas da Microsoft logo chamaram a atenção de H. Ross Perot, que se ofereceu para comprar a empresa de software por uma soma considerável (Perot mais tarde afirmou que era de mais de US$40 milhões; Gates lembra-se de um valor significativamente menor). O jovem magnata tinha pensado na possibilidade com seriedade o suficiente para se dar ao trabalho de cortar o cabelo antes da reunião com Perot, mas ele acabou dizendo não.[1]

Quando a IBM bateu à sua porta, em junho, a Microsoft estava a caminho de vender mais de US$7 milhões em software e tinha 40 funcionários. Como tantos outros fundadores de empresas de alta tecnologia, Gates e Allen imergiram em sua empresa, fazendo de seu sucesso uma busca 24 horas por dia, 7 dias por semana. Bill Gates tinha a mesma abordagem de férias de Fred Terman: a única pausa que ele fez na imersão total da Microsoft era uma semana por ano em um campo de tênis intensamente competitivo.[2]

Gates ainda era um magrelo de olhos esbugalhados, mas sua autoconfiança tinha crescido com suas vendas. Ele não estava surpreso que a IBM estivesse a caminho para uma reunião — seu software estava se tornando o padrão global, afinal de contas — e ele estava animado com as possibilidades em escala que uma parceria com a Big Blue poderia trazer. Apenas algumas semanas antes, ele persuadira um amigo de Harvard, um exuberante cidadão de Detroit chamado Steve Ballmer, a desistir do programa de MBA de Stanford e assumir algumas das funções operacionais de sua empresa em crescimento. A Microsoft era uma terra de moletons e calças caqui; Ballmer, como disse Gates, "ficava bem de terno". Gates pediu a seu colega mais apresentável para se juntar a ele na mesa durante a apresentação para a IBM.[3]

Ballmer pode ter sido o cara de paletó, mas Gates dominou a sala. O rapaz de 24 anos desabrochou nos detalhes técnicos, e a IBM não o assustou. Muitos dos primeiros bilionários da tecnologia tinham crescido em famílias sem contatos ou riqueza. Gates era diferente. Ele era neto de um banqueiro e filho de um advogado de sucesso. Sua mãe, Mary, era então a presidente do conselho da United Way — com ninguém menos do que o novo CEO da IBM, John Opel. (Quando um executivo da IBM mencionou o negócio da Microsoft para Opel numa fase posterior das negociações, o CEO respondeu: "Oh, a empresa é dirigida por Bill Gates, filho de Mary Gates".)[4]

BIG BROTHER 241

Gates também se manteve firme na convicção que o impulsionara a escrever sua famosa carta ao *Homebrew Computer Club* vários anos antes: que os softwares deveriam ser um produto intelectual e comercial, tão valioso quanto o próprio hardware. A indústria da computação que a IBM tinha definido e dominado por tanto tempo era um negócio completo, com hardware e software desenvolvidos e vendidos como uma coisa só. A Apple também se baseava nesse modelo. Agora, na pressa de colocar um microcomputador competitivo no mercado, os executivos da IBM estavam dispostos a quebrar o padrão e fazer as coisas de outra maneira — do jeito de Bill Gates.

Na sala de conferências da Microsoft daquele dia de junho, a conversa logo foi para muito além do BASIC. A Big Blue estava interessada em toda a linha de linguagens de computação da Microsoft, e também queria a ajuda de Gates para encontrar o sistema operacional certo para ela. Em uma cadeia de eventos que acabou se tornando lendária nos círculos computacionais (cuja disputa por detalhes se tornou outro ponto na posterior antipatia do Vale do Silício por tudo o que a Microsoft fizesse), a equipe da IBM tentou e não conseguiu fazer um acordo com o desenvolvedor californiano Gary Kildall, designer do sistema operacional CP/M, que parecia estar pronto para se tornar o padrão do mercado.

Como todo o plano foi alterado, Gates entrou em cena, adaptando um sistema operacional de outra empresa sediada em Seattle para algo que ele chamou de MS-DOS. Kildall chamou esse sistema de "clone do CP/M". Muitos anos e ações judiciais depois, Kildall fez seu próprio acordo com a IBM para seu sistema operacional, mas naquela época a Microsoft já tinha pavimentado seu caminho no universo de computadores pessoais da IBM. O rio de dinheiro a ser feito em softwares corria para o norte, para Seattle.[5]

VALE DO SILÍCIO DO NORTE

Mesmo enquanto a Microsoft e a IBM continuavam suas negociações, os investidores começaram a disputar a atenção de Bill Gates. A Microsoft ainda era uma sociedade entre Gates e Allen; ela ainda nem havia se tornado pública. Como Burt McMurtry lembrou, no outono de 1980, Bill Gates estava "tendo sua porta arrombada por banqueiros de investimento" e outros investidores que esperavam conseguir uma participação antecipada na empresa. Naquela época, McMurtry e Reid Dennis tinham se separado, e o texano tinha uma nova empresa — a Technology Venture Investors ou TVI — e um novo conjunto de sócios. Foi o mais novo deles, um novato de 30 anos chamado David Marquardt, que enfim conseguiu se esgueirar pela porta da Microsoft.

Gates não se deslumbrava com os tipos de Wall Street e seus contratos e promessas de avaliações espetaculares de ações. Ficar rico não lhe interessava; ele tinha indiferença pelo patrimônio líquido que é um privilégio das pessoas nascidas em famílias abastadas. Ele se preocupava com a tecnologia e gostava de pessoas que eram "inteligentes" — e com isso ele queria dizer "inteligentes em tecnologia". Muitos dos amigos de seus pais estavam ansiosos para investir na Microsoft, mas o dinheiro da sua cidade natal vinha da madeira e dos aviões — e não da tecnologia. Gates queria esperteza técnica com esse dinheiro, e isso só podia vir por meio de conexões com o ecossistema de alta tecnologia do Vale.[6]

Foi aqui que Dave Marquardt se destacou. Ele também era um nerd da tecnologia: um engenheiro mecânico, um ex-*homebrewer* que entendia de design de compiladores tanto quanto de mercado de capitais. Durante muitos meses de namoro, que às vezes envolvia acompanhar Gates e seus pais aos jogos de futebol da Universidade de Washington, Marquardt e a TVI investiram US$1 milhão para garantir uma participação de 5% na Microsoft. Marquardt foi um membro da diretoria da Microsoft, permanecendo por mais de 30 anos.[7]

O investimento e a mentoria de Marquardt se tornaram apenas um dos vários fios importantes — tanto colaborativos quanto antagônicos — na conexão entre a Microsoft e o Vale. Pouco tempo depois de Marquardt aparecer em Bellevue, ele apresentou Gates a um cientista da computação intensamente enérgico da Xerox PARC, chamado Charles Simonyi.

Como Andy Grove, da Intel, Simonyi era um imigrante húngaro, filho de um professor de Engenharia Elétrica de Budapeste. Ele escapara do regime opressivo de sua terra natal quando adolescente, primeiro para a Dinamarca, depois para Berkeley e Stanford, e então para o PARC. Apesar das contínuas dificuldades da Xerox em comercializar as maravilhas do PARC — "como um daqueles pobres ganhadores de loteria que torram seus milhões", Simonyi disse com pesar —, o laboratório continuou a ser uma matriz de invenções extraordinárias, e Simonyi tinha acumulado uma série de realizações importantes durante seu tempo lá. Ele tinha desenvolvido o "software matador" para o lendário Alto, que permitiu que as letras digitadas em um computador aparecessem na tela como se estivessem no papel. Outros refinamentos, usando ícones e menus suspensos, tornaram um processo de edição trabalhoso em um simples apontar e clicar. A interface gráfica era um enorme avanço, e todos na indústria sabiam disso. No ano anterior, a equipe de Simonyi tinha dado uma pequena demonstração do software para um Steve Jobs intensamente interessado (que tinha persuadido a Xerox a, em suas palavras, "abrir o quimono", permitindo que a gigante da fotocópia fizesse um investimento de US$1 milhão antes da IPO da Apple).[8]

Simonyi acabou ficando desconfortável no PARC, e tinha ouvido coisas interessantes sobre o que um amigo chamou de "aquele louco de Seattle". Foi preciso apenas uma conversa para o húngaro perceber que ele tinha encontrado uma alma gêmea da alta tecnologia, alguém que poderia ficar tão animado e totalmente absorto pelo futuro tecnológico quanto ele. No Natal, Simonyi tinha entrado para a folha de pagamento da Microsoft, tornando-se o que mais tarde descreveu como "o RNA mensageiro do vírus PARC" e trazendo todo um novo universo de possibilidades de software para a Microsoft.[9]

Outro pedaço de tecido conjuntivo entre o norte e o sul era a Intel, cujos chips a IBM tinha escolhido para alimentar seus novos PC em outra quebra do seu sistema de produção. A Intel estava muito mais bem estabelecida e com o bolso mais cheio do que a Microsoft na época, é claro. No entanto, para uma empresa então presa em ferozes batalhas fraternais com seus colegas fabricantes de microchips e fustigada por um Japão aparentemente invencível, essa participação no futuro do mercado era transformadora. Graças aos chips dentro de todos esses PCs, a receita da Intel quase dobrou entre 1980 e 1984, para mais de US$1,6 bilhão. Em 1990, a receita estava próxima de US$4 bilhões, e só aumentou a partir daí, quando o império "Wintel" — máquinas fabricadas com o sistema operacional Microsoft Windows e alimentadas por chips Intel — tomou conta do mercado de desktops.[10]

Uma das mais duradouras e mais fragmentárias — parcerias entre Seattle e a Bay Area foi, naturalmente, entre a Microsoft e a Apple, e entre Bill Gates e Steve Jobs. À medida que suas empresas e fortunas pessoais aumentavam, os dois garotos de cabelo desgrenhado se tornavam celebridades empreendedoras como nenhuma vista desde o tempo de Henry Ford, e a intensa rivalidade entre eles se tornou o substrato para incontáveis peripécias em revistas, livros e filmes. Steve Jobs foi um mestre do *storytelling*, enraivecendo clientes e investidores com suas grandes ideias e computadores gloriosamente sofisticados. Bill Gates era o nerd dos nerds, que não se importava com a aparência dos computadores, ou com o que você costumava falar sobre eles, desde que houvesse um software decente dentro deles.

Com tudo o que aconteceu mais tarde entre os dois garotos prodígio da tecnologia, é fácil esquecer que — dado que a Microsoft estava concordando em fornecer software para um PC da IBM que enfrentaria os produtos da Apple — estes homens e suas empresas tiveram uma relação próxima e mutuamente benéfica durante os primeiros anos críticos da revolução do computador pessoal. A Apple tinha sido um cliente importante da Microsoft desde que Woz não conseguira terminar de escrever seu próprio software para o Apple II, em 1977. Gates prontamente deu declarações sobre a superioridade técnica das máquinas da Apple. As duas empresas produziam coisas diferentes, e precisavam dos produtos uma da outra para crescer.

Seattle ficava a quase 1.300km do Vale, mas era comparável em sua história e espírito, nas conexões pessoais e profissionais que fluíam entre o norte e o sul. Também era uma antiga cidade da Corrida do Ouro que virou uma região da Guerra Fria, transformada pelo *boom* da defesa e favorecida pela corrida migratória para o Oeste que ocorreu no pós-guerra. Também foi o lar de uma grande universidade de pesquisa e muitos empregos na área da economia criativa, e seu cenário tecnológico era uma estranha mistura de gente certinha da indústria aeroespacial e esquerdistas da era do Vietnã, um lugar dos chamados *early adopters* — entusiastas que consomem os produtos informáticos antes de sua popularização — e de ambiciosos tecnófilos.

No entanto, Seattle não era uma Galápagos, isolada. Durante aqueles desfiles formativos do pós-guerra, era uma típica cidade da Boeing, atarefada e conectada. Mesmo depois da recessão do início dos anos 1970, Seattle não se estabeleceu como uma placa de Petri de investidores de risco, advogados e bancas de relações públicas, como foi o caso do Vale. Seattle não precisava disso. Bastava um voo de duas horas e um Boeing 737 levaria alguém como Charles Simonyi ou Dave Marquardt de uma cidade para a outra, em uma viagem de um dia para fechar um negócio ou intermediar uma nova parceria. Não surpreende que a Microsoft fosse só a primeira de várias empresas de tecnologia de ponta a brotar na Cidade Esmeralda nas próximas décadas.

O Vale do Silício e Seattle podem ter se sentido meio rivais, mas na verdade eram duas partes de um todo maior. O crescimento de uma permitiu o crescimento da outra. É claro que não demorou muito para que as pessoas do Vale se perguntassem se aquela indústria de software em Seattle não poderia acabar com elas.

EU SOU O PC

Para a descrença de quem estava familiarizado com os glaciais ciclos de desenvolvimento de produtos da *Big Blue*, o PC da IBM estreou no dia 12 de agosto de 1981, pouco mais de um ano após o início do Projeto Manhattan. O mercado de microcomputadores mudou para sempre. Por todo o Vale do Silício, executivos em pânico se amontoaram em reuniões de estratégia nas primeiras horas da manhã para descobrir como eles iriam responder às notícias do dia. Alguns olhavam para o lado positivo. "A presença da IBM vai acabar com a conversa de que os computadores pessoais são só um modismo", comentou um executivo da HP. A maioria tremeu ao perceber como o caixa farto da IBM poderia sacudir aquela jovem indústria. Com um enorme orçamento de marketing e planos para vender por toda parte, da Computerland à Sears, "eles vão vender essas coisas aos milhares e milhares", previu um analista.[11]

De todas as máquinas à disposição, a da IBM era o ataque mais direto à Apple, que detinha 23% do mercado. Jobs e companhia já estavam lutando para ter algum sucesso com o Apple III, caro e cheio de *bugs*, e a entrada da IBM — com um preço semelhante e oferecendo características comparáveis — não deixaria as coisas mais fáceis. Mas, se a Apple estava nervosa, ela não demonstrou. Em vez disso, os marqueteiros da empresa dobraram a aposta. O computador pessoal estava mudando tudo, e a Apple era uma empresa transformadora com um produto revolucionário. Uma máquina tardia da velha IBM não seria uma grande ameaça. Na verdade, afirmou Mike Markkula, "sua presença estimularia a demanda por um produto que se originou na Apple".[12]

Para que essa mensagem tivesse mais impacto, a equipe de marketing da Apple publicou mais um anúncio de página inteira no *Wall Street Journal*, na sequência do anúncio do produto da IBM. Era a clássica Apple, com seu punho de ferro intensamente competitivo envolto em uma luva de veludo em fonte Garamond. "Bem-vinda, IBM", era o texto. "De verdade." A essa manchete retumbante seguiu-se um desdém desabrido. "Bem-vinda ao mercado mais emocionante e importante desde que a revolução informática começou, há 35 anos", dizia o título. "Estamos ansiosos pela competição responsável no esforço massivo de distribuir essa tecnologia norte-americana para o mundo. E apreciamos a magnitude do seu compromisso."[13]

A confiança arrogante da Apple veio em parte do DNA da empresa; a burocrática e rígida IBM, com seus grandes computadores claramente antipáticos, era a antítese de tudo o que os executivos da Apple acreditavam que sua empresa representava. Mas também refletia o fato de que Steve Jobs estava trabalhando duro em outro produto — e que ele acreditava que seria tão disruptivo para o mercado quanto o Apple II fora quatro anos antes. Chamava-se Macintosh.

A história da origem do Mac — e de como Jobs se infiltrou de volta para tornar seu aquele projeto depois que seu comportamento insuportável fez com que ele fosse expulso de seu projeto original de estimação, o elegante e caro Lisa — é outra história muito contada, e merecidamente. O projeto não era nada que a indústria da computação já tivesse visto antes, e sua estreia estrondosa continua sendo um marco no marketing e na publicidade de qualquer produto. O Mac pegou a sofisticação do Lisa e do Apple III e o combinou com a usabilidade à la Volkswagen do Apple II. Ele ostentava a facilidade de uso do Alto e sua descendência comercial, o *workstation*

246   O CÓDIGO

Star, da Xerox, sem o preço de arregalar os olhos. Vários engenheiros da PARC se mudaram para a Apple para trabalhar na equipe Mac, trazendo o conhecimento em GUI que a Xerox criara sem conseguir comercializar.[14]

A equipe Mac tinha começado como um pequeno projeto dentro da empresa e acabou crescendo para uma equipe de 100 pessoas. Como a maioria das pessoas na Apple, quase todos tinham menos de 30 anos e puseram tudo de lado para passar 80 horas por semana debruçados sobre o projeto. Mas o senso de missão era forte. As pessoas da Apple no início dos anos 1980, já abençoadas pela grande fortuna das opções de ações, acreditavam trabalhar em um lugar verdadeiramente especial. "A Apple é voltada para o ser humano", disse Jo Kellner, que trabalhava no centro de suporte ao cliente da Apple. "Somos livres para sermos indivíduos. E essa liberdade gera criatividade." Ir ao trabalho era um prazer, disse a programadora Rilla Reynolds, porque "quase todos aqui estão se divertindo". "Há alma na Apple", resumiu Pat Marriott, gerente de produto. "Acho que ela nasce a partir da convicção de que estamos fazendo as coisas certas, fazendo um produto de qualidade — deixando uma marca no universo."[15]

A operação Macintosh elevou ao máximo esse tipo de sentimento. A Apple gastou incríveis US$21 milhões em P&D durante 1981, a maior parte no Mac, e construiu uma fábrica automatizada de última geração para produzir suas novas máquinas. "Steve insistiu tanto na perfeição", lembrou Floyd Kvamme, funcionário que se mudara do mundo dos microchips para se tornar o chefe de marketing da Apple, que "não tinha como o computador chegar à altura do que estava em sua cabeça". Embora a empresa estivesse inundada de dinheiro, prevalecia uma atitude independente. Em uma das reuniões, Jobs deu o tom, lembrando ao grupo que um dos principais "Ditos do Presidente Jobs" era: "É melhor ser um pirata do que entrar para a Marinha." Assim inspirados, os membros da equipe fizeram uma bandeira de caveiras e ossos cruzados, com a familiar logo de arco-íris da Apple, e a hastearam orgulhosamente em cima de seu edifício no crescente campus da empresa em Cupertino.[16]

PIRATAS VERSUS NAVIOS DE GUERRA

Enquanto a bandeira pirata da Apple flamulava audaciosamente, o navio de guerra da IBM estava jantando o mercado. Apesar de Jobs, obcecado por design, desdenhar do caseiro e quadrado PC, algumas cabeças mais pragmáticas de dentro da Apple entenderam a magnitude da ameaça. A Big Blue estava nos escritórios norte-americanos há mais de oito décadas. A Apple estava lutando para entrar no negócio de máquinas corporativas; a IBM *era* o negócio de máquinas corporativas, e eles sabiam como dar aos seus clientes o que eles queriam e precisavam. Não era apenas uma questão de lealdade à marca de um determinado aparelho. Era uma questão de todo um ecossistema em torno de como grandes empresas tinham se acostumado a comprar e usar computadores.[17]

Se o processamento eletrônico de dados se tornou uma religião nos anos 1960, então os gerentes de sistemas informáticos de gestão eram seus altos sacerdotes. A categoria de trabalho nem existia antes da chegada de todos esses cérebros eletrônicos no início dos anos 1950, mas duas décadas depois os executivos de tecnologia da informação corporativa tinham se tornado imensamente poderosos. Eles compravam e geriam os computadores e controlavam as informações. O mantra desses gerentes era: padronização. Não havia como gerenciar gigantescos sistemas de informática corporativa se as diferentes partes não conseguiam falar umas com as outras. Essa era a genialidade do System/360, a máquina dominante no mercado que a IBM lançara em meados dos anos 1960, e o ápice da estratégia *full-stack*: um conjunto de computadores e periféricos que se entrelaçavam perfeitamente, baseados em softwares compatíveis, com bom suporte e treinamento, capaz de escalar para cima ou para baixo conforme o gerente precisasse.

Quando os minicomputadores e, mais tarde, os computadores pessoais invadiram os escritórios norte-americanos na década de 1970, os gerentes de TI perderam um pouco sua mão de ferro. Proliferaram-se às dezenas de milhares dispositivos com teclados próprios, operados pelo usuário e não por um intermediário com cartão perfurado. Quando se tratava de microcomputadores, a invasão inicialmente foi mínima, trazida por tipos como Ben Rosen, que driblavam os departamentos de TI e simplesmente compravam seus próprios computadores pessoais para usar no trabalho. Mas a chegada do VisiCalc fora seguida, em pouco tempo, por outros softwares corporativos. A disseminação de processadores de texto transistorizados, como os produzidos por Wang, alimentou ainda mais o interesse corporativo pelos desktops, e o reconhecimento de que um teclado poderia ser mais do que uma máquina de escrever e uma agenda de contatos.

No entanto, *mainframes* — muitos deles fabricados pela IBM — continuaram sendo o coração tonitruante dos ambientes da computação corporativa. Para tornar os computadores pessoais realmente úteis no processamento das tarefas centrais dos escritórios, eles precisavam se conectar com os grandes computadores que já estavam lá. As empresas do Vale do Silício, que só recentemente tinham saído de suas garagens, agora tinham um desafio assustador diante delas. A IBM poderia ter chegado tarde ao mercado de computadores pessoais, mas seu pessoal entendia as máquinas de escritório — e a psicologia daqueles que tomavam decisões de compra corporativa — mais do que ninguém.[18]

O massacre causado pela IBM foi imediato — e devastador. Os empresários temiam a princípio torrar vários milhões de dólares em um computador pessoal, mas a logo familiar da IBM encorajou muitos a pularem de cabeça. Para aqueles menos persuadidos por aquelas três letras azuis (especialmente os *baby boomers*, que começavam a cantarolar a trilha sonora de *2001: Uma odisseia no espaço*, pensando no olho vermelho piscante do HAL toda vez que as viam), a empresa lançou uma campanha publicitária completa.

Começando no outono de 1981 e continuando por mais seis anos, as revistas populares norte-americanas e as ondas televisivas estavam saturadas com anúncios da IBM que apresentavam um ator vestido como Charlie Chaplin livrando-se de dilemas cômicos com a ajuda de um PC e periféricos da IBM. Todo aquele espaço branco e tipografia clean nos impressos, toda aquela familiaridade genial na televisão: o visual e a sensação dos anúncios eram impressionantemente parecidos com os primeiros lançamentos da Apple. Aqui estava outro pequeno dispositivo amigável para tornar sua vida melhor. A mensagem evocava o fantasma de Tom Watson ajudando as jovens e animadas mulheres a manejarem IBMs mais de três décadas antes: o PC era tão fácil de usar que até o Carlitos conseguia fazê-lo.

Entre 1982 e 1983, o mercado de computadores pessoais mais que dobrou, com mais de 11 milhões de unidades vendidas somente em 1983. A IBM possuía 26% do mercado. A Apple tinha ficado para trás, com 21%, apesar do relançamento de um novo e melhorado Apple III e da estreia do Lisa. Enquanto os PCs da IBM se esgotavam nas lojas, o Apple III mendigava por clientes e o Lisa ficou rendido em meio a críticas mordazes. "Se um executivo tem muito tempo, não precisa muito de um computador, mas quer algum tipo de máquina para enfeitar seu escritório", lamentou um crítico da *Fortune*, "Lisa é provavelmente a melhor opção".[19]

Mesmo que o mercado de computadores fosse muito maior, os novos tempos não eram o que a Apple esperava. Em vez de contratar novos funcionários, 1983 trouxe demissões. Jobs trouxe de fora um novo presidente: John Sculley, um executivo da Pepsi. A contratação trouxe para a operação uma expertise em marketing de consumo e, talvez, como a *Time* caracterizou, "induzisse alguma humildade em uma organização em que a confiança beirava a arrogância". Sculley trouxe com ele outros executivos da Costa Leste, de fora da área tecnológica, incluindo Bill Campbell, um ex-técnico de futebol universitário que mais recentemente trabalhara na Kodak. Os puristas dos microcomputadores olharam com perplexidade para os ternos e gravatas

BIG BROTHER   249

dos recém-chegados. O que os vendedores de açúcar, água e câmeras poderiam fazer por uma empresa que deveria mudar o mundo? A IBM "definitivamente venceu a primeira rodada", os trabalhadores reconheceram amargamente naquele outubro. Quando perguntado sobre como ele se sentia sobre isso, Jobs respondeu: "Estou irritado."[20]

As velas do navio pirata foram recolhidas. A computação pessoal era uma revolução; como os revolucionários poderiam concordar em usar uma máquina construída pela velha guarda? E como eles poderiam revidar? A Apple seguiria o caminho do UNIVAC? Outras startups da computação pessoal começaram a cair feito moscas. Adam Osborne empacotou seu pesadíssimo laptop e declarou falência em outubro de 1983, fugindo dos repórteres como um réu culpado ao entrar apressado em seu escritório no dia em que a notícia se espalhou. A Vector Graphic de Lore Harp e Carole Ely fora vencida pela investida da IBM, e estava atormentada por problemas de gestão. Em questão de meses, a empresa pioneira do sul da Califórnia despencou de *rockstar* do mercado para uma difícil operação de encolhimento. E não foram só as pequenas empresas: a Texas Instruments anunciou que estava desistindo do mercado de computadores domésticos após um prejuízo de mais de US$220 milhões nos primeiros nove meses de 1983. Pior ainda — surgiram os concorrentes, trazendo expertise e reservas de dinheiro para a festa.[21]

Nessa seara, a Hewlett Packard foi o modelo principal. A empresa, que começara com osciladores de áudio e bloqueadores de radar, já tinha pulado com sucesso sobre novos mercados antes, primeiro com minicomputadores em 1966 (tornara-se a número 2 no mercado) e depois com calculadoras, em 1972 (tornou-se o mercado *inteiro*). No fim de 1983, ela tinha à disposição uma quantia impressionante de US$700 milhões, e estava pronta para novas conquistas. Quando se tratava de construir um computador pessoal, "podíamos nos dar ao luxo de experimentar até acertarmos, sem o perigo de sermos chutados do mercado", disse John Young, que havia ocupado o posto de Hewlett e Packard em 1978. E a HP viu para que lado os ventos estavam soprando. "Se os computadores pessoais não forem o negócio principal da HP" no final dos anos 1980, disse Paul Ely, chefe do setor de computadores da empresa, "então não seremos uma empresa de computadores bem-sucedida".[22]

Ainda assim, foi uma aposta arriscada. A HP sempre vendeu produtos para cientistas e engenheiros; este seria seu primeiro passo na venda para clientes corporativos. Espelhando a maneira como a Apple e a Microsoft estruturavam seu trabalho em torno de equipes de desenvolvimento de produtos intensamente competitivas, Young colocou em marcha uma reorganização maciça na HP — com efeitos duradouros na cultura da empresa. O *HP Way* ainda estava no papel, mas a estrutura organizacional horizontal e sua gestão solta deu lugar a um sistema muito mais centralizado. Young estava determinado a ser um líder, não um imitador, e os computadores pessoais HP apresentavam algo que nenhum outro concorrente tinha: telas sensíveis ao toque. Indo atrás do mercado consumidor pela primeira vez, a empresa publicou anúncios de televisão naquele outono. "Embora a tecnologia da Hewlett Packard tenha produzido uma série de novidades", disse um, "alguns de vocês nem sabem quem somos. Talvez agora vocês saibam". Com mensagens tão humildes, parecia que a primeira startup do Vale do Silício não tinha captado os talentos da nova geração de *storytellers*.[23]

Empresas que nunca estiveram no ramo da informática entraram no jogo. O governo norte-americano tinha acabado de forçar a AT&T a romper seu monopólio de telecomunicações, mas a companhia telefônica ainda possuía mais de US$34 bilhões em ativos para aplicar. No início de 1984, a *Ma Bell* partiu para cima, anunciando suas próprias linhas de minicomputadores e desktops. "Conte Conosco", proclamava seu slogan publicitário. Enquanto os computadores da AT&T eram muito caros para realmente dar trabalho para a IBM, a entrada de uma empresa de comunicação na arena trouxe novas maneiras de fazer com que os computadores falassem uns com os outros. A AT&T passou a fazer o que tinha tão vigorosamente impedido que seus concorrentes fizessem desde os dias da Bunker-Ramo: construiu sistemas de rede local, ou LANs, que podiam conectar máquinas a até um terço de um quilômetro de distância.

Toda essa competição frenética deixou os técnicos do Vale surtados com o que poderia acontecer a seguir, suas vidas pessoais minguando em um mundo de jornadas de 80 horas semanais, uma obsessão maníaca por tecnologia. A diferença de gênero da indústria continuava assombrosa, parecendo ainda maior após o horário de trabalho. Uma mulher que trabalhou em Stanford contou sobre um encontro particularmente desastroso que ela e uma colega tiveram com dois engenheiros do sexo masculino: "Era como se nós duas não existíssemos. Os homens costumavam conversar sem parar por causa de futebol. Aqui, era por causa dos computadores." As taxas de divórcio aumentaram mais do que no restante da Califórnia, que já tinha uma taxa mais alta do que o restante do país. "As esposas ficavam muito frustradas", disse um psicólogo do Vale do Silício. "Elas sentiam que seus maridos eram casados, na verdade, com um microchip."[24]

Um terapeuta familiar local viu tanta angústia passar por seu consultório que publicou um livro de autoajuda intitulado *The Silicon Syndrome* [A Síndrome do Silício], repleto de dicas para mulheres casadas com nerds antissociais. "Um novo livro dinâmico para esposas, mães, filhas, namoradas, colegas e secretárias do engenheiro/cientista", estampava alegremente a capa. "Se você deseja entender melhor como se comunicar e interagir com seu parceiro cientista/engenheiro, chefe ou companheiro,

BIG BROTHER   251

este livro é para você." Avaliações como essas implicavam que os problemas do Vale do Silício não estavam na intensa e esmagadoramente masculina cultura tecnológica. Estava com as mulheres, que não sabiam como conviver com ela.[25]

As empresas, acenando para uma força de trabalho sobrecarregada e ansiosas por reter funcionários valiosos, arriscaram uma pequena modificação comportamental. A AMD pagava por sessões de psicoterapia para qualquer funcionário que as quisesse. A Intel teve um momento de preocupação com o equilíbrio na vida de seus funcionários e cronometrou todas as luzes do prédio para desligar às 19h, forçando todos a irem para casa jantar. No entanto, a linha entre a vida profissional e pessoal continuava a desvanecer a cada jornada de 12 horas de trabalho. "Você está com muito medo de parar de trabalhar", observou outro terapeuta local, "porque alguém pode lhe ultrapassar".[26]

Como se a sua enorme sombra azul sobre o Vale do Silício já não estivesse grande o suficiente, em dezembro de 1982 a IBM comprou uma participação de 12% na Intel, cujos chips 8088 alimentavam o PC. Seis meses depois, comprou 15% da ROLM, sinalizando suas ambições de fazer do desktop da IBM o nó central em um futuro "escritório eletrônico" totalmente interligado. O Vale se elevou mais alto do que nunca, mas para muitos parecia que ele tinha chegado perto demais do Sol.[27]

A PLATAFORMA

Mas não foi o hardware que fez o PC da IBM causar tamanha disrupção. Foi o software da Microsoft, com os chips da Intel, que quebraram o sistema de cadeia completa e acabaram com o modelo de negócio conjunto entre hardware e software.

Se a "plataforma PC" — um sistema operacional totalmente diferente dos utilizados pela Apple e outros dos primeiros microcomputadores — tornou-se o padrão da indústria, tirando quase todos os outros concorrentes do caminho, foi porque, ao contrário do sistema fechado da Apple, o MS-DOS utilizado pela IBM não estava restrito a máquinas IBM. Os chips Intel que alimentavam o PC IBM também podiam alimentar outros computadores. Do Texas a Tóquio, empresas surgiram construindo máquinas "clones" que ofereciam a mesma plataforma e aplicativos que a IBM, por uma fração do preço. Foi uma vantagem para os mercados de consumo e de pequenos negócios, onde os clientes estavam relutantes em gastar milhares de dólares em máquinas chiques demais.

Com a ampliação da plataforma PC, as empresas de software finalmente encontraram uma oportunidade. O mercado agora estava repleto de pequenas empresas ocupadas em tentar rentabilizar algo que os aficionados por informática há muito tempo pensavam que deveria ser de graça. Agora, essas empresas tinham um destino óbvio para os seus produtos. Depois de tantos anos de seca, os programas começaram a se multiplicar como coelhos: jogos, planilhas, processadores de texto, softwares educacionais. O crescimento superou em muito o número de programas que estavam sendo criados para rodar em Apples. Agora, as grandes histórias de sucesso eram de startups de software.

O Vale do Silício pode ter sido o berço dos primeiros microcomputadores, mas agora alguns dos maiores sucessos começaram a acontecer em outros lugares. O sempre astuto Ben Rosen, agora um investidor de risco no Texas, farejou alguns dos melhores da nova estirpe, e foi certeiro nessas escolhas. Em 1982, Rosen financiou uma fabricante de clones da IBM, em Houston, chamada Compaq, cujas vendas superaram US$100 milhões em seu primeiro ano de atividade. No mesmo ano, Rosen apostou em um jovem desenvolvedor de softwares de Boston, que prometia entregar programas WYSIWYG — "What You See Is What You Get" [O que você vê é o que você obtém] — para as plataformas PC, libertando os usuários da ardência nos olhos provinda das telas verdes e dos piscantes cursores amarelos do início do universo Microsoft. Seu nome era Mitch Kapor, e sua empresa chamava-se Lotus Software.

A tecnologia pirava a cabeça de Mitch Kapor desde que ele conseguira uma cópia do *Computer Lib*, de Ted Nelson, logo após graduar-se na faculdade, no início dos anos 1970. Não foi a programação que o atraíra — ele próprio admitia ser um programador apenas "ok" —, mas algo muito pouco apreciado na época: design de software. "O designer de software tem uma existência de guerrilha", ele escreveria vários anos depois, "formalmente desconhecido e muitas vezes pouco apreciado". Mas um bom design — inexistência de *bugs*, facilidade de uso e uma interface que encante o usuário — era fundamental para um bom software. "Uma das principais razões pelas quais a maioria dos softwares de computador é tão inacessível é porque eles não passam por design, mas meramente por engenharia." Ao longo de sua variada carreira, Kapor esteve determinado a mudar isso.

Depois de alguns anos de uma deriva pós-universitária que incluiu uma temporada como DJ e um curso intensivo de meditação na Suíça, ele conseguiu arranjar dinheiro para comprar seu primeiro computador pessoal. Isso mudou toda a sua trajetória. Logo ele estaria em seu apartamento em Boston escrevendo e vendendo softwares para Apples II. Em pouco tempo, Kapor estaria na Personal Software, criadora do VisiCalc, o aplicativo que transformou o Apple em uma máquina corporativa. Lá ele continuaria escrevendo programas e, por ser consultor, abocanhava um bom pedaço dos royalties.

Em 1980, atraído pelo burburinho da "microrrevolução" do Vale, Kapor transferiu-se para o escritório da Personal em Sunnyvale. Ele odiou. "Era uma monocultura", ele lembra, onde as pessoas "só conseguiam raciocinar sobre uma coisa por vez". Em meio à mesquinhez do subúrbio e à aridez californiana, ele almejava voltar às livrarias da Harvard Square. Depois de seis meses, ele voltou.

A temporada de Kapor em Sunnyvale pode não ter sido muito animadora, mas inoculou o vírus das startups nele. Todo mundo estava lançando empresas; por que não ele? O PC da IBM precisava de software; por que não construir alguns aplicativos tão bons quanto o VisiCalc para a nova plataforma? Os investidores de risco intimidavam Kapor — ele uma vez presenciou a rigidez de Arthur Rock, e o achou "muito assustador" —, mas ele conhecia Ben Rosen, que fora um usuário do primeiro software de Kapor. Então ele escreveu para Rosen uma carta de 17 páginas pedindo dinheiro para lançar sua empresa de software, que ele havia batizado de Lotus. Rosen trabalhava como investidor de risco há apenas alguns meses, mas ele disse sim. No fim, foi uma aposta muito acertada. A empresa de Kapor fez US$53 milhões em vendas em 1983, seu primeiro ano de operação. No ano seguinte, a receita triplicou.[28]

A Lotus Software estava a caminho de se tornar uma das maiores histórias de sucesso dos anos 1980, o ponto mais alto de uma nova onda de empresas de software construindo programas para o império sempre em expansão do PC. O lar espiritual do micro pode ter sido a Bay Area, mas muitas dessas fabricantes de softwares — a Lotus em Boston, a WordPerfect em Utah, a Aston-Tate em Los Angeles, a Aldus em Seattle — eram exatamente como a Microsoft: forasteiras prontas para dar uma canseira no Vale na corrida por dinheiro.[29]

1984

Quando 1984 começou, os homens e as mulheres da Apple estavam olhando para fora, na direção do império crescente do PC. A educação tinha se tornado uma grande história de sucesso para a Apple, muito ajudada pela adoção do "Crianças Não Podem Esperar" pela Califórnia. No entanto, os números da educação eram minúsculos em comparação com o enorme mercado corporativo. O mesmo valia para a computação doméstica. O mercado já era muito maior do que antes, mas o número de lares norte-americanos que possuíam um computador pessoal ainda era de cerca de 8%. A porcentagem de pessoas usando computadores no trabalho era três vezes maior, e estava aumentando rapidamente.[30]

Apareceram algumas trincas na armadura de confiança extrema de Steve Jobs. "A IBM quer acabar com a face da Terra", admitiu ele a um repórter. A Apple — e Jobs — precisavam de uma grande vitória. O homem que encarnava a Apple na mídia sentiu que sua celebridade estava arrefecendo com a participação de mercado da empresa. E a imprensa não o levar tão a sério quanto John Opel, da IBM, era algo que o irritava profundamente. Quando uma funcionária da equipe de relações públicas de Regis McKenna informou a Jobs que ele não apareceria na capa da *Fortune*, o chefe da Apple ficou tão furioso que pegou o copo de água que estava bebericando e o jogou na cara dela. Encharcada, e igualmente furiosa, a última vítima da ira jobsiana deixou a reunião e dirigiu por 20 minutos até a RMI. "Veja o que seu 'filho' me fez", disse para McKenna, em desespero. "Regis, o cara é louco." Um arrependido Jobs ligou logo depois, com um pedido de desculpas. Mesmo que a executiva amortecida suspeitasse de que Regis tivesse forçado Steve, ela concordou em voltar. Afinal, a pressão para vencer a IBM poderia deixar qualquer um louco.[31]

Os anos de John Sculley na guerra dos refrigerantes transformaram-no em um otimista. Assim como a Coca-Cola poderia existir ao lado da Pepsi, a Apple poderia sobreviver, e prosperar, no mesmo universo da IBM. Afinal, o grande lançamento da IBM no Natal de 1983 tinha sido um fracasso: uma adaptação do PC para o mercado doméstico chamada PCjr. O irmãozinho do poderoso PC não tinha sido desenvolvido por meio de outro Projeto Manhattan, mas pelos canais regulares de desenvolvimento da IBM — e isso era evidente. O PCjr lembrou ao mercado que "um Apple é definitivamente o computador para pessoas comuns", observou um distribuidor de software. "Este é o ano em que a Apple revida", anunciou Sculley em janeiro de 1984. "Estamos apostando a empresa inteira." E a grande aposta foi o Macintosh.[32]

Após alguns anos sendo superada por seus maiores concorrentes, a Apple aumentou seu orçamento de marketing e contratou a Chiat/Day, agência de publicidade baseada em Los Angeles e empresa favorita há muito tempo no mercado de computadores, e que pouco tempo antes tivera um sucesso estrondoso com seus anúncios para motocicletas Honda e tênis Nike. A pesquisa de segmentação psicográfica de Arnold Mitchell, no SRI, ajudou a Apple a definir seu público-alvo: "realizadores" que "preferem ser indivíduos, não fazer parte de uma coletividade". Mas o Mac, apesar de toda a credencial de sua bandeira pirata, "*deve inequivocamente* ser posicionado/apresentado como um produto comercial", advertiram executivos de planejamento da Chiat/Day.[33]

O Mac tinha uma vantagem de mercado: você não precisava saber muito sobre computadores para usá-lo. "As pessoas se intimidam na escolha" do computador certo, a Chiat/Day lembrou aos executivos da Apple, e preocupavam-se se o que eles compravam poderia se tornar obsoleto muito rápido. Os anúncios do Charlie Chaplin da IBM tinham implantado com sucesso mensagens do tipo "é fácil de usar". O Macintosh da Apple era fácil de usar *de verdade*. Era despojado e simples, se comparado com o

Alto e o Lisa, mas ainda por cima tinha gráficos, ícones e um mousezinho amigável. Mas Sculley continuava lembrando a todos de seu modelo Coca-Cola *versus* Pepsi: a Apple não deve imitar, deve se apresentar como algo completamente diferente. Steve Jobs concordou. "Precisamos de anúncios que batam na cara do público", disse ele. "Algo que fosse tão bom que não teríamos que mostrar fotos de computadores." "A publicidade Macintosh", concluíram os chefões da agência de publicidade, "deve ser distinta e espelhar a natureza radical e revolucionária do produto".[34]

Pois distinta ela foi. Em 22 de janeiro de 1984, o Mac estreou no cenário mundial em um comercial de televisão de US$1,3 milhão veiculado durante o Super Bowl. Dirigido por Ridley Scott, cineasta de ficção científica de Hollywood, o anúncio era 60 segundos de imagens de fazer cair o queixo de George Orwell, autor de *1984*, e todas as citações computacionais que aludiam ao livro desde o seu lançamento. O slogan: "Em 24 de janeiro, a Apple vai apresentar o Macintosh. E você verá porque 1984 não será como '1984'." O computador em si não foi mostrado.

Os anúncios do Macintosh lotaram os canais de televisão do país nos meses que se seguiram, durante os Jogos Olímpicos de Inverno e Verão e durante uma temporada de anúncios para a campanha presidencial que celebravam a "Manhã nos Estados Unidos" dos republicanos e a primeira mulher candidata à vice-presidência dos democratas. Nenhum outro anúncio Mac foi tão memorável quanto aquele anúncio do Super Bowl — poucos anúncios *na história* chegaram perto do burburinho que ele criou — e a mensagem de todos eles era a mesma. Nós não somos a IBM. Nós não somos o sistema. Nossos computadores vão libertar você. Sobre o vídeo de um dedo feminino de unhas elegantemente feitas clicando em um mouse, o slogan trazia: "Macintosh. O computador para todos."

MANHÃ NOS ESTADOS UNIDOS

Em outubro, enquanto a economia acelerava e a campanha presidencial de Walter Mondale, vice-presidente do governo Carter, mancava em direção a uma esperada surra no dia das eleições, Regis McKenna estava filosófico. "A boa notícia é que Mondale vai perder e veremos o fim do tradicional Partido Democrata que conhecemos", disse ele a Haynes Johnson, do *Washington Post*. "Eu vejo isso como algo bom, porque há uma geração inteira de jovens políticos democratas surgindo que são diferentes. A má notícia é que Reagan é péssimo, e eu estou falando muito sério."[35]

Mas as preocupações de McKenna não diminuíam o fato de que o Vale estava passando por excelentes momentos no outono de 1984. O anúncio eleitoral de Johnson a respeito do Vale levou o título de "A Sociedade Satisfeita do Vale do Silício", e havia muitas evidências dessa satisfação. A investida japonesa de microchips e eletrônicos baratos continuava, mas o *boom* dos computadores pessoais ampliou e diversificou muito o mercado. A bola da vez no Vale do Silício não era mais apenas semicondutores, mas também hardware e software de computador. E, enquanto muitos clones da IBM saíam das linhas de montagem do Leste Asiático, os Estados Unidos eram o número um quando se tratava de construir as novas gerações de computadores pessoais e produzir o software que rodava neles. As preocupações com a competição global não tinham desaparecido, mas elas foram suavizadas por ondas de dinheiro farto.

Naquele fim de ano, a Apple organizou 19 festas de Natal, incluindo uma em que foram gastos US$110 mil e que tinha como tema uma combinação estranhíssima entre uma aldeia dickensiana — completa, a ponto de trazer 30 artistas de rua com trajes de época — e um concerto de Chuck Berry. Jerry Sanders fez melhor, com os US$700 mil da AMD — uma festa de traje a rigor, com apresentações de um coro de meninos, uma orquestra completa, e os heróis do rock da banda Chicago. "Claro, eu recebo cartas sobre as crianças famintas na Etiópia", disse Sanders. "Mas nossa gente trabalhou duro, eles mereceram isso."[36]

As festas das principais empresas de ponta fundaram um novo patamar de consumo de luxo no Vale. Mas aquela não foi a última vez em que ultrajantes festas em feriados sinalizariam tempos mais difíceis logo à frente. Com o início de 1985, esfriou a mania de Wall Street por computadores pessoais. Até mesmo a Microsoft adiou por mais um ano o seu IPO. O jovem mercado ficou abalado, amadureceu, e alguns de seus pioneiros se viram vergonhosamente sem trabalho. Outros se tornaram mais poderosos do que nunca. Os fabricantes de semicondutores continuaram a lutar por participação no mercado, com suas fortunas finalmente se estabilizando apenas quando o milagre econômico do Japão provou não ser tão milagroso, afinal de contas. Novas tecnologias e novos jogadores influentes surgiram em campos que não apenas construíam máquinas pensantes, mas as *conectavam* umas às outras: *workstations*, softwares de banco de dados e redes de computadores.

E em meio a todo esse transtorno havia algo que esteve lá desde o início, que nunca tinha realmente desaparecido, e que nos anos 1980 tinha ganhado uma grande influência — e, para alguns no Vale, ficara muito mais sinistro — em várias décadas. Era o Big Brother original da contracultura tecnológica: o governo federal, alimentado por computador, e suas formas *high-tech* de fazer guerra.

CAPÍTULO 17

Jogos de Guerra

"VAMOS JOGAR?", perguntou o computador a David Lightman. "Eu adoraria", respondeu o *geek* adolescente. "Que tal a Guerra Termonuclear Global?" Bastaram dois comandos de texto para *Jogos de Guerra*, um *blockbuster* do verão de 1983, entrar em velocidade máxima.

Armado com nada além de um computador IMSAI e um modem em seu quarto, um garoto do subúrbio de Seattle entra inadvertidamente em um *mainframe* ultrassecreto do Departamento de Defesa dos Estados Unidos. Em pouco tempo, o protagonista e sua companheira se encontram numa montanha, no fundo de um bunker do Comando Aéreo, tentando freneticamente reprogramar um supercomputador que está determinado a lançar milhares de ogivas nucleares. No último momento, as habilidades de programação de David Lightman salvam o mundo da destruição mutuamente assegurada. A história era pura Hollywood, mas para os milhões de pessoas mastigando pipoca no escuro dos cinemas norte-americanos daquele verão, *Jogos de Guerra* não estava tão longe da realidade.

Após décadas de tratados de proibição de testes e relaxamento das tensões políticas, os Estados Unidos estavam mais uma vez aumentando seu arsenal nuclear e empregando a mais alta tecnologia para isso. Os militares norte-americanos pós-Vietnã não conseguiam mais acompanhar os soviéticos em termos de tamanho — os Estados Unidos tinham abolido o serviço militar compulsório, enquanto a União Soviética praticava o recrutamento forçado —, mas tinham uma enorme vantagem quando se tratava de tecnologia. Os Estados Unidos eram a capital da microeletrônica, e mesmo que o Japão estivesse mordendo os calcanhares da computação dos Estados Unidos, a União Soviética teria que gastar muito para chegar minimamente perto. Caspar Weinberger,

258   O CÓDIGO

o então secretário de Defesa, não era exatamente um partidário da tecnologia, mas acreditava no poder de uma estratégia econômica para drenar o tesouro soviético. O mesmo valia para George Shultz, secretário de Estado, que tinha residência no norte da Califórnia desde os anos Nixon e laços estreitos com Stanford e a comunidade tecnológica do Vale. Assim como nos primeiros dias da administração Eisenhower, a agenda da defesa mais uma vez guinou rumo à alta tecnologia.[1]

Apenas três meses antes do lançamento de *Jogos de Guerra*, Ronald Reagan tinha anunciado um novo e audacioso programa para criar um sofisticado escudo de mísseis no espaço usando satélites, lasers e todo tipo de tecnologia controlada por computador. As impressões digitais do norte californiano estavam por toda a proposta: o sistema baseado em laser fora defendido em alto e bom som por Edward Teller, de Berkeley, pai da bomba H e diretor dos Laboratórios Lawrence Livermore. David Packard também apoiou a ideia. Chamado de *Strategic Defense Initiative* [Iniciativa de Defesa Estratégica] ou SDI, o programa alargou as fronteiras das possibilidades tecnológicas. E, embora as matérias na imprensa incluíssem ilustrações de lasers e satélites com vários *pow! pow! pow!* pipocando na atmosfera superior, a SDI era na verdade baseada em computadores. Assim, a chegada da SDI e das controvérsias políticas que a acompanhavam tornaram-se inextricavelmente interligadas com a outra grande iniciativa da DARPA anunciada no verão de 1983: a computação estratégica.[2]

Reagan já alimentava a reputação de ser um belicista — ele proclamara a URSS um "império do mal" apenas algumas semanas antes do lançamento da SDI — e, apesar das garantias presidenciais de que o novo programa era apenas uma questão de dissuasão nuclear, muitos dos mais proeminentes cientistas da nação alinharam-se para decretar o programa como um perigoso disparate. Democratas tecnófilos no Congresso também rosnaram. Fazer o escudo funcionar seria "como acertar um tiro em uma bala", informou o senador Paul Tsongas, que havia se tornado um crítico particularmente barulhento. O programa rapidamente adquiriu um apelido não tão condescendente: "Guerra nas Estrelas."[3]

A perspectiva de batalhas espaciais com o lado escuro da Força poderia parecer muito remota. A possibilidade de um cenário parecido com o *Jogos de Guerra*, não. A profunda dependência por softwares do programa levantou a possibilidade ameaçadora de uma programação malfeita causar acidentalmente uma aniquilação global. O pior de tudo, na mente dos norte-americanos agora condicionados a pensar no governo como algo inerentemente ruim, é que ele seria construído e controlado por burocratas. "A tecnologia não é uma panaceia para nossos males", explicou o diretor de *Jogos* de *Guerra*, John Badham, quando questionado sobre a mensagem de seu filme, "e a burocracia é algo que certamente nos colocará em sérios problemas toda vez que for largada para funcionar por conta própria". Sam Ervin não poderia ter dito melhor.[4]

Ao contrário das guerras de privacidade dos anos 1960 e início dos anos 1970, no entanto, o mundo da computação não era mais apenas domínio do Estado grande e das grandes corporações. Agora era o playground dos *gamers* e hackers, mestres dos microcomputadores e do modem, assim como o jovem herói interpretado por Matthew Broderick no filme de Badham. O computador pessoal tinha triunfado, especialmente entre crianças e adolescentes norte-americanos.

Nerds tornaram-se personagens familiares e simpáticos da cultura pop, fossem eles figuras ficcionais do cinema ou da televisão, ou multimilionários da vida real, como Jobs e Gates. Na mesma época em que as batalhas da SDI eram travadas, o jornalista Steven Levy estava imortalizando uma história rebelde dessa raça em *Hackers*. (A comunidade tecnológica do Vale tinha ficado tão encantada com o seu heroico retrato no livro que eles voltaram a usar o rótulo como um honorífico, e Stewart Brand começou a realizar uma "Conferência de Hackers" anual para celebrar o movimento que eles tinham forjado.) Um programador fora da lei era o herói do romance de ficção científica *Neuromancer*, de William Gibson, um best-seller cult publicado mais ou menos na mesma época. Até mesmo os geeks mais enfadonhos conquistavam garotas nos sucessos adolescentes *Gatinhas & Gatões* e *A Vingança dos Nerds*. Enquanto o relógio do juízo final se aproximava da meia-noite, não era surpresa que tantos sonhassem com um final cinematográfico em que esses hackers usavam a tecnologia para fazer a paz, em vez da guerra.[5]

GUERRA NAS ESTRELAS

O Vale do Silício era o ponto de partida para os cavaleiros Jedi do mundo dos computadores, e não apenas porque a Apple o retratara dessa forma durante o Super Bowl de 1984. Nos recintos acadêmicos do Vale — Stanford, SRI, PARC — o sentimento antiguerra da era do Vietnã nunca diminuiu completamente e, em meados dos anos 1980, esses lugares se tornaram centros do movimento pelo desarmamento nuclear.

Nos anos 1970, o Congresso restringiu as bolsas para projetos acadêmicos com aplicação militar direta, e o financiamento da NASA e do Departamento de Energia tinha diminuído ainda mais. A chegada da administração Reagan mudou essas prioridades: os gastos militares nas universidades subiram de menos de US$500 milhões em 1980 para US$930 milhões em 1985. O aumento foi particularmente notável na

260   O CÓDIGO

ciência da computação, que por dois anos na era Reagan teve quase 60% dos seus fundos federais para pesquisa básica vindos do Pentágono. Com a chegada da SDI, essa porcentagem prometia disparar ainda mais.[6]

A onda contra a nova dependência de recursos militares começou logo após a chegada de Reagan ao cargo. Ao longo de 1981, a rede interna de correspondências do PARC zumbia com discussões sobre a belicosidade do novo regime e seus planos para a construção do arsenal nuclear. Na primavera de 1982, uma petição assinada por 150 funcionários do PARC persuadiu a Xerox a patrocinar um especial de televisão de alcance nacional intitulado *Facing Up to the Bomb* [Encarando a bomba]. No outono, o grupo tinha um nome: *Computer Professionals for Social Responsibility* [Profissionais de Informática para a Responsabilidade Social] ou CPSR. "Nós não acreditamos", eles proclamaram, "que o caminho para a segurança nacional está na superioridade militar, e nem que a superioridade pode ser alcançada por meio do uso de computadores". Na fundação do CPSR estavam nomes do Vale dedicados à IA e à interação homem-computador, incluindo um professor de Ciência da Computação de Stanford recentemente empossado chamado Terry Winograd.[7]

Um *baby boomer* com consciência progressista e doutorado no MIT, Winograd tinha tomado a decisão de não aceitar dinheiro de pesquisa militar. Ao ver a maré crescente de recursos correndo para o mundo da computação acadêmica, Winograd instou seus colegas a também dizerem não. "Quando a universidade se torna dependente de fundos militares para sua sobrevivência", escreveu Winograd em um dos primeiros boletins do CPSR, "é muito difícil tomar posição em uma questão 'menor' que poderia colocar tudo em risco. Algumas questões menores logo se transformariam em controle excessivo".[8]

O mal-estar chegou ao topo da administração da universidade. Donald Kennedy, então reitor de Stanford, era um biólogo que atuara como diretor da *U.S. Food and Drug Administration*, espécie de Vigilância Sanitária dos Estados Unidos, sob o comando de Jimmy Carter. Ele não ia dizer não aos dólares para pesquisas, mas tendo mais de 20 anos de Stanford, ele entendeu muito bem como a política poderia bagunçar as agendas de uma pesquisa independente. Os novos recursos da Defesa, ele observou com pesar, "destroem o equilíbrio da pesquisa científica".[9]

Não era só a ética que perturbava os acadêmicos. A própria ciência era uma preocupação. A ideia de uma IA que permitisse a um computador controlar o arsenal nuclear da nação era o *Jogos de Guerra* trazido à realidade, um pesadelo que não estava fora do reino das possibilidades. A IA podia fazer muito, mas o estado da arte da área não estava nem perto de tornar possível um campo de batalha comandado por computador. Os mais próximos aos corações das máquinas entendiam isso mais do que qualquer um. Na verdade, os líderes da DARPA estavam tão desconfortáveis com os objetivos técnicos e éticos da SDI que a Casa Branca de Reagan logo transferiu a linha orçamentária do programa para outro lugar no Pentágono.[10]

A OPOSIÇÃO AGUERRIDA À ESCALADA NUCLEAR E À SDI, NO

entanto, era apenas um lado da história da era Reagan no Vale. Os magnatas da computação faziam as manchetes, mas o mundo da eletrônica militar nunca tinha desocupado o coração do Vale do Silício. No fim dos anos 1970 e início dos anos 1980, o Condado de Santa Clara tinha mais gastos per capita em defesa do que qualquer outro lugar do país. Um quinto da produção econômica do Vale ainda vinha do setor aeroespacial e da defesa. O reaquecimento da defesa a qual aqueles cientistas se opunham tão apaixonadamente estava, literalmente, acontecendo em seus quintais.

A ROLM, a empresa que tinha impulsionado a carreira de investidor de risco de Burt McMurtry, ganhou 99% de sua receita de US$10 milhões em 1975 com as vendas "mil spec" — sob especificações militares — de minicomputadores robustos e resistentes a impactos, projetados para uso dos soldados no campo. Uma estrela em ascensão na década de 1980, a Oracle, empresa de banco de dados, começara a partir de um contrato com a CIA que Larry Ellison e seus cofundadores assinaram enquanto trabalhavam na Ampex, no fim da década de 1970. Com o aumento dos gastos militares, o sempre presente setor de defesa cresceu, mesmo que tenha ficado parcialmente inacessível à vista.[11]

O coração desse cenário continuou sendo o lugar em que tudo isso começou: a Lockheed, cuja força de trabalho dos anos 1980, de 24.800 empregados, era quase duas vezes maior que a da Intel e cinco vezes maior que a da Apple. Durante as três décadas desde que a empresa desembarcara pela primeira vez em Sunnyvale, o campus de 700.000m^2 da Lockheed crescera tanto que a empresa tinha o seu próprio corpo de bombeiros. No entanto, o perímetro de segurança que o rodeava permanecia hermético. Os contratos de defesa continuavam a constituir a maior parte do seu negócio, perpetuando um segredo e uma furtividade que contrastavam fortemente com a crescente cultura de colaboração e casualidade do resto do Vale.

Funcionários da Lockheed não conversavam sobre o cotidiano do escritório no Wagon Wheel ou à beira do campo em jogos da Little League. Eles tendiam a passar a vida no mesmo emprego, e não a pular de um trabalho para o outro. Muitos eram militares ou veteranos, de laços estreitos com o aparato da Defesa que em grande parte tinha desaparecido na nova geração de empresas do Vale. O cabelo deles permanecia curto; as camisas deles ainda eram passadas. Eles não se preocupavam com o Japão. Eles não estavam ligados em rede a firmas de capital de risco, advogados locais ou aos maestros de relações públicas do Vale — porque não precisavam deles. Eles tinham o Departamento de Defesa.

Dado que Sunnyvale se especializara em defesa antimíssil desde o auge da corrida espacial, não foi uma surpresa quando a Lockheed emergiu rapidamente como a principal contratada da SDI. Era muito dinheiro — US$100 milhões aqui, US$200 milhões ali — suscitando novas ondas de contratações e um impacto econômico que se espalhou pela região, já que a Lockheed contratou outras empresas como prestadores de serviços e fornecedores. "As pessoas estão em um frenesi de gastos", maravilhou-se Tom Lewcock, prefeito de Sunnyvale, e ele apontou os gastos com defesa como uma das principais causas. "É mais um daqueles períodos de ouro pelo qual estamos passando." No início de 1985, o balanço da Lockheed estava tão empanturrado de dinheiro, e seu futuro tão brilhante, que a empresa anunciou que gastaria US$5 bilhões em 5 anos para modernizar suas instalações, incluindo a de Sunnyvale. A Guerra nas Estrelas poderia ser um milagre ou poderia ser uma draga de dinheiro. Mas uma coisa ela certamente era: uma inesperada vitória para o Vale do Silício.[12]

Aquele *boom* foi tão lucrativo quanto controverso. O destaque e o tamanho dos seus contratos com a SDI fizeram da Lockheed um alvo óbvio para os manifestantes, que regularmente se aglomeravam com faixas e palavras de ordem nos portões das instalações para registrar suas objeções à escalada militar. Vinte e uma pessoas foram presas em um protesto em abril de 1986. Mais que o dobro de pessoas foram presas em outubro, após um evento inspirado no Halloween, que incluiu ativistas jogando abóboras sobre o tráfego de cima de um viaduto na Highway 101. A administração da Lockheed lidou com as manifestações como se fossem um breve incômodo, e prometeu que os negócios prosseguiriam sem alterações.[13]

Não eram só os atiradores de abóboras que não gostavam da nova ordem. Ed Zschau estava bem ciente do quanto os contratos de defesa estavam ajudando seu distrito, mas ele se preocupava que a enchente de dinheiro estivesse desviando recursos de pesquisa — e talentos de pesquisa — do setor privado. "Em virtude de nossa devoção à pesquisa e ao desenvolvimento da defesa", ele se lamentou para um repórter, "estamos tornando mais difícil competir nos mercados globais". Além disso, a escalada militar tinha transformado o sistema de aprovisionamento em um trem descarrilhado, vendendo privadas a US$640 e outros equipamentos "banhados a ouro", atraindo críticas veementes e bipartidárias no Congresso. Os gastos do

JOGOS DE GUERRA 263

Departamento de Defesa tinham gerado manchetes tão negativas para o presidente que, no meio de seu segundo mandato, Reagan foi forçado a estabelecer uma "Alta Comissão sobre Gestão de Defesa". A pessoa que ele acionou para dirigi-la: o sempre leal e parcimonioso David Packard.[14]

GUERRA DOS CÂNONES

As batalhas entre falcões e pombas — entre a direita e a esquerda do Vale do Silício na era Reagan — não se resumiam a quanto o Tesouro dos Estados Unidos estava gastando em defesa, ou sobre a ética e a ciência por trás do armamento de alta tecnologia. Elas foram mais longe. E o lugar em que elas se aguerriam ainda mais eram os 2 mil acres bucólicos que sempre estiveram no centro da história do Vale, seu centro intelectual e pracinha da cidade: o campus da Universidade de Stanford.

E o centro de tudo isso era o edifício de arenito medindo 87m: a Torre Hoover. A ascensão de Ronald Reagan à presidência tinha consolidado a reputação do Instituto Hoover como o principal *think tank* conservador do país. W. Glenn Campbell, o jovem economista que Herbert Hoover preparara durante anos e anos para dirigir o instituto, tinha resistido aos protestos dos professores de humanas, com seus cachimbos, e dos estudantes roqueiros dos anos 1960, tão impassível por todas aquelas lamúrias que logo depois ele expandiu a agenda de pesquisa da instituição para além das relações exteriores, na direção da política interna. A mudança para temas conservadores, como monetarismo econômico, desregulamentação e reforma da previdência social ampliou ainda mais a visibilidade e a controvérsia, atraindo generosas doações privadas de milionários apoiadores da direita. A expansão do âmbito político também atraiu "pesquisadores visitantes" de alta estirpe, como Reagan, que se juntara ao time de Hoover depois de deixar o cargo de governador da Califórnia, trazendo consigo 1.700 caixas com papelada de seus mandatos e fitas com os oito raros episódios de sua série televisiva, o bangue-bangue *Death Valley Days*. Ele doou tudo isso para os arquivos de Hoover.[15]

Não foi de surpreender, então, que meses após a posse de Reagan, Campbell propusesse que a futura biblioteca e memorial do presidente californiano fossem instalados no campus de Stanford. Depois de aguardar tranquilamente por alguns anos, em 1983 a proposta para a biblioteca começou a ser seriamente avaliada pela Casa Branca — abrindo as porteiras do inferno sobre a Fazenda.

Quando George Shultz, companheiro de longa data de Hoover e então secretário de Estado, discursou em uma formatura no início de 1983, manifestantes se reuniram para condenar as políticas do governo Reagan em geral e a cumplicidade de Hoover em particular. Uma petição assinada por 1.500 professores e estudantes exigiu que a instituição deixasse o campus. Quando Gloria Steinem visitou Stanford para uma sessão de autógrafos naquele outono, ela não resistiu em se lamentar. "Vocês têm as minhas mais profundas condolências", comentou a feminista mais famosa dos Estados Unidos. "Esse campus, que é responsável pela falta de educação [de Reagan], deveria ser responsável por suas medidas." Apareceu um grupo de estudantes que se autointitulava "Comunidade de Stanford contra a Universidade Reagan". Docentes morando nas proximidades se opuseram ao provável movimento e barulho que a biblioteca iria gerar; o célebre Centro de Estudos Avançados em Ciências Comportamentais, que ocupava a encosta repleta de carvalhos ao lado do local proposto para a biblioteca, ameaçou se retirar completamente de Stanford.[16]

A batalha pela biblioteca de Reagan durou mais quatro anos, até que a equipe do presidente decidiu finalmente preterir Palo Alto pelo clima ideologicamente mais amistoso do sul da Califórnia. "Os praticantes de *jogging*, os ambientalistas e os abastados de espírito livre que se opuseram à biblioteca realizaram festas de autocongratulação no sopé das montanhas", notou com ironia um pesquisador de Hoover, escrevendo para a *National Review*. Eles estavam "finalmente livres dos terrores do reaganismo". Glenn Campbell aposentou-se dois anos depois, alegando que Don Kennedy o obrigara, porque o reitor de Stanford "não gosta de mim". A acusação de partidarismo era profundamente injusta, disse um Campbell sem arrependimentos. "O Instituto Hoover não tende à direita — isso é uma ilusão de ótica, porque o resto do campus se inclina para a esquerda. A Torre Hoover aponta diretamente para cima."[17]

O todo-poderoso e de alta classe Campbell deu a sua entrevista de despedida para um jornalzinho de estudantes que mal tinha 2 anos de idade e só publicava alguns números por ano. O *Stanford Review*, no entanto, já estava criando sua marca como uma autônoma voz da razão para os estudantes conservadores de Stanford.

Fundado no fim da primavera de 1987, o *Review* era fruto da criação de um segundo-anista de filosofia chamado Peter Thiel. Nascido na Alemanha e criado na Califórnia, campeão regional de xadrez e devoto de J. R. R. Tolkien, Thiel chegara ao campus quando a batalha da biblioteca de Reagan ainda se desenrolava. Durante o resto de seus anos de graduação e, imediatamente depois, como estudante de direito de Stanford, Thiel concentrou suas consideráveis energias intelectuais no *Review*, fazendo de suas visões libertário-conservadoras uma característica inescapável da vida no campus enquanto surgia uma nova e ainda mais polarizadora batalha: a guerra a respeito do currículo da graduação.

JOGOS DE GUERRA   265

As "guerras dos cânones" explodiram em muitos campi de elite norte-americanos em meados dos anos 1980, à medida que estudantes e professores exigiam — e conseguiam — uma abordagem mais inclusiva e multicultural da educação humanista. Os direitos civis e as vitórias de ação afirmativa dos anos 1960 resultaram em muito mais diversidade no campus; minorias étnicas agora constituíam um terço do corpo estudantil de Stanford. Mas, conforme o acesso à faculdade foi se ampliando, o mesmo acontecia com o que um periódico nacional chamou pomposamente de "preocupação pública com a ignorância estudantil". Best-sellers como *Cultural Literacy*, de E. D. Hirsch, e *O Declínio da Cultura Ocidental*, de Allan Bloom, lamentavam o estado do ensino superior norte-americano, transformando os debates acadêmicos sobre o que ocorria com os currículos em uma vedete das guerras culturais dos anos 1980.[18]

Esse turbilhão estava aumentando em Stanford na época em que Thiel fundou o que ele chamou de "um fórum para o debate racional" no *Review*, e a eventual temperatura e pressão das discussões — causada pela luta sobre a biblioteca de Reagan, pronta para as manchetes — fez das guerras canônicas de Stanford uma notícia nacional. Onde muitos estudantes viam um necessário afastamento da ênfase na civilização ocidental e no legado de homens brancos já mortos, Thiel e seus colegas conservadores viam um esforço para "restringir a liberdade acadêmica dos professores". Logo se juntaria a ele outro contrariado, o estudante de direito Keith Rabois, cujo amor por Ronald Reagan era igualado a seu profundo desgosto pela ortodoxia progressista. Rabois (que mais tarde se assumiria gay) ganhou notoriedade ao gritar injúrias homofóbicas na porta da casa de um professor de Stanford, seguidas de "Espero que você morra de AIDS!". Ele declarou que suas ações eram simplesmente um protesto contra os códigos de discurso restritivos da universidade, e deixou Stanford pouco tempo depois.[19]

Outra estrela do *Review* demonstrou uma mistura semelhante de rigor ideológico e performance política equivocada. David Sacks, também um campeão local de xadrez, chegou como calouro em 1990 e descobriu que sua inépcia social e seu deleite em provocar egos progressistas fizeram dele um cara estranho em todos os lugares, exceto no *Review*. Mais tarde, Sacks negou muitas das coisas que ele escrevera nas páginas do jornal, mas logo depois de formado ele produziu mais do mesmo como autor de livros, colaborando com Thiel em um tratado intitulado *The Diversity Myth*. A educação multicultural era o "equivalente intelectual da *junk food*", declararam os dois, e isso era só a ponta do iceberg. Os Estados Unidos haviam se tornado "um reino de vítimas", e administradores universitários como a reitora Condoleezza Rice estavam encorajando essa situação (ironicamente, a "falcão" Rice era uma pesquisadora do Instituto Hoover, e mais tarde serviria como conselheira de segurança nacional e secretária de Estado do presidente George W. Bush). "Os indivíduos devem procurar e estabelecer seus próprios destinos, livres tanto das culturas históricas do passado como da nova multicultura."[20]

Thiel, Rabois e Sacks fizeram isso mesmo: lançaram-se na tecnologia e, no fim das contas, ficaram muito, muito ricos. Eles não agiam como indivíduos, mas como uma rede imensamente poderosa de homens que Thiel reuniu em seus muitos anos no *Review* e que, armados com seus diplomas de Stanford e suas cópias batidas de Ayn Rand, partiam juntos para refazer o admirável mundo novo da economia do Vale na internet. Dentro de uma década, o grupo central seria formado por multimilionários conhecidos como a "Máfia do PayPal", pois a empresa de pagamento online que fundaram foi vendida ao eBay por US$1,5 bilhão em 2002. Quase tudo foi gasto em fundar e investir em outros grandes êxitos tecnológicos.

As guerras no campus de Stanford duraram apenas alguns anos, mas tiveram uma ressonância duradoura. Isso porque os jovens que chegavam em suas bicicletas, passando pelas praças ensolaradas no fim dos anos 1980 e início dos anos 1990, seriam as mesmas pessoas que encontrariam e construiriam algumas das empresas mais ricas e influentes do Vale no fim dos anos 1990 e 2000. O corpo docente, que sofria com o dilema de aceitar dinheiro do Pentágono, tornou-se conselheiro e mentor da próxima geração de CEOs do Vale. Os administradores acadêmicos que dirigiam o lugar nessa época passaram a ser assessores políticos influentes na época seguinte. Os anos tempestuosos de Reagan na Universidade de Stanford tornaram-se o palco no qual a política do Vale da próxima geração se formou.

Mesmo tão fortemente polarizadas como estavam a esquerda e a direita de Stanford naquele tempo, alguns fios ainda as conectavam. Tanto Peter Thiel como Terry Winograd estavam preocupados com a liberdade de expressão no campus. Tanto Glenn Campbell como Don Kennedy acreditavam que os pesquisadores de Stanford tinham uma oportunidade, e responsabilidade, de contribuir com a política. Tanto os estudantes que clamavam por um novo currículo multicultural e os mais antigos, conservadores que ralhavam sobre o declínio da cultura ocidental, concordavam que os anos da faculdade moldavam a trajetória de uma pessoa para o resto de sua vida.

Isso era especialmente verdade em Stanford. A universidade de Fred Terman já não era um pequeno e poeirento posto avançado; era agora o centro de um grande e rico universo de alta tecnologia. Era o lugar para se estar se você quisesse transpor as fronteiras do conhecimento científico ou construir um tipo de negócio inteiramente novo. Lá você teria fácil acesso a pessoas e recursos, e os olhos do mundo estariam sobre você. Você estaria no lugar mais estreitamente conectado do mundo, uma preparação perfeita para uma carreira brilhante.

E, enquanto alguns desses jovens homens e mulheres privilegiados passavam por sua experiência em Stanford para depois continuar, à esquerda e à direita, na luta política, muitos outros tiraram uma lição diferente das guerras sobre bibliotecas e cânones. A política era cansativa, confusa, complicada, inconclusiva. Os negócios, em contraste, tinham o poder de mudar o mundo. Basta olhar para todas as empresas que haviam se espalhado a partir de Stanford, do *Homebrew*, das empresas de investimento de risco da Sand Hill. A tecnologia não impunha um cânone nem lhe dizia o que pensar; ela criava uma plataforma neutra para a criatividade e a livre expressão. Talvez fosse mais fácil baixar a cabeça, concentrar-se na programação ou no plano de negócios à sua frente, e ocupar-se em construir o futuro.

OS ESTADOS UNIDOS SE CONECTAM

Com o aumento do orçamento de defesa na era Reagan, as empresas locais de hardware e software tornaram-se alvos atraentes para grandes empreiteiros de defesa em busca de uma tecnologia de ponta. Uma delas era a Tymshare.

Tendo em conta quantas empresas de compartilhamento de tempo e de conexão em rede tinham comido o pão que o diabo amassou no início dos anos 1970, aquela companhia tinha desfrutado de uma trajetória notável. Ann Hardy ainda estava lá, finalmente como vice-presidente. A Tymnet tornou-se uma precoce plataforma online para programas corporativos que mais tarde se tornariam onipresentes: bancos, pagamento de contas, reservas de viagens. Todos esses serviços online estavam funcionando a partir do departamento de Hardy, e ela e a sua equipe estavam entre os primeiros a experimentar essas novas estratégias tecnológicas. Ela viajava muito a trabalho e ensinou seus filhos pequenos a usar o correio eletrônico para que pudessem se comunicar com ela enquanto estivesse na estrada. No início dos anos 1980, outras empresas de compartilhamento de tempo, como a CompuServe e a Prodigy, estavam se ramificando em mercados consumidores lucrativos — e-mail, jornais eletrônicos, até mesmo alguns pioneiros varejistas online — e a Tymnet ainda estava começando a atender clientes corporativos. O CEO Tom O'Roarke estava pronto para se aposentar e não queria gastar o dinheiro que seria necessário para fazer a Tymnet entrar nesse mercado.[21]

Hardy desejava que seu chefe fosse um pouco mais ambicioso na ampliação do negócio, pois ela enxergava como o mercado estava começando a crescer. Grandes empresas já rondavam a Tymshare para uma potencial aquisição. Elas viram valor em seu admirável e bem projetado sistema, e gostaram da sua valorização de US$300 milhões. Em 1984, uma das maiores empresas — a McDonnell-Douglas — acabou por agarrar a Tymshare.

A aquisição fez de Hardy a única vice-presidente mulher de uma grande empresa de defesa, algo com o qual seus novos patrões não sabiam muito bem como lidar. Na primeira reunião da empresa em que ela participou, "cada orador começou sua apresentação com algum tipo de piada fora do tom", ela se lembrou. John McDonnell, o presidente da empresa, começou a acompanhar Hardy ansiosamente nas reuniões executivas para garantir que ninguém dissesse nada insultuoso. Ninguém tinha imaginado que haveria uma mulher na sala. Depois disso, "eles passaram um ano inteiro tentando descobrir como se livrar de mim sem que eu os processasse". O trabalho em defesa não era nada divertido. No entanto, ela não sabia bem o que fazer a seguir. Sair por conta própria? "Eu não sabia nada sobre abrir uma empresa", ela se lamentou. Ela era simpática, não durona, e "mulheres simpáticas não fazem isso". Mas era verdade: a vida no novo emprego estava horrível.

Por desespero, tanto quanto por coragem, Hardy finalmente fez o que tantos homens ao seu redor vinham fazendo há anos. Ela começou o seu próprio negócio. O nome era KeyLogic, e fabricava software de segurança para processamento de transações em *mainframes*. Seus produtos eram baseados no sistema operacional seguro projetado há muito tempo na Tymshare; algo que se tornaria cada vez mais importante nos próximos anos. Duas décadas no Vale deram-lhe grandes conexões; ela assegurou o financiamento dos empreendimentos, montou uma equipe forte e conquistou seus primeiros clientes promissores.[1]

Finalmente, Ann Hardy tinha se tornado uma empresária. Ela era uma executiva focada e um pouco tímida, séria e de meia-idade, numa época de nerds que apareciam nas capas de revista. Mas o seu tipo de negócio — máquinas grandes, grandes clientes corporativos e contratos do governo — ainda era parte da alta tecnologia do Vale dos anos 1980, tanto quanto o computador pessoal. "Havia tanta coisa diferente no Vale do Silício", ela refletiu. Hardy já estava em cena há tempo suficiente para entender que o sucesso não vinha apenas do talento técnico. "É o *timing*. É a sorte." E ela, mais uma vez, tinha tido sorte.[22]

REDES DE COMPUTADORES ESTIVERAM POR AÍ HÁ TANTO

tempo quanto os próprios computadores — Ann Hardy seria a primeira a concordar —, mas as coisas que as pessoas *faziam* com as redes começaram a mudar nos anos

JOGOS DE GUERRA   269

1980. Se o fictício David Lightman quase acabando com uma guerra termonuclear espelhava a realidade da era Reagan, o mesmo valia para o caos que ele foi capaz de causar com um modem em seu quarto. A explosão do mercado de computadores pessoais permitiu que as redes de computadores também se tornassem personalizadas.

No início, a chegada do microcomputador criou uma dor de cabeça real para as empresas de compartilhamento de tempo. Elas estavam no negócio de distribuir poder de processamento para empresas que não podiam pagar por sua própria máquina; porém, agora quase todo mundo podia. A CompuServe, rede baseada em Ohio e fundada em 1969, percebeu que sua sobrevivência dependeria de criar uma conexão entre os novos usuários de computadores pessoais e a uma vida conectada. Os fabricantes de modems também viram uma oportunidade de negócio. Máquinas que transformavam um aparelho de telefone num portal de comunicação via computador também existiam desde o início dos anos 1950, mas foi apenas no mundo pós-*Carterfone* que muitos fabricantes diferentes puderam entrar em ação. Afinal, os modems eram equipamentos telefônicos. Enquanto as pessoas começavam a conseguir seus Apple IIs e TRS-80s no final dos anos 1970, os fabricantes de modems entravam em cena para fazer umas vendas.

Era um público-alvo perfeito. Lee Felsenstein ajudou a criar o fórum de discussão da Community Memory antes de fazer parte do *Homebrew*, afinal de contas. Essa geração queria "acesso a ferramentas" para que pudessem se comunicar uns com os outros. Não era divertido estar em casa com um computador sem ninguém com quem falar. Com os primeiros compradores instalando micros em suas casas, seus modems aguardando o primeiro sinal de conexão, as companhias de rede criaram softwares para pôr novos usuários online. No verão de 1978, a CompuServe tinha mais de 1 mil usuários usando seu novo serviço, o MicroNET. No verão de 1979, um novo serviço chamado The Source foi lançado a partir da Virgínia do Norte. Apesar de ser uma startup, seus fundadores de bolso vazio fizeram um evento de estreia no Plaza Hotel de Nova York, lançando mão do poder da ciência com uma aparição especial de Isaac Asimov. "O utilitário informático que o mundo aguardava!", exclamou o comunicado de imprensa. "Este é o início da era da informação!", Asimov comemorou.[23]

Mas empresas online baseadas em lucro não eram verdadeiros filhos da Community Memory; nem eram como a ARPANET, que continuava assoviando tranquila como um domínio nerd de pesquisadores acadêmicos de computação e de contratos governamentais. A coisa que espalhou a essência anárquica e descentralizada dessas duas redes não comerciais originais era algo totalmente separado: a Usenet. Para entrar nesse mundo online, você não assinava um serviço de fornecimento de conteúdo, mas sim um grupo de discussão cujos *participantes* criavam o conteúdo: um fórum de discussão voltado para tópicos específicos — microinformática, jogos, jardinagem — contendo discussões encadeadas de posts e respostas.

A Usenet, uma "ARPANET do homem comum", foi lançada na Carolina do Norte em 1980, e permitia que os usuários transferissem arquivos (em velocidade de tartaruga) e trocassem e-mails. Nos primeiros dias, a troca de informações era processada em lotes, em certas horas do dia, uma volta à Idade da Pedra, antes do compartilhamento de tempo. Você poderia enviar uma mensagem para a Europa por meio da Usenet, mas levaria dois dias para obter uma resposta. No entanto, o acesso a uma rede de comunicação especializada, descentralizada e dirigida pelo usuário era uma maravilha para os seus milhares de assinantes numa época em que o uso da ARPANET era altamente restrito. E os diferentes grupos da Usenet — acima de 900, em 1984 — transformaram o mundo alienígena da comunicação por computador em algo pessoal, algo que se conectava às paixões e entusiasmos que as pessoas tinham na vida real. No entanto, era ainda melhor, proporcionando uma conexão anônima por meio do véu do nome de usuário, tornando-a o lugar de liberdade de expressão que os sonhadores e realizadores do Community Memory sempre esperaram que os fóruns pudessem ser.

O grupo Usenet era apenas um dos tipos de serviço de fóruns, ou BBS do original *bulletin board service*, que proliferou no mundo online pré-internet dos anos 1980. A maior parte das pessoas que ficavam online eram homens de alta renda na casa dos 30 anos — nenhuma surpresa, dado o fato de que esse era o público-alvo dos fabricantes de micros — e os tópicos de discussão refletiam suas prioridades. Em 1985 nasceu a mais famosa dos primeiros BBSs: The WELL ou Whole Earth 'Lectronic Link [Conexão 'Letrônica da Whole Earth], iniciada por Stewart Brand e seu alegre grupo de hackers do condado de Marin. A fama da WELL veio das celebridades do Vale do Silício que fizeram dela o seu primeiro ponto de encontro online, incluindo John Perry Barlow, letrista do Grateful Dead, o jornalista Steven Levy, Mitch Kapor, fundador da Lotus, e claro, o próprio Brand. O pessoal cafona que administrava a CompuServe em Ohio (agora propriedade dos ainda mais cafonas contabilistas da H&R Block) não podia competir com o glamour e o charme da The WELL.

O pedigree da WELL era decididamente contracultural, dado uma parte de seus fundadores vir da lendária comuna The Farm, do Tennessee, e dedicar considerável parte de suas discussões e trocas de arquivos ao Grateful Dead. Mas, tal como os tipos de computadores contraculturais originais, a WELL dos anos 1980 deixou para trás os debates dos anos 1960 sobre equidade de gênero ao criar a sua nova fronteira de comunicação online. Eram poucas as mulheres na WELL, e algumas das primeiras usuárias se debandaram para criar fóruns mais amigáveis para as mulheres. A rede majoritariamente branca e masculina que permaneceu na WELL continuaria a desempenhar um papel imensamente importante no desenvolvimento e evangelismo pioneiro da World Wide Web; os fóruns para as feministas da segunda onda e as *grrls* da geração X não tiveram o mesmo alcance.[24]

E para cada fórum dedicado a nobres causas sociais — e haviam muitos — tinham outros voltados a interesses mais obscuros. Um crescente movimento supremacista branco descobriu que os fóruns eram terreno fértil para recrutamento e retenção de membros; os chefões da Ku Klux Klan e os líderes da "resistência White Aryan [Arianos Brancos]" mudaram-se rapidamente para o mundo dos fóruns, usando seu alcance e quase anonimato para reunir novos seguidores. Menos nefastos, mas igualmente determinados a operar nas sombras, os Cypherpunks eram uma espécie de coletivo punk anarquista no ciberespaço, cujos membros empregavam as complexidades da criptografia — tecnologia desenvolvida pelo complexo militar-industrial — para bloquear potenciais escutas eletrônicas de bisbilhoteiros governamentais.[25]

O tribalismo começou cedo, quando as mentes semelhantes se encontraram online, um sinal precoce do imenso poder que essas redes teriam um dia como plataformas para todo tipo de ativismo político, propaganda e boataria. Em 1995, pouco antes da disseminação da internet e de seus navegadores fazerem o mundo da Usenet, da CompuServe e dos fóruns desvanecerem, existiam mais de 70 mil fóruns somente nos Estados Unidos.[26]

PERESTROIKA

Ronald Reagan deixou a presidência nos primeiros dias de 1989, menos de um ano depois de sua primeira viagem a Moscou e do discurso em que ele se vangloriou sobre as conquistas da revolução dos microchips na frente de estudantes de Ciência da Computação da Universidade Estatal de Moscou, um evento orquestrado pelo próprio herói local de Stanford, o secretário de Estado George Shultz.

Mal Reagan deixara a Casa Branca em direção à aposentadoria em seu rancho de Santa Barbara, a administração George H. W. Bush mudou o sistema da SDI para algo mais barato e mais ágil, que dependia mais da eletrônica miniaturizada e de controle computadorizado. Edward Teller, de Berkeley, tornou-se um impulsionador dessa nova abordagem, tal como tinha sido para o plano original do programa Guerra nas Estrelas, passando quase todo o último ano da presidência de Reagan pressionando a Casa Branca para seguir a via miniaturizada. "Para a defesa, não precisamos do big bang", declarou Teller em uma reunião de empresários da área de defesa no início de 1989, "o que precisamos é de precisão e mais precisão". Outro bônus: cada interceptador traria agora na etiqueta o preço relativamente modesto de US$1 milhão. Os planejadores militares apelidaram o sistema de "Pedrinhas Brilhantes", brincando com o tamanho gargantuesco da encarnação anterior do sistema. Embora a Lockheed tenha conseguido um contrato privilegiado, foi o primeiro sinal de que logo desapareceria o poderoso impulso que os anos Reagan trouxeram à fortuna de Sunnyvale.[27]

No entanto, o Vale não deixou os holofotes da política externa quando a era Reagan chegou ao fim. No início do verão de 1990, o presidente soviético Mikhail Gorbachev veio a Stanford para um evento que soou como uma resposta ao discurso de Reagan em Moscou, dois anos antes. O Muro de Berlim tinha caído; o Ocidente tinha vencido a Guerra Fria. Mas "não vamos disputar sobre quem ganhou", disse Gorbachev à grande multidão reunida no cavernoso Auditório Memorial. Olhemos para o futuro, pois "as ideias e tecnologias do amanhã nascem aqui na Califórnia". Gorbachev estava tão apaixonado pela Bay Area quanto Charles de Gaulle estivera 30 anos antes. "Eu sempre quis vir aqui, e nunca tive a oportunidade", disse ele a um grupo de repórteres à espera. "Fantástico!"[28]

Mas a Califórnia, sempre orientada para o futuro, nunca ficara sem a mão invisível do Estado. O dinheirão, que afluía com contratos da SC e da SDI nos anos 1980, era um lembrete de que a defesa continuava a ser o grande motor governamental escondido sob o capô do novo e brilhante carro esportivo empresarial do Vale, voando em grande parte abaixo do radar da saturada cobertura da mídia sobre hackers e investidores. Contratos para mísseis, lasers e interceptadores não tiveram muito tempo de mídia nas muitas matérias que especulavam sobre a corrida para construir "o novo Vale do Silício". Quando mereceram alguma menção, os gastos com a defesa apareciam como algo do passado, fundacional, um prólogo para as manchetes empresariais dos anos 1980 e seguintes.

Novas indústrias como a de microchips, computadores pessoais e videogames ganhavam a maior parte da atenção da imprensa. Porém, elas também foram fustigadas pela concorrência estrangeira, por concorrentes domésticos e por decisões comerciais equivocadas. Nos militarescos últimos dias da Guerra Fria, dias de grandes gastos, o negócio de defesa ficou de fora de grande parte desse *boom* e da falência. Como antes, esses contratos federais subsidiavam o desenvolvimento de projetos de ponta, que, de outra forma, não teriam visto a luz do dia dentro ou fora da pesquisa acadêmica — subsidiando o desenvolvimento de indústrias e empresas que manteriam o Vale como um líder da próxima geração.

CAPÍTULO 18

Construindo sobre Areia

Na véspera das eleições de 1988, Haynes Johnson, um repórter do *Washington Post*, voltou ao Vale para ver como andava a temperatura da região, conversando com o democrata Larry Stone, um corretor de imóveis de luxo que estava pessimista. "Este lugar mudou, e com isso veio a consciência de que a comunidade não está perto do que deveria ser ou [do que] pensávamos que era", Stone observou friamente.[1]

Stone tinha muitos dados para sustentar sua avaliação sombria. O setor imobiliário, perpetuamente aquecido, tinha esfriado, e as pessoas que tinham pago um preço alto por ranchos e bangalôs alguns anos antes agora estavam com a água no pescoço para pagar suas hipotecas. O amadurecimento do mercado de computação pessoal piorou a situação. Não mais novidades de alto preço, os PCs eram agora um acessível produto de massa. Com um computador em quase todas as escrivaninhas e em qualquer casa com alguma experiência em informática, as vendas tinham se achatado e os lucros caíram. Engenheiros trocaram Maseratis por minivans, conforme os preocupados moradores se perguntavam em alto e bom som se os tempos de *boom* tinham passado para sempre. A montanha de silício do Vale parecia ser apenas uma colina de areia, no fim das contas.

Além de tudo isso, o Vale tinha perdido seu congressista. Ed Zschau fez uma tentativa, em 1986, para pegar a cadeira do então senador norte-americano Alan Cranston, vencendo as lotadas primárias, mas perdendo por uma margem muito pequena nas eleições gerais.

À amarga derrota, seguiu-se uma pá de cal de Regis McKenna, que se juntou a Cranston em uma coletiva de imprensa abarrotada para declarar que as altamente valorizadas credenciais de negócios de Zschau no Vale do Silício eram balela.

McKenna ocupara um lugar na diretoria da System Industries de Zschau depois de o congressista partir para Washington, e ele anunciou que tinha encontrado uma empresa desastrosamente mal administrada. "Se não fossem as pessoas que trabalhavam para Ed", disse McKenna, "a empresa sequer estaria de pé". Zschau atirou de volta: "Acho que o Regis está errado. Obviamente, ele está fazendo um ato político ao tentar lançar sombras sobre a minha empresa." As receitas duplicaram entre 1980 a 1981, salientou Zschau, e ele liderara um segundo IPO para levantar capital adicional antes de partir para o Congresso. McKenna manteve a sua posição. Seus comentários eram apoiados por outros líderes da empresa, ele observou. "Não era apenas a minha opinião." Vários membros da diretoria da System Industries publicaram anúncios de página inteira nos jornais locais trompeteando a manchete: "Regis, você deveria ter vergonha de si mesmo!" Foi uma briga política diferente de tudo o que o cordial Vale já tinha testemunhado.[2]

Dois anos depois, a era Reagan terminou, e os homens que tinham trazido um pouco de Stanford e do Instituto Hoover para Washington estavam voltando para casa. As empresas de semicondutores finalmente lançaram a sua planta de fabricação de chips avançados, a Sematech, mas ela nem sequer seria na Califórnia. Em vez disso, estava indo para Austin, Texas. Mas o Vale acabou por deixar sua marca: depois de ninguém ter se voluntariado imediatamente para dirigir a operação, com alguma relutância Bob Noyce concordou em se mudar para o Texas para se tornar seu diretor.

O Texas também estava sonhando alto, com a chegada do novo presidente George H. W. Bush, e o Vale não tinha certeza das mudanças que poderiam resultar daquilo. Enquanto a administração Bush era certamente amigável aos negócios, a equipe econômica do novo presidente abordou a indústria com certa distância. "Batata chips, chips de computador, qual é a diferença?", um conselheiro de Bush perguntou; a fala é apócrifa e de autoria nunca bem estabelecida, mas confirmava tudo o que os fabricantes de chips do Vale suspeitavam sobre o novo governo, e isso os deixou loucos.[3]

COMO É CINZA MEU VALE

Parte da perda de fé teve a ver com a percepção de que, quando se trata de problemas da velha economia, como poluição e custos de mão de obra, a nova e dourada economia do Vale não era, afinal, tão excepcional. Desde que a HP começara a fabricar osciladores e a Ampex a fabricar fitas magnéticas, as indústrias tinham se estendido ao longo da rodovia 101, de San José a San Mateo. Dezenas de milhares de empregados (desproporcionalmente mulheres, asiáticos e latinos) trabalhavam nas linhas de montagem durante os anos do *boom* dos semicondutores, superando em muito os trabalhadores brancos, homens e pós-graduados que eram os rostos que a indústria da tecnologia apresentava ao mundo.

Este Vale do Silício oculto tinha sido derramado quase que literalmente na consciência pública no início dos anos 1980, quando irrompeu a notícia de que produtos químicos altamente tóxicos vazaram a partir da fábrica da Fairchild Semiconductor perto de Los Paseos, um bairro operário de San José. Os moradores já tinham começado a notar um pico alarmante de casos de aborto, natimortos e problemas de saúde tanto em crianças quanto em adultos; agora eles acreditavam ter encontrado o culpado. Os defensores da alta tecnologia no Vale elogiavam as virtudes "limpas" e "sem fumaça" da sua indústria desde que Fred Terman esboçara pela primeira vez o Parque Industrial de Stanford. Água subterrânea contaminada *não* se enquadrava na narrativa do Vale do Silício.

Essa era uma pedra cantada já há algum tempo. Desde os banhos químicos da produção de microchips até os metais tóxicos embutidos dentro de cada componente informático, o Vale do Silício foi uma manufatura particularmente suja desde o início. O perigo para a saúde humana era o fato de que essa cidade em expansão fora construída em terras agrícolas onde a infraestrutura de água e esgoto tinha sido feita de forma barata e rápida — se é que tinha sido construída, para começo de conversa. A poluição não era apenas um problema para bairros da classe trabalhadora como Los Paseos, onde os reservatórios de água potável tinham sido cavados, de forma alarmante, perto dos tanques de retenção da Fairchild corrompidos. Em vilas mais aristocráticas, escondidas atrás de parques de pesquisa e campi corporativos, dezenas de milhares de casas dependiam de poços privados para ter água potável. Pouco profundos e ilegais, eles eram ainda mais sensíveis a vazamentos tóxicos não detectados a tempo.[4]

À medida que os venenos foram se infiltrando, os problemas do Vale tornaram-se impossíveis de ignorar até mesmo para a *Environmental Protection Agency* [Agência de Proteção Ambiental de Reagan] ou EPA, tão avessa a regulamentações. "Tornou-se óbvio", concluiu a chefe regional da EPA, Judith Ayres, "que a ausência de chaminés não significa a ausência de problemas ambientais". Os acontecimentos abalaram a fé das autoridades locais. "Não havia sequer uma dúvida na minha cabeça de que esta era uma indústria limpa", lamentou Janet Hayes, a prefeita de San José. Mas as revelações crescentes desencadeadas pelo vazamento de Los Paseos fizeram com que ela tomasse consciência. "Agora sabemos que estamos no meio de uma revolução química." A EPA acabou por designar 23 locais no Vale como *Superfund* — locais reconhecidos pela lei federal norte-americana como excepcionalmente poluídos — incluindo um conjunto de locais no bucólico Stanford Research Park — a planta de pesquisa que tinha estabelecido um padrão internacional para a fabricação "sem chaminés" desde os anos 1950. Uma nova e lucrativa especialidade surgida no negócio de incorporação imobiliária comercial do Vale: a compensação ambiental.[5]

Feridas pela má publicidade e irritadas com os novos e rigorosos códigos ambientais de cidades como Palo Alto, empresas de tecnologia começaram a procurar outros lugares para fabricar seus produtos. Algumas escolheram um escape local, simplesmente deslocando-se alguns quilômetros para leste, para as planícies baratas da Baía, território que já era reconhecidamente industrial, com água e solo há muito manchados por refinarias de petróleo e salinas, por montadoras de automóveis e fábricas de produtos químicos. Em algumas dessas fábricas em East Bay, os robôs faziam uma parte crescente do trabalho, ao modo da caríssima fábrica de Macintoshs, em Fremont. Quando fossem necessários o olho vivo de uma supervisão humana e habilidades motoras finas, as empresas cada vez mais descobriam que podiam cortar custos ao enviar fábricas para o exterior.[6]

Agora as marcas norte-americanas de tecnologia expandiam-se para além de Singapura e Taiwan, indo para o sul da China e para a Índia, onde a liberalização econômica e a privatização estavam apenas começando a criar grandes oportunidades para as empresas estrangeiras. As próprias fábricas eram geralmente a propriedade de um ávido, e às vezes mercenário, quadro de subcontratados que também as operava, levando o trabalho físico de produção de alta tecnologia ainda mais longe do sol da Bay Area. (Uma geração mais recente de fabricantes da Apple vê esta geografia econômica gravada na parte de trás de cada iPhone ou iPad: "Projetado pela Apple na Califórnia, montado na China.")

De volta ao Vale, os trabalhadores mal pagos das linhas de montagem da indústria eletrônica remanescente não podiam mais viver sequer remotamente próximos do local onde trabalhavam. As organizações trabalhistas aumentaram seus esforços para sindicalizar as fábricas, da Califórnia a Massachusetts, e continuaram a encontrar uma sólida parede as impedindo. "A indústria de alta tecnologia tem condições de trabalho e sensibilidades suficientemente sofisticadas, portanto, ter um sindicato não é uma questão", ridicularizou um executivo. "Os sindicatos existiam apenas porque a gerência maltratava seus trabalhadores", acrescentou Jimmy Treybig. "As pessoas querem sentir que são cidadãos dentro da empresa." Os líderes trabalhistas não conseguiriam nada. As empresas de tecnologia fingem que seus operários não existem, protestou o sindicalista Rand Wilson. "As coisas não são boas como eles dizem. Muitos desses lugares são espeluncas de alta tecnologia."[7]

Mas vozes como as de Wilson eram difíceis de se ouvir por causa dos rangidos das escavadeiras de John Arrillaga, demolindo antigas plantas de fábricas para dar lugar a centros de escritórios e campi corporativos sem graça. Com o mercado de trabalho asiático acenando, era muito mais fácil levar o negócio sujo da alta tecnologia para longe dos olhos.

A globalização da produção permitiu que o mito de um mundo limpo, de colarinho branco e alta tecnologia se mantivesse vivo e ganhasse velocidade. Com cada nova capa de revista com chips de silício, parecia que o mundo ficava mais louco por parques de pesquisa de alta tecnologia. Tudo quanto era lugar, de Perth a Peoria, ainda queriam criar um Algo do Silício para chamar de seu. Na busca por uma indústria que prometia empregos administrativos e abundante receita tributária; prefeitos e governadores ignoravam deliberadamente as compensações que o Vale original havia feito ao se tornar uma potência industrial. "Cidades por toda parte querem ser o lar de empresas com fábricas não poluidoras e escritórios em campus", noticiou docilmente o *U.S. News & World Report*, como se Los Paseos nunca tivesse acontecido. "Não acho que você vai descobrir alguma poluição", declarou Mark White, governador do Texas, ao anunciar mais uma nova instalação de alta tecnologia, exceto "pelos carros japoneses que eles dirigem para ir e voltar do trabalho".[8]

O QUE VEM A SEGUIR

As aparências também tinham enganado o mundo das finanças do Vale. Para a Apple e seu carismático cofundador, 1984 tinha sido um ano espetacular. Janeiro tinha começado com o sucesso absoluto do anúncio no Super Bowl, seguido do evento principal de lançamento do próprio Mac. Durante a primavera, a demanda pelo novo computador excedeu a oferta. Steve Jobs projetara sua fábrica de Macs, construída especialmente em Fremont, para produzir um milhão de unidades por ano — e ele previu que em breve ela funcionaria em capacidade máxima. Era "insanamente maravilhoso!", ele proclamava repetidamente.[9]

O Mac também estava conquistando um novo mercado: o ensino superior. "Estes estudantes são os trabalhadores do conhecimento de amanhã", disse Jobs à *InfoWorld*. Estudantes faziam parte da demografia dos "realizadores" de Arnold Mitchell; colocar um Mac em suas mesas, aos 19 anos, associaria a marca para sempre com seus carinhosamente lembrados dias de faculdade. (Também ampliou o perfil de gênero; estudantes universitários eram o único público-alvo do Mac que incluía tanto mulheres quanto homens.) O objetivo era "atingir uma geração em crescimento", cuja fidelidade viria para os produtos da Apple, exultava Dan'l Lewin, o jovem executivo de marketing que Floyd Kvamme designara para o projeto. O marketing hiperativo de Lewin persuadiu várias universidades de elite cheias de "realizadores" a se juntarem ao novo "Consórcio Universitário Apple", recebendo novamente dezenas de milhares de Macs a preço reduzido.[10]

Foi então que "acabaram os fanáticos pela Apple", como mais tarde disseram Michael Swaine e Paul Freiberger, jornalistas do Vale. Depois de uma onda de vendas antecipadas, os números do Mac nunca corresponderam às estratosféricas projeções de Jobs. Os primeiros comentários sobre o novo Apple elogiavam sua usabilidade — enfim, uma máquina que não precisava de 100 páginas no manual do usuário e 5 horas de *set-up* —, mas usuários de computadores com algum conhecimento foram rápidos em apontar suas limitações, especialmente para os negócios. O primeiro Mac não tinha uma unidade de disco rígido. A interface gráfica e os programas incorporados consumiam a maior parte da sua memória, deixando pouco espaço para novos softwares e armazenamento. Por ser tão elegante, carecia de entrada para equipamentos periféricos, como impressoras. Bill Gates e a Microsoft tinham trabalhado com a equipe do Macintosh desde 1981 para desenvolver um conjunto de software para o Mac, mas o mundo fechado que Jobs criara para seu querido novo computador dificultou para que outros desenvolvedores criassem softwares para rodar em sua plataforma. O anúncio "1984" tinha feito história — e a reputação da Chiat/Day —, mas o mesmo não poderia ser dito sobre o produto veiculado. Um assombrado Regis McKenna disse: "O anúncio foi mais bem-sucedido que o próprio Mac."[11]

Na primavera de 1985, a Apple registrou sua primeira perda trimestral. No verão, ela demitiu 1.200 funcionários — ou seja, 20% de toda a empresa. No fim de setembro de 1983, o preço das ações caiu dos altos US$62 por ação para menos de US$17. Na mente da diretoria e de John Sculley, a principal fonte de todos os males da Apple era o mercurial, messiânico e megalomaníaco Steve Jobs. Em uma das mais célebres demissões na história dos negócios norte-americanos, Sculley tirou a autoridade operacional de Jobs e o levou para o cerimonioso — e destituído de poderes — cargo de presidente do conselho. Quatro meses depois, Jobs vendeu todas as suas ações da Apple (exceto uma, profundamente simbólica) e foi embora.

Para uma esbaforida imprensa, o confronto entre Jobs e Sculley teve reverberações muito além de Cupertino. O engravatado Homem de Negócios da Costa Leste tinha derrotado o visionário empreendedor de cabelos longos do Estado Dourado. Promessas arrojadas sobre ser "insanamente maravilhoso" não conseguiam superar as rígidas métricas dos balanços trimestrais. O negócio dos computadores pessoais era agora um negócio de gente grande, e gênios excêntricos não apitariam mais.

Nas considerações pós-demissão, as qualidades que tinham levado Jobs ao superestrelado mundial tornavam-se então o seu maior passivo. "As próprias características que levam os empresários a criar empresas — a inovação independente e o compromisso com as ideias — são as mesmas que podem causar o seu colapso como gestores", analisou um especialista em gestão de empresas. Wall Street sinalizou imediatamente sua aprovação: as ações da Apple subiram assim que Jobs pisou fora da sede da empresa. Mas os veteranos do Vale do Silício não tinham tanta certeza. "De onde virá a inspiração da Apple?", perguntou Nolan Bushnell. "A Apple vai ter o romantismo de um novo refrigerante da Pepsi?"[12]

Atordoado e vingativo, Jobs não demorou muito para fazer mais um dos movimentos ousados que o mantiveram nas manchetes. Montado nos US$7 milhões ganhos com a sua venda de ações, ele começou uma nova empresa: a NeXT Computer. Demonstrando com entusiasmo para Sculley e a diretoria da Apple que ele não estava indo nessa sozinho, ele arrebanhou alguns dos melhores membros da equipe pirata do Macintosh, assim como alguns favoritos do universo de Regis McKenna. Acabaram-se as brincadeiras com máquinas de negócios chatas. Jobs queria ir atrás daqueles estudantes universitários e dos seus professores também. A Sun Microsystems, fundada em 1982 e muito lucrativa desde então, acabara de abocanhar um grande naco no mercado de minicomputadores, então dominado por Boston, comercializando *workstations* de alta potência a um preço atrativo para uso empresarial e acadêmico, oferecendo tanto o poder dos minicomputadores quanto as características amigáveis de um PC. Misturando o conceito da Sun com um design sofisticado e softwares novos, Jobs chamou o NeXT de "o *workstation* acadêmico".

Mais uma vez, Jobs falava grande. O novo dispositivo seria de "10 a 20 vezes mais poderoso do que o que temos hoje", prometia ele. O design e o marketing continuavam a ser a sua obsessão, e ele encomendou uma logomarca para o NeXT mesmo antes de ter projetado sozinho o computador — pagando uma grana alta para contratar Paul Rand, lendário designer de logomarcas corporativas, incluindo, principalmente, as letras azuis da IBM.[13]

Desde os primórdios do Apple II, o evangelismo de Jobs sobre computadores como máquinas para o aprendizado criativo conquistou admiração em todo o espectro educacional, mesmo que nem todos os professores e especialistas em educação tenham aderido por inteiro ao otimismo. O sucesso estrondoso do Mac nos campi fortaleceu a convicção de Jobs de que a educação era a próxima grande fronteira. A

280   O CÓDIGO

equipe do NeXT cortejava com assiduidade os diretores de TI das universidades. "Eles continuavam a sair às ruas para perguntar às pessoas o que elas queriam", disse um. "Ficávamos bastante cansados e ressabiados, mas essas pessoas realmente fizeram um bom trabalho."[14]

Aos 31 de idade, Jobs resistia a usar investimento externo de início — ele fora dependente de investidores de risco desde os primeiros dias da Apple, e agora ele finalmente tinha o dinheiro para dispensá-los —, mas a busca pela perfeição queimava reservas de forma impressionante. "A lua de mel acabou", disse ele à sua equipe na primavera de 1986, apenas seis meses depois da abertura da NeXT. Para desenvolver um produto que atendesse às suas estratosféricas expectativas, e comercializá-lo rapidamente, Steve Jobs precisava de uma nova infusão de dinheiro.[15]

E ele conseguiu, com H. Ross Perot.

Incansável, de fala rápida e espetacularmente bom em vendas, Ross Perot era uma lenda empresarial de 1,67m de altura, com uma personalidade forte que rivalizava com a de Jobs. Perot tinha sido bem-sucedido em quase tudo o que fizera na vida: como presidente por todo o tempo de sua turma na Academia Naval dos Estados Unidos, como recordista de vendas na IBM, e depois na empresa de bilhões de dólares que fundou em Dallas em 1962, a Electronic Data Systems, ou EDS. Perot estava "totalmente seguro de si", escreveu um observador, "o tipo de pessoa que entra na casa de outra pessoa e abre a geladeira".[16]

Com a EDS no início dos anos 1960, Perot foi pioneiro em um novo e altamente lucrativo modelo de negócios de venda de software e consultoria e serviços de TI para computadores *mainframe*. Seu primeiro sucesso comercial veio principalmente de contratos multimilionários para construir e gerenciar bancos de dados para os gigantes e recém-criados programas federais de seguros de saúde, Medicare e Medicaid. No início da década de 1970, a EDS processou mais de 90% das reivindicações do Medicare no país. A generosidade das grandes empresas do governo deixou extraordinariamente rico este conservador partidário do Estado mínimo. Apesar de Perot se vender como um empreendedor, a expressão máxima da livre iniciativa no trabalho, um crítico sardônico observou que ele era de fato "o primeiro bilionário do Estado de bem-estar social dos Estados Unidos".[17]

Enquanto o pessoal do silício na Fairchild Semiconductor usava camisa sem paletó e os nerds da Digital pareciam estudantes de pós-graduação depois de virar a noite escrevendo códigos, os batalhões da EDS de Perot pareciam uma IBM em miniatura, com uma pitada da Texas ROTC. Todos usavam gravatas, ternos de bom corte e cabelo curto. Os empregados tinham que assinar acordos de não competição. Suas opções de ações evaporavam se eles deixassem a empresa. Mais tarde, Perot ficou tão extasiado com um manual de administração chamado *Leadership Secrets of Attila the Hun* [Segredos de Liderança de Átila, o Huno] que ele desgastou a edição de bolso e comprou 700 cópias para distribuir nas reuniões da empresa.[18]

Quando encontrou Steve Jobs, o tenaz texano estava à procura de um próximo ato decisivo. Em 1985, ele tinha vendido a EDS à General Motors, em um negócio que lhe rendeu uma enorme quantidade de dinheiro, mas que lhe deixou sem espaço na hierarquia organizacional da GM. Acostumado a estar no comando e a ser ouvido, Perot não resistiu a dar conselhos em voz alta a Roger Smith, presidente da GM, sobre como ele poderia melhorar as operações. Depois de cerca de um ano de tagarelice, um Smith exasperado forçou Perot a sair.

Pouco tempo depois, Perot viu um documentário na televisão que apresentava o perfil de Jobs e da NeXT. Aqui estava um outro visionário, um aventureiro, alguém que acreditava em perseguir ideias maiores e mais elevadas. E ele precisava de dinheiro. Perot pegou o telefone, e algumas semanas e US$20 milhões depois, o mais quadrado dos bilionários da computação tinha reavivado as consideráveis ambições de Jobs e assegurado uma participação de 16% na empresa.

Foi uma das parcerias mais improváveis do mundo tecnológico. Aqui estava o alinhadíssimo barão da era dos *mainframes* juntando-se ao outrora evangelista, descalço, barbudo hippie da Califórnia. No entanto, a concepção igualitária por trás da visão de Jobs calou fundo no duradouro populismo de Perot. "Com essas ferramentas eletrônicas", o texano se entusiasmou, "você pode trazer o melhor 'material didático', feito pelos melhores professores, até para a menor e mais pobre escola de artes liberais". Jobs foi igualmente elogioso com o seu novo investidor. "Embora eu nunca tenha vivido no Texas e ele nunca tenha vivido no Vale do Silício, tornou-se claro que tínhamos experiências semelhantes."[19]

Uma dessas experiências comuns, é claro, foi ser expulso da sua própria empresa de forma deselegante, depois de ter atropelado os seus principais executivos. Era possível que a combinação de alta octanagem de Perot e Jobs fosse uma mistura demasiado volátil. "Se um cara como Roger Smith não pode aceitar Perot em seu quadro", disse Richard Shaffer, um analista de Wall Street, "não sei como Steve conseguirá". Esther Dyson, que estava aos poucos transformando a newsletter e a empresa de conferências de Ben Rosen em um império de previsões sobre tecnologia, tinha uma visão mais otimista. "Perot traz para o time muita sabedoria e muita experiência do mundo real", disse ela. "Eu acho que eles são uma boa combinação."[20]

282 O CÓDIGO

Mas as glórias que Jobs e Perot previam para a NeXT nunca vieram a se con-
cretizar. A empresa nunca teve lucro, e queimou cada centavo que o texano investira
nela. E Perot e Jobs não eram assim tão compatíveis, afinal. O ex-marinheiro sabia
muito bem como os contratos do governo poderiam ser lucrativos, e tentou persuadir o seu novo protegido a ir agressivamente atrás de negócios federais. Jobs não
tinha interesse. Quando o pessoal de Perot tentou conseguir um bom contrato com
a Agência Nacional de Segurança, Jobs bateu o pé. Ele não ia deixar o seu companheiro entrar no negócio da espionagem. Um Perot exasperado pegou imediatamente
o telefone para ligar ao jovem magnata, mas não foi atendido. "Eu ligo para a Casa
Branca e falo com o presidente na hora em que eu quiser", Perot disse para Dan'l
Lewin. "Sou o sócio dele, por que não posso falar com o Steve?" Na reunião seguinte
do conselho, Perot abandonou seu posto. Lewin logo deixaria a empresa também.[21]

A enorme ambição de Jobs em colocar um *workstation* em cada sala de aula
ficou muito aquém das expectativas. Ele estudou o mercado e depois tentou uma
última cartada no negócio de vender software. O verdadeiro garoto prodígio do Vale
ainda era um bom *storyteller*, e as máquinas NeXT certamente eram bonitas, mas
nunca foram tão intuitivas no uso como o amigável e pequeno Mac. "O problema de
Steve foi que ele tentou fazer uma outra Apple", observou um colega. "Ele é como
uma pessoa que salta de casamento em casamento tentando ter a mesma relação."[22]

O que salvou a NeXT foi o regresso do filho pródigo à Apple. Em 1997, depois
de mais de uma década de luta contra a implacável marcha adiante da plataforma PC,
a Apple demitiu seu CEO e o substituiu por Steve Jobs. Entrando em cena interina-
mente, e mais tarde assumindo de vez, Jobs embarcou numa reinvenção completa das
linhas de produtos da empresa que gerou uma série de sucessos de mercado: o iMac
em 1998, o iPod em 2001 e, o maior de todos, o iPhone em 2006. A NeXT passou a
integrar a Apple como parte do acordo de reentrada de Jobs. Os *workstations* logo
não existiam mais. Seu software baseado em Unix, no entanto, foi em frente, no
coração do sistema operacional que alimentou esses novos dispositivos e, no tempo
certo, transformou a Apple na empresa mais rica do planeta.

A INVASÃO CALIFORNIANA

Steve Jobs ainda podia estar atraindo toda a imprensa, mas havia perto de um milhão
de pessoas trabalhando na indústria de computadores na Califórnia em meados dos
anos 1980. A grande maioria delas não estava trabalhando no meio do glamour e do
charme das empresas de computadores e fabricantes de software. Elas também não

CONSTRUINDO SOBRE AREIA 283

estavam ganhando salários de seis dígitos. Eram o exército de programação, pessoas que viviam e respiravam as linguagens de programação e conheciam os meandros de todos os sistemas operacionais. Eles trabalhavam em *mainframes*, não em micros. Eles eram californianos como Trish Millines.

Campeã de basquete em Nova Jersey, ela tinha se cansado do calor do Arizona e da sonolência das cidades pequenas após dois anos no seu emprego em Hughes. Ela alugou a casa em que morava, comprou um trailer e se mudou para São Francisco. No entanto, se o mundo dos micros estava em expansão quando ela chegou, no início de 1982, as maiores empresas que empregavam programadores em massa ainda estavam mergulhadas na recessão de Reagan. Uma vez que saíram do atoleiro, contratar free-las era mais comum do que realmente contratar em tempo integral. Sem um salário fixo para cobrir o alto custo de moradia de São Francisco, ela viveu por um tempo no trailer, acampando com outros refugiados dos altos aluguéis ao longo da Marina Green até que a polícia os enxotou.

Os funcionários de lugares como a Apple poderiam falar toda hora sobre a diversão que era seu trabalho, mas, para Millines, um trabalho de programação era apenas uma forma de pagar as contas. O seu time amador de rugby era o que deixava a cidade divertida. Mesmo assim, ela descobriu que São Francisco não era bem o seu estilo. Um de seus primeiros trabalhos foi ensinar programação em um centro de aprendizado de computadores — um dos que surgiram naqueles tempos para dar alguns meses de treinamento rápido para futuros trabalhadores da tecnologia. Ela foi demitida após um período por ser uma avaliadora muito dura. "Eu dava às pessoas a nota que elas mereciam", ela riu, "e não a que elas queriam".

Ela acabou encontrando um trabalho de programação mais estável em Redwood City, um pouco mais perto da ação do Vale, mas a transitoriedade da Bay Area a desgastou. As pessoas pulavam de um emprego para o outro e, à medida que os preços subiam e os empregos diminuíam, elas mudavam da cidade. "Acabei ficando cansada de fazer novos amigos toda hora", lembrou-se. Ela estava aprendendo muito, mas a Bay Area não ficou mais barata. No fim de 1984, ela tinha decidido se mudar novamente — dessa vez para Seattle. Verde e chuvosa, mais barata e mais amigável, com poucos negros como ela, mas muitos empregos para engenheiros de software. Em janeiro, Trish Millines estava dirigindo para o norte, percorrendo quase 1.300km de distância em direção à sua próxima aventura. O Vale do Silício pode ter sido um pote de ouro para alguns, mas a filha da faxineira de Jersey Shore nunca o encontrou.

Millines não era a única que ia nessa direção naqueles dias. Uma economia em desaceleração e preços imobiliários altos estavam expulsando pessoas tanto do

284   O CÓDIGO

norte como do sul da Califórnia, e um bom número delas acabou no noroeste do país. Portland, no Oregon, era agora o lar de uma planta de projetos e manufatura da Intel. Seattle tinha a Microsoft, a Boeing e muito mais. A vida era um pouco mais lenta e consideravelmente mais acessível lá em cima; ela oferecia toda a cultura da Bay Area e nenhum dos seus engarrafamentos.

A população metropolitana de Seattle aumentou em quase 400 mil ao longo da década de 1980. Enquanto as pessoas vinham de todo lado, a opinião convencional na cidade era que Seattle estava sob o cerco de uma "californização". Colunista de jornal e autonomeado guardinha da cidade, Emmett Watson comparou os migrantes da Califórnia a gatos que tinham enchido suas próprias caixas de areia e precisavam de algum lugar para fazer suas necessidades; os forasteiros que não mudassem as placas dos carros com rapidez suficiente seriam empurrados para fora da estrada na base do buzinaço.[23]

Mas os californianos continuavam a chegar. O Vale do Silício tinha se tornado um lugar que não *produzia* mais as coisas. Os semicondutores eram feitos em outro lugar. Os computadores pessoais tinham atingido um teto de vendas. Heróis da nova era como Steve Jobs não tinham conseguido se defender de competidores antigos. As matérias-primas da região já não eram o silício e o fio de cobre, mas pessoas e ideias. Os produtos agora eram as sequências dos códigos dos softwares, intangíveis caso não houvesse os disquetes em que eram gravados. O software era um bom negócio quando os fluxos de capital eram incertos. Você precisava de menos capital inicial, e não precisava vender a maior parte da sua propriedade para os VCs no começo. Você não precisava de uma força de trabalho tão grande, e você podia contratar um grande número de trabalhadores como freelas. "Software", observou a *Forbes*, "é onde está o futuro do dinheiro". Acontece que o software era também onde estava o futuro do dinheiro de Seattle.[24]

TIRA O SANGUE, MAS PAGA BEM

Quando Trish Millines chegou em Seattle, a Microsoft ainda era pequena. Quando ela foi trabalhar na Microsoft como freela, três anos mais tarde, estava maior. Quando ela foi contratada como funcionária em tempo integral, dois anos depois, a Microsoft tinha chegado a 3.500 funcionários, ocupando quatro prédios em um campus corporativo verdejante a 24km a nordeste do centro da cidade. "As pessoas estavam lá", lembrou-se ela, "porque gostavam do trabalho".[25]

Eles também estavam lá por causa das regalias. Como o *Seattle Times* detalhou em uma longa reportagem de 1989 sobre a empresa, a vida era muito boa na Microsoft. As salas de descanso estavam cheias de refrigerantes grátis. Quase todos os escritórios tinham uma janela. Dois computadores em cada mesa. Os dias de trabalho eram pontuados por jogos de futebol ao meio-dia ou concursos malucos onde executivos do alto escalão eram desafiados a pular dentro de um lago nas proximidades. Era o dinheiro que tornava tudo mais gostoso. Quase todos os pacotes de contratação na Microsoft incluíam opções de compra de milhares de ações da empresa. A empresa abriria seu capital em 1986, tornando seus primeiros funcionários multimilionários instantâneos. Os jovens funcionários pavoneavam pelos escritórios com broches escrito F.Y.I.F.V.: "Fuck You. I'm Fully Invested" [Foda-se, eu investi tudo].

Os refrigerantes gratuitos e as opções de ações podem ter sido uma melhoria em comparação aos primeiros dias, mas uma esmagadora rotina de trabalho ainda era a norma. Gates raramente hesitava em ligar raivosamente para as pessoas caso elas se atrasassem para uma reunião, e ele praticava o hábito altamente incomum de trabalhar de casa, por e-mail, até altas horas da noite. Na Microsoft, "a empresa faz muitas coisas para criar um ambiente agradável", comentou um funcionário. Mas "o trabalho vem definitivamente em primeiro lugar. Eles arrancam seu sangue, mas pagam bem". Muitos na Microsoft não eram da região noroeste dos Estados Unidos, mas de lugares longínquos, espalhados pelo país e pelo mundo, portanto, tinham pouco tempo para aproveitar a cidade. Outro funcionário disse ao repórter: "Há programadores na Microsoft que depois de dois anos na empresa ainda não conheciam Seattle."[26]

Ao contrário da perpétua rotatividade de empregos do Vale do Silício, muitas pessoas na Microsoft nunca tinham trabalhado em outro lugar. Gates e Ballmer gostavam de contratar diretamente quem saía da faculdade ou da pós-graduação; a experiência em outras empresas de tecnologia era irrelevante na melhor das hipóteses e, na pior, uma distração. Usando as algemas douradas das opções de ações, e com poucas outras empresas de tecnologia em Seattle de tamanho e riqueza comparáveis, os funcionários da Microsoft tendiam a ficar por ali. Com uma força de trabalho na sua maioria masculina e com menos de 30 anos de idade, alinhada com a vibração hipercompetitiva e hiperativa estabelecida pelos dois homens no topo, o campus sempre verdejante tinha "uma cultura corporativa marcada pela devoção, autoflagelação e uma desconfiança ardente do mundo não Microsoft". Outro cronista mais tarde descreveu a Microsoft como "uma fraternidade de outro planeta".[27]

Olhando a Califórnia de cima para baixo, o colosso de Seattle não parecia estar apenas em outro planeta. Era a nave-mãe de uma invasão alienígena hostil, desejando devorar o mercado de software inteiro. Os dias amigáveis do início dos anos 1980 já tinham ficado para trás há muito tempo. A Apple e a Microsoft tinham deixado de ser sócias para se tornarem antagonistas tanto nos tribunais de justiça como nos tribunais da opinião pública. Isso porque, em 1983, a Microsoft lançou a primeira versão do Windows, seu sistema operacional GUI que brotou das sementes plantadas por Charles Simonyi quando ele se mudara do PARC três anos antes. Foi um desaforo para a Apple — sem mencionar o fato de que ambas as empresas se apropriaram de uma ideia executada pela primeira vez no PARC — e foi o começo de uma guerra crescente que se intensificou no Dia de St. Patrick de 1988, quando a Apple processou a Microsoft por violação de direitos autorais.

Foi também uma guerra de relações públicas. A Microsoft tinha melhorado no posicionamento corporativo, cortesia de um chefe de marketing que já tinha trabalhado na Neutrogena, e o que funcionava para cremes faciais parecia funcionar muito bem para softwares também. Nomes de programas complicados e difíceis de lembrar eram coisa do passado; agora todos os programas tinham "Microsoft" em seu título: Microsoft Word, Microsoft Excel. A empresa enviava de graça, por correio, disquetes contendo o Word embalados em revistas *PCWorld*. Embora a Microsoft só vendesse para outros fabricantes de equipamentos de computador, ela também começou a participar de feiras de computadores para o público em geral, anunciando futuros produtos.

E com o lançamento do Windows veio o lançamento da persona pública de Bill Gates, o garoto genial que era, também, comum. Steve Jobs tinha Regis McKenna. Gates tinha Pam Edstrom, um pacotinho altamente focado, contendo pura energia de relações públicas, que tomara para si a missão de transformar o magnata não polido da computação em uma das celebridades mais reconhecidas dos Estados Unidos. Edstrom colocou Gates nas capas da *Fortune* e da *Time*, e ela também o colocou na lista da revista *People* de "25 Pessoas Mais Intrigantes". Usando um dos truques de Regis, ela convidou repórteres até Seattle para se encontrarem com Gates e outros executivos, e uma vez organizou uma "festa do pijama" para 25 repórteres nacionais na casa de praia da família Gates, nas praias de Puget Sound.[28]

O que deixava tudo ainda pior, do ponto de vista dos puristas de engenharia do Vale: a Microsoft não era particularmente inovadora, e lançava rotineiramente produtos coxos, cheios de *bugs*. Gates aprendera algo com a Big Blue, a empresa que chegara atrasada ao mercado de computadores para dominá-lo totalmente: "Não seja o primeiro a introduzir uma tecnologia. Seja o segundo, e ganhe dinheiro com ela." A empresa de Seattle usava seus primeiros clientes como testadores de produtos, aproveitando a experiência em uma segunda edição mais funcional. Isto é, quando eles conseguiam lançar alguma coisa. Os consumidores podiam se lamentar, mas o mercado mais importante da Microsoft era o dos seus clientes corporativos. Esse mercado não precisava que algo fosse perfeito. Ele só precisava de alguma coisa ao menos boa, e precisava dela rapidamente.

Gates era famoso por prometer softwares aos fabricantes de computadores muito antes da Microsoft sequer ter começado a projetá-los. Em 1983, Ann Winblad, uma investidora de risco do Vale, deu um nome à prática: *vaporware*. O nome pegou — ainda mais quando Gates e Winblad começaram a namorar no ano seguinte. O amor e a lealdade levaram Winblad a dar uma cara mais positiva para os padrões de lançamento da Microsoft. "Ei, isso é que é vontade de correr riscos!", comentou ela mais tarde. "A empresa faz notícia lá fora, deixa a coisa voltar, pensa como isso é ruim, e depois vai atrás de fazer as coisas certas."[29]

Com cada nova versão dos softwares e do Windows, a Microsoft foi se aproximando ainda mais do território do Vale do Silício. Então, em maio de 1990, Gates & Companhia lançaram o Windows 3.0 e arrebentaram a boca do balão. Enfim, ali estava um novo sistema operacional que parecia pronto para cumprir as promessas. Uma orgulhosa Mary Gates disse que o lançamento foi "o dia mais feliz da vida do Bill", seu filho. Com o Windows 3.0 e as versões atualizadas lançadas em rápida sucessão no início dos anos 1990, a Microsoft ganhou uma espantosa parcela de mercado e a inimizade eterna da Apple e dos seus *fanboys*. As telas azuis do DOS deram lugar aos programas WYSIWYG que ofereciam toda a facilidade de uso do Mac a um preço de plataforma PC. Convenientemente vendidos em conjunto com o novo sistema operacional, havia produtos Microsoft que se transformaram nos best-sellers da época. A Lotus tinha o Notes e o 1-2-3; a Microsoft tinha o Word e o Excel.

Agora, as manchetes sobre a Microsoft não eram apenas sobre um CEO da nova geração; eram sobre uma empresa que estava tomando o controle. "A poderosa Microsoft enseja medo e inveja", aclamou a *PC Week*. A *Business Month* chamava a empresa de "O terror do Vale do Silício". Nas baias das empresas concorrentes, os engenheiros referiam-se à empresa do Gates como "A estrela da morte". A surra destrutiva que a Microsoft deu na indústria do software no início dos anos 1990, conclui sombriamente que Mitch Kapor, da Lotus, tinha transformado o Vale do Silício no "Reino dos mortos".[30]

A REDE É O COMPUTADOR

Enquanto Bill Gates apontava seus canhões para o Vale do Silício, Scott McNealy estava doido por uma briga. McNealy foi um dos quatro alunos de pós-graduação que se juntaram em 1982 para fundar a Sun Microsystems, uma empresa cujo

O CÓDIGO

crescimento exponencial mostrara ao Vale do Silício quanto potencial de mercado havia para além do PC.

Aqui estava outra enorme história de sucesso tornada possível pelo peculiar ecossistema do Vale: Scott McNealy e Vinod Khosla tinham MBAs de Stanford; Andy Bechtolsheim era um cientista da computação de Stanford; Bill Joy era um engenheiro de Berkeley. A essa mistura juntou-se John Gage, outro egresso de Berkeley, que passara os anos 1960 organizando marchas antiguerra e tornara-se o supervisor sênior da Sun — primeiro como o chefe de vendas, depois como seu diretor de pesquisa. John Doerr, da Kleiner Perkins, apoiou o negócio em um de seus primeiros investimentos depois de deixar a Intel para se tornar um investidor de risco. Foi uma aposta muito boa. Em 1988, a Sun tinha vendas anuais de mais de US$1 bilhão, e o CEO McNealy estava sendo celebrado nas páginas do *Wall Street Journal* como "o *bad boy* dos negócios de computadores". Ele desfrutou dessa atenção.

Tal como Bill Gates, McNealy fora uma criança privilegiada, tendo crescido nos frondosos subúrbios de Detroit como o filho do homem que dirigia o marketing da American Motors nos anos 1960. McNealy aprendeu com seu pai o valor de um bom roteiro de vendas, e também duras lições sobre como manter a participação de mercado ao ver a empresa de seu pai ser fustigada pela concorrência japonesa e seus rivais domésticos mais poderosos. Como Gates, ele estudou em Harvard; ao contrário de Gates, ele terminou sua graduação. De lá, ele foi para Stanford, para a escola de administração, parte da onda de empresários que se aglomerariam no Oeste no início da era dos microcomputadores para fazer fortuna. O tranquilo e racional McNealy era viciado em trabalho, um solteirão irredutível e um ardente libertário. Quando finalmente aquietou e começou uma família, deu o nome de Maverick ao seu filho. E ele e seus parceiros estavam totalmente consumidos com a transformação da Sun em um grande *player*, tanto no negócio de hardware quanto no de software.

Embora o *workstation* da Sun tenha dado uma boa reputação para a empresa, ela desenvolvia software para todos os tipos de computadores que permitiam o compartilhamento de arquivos por meio de redes locais — um avanço em uma era dominada por máquinas estáticas. A equipe anunciou em 1987 um plano ainda mais ousado que faria pelos *workstations* o que o PC da IBM fizera pela computação pessoal: convidar outras empresas a construir clones que usassem o mesmo design de hardware e software. A aposta deu certo, criando um novo ecossistema de *workstations* que, cada vez mais, estavam conectados uns aos outros por meio de roteadores e redes.

A Sun não era uma empresa de computadores, mas uma empresa de *sistemas* — projetando e desenvolvendo suas placas de circuito e software, depois subcontratando

CONSTRUINDO SOBRE AREIA 289

ou comprando todo o resto. O futuro do processamento, que McNealy e seus colegas podiam ver, estava no retorno às redes criadas antigamente pelos sistemas de compartilhamento de tempo. Desktops solitários só podiam fazer uma fração do que era possível se você conectasse computadores uns aos outros e compartilhasse seu poder. "A rede é o computador", proclamava o slogan da Sun.[31]

No início dos anos 1990, a Sun estava arrecadando cerca de US$1 milhão a cada 90 minutos e atraía as estrelas da engenharia e os administradores de alta octanagem do Vale. Sim, o ritmo lá também era punitivo, mas incluía do mesmo modo uma tensão particularmente apalermada de hipercompetitividade que só era possível no Vale do Silício. Com os canecos de cerveja das tardes de sexta-feira e os eventos de fortalecimento de equipes, havia as pegadinhas do Dia da Mentira que os trabalhadores pregavam nos executivos sêniores da empresa, com os executivos esportivamente entrando na brincadeira. Os funcionários recorriam frequentemente à sabotagem dos bens pessoais dos peixões, incluindo seus carros muito caros. Um ano, os funcionários colocaram o carro de Bill Joy em um lago. Alguns anos depois, outro grupo pôs o Porsche 911 de Andy Bechtolsheim em seu escritório e instalou nele um enorme aquário. Essas eram piadas que só tinham graça se as vítimas fossem multimilionários.[32]

Por vezes, a "diversão" da companhia entrava em território alarmantemente misógino. Todas as manhãs, o pessoal de engenharia iniciava os sistemas informáticos internos que alimentavam o funcionamento da empresa — cujos nomes femininos tinham sido dados pelos seus criadores masculinos. De acordo com a linguagem altamente sexista dos computadores, o verbo usado para descrever a colocação de um sistema informático online era "*mounting*", algo com o sentido veterinário de "montar" ou "cobrir". Uma engenheira relatou com raiva os resultados a um supervisor: "Todas as manhãs tenho de ouvir os meus colegas homens gritando pelos corredores, 'Estou montando na Cathy agora!' ou 'Montei a Judy há uns minutos e ela está gemendo!'". Como disse outra funcionária, trabalhar na Sun era como viver "no quarto dos rapazes".[33]

Como a Fairchild e a Apple antes dela, a Sun gerou todo um ecossistema — tanto de produtos relacionados quanto de pessoas conectadas. Houve a Silicon Graphics, desenvolvedora de *workstations* e software que trouxe modelagem 3D e capacidades gráficas sofisticadas para empresas de arquitetura e estúdios de Hollywood. Havia a Cisco, uma empresa que surgiu do Laboratório de Inteligência Artificial de Stanford em 1984, cujo hardware transformou os computadores da Sun em redes, e cujos roteadores em breve alimentariam grande parte da era da internet. Havia o MIPS, fabricante de microprocessadores e sistemas de computador projetados para a plataforma dos *workstations*.

290 O CÓDIGO

Executivos da Sun e de outras empresas do ecossistema do Vale durante a virada dos anos 1990 — tanto de *workstations* quanto de PCs — assumiram funções de liderança nas empresas da próxima geração. Outros, como a geração de semicondutores que as precedeu, tornaram-se investidores de risco. As pessoas seguiam em frente, mas permaneciam no jogo. Essa rotatividade de talentos era característica do Vale, e o outro planeta da alta tecnologia de Seattle ainda não conseguia replicá-la.[34]

AINDA ASSIM, GORDOS BALANÇOS FINANCEIROS NÃO significavam que as nuvens cinzentas sobre o Vale tinham se dispersado. As mudanças para hardware e infraestrutura de preços mais altos também aumentaram os custos para a abertura de uma empresa. "Houve dias em que US\$10 milhões sustentariam uma empresa de sua fundação até uma oferta pública inicial", disse Bob Miller, CEO da MIPS. "Hoje, a média fica entre US\$40 milhões e US\$50 milhões." O tempo fechou; ficou mais difícil encontrar pequenas startups.[35]

Os fabricantes de chips eram grandes e prósperos, mas até eles não estavam conseguindo mais o que queriam. Indo contra as recomendações de um comitê consultivo de semicondutores do governo, que incluía luminares do Vale como Jim Gibbons (o professor assistente há muito tempo emprestado à Shockley Semicondutores e que agora era diretor de engenharia em Stanford), a Casa Branca de Bush anunciou no fim de 1989 que o financiamento da Sematech não aumentaria no futuro. Outros consórcios governamentais também não aconteceriam. O dinheiro "não está disponível agora e é improvável que venha a estar disponível no futuro", disse ao Congresso, sem rodeios, o conselheiro científico de Bush. De volta ao Vale, as empresas de alta tecnologia sentiram que o novo presidente simplesmente não tinha entendido nada.[36]

Um safanão maior veio apenas alguns meses depois. Bob Noyce morreu repentinamente em Austin, em junho de 1990, vítima de um ataque cardíaco aos 62 anos. A Sematech já não tinha o seu dinâmico executivo-chefe. A enlutada multidão do Vale perdeu um de seus pioneiros tecnológicos e sua ligação mais confiável com financiadores de Washington. Sua morte sinalizou uma mudança geracional, o fim de uma era em que os líderes do Vale tinham sido homens muito parecidos com Bob Noyce: engenheiros com corte de cabelo militar e que não usavam paletós, filhos da Grande Depressão moldados pela Guerra Fria, fabricantes de coisas tangíveis como microchips e terminais de computador.[37]

Como se para sublinhar o desaparecimento da geração fundadora, a Guerra Fria tinha chegado ao fim. Os programas de defesa que haviam animado os tempos difíceis dos anos 1980 agora enfrentavam cortes maciços, virando a economia da Califórnia de cabeça para baixo. A fábrica em Sunnyvale da Lockheed cortou mais de um quinto de sua força de trabalho, enquanto a empresa lutava para encontrar clientes que não fossem de defesa. No total, a Califórnia perdeu 60 mil empregos aeroespaciais até 1991. A *Time,* um indicador sempre confiável do *zeitgeist,* publicou uma matéria de capa referindo-se ao Vale como "A ravina sombria".[38]

Excetuando-se os cortes da defesa e a investida da Microsoft, no entanto, os prognósticos pessimistas não pareciam ser assim tão exatos. A Sun e seus irmãos de geração estavam crescendo, e eles estavam novamente *fabricando* coisas. Não eram apenas computadores e disquetes de software, mas uma infraestrutura de rede: equipamentos de metal e plástico moldado que permitiam aos computadores falar uns com os outros, compartilhar informações e aumentar exponencialmente seu poder computacional.

PRELÚDIO DE UMA CORRIDA DE OURO

Outra coisa aconteceu no caminho para os anos 1990. O Vale do Silício decisivamente ultrapassara a Rota 128, tanto no número de empresas como no número de empregos em tecnologia. Na época da primeira administração Bush, o Vale tinha o dobro das empresas com vendas de US$5 milhões ou mais. Tinha três vezes mais pessoas trabalhando na tecnologia. As duas regiões tinham se desenvolvido em grande parte em conjunto durante as primeiras décadas da era da alta tecnologia, impulsionadas por suas respectivas universidades de pesquisa e pelo fluxo de financiamento governamental que foi desproporcionalmente direcionado para as duas regiões. O MIT permaneceu um colosso no mundo da informática acadêmica, e o resto dos laboratórios de pesquisa de Boston não poderiam ser superados, mas, quando os graduados decidiam entrar no setor privado, eles geralmente rumavam para a Califórnia.

Isso porque o Vale do Silício tinha mudado, mas Boston não. Os minicomputadores continuavam sendo o coração pulsante do seu negócio; a contratação da defesa era ainda mais importante. Os maiores fundos de risco, os operadores mais experientes, os MBAs mais ambiciosos: todos eles estavam indo para o Oeste. Boston não tinha matéria-prima suficiente para sua próxima geração eletrônica, e algumas das maiores histórias de sucesso da Rota 128 tinham se dado mal quando os anos 1980 chegaram ao fim. Ken Olsen vergonhosamente perdera o bonde dos microcomputadores, e quando o mercado de PCs aumentou em 1983, a Digital estava praticamente fora do negócio. Retraindo e voltando a aumentar, a Digital viu-se numa espiral de quase morte entre

1989 e 1991, cortando mais de 10 mil postos de trabalho e tendo de cortar bilhões do seu orçamento operacional. Olsen tinha resistido como presidente da empresa, mas em 1991 teve que desistir e entregar a gestão diária a outra pessoa.[39]

Wang também desabara vertiginosamente, desfasado com a ascensão do mercado de PCs corporativos para nunca mais se mover com rapidez suficiente para alcançar a ascensão dos *workstations*. Quando, em 1986, Wang finalmente abdicou do controle da empresa que iniciara 35 anos antes numa lojinha da North End, entregou as rédeas ao seu filho. Manter as coisas na família acabou por ser uma terrível decisão comercial, e o patriarca teve de render o seu herdeiro alguns anos mais tarde. A amada empresa de Wang pediu falência em 1992.[40]

CONFORME BOSTON ENTRAVA EM RECESSÃO, A ENERGIA do mundo tecnológico se deslocava inconfundivelmente para a Costa Oeste. O Vale do Silício já não era apenas um lugar no norte da Califórnia. Era o centro de comando e controle de uma rede cuja influência se estendia por todo o mundo, centro de uma vasta cadeia de abastecimento que se estendia das fábricas chinesas aos laboratórios de pesquisa israelenses até sua chuvosa concorrente e sósia, Seattle.

A década de 1980 pode ter sido dura, mas explodir e implodir era da natureza do negócio de tecnologia. Outras regiões podem ter sido afundadas pela recessão e obsolescência tecnológica, mas o Vale tinha seu ecossistema especializado, seus VCs e advogados, homens do ramo imobiliário e laboratórios de pesquisa. Tinha a Stanford de Fred Terman, sua escalada de excelência mais alta do que nunca. Isso significava que o quase constante estado de precariedade da região era também um perpétuo estado de renovação, com um novo quadro de profissionais de alta tecnologia aparecendo para rapidamente tomar o lugar dos antigos.

David Morgenthaler já vinha percebendo essas coisas há algum tempo. Embora ele tivesse há muito tempo a esperança de que a robótica e a IA pudessem reavivar a economia manufatureira do Meio Oeste, ele percebeu logo após a chegada da nave-mãe que a Apple "seria a grande vencedora da Califórnia". Ele já estava mais perto dos 70 do que dos 60, mas decidiu que mudaria seu negócio para a Bay Area assim que encontrasse alguém que o ajudasse a administrá-lo. Esse alguém, por acaso, era seu filho Gary, que havia feito grande sucesso como administrador e investidor em uma série de empresas de tecnologia e biotecnologia. A Morgenthaler Ventures mudou-se de Cleveland para Palo Alto em 1989. Exatamente 40 anos depois de sua primeira visita, David Morgenthaler finalmente chegara para ficar.[41]

QUARTO ATO
MUDE O MUNDO

Não caia em sua própria conversa.

CHRISTOPHER WALLACE (THE NOTORIUS B.I.G.)[1]

Chegadas

STANFORD, 1990

"Sapato." Essa era a única palavra em inglês que Jerry Yang conhecia quando chegou à Califórnia, em 1978. Com apenas 10 anos de idade, ele e seu irmão mais novo tinham desembarcado em San José com sua mãe, uma professora universitária viúva que fugira primeiro da China continental, depois de Taiwan, em busca de liberdade política e oportunidade econômica para seus dois meninos.[1]

A jornada da família Yang tinha se tornado cada vez mais comum no final dos anos 1970. Pouco mais de uma década depois de a Lei Hart-Celler ter derrubado o sistema de cotas que restringiu a imigração por tanto tempo, a população asiática dos Estados Unidos inchou para 3 milhões de pessoas. Chegando em uma época em que casas e empregos de classe média estavam mudando da cidade para o subúrbio, e do Cinturão da Ferrugem para o Cinturão do Sol, um número desproporcional de recém-chegados gravitava em torno da expansão suburbana do Oeste — de lugares como San José. A cidade tinha menos de 15 mil habitantes de ascendência asiática em 1970. Em 1990, tinha dez vezes mais em relação a esse número, superando em muito o crescimento geral da população da cidade.[2]

Os imigrantes já vinham pondo a mão na massa há algum tempo no Vale do Silício, desde refugiados do Leste Europeu, como Andy Grove e Charles Simonyi, até as mulheres asiático-americanas e latinas que montavam microchips em oficinas esterilizadas. Mas a onda de imigração que começou nos anos 1970 teve uma escala e um impacto que o Vale nunca tinha visto.

De San Mateo a Sunnyvale e Fremont, cidades-dormitório nos subúrbios cuja população era quase totalmente branca agora se tornavam dinâmicas e diversificadas comunidades de imigrantes altamente produtivos e bem-educados da Índia, China, Hong Kong e Taiwan. Eles criavam jornais, abriam empresas, construíam templos, escolas e centros de artes. Eles formavam família, viravam colegas de faculdade e de trabalho, criando comunidades de uma diversidade étnica raramente vista antes nos Estados Unidos. Trabalhavam em — e tornavam-se fundadores de — empresas de biotecnologia. Em 1990, estrangeiros representavam 35% da força de trabalho em engenharia do Vale. Os números subiram ainda mais após a criação do programa de vistos H-1B, em 1990, que abriu aos trabalhadores da tecnologia o caminho para a residência permanente.[3]

Esse terremoto demográfico revolucionou o Vale na época em que Jerry Yang era um adolescente. O tímido garoto imigrante também tinha se transformado. Ele era o melhor em tudo, passando de um inglês remediado para avançado, vencendo concursos de matemática e ganhando campeonatos de tênis. Ele foi o orador na colação de grau do ensino médio e *também* presidente do grêmio estudantil. Ele assistiu a tantas aulas da faculdade como ouvinte que completou o equivalente ao seu primeiro ano de calouro antes mesmo do vestibular. No começo da temporada de candidaturas à faculdade, ele já sabia para onde queria ir e já garantira uma bolsa de estudo.

Yang escolheu Stanford, embora a bolsa não fosse integral e ele tivesse que trabalhar meio período para pagar as mensalidades. Mas era perto de casa, e era Stanford. Ele não tinha sido um doido por computadores durante o colegial, na verdade, embora ele e seu irmão gostassem de brincar no Apple II que tinham em casa. Mas o cotidiano no centro acadêmico do Vale do Silício rapidamente criou nele um entusiasmo pelas "coisas sérias de computador", como ele disse, tanto que Yang completou um bacharelado em Engenharia Elétrica e um mestrado em quatro anos, rumando direto para o programa de doutorado de Stanford aos 22 anos de idade. Yang era tão mais jovem que os outros alunos de pós-graduação que eles lhe deram o apelido de "Doogie", em referência a um médico adolescente, personagem de um programa de TV famoso da época.[4]

Jerry Yang era um destaque, mas ele não estava sozinho. As escolas de South Bay — e as salas de aula de Stanford — agora estavam cheias de jovens como ele. Eram filhos altamente produtivos de pais imigrantes altamente produtivos, cidadãos do mundo e da era da MTV, que tinham crescido com Apples em seus quartos e Ataris em suas salas de estar. E todos eles estavam amadurecendo num momento e lugar em que a indústria de tecnologia estava prestes a lançar essa geração à estratosfera econômica.

O foguete que os levaria para lá era a internet.

CAPÍTULO 19

Informação É Poder

A batida policial despertou todos os vizinhos na rua Balderstone. Em um certo dia de maio de 1990, às 6h da manhã, detetives de San José invadiram uma casa de estilo rancheiro daquele tranquilo subúrbio, seguindo uma pista sobre crimes informáticos. O alvo: um calouro universitário de 18 anos que comandava, de seu quarto, um fórum chamado "The Billionaire Boys Club" [O clube dos garotos bilionários], e que tinha talentos de *hacking* tão prodigiosos que construíra seu próprio clone de PC IBM, totalmente equipado com softwares protegidos. "Ele é um garoto muito inteligente", admitiu o oficial que comandou a operação. No entanto, ele poderia estar cometendo crimes federais. Os agentes não prenderam o adolescente naquele dia, mas fizeram algo quase tão devastador: confiscaram seu computador e as torres de caixas de sapatos que continham seus disquetes.[1]

O maestro do "Billionaire Boys Club" não estava sozinho. Hackers estavam roubando os códigos de software das grandes empresas de informática, negociando--os online e os enviando para outros programadores. Era o *phreaking* 2.0, a última iteração do tipo de diabrura que titãs da computação como Jobs, Woz e Gates costumavam fazer para mostrar suas habilidades de programação. Mas agora as crianças nos quartos suburbanos tinham formas de se conectar uns com os outros por meio da rede florescente de fóruns que eram a espinha dorsal da conexão discada. Agora, todos os Estados Unidos corporativos funcionavam com chips, bits e bytes, e tinham milhões a perder se a informação caísse nas mãos de alguém de fora. E agora as empresas fundadas por Jobs, Woz e Gates eram também grandes empresas, cujos softwares proprietários fechados representavam o sistema do qual os hackers desconfiavam profundamente.

298   O CÓDIGO

A rusga em San José foi apenas uma das 14 que aconteceram naquele dia em todo o país, com um total de 150 agentes que se dispersaram em uma operação de alto nível que o Serviço Secreto do Arizona — que liderou a investida — denominou "Operação Demônio do Sol". No fim do dia, os agentes federais tinham feito 3 prisões, apreendido 42 computadores e mais de 23 mil disquetes, e atraíram uma onda de publicidade para uma guerra que vinham travando furtivamente desde que o Congresso aprovara uma rígida lei de crimes informáticos, em 1986.[2]

Os procuradores foram inflexíveis quanto à necessidade de se tomar medidas ousadas. "É possível transmitir informações digitais ilegais num piscar de olhos", afirmou Stephen McNamee, um procurador federal, quando a operação apareceu na primeira página do *New York Times* em junho. Os defensores da liberdade informática e das liberdades civis estavam igualmente seguros de que as batidas policiais violavam a Constituição. "A Quarta Emenda prevê limites estritos para vasculhar a propriedade das pessoas", gritou Don Edwards, um congressista incondicionalmente progressista de San José.[3]

A galera do "a informação quer ser livre" do Vale do Silício também ficou indignada. Nos anos pós-Lotus Software, Mitch Kapor tinha encontrado sua próxima residência online, na WELL. Lá, Kapor começou a postar extensivamente sobre as questões que mais lhe interessavam: design de software, privacidade e liberdade de expressão. De repente, a operação Demônio do Sol o fez perceber como qualquer sala de bate-papo poderia ser vulnerável a bisbilhotices governamentais. "Poderia ter sido comigo", ele percebeu.[4]

Munido dos milhões da venda da Lotus para a IBM, Kapor estabeleceu um fundo de defesa jurídica para os hackers que tinham sido acusados e começou a arrecadar dinheiro entre seus amigos. Um dos contribuintes foi John Perry Barlow, companheiro de WELL, para quem a batida tinha provocado flashbacks dos anos 1960, de um governo que era "algo de uma eficiência monolítica e maléfica". No fim do verão, Kapor, Barlow e vários outras personalidades da indústria foram ainda mais longe, estabelecendo um novo grupo para combater as ameaças do governo ao livre fluxo de conteúdo informatizado e para instituir algumas novas regras para um meio que desafiava os antigos. Eles a chamaram de EFF — Electronic Frontier Foundation [Fundação Fronteira Eletrônica]. A revista *Upside*, uma publicação de curta duração, mas influente, sobre o *boom* das "pontocom", mais tarde chamou a EFF de "a União Americana das Liberdades Civis da *infobahn*".[5]

O mundo da tecnologia sempre achou irresistíveis as metáforas com *fronteira*, e o crescimento do mundo online fez com que o Vale do Silício as semeasse por aí

INFORMAÇÃO É PODER 299

com esmero. "Como no Velho Oeste", explicou alegremente Rachel Parker, colunista do *InfoWorld*, ao anunciar a formação da EFF, "a fronteira eletrônica é um território desconhecido — ninguém pode reivindicar nada, e os limites quase não existem". Os *hacks* ilegais eram um infortúnio, mas inevitáveis. "Bancos de dados corporativos são parecidos com os cavalos da Wells Fargo, que carregavam mercadorias valiosas por todo o novo território. Alguém, em algum lugar, vai acabar atirando nos cavaleiros." Barlow também falou sobre o mundo cibernético em termos impregnados de muitos mitos de bangue-bangue e quase nada de história dos nativos norte-americanos. "É vasto, inexplorado, cultural e juridicamente ambíguo, verbalmente conciso... difícil de entrar, mas pronto para ser conquistado."[6]

A operação Demônio do Sol desvaneceu no pôr do sol do deserto. Mas as questões que ela levantou sobre as leis do ciberespaço se tornaram cada vez mais urgentes. No mesmo mês de maio em que os agentes federais fizeram aquele ataque madrugador em um bairro de San José, um técnico britânico chamado Tim Berners-Lee começou a circular uma modesta proposta de adaptação da noção de "hipertexto" de Ted Nelson, de 30 anos atrás, para organizar a expansão da informação na internet. Ele a chamou de World Wide Web.[7]

A INTERNET QUER CRESCER

A internet tinha mais de 30 anos no início dos anos 1990, e ainda tinha o espírito acadêmico e orgulhosamente não comercial com que começara em 1969. O forte impulso para a desregulamentação das indústrias de comunicação e informação durante os anos Carter e Reagan transformou a rede discada em um mercado apinhado. As bases de usuários de empresas como a Prodigy e a CompuServe chegavam à casa dos milhões, e grupos da Usenet e fóruns espalhavam-se às centenas, mas todos eles se conectavam principalmente por meio de fios telefônicos, assim como as empresas de compartilhamento de tempo fizeram por décadas. Mesmo a WELL, um grupo dos círculos internos do Vale, dependia de redes discadas.

O alcance e a base de usuários da internet, no entanto, estavam se expandindo significativamente. Em meados dos anos 1980, para grande deleite dos cientistas da computação acadêmica que lamentaram o lento crescimento da ARPANET sob a supervisão do Departamento de Defesa, a National Science Foundation [Fundação Nacional da Ciência] ou NSF, assumiu a rede renomeando-a como NSFNET. Com a mudança de nome veio um foco renovado no atendimento a pesquisadores acadêmicos e na cobertura do maior número possível de campi, pois o incentivo da DARPA para a competição com os supercomputadores japoneses deram frutos, e agora os agentes federais tinham cinco novos centros de supercomputadores, precisando de conexões de rede de alta velocidade e capacidade. A NSFNET fez a lição de casa. Um acaso feliz: devido à expansão do número de universidades na rede, milhares de estudantes universitários agora tinham acesso à internet em seus dormitórios, alimentando o crescimento das comunidades online entre uma geração mais jovem e experiente em tecnologia.[8]

Com os universitários e suas salas de chat, a NSF abriu a internet também para empresas do setor privado — somente se elas aderissem à "política de uso" da agência e utilizassem a rede somente para comunicação, e não para transações comerciais. Apesar dessas restrições, as ávidas empresas entraram o mais rápido possível na internet. A rede era mais rápida do que qualquer outra opção e suportava grandes quantidades de dados, algo impossível para as linhas telefônicas. Em 1990, operadoras comerciais estavam a caminho de conectar mais de 3 mil clientes corporativos à rede. As 20 maiores empresas de informática entregavam hardware, software e serviços de consultoria por meio dessas conexões. Conferências de rede que antes eram o domínio apenas dos mais crus técnicos de informática, agora estavam repletas também de homens e mulheres em trajes de negócio.[9]

Uma das empresas que utilizou a internet dessa forma foi o conglomerado francês Schlumberger, cuja sede no Vale era onde Marty Tenenbaum liderava, durante a maior parte da década de 1980, um laboratório de IA. Tenenbaum — o cara que tinha comprado livros para um ano inteiro antes de sair do MIT, nos anos 1960 — viu o crescente tráfego online e ficou muito frustrado com as oportunidades comerciais perdidas. "As coisas iam e vinham", ele lamentou, "e ninguém estava ganhando dinheiro". Ao deixar a Schlumberger após o *crash* do mercado de ações em 1987, Tenenbaum deu um jeitinho para abrir um escritório no campus de Stanford e começou a pensar seriamente em como construir um sistema de comércio eletrônico.

Durante longas caminhadas com colegas e corridas nas colinas, Tenenbaum elaborou sua primeira ideia: converter os antigos catálogos de venda em arquivos eletrônicos e enviá-los via e-mail, que na época tinha cerca de 20 milhões de usuários. Em 1990, ele saiu de Stanford, conseguiu um par de bolsas da DARPA e começou o que se tornaria a primeira empresa de comércio eletrônico do mundo, uma pequena empresa chamada Enterprise Integration Technologies ou EIT. Não importava que o compartilhamento de tais arquivos por discagem fosse um processo lento, e nem que transações comerciais na internet permanecessem ilegais. Tenenbaum acreditava que a NSF eventualmente abriria mão de suas restrições ao comércio.[10]

INFORMAÇÃO É PODER   301

Significativamente, a inovação que mudou tudo não foi um produto da DARPA, da NSF ou de um de seus bolsistas acadêmicos norte-americanos. Ela surgiu de fora dos Estados Unidos, da mente de um cientista britânico empregado pela *Conseil Européen pour la Recherche Nucléaire* [Organização Europeia de Pesquisa Nuclear] ou CERN, em Genebra.

No entanto, a cultura hacker e o *homebrewer* norte-americano deram alma à inspiração de Tim Berners-Lee. Ele queria que a informação fosse organizada, mas também queria que ela fosse livre e transparente. Trabalhando em um *workstation* NeXT (como qualquer membro de sua tribo científica que se desse o respeito), Berners-Lee e sua equipe no CERN criaram muitos dos elementos-base do futuro online. A linguagem de marcação de hipertexto ou HTML [*hypertext markup language*] proporcionou um idioma comum para todas as informações que agora estavam na base da internet, tanto textuais quanto visuais. O protocolo de transferência hipertextual ou HTTP [*hypertext transfer protocol*] era uma plataforma para compartilhar a então nova linguagem. Um padrão de endereço de e-mail (o localizador uniforme de recursos ou URL [*uniform resource locator*]) o levaria para o lugar certo. E um navegador, "WorldWideWeb", tornou-se um portal no qual o usuário poderia acessar tudo isso.[11]

Quando Berners-Lee postou os códigos do servidor e do navegador para um grupo de notícias online em 6 de agosto de 1991, ele abriu poderosos canais de comunicação na internet para não especialistas, da mesma forma que o Apple II tinha aberto o mundo da microcomputação para usuários não especializados 14 anos antes. Mas, ao contrário de um Apple, a Web não era algo que você comprava na Computerland do seu bairro. Não era preciso pagar por uma caixa de disquetes. Apesar da guerra Mac versus Windows, a web permaneceu tão neutra quanto suas origens suíças. Era gratuita para que todos pudessem baixá-la e deliberadamente projetada para trabalhar em qualquer plataforma, transcendendo o que Berners-Lee educadamente chamou de "as batalhas técnicas e políticas dos formatos de dados".[12]

Enquanto isso, do outro lado do Atlântico, a internet vivia sérios problemas de capacidade. À medida que mais e mais usuários se juntavam ao universo online, a rede de meia-idade não tinha velocidade e largura de banda para se manter em pé. Nas palavras de um grupo de cientistas da computação, reunido pela Academia Nacional de Ciências, as redes de internet existentes eram "fragmentadas, sobrecarregadas e com pouca capacidade". Os Estados Unidos estavam há muito tempo na vanguarda tecnológica, mas agora o Japão e a Europa Ocidental ameaçavam saltar à frente.

Cresceu na comunidade tecnológica a pressão para abrir a internet à compra e venda, estimulando as operadoras comerciais da NSFNET a formarem uma

O CÓDIGO

associação comercial para incentivar uma mudança política no Congresso. A pressão era para que houvesse mais padrões comuns e globais que permitissem um uso real da internet. O download do navegador web de Berners-Lee chegou aos milhares, mas outros navegadores e protocolos também estavam sendo baixados. A NSFNET tinha adotado algumas regras e sistemas de classificação comuns; isso incluía, significativamente, o protocolo de software TCP/IP desenvolvido por Vinton Cerf em Stanford, quase duas décadas antes, que permitia que diferentes tipos de computadores se comunicassem uns com os outros. Mas ainda não era suficiente para acomodar o ritmo de crescimento da internet, e certamente não era o suficiente para uma internet comercial totalmente desabrochada. Alguém com a cabeça no lugar precisava trazer ordem para essa bagunça.[13]

O CAVALHEIRO DO TENESSEE

É aqui que entra Al Gore. O velho deputado de primeiro mandato agora era um senador dos Estados Unidos. Ao contrário de muitos de seus colegas democratas Atari, Gore há muito tempo era um usuário de computadores, bem como um defensor deles. Quando o mercado de computadores pessoais ainda estava em sua infância, ele declarou que os micros apresentavam "novas e dramáticas oportunidades para otimizar nossos recursos e explorar novas fronteiras", e organizava aulas de informática para os seus colegas legisladores. Ele trazia regularmente para seu gabinete cientistas da computação para explicar tendências emergentes em hardware e software. Ele tinha três computadores domésticos. Ele estava redigindo seu futuro best-seller, *A Terra em balanço*, em um dos primeiros laptops. Ele ia a conferências da indústria de computadores, escrevia artigos para a *Scientific American* e falava fluentemente aquela língua de VLSI e AI, de RAM e ROM. Além de tudo isso, ele era um *baby boomer* que evocava E. F. Schumacher e ouvia The Grateful Dead.[14]

A visão de mundo daquele cidadão do Tennesse era centrista, focada no mercado e tecnófila. Ele acreditava que o acesso a computadores poderosos e em rede abriria novos e maravilhosos horizontes na educação, na oportunidade econômica e na comunicação democrática. A tecnologia não era só uma política, era uma *solução* para todos os tipos de problemas políticos. Gore já tentara concorrer à presidência em 1988 e era uma aposta óbvia para tentar novamente em 1992. Para um homem com ambições presidenciais, fortalecer e comercializar a internet poderia ser uma bela assinatura — a "Superestrada da Informação" atuando como uma vitamina para a economia norte-americana, ainda capenga em decorrência de uma recessão do início dos anos 1990.[15]

INFORMAÇÃO É PODER   303

Gore pode ter sido um *early adopter*, mas dificilmente era um lobo solitário. No início dos anos 1990, ficou claro que uma nova onda estava se formando na tecnologia, e que a ação governamental de agora poderia, mais à frente, impulsionar ou impedir a capacidade de a internet realizar sua promessa. O apoio bipartidário permitiu que a High Performance Computing Act [Lei da Computação de Alto Desempenho], patrocinada por Gore, fosse aprovada em dezembro de 1991, apenas cinco meses depois de Tim Berners-Lee lançar seu navegador de internet. O presidente Bush o endossou, assim como Newt Gingrich, líder da maioria. A lei inaugurou uma era de melhores padrões, conexões mais rápidas e de maior capacidade, mantendo intacta a estrutura descentralizada e democrática da internet. Logo depois, como Marty Tenenbaum esperava, a NSF começou a derrubar os muros do seu quintal online, mudando os termos de sua "política de uso" para permitir transações comerciais.[16]

Mitch Kapor estava fechado com um grupo que não fazia questão de esconder sua antipatia pelo governo. Com Barlow, um dos cofundadores da EFF era John Gilmore. Um dos primeiros funcionários da Sun Microsystems, com um patrimônio líquido de milhões, Gilmore era uma figura-chave por trás dos Cypherpunks, um coletivo de hackers libertários dedicados à busca de sistemas baseados em criptografia para a comunicação e transações monetárias. O futuro sonhado pelos Cypherpunks era um exaltado estado de "cripto-anarquia", imune ao controle do governo.[17]

Talvez porque ele sempre tivesse andado para lá e para cá entre as costas Leste e Oeste, Kapor entendeu que conseguir mudanças nem sempre era uma questão de partir para a briga. Também era possível mudar o sistema a partir de dentro. Ele tinha doado US$100 mil à candidatura de Michael Dukakis à presidência em 1988 e era próximo de Ed Markey, deputado de Massachusetts que presidia o comitê responsável pela definição da política de telecomunicações. Com a liderança da EFF, Kapor assumiu a presidência do novo grupo de lobby por provedores comerciais de internet, formado em 1991.

Com um pé em cada barco, Kapor foi ao Congresso na primavera de 1992 para ressaltar a importância de manter a internet livre e para alertar contra o domínio e gestão da estrutura de rede por apenas alguns poucos e poderosos intermediários do setor privado. Grandes empresas de telecomunicação e Tv a cabo já estavam de olho na internet comercial, e ele se preocupava que o espírito descentralizado e neutro do sistema estivesse em perigo. "A nova infraestrutura de informação não será criada em um único passo", advertiu, "nem por uma infusão maciça de fundos públicos, nem com o capital privado de uns poucos magnatas". Durante décadas, a internet funcionou em grande parte como uma caixa de legos de ideias acadêmicas, com

304   O CÓDIGO

iterações e colaborações livres das demandas do mercado de ações e seus relatórios trimestrais de ganhos. O papel do governo era assegurar a concorrência comercial, expandir o acesso, permitir a livre expressão e mantê-la como um sistema que nenhuma entidade pudesse controlar.[18]

As salas de audiência estavam quase vazias — apenas Markey, Gore e alguns poucos funcionários do comitê tinham conhecimento o suficiente para prestar atenção — mas a mensagem de Kapor calou profundamente em seus ouvintes. Numa época em que poucos legisladores entendiam o que era a internet, muito menos tinham como vivenciá-la diretamente, aquele pequeno grupo de defensores da indústria da tecnologia, e em sua maioria funcionários de políticos democratas, começou a traçar o futuro projeto do mundo online.[19]

REINVENÇÃO

Bem nessa época, o mundo da tecnologia mergulhou de cabeça nas eleições presidenciais de 1992. Na mesma semana em que Kapor, o magnata da tecnologia, estava no Congresso fazendo um discurso ponderado e matizado sobre a política da internet, os pré-candidatos democratas Bill Clinton e Jerry Brown estavam brigando como indisciplinados alunos de ensino médio. O governador do Arkansas já tinha atravessado vários momentos de quase-morte nas primárias de 1992, muitos deles autoinfligidos — denúncias de um duradouro relacionamento com uma amante, revelações de uma juventude em que burlou a convocação militar, declarações de que experimentou maconha, mas "sem tragar". Ele tinha superado um forte desafio de outro nome familiar da alta tecnologia, Paul Tsongas. Agora, no calor das primárias do estado de Nova York e com a indicação democrata na mira, Clinton teve que se defender de Brown, que entrou na corrida fazendo promessas ousadas e com pouca coisa a perder.

Depois de não emplacar uma candidatura ao Senado em 1982, o ex-governador da Califórnia tinha se dedicado ao mundo confortável do direito empresarial e à ociosidade política. Agora, Brown estava com as garras de fora, atacando a esposa de Clinton, Hillary, por seus laços societários com escritórios de advocacia e fustigando o governador por causa dos escândalos semanais de sua campanha. Clinton mal conseguia manter seu temperamento explosivo sob controle, classificando a popular proposta de Brown para um imposto único como algo que beneficiaria apenas os ricos, e exigindo que Brown revelasse seu considerável patrimônio líquido, liberando suas declarações de impostos. O californiano foi o mais improvável dos tiros no escuro, mas sua aura de "alguém de fora" teve apelo em um ano eleitoral em plena recessão. Enquanto ele distribuía alegres apertos de mão a passageiros matutinos das barcas de Staten Island, Clinton teve que aturar os transeuntes gritando "Vai, Jerry!" e "Brown, até o fim!".[20]

Foi nesse momento que, reforçando ainda mais a fome popular por um tipo diferente de político, chegou à corrida presidencial o mais improvável dos candidatos: Ross Perot.

Perot pode ter sido o primeiro magnata da tecnologia a concorrer à presidência, mas não gastou muito tempo falando sobre os hardwares e softwares que o enriqueceram (muito menos sobre os contratos do Medicare e do Medicaid). Em vez disso, ele se apresentou como a quintessência do homem de negócios que saiu do nada, o cara sem rodeios que consertaria a bagunça de Washington e a economia. Perot tinha deixado para trás as velhas lealdades republicanas (assim como qualquer amizade persistente entre ele e seu colega texano George H. W. Bush) e concorreu como candidato independente. Depreciando como sempre a política, ele anunciou sua candidatura no *Larry King Live*, popular programa da CNN, onde prometeu lealdade ao "povo comum" que escrevia para ele, instando-o a candidatar-se. A equipe de Bush o considerava um maluco, e a de Clinton o descartou como um palhaço da TV a cabo, mas nas pesquisas de junho, Perot estava pau a pau com seus dois rivais.[21]

Quando se tratava de conquistar os corações e mentes de muitos da comunidade tecnológica, no entanto, não havia muita competição. Jerry Brown pode ter tido uma longa história no Vale do Silício, e Ross Perot tinha sido um gigante dos negócios de informática por mais de três décadas, mas Bill Clinton estava há mais de dois anos fazendo uma ofensiva para persuadir os titãs da nova economia de que ele seria o homem certo. E isso estava começando a dar frutos.

Alguns anos antes, mais ou menos na mesma época em que os agentes da Operação Demônio do Sol estavam arrebentando uma porta na rua Balderstone, Larry Stone recebeu um telefonema. Após dois mandatos como prefeito, Stone estava de volta ao conselho municipal de Sunnyvale, onde um de seus colegas era a esposa de Regis McKenna, Dianne (ela concorrera ao cargo, em parte, por causa do incentivo de Stone). Embora o Vale tivesse aderido duas vezes a Ronald Reagan e muitos de seus CEOs fossem republicanos roxos, os soldados rasos do mundo da tecnologia inclinavam-se ligeiramente para a esquerda. Quando se tratava de política presidencial, tudo o que o Vale precisava era do candidato certo. Então, quando o assessor político mais próximo de Bill Clinton, Craig Smith, apareceu em seu escritório num dia de primavera, Stone captou o recado. O governador estava vindo para a cidade.

Será que Stone ajudaria a organizar um evento para angariar fundos? "Estamos com certa dificuldade para conseguir gente", Smith explicou apologeticamente.

Olhando para o calendário, o coração de Stone disparou. Ele tinha ingressos para o beisebol naquele dia. Para nada menos que um jogo do Oakland Athletics. Era um grande momento para ser torcedor dos A's — o time ganhara a World Series em 1989 e estava a caminho de conquistar novamente o troféu naquele ano — e Larry Stone detestou a ideia de ter que perder um grande jogo por causa de algum governador do sul. Mas ele era um bom soldado democrata e relutantemente disse que sim.

Fazer com que seus amigos comparecessem era tão atrativo quanto extrair um dente, Stone lembrou, mas, quando chegou a noite do evento, Bill Clinton superou as expectativas de todos. O jovem governador não sabia muito sobre tecnologia, mas queria aprender. Todos na sala receberam o tratamento completo de Clinton: ouvir de perto muitas questões. O talento sobrenatural de Clinton para fazer com que o público se sentisse como as pessoas mais significativas do universo — ao menos por um curto espaço de tempo — deixou uma marca no Vale do Silício, um lugar que se dá muita importância e está sempre atento para ver se os forasteiros reconhecem sua grandeza.[22]

O evento foi o início de tudo. Pouco antes de Clinton anunciar formalmente sua candidatura, ele teve uma reunião com Dianne e Regis McKenna em meio à grande pompa do Hotel Fairmount, em São Francisco. Os três conversaram sobre tecnologia e sobre política. "Tem algum Willie Hortons escondido por aí?", Dianne McKenna perguntou a Clinton, referindo-se à isca que os republicanos haviam usado para descarrilar a campanha de Mike Dukakis, 1988. Depois de terem certeza do contrário, os McKennas se tornaram dois dos primeiros entusiastas da candidatura.[23]

As pessoas do Vale do Silício não eram apenas grandes fontes de dinheiro para a campanha. Elas eram inteligentes, poderosas e estavam construindo o futuro. Clinton era um filho do Cinturão do Sol, um fã de empreendedores alheios ao setor público, mas atraídos pelas riquezas do setor privado. O mundo tecnológico do Vale do Silício era feito exatamente do tipo de empresa que ele gostava de acompanhar. "Ele era muito atento e acessível, e tinha conhecimentos sobre tecnologia", entusiasmou-se um CEO. "Ele nos escutava."[24]

Dave Barram era um dos que foram convencidos naquela noite. Como tantos outros, Barram foi para a Costa Oeste ainda jovem, logo após sua dispensa da Marinha, atraído por um lugar onde, disse ele com ares místicos, "sonhos eram realizados todos os dias". Ele começou sua carreira na Hewlett-Packard em 1969, no mesmo ano em que Dave Packard foi para Washington como vice-secretário de Defesa de Nixon. Enquanto a política de Barram inclinava-se para a esquerda, e não para a direita, a jogada do chefe mostrou-lhe que era possível ser tanto um líder da tecnologia quanto um estadista político. No fim dos anos 1970, ele concorreu à Câmara Municipal de Sunnyvale com a esposa de Regis McKenna, Dianne. Ela ganhou, e Barram não, mas ele e os McKennas continuaram bons amigos, unidos pela distinção solitária de estarem entre os poucos democratas assumidos no cenário da tecnologia. Ansioso para compartilhar o que ele sabia com os líderes do partido nacional, Barram tinha enviado artigos otimistas sobre política tecnológica para cada candidato presidencial democrata, de Jimmy Carter a Michael Dukakis. Ele nunca recebeu uma resposta.

À medida que a estrela do Vale do Silício se erguia, Barram encontrou entre os vencedores da política um público muito mais disposto a ouvir suas ideias sobre educação e economia tecnológica, incluindo Hillary Rodham Clinton, que ele conheceu pela primeira vez em 1987. Cinco anos depois, Barram tinha ainda mais riqueza e conexões com a indústria — e tinha sido contratado pela primeira vez pela Silicon Graphics, superestrela da computação de alto desempenho, para então assumir uma vaga sênior na Apple —, mas não tinha perdido seu desejo de encontrar um líder democrata que compartilhasse a visão de mundo do Vale do Silício. Com Clinton, ele acreditava ter encontrado esse homem. E dada a economia moribunda e as relações frias com a Casa Branca de Bush, esse era o momento certo para atrair alguns republicanos para o lado de Clinton também.[25]

Animado e pronto para tudo e mais um pouco, Barram tirou uma licença de seu emprego na Apple na primavera de 1992 e foi trabalhar em tempo integral no esforço eleitoral de Clinton. Com base em décadas de conexões pessoais e profissionais, Barram organizou uma reunião entre Clinton e os principais CEOs do Vale, incluindo os republicanos John Sculley, da Apple, e John Young, da HP. Young era talvez o maior de todos e a conquista mais difícil — ele presidira o Conselho de Competitividade Industrial de Reagan, afinal de contas, e era próximo de muitos dos membros do governo Bush.

Clinton entrou na sala e começou a falar. Vinte e cinco homens ricos e poderosos ouviam. Young fazia muitas anotações. Clinton soava um pouco como Packard, em uma época anterior, falando de um governo que ajudaria as pessoas a se ajudarem, e que investiria em educação e pesquisa. Ele ecoou a mensagem que Gary Hart e outros apresentaram na década anterior, sobre a necessidade de construir a economia em torno das indústrias nascentes e de modernizar a política comercial. Ele enfatizou a importância da tecnologia — a tecnologia do Vale do Silício — para o futuro da nação. Ele era sensato, sem mania de grandeza, e obviamente inteligente. O grupo ficou impressionado. Em seguida, Clinton passou a palavra direto para John Young, que, nos dizeres de um observador, "transbordava" entusiasmo.[26]

Pouco tempo depois, em um dia pegajosamente quente no Arkansas no início de julho, Clinton fez a jogada que selou suas credenciais tecnológicas. Ele anunciou que Al Gore seria seu companheiro de disputa. Uma escolha surpreendente, já que Clinton e Gore estavam ambos na casa dos 40 e poucos anos e eram de estados vizinhos; para maximizar o comparecimento às eleições, as escolhas dos vice-presidentes muitas vezes apresentam um contraste demográfico. Mas Clinton prometeu que Gore seria um tipo diferente de vice-presidente. Ele seria um igual, não um subordinado, responsável por um amplo portfólio de políticas que incluía ser o "czar da tecnologia" da nação.

Finalmente, Dave Barram tinha alguém para ler aqueles artigos. E mais, ele agora estava sendo convidado pelo próprio Gore para reforçar a política tecnológica geral da campanha. Barram, por sua vez, convidou John Sculley, Mitch Kapor e outros para se juntarem a ele. Kapor não deu muito crédito às ousadas promessas dos políticos, mas sentiu que esse era o tipo de coisa que poderia tirar o mundo político e empresarial de sua sonolência a respeito da internet. "É psicológico", disse ele a um repórter. "Se as pessoas acreditarem que existe uma liderança nacional genuína, estarão preparadas para mudar."[27]

Em setembro, um Vale do Silício que normalmente ficava calado sobre política declarou em voz alta sua opção. Young, Sculley e outros 30 executivos de tecnologia deram um aval público ao democrata. "Ainda sou republicano", disse Sculley, "mas estou votando em Bill Clinton porque não acredito que as indústrias norte-americanas possam sobreviver a mais quatro anos com o presidente Bush". No momento em que ele dava seu endosso, os fantasmas da guerra dos microchips dominavam a mente de John Young. Todo o seu trabalho em Washington não tinha resultado em muita mudança política. Clinton "entende de negócios e tecnologia e da necessidade de uma força de trabalho altamente qualificada", disse Young. Paul Allaire, chefe da Xerox, acrescentou: "Bill Clinton demonstrou sua vontade" de trabalhar com negócios de alta tecnologia na luta contra a concorrência internacional. "Bush, não."[28]

Os endossos acenderam a indústria da fofoca. Dave Packard, ainda a eminência parda dos republicanos do Vale do Silício, publicou uma carta de repúdio em que repreendia seus velhos amigos por terem "caído no conversa fiada de Bill Clinton". Packard então reuniu um segundo grupo de executivos de tecnologia que assinaram

INFORMAÇÃO É PODER   309

uma carta de apoio a George Bush. Mas, quando essa carta saiu, em meados de outubro, já estava claro para os políticos de ambos os lados que os democratas venceriam.[29]

Enquanto ambos os endossos chegaram tarde demais para influenciar a matemática eleitoral básica, a campanha de 1992 se tornou um momento crítico tanto para a indústria quanto para os partidos. O Vale do Silício não era mais um vistoso setor secundário, mas um *player* poderoso. E os democratas estavam marcando presença. A música temática da campanha de Clinton tinha sido "Don't Stop Thinking About Tomorrow" [Não deixe de pensar no amanhã]. O Vale do Silício *era* o amanhã — tanto nos produtos que fabricava quanto na forma como administrava suas empresas — e os apoiadores de Clinton reforçaram a mensagem de que ele não era, nas palavras de um assessor, "um democrata tradicional, do tipo cobre-impostos-e-torre-a-grana".[30]

GEEK-CHEFE

A vitória de Clinton colocou alguns de seus maiores apoiadores tecnológicos no centro das atenções políticas. Em meio a um burburinho sobre se eles estariam à altura dos empregos no gabinete presidencial, em meados de dezembro de 1992, Sculley e Young receberam convites cobiçados para integrar a cúpula econômica do presidente eleito. Racional, descontraído e com ótima presença em vídeo, Sculley há muito tempo gostava de dar declarações grandiosas sobre a tecnologia e o futuro. Ele gostou da oportunidade de bancar o estrategista político para uma grande audiência. "A maior mudança nesta década vai ser a própria reorganização do trabalho", disse ele aos luminares reunidos. "Nesta nova economia, os recursos estratégicos não serão apenas os que saem do solo, como o petróleo, o trigo e o carvão, mas também ideias e informações que saem da nossa mente."[31]

Um mês depois, Sculley se viu sentado à direita de Hillary Clinton, no primeiro discurso de Estado da União do novo presidente. Sentado à sua esquerda estava outro ex-republicano: Alan Greenspan, ex-presidente do Federal Reserve. A escolha diz muito sobre a nova ordem econômica e as aspirações de Clinton de reinventar a relação entre os negócios e o governo: o Vale do Silício de um lado, Wall Street do outro, e uma primeira-dama extraordinariamente poderosa no meio.

Apenas alguns dias depois de John Sculley desfrutar da melhor cadeira da casa no Estado da União de 1993, Clinton e Gore voaram para o oeste, para aproveitar o sol de meio de inverno do Vale do Silício e para participar de algumas conversas sobre alta tecnologia. Primeiro, jantaram em um bistrô no pequeno e caro subúrbio de Los Gatos, com um grupo de seus principais apoiadores da tecnologia. Regis McKenna sentou-se ao lado de Clinton; Dave Barram sentou-se ao lado de Gore. O novo presidente bebeu Coca-Cola descafeinada enquanto seu vice-presidente "discursava poeticamente sobre a 'gestalt' dos gigabits". Saindo do restaurante quase três horas depois, Clinton e Gore foram recebidos por uma multidão entusiasmada de mais de mil moradores que os esperaram no frio da noite. Eles ficaram apertando mãos e bochechas de bebês até altas horas da noite. Los Gatos nunca tinha visto nada parecido.[32]

O evento principal foi no dia seguinte. "A estratégia política encontrou os nerds", escreveu um repórter local, "e nenhum dos lados tremeu". Os dois líderes rumaram para a sede da Silicon Graphics, para uma reunião comandada por Ed McCracken, CEO da empresa, e transmitida pela televisão local. Falando baixinho, todo abotoado, com um topete infantil em seus cabelos loiros, McCracken era outro republicano em recuperação e também um veterano da HP que se inspirara no modelo de empreendedor-estadista de Dave Packard. A Silicon Graphics continuava como um dos pássaros a voar mais alto em Wall Street, e os efeitos especiais que criava para blockbusters de Hollywood a tornaram significativamente mais glamorosa do que seus pares no Vale, produtores de caixotes bege sem-graça. A SGI criara uma tecnologia atrativa, que as pessoas comuns podiam *enxergar*. McCracken achava que era um bom momento para esse tipo de engajamento. "Quando uma empresa se aproxima de US$1 bilhão em vendas", ele refletiu, "ela deveria desempenhar algum papel visível na comunidade".[33]

Depois de uma demonstração de chat remoto por vídeo (Gore empunhava o mouse, Clinton admirava tudo sem entender muito bem), os dois líderes revelaram uma iniciativa federal sobre tecnologia que incluía coisas que muitos executivos do Vale do Silício sonhavam há anos: US$17 bilhões de investimento em novas pesquisas tecnológicas, mais alianças do tipo Sematech, um crédito fiscal permanente de P&D, infraestrutura de fibra ótica, e muito mais. Depois de todos os debates políticos, relatórios e comissões da última década, os democratas voltaram ao ponto em que começaram uma década antes. Parecia que a alta tecnologia estava recebendo a sua política industrial.[34]

Dave Barram esmiuçou a proposta aos repórteres ansiosos. "Nós tivemos uma política industrial desde a Guerra Civil. Construímos ferrovias, canais, tínhamos concessão de terrenos para universidades", explicou ele. "O governo e o setor privado sempre tiveram um relacionamento — é o que achamos mais eficaz." Nem todos no Vale concordaram. T. J. Rodgers, presidente da Cypress Semicondutores, um dos ardentes libertários que, na década de 1980, denunciaram ferozmente fabricantes de chips liderados por Noyce como "bebês chorões", zombou da docilidade dos partidários de Clinton. "Eu me oponho com firmeza a escolher vencedores e perdedores", disse ele. Mas naquele dia os engenheiros presentes na Silicon Graphics foram conquistados pelo charme de Clinton e pela inteligência técnica de Gore. "Eu gostaria de dizer que eu não votei em você", um funcionário admitiu com pesar ao novo presidente durante o período de perguntas e respostas, provocando risadas por todo o ambiente. "Quem me dera ter votado."[35]

O CZAR DA TECNOLOGIA

Apesar da propaganda e da esperança expostas na Silicon Graphics naquela tarde, e dos luminares da tecnologia agora orbitando a Casa Branca, o trabalho de Gore como homem de alta tecnologia era mais difícil do que parecia. Por um lado, o tamanho massivo de seu portfólio de políticas gerais foi de encontro com recursos limitados de equipe. A política de alta classe do vice-presidente ocupava a equipe com questões como comércio, meio ambiente e a iniciativa batizada de "Reinventando o Governo", a ambiciosa e maciça tarefa proposta por Gore para racionalizar e modernizar a burocracia governamental. Por outro lado, a equipe de Clinton tinha uma agenda surpreendentemente ambiciosa que incluía estímulo financeiro e redução do déficit, reforma do sistema de saúde, reforma da previdência social e livre comércio. No Edifício Einsenhower, prédio que abriga o escritório da vice-presidência, "salas de guerra" brotavam como cogumelos após uma chuva de primavera.

Em 1993, questões técnicas permaneciam difíceis de serem compreendidas pelas pessoas comuns — e também por quem trabalhava com política, mas não tinha treinamento tecnológico. Todos na Casa Branca de Clinton tinham um e-mail (em março, com grande fanfarra, Clinton enviara o primeiro e-mail presidencial da história), mas só os nerds mais dedicados o usavam para se comunicar com pessoas de fora, que dirá com outras cidades ou países. Os princípios de rede da web eram desconcertantes até mesmo para algumas das pessoas mais experientes do governo, incluindo Robert Rubin, um multimilionário de Wall Street que era responsável pela política econômica da nação. "Lembro-me da primeira vez que mostrei a Bob Rubin um navegador", disse Tom Kalil, assessor de política tecnológica da Casa Branca. "Ele me perguntou: 'Quem é o dono disso?'" Ninguém, respondeu Kalil. O economista não conseguia acreditar.[36]

Assim, o plano da "Superestrada da Informação" que a equipe Clinton-Gore desenvolveu com a consultoria de líderes do setor não atraiu tanta atenção por

312   O CÓDIGO

parte dos profissionais de Washington. Agora intitulado *National Information Infrastructure* [Infraestrutura Nacional de Informação] ou NII, seu lançamento em setembro de 1993 foi em grande parte abafado pela cobertura da imprensa sobre a reforma no sistema de saúde. Significativamente, membros do Departamento de Comércio — e não do FCC — nomeados por Clinton lideraram o esforço político, apesar do fato de que se tratava, no seu cerne, de regulamentar as telecomunicações. O secretário de Comércio de Clinton era Ron Brown, poderoso faz-tudo político, ex-presidente do Partido Democrata e uma das pessoas mais proeminentes a ocupar esse cargo desde Herbert Hoover, nos tempos de Harding e Coolidge. Pôr a NII no colo do Comércio sinalizou que a superestrada da informação era uma política econômica com as indústrias de alta tecnologia bem no centro.[37]

"Informação significa poder — e empregos", declarou um relatório. A NII superaria "as limitações da geografia e do status econômico, e daria a todos os norte-americanos uma oportunidade justa de ir tão longe quanto seus talentos e ambições os levassem". À parte das declarações grandiosas, a iniciativa, no entanto, não seria mais um tiro no escuro financiado pelo governo. Tampouco seria mais um programa interestadual. O setor privado iria construí-lo, gerenciá-lo e operá-lo. O papel principal do governo era regular — e isso envolvia uma considerável quantidade de *des*regulamentação, derrubando as barreiras que há muito transformavam telecomunicações, televisão e tecnologia em mercados separados.[38]

A abordagem de Gore, privilegiando os negócios, encantou as indústrias de telecomunicações e televisão a cabo e alarmou a ala de esquerda da tecnologia. Em questão de semanas, 60 grupos de interesse anunciaram que estavam formando uma coalizão para lutar por uma via informacional livre da influência dos grandes negócios. Entre os que se posicionaram contra a Casa Branca estavam os guerreiros anti-SDI da CPSR, que agora recebiam uma boa parte de seu financiamento da EFF. Uma supervia informacional corporativa, alertou o CPSR, poderia acabar sendo um enredo ciberpunk da vida real. "Não é preciso a imaginação de um romancista para reconhecer a rápida concentração de poder e o perigo em potencial na fusão de grandes corporações nos setores de informática, televisão a cabo, editoração, rádio, eletrônica de consumo, cinema, entre outros." Nenhuma autoridade central deveria ditar o que poderia ou não acontecer na internet; seu caos autopoliciador faz parte do que a tornou tão poderosa. "A vida no ciberespaço parece estar se moldando exatamente como Thomas Jefferson teria desejado", escreveu Mitch Kapor, "fundada na primazia da liberdade individual e no compromisso com o pluralismo, a diversidade e a comunidade". Os políticos não devem estragar tudo.[39]

INFORMAÇÃO É PODER   313

Mas uma questão ainda mais espinhosa estava surgindo na passagem de 1993 para 1994 — uma que foi direto ao cerne das questões de privacidade que, para começo de conversa, fizeram surgir a EFF. À medida que mais dados circulavam pela internet e crescia o número de *hacks* ilegais, a comunidade de inteligência tinha desenvolvido uma nova e impenetrável tecnologia de criptografia chamada Clipper Chip. Esse tipo de criptoprivacidade era tudo o que os fabricantes de computadores desejavam há muito tempo, pois lhes permitia oferecer um maior grau de segurança para usuários cautelosos. Mas tinha um porém. Agentes federais pretendiam manter as chaves do Clipper, permitindo que eles desbloqueassem qualquer software ou hardware. Os caras maus não conseguiriam bisbilhotar o que as pessoas faziam online —, mas o governo, sim.

A perspectiva desse poder desimpedido de escuta por parte do governo deixou estarrecidos os barulhentos cruzados do Vale do Silício. Sob nenhuma circunstância deveria haver um acesso por onde o poder de terceiros pudesse conseguir informação sobre as pessoas, mesmo "se a Madre Teresa e o papa fossem os responsáveis" por reterem as chaves do Clipper Chip, disse um porta-voz do CPSR. As grandes empresas de tecnologia também odiaram. Enfiar um spyware do governo norte-americano em seus produtos prejudicaria a capacidade de vender aos consumidores caseiros e prejudicaria seriamente sua capacidade de construir mercados no exterior. Por que uma empresa chinesa compraria o Microsoft Office se soubesse que isso significaria que a CIA poderia ver cada planilha ou e-mail? [40]

O vice-presidente recuou. O plano não estava "concretamente definido", garantiu Gore aos seus amigos da indústria de tecnologia em fevereiro de 1994, quando a controvérsia do Clipper Chip se sobrepôs à discussão sobre a infraestrutura de informação. Funcionários furiosos de inteligência avançaram contra uma Casa Branca vacilante, advertindo sombriamente que a segurança nacional seria comprometida, mas as forças anti-Clipper acabaram ganhando a parada. Sim, haveria criptografia, decretou a equipe de Clinton. Mas não teria que ser de um único padrão, e as chaves das cifras não precisariam ficar com o governo. "O Clipper está morto", regozijou Jerry Berman, diretor-executivo da EFF. Gore tinha dado "um grande passo, tanto pela privacidade quanto pela segurança".[41]

O Clipper Chip pode não ter dado em nada, mas as discordâncias sobre a capacidade dos agentes da lei de bisbilhotarem o mundo digital permaneceria como um ponto de tensão entre o Vale e Washington no próximo milênio, intensificando-se com o advento de dispositivos móveis que potencialmente registrariam cada movimento de uma pessoa. Alguns dos primeiros fãs de Al Gore nunca superaram o fato de que o vice-presidente tinha sido associado ao temido chip. "Foi quando ficou claro que as simpatias de Gore estavam mais com o estado de segurança nacional do que com o ciberespaço", suspirou John Perry Barlow. "Al Gore é um fã de Grateful Dead; e ele também é um autoritário."[42]

DURANTE OS PRIMEIROS QUATRO ANOS DA DÉCADA DE 1990

— quando 97% dos norte-americanos não tinham conexão com a internet, e quando conectar-se com a internet envolvia o turbilhão de sons de uma conexão discada e uma interface baseada em texto — os políticos e lobistas moldaram as regras básicas para um universo online que ainda estava por vir. Talvez tão importante quanto o que os formuladores de políticas de Washington fizeram, foi o que eles *não* fizeram: colocar a rede sob controle centralizado, seja do governo federal ou de um monopólio privado, como uma versão conectada da *Ma Bell*.

Em vez disso, a internet se manteve fiel às suas raízes acadêmicas, como um mundo descentralizado, em rede, onde ninguém estava no controle. As telecomunicações não poderiam criar escassez, o governo não poderia bisbilhotar; pelo contrário, a visão independente, em pequena escala e jeffersoniana de Mitch Kapor poderia florescer. Depois de um século em que tudo estava ficando cada vez maior — governo, negócios, sistemas de organização social — os pequenos e conectados tinham vencido. A geração Vietnã, que questionara a noção de progresso, procurou nas máquinas uma alma e colocou no comando o pessoal dos computadores, e a internet comercial era o seu maravilhoso legado.

CAPÍTULO 20

Paletós pelo Vale

Você saberia que Wall Street estava na área se visse os Lincoln Town Cars pretos nas ruas — automóveis de luxo, com amplo espaço, os preferidos dos homens de negócios na virada do século XX para o XXI. Eles percorriam todo o Vale do Silício naqueles dias vertiginosos do fim dos anos 1990, quando a NASDAQ não conseguia parar de subir e todos estavam se esforçando para participar um pouco da brincadeira. Se um desses carros estivesse em um estacionamento, era sinal de que os caras do dinheiro da Costa Leste tinham vindo dar uma paquerada, na esperança de ter a chance de participar de outra IPO de uma "pontocom". Uma vez por ali, esses caras eram duplamente difíceis de não notar, espalhafatosos em seus ternos de US$3 mil e gravatas de seda em meio ao mar californiano de camisas e bermudas cargo. Com o passar do tempo, os visitantes começaram a se identificar com o código de vestimenta. Na segunda viagem, eles dispensavam a gravata. Na terceira, passavam para casaco esportivo com calças cáqui. Os banqueiros, em seus Town Cars, nunca chegaram a adotar o uniforme completo do Vale do Silício, mas tentaram.

Superando até mesmo as previsões mais otimistas, a extraordinária internet dos últimos anos do século XX brilhou como nunca antes no Vale do Silício. A região completou sua metamorfose, passando de um lugar para uma ideia, um sinônimo para uma indústria tecnológica cujos produtos tinham alterado quase todos os aspectos de como o mundo funcionava, aprendia e se divertia. Os anos 1990 deixaram a ostentação típica dos anos 1980 — Lamborghinis, vinhos Chablis — no chinelo. No feliz verão do PC de 1983, a NASDAQ chegara a pouco mais de 300 pontos. Em março de 2000, ultrapassou 5 mil. Durante os 8 anos em que Bill Clinton foi presidente, ações de tecnologia valorizaram em quase 600%.[1]

316 O CÓDIGO

Mas a avalanche de dinheiro para os acionistas era apenas uma medida de como a era online tinha mudado a economia norte-americana. A aura invisível dos softwares coroava uma infraestrutura de hardware muito tangível: milhões de quilômetros de fios de cobre, conexões de banda larga, roteadores e servidores que fluíam para escritórios, escolas e casas. As corporações da velha economia gastaram bilhões para modernizar suas operações para a era online. Compras e vendas — direcionadas a consumidores ou outros negócios — migraram para o online. Dos superotimistas discursos presidenciais até os comitês do Congresso, Washington direcionava o investimento público para acelerar a disseminação da internet. A febre do livre comércio se espalhou pelo mundo, abrindo gigantescos mercados de trabalho para empresas norte-americanas de tecnologia e inchando a base de clientes para seus produtos.

O investimento acumulado fez a economia norte-americana rugir. O PIB cresceu por dez anos consecutivos — o maior *boom* em tempos de paz na história dos Estados Unidos. A internet permitia transações em milissegundos, borrando fusos horários e barreiras linguísticas e tornando o Vale o centro de comando e controle de uma rede global de comércio. A cultura empresarial diferenciada das empresas do Vale, que vinha lentamente se infiltrando na consciência pública desde os primeiros tempos do microchip, passou de objeto de curiosidade a modelo a ser emulado. A inovação empresarial significava tirar as gravatas, fortalecer a equipe de engenharia de software e construir uma quadra de vôlei nos fundos.

E tudo aconteceu de uma forma muito rápida. John Markoff, repórter de tecnologia do *New York Times*, apresentou sua primeira reportagem sobre a World Wide Web no início de dezembro de 1993. "Nos quatro anos seguintes", ele lembrou, "fui atropelado por uma manada de elefantes". A internet tornou-se a história da década, uma mudança mundial para fechar o século XX e abrir o século XXI. Escritores como Markoff, nativos de Palo Alto, que viviam e escreviam sobre o Vale desde a época dos *hombrewers*, migraram dos rodapés das páginas das seções de negócios para as capas dos jornais e revistas, tentando simultaneamente explicar os fundamentos tecnológicos desse admirável mundo novo e documentar sua espantosa ascensão. A tecnologia era o tema da moda no ramo das revistas, desovando um grupo brilhante de publicações da Bay Area — publicações mensais como *Wired*, *Red Herring* e *The Industry Standard*. A economia da tecnologia e seus chefões foram temas de nada menos que 34 matérias de capa na *Time* e na *Newsweek* entre 1994 e 1999.[2]

Tudo que se relaciona ao *boom* das "pontocom" parece extraordinário, até mesmo a rapidez com que sua exuberância irracional veio à tona em 2001, levando muito da prosperidade dos anos 1990 com ela. No entanto, esse capítulo da era do silício exibiu padrões semelhantes aos que vieram antes, embora em escala superdimensionada. Das salas de aula e laboratórios universitários saíam jovens com ideias inovadoras, reunidos pelos investidores de risco que os financiavam, aconselhavam e conectavam à rede de especialistas da indústria. Os advogados do Vale ajudavam jovens empreendedores a pôr os pingos nos is. Magnatas do ramo imobiliário preparavam os terrenos próximos aos campi de escritórios da geração anterior para abrir caminho para os próximos. Evangelistas dentro e fora do mundo da tecnologia espalhavam a lenda da magia do Vale do Silício, impulsionando uma nova geração de garotos maravilhados e convencendo as lideranças norte-americanas de que aquilo realmente poderia ser um crescimento sem fim.

E, como sempre, havia os paletós: não apenas dos banqueiros de Wall Street, cujos enxames de ternos de listras cresciam a cada nova subida da NASDAQ, mas também os políticos e os politiqueiros, que transformaram a precária estradinha entre Washington e o Vale em uma supermovimentada autoestrada.

Tudo começou com um *browser*.

O MAGO

John Doerr gostava de pensar cinco anos à frente. Nativo de St. Louis e graduado pela Universidade de Rice, em 1974 ele era um primeiro-anista de administração em Harvard. Na época, ele ficou tão intrigado com as promessas de investimento de risco do Vale do Silício que começou a ligar para empresas para ver se alguma delas tinha um emprego para oferecer. Mas o mercado estava em seu ponto mais baixo. Esqueça o risco, disseram-lhe os investidores. Vá para a Intel e trabalhe para Andy Grove. Enquanto esteve na Intel, Doerr se destacou não só por sua afabilidade em meio ao ambiente mercurial e rígido de Grove, mas por ser um dos primeiros da turma dos semicondutores a embarcar nos microcomputadores, incentivando a empresa a fabricar sua própria placa-mãe para hobbistas, mesmo antes dos dois Steves terem relançado o Apple I. Como novo sócio da Kleiner Perkins no início dos anos 1980, quando a mania dos microcomputadores tomou conta do Vale, ele estava participando de conferências acadêmicas para aprender sobre as tecnologias VLSI e 3D que deixariam os chips mais rápidos e transformariam desktops vagabundos em poderosos *workstations*.

Assim, quando Doerr viu sua primeira demonstração do navegador Mosaic no início de 1994, ele já estava prestando atenção à internet há muito tempo. Oito anos antes, ele pegara uma licença para passar vários meses no escritório do senador Tim

Wirth, absorvendo tudo que podia sobre o funcionamento da ARPANET. Desde esse período como o estagiário de maior patrimônio líquido do Congresso, Doerr continuou a acumular enormes sucessos em hardware e software. Durante todo esse tempo, ele estava cada vez mais convencido de que a internet seria a próxima onda. E era nisso que ele queria investir. "Nós pensamos em termos de construir novos negócios", explicou ele certa vez. "Em nossos momentos mais grandiloquentes, pensamos em construir setores inteiros." Nos anos 1990, Doerr e seus parceiros fizeram exatamente isso.[3]

O Mosaic foi sua plataforma de lançamento. Se o cliente web criado por Tim Berners-Lee era o Apple II da internet, o Mosaic era seu Macintosh: o portal que abriu o mundo online para milhões de pessoas. Criado por um grupo de alunos de pós-graduação do centro de informática da Universidade de Illinois — todos cansados dos ambientes em HTML do começo da era Web, exclusivamente textuais — o Mosaic transformou a internet em uma experiência imersiva, colorida, de apontar e clicar. Meses após o seu lançamento em 1993, o novo navegador tinha conquistado o imaginário dos internautas do Vale do Silício. Seu principal inventor, o estudante Marc Andreessen, rumou para a Costa Oeste para capitalizar essa excitação. Andreessen encontrou uma primeira guarida nos miúdos escritórios do EIT, onde Marty Tenenbaum estava ocupado construindo sua plataforma de comércio eletrônico e sabia que um bom navegador era essencial para trazer clientes para o online. Mas, em poucos meses, Andreessen, de 23 anos de idade, foi atraído para longe da operação descapitalizada de Tenenbaum por um cheque polpudo acenado por Jim Clark, um ex-cientista da computação de Stanford que fundara a Silicon Graphics.

Clark tinha sido uma das pessoas que ensinaram John Doerr sobre o futuro, no início dos anos 1980. Agora, ele estava irritado com a cautela corporativa de sua empresa (e com as idas e vindas infrutíferas do CEO Ed McCracken na Casa Branca) e estava em busca de algo novo para fazer. Andreesen era o que ele queria. Depois de assinar na linha pontilhada, os dois novos sócios voltaram imediatamente para Champaign-Urbana, Illinois, e contrataram toda a equipe de engenharia do Mosaic. Semanas depois, Clark pediu demissão da SGI e começou a sondar seu velho amigo Doerr em busca de ajuda para o seu novo empreendimento. A Kleiner Perkins investiu US$5 milhões, e nasceu a Mosaic Communications.[4]

A rápida ascensão da empresa, que logo passou a se chamar Netscape, demonstrou a excelente forma da rede intensamente conectada do Vale do Silício, tecida por décadas. A liderança montada por Doerr para a Netscape era uma mistura azeitada de funcionários classe A provindos de empresas classe A, tanto de tecnologia

PALETÓS PELO VALE 319

quanto de outros novos setores, todas impulsionadas por investimento de risco. Doerr recrutou Jim Barksdale, CEO da AT&T Wireless, com uma passagem pela FedEx; Mike Homer, seu VP, era um veterano da Apple. Wilson Sonsini era um consultor externo. A própria Kleiner Perkins, naqueles dias, estava repleta de sócios de investidores de risco em alta tecnologia: Vinod Khosla, da Sun, Floyd Kvamme, da Fairchild e da Apple, e Regis McKenna, que sucumbiu à insistência de Doerr e se juntou ao time em 1986, como sócio. Até mesmo os imóveis da Netscape tinham história: seus primeiros escritórios foram sublocados da HP, e logo se expandiram para uma grande sede na recém-reformada fábrica da Fairchild Semiconductor em Mountain View. O Whagon Wheell ficava logo na esquina.[5]

Não tinha um produto melhor para a criação de uma indústria inteiramente nova do que o Navigator, o navegador que a Netscape lançou no início de 1995. Construído para rodar em qualquer tipo de computador — Mac, PC, *workstations* Unix — o Navigator deixou decisivamente no passado as guerras de desktops dos anos 1980. Projetado para rodar em redes de banda larga de alta velocidade (como a que Andreessen desfrutara em seu laboratório na Universidade de Illinois) e seguro o suficiente para hospedar transações financeiras, o Navigator antecipou um futuro livre das conexões discadas, onde quase tudo poderia ser comprado com um único clique. Havia uma disrupção adicional: a empresa ainda inverteu a ordem das coisas, liberando de graça o seu navegador. Foi uma forma surpreendentemente eficaz de construir uma base de usuários. Um ano após sua existência, a Netscape tinha 6 milhões de clientes.[6]

A Netscape foi apenas uma das estrelas na crescente constelação da internet financiada por John Doerr e pela Kleiner Perkins durante aqueles dias agitados de meados dos anos 1990. A empresa colocou dinheiro na destemida America Online (AOL), empresa sucessora da The Source, sediada na Virgínia do Norte, que estava se acotovelando no mercado com a CompuServe e com a Prodigy e inundando as residências norte-americanas com CD-ROMs gratuitos contendo seus produtos. E a Kleiner Perkins incubou empresas totalmente novas, como a @Home, que prometeu levar banda larga de alta velocidade para residências em todos os Estados Unidos. (O empreendimento mais tarde se tornou parte de um dos mais famosos fracassos da era "pontocom". No auge dos anos 1990, a @Home fundiu-se com o portal Excite em um negócio avaliado em US$7,2 bilhões; dois anos depois, as ações tinham perdido 90% de seu valor e a empresa foi à falência.)

E uma geração anterior de sucessos da Kleiner Perkins ajudou o mundo online a crescer e se expandir. Em março de 1995, cumprindo suas promessas de que "a rede é o computador", a Sun Microsystems introduziu o Java, a primeira linguagem de programação escrita com a web em mente. Kim Polese, gerente de produtos Java, sentiu que a nova linguagem seria um grande negócio depois que sua equipe plantou uma reportagem sobre o lançamento do que eles então chamaram de "Hot Java" em um jornal do Vale do Silício, o *San José Mercury News*. Quando chegou o grande dia, Polese folheou freneticamente as páginas de negócios da publicação para ver se eles tinham publicado a matéria. Sem encontrá-la, jogou o jornal no chão, frustrada. Então ela viu a primeira página. Lá estava: "Por que a Sun acha que o Hot Java vai dar a você uma mãozinha?"[7]

O Java não era apenas uma mãozinha; era uma mudança total. Ele trouxe vida à web, permitindo aos programadores construírem aplicações com gráficos e animações tão robustas quanto qualquer outra produzida nos softwares para desktop da época. E o Java rodava por meio de um navegador, não em um sistema operacional. A Web não ia ser balcanizada como a plataforma PC. Os programadores poderiam construir aplicações em Java e colocá-las para rodar em qualquer tipo de máquina. Os sites passaram de estáticos e desajeitados para animados e ágeis. Como disse Eric Schmidt, CTO da Sun, "é a diferença entre um telégrafo e um telefone". O Java fez da Sun uma marca descolada da era da internet e transformou Polese em uma superestrela da era Web (ela logo saiu para fundar a Marimba, empresa multimídia de internet). Em 1996, o Java dominou o mundo de tal forma que a KP abriu um fundo de US$100 milhões apenas para investir em empresas que construíssem software baseado na linguagem.[8]

Doerr, que emergira na guerra dos chips dos anos 1980 como um discípulo fiel dos princípios de gestão japoneses, chamou tudo isso de "o *keiretsu* Kleiner" — utilizando o termo japonês que designa uma coalizão horizontal de empresas. Era uma coletânea de diferentes empreendimentos compartilhando recursos e expertise, operando simbioticamente para criar todo um ecossistema de mercado — das redes e roteadores aos navegadores, de portais às linguagens de programação e aplicativos de software. Foi assim que os consórcios eletrônicos japoneses dominaram o mundo nas décadas de 1970 e 1980. Mas o termo também caracterizava bem a teia de relacionamentos pessoais e conhecimentos especializados tácitos que fizeram o Vale do Silício disparar. Outros investidores do Vale do Silício, veteranos e novos, tiveram vitórias gigantescas na internet, é claro. Mas a Kleiner Perkins veio para simbolizar a geração "pontocom" melhor do que qualquer outra. A empresa era o MITI da era da internet, e John Doerr era o mago por trás do palco.[9]

DA FAZENDA À FÁBRICA

Gordon Moore gostava de fazer uma observação: a coisa mais importante que a universidade de Fred Terman fazia pelo Vale do Silício era formar 800 alunos de mestrado e doutorado por ano, reabastecendo o acervo intelectual da região. A lei de um outro Moore certamente se confirmava no caso dos jovens que saíam dos programas de computação e engenharia de Stanford nos anos 1990. Quatro décadas de inovação em IA, design de software e networking tinham transformado a Fazenda no lar de muitos dos melhores cientistas da computação do mundo em um ímã para muitos dos melhores alunos de graduação. O incentivo à transferência de tecnologia de Stanford significava que os melhores deles já tinham sonhos bem estabelecidos de comercializar o que quer que construíssem. Se você queria estudar computação, ia a outro lugar. Se você queria estudar computação *e* fundar uma empresa, você ia para Stanford.[10]

Aquele estudante de graduação apelidado de "Doogie" era um desses casos de sucesso da era da internet. Depois de passar pelos seus dois primeiros cursos em Stanford, Jerry Yang se viu paralisado enquanto trabalhava em seu doutorado. Quando entrou no programa, ele optou pelo design assistido por computador como foco, o que em 1990 parecia uma grande aposta num momento em que a Silicon Graphics estava se tornando a queridinha do Vale. Alguns anos depois, a paisagem parecia um pouco diferente. Graças à sua presença em Stanford, ele e David Filo, seu amigo mais próximo no programa de doutorado, atinaram cedo para as maravilhas do Mosaic. Quando o orientador deles partiu para um período sabático, os dois se entocaram em um trailer abarrotado de caixas de pizza às margens dos prédios de engenharia da universidade e passaram a fazer sites durante todo o tempo: uma homepage para uma liga de *fantasy basketball,* uma homenagem ao sumô e assim por diante.

Os dois passaram tanto tempo navegando na web que Filo elaborou uma lista de seus sites favoritos para que ele pudesse navegar melhor no mar de informações online. Tendo passado seu período de graduação em um emprego na biblioteca de Stanford, cuja atividade de organizador de livros o apresentara às delícias da classificação decimal de Dewey, Yang percebeu que eles poderiam fazer melhor, traduzindo a lista de Filo para HTML e colocando-a online para que outros também desfrutassem dela. O tímido Filo não queria seu nome na coisa (eles deveriam estar escrevendo suas teses, afinal), então Yang simplesmente o chamou de "*Jerry's Guide to the World Wide Web*" [O guia de Jerry para a World Wide Web]. Era o fim de

1993. Em questão de meses, o site tinha se transformado em um verdadeiro negócio, conforme mais pessoas baixavam o Mosaic, se amontoavam online e tentavam navegar pela vertiginosa fartura da internet.[11]

No início de 1995, o guia já tinha recebido um milhão de visitas, startups de produtos para a web estavam crescendo pelo Vale, e os dois alunos de pós-graduação perceberam que o período em que mataram tempo naquele trailer tinha gerado uma real oportunidade de negócios. Yang e Filo deixaram Stanford, levando com eles vários amigos do campus, que agora se tornaram "web-surfistas" em tempo integral — seres humanos que navegavam a web tentando ordenar o conteúdo em várias categorias. Ao contrário das equipes de engenharia esmagadoramente masculinas que povoavam a nova geração de startups, um bom número desses primeiros surfistas eram mulheres.[12]

Agora cortejados pelos principais investidores do Vale, os pós-graduados que abandonaram a escola optaram pelos US$3 milhões de Mike Moritz, o jornalista que virou investidor de risco (trabalhando então para a Sequoia Capital de Don Valentine), e nomearam seu novo empreendimento como Yahoo!. "A maior força deles", observou Valentine, o estadista ancião, sobre Yang e Filo, "foi reconhecer suas fraquezas e falta de experiência". Mais uma vez, a rede de mentores do Vale do Silício, nova e antiga, entrou em ação. Moritz e Valentine conectaram o Yahoo! a advogados, especialistas em RP e provedores de internet. Eles encontraram um experiente CEO, Tim Koogle, um graduado de Stanford que trabalhava em grandes e pequenas empresas de tecnologia há duas décadas. Marc Andreessen ofereceu a Yang e Filo espaço nos servidores da Netscape para que eles pudessem sair da sobrecarregada rede de Stanford.[13]

O ponto de exclamação corporativo e os títulos apatetados dos cargos — Yang era o "Yahoo Chef", e daí em diante a coisa ficava mais extravagante ainda — não eram os únicos modos pelos quais a operação refletia as novas tendências da era da internet no Vale. O Yahoo! funcionava com programas inteligentes, mas não era um software ou hardware que podia ser vendido em lojas de varejo ou com os desktops. Seu produto era *conteúdo*: um sistema de classificação distinto para o vasto cenário de informações da Web, um trabalho primeiramente realizado pelos navegadores humanos, e depois — quando o Yahoo! escalou alturas impensadas — por algoritmos. A Intel vendia microchips; a Microsoft vendia pacotes de softwares. O Yahoo! e suas irmãs "pontocom" entregavam seus produtos de graça. A única maneira de ganhar dinheiro era por meio da publicidade. Foi um modelo completamente novo para o Vale do Silício.

Depois de quatro décadas aperfeiçoando sua arte, o ecossistema empresarial do Vale sabia exatamente como cultivar pequenas empresas que construíam chips ou escreviam código. Mas não tinha noção do que poderia acontecer quando essas empresas se tornassem plataformas de informação.

A SUPERESTRADA DA INFORMAÇÃO

A disseminação viral do navegador Netscape e a facilidade com que o Yahoo! abriu a web para um uso fluido trouxe cada vez mais pessoas para a internet em meados dos anos 1990. Elas estavam navegando, pesquisando, conversando e enviando e-mails. Mas havia uma quantidade apenas irrisória de compras e vendas. O ato que mais tarde se tornou uma parte do cotidiano do consumidor norte-americano — entrar em um site, navegar, digitar o número do seu cartão de crédito e clicar em "comprar" — era algo de outro mundo, que causava ansiedade naquele começo da era "pontocom". Não havia garantia nenhuma de que seu número de cartão de crédito não seria roubado. Não havia uma maneira óbvia de pagar o frete, ou mesmo de determinar a velocidade com que você receberia sua compra. A solução chegou ao Vale por meio de uma subvenção federal pouco conhecida, sob o valor relativamente modesto de US$2,5 milhões, mas que finalmente deu uma resposta aos sonhos de Marty Tenenbaum de transformar a internet em um comércio vivaz.

Como acontece frequentemente na política, o dinheiro do Departamento de Comércio dos Estados Unidos não tinha sido disponibilizado com a internet em mente. Em vez disso, ele fazia parte do chamado "Technology Reinvestment Program" [Programa de Reinvestimento Tecnológico] ou TRP, criado no fim do governo Bush para aliviar as dores econômicas sentidas pelas regiões dependentes da Defesa — como a Califórnia — quando a Guerra Fria acabou. No Vale, no entanto, o dinheiro que o governo Clinton concedeu no início de 1994 foi para a criação da CommerceNet, uma nova associação da indústria tecnológica, administrada por Tenenbaum e dedicada ao comércio eletrônico. "O capitalismo está chegando à internet", declarou o *Wall Street Journal*. Sob a administração de Tenenbaum, a CommerceNet desenvolveu um software para proteger os dados dos cartões de crédito e garantir fretes seguros. Ela ajudou empresas e engenheiros a desenvolverem novas ferramentas de segurança para o comércio eletrônico. O mais importante: a empreitada conseguiu deixar as empresas da velha economia confortáveis com a realização de transações online. Em certo momento, a associação tinha 800 membros corporativos. Naqueles primeiros tempos, "todos que operavam no comércio eletrônico faziam parte dela", disse Tenenbaum.[14]

No fim do ano, uma série de outros empreendimentos estavam competindo para desenvolver seu próprio software de pagamento eletrônico, enquanto novas empresas estavam chegando ao mundo para dar aos clientes o primeiro gostinho de comprar e vender na internet. "Logo depois do sexo, comércio parece ser o que mais excita as pessoas na internet", comentou Jim Bidzos, cuja tecnologia de criptografia de dados estava no centro do software da CommerceNet. Em 1995, Bidzos comercializou sua tecnologia por meio da VeriSign, empresa de autenticação web — cujo selo de garantia tornou-se uma visão familiar em muitas páginas de pagamento, assegurando aos consumidores online que poderiam digitar seus números de cartão de crédito sem que os hackers bisbilhotassem.

Nesse mesmo ano, um engenheiro iraniano-americano chamado Pierre Omidyar lançou o serviço de leilão online eBay — de dentro de um quarto do apartamento dele no Vale do Silício. No começo, as atividades do eBay não eram totalmente eletrônicas — ao comprar itens de leilão, a maioria dos clientes optava por enviar um cheque pelo correio —, mas isso mudou à medida que mais tecnologias se espalhavam pelo mundo e novos usuários afluíam a esses portais. A inovação de Omidyar foi misturar o poder de construção comunitária dos fóruns ou do Usenet com uma plataforma de comércio eletrônico. Ele não estava vendendo coisas; ele estava criando uma comunidade de pessoas que vendiam coisas umas para as outras. E, com o modelo de leilão, ele criou um produto viciante, com compradores retornando ao site repetidas vezes para ver se conseguiam dar o lance vencedor. O eBay cresceu 40% ao mês durante 14 meses seguidos. Ele e outros portais de comércio eletrônico desenvolviam ou compravam tecnologia, mas muitas das noções básicas de como fazer transações com cartão de crédito e envio online vieram da CommerceNet. Dados os trilhões de dólares eventualmente gerados pelos varejistas online, aquela verba do TRP, investida no início de 1994, pode ter tido o maior retorno sobre o investimento na história do Vale.[15]

Marty Tenenbaum e Jim Bidzos tinham resolvido o problema das compras seguras e confiáveis pela internet. Pierre Omidyar tinha mostrado que era possível colocar pessoas online para comprar e vender obsessivamente umas das outras. Mas nem todos os VeriSigns do mundo conseguiriam resolver o outro grande problema do varejo da internet: a relutância dos consumidores em comprar algo de um varejista invisível, a um preço possivelmente mais alto, sem nenhuma maneira óbvia de recuperar seu dinheiro se não gostassem.

Esse era exatamente o tipo de problema espinhoso que Jeff Bezos gostava de resolver.

MODELO DE MINIMIZAÇÃO DE ARREPENDIMENTO

O caminho de Jeffrey Preston Bezos para a economia da internet começou quando David E. Shaw decidiu usar computadores para ganhar dinheiro em Wall Street. Shaw tinha um doutorado em Ciência da Computação em Stanford e um confortável emprego como professor em Columbia quando foi atraído pela primeira vez para Wall Street — mérito de um emprego de alto salário na Morgan Stanley, no auge dos anos bons de Reagan. Ele ficou por lá 18 meses antes de partir para iniciar um fundo próprio em 1988 — um tipo diferente de fundo, que aplicava os algoritmos mais sofisticados para obter as melhores ofertas e negociar numa escala e velocidade só possíveis por computador. O *trading floor* da D. E. Shaw & Co. tinha quatro vezes mais *workstations* da Sun do que funcionários — máquinas e homens trabalhavam 24 horas por dia para extrair mais lucro do mercado. Lucros maciços soterraram Shaw com currículos; ele contratou apenas 1% dos candidatos. Em dezembro de 1990, contratou Jeff Bezos.[16]

Nascido no Novo México, criado entre o Texas e a Florida, Bezos era outro futuro titã que demonstrava grandes talentos desde cedo, da aptidão para construir aparelhos eletrônicos na escola fundamental até sua memória fotográfica de cada sequência de jogo quando foi capitão da defesa de uma equipe de futebol norte-americano. Uma grande influência quando jovem foi o avô materno, Preston Gise, um especialista em mísseis que tinha sido parte da equipe fundadora da ARPA e mais tarde dirigiu toda a Costa Oeste para a Comissão de Energia Atômica dos Estados Unidos (seu vasto domínio incluía os milhares de cientistas de Los Alamos, Sandia e laboratórios de Livermore — era, portanto, o empregador de Ann Hardy, LaRoy Tymes e muitos outros).[17]

Após a aposentadoria, Gise voltou ao seu rancho no oeste do Texas, onde seu neto passava todo os verões. Durante o dia, Bezos aprendia o trabalho duro da fazenda — instalar tubos de irrigação, consertar máquinas, vacinar o gado — e desenvolveu um gosto pelo que poderia ser realizado com suor, desde que tivesse as ferramentas certas. À noite, ele se maravilhava com as vastas constelações e galáxias que cravejavam o céu do sudoeste, acalentando sua paixão pela exploração do espaço. Antes de ir para Princeton estudar Engenharia Elétrica e Ciência da Computação, ele pensou por algum tempo em se tornar astronauta, e seu fascínio pelo espaço nunca diminuiu. Aumentando os limites da Terra, disparando em direção à fronteira final: o ápice da autoconfiança, o maior de todos os exercícios de planejamento em longo prazo. Seu avô fizera parte daquele grande otimismo do início dos anos 1960; o neto queria recuperar um pouco daquela esperança e visão grandiosa enquanto embarcava em sua própria carreira.

Após a formatura, Bezos tinha à disposição ofertas de emprego nas grandes e prestigiosas empresas de tecnologia, mas as oportunidades emergentes para cientistas da computação em Wall Street soavam mais audaciosas e interessantes. As pessoas que ele mais admirava no mundo da tecnologia não eram aquelas que apostaram na segurança, mas sim as que eram confiantes o suficiente para romper limites desde cedo: Bill Gates na Microsoft, Alan Kay no PARC. Alguns anos mais tarde, Bezos usou uma citação (apócrifa) de Kay em sua assinatura de e-mail: "É mais fácil inventar o futuro do que prevê-lo."[18]

Embora apresentasse um rosto afável e risonho e estivesse sempre pronto para se descrever como um "nerd", Jeff Bezos era um analista meticuloso, tanto que Shaw o encarregou de avaliar as perspectivas da internet no início de 1994. Bezos tinha grande propensão em encontrar e ocupar espaços em branco, e a internet era claramente um enorme espaço em branco. Alguém ganharia uma imensa quantidade de dinheiro vendendo coisas online. Alguns meses depois da pesquisa ele começou a se perguntar: Por que não eu?

Claro, era uma ideia maluca. Bezos acumulava dinheiro em seu emprego, sem contar que estava no meio do ano. Sair naquele momento significava que ele perderia seu bônus de 1994. Será que ele realmente jogaria tudo isso fora pela chance distante de que uma startup de varejo baseada na internet pudesse realmente funcionar? A história de Bezos sobre o que aconteceu a seguir é uma que ele contou repetidamente para repórteres curiosos durante aqueles primeiros anos: instado por Shaw a pensar na decisão, Bezos decidiu esboçar o que ele chamou de "modelo de minimização de arrependimento". ("Só um nerd daria esse nome", ele riria depois.) "Se eu chegasse aos 80 anos e olhasse para essa decisão, será que eu me arrependeria de ter tentado isso?", recorda-se Bezos de ter se perguntado. A resposta foi um firme "não". Ele sabia que queria vender coisas na internet e também sabia que não poderia fazer isso em Nova York. Isso porque ele tinha descoberto o que queria vender online — algo que o comprador não teria que, necessariamente, tocar e ver antes de comprar, algo que não fosse tão caro, e algo que não fosse quebrável. Livros. Ele se tornaria um livreiro online, e o faria a partir de Seattle.

Por mais que os cidadãos de Seattle fantasiem que tenha sido de outra forma, e por mais que os relatos dos repórteres pudessem tê-lo enquadrado como mais um jovem heroico em direção ao oeste para encontrar seu destino, a decisão de Bezos de se mudar para a Cidade Esmeralda foi a escolha pouco sentimental de um analista de Wall Street movido por detalhes. A maioria dos primeiros adeptos da internet estava na Califórnia.

Mas as regras da internet diziam que os clientes de um mesmo estado da sede de uma empresa teriam que pagar o imposto estadual sobre suas compras online. Esqueça isso; ele queria estar em algum lugar com uma população menor e menos pagadores de impostos. O fato do estado de Washington não ter imposto de renda era um bônus adicional.

E havia também a questão da logística. O maior distribuidor de livros da Costa Oeste estava suficientemente perto de Seattle para que sua equipe não precisasse de um armazém próprio no início; eles simplesmente podiam encomendar os livros e enviá-los de lá. Mas havia outro fator em Seattle, um que indicava que Jeff Bezos tinha muito mais do que apenas livros em sua mente. A região tinha a Microsoft e seus milhares de engenheiros de software, alguns dos quais poderiam estar inquietos o suficiente para deixar a nave-mãe e se juntar a uma startup. Se a coisa acontecesse como ele planejava, ele precisaria de muitos deles. "A vida é muito curta para andar com pessoas sem talento", disse Bezos uma vez. E ele era o mais talentoso de todos.[19]

Foram necessárias 60 reuniões e consideráveis poderes de persuasão para levantar junto aos investidores seu primeiro milhão — "quem quer que soubesse algo sobre o ramo dos livros decidiu não investir", lembrou Bezos — mas, no verão de 1995, a Amazon.com estava no ar. (Bezos brinca que pensou em chamá-la de Implacável. com, mas optou por algo um pouco mais suave.) Os primeiros clientes também eram nerds de computador, e os manuais de informática dominavam a lista dos mais vendidos, mas isso não durou muito. Ficou bastante claro que vender produtos pela internet resolvia o problema crônico de inventário que afundara muitas operações offline. A Amazon não precisava manter produtos nas prateleiras em antecipação à demanda dos clientes, e mesmo assim atenderia a busca por qualquer título, desde os celebrados até os obscuros. Os consumidores se aglomeraram em busca do serviço, e os best-sellers de Michael Crichton rapidamente ultrapassaram os livros de informática nos gráficos de vendas da Amazon. "Se está impresso, está em estoque", era o arrogante lema da Amazon — e ele estava correto.[20]

Apesar de a sede da Amazon ser em Seattle, seus laços com o Vale eram tão estreitos que ela poderia muito bem estar em Sunnyvale. A presença local da Microsoft, da Boeing e da Universidade de Washington era agradável, mas ainda não particularmente relevante para uma operação de garagem que tinha só um punhado de funcionários. Bezos precisava do tipo de apoio para startups que só o Vale poderia oferecer. A Amazon tornou-se um dos primeiros membros da CommerceNet, adotando o software e os protocolos de segurança para que clientes desconfiados parassem de enviar, a ritmo de tartaruga, cheques pelo correio para pagar por seus novos livros. Então, a jogada aconteceu: começando com uma rodada de financiamento

O CÓDIGO

de John Doerr, que injetou US$8 milhões e estabeleceu uma equipe de gestão na Amazon, ficando com 15% do que um dia se tornaria uma das maiores e mais ricas empresas do mundo em suas mãos.[21]

Doerr não precisou esperar muito tempo por aquelas árvores, no entanto. Entre 1996 e 1997, as vendas saltaram quase dez vezes, de US$15 milhões para perto de US$150 milhões. Clientes fiéis representavam 40% das compras. A Amazon abriu seu capital naquele ano, com Bezos mantendo o controle de 41% da empresa. No fim de 1998, seus clientes estavam na casa dos milhões e sua valorização no mercado era de US$30 bilhões — mais do que a Sears, centenária imperadora do varejo norte-americano.[22]

Reportagens embasbacadas sobre o novo nerd de Seattle se concentravam nos livros que ele estava vendendo e no frenesi que ele estava criando em Wall Street. Elas prestavam menos atenção àquilo que estava atraindo tantos clientes e os mantinham voltando para mais: os dados. A Amazon não apenas mostrava aos seus visitantes os livros que eles vinham comprar, mas também os livros que eles nem percebiam que queriam. Cuidadosamente extraindo dados de cada transação, a Amazon conseguia rastrear os gostos de seus clientes com uma precisão inquietante. Comprou um thriller de Stephen King? Aqui estão outros cinco livros que você pode gostar, e aqui está um pouco de música também. "Você também pode gostar" tornou-se um recurso viciante justamente porque acertava em cheio o centro do alvo. Bezos podia parecer um amante abobalhado dos livros, mas ele era um homem dos números, e seu trabalho em Wall Street mostrara a ele as coisas extraordinárias que a modelagem computacional poderia fazer. O motor que impulsionava a Amazon estava em suas vastas e bem protegidas salas de servidores pretos piscantes. Desde o início, a Amazon não era uma livraria. Era uma plataforma de dados.

Jeff Bezos também dava lições a Steve Jobs sobre como ser o mais aplicado dos CEOs que buscavam viver o que vendiam. Mesmo com a valorização da Amazon e o patrimônio líquido de Bezos atingindo a casa dos bilhões, sua personalidade permaneceu tão focada e humilde quanto era antes. Ele ainda dirigia seu Honda Accord batido e sentava-se em uma mesa feita de uma velha porta e sustentada por ripas baratas. A Amazon alugava espaço em um escritório amarfanhado de um bairro afastado, e tudo era desarrumado e improvisado como o dormitório de calouros universitários durante as provas de fim de ano. Ele não veiculava comerciais de TV, não promovia eventos de lançamento e nem mesmo colocou uma placa na frente do escritório.

Tudo estava a serviço da mensagem que Bezos imprimia em cada repórter, em cada comunicado à imprensa e em cada comunicado anual aos seus acionistas: o

PALETÓS PELO VALE   329

cliente estava em primeiro lugar. As "pontocom" do Vale podiam ostentar um luxo escandaloso em seus escritórios e promover festanças nos feriados. A Amazon.com tinha mesas feitas de portas e pedia pizza para as festas. "Tudo ligado à empresa", observou a *Adweek*, admirada, "é cuidadosamente roteirizado para criar a imagem de um coitado que se preocupa mais com as pessoas do que com o lucro".[23]

A RAINHA

Conforme as coisas iam se assentando desse modo na Costa Oeste, algo aconteceu no Leste que se tornou o mais sortudo dos acidentes da indústria de tecnologia: a bolsa de valores foi inundada por dinheiro. Muitas coisas desencadearam o fluxo de capital de investimento. A recessão do início da década de 1990 terminara; os incômodos cortes de defesa pós-Guerra Fria foram esquecidos. O programa econômico de Clinton cortou os gastos do governo e acabou com o déficit, recapitalizando os bancos. A desregulamentação das telecomunicações e o NAFTA abriram novos mercados e diminuíram os custos trabalhistas, aumentando os lucros corporativos. Contrariando a tradição e as leis gravitacionais da economia, Alan Greenspan, então presidente do Fed, manteve as taxas de juros baixas, criando incentivos tanto para investidores quanto para pessoas físicas tomarem mais e mais dinheiro emprestado.

Enquanto a sanha por dinheiro crescia no mercado, os gaviões das relações públicas do Vale enchiam os cadernos de negócios com reportagens sobre as empresas de internet e os garotos-prodígio que as dirigiam. Enquanto liam textos produzidos pela última geração de entusiastas da tecnologia — Andreessen, Yang e Steve Case, da AOL, entre outros — os investidores de Wall Street foram infectados pela febre da internet. Em abril de 1995, a capitalização da AOL estava próxima a US$1,3 bilhão ou US$640 por assinante. A capacidade de lucro real de uma empresa parecia não importar nesse mundo selvagem: a capitalização da AOL era sete vezes maior que sua receita; a Netcom, um provedor de serviços de internet que abrira o capital no fim de 1994, tinha uma capitalização de 14 vezes a sua receita. O mercado ainda era extremamente volátil — no início de cada artigo sobre ações na internet havia uma citação preocupada de um especialista que duvidava de sua capacidade de permanência —, mas as pessoas continuavam comprando.[24]

Então, em 9 de agosto de 1995, a Netscape abriu o capital e Wall Street enlouqueceu. A empresa tinha pouco mais de um ano de existência. Não tinha um centavo de lucro. Mas a excitação entre os investidores estava tão alta que a NASDAQ atrasou a abertura do pregão por 90 minutos, a pedido dos subscritores da Netscape. Quando

330   O CÓDIGO

o mercado abriu, as ações aumentaram o preço da oferta para mais de duas vezes e meia, chegando a um pico de US$75. A Netscape terminou o dia com uma espantosa valorização de US$2,3 bilhões. No papel, Marc Andreessen tinha agora um patrimônio líquido de US$80 milhões. Jim Clark era um bilionário. "As pessoas começaram a me dar algum crédito", riu Clark para o seu biógrafo, Michael Lewis. "O que o IPO fez foi dar credibilidade à anarquia."[25]

Também deu credibilidade, e celebridade, a uma nova geração de analistas da indústria de alta tecnologia. A líder do grupo — a mulher cujo instinto infalível para entender a internet deu-lhe o título de "Rainha da Rede" — era uma analista da Morgan Stanley de 35 anos de idade chamada Mary Meeker.

Assim como Ben Rosen e seus microcomputadores uma geração antes, aquela nativa de Indiana tinha feito pesquisas profundas sobre a internet enquanto ninguém em Wall Street estava prestando muita atenção e ficou otimista com o que viu. Ela também tinha conquistado conexões com pessoas-chave durante a revolução da internet no Vale, incluindo Doerr, que conhecera em 1993, quando Morgan Stanley fez a abertura de capital da Inuit, uma fabricante de software de negócios e finanças, com quem também trabalhou quando a empresa fez o mesmo com a Netscape dois anos depois. Meeker entendeu que aquele seria um grande mercado, transformando a tecnologia em um negócio fundamentalmente diferente. "É um mercado de mídia", disse ela ao *San José Mercury News* no fim de 1994, "e os vencedores serão empresas que fazem o melhor trabalho de edição e apresentação de informações".[26]

Mesmo após o terremoto da Netscape, o mercado tecnológico permaneceu angustiantemente imprevisível, com as ações subindo e descendo com velocidade alarmante. Meeker nem deu bola para isso. "Se eu acredito na empresa", ela disse, "eu compro as ações". E ela acreditava na AOL, na Netscape, na Amazon e no eBay. Quando ela classificava algo como uma "compra", ela guardava as ações por muito tempo. A imperturbabilidade de Meeker e seus instintos para descobrir os vencedores da tecnologia rapidamente geraram um grande e ávido público por suas pesquisas. O relatório anual da Morgan Stanley sobre a internet, apresentando os insights de Meeker, foi lançado no início de 1995 sem muita repercussão para além de Wall Street. Depois do IPO da Netscape, o banco recebeu tantos pedidos improváveis por cópias — de lugares como escolas, de pequenos investidores — que foi feito um acordo com a editora HarperCollins para publicá-lo como livro na primavera seguinte.[27]

Meeker não foi a única estrela da era da internet na Morgan Stanley. O rei dos negociadores era o bigodudo e assertivo Frank Quattrone, um banqueiro da área de tecnologia no escritório da Morgan Stanley da Bay Area desde seu MBA em Stanford, em 1981. Ele liderou os negócios da Silicon Graphics, MIPS e Cisco, e alavancou suas conexões com o Vale para conseguir alguns dos negócios mais suculentos do *boom*, começando com a Netscape em 1995. Quattrone deixou o banco em 1998, partindo para o Deutsche Bank e depois para o Credit Suisse, ganhando mais de US$100 milhões por ano.

Havia também Ruth Porat, aliada próxima de Meeker e nativa de Palo Alto, com profundas conexões com o mundo da tecnologia. Seu pai, Dan, tinha trabalhado como físico no SLAC; seu irmão, Marc, era CEO da General Magic, uma empresa já lendária que, no início dos anos 1990, tentou sem sucesso construir um computador de bolso — um iPhone primitivo. Juntos, Ruth Porat e Meeker perscrutaram quase todas as startups de web que surgiram no fim dos anos 1990, e o banco tornou-se o principal administrador de 50 delas.[28]

Alguns observadores se perguntavam se era saudável ter a mais empolgada analista da tecnologia e seus banqueiros com conexões trabalhando de forma tão próxima; alguns banqueiros (incluindo Quattrone) já tinham a reputação de pressionar seus pesquisadores a encher a bola de suas ações. Mas tais hesitações sumiam rápido em meio à balbúrdia entusiasmada de um mercado que estava enlouquecendo por tudo que viesse da internet.[29]

Em breve, ficaria difícil passar por uma banca de jornal sem ver capas de revistas estampadas com as fotos sorridentes da mais nova geração de cowboys e cowgirls da alta tecnologia. Recém-formados, com seus MBAs à mão, optavam por empregos em minúsculas "pontocom" do Vale do Silício em vez das Fortune 500, dando crédito à aposta arriscada de que as opções de ações seriam um caminho para a fama e a fortuna. Um IPO em Wall Street tornou-se um rito de passagem para quase todas as startups do Vale do Silício, não importava o quanto elas fossem novas ou não testadas. "Por que elas fazem IPOs?", perguntou-se um corretor. "Por que estrelas do rock se casam com modelos? Em parte, é porque eles podem." Wall Street estava implorando pela internet, observou Meeker.

"Seria uma tolice essas empresas não acessarem esse capital."[30]

CONTABILIDADE CRIATIVA

A busca de Wall Street por novas "pontocom", em sua maioria ainda sem dar lucros, não foi abraçada por todos. Colunistas de área de negócios murmuraram a respeito de uma "febre da Netscape" assim que a empresa de Clark e Andreessen saiu pela porta.

O CÓDIGO

"Para alguém que olha para os fundamentos, isso realmente representa um perigoso sinal de excesso de especulação", alertou um analista.[31]

Havia motivos para se preocupar se você soubesse o suficiente a respeito dos fundamentos que se escondiam embaixo do foguetório do mundo "pontocom". A maioria dessas empresas não só não tinha lucro, como também utilizava um índice de contabilidade particularmente criativo — e, para falar com franqueza, enganoso — quando se reportava a Wall Street. Como as empresas do Vale tinham feito desde a primeira fase de expansão, em meio aos pomares de frutas, a nova safra das empresas de internet dava aos empregados opções de ações, atraindo talentos que, de outra maneira, empresas em estágio de startup não poderiam pagar. Isso fez com que as folhas de pagamentos ficassem menores do que deveriam no balanço, e construiu lealdade e dinamismo entre os funcionários, cujas inclinações para o trabalho eram temperadas pelas algemas douradas das opções de compra de ações que ainda não tinham sido totalmente descontadas. Como qualquer característica desenvolvida em relativo isolamento, a utilização de ações do Vale como remuneração tornou-se mais perceptível e distinta ao longo do tempo.

A prática que fazia sentido dentro da Galápagos de alta tecnologia tornou-se problemática quando essas empresas foram empurradas para o centro do palco do mercado de Wall Street nos anos 1990. Uma vez públicas, as empresas tinham que começar a apresentar relatórios de lucros para uma entidade obscura, mas poderosa, chamada *Financial Accounting Standards Board* [Conselho de Normas Contáveis Financeiras] ou FASB. Essencialmente, elas mantinham dois conjuntos de registros: um para o IRS e outro para a FASB. E, enquanto o ímpeto de uma empresa frente à fiscalização era expressar o mínimo de lucro e o máximo de prejuízo possível, com a FASB o objetivo era demonstrar altos ganhos para encorajar Wall Street a entrar na jogada. Embora a folha de pagamento regular tivesse que ser contrastada com os ganhos, não havia nenhuma regra que exigisse que as empresas de tecnologia contabilizassem as opções de compra de ações da mesma forma. Se você considerasse esses gordos pacotes de ações como remuneração — o que, na verdade, era o seu principal objetivo — as demonstrações de lucros e perdas seriam consideravelmente menos cor-de-rosa, especialmente com a alta dos preços das ações.

A capacidade do Vale de sustentar práticas contábeis tão incomuns foi o resultado de uma importante vitória política alcançada nos primeiros anos do *boom* "pontocom", outro sinal da influência crescente que suas empresas da era da internet ganharam em Washington. No verão de 1993, quando o navegador Mosaic entrou em cena, os reguladores da FASB propuseram acabar com a isenção da opção de compra de ações. O clamor corporativo foi imediato e consistente, levando o Vale a uma nova onda de ativismo político. As coisas chegaram ao ponto mais alto na primavera de 1994, quando engenheiros de software lotaram o Centro de Convenções de San José para se unir contra a medida. Do palco, executivos de tecnologia estavam ansiosos para enquadrar toda a questão como outro David versus Golias, entre o Vale do Silício e os burocratas de aparência retrógrada do Leste. "A FASB é um bando de contadores com a cabeça na Lua", T. J. Rodgers trovejou para a multidão. "Nossos balanços fiscais têm um rosto", exortou Katherine Wells, da 3Com. "Não se trata de débitos, mas de sonhos."[32]

Toda essa história foi uma grande dor de cabeça para Arthur Levitt, recém-nomeado por Clinton presidente da Comissão de Títulos e Câmbio dos Estados Unidos [*Securities and Exchange Commission*]. Um centrista com ampla bagagem em Wall Street e uma impaciência com as pomposidades do mundo corporativo, as simpatias de Levitt estavam com o investidor individual — e com o fato de oferecer a esses investidores acesso à mais completa e transparente contabilidade das empresas. A contabilidade de opções de ações era algo de fachada, e ele não gostou nem um pouco.

No entanto, uma vez que o clamor do setor de tecnologia chegou a um tal volume em que os legisladores de ambas as partes no Congresso começaram a fazer movimentos em direção a uma legislação que mantivesse as opções livres, Levitt decidiu que resistir era inútil. Ele incentivou a FASB a abandonar a proposta, o que foi feito. Só uma coisa mudou (mas só entraria vigor em 1997): as empresas tiveram que adicionar uma nota de rodapé aos seus balancetes para mostrar as opções de ações contra os ganhos. A diferença foi dramática — a partir desse cálculo alternativo, os ganhos da Netscape caíram quase 300% —, mas, como muitos no Vale sabiam, poucas pessoas liam as letras miúdas. Levitt mais tarde se arrependeu de ter cedido. "Foi provavelmente o maior erro que cometi durante meus anos na SEC."[33]

O CÍRCULO ENCANTADO

O pessoal do Vale estava certo a respeito de uma coisa: essas opções de ações poderiam mudar vidas. Trish Millines mal podia acreditar quando sua carteira de ações da Microsoft atingiu US$1 milhão. Ela tinha começado na Microsoft como freelancer em 1988, três anos depois de chegar em Seattle e dois anos depois de a Microsoft abrir seu capital. Ela virou funcionária em 1990 e permaneceu por seis anos e cinco desdobramentos de ações. Ao longo do tempo em que esteve lá, as enormes receitas geradas pelo MS-DOS eram um nada perto dos fantásticos lucros impulsionados pelo sistema operacional Microsoft Windows e seus alegres programas cheios de ícones, como o Word e o Excel. Millines — a pouco tempo de adotar seu nome de casada, Millines Dziko — finalmente tinha dinheiro o bastante para fazer algo diferente.

Ao longo de suas duas décadas de trabalho em uma indústria em grande expansão e surpreendentemente rica, Millines Dziko tinha visto pouquíssimas mudanças na composição de quem trabalhava lá. Quase todos os seus colegas, e especialmente seus chefes, eram brancos e homens; quando ela e outro gerente negro da Microsoft uma vez se encontraram comandando juntos uma reunião, foi tão memorável quanto avistar um unicórnio. A certa altura, ao perceber que apenas 40 afro-americanos trabalhavam *na empresa inteira*, ela cofundou um grupo chamado "Negros na Microsoft" para fornecer um pouco do mesmo tipo de suporte profissional que tantos outros engenheiros conseguiam sem o menor esforço.

Ela passou de uma função técnica para se tornar supervisora de diversidade para a empresa, trabalhando para recrutar e reter mais mulheres e minorias. Mesmo apreciando o reconhecimento do problema por parte da Microsoft, ela percebeu que a fonte desse problema não estava apenas na forma como as contratações aconteciam. Era uma questão, em primeiro lugar, das opções de contratação. A tecnologia tinha um problema de gargalo, produto de décadas de programas de engenharia exclusivamente masculinos e, muitas vezes, de sexismo e racismo flagrante nos locais de trabalho, exacerbados pela popularização de uma cultura tecnológica cujo rosto esquisito e geek era quase sempre branco e masculino. Muitos na indústria ficavam na defensiva quando alguém como ela apontava essas desafortunadas desigualdades. A tecnologia era uma meritocracia! Você chegou à frente porque é uma engenheira inteligente! Além disso, olhe para todos os indianos e chineses de primeira ou segunda geração — isso não conta como "diversidade"? Mesmo uma milionária da Microsoft como Millines Dziko não conseguiria sequer fazer um arranhão no problema.

Se as coisas estavam ruins na Microsoft, pareciam ainda piores durante a era da internet no Vale. Em sua maioria, o mundo online inicial dos fóruns e dos cyberpunks era formado por caras brancos, com certeza, mas ainda assim havia muitas mulheres lá no começo. Assim como nos primeiros tempos dos micros e placas-mãe caseiras, muitas pessoas no início da internet eram programadores autodidatas e participantes que chegaram ao mundo virtual a partir de uma gama diversificada de origens. Não parecia muito disparatado imaginar que na internet comercial as coisas pudessem continuar assim. Se os negócios do Vale não eram mais coisas fabricadas por engenheiros elétricos e hackers de software, mas sim ideias e conteúdo publicados a partir de plataformas de software, isso não deveria abrir o mundo tecnológico para pessoas que não tinham feito parte dele antes?

Não. Em vez disso, à medida que a máquina de riqueza da internet acelerava, os velhos padrões se intensificavam. A tecnologia podia ser nova, mas os investidores de risco, advogados, marqueteiros e gerentes seniores não eram — e suas atitudes sobre a contratação eram as mesmas de sempre. Eles encorajavam as indicações para as vagas, recrutados nos melhores cursos. A Sun preenchia 60% de suas vagas por indicação; a Netscape pendurou uma placa em sua sede com a pergunta: "Quem é a melhor pessoa com quem você já trabalhou? Como podemos contratá-lo?"[34]

Com o *boom* aumentando na primavera de 1998, o *San Francisco Chronicle* investigou o estado da diversidade no Vale do Silício e retornou com algumas descobertas lamentáveis. Feita em 33 empresas, a pesquisa descobriu uma força de trabalho que tinha 7% de latinos e 4% de negros (na época, a população latina da Bay Area era de 14%, e os negros, de 8%). É verdade que havia amplas oportunidades para os imigrantes, especialmente na engenharia. Cerca de um em cada quatro funcionários era de ascendência asiática. A grande maioria deles, porém, era do sexo masculino. Os chefes eram inflexíveis em afirmar que não se tratava de discriminação: "Não importaria se você fosse verde com listras brancas, se você pudesse programar você conseguiria um bom emprego", disse um diretor de RH. Na Cypress Semicondutores, onde a base de funcionários tinha 3% de negros e 6% de latinos, o diretor-executivo T. J. Rodgers declarou: "Nós contratamos as melhores pessoas para o cargo."

As minorias raciais do Vale tentavam dar um jeito. Os latinos anglicizavam seus sobrenomes. Empreendedores negros passavam suas horas de folga junto a investidores brancos em campos de golfe. Imigrantes sul-asiáticos, bem representados entre o pessoal técnico, mas pouco presentes nos cargos diretivos, uniram-se em redes de empreendedores e contratavam-se uns aos outros em massa.

O círculo encantado tornou-se tão homogêneo no fim da década de 1990 que as empresas do Vale chamaram a atenção das autoridades federais por suas falhas em garantir uma diversidade adequada. Qualquer pessoa com um contrato federal tinha que aderir a diretrizes de ação afirmativa, e a tecnologia ficava para trás. "Por ser a empresa de software que mais cresce, nós ultrapassamos a marca que o governo estabeleceu para colocar em prática um plano de ação afirmativa", respondeu Bob Sundstrom, que a Netscape contratou tardiamente como seu gerente de programas de diversidade depois de ter sido esfolada por suas falhas em se adequar às regras. A Apple teve que pagar mais de US$400 mil em salários atrasados a 15 trabalhadores negros que foram rejeitados para algumas vagas. A Oracle foi multada por desigualdade salarial em relação às mulheres e aos funcionários de minorias.[35]

336   O CÓDIGO

Trish Millines Dziko assistia a tudo isso com resignada frustração. Os softwares estavam transformando o mundo, e era importante ter um conjunto diversificado de mentes moldando esses softwares. Ela tinha resistido na extrema minoria da Microsoft, um isolamento ainda mais acentuado por ser no noroeste dos Estados Unidos, lugar esmagadoramente branco. Com o tempo, a "Negros na Microsoft" tinha se transformado em algo muito mais do que apenas um lugar para trocar dicas sobre onde cortar o cabelo, patrocinando eventos que traziam estudantes de minorias de Seattle para um dia na Microsoft. A experiência tinha despertado novas ideias sobre como a indústria da tecnologia poderia mudar. "Tudo o que estamos fazendo", disse Millines Dziko, "é criar um monte de consumidores, e até que as crianças comecem a criar tecnologia, essa lacuna sempre vai se aumentar". A resposta estava no início — ensinar às minorias e às meninas como criar tecnologia.[36]

Em 1996, muitos outros milionários recém-criados pela Microsoft estavam deixando seus empregos, e muitos estavam fundando organizações filantrópicas. Bill Gates acabaria fazendo a mesma coisa, em uma escala muito, mas muito maior. A conta bancária de Millines Dziko era pequena nessa multidão de ricaços, mas ela tinha o suficiente para fazer algo que pudesse começar a mover os ponteiros. Esse algo era a Technology Access Foundation [Fundação de Acesso à Tecnologia], uma escola na qual crianças de baixa renda de minorias poderiam ir depois das aulas para aprender a projetar e programar computadores. Se as grandes empresas não iam consertar o problema do gargalo, ela tentaria consertá-lo sozinha.

CAPÍTULO 21

Carta Magna

"O evento central do século XX é a derrocada da matéria." Assim começou o *Cyberspace and the American Dream: A Magna Carta for the Knowledge Age* [Ciberspaço e o Sonho Americano: Uma Carta Magna Para a era do Conhecimento], uma declaração de independência cibernética lançada no fim do verão de 1994 por um think tank de Washington chamado Progress & Freedom Foundation [Fundação Progresso e Liberdade] ou PFF. Pode parecer uma conversa obscura, mas os quatro autores do ensaio poderiam ser qualquer coisa, menos isso.

Esther Dyson era a líder, cuja conferência anual *PC Forum* e newsletter mensal *Release 1.0* tornaram-se o lugar em que as pessoas mais poderosas da tecnologia aprendiam sobre o futuro. Depois veio George "Jay" Keyworth, o "Doutor SDI", um conselheiro científico de Reagan que fora um dos defensores mais determinados da alta tecnologia. Outro nome de peso da era Reagan que fez parte do grupo: George Gilder, ex-escritor de discursos presidenciais, defensor do evangelho da economia do lado da oferta e um arroz de festa pop-científico cujas reflexões sobre os perigos do feminismo levaram a *NOW* a chamá-lo de "macho-chauvinista do ano". Agora Gilder tinha se tornado um tecnofuturista nos moldes de Alvin Toffler, o quarto autor do ensaio, que fornecia floreios retóricos extravagantes. Ainda que nenhum fosse residente do Vale do Silício em tempo integral, todos ali eram pessoas cujas ideias tinham deixado uma marca profunda no estado de espírito do Vale.[1]

Esther Dyson não esperava ser o Thomas Jefferson particular dessa empreitada, mas dado o seu talento para acabar no centro de tudo, isso não foi uma surpresa. Filha do famoso físico teórico Freeman Dyson, ela crescera entre os primeiros gigantes da computação digital no Instituto de Estudos Avançados de Princeton, e tinha aperfeiçoado sua compreensão do ecossistema tecnológico desde que chegara à revista *Forbes* como checadora, em 1974. Como repórter da revista, ela farejou uma das primeiras histórias sobre o crescente poder eletrônico do Japão. Em pouco tempo, ela se mudou para a Morgan Stanley, onde, ao lado de Ben Rosen, previu o futuro movido a microprocessadores.

Em 1994, onze anos depois de ter assumido a newsletter e o negócio de conferências de Rosen assim que ele se tornou um investidor de risco, Dyson tornou-se o membro mais influente da mais nova geração de *storytellers* do Vale. Ela se tornara global, expandindo seu império para a Rússia e para a Europa Oriental depois da queda da Cortina de Ferro. Esther Dyson combinou a aguçada antena industrial de Ben Rosen com a habilidade de Regis McKenna para criar um burburinho na mídia e promover um grande jantar de negócios. Para finalizar, ela acrescentou a tudo isso uma aura distinta de tecnofuturismo tofflerista aliado à sensibilidade de um corretor de ações. Custava mais de US$600 por ano para assinar o *Release 1.0*, mas 1.500 poderosos da indústria de tecnologia liam cada uma de suas rebuscadas palavras.[2]

Em política, Dyson tinha uma inclinação libertária. Ela nunca votou. Sua atuação no antigo bloco soviético dera-lhe um conhecimento de primeira mão dos danos causados pelos Estados autoritários. No entanto, ela também tinha uma compreensão matizada da codependência entre Estados e mercados, e da necessidade de uma relação de trabalho produtiva entre Washington e a tecnologia. "Quer você goste ou não", ela lembrou ao seu público na *PC Forum* de 1993, "há pessoas em Washington que têm mais controle sobre o seu futuro do que a Microsoft". Quando a Casa Branca de Clinton pediu a Dyson para fazer parte do comitê consultivo da NII, ela prontamente concordou. Em 1995, ela se tornou a presidente da EFF e sua bem azeitada máquina de lobby. A economia da internet estava apenas começando a borbulhar (a Amazon tinha apenas um mês na época do lançamento do ensaio), mas a regulamentação governamental seria crítica para o seu crescimento.[3]

Embora críticos posteriores a considerassem um exemplo quintessencial do mais ávido tecnolibertarianismo, a visão do *Cyberspace and the American Dream* era de disrupção, e não de tomada de poder revolucionária. Sim, uma sociedade da Terceira Onda precisava e merecia um Estado "vastamente menor". "Mas um governo menor não implica um governo fraco, nem a defesa de um governo menor requer ser 'contra' o governo por razões estritamente ideológicas". Se você bobeasse, poderia confundir algumas de suas passagens com pontos de fala da NPR de Clinton-Gore, também conhecida como "Reinventando o Governo", que estava então tentando reorganizar a engessada burocracia federal para a era digital.

Mas o político cuja filosofia mais se assemelhava a dela era alguém estreitamente filiado à PFF, um colega de partido de Keyworth e Gilder, e alguém que tinha passado anos mergulhado no evangelho futurista de Alvin Toffler. Esse político era Newt Gingrich.[4]

O BOMBARDEIRO

Em seus 15 anos no Congresso como deputado e líder da maioria, esse político natural da Georgia tornara-se o progenitor e mestre de uma marca fortemente partidária, com sangue nos olhos e de uma intelectualidade perfeita para a TV a cabo, que dizimou seus rivais e horrorizava zelosos defensores do decoro no Congresso. E que também era uma política extremamente efetiva.

No estático panorama de Washington, Gingrich se destacou com seu deleite por analogias históricas arrebatadoras, bem como por um futurismo desabrido. Ele era amigo de Alvin e Heidi Toffler desde o início dos anos 1970, quando, como um desconhecido professor assistente de história, ele atravessou o país de avião para ouvir uma palestra de Toffler. Após chegar ao Congresso, ele convidou os Tofflers para ir a Washington falar à Conservative Opportunity Society [Sociedade das Oportunidades Conservadoras], um grupo que ele ajudou a organizar e que era algo como um análogo republicano dos democratas ataris tecnocêntricos. Enquanto os Tofflers não compartilhavam do conservadorismo de Gingrich sobre questões sociais — as ideias do casal sobre liberdade sexual e estruturas familiares não convencionais sempre levantaram sobrancelhas à direita — eles compartilharam com ele a convicção de que, nas palavras de Toffler, "um enfraquecimento de Washington e uma dispersão do poder para uma posição inferior é a direção a ser seguida".[5]

No verão de 1994, o governo Clinton se viu lidando com uma crise após a outra, à medida que o otimismo ensolarado de suas promessas de campanha se confrontou com a draconiana realidade dos limites orçamentários e do balcão de negócios legislativo. O Partido Republicano adotara com sucesso a tática de bombardeio de Newt Gingrich para transformar o sistema de saúde em um símbolo da perigosa sobrecarga governamental. Agora, Gingrich estava ocupado com seus soldados para formular uma plataforma de campanha para as eleições intermediárias da Câmara chamada "Contrato com os Estados Unidos", uma declaração de prioridades conservadoras que os republicanos juraram seguir à risca se ganhassem o controle legislativo naquele novembro.

Tudo isso estava na mente de Gingrich quando ele apareceu, no fim de agosto, na pequena conferência sediada pela PFF em Atlanta para acompanhar o lançamento do *Cyberspace and the American Dream*. O think tank tinha menos de um ano, mas seu alinhamento com conservadores como Gingrich deu um peso especial à "única instituição voltada para o mercado com foco na revolução digital". Jay Keyworth era seu presidente, e republicanos estavam por toda parte. (Fundada em um momento em que a EFF desfrutava de um alto nível de assentos democratas e de generoso apoio corporativo, a sigla "PFF" não foi um acidente.)

Dyson estava curiosa e na retaguarda quando o conheceu. "Todos que eu conhecia aparentavam pensar que ele era o anticristo", ela lembrou. No entanto, o congressista da Georgia sabia mais sobre a internet do que ela esperava, e ele estava ciente do fato de que, como diz o manifesto, a ascensão das novas tecnologias da informação "significa a morte do paradigma institucional central da vida moderna, a organização burocrática". Os democratas na Casa Branca também entendiam a tecnologia, mas não pareciam ser capazes de escapar do mundo da "Segunda Onda", com suas superestradas informacionais e microgerenciamento estatal. Com pouca fidelidade à tradição governamental, Gingrich parecia pronto para fazer algo realmente diferente, e algo um pouco mais próximo da revolução que o Vale do Silício esperava. "Eu não saí convencida, mas intrigada, e certa de que ele não era a figura unidimensional que meus amigos pintavam", escreveu Dyson mais tarde.[6]

Cinco meses mais tarde, depois que um tsunami republicano tomou conta de Washington e Gingrich tornou-se o terceiro político mais poderoso dos Estados Unidos, o novo Presidente da Câmara dedicou seu primeiro dia no cargo exclusivamente à tecnologia. Ele revelou o novo site do Congresso, um serviço chamado Thomas, que publicou online cada projeto de lei, audiência e relatório legislativo. "Isso vai levar a uma mudança dramática no pensamento e na conversa sobre ideias em vez de personalidades", ele previu com ousadia. "Vai fazer com que o diálogo entre norte-americanos seja dramaticamente mais saudável." Gingrich, então, saiu da cadeira de presidente para a sala do comitê, para discursar a favor de sua nova proposta de dar créditos fiscais para que todos os pobres dos Estados Unidos pudessem comprar um laptop. O preço para tal medida era potencialmente espantoso, mas Gingrich queria deixar claro: ele tinha chegado para levar a nação para a era da internet.[7]

A REVOLUÇÃO GRINGRICH

A segunda conferência anual da PFF naquele verão de 1995 mostrou o quão alto o pequeno grupo de reflexão tinha chegado na Washington de Gingrich. A conferência tinha deixado a abafada Atlanta na direção do ar puro das montanhas de Aspen, playground de verão dos poderosos e ricos. Os corredores transbordavam de lobistas corporativos na esperança de avaliar o que estava na cabeça do congressista a partir de sua palestra abordando a próxima grande questão tecnológica: *A Revolução das Telecomunicações — Uma Oportunidade Americana*. Esse era o título da conferência daquele ano e do artigo que a acompanhava, aproveitando-se do fato de que o projeto de lei de telecomunicações que a Casa Branca enviara ao Congresso no início de 1994 não tinha dado em nada, havia sido arquivado por democratas recalcitrantes que não gostavam da ideia de deixar as empresas de internet banda larga operarem em um campo de jogo mais aberto. Agora que os antigos leões tinham sido derrubados pelas estrelas de seus próprios partidos, Gingrich planejava ir muito, muito mais longe. "Deveríamos estar em direção à menor regulamentação possível", declarou ele. O FCC se transformaria em um posto avançado na Casa Branca. Os muitos órgãos governamentais que controlavam as regras da internet teriam que ir embora.

A inspiração para essa abordagem, disse Gingrich, veio de seu entendimento sobre as indústrias de hardware e software de informática, um campo de sonhos empresariais tornado possível porque elas se desenvolveram livres de regulamentações federais onerosas. O Vale do Silício só existe porque Washington "saiu do caminho", Gingrich explicou mais tarde a John Heilemann, repórter da *Wired*. "Acho muito claro que estamos num ponto em que devemos apenas liberar o mercado e deixar as tecnologias se resolverem." Um argumento favorito de Gingrich foram os 13 anos e milhões de dólares que o governo norte-americano gastou tentando provar que a IBM era um monopólio; tudo em vão, já que o mundo da tecnologia resolveu por si só quem eram os vencedores e os perdedores.[8]

O espírito da conferência da PFF ecoava o sentimento de "sair do caminho" de Gingrich. O Vale do Silício vinha resmungando sobre a burocracia desde as jeremiadas antiestatais de Dave Packard no Rotary Club de Palo Alto, nos anos 1960, e os *homebrewers* da era do Vietnã tinham levado a retórica antigovernamental para um plano ainda mais alto. Ainda assim, os discursos de emissários das empresas de tecnologia foram os mais aguerridos por muito tempo. O governo federal estava "irremediavelmente perdido", disse John Perry Barlow. A internet quebraria todas as regras da política, do comércio, de tudo. No mercado online, previu Esther Dyson, "só o que for bom sobreviverá".[9]

342   O CÓDIGO

A ala do Vale do Silício ficou emocionada com a mudança em Washington. A geração fundadora de investidores de risco e fabricantes de microchips permanecia inabalavelmente republicana, e algumas das novas estrelas também. "Os Estados Unidos precisam voltar à privatização", disse Scott McNealy, "para levar a economia de volta para mãos privadas". Além disso, McNealy sorriu — ele gostou do estilo de Gingrich — e disse "me faz parecer um diplomata".[10]

Os tecnoliberais do Vale do Silício não estavam mais apaixonados pelo governo do que os desreguladores da direita, mas se desesperavam com a forma como todo o negócio se tornara corporativo. Uma crise se desenvolveu dentro da EFF, que mesmo antes da revolução Gingrich contava com fortes doações de empresas como a AT&T e a IBM, bem como da Microsoft e da Apple. "Eu abandonei tudo", disse Timothy May, o cypherpunk cofundador da EFF. "Elas não representam os meus interesses." Mesmo aqueles que não se sentiram incomodados com o dinheiro das empresas ficaram frustrados. Tinham se alistado para mudar o mundo, não para participar de reuniões intermináveis com secretários adjuntos do Departamento de Comércio.[11]

Em setembro de 1995, o orador iconoclasta estava atraindo todas as manchetes na imprensa de alta tecnologia — Barlow o entrevistou para a edição inaugural da *George*, espalhafatosa publicação mensal de John F. Kennedy Jr., e a equipe do vice-presidente da Casa Branca entrou em ebulição. Gingrich permaneceu imperturbável. "O modelo que Gore está tentando construir é uma visão futurista do Estado de bem-estar social. Ele está passando uma mão de tinta na parede; eu quero construir uma casa totalmente nova. Meu projeto, francamente, é substituir o mundo dele."[12]

PATRULHA DA DECÊNCIA

Enquanto isso, o senador James Exon olhou para a nova paisagem online e tudo o que viu foi sujeira. O democrata do Nebraska ficou alarmado com as histórias que ouvira sobre a pornografia e a criminalidade de cantos escuros da internet, desde os sites pornô até a cópia online do "manual de destruição" que o terrorista Timothy McVeigh usou para atacar um prédio federal em Oklahoma City, na primavera de 1995.

De fato, Exon estava certo: a pornografia foi a indústria de maior crescimento na internet, "uma das maiores aplicações recreativas para os usuários da rede de computadores", reportou uma pesquisa amplamente disseminada. Fóruns e grupos Usenet — a superestrada de informação dos anos 1980 que tinha crescido como mato à medida que o acesso online se expandia no início dos anos 1990 — estavam agora saturadas com pornografia, pois mais largura de banda permitia aos usuários baixarem e compartilharem imagens e vídeos com facilidade. O pior é que tudo era desregulamentado, exatamente nos lugares em que as crianças podiam acessar a qualquer momento. A Casa Branca poderia estar trombeteando a necessidade de uma superestrada de informação, mas os pais norte-americanos hesitavam em instalar um serviço de internet em casa porque seus filhos "poderiam ser bombardeados com pornografia, e eu sequer ficaria sabendo", como disse uma mãe da área de Chicago.[13]

Enquanto a ansiedade do público aumentava a respeito dos perigos reais e imaginados do conteúdo online, outros se juntaram ao refrão de Exon. A Christian Coalition [Coligação Cristã], o mais poderoso grupo de lobby da direita religiosa de Washington, fez da "decência na internet" um dos principais pontos de sua plataforma em 1995. Outros conservadores religiosos no Congresso pressionaram fortemente para a repressão de conteúdo online.

Enquanto o Congresso continuava seus debates sobre a reforma das telecomunicações, Exon arriscou uma proposta: uma *"Communications Decency Act"* [Lei de Decência das Comunicações] ou CDA, que imporia severas multas, e até mesmo prisão, para criadores de material online considerados "obscenos, pervertidos, lascivos, imundos ou indecentes". Com essa frase vitoriana, aquele senador e seu onipresente cachimbo provocaram um incêndio político. O CDA era censura com C maiúsculo, seus críticos gritavam, propondo burocratas encarregados de fazer julgamentos subjetivos sobre o conteúdo online, esmagando a liberdade de expressão no processo. A mulher de Al Gore, Tipper, tinha contribuído para a aplicação de etiquetas de alerta em discos de música pop com letras explícitas, e a forma final da lei de telecomunicações classificava programas de televisão e inseria um controle em receptores de TV a cabo para permitir que os pais regulassem o que seus filhos viam. A proposta de Exon, porém, era muito mais dura, e para horror das empresas de tecnologia e dos defensores da liberdade de expressão passou no Senado com uma estrondosa maioria bipartidária de 86 a 14.

Em quase todos os outros assuntos, Newt Gingrich alinhou-se ao lado da direita religiosa, mas nessa questão ele estava firmemente com os defensores das liberdades cibernéticas. "Eu não acho que essa seja uma maneira séria de discutir uma questão séria", declarou o congressista. Ele prometeu outro projeto, a "Lei de Liberdade para a Internet e Controle Familiar" [*Internet Freedom and Family Empowerment Act*] (se há um título típico de 1995, é esse). A medida refletia os desejos da comunidade da tecnologia: a responsabilidade do desenvolvimento de padrões de conteúdo e softwares de filtragem recairia sobre a indústria, e não no governo. Mesmo essas promessas sérias de autorregulação não eram suficientes. Washington tinha se desviado, os valores familiares estavam em alta, e o ano eleitoral estava bem próximo.

Em vez da contraproposta de Gingrich, o intervencionista e mais rigoroso CDA de Exon permaneceu embutido na versão final da Lei de Telecomunicações aprovada pelo Congresso com apoio esmagador, e que chegou à mesa de Bill Clinton no início de 1996. Muitas outras coisas importantes estavam naquele projeto de lei de telecomunicações para Clinton dizer não. No dia em que entrou em vigor, empresas de internet registraram seu protesto cibernético ao escurecerem dezenas de milhares de sites. E, quase imediatamente, a constitucionalidade do CDA foi questionada por todos, da ACLU até a Microsoft. No verão, seus dispositivos mais restritivos tinham sido descartados. Mas uma coisa ficou: um artigo, inserido nas miudezas do CDA quando ele ainda estava sendo formulado no comitê de conferência, afirmando que nenhum provedor de internet ou plataforma seria considerado o responsável por qualquer informação colocada em seu site por terceiros.[14]

Por causa disso, o CDA acabou sofrendo um imenso impacto — não da maneira que o senador Exon ou a Coligação Cristã imaginaram. Ao isentar as plataformas web da responsabilidade pelo conteúdo publicado por terceiros em seus sites, a decisão da Suprema Corte não só foi uma grande vitória para as empresas de tecnologia da era "pontocom", mas também para as gigantescas plataformas de mídia social que ainda estavam por vir.

Em 1997, o ciberespaço tinha se tornado a gloriosa próxima fronteira proclamada pela EFF e pela Carta Magna. Mais de 50 milhões de norte-americanos estavam online. Os mecanismos de busca zumbiam, os sites proliferavam e a navegação na internet se tornara um ritual diário. Com as tecnologias para transações seguras com cartão de crédito agora em vigor, o comércio eletrônico estava finalmente decolando. Milhões estavam clicando e comprando, movimentando bilhões de produtos pelo ciberespaço. E, apesar de todos os esforços de Exon, nada impediu o aumento da maré de conteúdo restrito. O pornô continuava sendo o produto mais lucrativo.[15]

MUDANÇA DE GUARDA

Em meio a essa enxurrada veio um marco sombrio: a morte de David Packard, em 1996, aos 83 anos de idade. Ele continuava morando na casa ao estilo rancho que ele e Lucile construíram em Los Altos Hills em 1957, um contraste da velha escola com o brilho e a extravagância do Vale. Líderes do mundo dos negócios e da política lotaram a Igreja Memorial de Stanford na última sexta-feira de março, prestando uma efusiva homenagem a um homem que tanto fez e influenciou muitos. Um triste e silencioso Bill Hewlett sentou-se na primeira fila depois de chegar em uma cadeira de rodas. Os panfletos distribuídos apresentavam uma fotografia de Packard montado em um trator, com uma legenda simples: "Dave Packard, 1912-1996. Rancheiro etc."[16]

A morte do velho titã coincidiu com mudanças no Partido Republicano que Packard tinha apoiado tão fielmente ao longo de sua carreira. Na era dos partidarismos belicosos de Clinton e Gingrich, a peculiar estirpe do republicanismo liberal praticado por políticos do norte da Califórnia como Pete McCloskey e Ed Zschau era mais difícil de encontrar em Washington.

Os republicanos do Vale do Silício ainda surfaram a onda um pouco mais. Ed Zschau retornara à indústria após sua derrota no Senado em 1986, mas permaneceu profundamente aplicado em identificar e promover a próxima geração de talentos políticos. Ajuda adicional veio do magnata imobiliário Tom Ford, o homem que construiu o corredor de capital de risco ao longo da Sand Hill Road e que fundou o Lincoln Club, uma organização para angariar fundos para candidatos moderados do Partido Republicano. Um dos promovidos por Zschau e Ford foi Tom Campbell, um ex-professor de economia eleito para o Congresso em 1988. Outra foi Becky Morgan, membro do conselho escolar de Palo Alto, que cumpriu três mandatos no Senado Estadual.

Apesar disso, tanto Campbell quanto Morgan tornaram-se um tipo cada vez mais raro em um mundo político californiano que ficava mais progressista à medida que a política nacional se tornava mais conservadora. Campbell concorreu ao Senado dos Estados Unidos em 1992 e perdeu as primárias, e a vencedora das eleições gerais no outono foi Barbara Boxer, uma democrata do condado de Marin, uma fortaleza progressista. No ano seguinte, um Morgan derrotado voltou para casa para liderar um grupo de desenvolvimento econômico regional, o Joint Venture Silicon Valley [*Joint Venture* do Vale do Silício]. Em 1996, os políticos com mais visibilidade — e aliados mais próximos da tecnologia — eram os democratas. Em um sinal revelador do quanto as coisas tinham mudado, Ed Zschau juntou-se a um esforço exploratório para formar um terceiro partido nacional.[17]

Enquanto isso, o rugido dos democratas da alta tecnologia ficou mais alto. Em 9 de março, três semanas antes do velório de Packard em Stanford, o Air Force One levou o presidente e o vice-presidente para a cidade de Concord, em East Bay, para o "NetDay", uma ação com duração de um dia para conectar escolas públicas da Califórnia à internet. Milhares de engenheiros do Vale do Silício saíram de seus

escritórios e foram para salas de aula para desenrolar cabos coaxiais e instalar roteadores. A equipe de imprensa da Casa Branca levou fotógrafos para a biblioteca de
uma escola de ensino médio para retratar um Clinton com roupas de operário, em
cima de uma escada, corajosamente enfiando fios por dentro de um forro. O evento
foi idealizado por John Gage, cientista chefe da Sun Microsystems — que cunhou
a frase "a rede é o computador" — e foi um começo de jogo de alta octanagem para
mais um programa que atrelava a Casa Branca de Clinton à estrela era da internet.

O primeiro ano de controle republicano no Congresso tinha sido um tropeço
para a agenda da Casa Branca, particularmente quando se tratava de programas
sociais domésticos. A reforma do sistema de saúde estava morta. Outra questão de
honra, a reforma da previdência social, tinha sido levada bruscamente para a direita.
A reforma das telecomunicações tinha se transformado em uma disputa entre operadoras que queriam manter os monopólios locais, afastando as grandes esperanças
de que a desregulamentação traria preços mais baixos e aumentaria o acesso à internet. Clinton estava de olho na reeleição, e Gore estava calmamente preparando o
terreno para uma disputa no ano 2000. Ambos precisavam de algo que apelasse aos
principais círculos eleitorais democratas, bem como atrair os eleitores indecisos, ou
seja, aqueles que não se fixam em um dos dois partidos nacionais norte-americanos.

Com as eleições de 1996 a menos de um ano, a promessa de conectar todas
as escolas dos Estados Unidos foi um tiro certo. Quem poderia se opor para que
crianças e professores tivessem acesso ao maravilhoso mundo da web? O governo
entraria com subsídios e um discurso forte; o setor privado traria a infraestrutura e
os computadores, e daria descontos consideráveis nos serviços de telecomunicações.
A tecnologia educacional ou *"ed tech"*, era a mistura perfeita entre o Estado grande
e a nova economia. Era algo, disseram operadores políticos a Clinton e Gore, que
poderia se tornar "uma questão primordial para você e para a nação — a partir de
agora, no discurso do Estado da União, e também na campanha de 1996 e no segundo
mandato Clinton-Gore".[18]

"Toda criança deve ter acesso a um computador, deve entendê-lo, deve ter
acesso a bons softwares e bons professores e, sim, à internet", disse Clinton a uma
multidão no NetDay, "para que cada pessoa tenha a oportunidade de aproveitar ao
máximo a sua própria vida". Com ironia não intencional, o programa começou em
uma Califórnia pós Proposição-13, exemplo do que acontece quando o ensino público
perde orçamento: desde 1978, os tetos dos impostos sobre propriedades fizeram com
que os gastos por aluno despencassem, deixando os prédios escolares deteriorados,
os professores mal pagos e pouco dinheiro para qualquer coisa além do básico. Levar

as escolas ao nível pretendido exigia um esforço hercúleo de arrecadação de fundos, criando um contraste desconcertante entre distritos influentes, onde os pais tinham tempo e dinheiro, e distritos pobres, onde eles não tinham.

Arregimentando do setor privado tanto dinheiro quanto trabalho braçal, a "arrecadação eletrônica" presidencial do NetDay foi a mãe de todas as campanhas de arrecadação de fundos de associações de pais e mestres. Tudo isso dizia muito sobre o quanto esses líderes estavam depositando suas esperanças na tecnologia do Vale do Silício como a cura para as desigualdades na educação — e para as maiores divisões de uma nação cada vez mais fraturada. Os computadores nas salas de aula eram uma grande aposta dos Democratas e da Grande Sociedade, atualizada para uma época em que o governo fazia menos e a tecnologia da informação fazia mais. "A tecnologia", proclamou o presidente naquele dia em Concord, "vai libertar e reunir os norte-americanos, não puxá-los para baixo".[19]

O LITIGANTE

John Doerr aplaudiu aquela vontade toda, mas ele tinha outras coisas em mente naquela primavera. O desempenho ascendente de jovens empresas "pontocom" sem fins lucrativos estava forjando novas regras econômicas para o jogo e tornando investidores de risco como ele muito, muito ricos. Mas a temperatura do mercado tinha aberto as comportas em outra direção: processos judiciais de acionistas que tinham se dado mal com a queda súbita de alguma ação. Empresas sediadas na Califórnia estavam particularmente vulneráveis, já que a lei estadual impunha um custo relativamente baixo para iniciar tais processos. Na grande maioria desses casos, os supostos erros não se sustentavam após um exame minucioso — as pessoas corriam riscos quando investiam na bolsa de valores, afinal de contas —, mas as empresas frequentemente faziam acordos para economizar o custo e o incômodo de se ir à justiça.

O rei desses processos na Califórnia era Bill Lerach. Uísque à mão, boca suja e implacavelmente eficaz, o litigante de San Diego tinha entrado com centenas dessas ações, e elas fizeram dele um homem muito rico. Ser "lerachado" tinha se tornado uma das grandes dores de cabeça do Vale mesmo antes do *boom* da internet, e só piorou quando o sucesso das "pontoscom" começou. Os processos pareciam especialmente ultrajantes devido à natureza de montanha-russa do mercado dos anos 1990, mas as empresas propunham um acordo em 90% das vezes só para tirar Lerach do seu pé. Quando pensavam nesse advogado de cabelos encaracolados aproveitando todo o luxo de sua propriedade em La Jolla, os executivos do Vale recordavam-se de mais um motivo para odiar o sul da Califórnia. A *Wired* resumiu os sentimentos do Vale do Silício no título que deu a um perfil de Lerach de 1996: "Lixo sanguessuga."[20]

Bill Lerach também foi, por acaso, um doador extremamente generoso para os políticos democratas. Advogados como ele doavam cedo e com frequência, e com seus cheques vinham exortações para preservar o direito dos acionistas de processar. As ações eram uma questão do povo contra os poderosos, argumentavam os advogados. Muitos outros círculos centrais para os democratas — sindicatos, grupos de direitos do consumidor — concordaram. Tratava-se de justiça para o pequeno: o pequeno investidor, a vítima prejudicada, o consumidor injustiçado. Não era essa a missão dos democratas? Sem surpresas, quando surgiu uma legislação para tornar muito mais difícil entrar com processos de danos pessoais — como aconteceu no Congresso na primavera de 1995 — as votações se dividiram em linhas partidárias. Os republicanos estavam do lado das empresas de capital aberto. Os democratas, em geral, estavam do lado dos reclamantes e de seus advogados.

Das muitas dores de cabeça que a revolução Gingrich tinha criado para a Casa Branca de Clinton, essa foi uma das mais intensas politicamente. Dois aliados importantes estavam em lados diferentes da questão. Um (a indústria da tecnologia) tinha nas mãos as chaves para a economia do futuro. O outro (os advogados) tinha rios de dinheiro para campanha. Enquanto o presidente sofria de indecisão, os titãs da tecnologia verificavam a visão do outro lado, encontrando-se com os legisladores republicanos e reconsiderando sua conversão, algo recente à causa democrata. Apesar das súplicas pessoais de seus eleitores do Vale, Clinton vetou o projeto de lei. O Congresso prontamente anulou o veto. Foi uma vitória para a tecnologia, uma derrota para Clinton e um racha no caso de amor da Casa Branca com o Vale do Silício. Larry Ellison estava tão farto que inicialmente se recusou a endossar a reeleição de Clinton, e emitiu um cheque gordo para o republicano Bob Dole.[21]

Lerach também ficou furioso. No outono de 1996, ele decidiu parar o rolo compressor do Congresso conforme ele se aproximava do nível estadual, bancando uma iniciativa californiana para contornar completamente as novas limitações federais. A Proposição 211 da Califórnia foi o pior pesadelo do Vale do Silício. Não só baixava ainda mais o limite para a propositura de uma ação judicial para os acionistas, como também tornaria os diretores e conselheiros das empresas pessoalmente responsáveis por quaisquer danos impostos aos reclamantes. O argumento de Lerach afirmava que isso era um gesto nobre para salvar economias de aposentados do agito das ações de alta tecnologia. O Vale do Silício enxergou o ato como uma declaração de guerra.[22]

John Doerr aprendeu com o desastre do veto de Clinton que o Vale precisava se mover rapidamente e se encarregou de liderar o exército. Nos anos 1980, Ed Zschau fora o congressista do Vale do Silício, empenhando-se, em nome da indústria, em uma cruzada pelo comércio, contra os impostos e contra tudo que estivesse entre eles. Bob Noyce e Steve Jobs foram os CEOs carismáticos — embaixadores percorrendo os corredores do poder em Washington. Dave Packard foi a eminência parda, com sua carreira sendo uma inspiração para uma geração mais jovem. Agora, apenas alguns anos depois de sua jornada como o mago *keiretsu* da Kleiner, Doerr tornou-se o principal operador político do Vale: Zschau, Noyce, Jobs e Packard em um homem só.

Graças a Doerr, a luta contra a Proposição 211 tornou-se a obsessão do Vale do Silício durante a maior parte de 1996. Ele ganhou os ouvidos certos, levantou dinheiro e transformou a Kleiner Perkins em um quartel-general, com uma gigantesca faixa escrito "NÃO à 211" drapeada sobre sua fachada. A força de Doerr acabou arrecadando US$38 milhões para combater a 211, quase o dobro do que foi gasto em cada uma das campanhas presidenciais na Califórnia naquele ano. Tamanha soma refletia a dureza da luta. A ideia de defender os direitos dos acionistas era muito popular entre os eleitores, e os sindicatos de trabalhadores da Califórnia e os defensores da terceira idade eram apoiadores barulhentos. A campanha ocupava "cerca de 15% do meu dia", lembra Doerr, "mas na maior parte das minhas noites sem dormir, eu estava preocupado. Eu achava que não íamos ganhar".[23]

Uma coisa que Doerr tinha a seu favor, no entanto, era o fato de que o presidente estava concorrendo à reeleição. Clinton e Gore tinham acabado de passar os últimos quatro anos falando sobre a importância do Vale do Silício para a economia nacional. Aqui estava um projeto de lei que ameaçava tirar o Vale dos trilhos. Nós não interferimos em questões estaduais, protestou a equipe de Clinton. Esta não é uma questão estadual comum, o povo do Vale do Silício respondeu, e nós não somos um distrito eleitoral comum.

Manchetes começaram a aparecer no *Mercury News* sobre a crescente tensão política. Clinton ficou na defensiva. "Como assim, sou contra a indústria tecnológica?", o presidente disse para Larry Stone. "Se você conversar conosco", Stone suplicou a Clinton, "vamos explicar por que é tão importante". Alguns dias depois, Stone recebeu um telefonema: o presidente faria uma reunião. Uma pequena reunião, Stone foi alertado. Clinton vinha a uma escola de San José para outro evento, então eles a encaixariam na agenda. Assim que ele terminou a ligação com a Casa Branca, Stone ligou para Regis McKenna. "Você pode me ajudar a levar as pessoas certas para lá?" A próxima ligação de McKenna foi para Gordon Moore. E, então, John Doerr.

E assim aconteceu: sentado desconfortavelmente em uma mesa de almoço de uma escola de ensino médio em um dia calorento de agosto, o presidente dos Estados Unidos disse a alguns dos líderes tecnológicos mais poderosos dos Estados Unidos que os apoiaria na luta contra a Proposição 211. "Nós o ganhamos!", a equipe do Doerr se regozijou. "Acho que essa posição lhe dará um tremendo apoio em todo o país e certamente neste estado", disse Doerr depois. Quando se tratava da candidatura de Clinton à reeleição, "eu estava indeciso até ouvir a posição de Clinton. Agora estou apoiando".[24]

Três semanas depois, o presidente recebeu sua recompensa. Doerr organizou um efusivo endosso de 75 grandes nomes do Vale do Silício, que se juntaram a Clinton e Gore em um telefonema para elogiar o histórico econômico da administração — e dar palmadinhas nas costas por tudo o que eles fizeram para que isso acontecesse. "Esta administração realmente compreendeu as coisas", declarou Doerr em seu discurso de abertura. A era Clinton tinha sido boa para o Vale do Silício, e o Vale tinha sido bom para Clinton e Gore. "Acho notável", acrescentou ele, "que as empresas da Califórnia que hoje o endossam tenham criado mais de 28 mil empregos nos últimos quatro anos".

Um ressurgente Steve Jobs, prestes a ser cortejado para voltar à Apple após uma década banido, foi no mesmo tom. "Os últimos quatro anos foram os melhores que o Vale do Silício já viu", disse ele. "O Vale do Silício tradicionalmente não pede esmolas, não procura créditos fiscais", disse o homem que fez tanto lobby por essas coisas 15 anos antes. "Espero ver mais quatro anos." Por todo o seu trabalho ao longo da década anterior, Steve Jobs continuava sendo a voz do Vale, e ele tinha dado a sua bênção.[25]

Nem todos no Vale eram loucos por Clinton e Gore, é claro. Floyd Kvamme assumiu a função de organizar um endosso menos fogoso ao indicado republicano Bob Dole algumas semanas depois. A maioria dos que se juntaram a ele estava por perto desde os primeiros dias do microchip, tentando manter o legado republicano de Dave Packard, mesmo quando o Vale se aproximava dos democratas. Havia Jerry Sanders, dizendo como sempre: "Podemos escolher entre a competição, encarnada pelo voto Dole/Kemp, ou o confisco, exemplificado por Clinton." Kvamme acrescentou: "Não queremos uma ponte para o século XXI construída em Washington, porque tememos que seja apenas uma ponte com pedágio."[26]

E muitas pessoas do Vale optaram por nenhum dos dois. Cada vez mais desiludido com o Partido Republicano, Ed Zschau endossou seu amigo Dick Lamm, ex-governador democrata do Colorado, que estava fazendo campanha contra Ross

Perot para se tornar o porta-estandarte do Partido Reformista. No meio do verão, Zschau tinha concordado em se juntar a Lamm como candidato à vice-presidência. T. J. Rodgers, da Cypress Semicondutores, permaneceu inflexível para que o Vale tivesse o mínimo possível a ver com a política de Washington. "O que Washington realmente oferece ao Vale do Silício?", perguntou ele. "Nós não podemos e não queremos ganhar no jogo deles."[27]

Embora nem todos concordassem sobre quem deveria ser presidente, todos concordavam que a Proposição 211 seria terrível para a indústria da tecnologia. Em outubro, o dinheiro, os apoios e a força propulsora do compromisso de Doerr tinham criado uma formidável coalizão. "A Proposição 211", disse Andy Grove, amigo e mentor de Doerr, "uniu essa indústria de um modo inédito desde a ameaça japonesa de meados dos anos 1980". Doerr ainda estava nervoso, mas encantado. "Todos estão alinhados com essa questão. A única que falta é a Madre Teresa."[28]

No dia das eleições, a proposta de Lerach perdeu por uma margem de 3 para 1 em toda a Califórnia — e por uma margem de 4 para 1 no Condado de Santa Clara. Clinton venceu na Califórnia e venceu a reeleição. Os agentes políticos que conheceram John Doerr na campanha ficaram completamente impressionados. "Aprendi na política que você deve grudar em doadores ricos, em grandes porta-vozes e em pessoas que fazem as coisas acontecerem", disse um veterano operacional dos democratas. "Doerr é as três coisas."[29]

E John Doerr já tinha começado a olhar cinco anos à frente. O Vale do Silício tinha se tornado tão grande, tão rico e tão influente na economia que não podia mais ficar à margem da política. A batalha contra a 211 fora árdua e cara porque eles tinham começado da estaca zero. Se a indústria já tivesse uma organização instalada, então estaria pronta para o próximo Bill Lerach, ou próximo Clipper Chip, ou qualquer coisa que Washington ou Sacramento pudessem lançar. Sem falar na poderosa Microsoft, a Estrela da Morte, em Seattle. Para funcionar, a organização deveria ser uma plataforma apartidária para um conjunto diversificado de empresas e questões — uma variação política do *keiretsu* da Kleiner. Seria mais do que apenas um grupo de lobby. Comunicaria uma visão. "Precisamos de uma nova estrutura de direito e pensamento para nos ajudar a governar na nova economia", explicou Doerr. "Eu e muitos outros vamos ajudar a formar essa nova rede."[30]

No início de 1997, a organização tinha um nome: TechNet. Tinha uma equipe e um orçamento multimilionário. Reis de longa data como Regis McKenna e Floyd Kvamme concordaram em se associar, assim como muitos outros grandes CEOs do Vale. O objetivo de ficar fora da arrecadação de fundos partidários não durou

O CÓDIGO

muito; dentro de um ano, a TechNet formou comitês de ação política republicanos e democratas, que se transformaram em caixas eletrônicos para os políticos visitantes. Mas a TechNet também organizava regularmente "seminários avançados sobre a nova economia", para que os legisladores pudessem entender melhor o que estava acontecendo — e como eles poderiam ajudar no crescimento do Vale do Silício. Foi um persuasivo passo bipartidário. "Conseguimos passar projetos pelo Congresso em um momento em que era difícil fazer isso", observou Marc Andreessen; com o burburinho sobre o Vale, era difícil para os legisladores "serem antitecnologia".[31]

A TechNet de John Doerr tornou-se um canal para as empresas mais jovens da nova economia — e seus fundadores da geração X — engajarem-se com Washington. O mesmo pode ser dito de Al Gore. Poucas coisas encantavam o vice-presidente mais do que uma oportunidade de sentar-se em uma sala com pessoas inteligentes da tecnologia, falando de política. Com a ajuda de Doerr, a equipe política de Gore começou a realizar reuniões regulares de "Gore-Tech" na Califórnia e em Washington, nas quais magnatas da internet se sentavam em meio ao mogno polido e dourado do escritório cerimonial do vice-presidente na Casa Branca. Foi um longo caminho desde as salas sem-graça de concreto armado, os encontros de escambo no *Homebrew*, e todas as noites viradas nos pufes do PARC. Com o *boom* da internet, os homens e mulheres do Vale do Silício tinham se tornado *players* de poder como nunca antes.

CAPÍTULO 22

Don't Be Evil

Em todas as mobilizações da TechNet e na proliferação das reuniões da Gore-Tech, a Microsoft estava visivelmente ausente. Com a saturação total da plataforma de PCs, a empresa de Bill Gates não tinha as mesmas preocupações regulatórias que o Vale do Silício, e, de tão grande, era uma força política por si só. Gates não visitou o escritório do vice-presidente, ele fez o VP ir até ele.

Uma das visitas mais estrondosas aconteceu em maio de 1997, quando Gates lançou a primeira do que se tornaria uma cúpula anual de CEOs, trazendo tanto parceiros quanto rivais para participarem em Seattle de uma experiência de luxo e intimismo que ressaltava sua posição como o rei de todos. Gore ficou acordado metade da noite trabalhando em seu discurso de abertura, depois se juntou ao titã da tecnologia e outros nomes de peso em um passeio de iate ao pôr do sol pelo Lago Washington até a nova casa de Gates, de US$60 milhões. Assentada sobre 20.000m² de alta tecnologia, a deslumbrante propriedade brilhava, repleta de telas de alta definição e um salão grande o suficiente para acomodar centenas de pessoas.

Enquanto Gore e os CEOs jantavam creme de broto de samambaia e salmão selvagem, complementados com soufflé de chocolate e generosas taças de vinhos locais, a conversa voltava-se para o extraordinário momento econômico que os Estados Unidos viviam, graças em grande parte à tecnologia: a produtividade tinha disparado, Wall Street também, e o varejo de internet parecia ter chegado para ficar. Em seu discurso naquele dia, Gore exortou os líderes da tecnologia a se apegarem à sua consciência social, a pensarem mais em formas de retribuir e aplicar seu conhecimento aos desafios mais amplos da nação. Gates também começou a pensar nessas coisas, e ele e sua esposa, Melinda, estavam nos estágios iniciais de planejamento de

354   O CÓDIGO

como eles poderiam doar sua fortuna. Os convidados, bem alimentados e satisfeitos, assentiam com a mensagem de Gore, mas era difícil, como sempre, parar de falar de negócios. A internet podia estar irrompendo em 1997, mas a Microsoft ainda era a empresa de tecnologia mais rica e poderosa do mundo, e todos os outros estavam se esforçando para não serem esmagados por ela.[1]

EM 1992, NOVE EM CADA DEZ PCS NO MUNDO RODAVAM programas da Microsoft. A empresa ultrapassou a IBM em valor de mercado no ano seguinte. "É a Standar Oil da nossa época", disse um analista, referindo-se à petrolífera norte-americana do fim do século XIX, a maior empresa de seu tempo. Mesmo no pico da NASDAQ, a Microsoft estava acima de todas, com uma capitalização de mercado dez vezes maior que a da Sun Microsystems e mais de 100 vezes maior que a da Netscape. Quando a Microsoft doou US$10 milhões para escolas em seu estado natal, Washington, Clinton voou 5.000km em direção ao oeste para fazer do anúncio conjunto com Gates o ponto central de uma visita presidencial. Quando Gates teve um jantar exclusivo com Newt Gingrich, o recém-empossado presidente da Câmara, virou manchete.[2]

No entanto, foi um caso de amor não correspondido, em grande parte. Bill Gates não fazia endossos de campanha festivos, e ele geralmente considerava as maquinações de Washington irrelevantes para os seus negócios. Como a Microsoft inchara até dominar o mercado em 1990, a Comissão Federal de Comércio (CFC) começou a farejar possíveis violações antitruste. Gates respondeu sem dissimular seu desdém. "O pior que poderia acontecer seria eu escorregar nos degraus da CFC, bater a cabeça e acabar morrendo", Gates zombou para um repórter da *BusinessWeek* no início de 1992. O bilionário tinha amolecido um pouco nos anos seguintes — idade, casamento, e a gentil insistência de seus cívicos pais o tornaram um filantropo mais consciente —, mas ele no geral permanecia desinteressado pelo que acontecia dentro da capital do país. A Microsoft não teve um escritório próprio de lobby em Washington até 1995, quando a primeira investigação antitruste a deixou operando sob um acordo.[3]

De qualquer forma, Bill Gates estava muito ocupado lutando com o Vale do Silício para prestar muita atenção em Washington. Apesar da imagem de nerd tão cuidadosamente cultivada por sua equipe de relações públicas, Bill Gates continuava sendo a pessoa mais competitiva do planeta quando se tratava de assuntos envolvendo sua empresa. Steve Ballmer chegava em segundo lugar. "Na Microsoft", lembrou Jean Richardson, diretor de marketing, "tudo girava em torno de levar as pessoas ao fundo do poço". Sua política de terra arrasada no mercado de software deixara os concorrentes vencidos e dissuadira novos participantes, contribuindo para o abraço sincero do Vale do Silício à internet. "A política da minha firma é nunca apoiar um empreendimento que concorra diretamente com a Microsoft", respondeu John Doerr. "Somente tolos irremediáveis ficam no caminho de um trem em movimento."[4]

Só o comparativamente combativo Scott McNealy, da Sun Microsystems, ousou concorrer contra a Microsoft quando Gates e companhia tentaram entrar no mercado dos *workstations*, contra-atacando com a matadora linguagem de programação Java, e fazendo comentários ácidos ao longo do caminho. A Microsoft era liderada por "Ballmer e Butt-head"; seus sistemas operacionais eram "uma total porcaria". A combatividade de McNealy parecia razoável, dado o risco muito real de a Microsoft jantar o negócio da Sun. "Você não conseguirá vencer Bill Gates sendo conciliador ou cedendo", comentou um veterano da Sun.[5]

A GUERRA DOS BROWSERS

A competição se tornou um temporal quando o *boom* das "pontocom" chegou com força total. Não era como se a equipe de Redmond não tivesse prestado atenção à internet — a Microsoft começou a despejar dinheiro em redes online na primavera de 1994, poucos meses depois de Clark e Andreessen terem iniciado a Netscape —, mas a velocidade de crescimento da web superou qualquer expectativa de Bill Gates. "Não esperávamos", escreveu ele no verão de 1996, "que dentro de dois anos a internet cativasse toda a indústria e a imaginação do público". Na época em que o Java e o navegador Netscape entraram no mercado, na primavera de 1995, Gates e seus colegas perceberam que não só o mundo da internet cresceria muito, mas que poderia consumir o principal negócio da Microsoft. Marc Andreessen era outro Bill Gates: ele não queria apenas construir um software; ele queria criar uma plataforma totalmente nova que tornasse o sistema operacional da Microsoft irrelevante. E, assim como o velho Bill Gates de 1980, o Marc Andreessen de 1995 não era sutil sobre suas ambições de dar uma surra tão devastadora no Windows que o sistema acabaria como pouco mais do que "um conjunto de drivers bugados".[6]

Gates decidiu que era hora de escrever um memorando para sua equipe sênior, explicando o que a Microsoft deveria fazer. Ele o intitulou "The Internet Tidal Wave" [O Maremoto da Internet], e quando ele chegou aos seus escritórios, no fim de maio de 1995, a Microsoft já estava trabalhando no navegador que desafiaria a Netscape. "A internet é o desenvolvimento mais importante desde que o PC IBM foi introduzido em 1981", escreveu Gates. E, ao contrário dos caros computadores da época anterior, conectar-se à internet abriu um mundo de informações a um preço fixo. "O custo marginal do uso extra", explicou ele, "é essencialmente zero".

Apesar de mais tarde ter sido brandido em tribunais como prova das práticas monopolistas da Microsoft, o memorando mostrou Gates no seu melhor estilo visionário e agressivo. Ele vislumbrou startups futuras construindo programas de vídeo e voz; falou sobre uma futura internet que transmitiria programas de televisão e ofereceria chatbots de atendimento ao cliente. Mas, ele escreveu, "navegando na web, você não encontra quase nenhum formato de arquivo Microsoft". Isso tinha que mudar. "Quero que cada plano de produto tente exagerar suas funcionalidades de internet", disse-lhes. E a maneira de difundir o uso desses novos e deslumbrantes produtos seria empacotá-los no sistema operacional Windows. A Netscape já tinha 70% de participação no mercado de navegadores, e a Microsoft precisava ter alguma participação, rapidamente. Gates sabia que Andreessen estava certo. O Netscape tinha sido a porta de entrada para milhões de pessoas ficarem viciadas na web. Agora a Netscape estava prestes a se tornar mais do que apenas um navegador. Ela poderia estabelecer os padrões para todo o ambiente de computação na internet, assim como o MS-DOS tinha feito para o PC, com resultados semelhantes no mercado. O Netscape era muito perigoso para continuar sendo um concorrente direto; a Microsoft precisava dele como sócio.[7]

Menos de um mês após o memorando de Gates, uma delegação voou de Redmond para os escritórios da Netscape, oferecendo um acordo à mais sexy das startups do Vale. Desconfiado de seus motivos, Andreessen fez muitas notas. A Microsoft ia construir seu próprio navegador, o Internet Explorer (IE). Mas ela estava disposta a compartilhar. O Netscape ainda poderia ser o mandachuva no Mac, Unix e versões mais antigas do Windows. A Microsoft ficaria com o restante, ou seja, a maior parte do mercado. A Netscape não aceitou. Em vez disso, Jim Clark ligou para seu advogado: Gary Reback, o sócio de Wilson Sonsini.

Um entusiasta da Guerra Civil, exibindo a fanfarronice explosiva de um general da União, Reback era um veterano de várias batalhas seminais entre o Vale do Silício e Redmond. Ele esteve do lado da Apple na ação judicial de 1988 sobre a interface gráfica e passou a primeira metade da década de 1990 incomodando a FTC e o DOJ (equivalente norte-americano do Ministério da Justiça) para que analisassem mais de perto as práticas competitivas da Microsoft no mercado de PCs. A Microsoft estava operando sob um acordo de consentimento, mas Gates e Ballmer tinham barganhado para garantir que isso não limitaria as novas funcionalidades do Windows — e o IE era uma funcionalidade. O DOJ ainda estava de olho, mas a Microsoft não estava preocupada. "Essa coisa de antitruste vai acabar", disse Gates a um grupo de executivos da Intel logo após o decreto ter sido derrubado. "Nós não mudamos em nada nossas práticas comerciais." Eles estavam certos. Apesar de todos os apelos de Reback, o DOJ não impediu que o plano de empacotamento do navegador avançasse. E nos dois anos seguintes a Microsoft passou a comer a Netscape viva.[8]

Não era óbvio no início. Os usuários de Windows ainda podiam usar o Navigator, como sempre fizeram — e os produtos da Netscape continuavam sendo os favoritos de muitos —, mas bem ali, na tela de abertura de cada PC com Windows, estava o ícone do Internet Explorer. Seguiu-se uma corrida armamentista, com a Microsoft e a Netscape lançando novas e melhoradas versões enquanto lutavam por participação no mercado. Ao mesmo tempo, uma guerra de relações públicas se desencadeou, com Pam Edstrom e suas tropas reposicionando Gates como o vidente da era da internet e a equipe da Netscape promovendo Marc Andreessen como o principal garoto-pro-paganda da web. Gates escreveu um best-seller sobre o futuro online chamado *A Estrada do Futuro*. Andreessen, um multimilionário de 24 anos, apareceu brincalhão sentado em um trono dourado na capa da *Time*, em fevereiro de 1996. Gates sorria na mesma capa sete meses depois, acima de uma manchete que perguntava: "De quem será a web?" Os editores da *Time* pareciam saber a resposta. "Ele conquistou o mundo dos computadores. Agora ele quer a internet", declarava o subtítulo. "Se a Microsoft ultrapassar a Netscape, Bill Gates poderá comandar a era da informação."[9]

E ele comandaria. A Microsoft chegou atrasada à festa online, mas a ubiquidade do Windows permitiu que ela se recuperasse muito, muito rápido. A cada versão, a Microsoft engolia mais e mais o espaço do Navigator, antigo dominante do mercado. O negócio de browser da Netscape caiu para 20% de suas receitas. Seus sonhos de se tornar a plataforma de tudo para a era da internet foram abandonados. No fim de 1997, a Netscape sofria com uma falta terrível de estimativas de receita. Em breve teria que demitir 360 de seus 3.200 funcionários. A estrela ascendente da era internet tinha caído por terra em menos de quatro anos. Foi um arco notavelmente curto, mesmo em uma indústria onde as coisas sempre andavam mais rápido do que o normal. Jim Clark foi contundente, como de costume. "Se eu soubesse há quatro anos o que sei agora — que a Microsoft nos destruiria e que o governo não faria nada sobre isso por três anos — sequer teria iniciado a Netscape."[10]

TRUSTE E ANTITRUSTE

A forma como o Vale do Silício respondeu à guerra dos browsers não só revelou a complicada e cada vez mais acrimoniosa relação da indústria tecnológica do norte da Califórnia com a Microsoft. Foi também mais uma demonstração da política contraditória da indústria, uma estranha mistura de antipatia com a autoridade central e uma relação profunda e familiar com certas partes do *establishment* político. Não foi a primeira vez que a indústria de computadores usou a justiça como arma para ganhar vantagem no mercado — os Sete Anões da indústria de *mainframes*, por exemplo, foram encorajados pelo processo antitruste do DOJ contra a IBM — e não seria a última. A lei antitruste podia não se mover na velocidade da internet, mas era uma ferramenta útil para retardar o crescimento de um líder de mercado; quando uma empresa se tornava grande o suficiente — IBM, Microsoft, e mais tarde Google e Facebook — um grande alvo apareceria em suas costas.

A Netscape era o Vale do Silício em miniatura: financiada por um fundo de capital de risco iniciado por um dos Oito Traidores originais; representada pelo escritório de advocacia mais emblemático do Vale; suas fileiras executivas estavam preenchidas por veteranos do Vale. Não importava que, apesar de todos aqueles anos de combate feroz por mercado, a Microsoft sempre estivesse intimamente ligada ao Vale do Silício, aproveitando seu manancial de talentos e tendo parcerias de longo prazo com investidores e parceiros corporativos do Vale. (Na verdade, Gates tentara contratar Jim Barksdale como CEO apenas alguns meses antes de ele ingressar na Netscape.) Não importava que a Netscape realmente não tivesse um plano B, caso sua estratégia de browser falhasse. Na mente de muitos que fizeram suas vidas e fortunas no Vale, a Microsoft era a capitalista que fez o software ser pago, uma fabricante de vaporware, uma produtora de primeiras versões cheias de falha. Agora, ela era o império do mal que pôs abaixo a Netscape e, portanto, tinha que ser detida antes que causasse mais danos.[11]

Apesar de toda a controvérsia quando se tratava de afirmar quem tinha o melhor produto, a Netscape e seus aliados não queriam chamar muito a atenção do público para sua campanha a fim de conseguir ajuda do governo. No início, eles fizeram lobby muito discretamente. Embora a multidão da TechNet estivesse persuadindo o Congresso a ficar do lado deles em quase todos os assuntos daqueles dias — de mais vistos para imigrantes trabalharem em tecnologia até créditos fiscais para P&D, passando por impostos sobre vendas de comércio eletrônico — inicialmente não houve muito progresso quando se tratou do caso contra a Microsoft. A Casa Branca teve pouco ânimo em enfrentar uma gigante da tecnologia cujo fundador era um dos homens mais ricos e admirados dos Estados Unidos. A demora de 13 anos do processo da IBM diminuía ainda mais o interesse do governo por regular antitrustes da alta tecnologia, assim como o caso do atual decreto de consentimento da Microsoft, que já estava ultrapassado na época em que entrou em vigor. O mundo da tecnologia simplesmente se movia rápido demais.

Mas o impulso político aumentou gradualmente ao longo de 1997, impulsionado em boa parte pelos dados de um dossiê preparado por Reback e Susan Creighton, sócia de Wilson Sonsini, que enumerava tudo que a Microsoft tinha feito para dominar o negócio do navegador. Logo antes do Halloween, o DOJ finalmente entrou em ação. Repórteres e fotógrafos se aglomeraram para ouvir a procuradora-geral Janet Reno e o chefe antitruste Joel Klein anunciarem que a Microsoft estava violando o decreto de consentimento, e que o DOJ multaria a empresa em US$1 milhão por dia até que ela parasse suas práticas de empacotamento de navegador. Bill Gates ficou atônito, e seus aliados permaneceram desafiadores. "Essas pessoas", declarou Ann Winblad, "não têm ideia de com quem estão lidando".[12]

O caso Microsoft versus Cruzados Antitruste tinha virado notícia de primeira página. Três semanas após o DOJ ter acabado com a brincadeira da Microsoft, Ralph Nader, um advogado de defesa do consumidor, sediou uma conferência em Washington para tratar da ameaça da Microsoft. Dificilmente era uma revolta popular — os organizadores cobraram US$1 mil por cabeça para "ajudar a apoiar as futuras investigações de Nader sobre a indústria de alta tecnologia" —, mas acabou atraindo uma multidão eclética. Gary Reback estava no programa, revelando as entradas lisonjeiras sobre Gates na enciclopédia online da Microsoft, *Encarta*. A advogada da Netscape, Roberta Katz, alertou que a Microsoft estava expulsando concorrentes de seu novo shopping center online. A estrela de Ralph Nader estava desaparecendo, mas a luta contra Bill Gates lhe rendeu uma maneira de recuperar seu velho mantra de Defensor Número 1 dos norte-americanos comuns. A gigante do software era prejudicial por onde quer que se olhasse, Nader advertiu, e não deveria ser permitido controlar o futuro do mercado online.

"Não contente com sua enorme participação no mercado de software para PCs, a Microsoft quer segurar nossa mão enquanto navegamos na superestrada da informação", escreveu Nader, "e empurrar-nos — não tão sutilmente — para seus próprios parceiros ou subsidiárias, colocando estrategicamente links no desktop ou browser nos direcionando para seus produtos e serviços". Um pouco embotando seu argumento sobre o perigo que a empresa de Bill Gates representava para a escolha do consumidor e a livre expressão, Nader publicou estas palavras na *Slate*, revista online da Microsoft.[13]

Apesar dos ataques, nem todos concordaram que o problema era a Microsoft. Usuários leigos do Windows gostavam das características e da conveniência do software da Microsoft. "Acho que seus produtos são top de linha", disse um repórter. Biografias condescendentes de Gates continuaram a povoar livrarias e bibliotecas; *Bill Gates: Billionaire Computer Genius* [Bill Gates: O Gênio Bilionário da Computação], destinada ao público infantil, chegou às prateleiras no momento em que os Estados Unidos se preparavam para decidir sobre o processo. Talvez Gates não fosse o vilão, argumentavam vozes de tendências libertárias. "O governo dos Estados Unidos é um monopólio muito pior que a Microsoft", disse um engenheiro do Vale. O Partido Libertário condenou os "liliputianos burocráticos" que tentavam derrubar a Microsoft; o Instituto Cato (think tank libertário norte-americano) relançou um dossiê de 50 páginas atacando a ação do DOJ. Palavras de um economista do instituto: "Trata-se de uma escolha entre um Estado grande e uma grande empresa. E nós sabemos o nosso lado nessa disputa."[14]

Scott McNealy era há muito tempo um doador do Cato, mas seu amor pela liberdade era acompanhado por um ódio pela forma como a Microsoft havia atropelado tudo, feito um Godzilla, ao longo de duas décadas de história da alta tecnologia. Ela tinha mastigado a Netscape, e agora estava novamente atrás da Sun, exigindo uma versão do Java exclusiva para Windows, que não rodasse em outras plataformas. O poder do Java como uma linguagem de programação vinha dessa ubiquidade. "Nós queremos liberdade de escolha — e não ficar sem escolha", McNealy declarou na conferência de Nader. Enquanto a Netscape entrava em seu leito de morte e outras empresas do Vale continuavam hesitando em criticar abertamente a maior empresa de software do mundo, o libertário McNealy tornou-se a voz ressoante do Vale em apoio ao movimento do governo.[15]

O longo julgamento, que se desenrolou em cortes de Washington entre 1998 e 2000, destruiu a reputação da Microsoft, rasgou a imagem pública cuidadosamente elaborada de Gates e reduziu pela metade o valor das ações da empresa. Thomas Penfield Jackson, o juiz do caso, tornou-se uma celebridade da mídia, com um deleite pela atenção da imprensa tão óbvio quanto o ressentimento de Gates por ter sido arrastado para a sala de audiência. Em um acordo duplo anunciado logo após o início do caso, a AOL adquiriu a Netscape e então se uniu à Sun para produzir um software de internet ao estilo rolo-compressor, que pudesse fazer frente ao domínio da Microsoft nos mercados corporativos e de consumo. Bill Neukom, advogado da Microsoft, esperneou. Como o DOJ pode acusar a Microsoft de monopólio quando seus concorrentes estão se unindo para criar um monopólio? O governo estava "cinco passos atrás da indústria".[16]

O BUG DO MILÊNIO

Enquanto a Microsoft se contorcia, o Vale do Silício estava em alta, não só em Wall Street, mas especialmente em Washington, onde os políticos se aglomeravam em uma combinação de fascínio leigo pela tecnologia e pela riqueza da nova economia. Os dias em Washington eram dominados por intrigas partidárias e escândalos, enquanto a transgressão de Clinton com Monica Lewinsky, a jovem estagiária da Casa Branca, passou de um simples mexerico a alimento de um promotor federal e a consequente aprovação de um pedido de impeachment na Câmara dos Deputados (o Senado não seguiu o exemplo, e as lutas internas entre os republicanos do Congresso resultaram na destituição de Newt Gingrich da cadeira de presidente).

A espiral de escândalos em Washington só reforçava a reputação de filho predileto do setor de tecnologia. A única coisa em que democratas e republicanos conseguiam concordar era sobre o Vale do Silício ser um lugar de maravilhas tecnológicas, um milagre do crescimento econômico e um lugar perfeito para arrecadar doações de campanha. Outro fato que encorajava essa visão luminosa do Vale e de seus líderes: as proezas de arrecadação de fundos eleitorais dos novos comitês de ação política da TechNet, um para os democratas e outro para os republicanos, que começaram a cavar somas consideráveis da campanha entre os *cul-de-sacs* de Atherton e os campos de Woodside.

"Eles são estrelas", disse Billy Tauzin, um republicano de Louisiana que então dirigia o subcomitê de telecomunicações. "Você tem que trabalhar duro para parecer que as questões tecnológicas são democratas ou republicanas, progressistas ou conservadoras", acrescentou Ed Markey. Há muito ficou para trás o tempo conflituoso da Lei de Decência das Comunicações, quando tantos legisladores consideravam a internet uma perda de tempo contaminada por pornografia. Eles agora acompanhavam a NASDAQ e liam os relatórios; a alta tecnologia era um tema político vencedor. Quando cada partido lançou seu próprio grupo de trabalho na área, seus filiados se apressaram em se inscrever. "Nós agora somos a garota mais bonita do baile", disse um lobista da indústria.[17]

Ironicamente, a incrível curva de crescimento do *boom* dos anos 1990 não se devia inteiramente à economia da internet bajulada pelos políticos. Ela era também o resultado de uma falha nos próprios computadores, uma falha no sistema que estava em preparação há 50 anos. Os criadores das primeiras linguagens de computador, ansiosos para economizar cada pedaço de RAM e sem imaginar que o código que escreviam ainda pudesse estar em uso no ano 2000, tinham programado um sistema de data de dois dígitos. Um "1974" de quatro bits tornou-se um "74" de dois bits, por exemplo.

Com o aproximar do novo milênio, esse *hack* de eficiência agora representava um cenário de desastre tão temível quanto qualquer outro sonhado por Hollywood. O que fariam os computadores à meia-noite de 31 de dezembro de 1999, quando todos mudariam para "00"? O mundo agora era governado por computadores. Se as máquinas pensassem que tínhamos voltado a 1900, tudo, desde redes elétricas até sistemas de tráfego aéreo, ficariam fora de controle. "O novo milênio anunciaria um desafio maior à sociedade, que teríamos que enfrentar como uma comunidade planetária", advertiu um sombrio *The Times of India*. A indústria estimou que a eliminação do "bug do milênio" custaria US$1,5 trilhão. Com os caixas perpetuamente engessados, os governos também enfrentariam uma conta pesada; acabariam gastando US$6,5 bilhões.[18]

O que seria uma perdição para as grandes cidades e grandes empresas era um vento favorável para o negócio de serviços de software, e a pressa em reprogramar os sistemas criou uma enorme demanda por programadores, que excedeu em muito a oferta. Diante dos altos custos e da falta de talentos, gigantes corporativos e governos olhavam para o exterior — para a enorme, bem treinada e anglófona força de trabalho da Índia, um país cujo setor tecnológico tinha explodido em tamanho à medida que seu governo nacional desregulamentava sua economia na década anterior. A Índia também gastou muito com infraestrutura de banda larga, o que significa que cidades como Bangalore, um centro de alta tecnologia, tinham uma conectividade à internet mais confiável do que eletricidade, e suas empresas de serviços de software podiam facilmente assumir o trabalho de programar computadores no outro lado do globo. O fluxo do Y2K — como é conhecido o bug do milênio — também fez crescer o já grande número de engenheiros que se dirigiam ao Pacífico. Mais de 130 mil novos portadores de visto H-1B, contratados para mão de obra estrangeira especializada, vieram para os Estados Unidos entre a primavera de 1998 e o verão de 1999. Quarenta por cento deles eram especialistas em informática indianos.[19]

JOGANDO NO ATAQUE

A amizade sempre próxima entre John Doerr e Al Gore, o homem que ele carinhosamente chamava de "o comandante dos nerds", é a epítome das relações calorosas entre as capitais da alta tecnologia e da política naqueles últimos dias do século XX. Com Clinton enfraquecido pelo escândalo, o Senhor Certinho que ocupava a vice-presidência tornou-se cada vez mais visível, assumindo um portfólio ampliado de assuntos enquanto se preparava para sua própria corrida presidencial. Os planos de

Gore de suceder a Clinton no Salão Oval nunca foram muito secretos, e nos últimos anos do mandato de Clinton sua equipe considerava quase tudo o que Gore fazia por meio do filtro da campanha do ano 2000. O VP se encontrava regularmente com quem John Doerr lhe pedia; ele voltou a ter uma curiosidade intensa sobre tecnologia, mas também conhecia a boa imagem de confraternizar com jovens estrelas como Marc Andreessen e Kim Polese. "Vale do Silício" também significava angariar fundos valiosos, e Doerr era particularmente útil nesse aspecto. Os executivos de tecnologia que endossaram Clinton e Gore em 1992 tinham doado apenas cerca de US$1 mil cada um. Agora, eles foram muito mais generosos. Entre os ciclos de 1994 e 2000, a quantidade de dinheiro que os democratas levantaram no Vale do Silício cresceu dez vezes mais.[20]

A visibilidade de Doerr como o pivô político de Gore atraiu bastante atenção em ambos os lados do país. Broches de uma campanha "Gore-Doerr" eram distribuídos às centenas, impressos em tom de brincadeira por Stewart Alsop, fundador da Agenda, conferência mais influente da era "pontocom". Doerr era frequentemente perguntado de forma séria sobre suas ambições políticas. "Nem pensar. Eu não seria bom nisso", disse ele ao *San Francisco Chronicle*. "Na política, todos querem te matar. Eu não sou tão casca-grossa." Mas ele tinha apetite para ir fundo na política, incluindo um interesse crescente nas questões ambientais sobre as quais o vice-presidente era tão apaixonado. Veio de Gore um "despertar ambiental", lembrou Doerr, e os dois homens falavam cada vez mais sobre como a tecnologia poderia abortar a iminente crise climática — e como a "tecnologia verde" poderia ser a próxima onda do Vale.[21]

No entanto, o abraço do *establishment* político de Washington no Vale nem sempre era recíproco. O Vale do Silício continha uma ampla gama de ideologias políticas cujas únicas conexões comuns eram um desdém pelos intermediários tradicionais e uma crença ardente no poder de mudança do mundo com tecnologias bem projetadas. O ethos de código aberto que tinha impulsionado a criação do EFF ainda operava com força, especialmente entre hackers e programadores comuns, que permaneciam profundamente desconfiados tanto do Estado quanto das grandes corporações.

Enquanto isso, as relações entre Washington e Redmond ficaram ainda mais frias. O juiz Jackson acabou não sendo convencido pelas alegações da Microsoft de não ser um monopólio e de que a indústria de tecnologia se movia muito rápido para seguir regras antigas. No verão de 2000, ele deu seu veredito: a Microsoft deveria se dividir em duas empresas — a primeira, no negócio de sistemas operacionais, a outra, no negócio de internet.

No fim, porém, o apetite de Jackson por publicidade foi a tábua da salvação de Bill Gates. Depois de descobrir que o juiz tinha conversado com repórteres antes de proferir seu veredito, o Tribunal de Apelação de Washington anulou sua decisão um ano depois. "A confiança pública na integridade e imparcialidade do Judiciário", repreendeu o tribunal, "é seriamente comprometida quando os juízes compartilham secretamente com a imprensa seus pensamentos sobre o mérito dos processos pendentes".[22]

O novo negócio da Microsoft permaneceu intacto, mas ela era uma empresa diferente: humilhada pelos tribunais, martelada pelo mercado, suas receitas ainda dependentes do Windows e do Office, as máquinas de dinheiro da era do PC. O episódio reformulou profundamente a atitude da empresa de Seattle em relação ao jogo político — e reformulou também a atitude de outras empresas de tecnologia.

Nos anos 1990, a atuação da Microsoft nos assuntos governamentais de Washington era tocada por um exército de um homem só, a partir de um escritório no subúrbio de Chevy Chase. O lobista da gigante de tecnologia ia e voltava para a cidade com tanta frequência que manteve a maior parte de sua papelada permanentemente empilhada na parte de trás de seu Cherokee. Aquela ação judicial mostrou à Microsoft que o lobby não poderia mais ser, afinal de contas, um assunto tratado no porta-malas de um jipe. Com a escalada da batalha com o DOJ, a empresa aumentou o tamanho de seu escritório em Washington, contratou uma falange de operadores políticos de ambos os partidos e começou a fazer doações de seis dígitos para ambos os lados da disputa.[23]

Quando o mandato de Clinton chegou ao fim, muitos dos nomeados pela Casa Branca que passaram os últimos oito anos na NII, fazendo cabeamento em escolas e trabalhando em cibersegurança, se direcionaram a empresas de lobby, trabalhando nas mesmas áreas, mas agora do lado da indústria. O lobby não era tão presente desde a guerra dos microchips com o Japão, e dessa vez tinha uma diferença significativa: além da presença contínua das associações comerciais antigas (SIA e AEA) e novas (TechNet), as maiores empresas de tecnologia se tornaram forças de lobby por conta própria. "A Microsoft era um modelo para a nossa indústria", observou um lobista de tecnologia. Era o início de uma nova era.[24]

E mesmo que milhões de empresas e consumidores continuassem a comprar da Microsoft seus discos de instalação embalados a vácuo, uma nova era também estava prestes a iniciar para os softwares. Uma era em que os softwares seriam gratuitos, e na qual a publicidade traria a receita. Onde os programas de processamento de texto e planilhas e tudo mais ficariam na nuvem, podendo ser baixados com um clique. Onde PCs e salas de servidores do tamanho de um armário dariam lugar a enormes

DON'T BE EVIL   365

fazendas de servidores que devoravam energia, processando terabytes e mais terabytes de dados. Onde novas empresas usando esses modelos interromperiam a máquina de dinheiro que Bill Gates e Steve Ballmer presidiram por duas décadas, tirando seus negócios do trilho com muito mais eficiência do que qualquer ação antitruste.

O EDIFÍCIO GATES DE CIÊNCIA DA COMPUTAÇÃO

Quarenta anos após seu fatídico tour na Shockley Semicondutores, Jim Gibbons estava dando a sua volta olímpica. Ele tinha permanecido em Stanford durante toda sua carreira, subindo os degraus docentes até se tornar diretor de engenharia. Assumindo o cargo na época em que o tsunami de dinheiro da era PC inundava o Vale, Gibbons demonstrou competência em fazer chover dinheiro, arrecadando para sua escola doações de cada geração de ex-alunos de engenharia, de Hewlett e Packard em diante, e persuadindo várias pessoas que nunca chegaram perto de uma sala de aula em Stanford a doar dinheiro também.

Um deles foi Bill Gates, um desistente de Harvard que doou US$6 milhões para erguer um novo e elegante prédio de informática inaugurado em uma terça-feira de vento e chuva no início de 1996, bem quando Gibbons se preparava para se aposentar. (Paul Allen também queria contribuir, mas o hipercompetitivo Gates não permitiria. "Erga você mesmo a porcaria desse prédio com seu nome", disse ele ao seu sócio.) O custo do prédio não fez sequer cócegas no magnata, mas refletia as preocupações de que sua empresa estava ficando para trás na corrida da alta tecnologia, e conexões mais fortes com a informática de Stanford poderiam ser uma boa apólice de seguro. O grande nêmesis do Vale agora tinha seu nome pendurado na porta de um prédio habitado por partidários do Unix e devotos de código aberto que acreditavam que sistemas fechados e proprietários limitavam a inovação e avançavam com uma agenda particular. Agora que o Pentágono da era Reagan já não era mais um inimigo, a Microsoft se tornou o Inimigo Número Um.[25]

A ironia da coisa não escapou a Gibbons. "Aqui está minha previsão", declarou o reitor na cerimônia de inauguração. "Dentro de 18 meses algo vai acontecer aqui, e em algum lugar, em algum escritório, em algum canto, as pessoas vão apontar e dizer: 'Sim, esse é o lugar em que eles fizeram essa (censurado) em 1996 e 1997.' E você saberá que foi um grande negócio. Você vai ler sobre isso." Nem Gibbons nem Gates poderiam ter imaginado o quanto essa previsão se provaria certeira, e que os jovens que desalojariam a Microsoft do topo da alta tecnologia sairiam de um prédio que leva o nome de Gates na porta de entrada.[26]

EM UM DEPARTAMENTO DE CIÊNCIA DA COMPUTAÇÃO

repleto de grandes cérebros e grandes egos, Sergey Brin e Larry Page se destacaram por seu brilho, sua confiança nas próprias ideias e por sua inseparabilidade. Brin, que chegou a Stanford como aluno de pós-graduação em 1993, era um gregário imigrante russo, filho de um professor de matemática e uma cientista da NASA, vindo da União Soviética com seus pais aos 6 anos de idade. No seu nono aniversário, seus pais lhe deram um Commodore 64; no fim do ensino médio, ele estava escrevendo programas no Macintosh de um amigo. Ele se formou na faculdade aos 19 anos de idade. Page, também filho de um professor, era mais calmo, mas igualmente intenso, e apareceu no campus dois anos depois para trabalhar com Terry Winograd. O QI de Page, comentou a engenheira de software Ellen Ullman, "está na extrema direita do gráfico, no quarto desvio-padrão a partir das áreas de habilidades de pessoas comuns".[27]

No entanto, a história dos dois cofundadores do Google não se resume à inteligência ou à notável capacidade do Vale de incubar empreendedores de tecnologia. É parte da saga contínua de verbas federais para pesquisa que flui para o Vale. O dinheiro que sustentou grande parte do trabalho de Brin e Page em Stanford veio de um elemento-chave da NII da era Clinton: o Digital Libraries Project [Projeto Bibliotecas Digitais], um esforço conjunto da poderosa *troika* formada pela DARPA, pelo NSF e pela NASA e iniciado em 1994.

Apesar do nome, o programa não tinha nada a ver com bibliotecas, nem com digitalização dos livros, mas sim com o que viria depois dessas coisas: organizar a cornucópia do conteúdo da internet, que foi criada quando um mundo baseado em papel foi deixado para trás. Era uma questão de ciência da informação, que estava em jogo desde que Vannevar Bush teve a ideia do memex nos últimos dias da Segunda Guerra Mundial, mas que se tornou muito mais urgente com a internet comercial. Mesmo antes do advento do navegador Mosaic, diversas informações estavam por todos os lados do mundo online que "se assemelhava a um sebo de livros", relatou a *Science*, e mais informações eram acrescentadas a cada dia. Os surfistas do Yahoo! nem mesmo arranharam a superfície do problema. Os protocolos TCP/IP não podiam fazer muito pela questão; uma internet saturada de conteúdo precisava de algo mais. A resposta veio na forma de US$24 milhões enviados para seis poderosos centros acadêmicos de ciência da computação durante os anos que correspondem ao meio da década de 1990.[28]

Stanford era um deles, aumentando sua verba com o apoio da Xerox/PARC, da HP, e do empresário Tim O'Reilly, influenciador e editor de tecnologia. A tarefa dos pesquisadores: passar os próximos quatro anos construindo as tecnologias de busca necessárias para uma biblioteca virtual única e integrada. Uma dúzia de mecanismos de busca já existiam em 1994, e mais estavam sendo lançados a cada minuto, mas a internet já estava crescendo a um ritmo que superava o que os algoritmos existentes poderiam processar. Eles indexavam URLs, não o conteúdo inteiro do site, e não eram muito precisos nos seus resultados. A tarefa do Digital Libraries era uma busca na web como nunca imaginamos: mais poderosa, mais inteligente, usando aprendizado de máquina.

Brin e Page foram dois dos primeiros a se instalarem no edifício William H. Gates de Ciência da Computação, onde, no andar compartilhado do terceiro piso, começaram a trabalhar na tecnologia que um dia tiraria o Rei Sol da Microsoft do seu trono de software. A contribuição deles para o esforço do Digital Libraries seria a tese de Page: um sistema de rastreamento de links web para determinar a relevância e credibilidade dos sites pela quantidade de outras fontes que tinham links para eles.

A inspiração original de Page para esse tipo de validação por pares veio da academia — artigos acadêmicos mais frequentemente citados tendem a ser os mais importantes de seus campos —, mas a ideia de um círculo de links também lembrava o ecossistema do Vale. Os mais conectados eram os mais poderosos; credibilidade e reputação vinham da interação com outras pessoas na rede. O projeto foi um Yahoo! de cabeça para baixo, alimentado por códigos de software e não por surfistas de web humanos, e resolveu o maior problema da internet: encontrar informações confiáveis e precisas, e classificar primeiro os dados mais valiosos e fortemente validados.

O sistema também partia dos primeiros passos do Yahoo!, na medida em que seus criadores humanos não estavam fazendo nenhum julgamento de valor. Em vez disso, eles estavam projetando um algoritmo para fazer isso por eles de uma forma não sentimental, ostensivamente apolítica. O portal também tinha uma interface livre e descomplicada, um contraste marcante com os portais de busca comerciais coalhados de banners publicitários. A simplicidade de design era uma obsessão que Brin e Page aprenderam com seus orientadores acadêmicos de Stanford, mas também refletia o fato de que eles não estavam tentando ganhar dinheiro. Eles estavam interessados no desafio matemático singular que era a busca na web; o objetivo deles era seguir os passos de seus pais acadêmicos, para se tornarem outro John McCarthy ou Terry Winograd. No entanto, quando os dois começaram a trabalhar em conjunto, o projeto Digital Libraries já estava dando suporte a um inovador mecanismo de busca comercial, o Lycos, da Universidade Carnegie Mellon. Em pouco tempo, ele teria mais um.[29]

O MOTOR

Enquanto as ações "pontocom" disparavam e as batalhas antitruste eram disputadas, Brin e Page continuavam na pós-graduação, refinando seu algoritmo e preparando-se para carreiras acadêmicas brilhantes. Mas, em meio à corrida do ouro dos anos 1990, estava ficando mais difícil para os pesquisadores do Edifício Gates resistirem ao canto da sereia, e menos de dois anos depois de terem iniciado o projeto, eles revelaram o segredo ao Escritório de Licenciamento de Tecnologia de Stanford. A universidade começou a oferecer a tecnologia para outras empresas de busca. Mas ninguém estava interessado ou ao menos oferecia o suficiente para que valesse a pena deixar a pesquisa para trás. O Yahoo!, a Excite e todos os outros queridinhos "pontocom" estavam focados em adicionar cada vez mais recursos para manter os visitantes grudados em seus portais, olhando para seus banners. Uma barra de busca realmente boa levaria os usuários a outros lugares; por que investir em uma? Os dois alunos continuaram esperando.

Como um novo ano letivo começaria no outono de 1998, a dupla decidiu lançar a empresa por conta própria. O dormitório de Page tornou-se o primeiro escritório do Google, Inc. Em pouco tempo, um dormitório não era suficiente, e o caos se espalhou para o colchonete de Brin, ao lado. Eles tiveram que comprar um terabyte de memória — que então custava uns bons US$15 mil — pagando com seus cartões de crédito. Financiados pelos recursos de suas bolsas de pesquisa, eles não levariam a empresa muito longe, mas os dois tiveram a sorte de encontrar um investidor-anjo: Andy Bechtolsheim, da Sun Microsystems, que precisou ouvir só 30 minutos da apresentação para dar a eles, ainda na sala do *pitch*, um cheque de US$100 mil.

O investimento de Bechtolsheim foi como um rojão estourando no céu de Palo Alto, alertando a pequena rede do Vale do Silício que o próximo sucesso chegara à cidade. A última grande esperança deles, a Netscape, estava naufragando. A Amazon estava indo bem em Seattle, mas não tinha traduzido o alto valor das ações em lucro real. O Yahoo! e os outros portais de busca estavam asfixiados com anúncios berrantes. Então veio a grande tela em branco do Google, um oásis visual para o usuário. Seu algoritmo de busca, aperfeiçoado ao longo de quatro anos de testes acadêmicos, foi um salto à frente no estado da arte.

Com o dinheiro em mãos, no início de 1999, Brin e Page retiraram a operação de seus dormitórios e foram para uma garagem nas redondezas, de sua amiga Susan Wojcicki. (Wojcicki era outra filha de acadêmicos; os filhos de professores estavam tomando conta do mundo.) Eles contrataram Ram Shriram, um antigo funcionário da Netscape, então na Amazon, como consultor; Shriram persuadiu seu chefe Jeff Bezos a também fazer um investimento pessoal. Wilson Sonsini tornou-se o consultor do Google. Logo a empresa de busca tinha superado a garagem e mudou-se para recintos um pouco maiores na Avenida da Universidade em Palo Alto. Eles agora tinham seis funcionários. No fim do corredor estava a igualmente minúscula Confinity, de Peter Thiel, que logo seria renomeada como PayPal.

Em junho de 1999, eles fecharam um negócio impressionante: Brin e Page alcançaram incríveis US$25 milhões em investimento de risco, divididos igualmente entre dois dos mais bem-sucedidos farejadores de "pontocom" do Vale, John Doerr, da Kleiner Perkins, e Michael Moritz, da Sequoia. Bezos tinha dado conselhos a eles sobre aonde ir para buscar dinheiro, e com uma confiança que beirava a arrogância, os dois estudantes de pós-graduação tinham colocado os investidores de risco uns contra os outros em uma guerra de lances. O jogo valeu a pena. Agora eles lideravam uma operação avaliada em US$100 milhões, e cada um deles tinha mantido 15% da propriedade. Brin e Page não eram mais caras doces e bobinhos atirando bolas de papel no terceiro andar; eles tinham a ginga de futuros mestres do universo.[30]

Mesmo assim, foi difícil deixar a academia para trás. Com a divulgação dos fundos do Google, Terry Winograd recebeu um e-mail do administrador dos espaços físicos no Edifício Gates, perguntando se os dois empresários estariam desistindo e, assim, liberando suas baias (poucas coisas no Vale do Silício são mais preciosas que o espaço de escritórios de Stanford). "Sim, vamos embora", admitiu Page relutantemente ao seu orientador. Ainda demorou um ano para que eles se mudassem de vez. Brin nunca tirou sua página de aluno dos servidores de Stanford; vinte anos depois, ela permanecia no ar, listando seus trabalhos acadêmicos, suas experiências mais recentes como professor e uma simples nota no topo: "Atualmente, no Google."[31]

O crescimento do Google continuou em ritmo acelerado, com 3,5 milhões de buscas por dia em setembro de 1999 e 6 milhões até o fim daquele ano. Embalada e financiada por mãos experientes do Vale do Silício, a jovem empresa ecoava o Apple II em seu design *clean* e na arquitetura sofisticada de seu produto. A marca levava adiante o legado da HP e da Intel, em sua crença de que a engenharia estava em primeiro lugar. Parecia também a já clássica mensagem do Vale do Silício de revolta contra a autoridade e de pensar diferente. Empresas gigantes de informática vagavam pela Terra e o Vale estava saturado de dinheiro de Wall Street, mas Brin e Page prometiam um retorno a tempos mais simples e idealistas.

A desventura da Microsoft parecia mais uma validação de que o Vale do Silício sempre teve razão: promova o pequeno, o empreendedor, o ágil e o colaborativo. Não fique grande, não se feche e, como diz o lema corporativo amplamente divulgado pelo Google, *"Don't Be Evil"*, "não seja maligno". Esse mito — a história que o Vale contava para si mesmo desde o início dos anos 1960, e que depois foi transmitida para o mundo desde os dias de Don Hoefler — ignorava a inconveniente realidade de que todas as startups da história acabaram caindo em um dos dois casos: na maioria das vezes, elas iam à falência; mais raramente, atingiam o sucesso — e sucesso significava ser grande. As startups ou cresciam por conta própria, ou eram absorvidas por outras grandes empresas. A HP, a Intel e a Apple começaram pequenas e se tornaram gigantes; o mesmo vale para a Sun e a Microsoft.

Mesmo quando cresciam, essas empresas teimavam em continuar a pensar em si mesmas como pequenas corporações. Essa era a grande vulnerabilidade da Microsoft: sendo controlada pelas pessoas que estavam lá quase desde o começo, a empresa ainda pensava em si mesma como uma startup, não como uma grande corporação multinacional. Por mais que fosse difícil de acreditar, porém, crescer era inescapável, e toda startup bem-sucedida tinha o potencial de se tornar outro Big Brother. As próximas duas décadas do Vale do Silício tornaram isso mais evidente do que nunca.

Chegadas

PALO ALTO, 2000

Chamath Palihapitiya veio para São Francisco porque estava cansado de ser certinho. Nascido no Sri Lanka, ele emigrara para o Canadá quando criança e tinha passado as duas décadas seguintes atendendo obedientemente às expectativas dos pais. Brilhante e desajeitado, ele se formou no ensino médio aos 16 anos e foi direto para o prestigioso Programa de Engenharia Elétrica da Universidade de Waterloo. De lá surgiu um emprego em um banco de investimentos e a segurança de um salário polpudo, muito além do que esse filho de uma família de imigrantes com dificuldades financeiras jamais sonhara ganhar.

No entanto, ele estava inquieto. O trabalho que ele estava fazendo — negociação de derivativos — apelava ao seu apetite por risco, mas ele ansiava se livrar do moedor corporativo. "Eu estava basicamente vivendo a vida dos meus pais", lamentou ele. Era 1999, e o *boom* das "pontocom" estava no auge. E lá estava ele, ilhado na neve de Toronto, olhando de longe, enquanto amigos de faculdade se mudavam para a Califórnia e se juntavam à festa. Ele imprimiu alguns currículos e os enviou pelo correio.

A maioria dos lugares onde ele tentou uma vaga o dispensaram, mas ele recebeu duas ofertas — uma do eBay e outra do Winamp, empresa criadora de um software de reprodução de áudio que permitia aos usuários baixarem e tocarem arquivos de música em seus computadores. O eBay, rico em ações, era tentador, mas o Winamp tinha charme. Além disso, o escritório da empresa ficava em um bairro descolado de São Francisco, evitando assim uma viagem desgastante de mais de 60km de estrada até San José e os arredores sem-graça do eBay. Assim, para a grande consternação de seus pais, o canadense-cingalês mergulhou no mundo da música online.[1]

Acabou com ele se juntado à vanguarda de uma nova e ainda mais disruptiva fase da revolução do software. "A indústria da música deveria ter medo — muito medo", alertou a revista *Billboard* logo após o lançamento do Winamp, em 1997. Uma infraestrutura reforçada de internet e a substituição de modems de discagem lenta por banda larga a cabo — a grande consequência das reformas das telecomunicações de meados da década de 1990 — possibilitaram aos fãs trocar e compartilhar megabytes de música e vídeo com facilidade.

Quando Palihapitiya subiu a bordo, alguns anos depois, todos os geeks da música conheciam o Winamp e imitavam o áudio meio nonsense que tocava quando se abria o programa — um rico barítono declamando: "*Winamp, it really whips the llama's ass*" [Winamp, castiga de verdade a bunda da lhama]. E o nicho do mercado da música online teve uma explosão de grandes proporções graças ao Napster, uma rede de compartilhamento de música *peer-to-peer* criada por um adolescente de Los Angeles em seu quarto. Copiar e compartilhar arquivos de música não era exatamente legal, mas a tecnologia tinha ultrapassado em muito a capacidade da lei de direitos autorais de acompanhar, e jovens entendidos em tecnologia afluíram para o programa. "O Napster é como um parque de diversões para um fã de música", escreveu Walt Mossberg, um colunista de tecnologia do *Wall Street Journal*.[2]

Enquanto os usuários trocavam os arquivos de música gratuitamente aos milhares, deixando as lojas de discos desoladas e os executivos da indústria da música fumegando, as grandes empresas de tecnologia começaram a farejar em busca de um naco de toda essa ação da música online. Alguns meses após a entrada de Palihapitiya, o Winamp ganhou na loteria, sendo adquirido pela America Online por um acordo no valor de quase US$100 milhões. Seis meses depois, em janeiro de 2000, a AOL comprou a gigante de mídia Time Warner em um acordo de US$165 bilhões, que era um prenúncio da sociedade da informação por vir — uma em que as empresas de tecnologia se tornaram plataformas poderosas para a publicação de notícias e para interação social.[3]

Os tentáculos da AOL-Time Warner agora englobavam tudo, desde os serviços de mensagens instantâneas usados pelos adolescentes às revistas de notícias lidas pelos pais, passando pela avó de todas as emissoras de notícias a cabo, a CNN. Agora, em vez de trabalhar para uma startup ainda aos tropeços, Chamath Palihapitiya, o migrante com gosto pelo risco e que fora picado pelo bichinho da tecnologia, estava trabalhando para uma das maiores empresas de mídia do mundo.

Mas talvez tenha sido um golpe de sorte. Nos meses seguintes ao acordo entre a AOL e a Time Warner, a febre das "pontocom" baixou e tanto Wall Street quanto os investidores de risco pararam abruptamente de irrigar o fluxo febril de dinheiro do Vale. Sem dinheiro, todos os tipos de empresas jovens — serviços online de entrega, motores de busca, empresas de software corporativo — ficaram sem chão. O preço das ações da AOL caiu com o restante, e a fusão com a Time Warner rapidamente se tornou tóxica. As pessoas eram demitidas a torto e a direito, e Palihapitiya sabia que ele não poderia ser uma delas: deixar a AOL significaria perder o visto. As coisas podiam ter ficado sombrias em São Francisco, mas ele permaneceria.

CAPÍTULO 23

A Internet É Você

No início do segundo século do Vale do Silício, os anos de glória desvaneceram num piscar de olhos. Após atingir o pico de mais de 5 mil durante alguns belos dias em março de 2000, a NASDAQ caiu abaixo de 2 mil um ano depois. O índice de internet da Dow Jones era um quinto do que fora no ano anterior. "Nunca tivemos modelos para antecipar algo dessa magnitude", confessou John Chambers, da Cisco. As empresas que levantaram dezenas de milhões em capital de risco tinham torrado tudo e não podiam arrecadar mais um dólar sequer. O mercado estava congelado, os investidores mantinham seu dinheiro guardado e a última coisa que você queria ser era uma empresa jovem com "pontocom" no final do seu nome.[1]

Os analistas de tecnologia de Wall Street também foram prejudicados, acusados de elevar o mercado a um estado superaquecido por permanecerem otimistas demais por tanto tempo. "A era do analista acabou", anunciou o *New Yorker* em 2001, menos de dois anos depois de publicar um perfil longo e adulatório de Mary Meeker. Embora a rainha da rede tenha começado a modular sua empolgação à medida que o novo milênio se aproximava, muitas de suas favoritas tiveram uma queda de mais de 90%. Uma evidência de como soava a exuberância irracional de Meeker em setembro de 2001: sua escolha principal, a Amazon, caíra 94% e agora pairava abaixo de US$6 por ação. A culpa da "bomba.com" atingiu um outro grande impulsionador da Amazon, Henry Blodget, um analista formal da Merrill Lynch lançado à fama depois de prever que as ações da livraria online chegariam a US$400.[2]

O pavor se espalhou por todo lado, desde as ensolaradas planícies de San José, onde grandes fabricantes de microchips e empresas de hardware dispensaram funcionários aos milhares, até a "Ravina Multimídia" de São Francisco, onde presunçosas startups de comércio eletrônico com nomes atrevidos caíam como peças de dominó. Os jovens confiantes que se mudavam tão frequentemente para a cidade em busca de empregos "pontocom" agora passavam seu tempo de desemprego em cafés lotados e noites embriagadas em "festas de despedida", ou gastavam suas verbas rescisórias em longas férias para surfar em Bali. (A vida não era assim *tão* terrível para os jovens e os universitários.)

Nem mesmo os mais experientes escaparam: David Morgenthaler viu um retorno de US$500 milhões em um investimento evaporar em centavos, enquanto o preço das ações da empresa afundou 96% apenas no primeiro trimestre de 2001. Burt McMurtry já tinha recuado do dia a dia dos investimentos na segunda metade da década de 1990, e a desaceleração parecia um bom momento para abraçar a aposentadoria definitivamente. Os contratos de software de Ann Hardy encolheram até zero, à medida que a ruína se espalhava pelo campo da tecnologia financeira. Sem a fortuna de Morgenthaler ou McMurtry, ela se mudou para o México, vivendo como a hippie que nunca tinha sido: pegando o ônibus para viajar por capricho, passeando pela colônia de artistas de Oaxaca, relaxando após décadas de trabalho.[3]

Para a mídia nacional, a rápida queda de empresas "pontocom" de alta visibilidade resultou em advertências particularmente caudalosas sobre os excessos do setor tecnológico californiano. Quanto mais chamativa a marca, maior o público que aprecia sua queda. Exemplo perfeito foi a Pets.com, fornecedora online de comida para gatos e brinquedos para cachorros, que abriu capital no fim do *boom* com uma avaliação de quase US$300 milhões. A empresa gastou a maior parte de seu dinheiro em propaganda, saturando ondas de rádio e televisão com anúncios que traziam uma marionete canina, feita de meias, que brincava com animais de estimação e cantava *Blood, Sweat & Tears* para um carteiro ("What goes up, must come down... [O que sobe, precisa descer...]) E de fato desceu — menos de um ano depois do boneco da Pets.com aparecer em um carro alegórico no desfile de Ação de Graças da Macy's, em 1999, e 268 dias após sua IPO, o site foi fechado para sempre. Mais tarde, o boneco de meias ressurgiu das cinzas como garoto-propaganda de uma empresa de empréstimos.[4]

O cenário político nacional também mudou dramaticamente. Perseguido pelos escândalos do segundo mandato de Bill Clinton e incapaz de firmar uma mensagem de campanha convincente, Al Gore conquistou uma vitória no voto popular das eleições presidenciais de 2000, mas não venceu com clareza no Colégio Eleitoral. O resultado final foi suspenso, agonizando por várias semanas até a Suprema Corte dos Estados Unidos decidir a favor de George W. Bush. O comandante nerd estava desempregado, e o breve caso de amor do Vale com Washington às vezes parecia nunca ter acontecido.

A INTERNET É VOCÊ   375

PARA EMPREENDEDORES E INVESTIDORES QUE CAVALGARAM

nos ciclos de altas e baixas por décadas, no entanto, os tempos eram sombrios, mas suportáveis. O *boom* anterior durara tanto, e fora tão gigante, que o Vale continuava grande e rico, mesmo depois da devastação do mercado. O Pets.com e seus pares podem ter sido nocauteados, mas as vendas no varejo pela internet continuaram em sua ascensão constante. As pessoas se acostumaram a comprar coisas online e não estavam voltando atrás.

Quatro anos de negociações febris tornaram os investidores ricos ainda mais ricos, mesmo que bilhões de dólares em papel tivessem evaporado da noite para o dia. O Condado de Santa Clara tinha 200 mil empregos a mais do que no início da era da internet — e as empresas de software e semicondutores estavam de fato *contratando* funcionários em meados de 2001. E novos talentos continuavam chegando à cidade — jovens sedentos como Chamath Palihapitiya, que sentiram que os mundos da tecnologia, finanças e mídia estavam agora entrelaçados com tanta força que nenhum mercado em baixa poderia desembaraçá-los.[5]

Se você olhasse um pouco mais de perto naqueles dias crepusculares de 2001, para além dos exércitos de desempregados empunhando MBAs e os quilômetros quadrados de escritórios vazios, seria possível ver uma próxima geração de empresas do Vale ganhando confiança — e o estouro da bolha do mercado foi a melhor coisa que poderia ter acontecido a eles. O Vale do Silício não apenas não morreu, como também se tornou mais rico e influente do que nunca nas duas primeiras décadas do século XXI, impulsionado por ondas sobrepostas de negócios movidos a software: pesquisa, mídia social, internet móvel e computação em nuvem.

Os banqueiros mercenários e os recém-formados que esperavam virar milionários deixaram a cidade; os missionários ficaram. A era pós-pontocom foi a vingança dos nerds, quando os engenheiros de software inteligente criariam as ferramentas que finalmente transformariam a internet em uma máquina de dinheiro. As empresas da web da década de 1990 já estavam se afastando do modelo de negócios que guiava o capitalismo desde a Revolução Industrial (faça alguma coisa; venda por um determinado preço; embolse o lucro). Os navegadores gratuitos da Netscape e os diretórios do Yahoo! geravam receita com publicidade, mas a interface era desajeitada e irritante, e muitas vezes errava o alvo.

As empresas do que ficou conhecido como "Web 2.0" projetaram uma abordagem mais elegante, menos invasiva e muito mais lucrativa. Com base em 60 anos de descobertas na IA e na interação homem-computador, eles construíram bases de usuários gigantes e, em seguida, recorreram a dados sobre esses usuários para fornecer com precisão as informações que eles queriam ver — e enviar anúncios cuidadosamente direcionados com essas informações. Era o que um repórter chamava de "o Santo Graal do comércio na web": era possível alcançar clientes em potencial no momento exato em que eles queriam comprar o que você estava vendendo. "Você não é o cliente", brincou um programador, proclamando uma frase usada com frequência crescente no início dos anos 2000. "Você é a mercadoria." E a empresa que fez isso primeiro e melhor que todos foi o Google.[6]

O GOOGLEPLEX

Quando a NASDAQ alcançou o pico em março de 2000, a base de funcionários do Google tinha passado de 6 para 60 pessoas. A empresa realizava mais de 7 milhões de buscas por dia, um número que dobrou em junho, quando o Yahoo! deixou de tentar rodar sua própria pesquisa algorítmica e fez do Google o mecanismo de destaque em seu portal.

O AltaVista, um motor de busca comparativamente sofisticado criado pelas pesquisas da então enfraquecida Digital, permaneceu como o competidor mais sério do Google no mercado de busca, mas a empresa de Brin e Page estava se recuperando rapidamente. Em setembro, os fundadores anunciaram que o Google agora indexava 560 milhões de páginas da web e que executaria uma versão do seu portal em dez idiomas. No mês de janeiro seguinte, encorajado por John Doerr, um curioso Al Gore fez uma visita ao Google durante sua primeira viagem ao Vale do Silício após o desastre eleitoral. Gore recusou uma oferta para se juntar a Doerr no conselho do Google — ele ainda não tinha decidido se arriscaria outra corrida presidencial no futuro —, mas concordou em ser um consultor, aceitando em troca uma grande quantidade de ações.[7]

Quando o mercado despencou e os investidores fecharam suas carteiras nos primeiros dias de 2001, o Google continuou crescendo. Ainda era uma empresa de capital fechado, praticamente impermeável ao tombo da NASDAQ. Em vez disso, a quebra do mercado funcionou a seu favor. Pela quantidade considerável de hardware que o Google exigia para impulsionar suas pesquisas, os preços caíram. Um local para escritórios no Vale do Silício ficou mais fácil de encontrar e relativamente mais barato para alugar; o Google logo mudou-se para Mountain View, em um campus de luxo desocupado pela Silicon Graphics, uma estrela agora desaparecida. Mais importante ainda, as demissões em massa causadas pelo fracasso das empresas "pontocom" deram ao Google acesso a talentos de engenharia de alto nível que, de outra forma, talvez não tivesse condições de pagar. Agora, a pequena empresa tinha engenheiros de sobra para escolher, que estavam tão ansiosos por um bom emprego que aceitavam as ações em vez de um salário alto.

Pessoas com experiência sobre o Vale também clamavam por um emprego no Google por outros motivos. Em meio a conversas desdenhosas sobre as "pontocom" e sites corporativos da internet, a interface limpa e organizada do Google tornou-se o mecanismo de busca dos descolados, uma fuga tranquila dos pop-ups e dos banners que inundavam a Web no fim dos anos 1990. O desprezo do portal pelo comércio bruto estendeu-se à cultura corporativa: Page e Brin ainda exibiam o idealismo sincero dos estudantes de pós-graduação de Stanford que eles eram até recentemente, determinados a manter a informação livre, a internet transparente, evitar paletós e gravatas — e tudo o que isso representava — por quanto tempo fosse possível. Eles contratavam por indicação para manter esse *ethos* intacto. O senso personalidade do Google era tão distinto que o funcionário número 50 tinha como título "Chief Cultural Officer", algo como "Diretor De Cultura".[8]

Os dois cofundadores transformaram o Googleplex na terra dos sonhos de um estudante de graduação em Stanford, cheio de mesas de pingue-pongue e móveis de escritório confortáveis, onde o sol sempre brilhava. Para atrair doutores e aspirantes a professores, eles espelharam o modelo de consultoria que Fred Terman introduziu em Stanford: você fazia o seu trabalho diário 80% do tempo e os outros 20% eram seus, para brincar com ideias e inovações. Os escritórios eram espaçosos e compartilhados, as pessoas estavam unidas; era como o Edifício Gates, exceto que os banheiros tinham privadas japonesas de US$3 mil com assentos aquecidos. O chef que preparava comida de graça na lanchonete dos funcionários do Google tinha trabalhado anteriormente para o Grateful Dead. Os mimos e vantagens eram do estilo típico do Vale do Silício, uma atualização dos jogos de ferraduras da HP e da piscina da Tandem, mas a diversão em cores primárias do campus do Google superava tudo que o mundo da tecnologia já tinha visto.[9]

Para que os *googlers* não se perdessem com as distrações cada vez mais luxuosas do Plex, os fundadores enfatizavam continuamente a importância e a disrupção do que estavam tentando fazer. As gerações anteriores do Vale tinham a Esalen; as pessoas do pós-2000 tinham o Burning Man. O festival anual de arte, drogas e liberdade de expressão no deserto de Black Rock, em Nevada — autodescrito como um "catalisador da cultura criativa do mundo", que os cofundadores frequentavam fielmente a cada ano — tornou-se uma metáfora e uma inspiração para todas as coisas do Google. Uma homenagem ao Burning Man adornou o hall de entrada de um dos edifícios no campus do Google. A empresa todo ano contratava ônibus para levar os googlers para Black

Rock. Em 2001, o fato de Eric Schmidt, um veterano do Vale, já ser um fã do festival foi um fator-chave para Brin e Page concordarem em contratá-lo como CEO.[10]

A contratação de Schmidt foi o resultado de um longo embate entre John Doerr e Michael Moritz, que insistiram com os dois fundadores para contratarem um experiente executivo-chefe como condição para um primeiro investimento, e assistiram frustrados a Page e Brin rejeitarem quase 50 candidatos antes de assentirem com Schmidt. O novo CEO trouxe mais DNA do Vale para o Googleplex, criando conexões entre a empresa da nova era e as pessoas e empresas que vieram antes. Aos 40 e poucos anos, no momento de sua chegada, Schmidt exibia um currículo banhado a ouro, com doutorado em Berkeley e passagens pelo Bell Labs e Xerox PARC. Depois, vieram 14 anos na Sun Microsystems, da qual ele foi um dos primeiros funcionários, subindo o suficiente no organograma para ser alvo das famosas brincadeiras do Dia da Mentira. Ele se mudou de lá para liderar a empresa de software de rede Novell. Schmidt não era a primeira escolha dos investidores, mas sua inteligência técnica e credenciais de gerenciamento fizeram dele a peça perfeita para uma empresa que venerava a engenharia acima de tudo.

Com Schmidt, vieram outros de fora do seu círculo íntimo e centrados em Stanford durante o início do Google. Um contratado notável veio de Washington: Sheryl Sandberg, ex-chefe de gabinete do Secretário do Tesouro dos Estados Unidos, que Schmidt trouxe para fazer crescer as operações de publicidade do Google. Havia também Bill Campbell, o executivo da Kodak que esteve na Apple no início dos anos de Sculley e, depois, liderou a Intuit, empresa de softwares corporativos. Campbell era agora o amado "Professor" do Vale do Silício, muitas vezes trazido pelos VCs para encorajar e ampliar a visão de mundo de garotos-prodígios fundadores de startups.

Como consultor de Brin e Page, Campbell tornou-se uma presença paterna nas salas de conferências do Google na passagem de 2001 para 2002. O Professor tinha laços estreitos com muitas lendas do Vale. Como seu concidadão de Pittsburgh e querido amigo Regis McKenna, Campbell era muito próximo de Steve Jobs. Mas seus sentimentos pelos caras do Google eram particularmente sinceros. "Esta é uma família para mim", disse ele ao autor Ken Auletta, com visível emoção. "Há inovação diariamente. Eles pensam em mudar o mundo."[11]

A MÁQUINA DE ANÚNCIOS

Apesar do crescimento exponencial e da cobertura febril da mídia, o Google havia entrado no seu quarto ano de negócios sem ter obtido um lucro mensurável. A engenharia era priorizada acima de tudo. A empresa estava torrando dinheiro naquelas mesas de pinguepongue e assentos aquecidos de toalete, e não havia previsão de mais dinheiro de investimentos de risco enquanto o *crash* das "pontocom" perdurasse. Os fundadores precisavam de uma maneira de monetizar seu mecanismo de pesquisa sem transformar sua simplicidade zen numa barafunda de anúncios.

Isso já estava acontecendo com o AltaVista, o único buscador da web cuja sofisticação rivalizava com a criação de Brin e Page, e que rapidamente caiu no inferno publicitário após uma série de aquisições que o tirou dos laboratórios de pesquisa da Digital para a Overture, gigante online de publicidade (antes conhecida como GoTo. com). Mas tudo o que a Overture não tinha de pureza de design, ela compensava com seu novo modelo de monetização, que integrava a publicidade à própria pesquisa. Em vez de compras de anúncios tradicionais, que instalava um banner e torcia por uns raros cliques no que estava sendo vendido, as empresas comprariam direitos de uma palavra-chave, fazendo que seu produto aparecesse no topo. Os anunciantes pagavam apenas quando o pesquisador clicasse no link.[12]

Com seus olhos de águia, os *googlers* viram o que a Overture estava fazendo e sabiam que ali estava o futuro. Mas eles não gostaram da prática de vender os resultados de pesquisa pelo maior lance, dificultando ao usuário distinguir um site realmente relevante daquele que pagou por seu lugar na lista. Isso definitivamente não tinha a cara do Google. Em vez disso, eles produziram um sistema (semelhante a ponto de a Overture os processar por violação de patente) que adotou o conceito de leilão de palavras-chave para gerar resultados pagos, algo sutil, mas claramente marcado como "anúncio", que aparecia no topo ou ao lado de uma pesquisa regular. O site continuaria elegante como sempre, com seus princípios fundamentais intactos. "Você pode ganhar dinheiro sem ser maligno", proclamou Sergey e Larry nas "Dez coisas que sabemos ser verdade" que eles publicaram em seu site corporativo nessa época. A tecnologia de palavra-chave que eles chamaram de AdWords — depois comercializadas para outros sites sob a marca AdSense — imprimiu dinheiro para o Google e mudou o modelo de negócios de software para sempre.[13]

A cada letra inserida em uma caixa de pesquisa, o Google ou seus clientes aprendiam um novo fragmento de informações sobre seus usuários, informações que eles poderiam usar para exibir anúncios direcionados e relevantes — e, portanto, com maior probabilidade de resultar em uma compra. Enquanto os visitantes esperavam no saguão do Googleplex, eles podiam ver um relatório de rolagem das buscas que as pessoas estavam digitando naquele exato momento, projetadas na parede como uma obra particularmente intrigante de videoarte panóptica. Quando o Google lançou novos produtos — como o

Google News em 2002, o Gmail em 2004 e o YouTube, comprado por US$1,65 bilhão de três comparsas do PayPal em 2006 — o mecanismo de anúncios se tornou ainda mais inteligente.

Ao expandir seu alcance e monetizar sua enorme base de usuários, o Google virou de cabeça para baixo o ecossistema de software. A Microsoft pode ter chegado atrasada à revolução da internet, e estava tentando alcançar o Google no mercado de buscas, mas ainda assim ganhava bilhões com a venda de software. Quando o Google lançou aplicativos de processamento de texto e planilha online, no entanto, os consumidores foram atrás. Eles estavam conseguindo algo parecido com o Microsoft Office, mas tudo de graça! A Microsoft continuou a dominar o mercado corporativo — os gerentes corporativos de TI tinham pouco interesse em se afastar de algo tão confiável e familiar —, mas a incursão do Google alertou Gates e Ballmer: a plataforma PC não duraria para sempre.

O software e os conteúdos "gratuitos" tinham um preço, é claro, e algumas versões anteriores do software deixaram isso muito claro para os usuários. Inicialmente, o Gmail apresentava pequenos anúncios gerados pelas palavras-chave digitadas em uma mensagem de e-mail. Após protestos e refinamentos adicionais, os sinais mais óbvios de vigilância desapareceram. Os internautas sabiam que estavam deixando um rastro de informações online, mas as desvantagens dessa abertura dos dados eram nebulosas e as vantagens dos serviços eram enormes. Os fundadores do Google eram missionários, não mercenários, John Doerr lembraria a quem quisesse ouvir; tudo o que eles queriam era tornar a informação livre.[14]

Em 2004, as receitas do Google dispararam, e seu lucro operacional superou US$320 milhões, algo comparável ao gigante de leilões online eBay e ultrapassando em muito o Yahoo! e a Amazon. O Google abriu o capital em agosto daquele ano, "um dos nascimentos mais esperados de Wall Street de todos os tempos", declarou a *Fortune*, aparentemente esquecendo as vezes em que a Intel, a Genentech e a Apple tiraram o fôlego do mercado de ações. Em dezembro, as ações dobraram de preço, para US$165; dois anos depois, chegaram a US$300. O Google não seria mais uma "bomba.com", afinal, e seu sucesso acelerado aumentou o apetite dos investidores por encontrar a próxima grande novidade.[15]

O JEITO HACKER

"Estão matando aulas", maravilhou-se o *Stanford Daily*. "O trabalho está sendo ignorado. Os estudantes estão passando horas na frente de seus computadores, fascinados. A mania do facebook.com varreu o campus." No início da primavera de 2004, o cenário comercial do Vale do Silício estava em ebulição mais uma vez, mas os estudantes de graduação que moravam bem no centro dessa ação ficaram, de repente, com os rostos grudados nos monitores, dando uma olhada em potenciais pretendentes e dando *likes* em publicações de seus círculos online de amigos — que poderia também incluir pessoas desconhecidas, mas com quem de uma hora para a outra se formava um novo e estranho tipo de familiaridade e intimidade. "O site fornece uma maneira de conhecer alguém sem sequer se aproximar", maravilhou-se um estudante de segundo ano de Stanford, que ostentava uma lista impressionante de 115 amigos no Facebook.[16]

Esse era um novo tipo de conexão online, com nomes e imagens reais, em vez de nomes de usuário e avatares. E não era um problema publicar informações reais — e seus hobbies, filmes favoritos e status de relacionamento — porque o The Facebook (renomeado para Facebook no ano seguinte) estava limitado a estudantes universitários, e de apenas alguns campi de elite. Ele se originou no mais elitista de todos, Harvard, onde Mark Zuckerberg, um garoto de 19 anos com uma capacidade de foco sobrenatural, tinha lançado o site um mês antes, no seu dormitório. (Os dormitórios estavam rapidamente substituindo as garagens como o berço mítico das marcas icônicas do Vale.) Em um mês, o Facebook contava com quase 10 mil usuários apenas em Harvard e Stanford.[17]

O Facebook era a mais recente novidade em uma grande onda que surgiu após o tombo das "pontocom": as redes sociais. Entre 2003 e o início de 2004, essas empresas surgiam em uma sucessão vertiginosa, com velocidade e frenesi inigualáveis desde o surgimento das primeiras empresas de microcomputadores a partir da cena *homebrew* um quarto de século antes.

Hábitos antigos de conexão à rede agora tinham um acelerador tecnológico, à medida que a largura de banda aumentava e os usuários podiam criar páginas customizadas para acompanhar suas personalidades online. O MySpace, com sede em Los Angeles, tinha um milhão de usuários na época lançamento do Facebook; o namoro online se tornou o novo barzinho naquela década. O Vale já tinha duas redes sociais populares e em crescimento, Friendster e LinkedIn, que atraíram o apoio do investimento de risco e se distinguiam de seus rivais ao exigir que as pessoas usassem seus nomes verdadeiros. Apesar de valorizações estupendas, ninguém ainda descobrira como ganhar dinheiro de verdade com o fenômeno das redes sociais. E era difícil vencer a sensação de estranheza que muitas pessoas tinham ao compartilhar suas vidas com estranhos.[18]

382 O CÓDIGO

Estudantes universitários do início dos anos 2000 tinham menos escrúpulos. Eles cresceram fazendo lição de casa num computador e se esgueirando tarde da noite na socialização caótica das salas de bate-papo. Trocaram arquivos pelo Napster até o seu encerramento; eles adicionavam floreios HTML às suas páginas do MySpace. Ainda assim, o Facebook começou como uma coisa de faculdade, um veículo para reflexões tolas e efêmeras, para fofocas sobre colegas, típico de gente que, presumia--se, passaria a coisas mais sérias depois da formatura. Naqueles primeiros meses, o espaço de servidor do site foi pago por um colega de quarto rico e, em um momento particularmente duro, pelos pais de Zuckerberg. Parecia improvável que se tornaria a próxima empresa de tecnologia que mudaria o mundo.[19]

Era assim, é claro, antes que Mark Zuckerberg e seus colegas de quarto se mudassem para Palo Alto, garantissem dinheiro e consultoria e se tornassem a startup de sucesso da década, material para inúmeras capas de revista, livros e um filme de um grande estúdio de Hollywood. Os investidores de tecnologia (e os jornalistas da área) estavam sempre em busca do próximo Steve Jobs ou Bill Gates, e Mark Zuckerberg se encaixava no papel — extraordinariamente motivado, enxergando longe, e com a cabeça tecnológica voltada para a vitória antes mesmo de ele ter idade para beber.

O Facebook logo se expandiu dos campi das faculdades para as escolas de ensino médio e depois abriu suas portas para o mundo. Acabou que as pessoas com mais de 21 anos também gostavam de compartilhar fotos de festas e citações de seus filmes favoritos, e aquela impressionante taxa de crescimento nunca mais diminuiu. No fim de 2006, a geração mais antiga de gigantes da tecnologia e da mídia — Microsoft, Yahoo!, MTV, AOL — estava correndo aos escritórios do Facebook, uma horda desesperada por conseguir um pedaço da empresa e seu mercado de jovens influentes e bem-educados. Zuckerberg irritou seus consultores, recusando a maioria dos novos pretendentes, incluindo a oferta do Yahoo! de comprar a empresa por US$1 bilhão. Não, obrigado. A mais recente estrela do Vale do Silício decidiu que faria história por conta própria.

AS REDES SOCIAIS

O que unia todas essas empresas, grandes e pequenas, era que o conteúdo de seus sites vinha dos usuários, não de jornalistas, acadêmicos ou "especialistas". A internet já tinha descarrilhado a indústria da música e agora estava derrubando a imprensa tradicional. Os jornais tomaram a iniciativa de colocar seu conteúdo na web, de graça, para então competir com milhares de blogs e sites em uma batalha feroz pela

A INTERNET É VOCÊ 383

atenção dos usuários. Mesmo novos empreendimentos de empresas de tecnologia já estabelecidas não conseguiam tração. O crescimento da Wikipédia ajudou a acabar com o requintado e caro projeto de enciclopédia da Microsoft, a Encarta; o Google News, com curadoria algorítmica, superou as manchetes fornecidas pelo Yahoo! e AOL, que embaralhavam indistintamente várias editorias.

Tanto conteúdo surgindo na web fazia as previsões de "sobrecarga de informação" de Alvin Toffler parecerem modestas, e grande quantidade não significava necessariamente maior qualidade. Essas mudanças também encorajaram um crescente tribalismo em uma nação já fraturada pela guerra e insegurança econômica, por raça e gênero, por fé e política. As pessoas se reuniam online em torno de um interesse ou causa comum. Eles também se uniam por causa de sua oposição ou ódio total a alguma coisa ou a outra pessoa.

Nos primeiros dias das mídias sociais, havia uma grande esperança de que as novas redes curassem divisões, em vez de aumentá-las. Em 2006, a revista *Time*, um retrato confiável do *zeitgeist*, fez uma escolha surpreendente para a pessoa do ano: "Você." O destaque do ano, escreveu o repórter da *Time*, não se resumia a "conflitos ou grandes homens. É uma história de comunidades e colaboração em uma escala nunca vista antes... Uma história de muitos tomando para si o poder de uns poucos, de ajudar um ao outro por nada, e de como isso mudará o mundo, mas também de mudança dos modos pelos quais o mundo muda". Essa era a esperança que muitos no Vale do Silício mantiveram por muito tempo, a conexão que atravessava a Community Memory, o *Homebrew* e a WELL, que impulsionou as Liza Loops e os Terry Winograds e os milhares de pessoas que se reuniam, a cada mês de setembro, no deserto de Nevada para o Burning Man.

Todo esse novo e amplo poder baseava-se na estrutura vaga, frágil e imprevisível da internet comercial. Esse era um sistema que os debates políticos do início dos anos 1990 definiram que seria "liberto das regras da Segunda Onda", como Esther Dyson e seus colaboradores disseram em 1994 — o que significava que seria o menos regulamentado possível. A extraordinária nova geração de máquinas pensantes canalizou o espírito jeffersoniano da internet proposto por Mitch Kapor: um fórum independente e descentralizado de muitas vozes. Seus projetistas permaneceram resolutos no compromisso de não tomar partido. À medida que essas ferramentas poderosas chegaram aos mundos da mídia e da política, no entanto, tomar partido seria inevitável.[22]

DIRETORIA DE CRESCIMENTO

O Facebook tinha pouco mais de cinco anos quando se mudou para um prédio à margem do *Stanford Research Park* [Centro de Pesquisa de Stanford] ou SPR, que já abrigara parte da Hewlett-Packard. O crescimento da plataforma deixou todos os seus concorrentes e antecessores comendo poeira. Reverberava pelo campus um espírito expansionista, determinado a tornar tudo público. Ao conectar o mundo por meio de software, e em grande escala, a empresa estava realizando algo que o Vale vinha tentando fazer a gerações. Cartazes estampavam o lema *de facto* da empresa em paredes no entorno da ampla área ao ar livre do Facebook: "Mova-se rápido e quebre tudo."

Mark Zuckerberg permanecia no comando, detendo mais de 24% da empresa e controlando três de seus cinco assentos no conselho. O círculo mais influente do Vale tinha se tornado financiador e consultor. Peter Thiel aportou o primeiro grande investimento do Facebook, em 2004, e era membro do conselho. Marc Andreessen também era um mentor, encontrando Zuckerberg regularmente para comer ovos no café da manhã em uma lanchonete local. Executivos de peso vieram do Yahoo! e do Google, incluindo Sheryl Sandberg, que se tornou COO em 2007. A cultura hipermachista das gigantes anteriores do Vale, como Intel e Sun, parecia ter ficado no passado; as pessoas no comando do Facebook formavam uma equipe unida e amigável, apaixonada pelo valor de seu produto. "A tecnologia não precisa nos separar", declarou o executivo sênior Chris Cox, famoso na empresa pelos discursos otimistas que proferia para novos contratados. "No grande esquema das coisas, comunicar-se uns com os outros muda tudo."[23]

Chamath Palihapitiya também era um dos otimistas da tecnologia em cargos diretivos. Ele conhecia Mark Zuckerberg desde os primeiros dias do Facebook, quando ainda estava na AOL, e se tornou o vice-presidente mais jovem da história da empresa. Embora não tenha convencido seus chefes a comprar ou investir em uma pequena empresa dirigida por um jovem de 20 anos que gostava de usar shorts e chinelos nas reuniões de negócios, Palihapitiya intermediou um acordo que permitia ao Facebook utilizar o amplamente popular serviço de mensagens instantâneas da AOL (que Zuckerberg e sua equipe já usavam religiosamente). Logo depois, Palihapitiya mudou-se para Palo Alto para um emprego na Mayfield Fund, empresa de investimento de risco fundada no fim dos anos 1960 por Tommy Davis e Bill Miller, de Stanford. Ele e Zuckerberg jantavam juntos com frequência.

O jeito tranquilão de Zuck suavizou o estilo hiperativo de Chamath. "Nunca conheci alguém tão jovem que realmente escutasse", observou Palihapitiya. "Ele não precisa falar muito." Quando o jovem CEO sugeriu que o ex-executivo de mídia fosse para o Facebook, foi uma decisão fácil. Palihapitiya estava há tempos querendo voltar para as startups. Ele se sentia deslocado no clube de investimento de risco da velha guarda. Lá estava uma grande oportunidade de dar uma acelerada, e ele poderia ganhar alguns milhões de dólares no caminho. Seu cargo — vice-presidente de crescimento de usuários — mostra com clareza qual era a prioridade do Facebook. "Há tanto acaso nas grandes coisas da vida", refletiu Palihapitiya mais tarde, e ele embarcou ao acaso na hora exata.[24]

Em 2007, o Facebook abriu sua rede para aplicativos de terceiros, trazendo jogos, quizzes e outros conteúdos para o seu *feed* de notícias, e permitindo que os desenvolvedores aproveitassem o tesouro de conhecimento a respeito das conexões e preferências dos usuários que o Facebook chamou de "gráfico social". Em 2010, o Facebook anunciou o "Open Graph" [Gráfico Aberto], que conectava o perfil e a rede de um usuário aos outros pontos online por onde ele passava. Não era mais apenas uma rede social no topo da web. Como Zuckerberg afirmou, o Facebook tinha transformado a própria web em algo "mais social, mais personalizado e com mais consciência semântica". A empresa também permitiu que pesquisadores acadêmicos explorassem seu manancial de informação, ressaltando a crença do Vale do Silício de que fluxos de informação mais livres e transparentes serviam a um bem maior.[25]

O Facebook e seu fundador eram notavelmente jovens e tinham um incansável olhar para o futuro, mas Zuckerberg também tinha um profundo senso do seu lugar na história do Vale à medida que a riqueza e a influência da empresa cresciam. Em novas prospecções, ele adotou o famoso hábito de Steve Jobs de realizar reuniões ao estilo "andar e conversar", levando um possível empregado ou parceiro de negócios a uma curta caminhada por trás do prédio do Facebook, por um caminho íngreme e sinuoso entre os eucaliptos até o topo de uma colina. Embora o lugar não fosse muito alto, a vista era arrebatadora, com o arenito de Stanford logo ao norte; a névoa da baía e as montanhas ficavam ao leste, e ao sul, numa esplanada cheia de sol, ficava o local de nascimento de muitos dos nomes icônicos do Vale: Shockley e Fairchild, Intel e Apple, Netscape e Google.

Zuckerberg apontava para esses locais, depois para o prédio logo abaixo e então se voltava para o acompanhante para fazer seu discurso. O Facebook "acabaria sendo maior do que todas as empresas" que ele acabara de mencionar, contou um desses recrutados. "Se eu ingressasse na empresa, poderia fazer parte daquilo." A *Time* concordou que o jovem CEO estava fazendo história, elegendo-o a "Homem do Ano" em 2010. "Entramos na era do Facebook", escreveu o repórter, "e Mark Zuckerberg é o homem que nos trouxe aqui".[26]

O PRESIDENTE SOCIAL

Como gerações de empresas de tecnologia anteriores, o Facebook deve seu sucesso não apenas aos talentos de seus criadores, mas também ao momento histórico em que surgiu. A longa desconfiança do governo, a aversão aos intermediários tradicionais e a descentralização da mídia de massa norte-americana aceleraram rapidamente na era pós 11 de setembro, auxiliada pela (mas não apenas por causa) da internet. Adicionado ao já frenético noticiário da TV a cabo, veio a cacofonia dos canais online e a curadoria ao estilo "isso-também-pode-te-interessar" dos *feeds* de RSS e do Google News. Do Congresso a encontros de associações de bairro, o discurso político dividia-se em bolhas fortemente partidárias; a migração do meio rural para as cidades e a reorganização dos distritos políticos separaram de vez os norte-americanos por classe, raça, geografia e partido. A era do terror e da guerra devastadora no Oriente Médio causou um desejo por reinos já conhecidos da família e da comunidade, e aumentou a suspeita de estrangeiros e minorias religiosas, incitando o "nós contra eles". Quando a vida real parecia aterrorizante, as mídias sociais eram um descanso bem-vindo.

Mas o Facebook e outras redes sociais também preencheram um vazio cultural criado por meio século de liberalização política e deslocamento econômico, pelo desaparecimento das ligas de boliche, piqueniques da igreja e reuniões sindicais que deram a liga de comunidade e conformismo dos Estados Unidos em meados do século XX. As mídias sociais tornaram-se uma pracinha mais cosmopolita, que cruzava fronteiras nacionais, lançava novas vozes e criava alegres momentos de conexão que podiam se transformar em amizades na vida real. Isso transformou todo mundo em comentarista, filósofo e ativista — ainda que esse ativismo fosse só clicar em "curtir".

Tanto o Facebook quanto o Twitter, uma plataforma social originalmente projetada como um "microblog" de 140 palavras, tornaram-se poderosos mecanismos de organização e comunicação política durante os movimentos da Primavera Árabe e Occupy Wall Street de 2011. O Twitter rapidamente ganhou um número desproporcional de usuários afro-americanos, e o "Black Twitter" se tornou uma plataforma poderosa para o ativismo cívico e o intercâmbio cultural; o movimento de justiça racial mais poderoso da segunda década do século, o Black Lives Matter, começou como uma hashtag no Twitter. E, nas corridas presidenciais de 2008 e 2012, os candidatos usaram as redes sociais como uma ferramenta poderosa para alcançar seus prováveis eleitores, além de fornecer a melhor plataforma de publicidade espontânea.[27]

A INTERNET É VOCÊ   387

Poucos fizeram isso antes, e melhor, que Barack Obama. Como Mark Zuckerberg, o ex-senador estadual de Illinois era praticamente desconhecido em 2004, mas ganhou os holofotes internacionais por causa de seu notável carisma, visão peculiar e por um timing sortudo. Os poderosos do Vale do Silício estavam procurando por um novo garoto-prodígio depois do sucesso de Brin e Page, e o encontraram em Zuckerberg. Da mesma forma, os democratas avessos aos Clintons que se opunham à decisão do governo Bush de ir à guerra no Iraque (Hillary Clinton havia votado a favor da guerra em 2008) encontraram em Obama um rosto novo e uma voz convincente.

Assim como Franklin Roosevelt fizera com o rádio e John F. Kennedy com a televisão, Barack Obama utilizou as mídias sociais de maneira mais completa e criativa do que seus rivais políticos, e no processo ele estabeleceu um convívio próximo com o Vale. Eric Schmidt, do Google, tornou-se um dos primeiros doadores e consultores. Chris Hughes, um membro da equipe original de Zuckerberg em Harvard, pediu licença do Facebook para atuar como o guru das novas mídias de Obama, ajudando a campanha a propagar mensagens direcionadas tão descoladas e bem planejadas quanto a própria Web 2.0.

As operações tradicionais de mala direta não chegavam nem perto em custo e capacidade de viralização das páginas do Facebook; um tuíte bem-sucedido do candidato alcançou mais eleitores do que qualquer discurso de campanha. Bill Clinton pode ter conquistado os votos da comunidade tecnológica no início dos anos 1990, mas os corações e as carteiras da nova geração estavam com Obama, era o Unix do coração movido a MS-DOS de Hillary Clinton. Enquanto estudantes de Stanford fervilhavam como voluntários no comitê de campanha de Palo Alto e os executivos da indústria faziam filas para doar seus dólares, um repórter brincou que a campanha de Obama tinha se tornado "a startup mais importante do Vale".[28]

Depois de assumir o cargo em 2009, o chefe da nação tornou-se uma presença familiar na cidade, realizando reuniões no Facebook e no LinkedIn, angariando grandes doadores e desfrutando de jantares privados com titãs da tecnologia. Um encontro de CEOs na casa de John e Ann Doerr em Woodside contou com uma das mais impressionantes assembleias de patrimônio líquido da história da humanidade, com Zuckerberg, Eric Schmidt e Steve Jobs se juntando a Doerr e Obama em torno da mesa.[29]

De volta a Washington, o presidente insistia em conectar as escolas e reinventar a burocracia com um novo software. Ele pediu ajuda a seus aliados e doadores da tecnologia após o lançamento desastroso do site de inscrição para o seu plano de assistência médica. Obama contratou o primeiro diretor de Tecnologia Federal, aprimorou o Escritório de Política Científica e Tecnológica da Casa Branca e frequentava feiras de ciências para incentivar as crianças a cursarem engenharia. Ele organizou um "Pergunte O Que Quiser" no Reddit ("Ei pessoal — aqui é o Barack", começou o presidente), tinha milhões de seguidores no Twitter e contratou um número impressionante de pessoas que já tinham trabalhado no Google. Os assessores de Obama, por sua vez, costumavam ir para o Vale do Silício assim que saíam do serviço público.[30]

No fim de seu mandato, em uma última e importante vitória para o pessoal da liberdade da informação, o FCC de Obama ficou do lado do Vale (e contra as empresas de telecomunicações) na questão de "neutralidade da rede", impedindo os provedores de serviços de internet de bloquear ou cobrar preços mais altos por determinado conteúdo. Mas era nos grandes capitalistas da tecnologia que Obama parecia confiar e admirar mais. Ele conversava discretamente com Doerr, Schmidt e outros quando começou a refletir sobre sua vida pós-presidência e, a certa altura, aventou a possibilidade de se tornar um investidor de risco.[31]

Os Estados Unidos se tornaram ainda mais fraturados ao longo da presidência de Obama, mas ele permaneceu otimista sobre o potencial das mídias sociais para diminuir a divisão. Mesmo um aumento crescente de invasões cibernéticas estrangeiras e violações de segurança online não diminuíram a esperança do presidente de que muito poderia ser superado se a tecnologia e o governo firmassem uma parceria. "Estou absolutamente confiante de que, se continuarmos assim, se continuarmos trabalhando juntos em um espírito de colaboração, como todos os inovadores antes de nós, nosso trabalho durará, como uma grande catedral, nos próximos séculos", ele exortou uma admirada multidão em Stanford, durante uma cúpula de segurança cibernética que a Casa Branca realizou no campus, no início de 2015. "E será uma catedral não apenas de tecnologia, mas de todos os valores que incorporamos na arquitetura desse sistema. Uma catedral de privacidade, comunidade e conexão." Mark Zuckerberg não poderia ter dito melhor.[32]

CAPÍTULO 24

E o Software Jantou o Mundo

A pesar de toda a conversa sobre Brin, Page e Zuckerberg, Steve Jobs permaneceu incontestavelmente como a pessoa mais importante do Vale do Silício na primeira década do século. Já como lenda viva, Jobs retornou à Apple no verão de 1997, quando se apoderou de sua participação nos fragmentos cada vez menores de um mercado de desktops totalmente dominado pela Microsoft e pela plataforma PC. Então, ele trouxe a empresa de volta dos mortos. Adicionando um floreio teatral à ressurreição, Jobs alcançou a vitória graças a seu maior rival, Bill Gates, que concordou em fazer um investimento de US$150 milhões na Apple que salvou a empresa de falir.[1]

Na década que se seguiu, a Apple voltou ao centro da história do Vale do Silício, com Jobs revelando um importante produto depois do outro — o iMac, cheio de brilho e diversão, o elegante e intuitivo iPod e o iTunes, que virou a mesa do mercado ao aproveitar a energia anárquica de troca de arquivos do Napster para criar uma plataforma musical legítima e imensamente lucrativa. Em meados dos anos 2000, a equipe da Apple mudou seu foco para o maior desafio de hardware de todos — e a maior máquina de dinheiro, possivelmente. Ela fabricaria um telefone celular. Os telefones celulares já eram um mercado enorme, mas Jobs estava menos interessado em imitar o que já acontecia do que em criar algo bem diferente: um computador portátil intuitivo e com design elegante.

UM SUPERCOMPUTADOR NO SEU BOLSO

Os tecnólogos do Vale do Silício tentavam construir um dispositivo desses desde antes do Apple II. Era uma tarefa árdua. Em 1972, Alan Kay, da Xerox PARC, tinha esboçado um protótipo de uma companhia portátil para crianças que ele chamou de "Dynabook". Em 1991, uma reunião estelar de especialistas do Vale do Silício se uniu para lançar a Go Corp., desenvolvendo software para um computador do tamanho de um notebook com uma caneta no lugar do teclado. Apesar de ter Bill Campbell como CEO e John Doerr como grande investidor, a Go estava muito à frente de seu tempo. A Apple fez sua própria incursão na computação de caneta e notebook com o Newton MessagePad. Mas esse dispositivo também teve uma morte prematura, derrubado por um software defeituoso e pelo fato de ser um projeto de estimação de John Sculley. Assim que Jobs voltou à sala de CEO, ele abortou o projeto. "Deus nos deu dez canetas", disse Jobs enquanto agitava os dedos no ar, segundo seu biógrafo, Walter Isaacson. "Não vamos inventar mais uma." O mais próximo que o Vale chegou de realizar o sonho foi a infeliz aventura da General Magic.[2]

No início dos anos 2000, outras empresas alcançaram um tremendo sucesso com telefones celulares que traziam e-mail e navegação na web muito rudimentares. O BlackBerry, um telefone celular com um teclado minúsculo, tornou-se um dispositivo indispensável para legiões de empresários nos primeiros anos da década, transformando uma digitação rápida com os polegares em uma medalha para os viciados em trabalho. O Palm Treo trazia e-mail, calendário e tela colorida.

Havia também as gigantes de telefonia móvel — Motorola, Nokia, Samsung — que todos os anos tornavam seus telefones mais "inteligentes", lotados de recursos, acesso à internet e teclados cada vez menores. O progresso na tecnologia de microchips alimentava o mercado, pois os *advanced reduced-instruction-set microprocessors* [avançados microprocessadores de conjunto de instruções reduzidas] ou ARMs, que ajudavam a tornar os computadores mais rápidos e baratos por uma década, agora eram capazes de alimentar um dispositivo que cabia na mão, que era capaz de navegar na web e com bateria suficiente para ter alguma utilidade.[3]

No entanto, a maneira como eles eram feitos deixava Jobs e seus colegas, puristas do design, enfurecidos. As empresas de telecomunicações tinham uma grande influência sobre o design dos telefones, e os enchiam de aplicativos que os usuários não queriam ou não precisavam. As operadoras resistiam ferozmente a dispositivos móveis que tentavam oferecer uma experiência de navegação na web mais rica, protestando que telefones tão inteligentes consumiam muita largura de banda. Não foi surpresa que Jobs tivesse uma ideia muito clara do que queria em um telefone e, como ele era *Steve Jobs*, ele e sua equipe conseguiram tomar o controle dos provedores sem fio para fazer do jeito que ele queria.

E O SOFTWARE JANTOU O MUNDO 391

O iPhone da Apple que Jobs revelou ao mundo em janeiro de 2007 era um celular como nunca se viu: um retângulo elegante de metal e vidro, sem teclado, sem botões, sem antena. Ele tinha uma tela sensível ao toque, GPS e até telefone. Em pouco tempo, ele teria um software de reconhecimento de voz. O iPhone parecia uma versão de bolso do misterioso monólito preto que fascinou os hominídeos em *2001: Uma Odisseia no Espaço*, e que gerou quase a mesma sensação.[4]

A apresentação daquele dia foi projetada para impressionar, dado que outros titãs do Vale se reuniram em torno de Jobs no palco para endossar o empreendimento. Eric Schmidt brincou sobre uma fusão entre a Apple e o Google — "podemos chamá-la de Applegoo" — e Jerry Yang se entusiasmou como um adolescente: "Eu adoraria ter um desses também. Que aparelho!" O toque final veio por uma mensagem de voz de Al Gore, membro do conselho da Apple, transmitindo pelo iPhone seus parabéns pela conquista.

Quem não entrou naquela sala de convenções não foi tão facilmente convencido. Steve Ballmer, CEO da Microsoft, desprezou o telefone de imediato. "Não há chance de o iPhone obter uma participação de mercado significativa. Sem chance", ele disse ao *USA Today*. Um preço de varejo de US$500 parecia ridículo para Ballmer, assim como para outros na época. Além disso, a primeira versão do telefone trazia somente aplicativos produzidos pela Apple. A atitude de Steve Jobs em relação a softwares de terceiros era a mesma de sempre: ele não queria essas coisas estragando a bela simplicidade do dispositivo.[6]

Felizmente para os usuários do iPhone e para o fluxo de receita da Apple, Steve Jobs acabou tendo que abrir mão. A App Store foi lançada um ano depois. A Apple permaneceu firme no controle, aprovando cada aplicativo antes que eles fossem disponibilizados na loja, e levando a enorme fatia de 30% dos lucros. A tática foi muito bem-sucedida e lucrativa. Os desenvolvedores correram para criar para o iPhone, preterindo as outras plataformas concorrentes. Com uma infinidade de aplicativos interessantes, os consumidores superaram a apreensão inicial a respeito do alto preço do iPhone; não era só uma bela peça de hardware, era *útil*. A Apple abraçou seu novo papel como o modelo de um ecossistema móvel totalmente novo. Seu slogan, "Tem um aplicativo para isso", tornou-se tão popular que a empresa o transformou em marca registrada.[7]

A expansão do iPhone e de sua App Store reverberou por toda a internet. Os sites tiveram que ser reconstruídos para ter uma aparência tão boa no celular quanto no computador; gigantes das mídias sociais e dos mecanismos de busca tiveram que se esforçar para criar aplicativos móveis. No Google, líderes como Eric Schmidt, um veterano da Sun, e John Doerr, o padrinho da Netscape, ouviam ecos alarmantes de guerras entre plataformas e navegadores, como as de quando Bill Gates usou um software proprietário para tirar quase todo mundo do mercado. Ballmer, da Microsoft, já estava zombando do Google como um mágico de um truque só por sua dependência duradoura de fazer receita por meio das buscas, e os executivos do Plex sabiam que não poderiam perder o momento do *mobile*. A resposta do Google para esse dilema respeitou seu lema, "não seja maligno": lançar um sistema operacional de código aberto para smartphones, chamado Android, dando-o gratuitamente a qualquer fabricante de celulares que quisesse usá-lo. A mudança também foi um benefício para os negócios do Google, fornecendo uma plataforma adequada para as versões móveis de seus produtos. A plataforma Android se alastrou como fogo, tornando-se o sistema operacional padrão em praticamente qualquer dispositivo móvel que não fosse um iPhone. Até o fim de 2016, os telefones Android representavam mais de 80% do mercado global e mais da metade da receita do Google vinha dos celulares.[8]

A entrada no mercado de telefonia foi ainda mais lucrativa para a Apple. Dez anos após sua introdução, mais de um bilhão de iPhones tinham sido vendidos em todo o mundo. Foi o produto de consumo mais vendido na história da humanidade. Ter um supercomputador geolocalizado e equipado com câmera em milhões de bolsos deu início a novas categorias de negócios, como compartilhamento de viagens (Uber e Lyft), busca local (Yelp) e aluguel de curto prazo (Airbnb). Isso impulsionou ainda mais o crescimento das mídias sociais, lançando aplicativos nativos para dispositivos móveis (Instagram, Snapchat) e transformando as redes existentes em veículos ainda mais potentes para publicidade e vendas. A mudança para dispositivos móveis fez a base de usuários do Facebook crescer ainda mais rápido. Em 2018, três em cada quatro norte-americanos possuíam um smartphone.[9]

Com tantas guloseimas viciantes ao alcance das pontas dos dedos, as horas diárias passadas olhando para telas minúsculas aumentaram tanto que uma nova e popular categoria de aplicativos apareceu, lembrando aos usuários de desligarem seus telefones. Em 2017, o negócio de aplicativos móveis era maior que a indústria cinematográfica, e os pagamentos feitos a desenvolvedores de aplicativos totalizaram US$57 bilhões. A Apple se tornou a empresa mais valiosa do mundo, faturando quase US$230 bilhões em vendas. Embora o segredo para os ganhos estratosféricos da Apple fosse que ela continuava sendo uma empresa de hardware — e de hardware muito caro — a maior contribuição do iPhone foi liberar o software da âncora de desktop e colocá-lo em um supercomputador do tamanho de uma barra de chocolate. O iPhone estava sempre ligado, sempre acessível e, com muita rapidez, ficou impossível viver sem ele.[10]

PENSE DIFERENTE

Steve Jobs fora diagnosticado com câncer de pâncreas quatro anos antes do lançamento do iPhone. Embora tenha se declarado curado após uma cirurgia em 2004, sua aparência cada vez mais magra fez com que os rumores se agitassem nos anos seguintes. "Os relatos sobre minha morte foram muito exagerados", ele brincou, imitando Mark Twain, mas em 2009 ficou impossível disfarçar. Ele tirou uma licença médica da Apple para fazer um transplante de fígado, retornando logo depois, mas logo teve que tirar outra licença no início de 2011. Desta vez foi para sempre. Em 5 de outubro, ele morreu. Jobs tinha 56 anos. "À frente de seu tempo até o fim", foi uma homenagem do *San José Mercury News*.[11]

Nenhum outro líder tecnológico tinha sido tão icônico, tão duradouro, unindo gerações e tornando-se o rosto e a personalidade por trás de tantos movimentos lendários do Vale e produtos de alta tecnologia. Até as histórias sobre Jobs ser um idiota arrogante — equilibradas pelo humilde e caloroso homem lembrado por confidentes próximos como Regis McKenna e Bill Campbell — são uma parte importante dessa lenda do Vale. Sua morte provocou uma extraordinária manifestação de tristeza, não apenas daqueles que o conheceram pessoalmente, mas também dos milhões de usuários da Apple que sentiram que quase o conheciam também. "Steve era sonhador e realizador", escreveu um deles em um mural de homenagem no site da empresa. "Sou grato pelo presente que ele nos deu, com seu gênio criativo", escreveu outro. Nas lojas da Apple em todo o mundo, as pessoas traziam flores e notas pessoais em homenagem.[12]

No memorial particular realizado no campus da Apple em Cupertino, algumas semanas após sua morte, o novo CEO Tim Cook reproduziu uma gravação para uma multidão de funcionários da empresa, celebridades e poderosos do Vale. Foi a voz de Jobs que ecoou por entre a plateia, lendo o texto de uma campanha publicitária de 1997 — intitulada *Think Different* [Pense Diferente] — veiculada logo após seu retorno à empresa que ele fundou. "Isso é para os loucos", disse Jobs. "Os desajustados. Os rebeldes. Os encrenqueiros... Porque pessoas loucas o suficiente para pensar que podem mudar o mundo são as que realmente o mudam."[13]

NEM TODO MUNDO CONCORDA SOBRE A SANTIDADE

de Steve Jobs. Em um momento movido à mídia social, as críticas começaram antes mesmo de os enlutados terem saído do funeral. Jobs era um idiota, um capitalista ganancioso, um chefe terrível, gritavam tuítes e posts de blogs. As idas e vindas entre o "Bom Steve" e o "Mau Steve" eram causadas apenas parcialmente por Jobs. Também eram causadas pelo lugar e pela indústria que ele passou a simbolizar. Em 2011, as maiores empresas de tecnologia tinham transformado a maneira como pessoas por todo o mundo trabalhavam, brincavam e se comunicavam. Elas forneceram um acesso à informação como nunca se viu. A resposta para quase qualquer pergunta passou a ser uma pesquisa no Google. Amigos e familiares há muito desencontrados se reuniram graças ao Facebook. Os smartphones transformaram em realidade o sonho de um computador que prestasse um serviço completo.

No entanto, os maiores beneficiários das novas empresas de tecnologia pareciam ser as pessoas muito ricas que as lideravam e investiam nelas. Os titãs do Vale do Silício tinham dinheiro à vontade e uma quantidade inimaginável de dados sobre pessoas comuns. Os Estados Unidos ainda estavam saindo da Grande Recessão, que abalara o mercado, e níveis acentuados de desigualdade de renda estimularam movimentos populistas de esquerda e direita. Enquanto Jobs estava sendo homenageado em Cupertino, os manifestantes do Occupy Wall Street tinham tomado o Parque Zuccotti, em Nova York, protestando contra os "1%". Os magnatas da tecnologia eram os 0,001%, e todas as promessas de mudar o mundo pareciam não ter dado em nada, exceto incentivar o vício em smartphones.

Buscando dinheiro rápido em aplicativos e jogos que atraíam ao restrito perfil demográfico dos jovens urbanos instruídos, o Vale parecia estar sem ideias. Até os líderes da indústria se viram em um lugar que estava aquém das promessas. Peter Thiel se tornou um dos críticos mais francos. "O que aconteceu com o futuro?", perguntou um manifesto de 2011 emitido pela Founders Fund, empresa de investimento de risco de Thiel. "Queríamos carros voadores; em vez disso, temos 140 caracteres."[14]

DIA UM

Jeff Bezos também acreditava que a economia da internet poderia fazer mais. Visionário e incansável, Bezos já atraíra comparações com Jobs por seu intenso estilo de gestão e insistência em altos padrões de qualidade e vendas. À medida que a Amazon crescia, seu mantra permaneceu praticamente inalterado desde os primeiros dias de venda de livros: pense em longo prazo, coloque a satisfação do cliente em primeiro lugar e esteja disposto a inventar. Para ressaltar a fidelidade contínua da Amazon à sua missão fundadora, Bezos anexava sua carta original de 1997 aos acionistas em todos os relatórios anuais da empresa. A assinatura era uma das frases preferidas do CEO: "Ainda estamos no dia 1!"[15]

Em contraste com os escritórios coloridos do Vale, a Amazon continuava sendo um campus de edifícios sóbrios e mesas feitas com portas, e a exiguidade das operações estava no centro de seu modelo de negócios. Como John Doerr, seu amigo e membro do conselho, Bezos era um seguidor fiel dos princípios de fabricação japonesa, obstinado em sua busca por cortar o que fosse *muda*, termo japonês equivalente a *desperdício*, em todos os pontos da cadeia de produção. Bezos não proferia *koans* zen como Jobs; embora entusiasmado com promessas de inovação, ele permanecia *quantitativo*. Números, e não emoções, o guiavam. "Existe uma resposta certa ou uma resposta errada", ele escreveu uma vez, "uma resposta melhor ou pior, e a matemática nos diz qual é qual". Ele escolhia com cuidado para quem dava entrevistas, não estava muito interessado em RP corporativa e a Amazon ainda não fazia propaganda na televisão. Bezos acreditava que o produto falava por si mesmo.[1]

Os dias de "bomba.com" da Amazon tinham se tornado uma memória distante, substituídos por sua nova identidade como uma gigante do varejo sem limites para o crescimento. A empresa abalou o setor editorial, levando-o para novas fronteiras, agregando valor e conveniência aos seus clientes enquanto castigava lojas físicas. Grande parte de seu crescimento veio de se transformar em uma plataforma de compra e venda para terceiros, dando a empresas pequenas e grandes a oportunidade de atingir o enorme público da Amazon. Agora, a empresa estava se expandindo ainda mais em plataformas de software de larga escala. A maior de todas era a Amazon Web Services ou AWS.

Quando falava sobre a AWS, Bezos parecia muito com Steve Jobs falando sobre o Apple II. "As invenções mais radicais e transformadoras geralmente são aquelas que capacitam outras pessoas a liberar sua criatividade — para perseguir seus sonhos", disse ele aos acionistas em 2011. A Amazon lançou o serviço sem muito rebuliço em 2006, visando um novo conjunto de clientes: desenvolvedores de software em busca de armazenamento e poder computacional sofisticado. Mas a AWS teve origem nos dias sombrios da crise das "pontocom", quando os analistas foram demitidos por terem recomendado a compra de ações da Amazon. Parte do caminho para sair dessa enrascada foi transformar-se em uma plataforma de comércio eletrônico para outros varejistas venderem seus produtos, e para isso ela teve que reconstruir sua infraestrutura de tecnologia.[17]

O resultado foi um conjunto de serviços de software com design limpo e resiliente, vinculado a uma rede nacional de *data centers* zumbindo a todo volume, com enorme capacidade de computação. Bezos tinha se mudado para Seattle, em parte, para ficar perto dos centros de distribuição de livros de Washington e Oregon. O vasto interior rural desses estados tinha se tornado agora um campo fértil de fazendas de servidores, impulsionando operações com uso intensivo de dados. A região possuía uma abundância de energia hidrelétrica barata, cortesia das barragens do *New Deal*, que abrangiam seus grandes sistemas fluviais, tornando-o um dos melhores lugares do continente para consumir a vasta quantidade de eletricidade necessária para algo como a AWS. Na Costa Leste, a Amazon reaproveitou os *data centers* mais antigos no corredor de segurança nacional do norte da Virgínia, próximo à espinha dorsal original da internet. De costa a costa, muito poder de computação e muito pouco *muda*.[18]

O nome dado a essa plataforma — "computação em nuvem" — era novo, mas o conceito subjacente era tão antigo quanto o UNIVAC. A nuvem era o compartilhamento de tempo ao estilo do século XXI, em que um *data center* substituía o *mainframe*, laptops substituíam as máquinas de teletipo "burras", e as máquinas virtuais rodavam Linux e tudo mais. Em vez dos cabos telefônicos de compartilhamento de tempo e de seus herdeiros, a rede na qual a AWS operava era a internet com capacidade de banda larga. A proposta não era tão diferente da que Ann Hardy construíra em um miniSDS da Tymshare quatro décadas antes: um sistema operacional que permitia aos clientes acessar o poder de computação conforme necessário, diminuindo os custos e aumentando a eficiência.

A tecnologia de infraestrutura tinha raízes profundas, mas as oportunidades de mercado eram novas. O software de código aberto tornou possível para pequenas equipes desenvolverem e executarem novos sistemas e aplicativos. Surgiram várias empresas para criar aplicativos móveis, ferramentas para empresas e serviços de streaming de vídeo e música. Esses empreendedores e desenvolvedores tinham habilidades, laptops e conexões rápidas de banda larga. Eles precisavam de espaço em servidores e poder de computação, e a AWS forneceu.

A AWS pode parecer um acidente feliz, um passo fora do plano cuidadosamente cultivado de Jeff Bezos. No entanto, tinha total coerência. A Amazon sempre foi uma empresa de *big data*, mesmo quando Bezos era o cara de sorriso abobado dirigindo um Honda velho e vendendo livros na internet. Ele tinha abastecido a Amazon com talento em engenharia de ponta, pessoas capazes de criar uma plataforma sofisticada e inteligente que incentivava as pessoas a comprarem repetidas vezes, e um sistema de expedição e atendimento de sofisticação logística incomparável. Décadas lidando com as flutuações sazonais do varejo norte-americano — pandemônio no Natal, suaves ondulações no resto do ano — proporcionaram uma infraestrutura mais esperta para Amazon, capaz de acomodar picos acentuados. Os concorrentes de varejo físico da gigante online subestimaram seriamente o que uma plataforma movida a software poderia fazer para melhorar seu modelo de negócios. A AWS aumentou essa sensibilidade, tornando-se um serviço que ajudou uma nova safra de empresas movidas a software a vencerem empresas tradicionais do mercado, de hotéis a táxis e a transmissão de TV. Não era um carro voador (ainda), mas certamente tinha mais de 140 caracteres.

A AWS forneceu o suporte de *back-end* para algumas das maiores empresas de consumo da segunda década do século e também trouxe a Amazon para o setor de contratos de defesa de alto valor, fornecendo serviços de armazenamento e análise para uma comunidade de inteligência que consome muitos dados. "Decidimos que precisávamos comprar inovação", explicou um funcionário do Pentágono, e em 2014 eles a compraram da Amazon: um contrato de US$600 milhões para construir uma plataforma em nuvem para 17 agências de segurança nacional. O diretor de informações da CIA a chamou de "uma das aquisições de tecnologia mais importantes da história atual".[19]

Reconhecendo uma oportunidade enormemente lucrativa, outras gigantes da tecnologia se organizaram, corroendo ainda mais o negócio voltado ao hardware que governava a computação corporativa há décadas. Os grandes clientes corporativos não precisavam mais comprar computadores autônomos para preencher seus próprios *data centers* ou salas de servidores, e nem precisavam comprar pacotes de software corporativo. Como um sinal de mudança dos tempos, a IBM — a empresa que antes era sinônimo de computação em *mainframe*, o temível Golias do hardware que antes considerava o software um adicional, e não um produto independente — lançou sua própria divisão de computação em nuvem.

Embora a IBM tenha se tornado um fornecedor dominante para a lista *Fortune 500*, os maiores *players* do mercado de nuvem eram as empresas que se dedicaram desde o início ao software: Amazon, Google e Microsoft. Depois de anos lutando para encontrar um novo produto de sucesso, a Microsoft ganhou na loteria com seu serviço de nuvem, Azure, cujo crescimento atingiu mais de 70% entre 2016 e 2017. Em uma notável virada de jogo para uma empresa que já foi a fortaleza do software proprietário, 40% das máquinas virtuais no Azure rodavam em Linux de código aberto. Também parecia o dia 1 em Redmond.[20]

A BOLA DE CRISTAL

Buscas e mídia social, *mobile* e nuvem: a história tecnológica dos anos 2000 parecia ser uma história de sucesso do mercado livre mais do que qualquer outra. No entanto, os contratos de defesa de nove dígitos garantidos pela AWS e outras gigantes da computação em nuvem foram um sinal de colaboração renovada entre a indústria de tecnologia e o Pentágono, após duas décadas de relativo resfriamento. Dessa vez, era software e nada mais.

Os negócios de defesa do Vale nunca desapareceram, é claro. Os remanescentes da Guerra Fria ainda mantinham um posto no Instituto Hoover; o discreto prédio da Lockheed ainda pairava ao longo da Highway 101. Mas os investidores e empresários da era da internet enxergavam poucas vantagens ou necessidade de trabalhar para a defesa, e os investimentos do Pentágono em pesquisa acadêmica tinham diminuído. A Lockheed transferiu grande parte de sua divisão de mísseis e espaço para o Colorado. Os nomes da Guerra Fria — Raytheon, Boeing — continuaram a dominar a lista dos maiores contratados do Pentágono. Enquanto os gigantes da internet abriam novas fronteiras, o software militar ficou para trás. "A vanguarda da tecnologia da informação", observou em 2001 Ash Carter, físico de Harvard e o futuro Secretário de Defesa, "passou da defesa para as empresas comerciais".[21]

Assim, os Estados Unidos entraram na era pós-11 de setembro com um dilema tecnológico. O surgimento de redes terroristas apátridas e amplamente dispersas significava que o modo de guerra norte-americano exigia ferramentas da mais alta tecnologia do que nunca. Além disso, houve violações de dados em larga escala e vigilância por agentes estrangeiros que começaram a atormentar empresas norte-americanas e agências governamentais. O *hacking* não era mais coisa de cyberpunks adolescentes em quartos suburbanos; era uma guerra de informações travada pelos inimigos mais perigosos do Ocidente. Com o surgimento de impeditivos para a guerra convencional, os líderes militares e de inteligência precisavam de uma maneira rápida e relativamente barata de aumentar a capacidade tecnológica das Forças Armadas.

Para isso, voltaram-se mais uma vez para o Vale do Silício, mas virando de pontacabeça a cadeia de suprimento da Guerra Fria. Em vez de laboratórios acadêmicos e contratos financiados pelo governo produzirem tecnologia militar que mais tarde poderia ser comercializada, agora o sistema de defesa criou fundos de capital de risco para alimentar empresas privadas de software que poderiam um dia se tornarem contratadas. Em vez do processo tradicional de pesquisa e aquisição, o Pentágono patrocinou *hackathons* [maratonas de programação] e sessões da metodologia *charrete design* para fazer com que as burocracias do governo se comportassem mais como startups.

No início, era difícil enxergar o número crescente de contratos de defesa — como nos primeiros anos do Vale, a natureza extremamente secreta de grande parte dessa atividade impedia os observadores de compreenderem completamente seu tamanho e escopo —, mas logo se tornou impossível ignorar a quantidade de trabalho de alta tecnologia contratado pelos militares. O que também ficou claro foi uma ironia perene: algumas das pessoas que mais enriqueceram com o novo complexo industrial militar também eram defensores do livre mercado abertamente críticos à participação do governo. No Vale da era espacial, a pessoa que personificava essa contradição era Dave Packard. Na era cibernética, era Peter Thiel.

Em contraste com seus aparentados tecnológicos que se uniram a Barack Obama em 2008, Thiel permaneceu inabalável em sua crença de que a política moderna era um beco sem saída. "Política é interferir na vida de outras pessoas sem o consentimento delas", escreveu Thiel pouco depois de Obama assumir o cargo. "Eu defendo focar a energia em outros lugares, em projetos pacíficos que alguns consideram utópicos."[22]

Thiel não estava sozinho. Ele era um dos vários titãs da tecnologia que fizeram apostas em viagens espaciais privadas, "uma possibilidade ilimitada de escapar da política mundial". Ele foi um dos vários que compraram propriedades na Nova Zelândia como uma espécie de seguro em caso de colapso social. (Alguns anos depois, Thiel deu um passo adiante e se tornou um cidadão da Nova Zelândia, apenas para garantir, caso as coisas dessem realmente errado.) Thiel também gastou milhões em atividades mais aplicadas: bolsas de estudo para incentivar jovens inteligentes a abandonarem a faculdade e tentarem o empreendedorismo; uma fundação dedicada a reverter o envelhecimento humano; um think tank dedicado à preparação para a "singularidade" — o momento em que as máquinas pensantes seriam capazes de se autorreplicar e, possivelmente, substituir completamente os humanos. Ele se tornou um dos principais apoiadores de um esforço para construir uma cidade flutuante, livre de controle do governo, em águas internacionais. A utopia libertária foi criada por um ex-*googler* que também era neto do economista Milton Friedman, e talvez a expressão mais íntima do projeto tecnolibertário para escapar dos tentáculos do controle burocrático.[23]

Essa tinha sido a ideia original que alimentava o PayPal, é claro: um sistema alternativo de moeda baseado na internet, limpo de dinheiro bancado pelo governo. O fato de a empresa ter se transformado em um mero sistema de processamento de pagamentos online fora extremamente lucrativo para Thiel e seus colegas, mas ele nunca abandonou a noção de que um sistema maior e mais disruptivo era possível. Com os milhões que embolsou da venda do PayPal, Thiel também tirou uma ideia do software de detecção de fraudes que ele acreditava poder ser redirecionado para erradicar possíveis ataques terroristas "enquanto protegia as liberdades civis". Garimpando suas redes de velhos amigos e as conexões de Stanford para formar uma equipe de liderança jovem e afiada, em 2003 Thiel bancou uma nova empresa de mineração de dados que ele chamou de Palantir, nome de uma espécie de bola de cristal presente no livro *Senhor dos Anéis*, de Tolkien. (E uma piscadela para uma lenda do Vale do Silício, referindo-se aos escritórios com temas de Tolkien no início da Xerox PARC.) Investidores de risco bem-estabelecidos foram mornos no princípio — a Sequoia deixou passar, a Kleiner também — apesar do fato de que a equipe acreditava que estava, nas palavras do CEO Alex Karp, "construindo a empresa mais importante do mundo".[24]

Foi então que surgiu um anjo improvável: a Agência Central de Inteligência dos Estados Unidos — ou CIA. Ansiosa por ter acesso à engenharia de software de ponta, a CIA tinha ingressado no negócio do investimento de risco no finalzinho do *boom* das empresas "pontocom", criando uma entidade chamada In Q Tel e contratando um ex-CEO da Lockheed para administrá-la. A CIA se tornou o primeiro e único cliente da Palantir de 2005 a 2008; depois de ver os resultados impressionantes fornecidos pelo software de rastreamento da empresa, outras partes da comunidade de inteligência se juntaram à agência. George Tenet, ex-diretor do FBI, tornou-se consultor, lamentando que a comunidade de inteligência não tivesse "uma ferramenta com esse poder" antes do 11 de setembro. Condoleezza Rice também assinou como consultora. Embora a natureza exata do trabalho de inteligência da Palantir permanecesse extremamente secreta, surgiram rumores de que seu software foi o aplicativo literalmente matador que ajudou a rastrear Osama bin Laden. Os executivos da Palantir pouco fizeram para reprimir a especulação.[25]

Logo outros clientes do governo assinaram contrato. Grandes departamentos de polícia procuraram as visualizações, gráficos e técnicas de mineração de dados da Palantir para rastrear os criminosos. A agência U.S. Immigration and Customs Enforcement [Imigração e Alfândega dos Estados Unidos] ou ICE, comprou softwares para traçar seus objetivos. Para ajudar a entrar no círculo apertado de contratados do governo, Palantir investiu pesadamente em lobistas de Washington e cultivou parlamentares da Câmara e do Senado responsáveis por apropriações de defesa, conseguindo, finalmente, mais de US$1 bilhão em contratos federais. As empresas obcecadas por dados e obcecadas pela privacidade aumentaram ainda mais o faturamento da Palantir; em 2013, a empresa estava atraindo 60% de sua receita do setor privado.[26]

Em 2016, a Palantir era avaliada em US$20 bilhões, a terceira maior empresa privada do Vale, com milhares de funcionários. Sua cultura corporativa era tão distinta e peculiar quanto o início do Google. As referências a *Senhor dos Anéis* eram abundantes;

os escritórios do campus da Palantir em Palo Alto eram "o Condado", e seus dois mil funcionários eram "Palantirianos". O processo de contratação era notoriamente exigente. "Fui entrevistado no Facebook, Google, D. E. Shaw e vários outros lugares", relatou um engenheiro. "Sem dúvida, as perguntas da Palantir foram as mais difíceis, e fizeram mais perguntas do que qualquer outro lugar." Se você passar por nossa peneira, os líderes da Palantir pareciam estar dizendo, você é o melhor dos melhores.[27]

Sob a normalidade nerd, a empresa irritava os militantes da privacidade. "Eles estão em um negócio assustador", observou um advogado da EFF. E era um negócio ainda mais assustador pela conexão entre seus fundadores e financiadores com a elite do Vale. Chamath Palihapitiya era um investidor; Thiel permanecia no conselho do Facebook. Uma vez, para horror de alguns membros, a Palantir patrocinou a cerimônia anual de premiação da EFF. Surgiram perguntas sobre se o software de vigilância da empresa usava um critério muito amplo; os inocentes também estavam presos em uma rede projetada para capturar terroristas e ladrões? Mas os contratos continuavam a chegar.[28]

Peter Thiel sempre foi uma figura contraditória: um homem gay que rejeita tratamento especial de minorias; um defensor da liberdade de expressão que financiou uma ação que riscou da existência uma publicação online proeminente; um libertário firme, íntimo de alguns dos maiores progressistas do Vale. Seu comportamento hesitante e seus poucos pronunciamentos públicos aumentaram o mistério. "Ele realmente é como um mestre do xadrez", disse um jovem admirador, "planejando seus movimentos vários passos à frente". Quando a Palantir decolou, Thiel tornou-se um novo H. Ross Perot: um campeão do livre mercado que estava simultaneamente colhendo uma grande fortuna do governo que desprezava.[29]

CAPÍTULO 25

Mestres do Universo

"Eu queria ver com meus próprios olhos a origem do sucesso", declarou em 2010 o presidente russo, Dmitry Medvedev, de cima de um palco em Stanford, em um brilhante dia de verão. Bandeiras norte-americanas e russas chamavam a atenção por trás daquele líder em jeans e blazer, parecendo tão despojado e casual quanto qualquer investidor de risco do Vale. Membro da geração glasnost-perestroika e tendo se tornado presidente aos 42 anos, Medvedev estava em uma corrida para acabar com a fuga de cérebros que assolava a Rússia desde o fim da Guerra Fria. Seu país era um dos mercados de internet que mais crescia no mundo, com 60 milhões de cidadãos online — número ainda em crescimento. Seus financiadores e oligarcas estavam investindo milhões em gigantes norte-americanos da tecnologia. Era a hora daquela velha superpotência tecnológica construir por conta própria algumas empresas que mudariam o mundo.

Apenas algumas semanas antes, o líder russo tinha lançado planos para um "Innograd" de alta tecnologia nos subúrbios periféricos de Moscou, a pouco mais de 20 minutos de carro do auditório onde Ronald Reagan elogiara a revolução da alta tecnologia duas décadas antes. Em seguida, embarcou em um avião para São Francisco, seguindo o rastro de tantos outros líderes mundiais. Ele visitou o Twitter e enviou seu primeiro tuíte presidencial (*username*: @KremlinRussia). Ele conheceu Steve Jobs, então de volta à Apple após seu transplante de fígado, mas visivelmente doente. Ele se reuniu com as lideranças de Stanford. "Infelizmente para nós", confessou ao reitor John Etchemendy, "até agora o capitalismo de risco não foi bem". Simplesmente não havia apetite suficiente para o risco. "É um problema de cultura, como Steve Jobs me disse hoje. Precisamos de uma mudança de mentalidade."[1]

O *road show* do presidente russo gerou muitas críticas. Mal ele enviara seus primeiros tuítes, uma paródia nomeada @KermlinRussia começou a tirar sarro sem piedade daquele seríssimo empreendimento de alta tecnologia. "É preciso entender que o dinheiro dado à modernização e à inovação será gasto com corrupção e fraude", dizia um post. "Nós sabemos que vocês sabem que somos ladrões", alertava um outro. No mundo rabugento das mídias sociais, não há nada — nem ninguém — sagrado.[2]

Medvedev estava descobrindo que a busca para construir outro Vale do Silício raramente acontecia como o planejado. Apesar dos bilhões gastos em todo o mundo pelos governos nacionais em empreendimentos de alta tecnologia — parques de pesquisa, fundos de risco, redes de banda larga, até mesmo cidades inteiras —, os Estados Unidos continuaram a superá-los em inovação, despejando startups revolucionárias uma após a outra. A China era o único lugar que tinha conseguido produzir empresas de tamanho comparável ao Google ou ao Facebook, em grande parte porque o governo impôs barreiras rigorosas — e censura, muitas vezes — que impediram a entrada dos gigantes norte-americanos.

Essa corrida global, infrutífera na maior parte das vezes, mostrou exatamente o quanto a política ainda era importante, mesmo para uma indústria há tanto tempo estabelecida como uma história de sucesso do livre mercado. Quando se tratava do mundo online, uma leve ajuda governamental permitirá ao Google, ao Facebook e à Amazon crescer imensamente, ao ponto da onipresença, sem muita preocupação com regulamentação ou ações antitruste. (O *status quo* do *laissez-faire* norte-americano foi um contraste marcante com a União Europeia, onde gigantes tecnológicos enfrentaram contínuos reveses dos tribunais por violações de privacidade e práticas anticompetitivas.) As portas abertas para o mundo permitiram que o Vale do Silício se nutrisse de uma reserva global de talentos, mesmo quando os políticos começaram a debater calorosamente a política de imigração da nação. Mais da metade das empresas fundadas no Vale entre 1995 e 2005 tiveram um fundador estrangeiro. Cerca de 40% dos diplomas de engenharia em Stanford foram obtidos por estudantes internacionais. Dispor desses talentos ajudou a manter as universidades norte-americanas como as melhores do mundo.[3]

Esta é uma história particularmente norte-americana, de ação estatal camuflada, ao longo de muitas gerações — por meio de contratos de defesa com a indústria privada, concessões para laboratórios acadêmicos, incentivos fiscais para investidores de risco, apoio político prolongado de ambos os partidos, e muito mais. Nenhuma cidade de alta tecnologia construída via decreto presidencial poderia se igualar ao ecossistema de tecnologia exuberantemente capitalista, e levemente anárquico, que evoluiu ao longo de sete gerações.

O que tornou o Vale do Silício tão sedutor para líderes estrangeiros como Medvedev foi a mesma coisa que permitiu que os trolls do Twitter espezinhassem alegremente suas ambições tecnoutópicas. A cultura do Vale era a cultura norte-americana, permitindo o livre fluxo de pessoas, capitais e informações como nenhum outro país no mundo. E, nos anos imediatamente antes e depois da visita de Medvedev, essa cultura tornou muito, muito rico um pequeno grupo de pessoas no Vale do Silício e em Seattle.

O PODER DOS LUGARES

Quando Marc Andreessen publicou um artigo nas páginas de opinião do *Wall Street Journal*, no verão de 2011, para declarar que "o software está jantando o mundo", as novas plataformas tecnológicas não estavam apenas alterando indústrias inteiras. Elas também estavam transformando a geografia da tecnologia.[4]

Por toda a América do Norte e além, desde a era de Eisenhower, a tecnologia habitava uma paisagem suburbana e dispersa de centros de pesquisa e campi corporativos. Isso continuou a acontecer quando outras indústrias "criativas" e moradores de classe média começaram a retornar a ambientes urbanos mais densos no fim do século. Parte dessa persistência suburbana teve a ver com a influência do Vale do Silício, levando seus imitadores a presumir que a magia da alta tecnologia exigia um extensivo paisagismo e edifícios de poucos andares envelopados por vidro espelhado. No entanto, também refletia a necessidade da tecnologia por abundantes metros quadrados que acomodassem suas dezenas de programadores em cubículos, salas cheias de servidores *blade* e gabinetes cheios de cabos coaxiais e roteadores. Os custos iniciais com imóveis, recursos humanos e equipamentos eram consideráveis, exigindo uma primeira rodada de empreendimento de US$10 milhões, US$20 milhões ou mais.

Isso mudou na nova era. Após duas décadas de esforço do governo, a penetração da banda larga foi extensa não só nos Estados Unidos, mas em todo o mundo. Após uma década de inovações de software e hardware das maiores operadoras de tecnologia, o poder de supercomputação ficou cada vez menor: o há muito tempo dominante mercado de desktops PC encolheu à medida que laptops leves, tablets e dispositivos móveis forneciam quantidades comparáveis de poder de computação. O iPhone e outras plataformas móveis permitiram que um aplicativo popular construísse uma base de usuários maciça muito rapidamente; o temido "vale da morte", por onde as startups tinham que passar no período entre ter a ideia e ir para o mercado, tornou-se uma mera valeta. Além disso, os serviços em nuvem liberaram as novas empresas da necessidade de repartirem o precioso capital de risco com poder computacional e servidores.

O custo de implementação despencou e a variedade de empreendimentos empresariais explodiu. Quer criar um aplicativo para iPhone? Tudo o que você precisava era de alguma habilidade de programação, um bom laptop e um pouco de dinheiro a cada mês para algum espaço nos servidores AWS. Serviços de todos os tipos poderiam ser terceirizados para contratados *freelancer* que pulavam de tarefa em tarefa (uma nova onda de startups de software tinha surgido para facilitar o *matchmaking*). Fundadores não precisavam mais procurar por uma sala completa em um parque tecnológico. Eles poderiam alugar uma ou duas mesas em uma incubadora de tecnologia ou em um *coworking*. Liberadas das restrições imobiliárias, startups de tecnologia migraram dos subúrbios para as cidades, surgindo em bairros de alta densidade e alugueis caros, queridos pelos jovens e descolados, do Brooklyn a Boulder, de Munique a Melbourne e Mumbai. Uma pequena fatia de empreendedores optou por não se estabelecer em lugar nenhum, tornando-se nômades da alta tecnologia que poderiam fazer seu trabalho de qualquer lugar do mundo com uma conexão de internet decente.

Cidades que vinham se desesperando por um pouco da mágica do Vale do Silício se entusiasmaram com as oportunidades que a nova era apresentava, patrocinando *makerspaces* e *demo days* e realizando seminários sobre como atrair mais investimentos para seus negócios. Enquanto a lista de lugares com centros viáveis de alta tecnologia se expandia, os investidores da alta tecnologia voltaram a se concentrar firmemente nos mesmos lugares em que haviam estado durante década de 1980. Richard Florida, urbanista cujo trabalho amplamente lido sobre a "classe criativa" alimentou as esperanças das cidades com a alta tecnologia, e descobriu que, juntas, as empresas de São Francisco e do Vale do Silício foram responsáveis por mais de 40% dos investimentos de capital de risco e mais de 30% dos negócios feitos nos Estados Unidos em 2013. Seattle alcançou um fraco sétimo lugar. Startups estavam florescendo na casa de Gates e Bezos, mas era muito fácil voar até Sand Hill Road para levantar dinheiro. "Existem poucas fontes de capital para inovação tecnológica que não estejam em São Francisco e Nova York", observou um frustrado investidor de Seattle.[5]

Apesar dos hackathons, *coworkings* e incubadoras de empresas que surgiram nas cidades grandes e pequenas, a riqueza e recursos humanos da economia da inovação foram cada vez mais monopolizados por cinco empresas: Amazon, Apple, Facebook, Google e Microsoft. Logo ficou claro que a maneira mais segura para uma empresa ganhar dinheiro no mundo dos novos titãs era ser adquirida por um deles. Em meados de 2018, o Facebook tinha feito 67 aquisições, a Amazon 91 e o Google 214. Os veteranos do Vale ficaram perplexos com a pressa para vender. "Será que ninguém quer mais construir uma empresa?", Regis McKenna perguntou-se. Durante muito tempo, o negócio da tecnologia resumia-se a se acotovelar com a concorrência para abocanhar uma participação no mercado. Agora, o jogo era construir uma plataforma tão única e dominante do que *era* o mercado.[6]

A concentração da riqueza também se manifestou nos imóveis. As maiores empresas de tecnologia deixaram para trás os edifícios pré-fabricados e partiram para a construção de campi nos centros e nos subúrbios. O Facebook transformou o antigo campus da Sun Microsystems em Menlo Park num complexo espetacular, rivalizando apenas com o Googleplex em sua ludicidade e regalias, com um pátio interior que era como uma miniatura da University Avenue, em Palo Alto, com a diferença de que você nunca precisaria ficar procurando um lugar para estacionar, e comer e beber era de graça. Em 2015, a empresa inaugurou um enorme edifício do outro lado da rua, assinado por Frank Gehry, para ser o que Mark Zuckerberg chamou de "o espaço de engenharia perfeito" e para dar um recado. "Queremos que nosso espaço seja como uma obra em andamento", escreveu Zuckerberg. "Quando você entra em nossos prédios, queremos que você sinta o quanto ainda há para ser feito em nossa missão para conectar o mundo."[7]

Mesmo a despojada Amazon não resistiu a acrescentar um grande floreio arquitetônico ao conjunto sóbrio de edifícios que compunha sua sede no centro de Seattle, construindo um impressionante par de "biosferas" abrigando jardins internos para os *amazons* desfrutarem. Do outro lado do lago Washington, a Microsoft tentou acompanhar a pegada biogeodésica à la Buckminster Fuller da sua rival, construindo casas nas árvores para os descansos de almoço dos funcionários. Mas o monumento mais deslumbrante de todos foi a nova sede da Apple em Cupertino, um elegante anel de vidro e aço que abriga 12 mil funcionários. O "Apple Park" tinha sido uma das últimas ideias de Steve Jobs antes de sua morte. Em homenagem ao seu fundador e ao que o Vale fora outrora, a Apple plantou um pomar de damascos à sombra do prédio.[8]

OS NOVOS HOMENS DO DINHEIRO

A máquina de dinheiro do Vale do Silício parecia irrefreável. Dentro de poucos anos após a IPO do Google, mil de seus funcionários e ex-empregados possuíam somas líquidas de US$5 milhões ou mais, incluindo a massagista interna que os fundadores contrataram em 1999. Page e Brin valiam cerca de US$20 bilhões cada um. Os reis das "pontocom" dos anos 1990 que se reinventaram como investidores-anjo e de risco viram o seu patrimônio líquido escalar. À frente do grupo estava Marc Andreessen, que em 2009 fundou uma nova empresa de capital de risco com o sócio Ben Horowitz, destinada a nutrir jovens fundadores da tecnologia para que se tornassem sagazes líderes empresariais, em vez de jogá-los de lado inserindo supervisão de gente grande. Mark Zuckerberg foi um exemplo perfeito de como isso pode ser feito. "O destemor do Vale está voltando", disse Andreessen a um repórter.[9]

O que também estava voltando: os principais analistas da Wall Street dos anos 1990. Mary Meeker nunca perdera sua fé na internet, mesmo em meio às quedas nos preços e aos processos judiciais de acionistas no *crash* das "pontocom". Nem Ruth Porat, que subiu ao topo do ranking das finanças da tecnologia depois de ter levado o Google à abertura de capital em 2004. Nove anos depois, Porat ganhou manchetes ainda mais eloquentes ao mudar-se para o Google para se tornar sua CFO. Meeker também já tinha se mudado para a Califórnia, deixando a Morgan Stanley no fim de 2010 para se tornar sócia da Kleiner Perkins, trazendo consigo a sua já lendária apresentação anual sobre tendências da internet. Meeker estava mais uma vez em alta, e não era uma promessa vazia: a nova geração de empresas era melhor fundamentada, o mercado tinha amadurecido e as pessoas que operavam e investiam nelas compreendiam melhor o que era preciso para ter sucesso com um negócio baseado na internet.[10]

Os sábios de Wall Street mudaram-se para o oeste, e a relação entre a meca financeira e o Vale também mudou. Para ajudar a economia a se recuperar da crise imobiliária e da profunda recessão de 2008, o Federal Reserve tinha mantido as taxas de juros baixas, bombeando liquidez para o mercado e deixando as classes ricas à procura de lugares de alto rendimento para colocar seu dinheiro. A abundância e variedade do capital de investimento — *private equity*, fundos de hedge, anjos — diminuiu a necessidade de IPOs nas fases iniciais de uma empresa, e o escrutínio mais profundo das empresas de capital aberto por parte da Comissão de Títulos e Câmbio reduziu ainda mais o entusiasmo das startups por uma oferta em Wall Street. O investimento estrangeiro dos novos megaricos do mundo tornou-se outra fonte crescente de capital, algo particularmente útil nos dias instáveis após o colapso do mercado em 2008. Em maio de 2009, um Facebook faminto por dinheiro entrou em um negócio lucrativo com o financista russo Yuri Milner, um bilionário de laços estreitos com o Kremlin; Milner acabou por deter cerca de 9% da empresa. "Várias empresas se aproximaram de nós", disse Mark Zuckerberg na época, "mas

MESTRES DO UNIVERSO

[Milner] se destaca por causa da perspectiva global que traz". O russo também fez um grande investimento no Twitter.[11]

Por trás de todo esse dinheiro — dos Estados Unidos e além — estava um anjo presente desde o início: o governo dos Estados Unidos. Se os financiadores norte-americanos tinham tanto a investir, era por causa de uma legislação fiscal que — graças a cinco décadas de lobby ininterrupto — favorecia muito aqueles que ganhavam dinheiro investindo dinheiro. Estava em 15% o imposto sobre ganhos de capital. A dedução de juros incorridos manteve-se firme, apesar das tentativas periódicas de aboli-la. Tanto VCs quanto gestores de fundos de hedge ou de *private equity* eram capazes de amealhar bilhões para administrar os investimentos de outras pessoas, e chamavam tudo isso de seus "ganhos de capital".

Depois houve os impostos sobre a receita das empresas. Durante mais de 50 anos, os Estados Unidos permitiram que as corporações norte-americanas que operam no exterior adiassem a tributação dos lucros obtidos em mercados não norte-americanos. No início da década de 2010, esse arranjo tornou-se uma mina de ouro para empresas de software que, devido ao seu alcance global e à natureza etérea do seu produto, conseguiram transferir lucros de jurisdições com impostos altos para jurisdições com impostos baixos. (Os Estados Unidos, como gigantes da tecnologia e outros apontariam continuamente em sua defesa, tinham a segunda maior taxa de imposto corporativo do mundo.) As empresas de tecnologia reduziram ainda mais os seus débitos fiscais por meio da anulação de opções de compra de ações, depreciação de instalações e despesas em P&D.

Esse elaborado escamoteamento — plenamente permitido, sob as regras do IRS — fez empresas ricas como Apple, Google e Amazon ficarem ainda mais ricas. Washington fez esforços espasmódicos para mudar o sistema nos anos Obama, mas era difícil acusar marcas tão adoradas da tecnologia de tubarões que driblam os impostos. "Eu amo a Apple!", declarou Claire McCaskill, uma democrata do Missouri, numa audiência no Senado em 2013 em que Tim Cook foi supostamente chamado para prestar contas da contabilidade criativa de sua empresa. Rand Paul, um republicano do Kentucky, repreendeu seus colegas senadores por "intimidar" Cook e uma empresa que foi "uma das maiores histórias de sucesso dos Estados Unidos".[12]

Funcionários e egressos do Facebook também se juntaram às fileiras dos extremamente ricos. Sean Parker, cofundador do Napster e líder dos primórdios do Facebook, tornou-se algo como um Jerry Sanders em seus últimos dias, ganhando manchetes com o gasto conspícuo dos bilhões que ele colhera em 2012, com a IPO do Facebook. O casamento de Parker no ano seguinte entre as sequoias gigantes de Big Sur foi uma

410 O CÓDIGO

homenagem ao autor favorito do Vale do Silício, J. R. R. Tolkien, com trajes medievais personalizados para mais de 350 convidados do casamento, um castelo falso e, como relatou David Kirkpatrick, um cronista do Facebook, "uma porção de coelhinhos... para qualquer um que precisasse de um abraço". No fim da noite, Sting cantou *a cappella*.[13]

A combinação de ações do Facebook com investimentos bem-informados em outras startups do Vale também fez de Chamath Palihapitiya um bilionário, e ele cofundou uma nova operação de risco chamada Social+Capital (mais tarde abandonando o +). Era investimento de risco ao modo Chamath, tornado possível pela imensa quantidade de riqueza pessoal gerada no Vale desde 2000. Sócios limitados incluíam não só investidores externos, mas também um grupo de amigos muito ricos e uma empresa muito rica: o Facebook. O objetivo não era apenas alavancar ainda mais o poder de conexão das plataformas sociais, mas também apoiar um conjunto mais diversificado de empreendedores e construir um portfólio "orientado para o propósito".

No entanto, mesmo nessa nova era do investimento de risco, as estreitas redes de amizade e familiaridade do Vale ainda dominavam: o primeiro investimento da Social+Capital foi na Yammer, uma rede social para uso comercial fundada e liderada por David Sacks, autor do *The Myth of Diversity* [O Mito da Diversidade] e milionário do PayPal. Palihapitiya tornou-se observador no conselho da Yammer, cujos membros incluíam Peter Thiel e Sean Parker.[14]

A nova geração de homens ricos usava camisas de grife em vez de casacos esportivos, conduzia Teslas em vez de Mercedes e usava letras de rap como metáforas de negócios. Eles ostentavam mais a riqueza que seus antepassados do investimento de risco, mas tinham a mesma implacabilidade, deixando para trás os competidores mais lentos da Costa Leste para abocanhar empresas ainda em fase inicial. Eles eram brilhantes e sortudos, e sabiam disso. "Isto não é um jogo de damas", Ben Horowitz aconselhava pretensos empreendedores. "Isto é a porra de um jogo de xadrez."[15]

UMA VERDADE INCONVENIENTE

Um dos que se tornaram muito ricos nessa época foi Al Gore, que já estava vivendo uma das mais extraordinárias pós-mortes na história política norte-americana. Gore tinha primeiro se tornado um magnata da mídia, embarcando em uma empresa de notícias a cabo chamada Current TV. Ele então ganhou fama como profeta das mudanças climáticas com *Uma Verdade Inconveniente*, um documentário de 2006 estrelado por ele, vencedor do Oscar. Mas foi o seu próximo ato como conselheiro no Vale do Silício e investidor de risco que o transformou num multimilionário.

Gore ganhou na loteria com a sua primeira participação no Google, e o seu patrimônio líquido aumentou ainda mais depois de alguns anos no conselho da Apple, ao qual aderiu em 2003. Quatro anos depois, o iPhone foi um sucesso, o antigo vice-presidente embolsou US$100 milhões e ele aceitou o convite de John Doerr para se tornar sócio da Kleiner Perkins. Um político ironizado por seu jeitão sério e robótico, que almejava a quase-alcançada presidência, Gore tinha finalmente encontrado o seu nicho. "Por alguma razão", disse ele a um repórter, "em longo prazo o mundo dos negócios recompensa mais do que o mundo político".[16]

A decisão de Doerr de trazer Gore como sócio não foi motivada apenas pela amizade e pela política. Foi uma decisão de negócios também. A Kleiner tinha saído do *boom* dos anos 1990 como um dos maiores nomes do Vale, e seus investimentos no Google e na Amazon reforçaram seu portfólio no início dos anos 2000. Doerr estava pronto para o próximo passo, e ele estava pensando em algo maior: não apenas software de consumo, mas "grandes desafios" globais que poderiam, sob as condições certas, proporcionar uma enorme oportunidade de mercado. A energia alternativa — a tecnologia "verde" — era o maior desafio e a maior oportunidade de todas.

Como muitos outros que assistiram ao *Uma Verdade Inconveniente* de Gore, Doerr estava cada vez mais preocupado com as consequências do consumo desenfreado de combustíveis fósseis. Ao percorrer o Vale em seu novo Toyota Prius, Doerr percebeu que o aumento dos preços dos combustíveis e a agitação no Oriente Médio logo forçariam um ponto de inflexão na política. A administração George W. Bush podia estar abastecida com petróleo e gás, mas algumas limitações nas emissões de carbono e novas regras de energia renovável pareciam inevitáveis. Aqui estava o impulso do setor público que o setor de tecnologia verde precisava: assim como com o circuito integrado e o programa Apollo, os gastos do governo permitiriam que um produto caro e de vanguarda ganhasse escala até o patamar de mudar o mercado.

Na primavera de 2007, Doerr tornou pública a sua nova cruzada, dando uma emotiva palestra no TED intitulada "Redenção (e lucro) na tecnologia verde". A indústria "é maior do que a internet", declarou ele. "Pode ser a maior oportunidade do século XXI". Em novembro, Gore estava falando de um jogo ainda maior sobre o potencial impacto. "O que vamos ter que colocar em prática é uma combinação do Projeto Manhattan, do Projeto Apollo e do Plano Marshall", explicou ex-vice-presidente. "Seria abusado demais dizer que podemos fazê-lo sozinhos, mas pretendemos fazer a nossa parte."[17]

Em 2008, a equipe Gore-Doerr estava novamente em plena marcha, pressionando a administração Bush e incentivando os candidatos presidenciais a avançar em tratados ambientais e outras medidas para reduzir as emissões de carbono. No

412   O CÓDIGO

outono, o fundo de tecnologia verde de bilhões de dólares da Kleiner tinha apoiado 40 empresas diferentes, e centenas de outros empresários rumaram para Sand Hill Road para fazer apresentações de negócios. A eleição de Obama foi uma vitória emocionante para a equipe verde. Um democrata amigo do meio ambiente estava finalmente de volta à Casa Branca. O *crash* do mercado imobiliário naquele outono foi um revés, mas Obama prometia uma infraestrutura robusta e um programa de gastos para trazer a economia de volta — que tempo seria melhor para estar construindo painéis solares ou desenvolvendo carros elétricos?[18]

John Doerr sempre pensou 5 anos à frente, mas dessa vez a política o deixou 15 ou 20 anos adiantado. Enfrentando forte oposição em um Congresso liderado pelos republicanos, o grande plano de estímulo aos gastos de Obama não foi tão maciço ou disruptor no mercado como se esperava inicialmente. O sobrepreço no carbono não deu em nada. Foi então que a rápida expansão de um avanço tecnológico diferente transformou o mercado de energia dos Estados Unidos, e não foi nada verde. O mais significativo de todos, o fraturamento hidráulico — que envolvia a injeção em alta velocidade de milhões de litros de líquidos no subsolo para liberar gás natural — aumentou surpreendentemente a produção doméstica de energia e causou uma queda nos preços, excluindo os incentivos de mercado para o uso de combustíveis alternativos.

Além disso, veio o escândalo político da Solyndra, uma empresa de energia solar que entrou em colapso depois de receber US$500 milhões em subsídios federais. (Por mais assombrosa que fosse a soma, era coisa pouca no mundo da energia verde. Os vários empreendimentos de Elon Musk receberam em conjunto cerca de US$5 bilhões em subsídios de governo até 2015.) Sob fogo, a administração Obama reduziu suas ambições para um futuro de tecnologia verde, e a Kleiner fez o mesmo.[19]

Doerr e Gore tinham feito uma aposta que ficou muito aquém do resultado, ainda que, em um momento político menos dividido e de mentalidade menos austera, poderia ter sido, de fato, mais uma aposta bem-sucedida. Enquanto a Kleiner continuava sendo um dos maiores *players* do Vale, o foco da empresa em energia alternativa custou oportunidades perdidas na área de mídia social e telefonia celular, apesar do fato de ter fortalecido suas credenciais de internet de consumo contratando Mary Meeker. Então Doerr e sua empresa foram atingidos por notícias ainda piores: uma sócia minoritária chamada Ellen Pao entrou com um processo de discriminação de gênero na primavera de 2012.

Doerr era extremamente próximo de Pao. Ele a tinha trazido para a empresa como gerente e permaneceu como seu mentor e orientador desde então. Ela fazia parte da

MESTRES DO UNIVERSO

"Equipe JD", e a sua acusação de que a empresa era um hostil clube do bolinha foi um golpe pessoal. Durante a década anterior, alarmado com o pequeno número de mulheres que participavam de investimentos de risco, Doerr tinha se esforçado muito para recrutar e promover mulheres na Kleiner. "Não é fácil suportar alegações falsas", Doerr escreveu no site da empresa logo após Pao ter entrado com o seu processo.[20]

O processo, e o escândalo que o acompanhou, se arrastaram por mais três anos, precipitando pela primeira vez na história do Vale do Silício uma discussão pública significativa e uma busca profunda sobre as causas do endêmico desequilíbrio de gênero da indústria. A cultura dominantemente masculina da Kleiner estava no foco, assim como a de toda a indústria de capital de risco, um lugar onde apenas 8% dos parceiros de investimento eram mulheres e menos de 5% das empresas financiadas eram fundadas por mulheres.[21]

O contra-argumento de defensores do Vale era o de que números tão baixos não eram muito diferentes do restante dos Estados Unidos corporativos, em que uma porcentagem comparativamente frágil de CEOs na Fortune 500 eram mulheres. Mas esse argumento não foi muito adiante no crescente debate público, e quando as maiores empresas muito relutantemente divulgaram dados sobre o número de mulheres e minorias sub-representadas em suas folhas de pagamento, a coisa foi de mal a pior. Em toda a indústria, as mulheres desempenhavam apenas cerca de 20% dos empregos de formação técnica. A porcentagem de mulheres na ciência da computação tem diminuído desde os anos 1980.[22]

À autora Emily Chang, Doerr disse ter sofrido, aventando sobre o que poderia ter feito de diferente no caso de Ellen Pao e sentindo que, se ele tivesse promovido a sua protegida mais cedo, "acho que não teríamos passado pelo julgamento". Pao foi derrotada em maio de 2015, e, enquanto os aliados de Doerr exaltavam publicamente a vitória, ele foi muito mais modesto. Correndo em meio aos desafios da tecnologia verde, a ação judicial teve um óbvio custo emocional e profissional. Mesmo mantendo-se como presidente da Kleiner, no ano seguinte ele deixou de atuar ativamente em investimentos. Era hora de outros mestres do universo assumirem.[23]

RECONHECIMENTO DE PADRÕES

No início dos anos 1960, quando Draper e Johnson perambularam por entre os armazéns de ameixa em busca de lugares para investir, o Vale era um lugar remoto e pouco povoado, onde ruas sem saída davam lugar abruptamente a pomares e pastos, listrados com estradas de concreto bruto quase sem movimento. A sua indústria eletrônica era um nicho, as marcas eram, em sua maioria, desconhecidas, e sua riqueza era uma fração do que estava por vir.

Meio século depois, o Vale era um pulsante espraiar de bangalôs de milhões de dólares e butiques de alto luxo, com aglomerados de condomínios de escritórios envidraçados em todas as saídas de suas rodovias engarrafadas. São Francisco, outrora tão distante da sonolência do Vale, era agora uma parte crítica do reino da alta tecnologia do Vale. O Twitter e a gigante do software corporativo Salesforce tinham a sua sede na cidade. Ônibus privados do Google e do Facebook rolavam de cima a baixo na Rodovia 101, facilitando os extenuantes deslocamentos dos seus funcionários de São Francisco e provocando protestos da população da cidade, que enxergava os veículos como símbolos ambulantes da gula tecnológica. Consumidores de todo o mundo usavam diariamente as plataformas dos gigantes tecnológicos da Bay Area e de Seattle; todos conheciam Sergey, Larry, Mark, Steve e Jeff.

A indústria da tecnologia tinha se tornado imensamente grande e poderosa. No entanto, as redes de influência e de investimento eram tão estritas e firmemente controladas quanto nos dias dos churrascos do "Grupo", várias décadas antes. Os negócios de lucros massivos em torno do Google e do Facebook, para não mencionar outros estouros pós-2000, envolveram um pequeno número de pessoas: todos homens, ricos, e bastante confiantes na sua convicção de que a indústria era uma meritocracia maravilhosa.

Alguns, como Peter Thiel e David Sacks, tinham feito de suas redes universitárias poderosos instrumentos de criação de riqueza. Outros, como Sean Parker e Ram Shriram, amplificaram o sucesso precoce com uma empresa em redes duradouras de influência e de detecção de talentos. Outros ainda, como Marc Andreessen e Chamath Palihapitiya, seguiram a estrada que ia do empreendedorismo ao investimento de risco, traçada inicialmente por David Morgenthaler e Burt McMurtry. Todos prosperaram em um ambiente ferozmente competitivo, onde todos se acotovelavam e trocavam críticas não envernizadas, onde o trabalho duro era igualado pelo jogo duro, e onde parceiros de negócios agiam como uma família.

À medida que a riqueza crescia, também crescia o mito de como o Vale do Silício era capaz de gerar uma empresa inovadora atrás da outra. Permitia-se riscos em vez de penalizar o fracasso, diziam eles. Tratava-se de colocar a engenharia em primeiro lugar — sem preconceitos quanto a origens ou pedigrees. Era o reino do "reconhecimento de padrões" tão bem encarnado por John Doerr, procurando o próximo desistente de Stanford ou Harvard com uma ideia maluca, mas brilhante.

De todas essas afirmações, o deslize de Doerr chegou mais próximo do segredo do Vale. "Os investidores da Costa Oeste não são mais ousados porque são cowboys irresponsáveis, ou porque o clima ameno os torna otimistas", escreveu em 2007 Paul Graham, fundador da Y Combinator, a mais influente incubadora de tecnologia do Vale. "Eles são mais corajosos porque sabem o que estão fazendo." Os poderosos do Vale conheciam a tecnologia, conheciam as pessoas e conheciam a fórmula que funcionava.

Eles procuravam "pessoas de formação classe A" (que muito ocasionalmente eram mulheres) dos melhores programas de engenharia e ciência da computação do país, ou das jovens empresas mais promissoras, e que tinham a aprovação de alguém que já conheciam. Eles procuravam aqueles que exibiam o fogo competitivo de um Gates ou de um Zuckerberg, o foco e o design ascético de Kapor e Andreessen ou Brin e Page. Eles financiavam aqueles que estavam trabalhando em uma versão um pouco melhor de alguma coisa que já estava sendo feita — um motor de busca melhor, uma rede social melhor. Eles cercavam esses empreendedores sortudos com apoio e talentos experientes; eles levavam seus nomes para a mídia e seus rostos para os palcos de conferências de primeira linha. Eles escolhiam vencedores e, devido à experiência acumulada e às conexões com o Vale, os escolhidos eram muitas vezes os que ganhavam.[24]

Manter as conexões pessoais e azeitadas foi uma parte fundamental da capacidade do Vale do Silício de manter a máquina girando, de mover-se de chips, para os micros, para as "pontocom" e para a próxima web sem perder o ritmo. O investimento de risco sempre foi um mundo masculino, mas a elite pós-2000 — com sua presença exagerada dos mundos predominantemente masculinos do Google, Facebook e das empresas fundadas pela máfia PayPal — era ainda mais. Os negócios no empreendedorismo e no VC aconteciam não só em salas de reunião e escritórios, mas também acompanhados por cervejas e amendoins no Antonio's Nut House, em cafés da manhã no Hobee's ou no Buck's, sessões noturnas de programação e jogos de pôquer e em passeios de bicicleta de mais de 60km ao longo da Skyline Drive. Era um mundo maravilhoso se você estivesse nele, e um lugar difícil de penetrar se você não tivesse tempo, dinheiro, habilidades no pôquer ou uma bicicleta de US$10 mil.

Na avalanche de humilhação pública e autorreflexão que se seguiu após o caso Pao, os investidores de risco prometeram melhorar. As revelações subsequentes de assédio e abuso sexual na indústria aumentaram a pressão para corrigir os desequilíbrios da tecnologia. Os números começaram a ceder — um pouco. Foi de certa ajuda que alguns dos que já estavam dentro do círculo encantado estivessem prontos para apontar as suas falhas. Dado ele próprio já ter sido um forasteiro, Chamath

416   O CÓDIGO

Palihapitiya tinha entrado no jogo determinado a abalar a pretensa meritocracia. A indústria estava repleta de "idiotas ricos", disse ele à jornalista Kara Swisher. Isso não era ruim só para a sociedade, era ruim para a inovação. "Fomos tomados por pessoas que não compreendem o verdadeiro objetivo", disse ele mais tarde. "As pessoas aqui têm que diminuir um pouco dessa desigualdade", mesmo que "não tenhamos preparação para isso".[25]

A solução de Chamath: tirar o viés humano da equação de financiamento e deixar um algoritmo informático tomar as decisões de investimento. A Social Capital chamou o modelo de "Capital como Serviço", e começou a convidar os empreendimentos em fase inicial para dispensar o tradicional *pitch* e simplesmente enviar seus dados — renda, base de usuários, custos. Depois de analisar os números, a firma investiria ou deixaria de lado. "Sem rodeios, sem conversas à base de cafés artesanais de US$7, sem apresentações de design, sem preconceitos, sem política, sem mutretas", explicou Ashley Carroll, sócia de Palihapitiya. Foi uma resposta clássica do Vale do Silício a um problema clássico do Vale do Silício. Eles hackearam uma solução.[26]

Aqueles que há anos vinham enfrentando o problema da diversidade na tecnologia continuavam céticos. "Dez anos, e a mesma maldita conversa", refletiu Trish Millines Dziko, ao olhar para trás nas muitas vezes em que investidores e executivos lhe prometeram que a indústria mudaria seus caminhos. O programa que ela tinha iniciado em 1996 tinha se tornado um enorme sucesso, um modelo que inspirou outros a construírem escolas semelhantes para crianças de minorias. O que tinha começado como um modesto programa de preparação de adolescentes tinha se estendido do jardim de infância ao ensino médio, levando a educação científica e de engenharia para mais de 5 mil alunos de Seattle, e os números continuam aumentando. Mas os rostos dentro daquelas grandes empresas de tecnologia pareciam muito iguais aos que haviam quando ela começara na Microsoft todos aqueles anos atrás. "Por que as pessoas de cor não fazem parte desse movimento, e por que ninguém faz nada a respeito disso? Por que é que todo mundo continua a dar mais às pessoas que já têm muito?", perguntou ela. "Não há incentivo para os líderes da tecnologia fazerem nada, não há incentivo para que explorem outras comunidades em busca de capacidade intelectual."[27]

No entanto, a conversa de meados de 2010 sobre diversidade na tecnologia era diferente de tudo o que o Vale já tinha visto antes. Murmúrios particulares, ocultados sob a superfície durante décadas, explodiram em alto e bom som, de modo prolongado e público. Sob fogo, as maiores empresas de tecnologia divulgaram a demografia dos funcionários, confirmando o que era óbvio para qualquer um que

MESTRES DO UNIVERSO   417

colocasse os pés nos movimentados campi do Google, Facebook ou Apple, sem mencionar os resultados de outras empresas do Vale: especialmente em funções técnicas e executivas, a força de trabalho era esmagadoramente masculina, jovem e branca, ou asiática. À medida que as maiores marcas do Vale despejavam centenas de milhões em esforços de contratação e lançavam campanhas de "diversidade e inclusão", os números começaram a subir, mas sempre marginalmente.

Não foram apenas os *brogramadores* — unindo *brother* e programador, um termo jocoso para o estereótipo do codificador masculino — do século XXI e os CEOs arrogantes e chauvinistas que foram responsáveis pelas oportunidades limitadas que o Vale apresentou às mulheres e minorias. Foi algo com uma origem muito mais profunda, enraizado numa época em que os negócios eram um mundo de homens, quando o Vale era jovem e longínquo, quando as mulheres e a eletrônica não se misturavam. Dada a longevidade dessa cultura, uma mudança significativa levaria algum tempo.

MUDE O MUNDO

Embora as deficiências da tecnologia atraíssem cada vez mais atenção, era difícil não ficar deslumbrado com as visões grandiosas que vinham do norte da Califórnia e de Seattle. O Estado estava enfraquecido e polarizado. A tecnologia tinha os holofotes, a ambição e bilhões para gastar. O CEO do laboratório de pesquisa avançada do Google era um patinador, neto de Edward Teller, desenvolvedor da bomba H; seu título corporativo era "Capitão das Apostas". A Tesla, de Elon Musk, produzia *roadsters* ruidosamente rápidos que traziam um botão que permitia aos condutores entrar no "modo absurdo". Quando ele não estava construindo carros ou brincando com ferramentas de solda para vender como lança-chamas de US$500 para seus adoradores fanáticos, Musk estava literalmente mirando as estrelas com a SpaceX, seu empreendimento espacial, vencendo a Lockheed e outros na busca dos principais contratos. Jeff Bezos também se juntou à corrida, gastando US$1 bilhão por ano em sua empresa de exploração espacial, a Blue Origin. O seu lema, gravado num brasão corporativo, era *Gradatim Ferociter*: "Passo a passo, ferozmente."

Além disso, é claro, havia uma filantropia extraordinária, liderada por Bill Gates, cuja fundação homônima possuía um caixa de US$40 bilhões e tinha se tornado o principal ator em iniciativas globais de ajuda à saúde pública e combate à pobreza. Gates, o então *enfant terrible*, um sábio e maduro estadista, tornou-se uma inspiração para a geração mais jovem da tecnologia. Mark Zuckerberg injetou US$100 milhões

418   O CÓDIGO

na educação pública do sitiado sistema escolar de Newark, no estado de New Jersey, e se tornou um defensor da reforma da imigração, além de anunciar que ele e a sua esposa, tal como Bill e Melinda Gates, doariam toda a sua riqueza ainda em vida.

Enquanto o trabalho de lobby de longa data da indústria continuava tão ativo quanto antes, os mestres do universo da tecnologia estavam se tornando cada vez mais sonoros a respeito de questões políticas que iam além do habitual conjunto de cortes de impostos sobre ganhos de capital, impostos sobre vendas pela internet ou neutralidade de rede. Alguns de um modo estranho e autoindulgente: em 2014, Tim Draper, filho de Bill e neto de William, liderou uma campanha para dividir a Califórnia em seis estados (um dos quais seria chamado, naturalmente, de "Vale do Silício"). Outros tinham uma vantagem que só o Vale poderia dar: em 2016, Chamath Palihapitiya tentou persuadir o bilionário nova-iorquino Michael Bloomberg a candidatar-se à presidência por um terceiro partido, prometendo que ele aplicaria todos os recursos da sua empresa ao esforço. "A mesma equipe que ajudou o Facebook a alcançar um bilhão de usuários faria o seu melhor para incentivar os Estados Unidos inteiro a colocá-lo na Casa Branca", prometeu Palihapitiya. "Acho que seríamos bem-sucedidos." Temeroso de que a sua participação na disputa entregaria a presidência a alguém como Donald Trump, Bloomberg recusou-se a entrar na corrida.[28]

Essa decisão firmou os poderosos do Vale no time de Hillary Clinton, tornando-se uma fonte confiável de dinheiro para a campanha e de conselhos políticos. A única exceção a essa tendência foi altamente visível: Peter Thiel, que superou o seu longo desdém pela confusão da política eleitoral para apoiar publicamente a renegada candidatura de Trump à Casa Branca. Thiel discursou na Convenção Republicana. Ele escreveu artigos de opinião batendo na ineficiência governamental enquanto invocava com sabedoria as glórias do Projeto Manhattan. Ironicamente, a versão de Thiel de tornar os Estados Unidos grandes novamente envolveu um retorno à era dos grandes gastos, quando o Vale começou. "Quando os norte-americanos viviam numa era de engenharia, e não financeira, eles dominavam tarefas muito maiores por muito menos dinheiro", escreveu ele. "Não podemos voltar no tempo, mas podemos recuperar o senso comum que guiou os nossos avós, que tanto realizaram." Após as eleições, Thiel tornou-se o elo entre a Trump Tower e os desorientados, e mais do que um pouco horrorizados, líderes da alta tecnologia que não podiam acreditar no resultado de novembro de 2016.[29]

E, então, rapidamente brotou o sentimento de que os principais responsáveis por essa surpresa eleitoral foram as próprias grandes plataformas tecnológicas norte-americanas. A sua confiança desabrida em conectar do mundo, a sua arrogância sobre

MESTRES DO UNIVERSO   419

o poder da engenharia, as suas máquinas pensantes deslumbrantemente sofisticadas: aparentemente, tudo isso tinha aberto o portão para a entrada de maus exemplos, que exploravam redes como o Facebook, o Twitter e o YouTube — e, na verdade, toda a internet — afastando ainda mais as partes de um EUA já dividido.

Os políticos norte-americanos, que há tanto tempo somente dedicavam à tecnologia sons de admiração, surpreenderam ao chamar Mark Zuckerberg para as salas de audiências do Capitólio para confrontos hostis cara a cara sobre o modelo de negócios do Facebook. Legisladores europeus deram um passo extra, forçando as empresas de internet a adotar regras de privacidade muito mais rigorosas. E semana a semana adicionava-se mais uma gota de revelação de que os agentes de toda essa confusão nas mídias sociais vinham do exterior, orquestrados pelo governo de Vladimir Putin, o homem que tomara o lugar de seu protegido e testa de ferro, Dmitry Medvedev, apenas dois curtos anos depois daquela peregrinação ansiosa pelo Vale do Silício.

Desde o fim da Guerra Fria, as origens do Vale, centradas em contratos militares, tinham desvanecido na bruma da memória coletiva. No pátio de Stanford e nos *pubs* de madeira polida da University Avenue, a única história que parecia importar era a de Sergey, Larry e Mark, ou talvez, se quisessem alguma nostalgia, os dois Steves na sua garagem de Los Altos. A pacata terra de Lockheed e Terman não parecia ter muito a ver com o gloriosamente rico e pulsante centro do capitalismo global, um lugar que representava o triunfo retumbante da ágil nova economia de mercado sobre as burocracias pesadas de outrora.

As coisas que o Vale agora vendia — seu alcance, sua ubiquidade, sua inteligência — tinham uma influência muito maior do que a dos produtos de hardware e software que originalmente colocaram o local no mapa. No entanto, como mostraram as eleições de 2016, as plataformas de mídia social da nova era foram algumas das armas mais poderosas que o Vale já tinha produzido.

Este era o lugar que tinha rejeitado a velha política, onde titãs como Steve Jobs se tornaram bilionários antes de se darem ao trabalho de votar, onde os sistemas de crenças muitas vezes se clivavam, ou na rejeição tecnolibertária do sistema ou numa impaciente e tecnocrática crença ao estilo "há um aplicativo para isso", uma afirmação de que o Vale do Silício poderia consertar falhas governamentais. De cabeça baixa e pondo a engenharia em primeiro lugar, os garotos-prodígios do Vale tinham construído máquinas extraordinárias sem contar com o quão verdadeiramente perturbadoras elas poderiam se tornar. O ethos do Vale do Silício era o produto dos prósperos, desenfreados e geralmente pacíficos Estados Unidos do fim do século XX, agora testado seriamente no início do século XXI.

Aqueles que estiveram presentes na criação da extraordinária exploração criativa da era online olharam com consternação para o que toda essa liberdade tinha causado. "Fomos surpreendentemente ingênuos", comentou Mitch Kapor com pesar, examinando o panorama político que surgia. "Não podíamos imaginar o que é agora óbvio: se as pessoas tiverem maus motivos e más intenções, usarão a internet para ampliá-los."[30]

PARTIDAS

Nos Carros Autônomos

Os carros autônomos deslizavam silenciosamente pelas ruas laterais perfumadas de eucaliptos de Mountain View, soltos por aí durante o pequeno período de calmaria após o engarrafamento matinal. Compactos, brilhantes, elétricos, com seus geolocalizadores giratórios brotando do teto, os carros na verdade não estavam sem motorista: se você olhasse de perto, veria lá dentro o contorno de uma ou duas cabeças, pertencentes a jovens *Googlers* cujo trabalho era testar, monitorar, tomar notas e pegar no volante caso algo desse errado.

Não era apenas o Google que estava tomando parte nos carros autônomos naqueles anos de deslumbramento com a riqueza de tecnologia do final dos anos 2010. Apple, Uber e Tesla também estavam, todas numa corrida para transformar o carro em um computador, um robô Shaky atualizado para o século XXI. Mesmo que os veículos não fossem totalmente autônomos, eles mostravam até onde a indústria tecnológica norte-americana tinha chegado em seus 70 anos de busca por máquinas pensantes e computadores em rede — e até onde suas maiores e mais ricas empresas pretendiam chegar.[1]

Os carros eram apenas uma parte disso. Com os bilhões ganhos com ferramentas de busca, mídia social e celulares, as maiores empresas do Vale estavam empenhando seus recursos em IA e aprendizado de máquina, e o mesmo valia para seus investidores que enxergavam mais além. "No mundo da tecnologia, a cada 12 anos há um tsunami — uma enorme onda de disrupção", declarou John Doerr. Primeiro veio o microchip e o PC, depois a internet, depois o celular. A IA era a próxima onda, e "será ainda maior". Chamath Palihapitiya também estava apostando muito na IA, em parceria com vários ex-*Googlers* em uma startup furtiva que estava desenvolvendo

422   O CÓDIGO

um microchip totalmente novo, feito para o aprendizado de máquina. O próximo sucesso, ao que tudo indicava, envolveria um retorno às raízes de hardware do Vale.[2]

Se você seguisse em direção ao norte, para dentro do brilho dourado de Palo Alto, encontraria outros sinais de prosperidade e agitação: concessionárias de carros de luxo, boxes de crossfit, a rede de café onde as pessoas faziam fila para esperar dez minutos por um esguicho de grãos raros. Se desse uma olhada no trem que passa gritando enquanto você dirige, seria lembrado da ansiedade sombria que espreita logo abaixo da superfície ensolarada. Seus trilhos tinham sido o local de uma série de suicídios de estudantes de ensino médio, jovens esmagados pela pressão de crescer à sombra da universidade mais famosa do mundo do empreendedorismo.

As pessoas da Bay Area reclamavam desde sempre do alto custo dos imóveis, mas os preços das casas tinham ficado tão altos que o berreiro era totalmente justificado. Aqueles modestos bangalôs construídos no primeiro *boom* do pós-guerra custam agora mais de US$3 milhões, e isso antes de você ter de reformar a cozinha. Já enfrentando críticas pela pressão que seu crescimento fizera sobre o mercado imobiliário, o Facebook e o Google anunciaram que construiriam apartamentos e casas para abrigar seus funcionários nas proximidades, cidades empresariais no molde de Pullman e Ford, atualizado para o século XXI. Como numa resposta ao novo capitalismo do bem-estar, campanhas para a sindicalização dos trabalhadores da tecnologia ganharam impulso, pressionando para expandir as vantagens dos setores administrativos e executivos à sua força de trabalho maciça e contingente: os motoristas de ônibus, trabalhadores temporários e programadores *freelancers*.

Dirija para além do brilho do arenito de Stanford, do obelisco da Torre Hoover (ainda apontando diretamente para cima!) e do shopping de Stanford, que foi criado em terras universitárias nos anos 1950 e que agora abriga todas as marcas imagináveis. Do outro lado da rua, por meio de um passeio de carro sombreado, você encontrará o *Vi*, o destino confortável e luxuoso de aposentadoria para os homens e mulheres que estiveram no Vale desde o início.

BURT E DEEDEE MCMURTRY TINHAM O MAIS GENEROSO e espaçoso apartamento do Vi, num andar que ficava acima do topo das árvores com vista para o campus de Stanford, não muito distante. Havia uma série de coisas com seus nomes no campus, principalmente um novo prédio brilhante para arte e história da arte que foi inaugurado em 2015. A filantropia tinha sido a principal atividade de Burt McMurtry desde que se afastou do investimento duas décadas antes, mas mesmo antes disso ele tinha partilhado sua riqueza com os dois lugares que lhe tinham dado seu início: Stanford e Rice. "Eu tive dez anos de educação gratuita", explicou ele, "e isso faz você perceber como a educação é uma ferramenta para a mobilidade econômica, então foi muito fácil pensar em retribuir". Ele se perguntou se a nova geração faria o mesmo e se eles teriam uma sensação semelhante de como o sucesso veio não apenas de seu talento, mas de suas circunstâncias e tempo. "Muitos investidores de risco", observou ele, "levam a si próprios muito a sério".[3]

David Morgenthaler concordou. Ele vivia alguns andares abaixo dos McMurtrys, e, embora estivesse com noventa e poucos anos, seu considerável intelecto ainda estava intacto. Ele manteve contato com todos os amigos que tinha feito desde os seus primeiros dias no ramo de investimentos, daquelas muitas viagens a Washington até os muitos negócios de tecnologia feitos desde então. Tomando sopa de tomate com canapés no restaurante do Vi, eles lembrariam dos velhos tempos e falariam sobre o que a nova geração da tecnologia poderia construir a seguir.

Morgenthaler financiava projetos de engenharia de estudantes e ficava de olho nas peças mais interessantes do portfólio de sua firma, também se preocupava com o tempo que o Vale do Silício poderia manter tudo isso em funcionamento. A indústria automobilística de Detroit teve um período tranquilo de 60 anos, depois chegou à exaustão. O Vale estava nisso há quase tanto tempo quanto e, embora o lugar estivesse repleto de conversas sobre disrupção, ele não conseguia ver onde ela poderia surgir. O transistor de silício tinha sido o seu grande impulsionador, mas o que tomaria o seu lugar? Onde estava o próximo Shockley? O próximo Jobs? Morgenthaler se perguntava se o futuro da tecnologia estaria no Vale, de fato.[4]

Ann Hardy não morava no Vi. Ela vivia com a filha e o genro, do outro lado da cidade, saboreando as horas que passava com seu neto. Ela mantinha-se ocupada, e a vida era maravilhosa. "Nunca vivi tão bem", refletiu ela com alegria. O crescimento espetacular do Vale foi uma surpresa; já as revelações do seu persistente sexismo não a surpreenderam muito. Foi triste constatar, depois de todo esse tempo, a dificuldade de ser uma mulher na tecnologia, e que tão poucos homens trabalhassem para melhorar o panorama. "Mesmo que você fosse um cara legal, como a empresa foi fundada por babacas, era difícil continuar sendo legal." Ela podia ver as deficiências da cultura do Vale refletidas nos seus produtos: agora usados universalmente, mas todos aparentemente concebidos por e para homens de 20 anos de idade. "Há tantas coisas triviais que você poderia fazer para torná-los mais acessíveis", disse ela, tão programadora como sempre. "É uma pena não ter produtos melhores."

Se a geração atual não trouxesse mudanças, então ela colocaria a sua fé na próxima. Seria a de crianças como seu neto e como as minhas filhas, ainda na pré-escola. "Diga às tuas meninas para brincarem com jogos de matemática", ela me disse do outro lado da calçada, quando nos despedíamos após o nosso último encontro.[5]

SAN DIEGO, 2018

O sol bateu na cara deles assim que saíram do avião. Fazia muito frio em Seattle, caindo uma chuva leve mesmo no início de junho. Era bom estar de volta ao calor e à languidez de San Diego depois de uma semana frenética na cidade que já havia sido seu lar. Seattle tornou-se uma cidade de guindastes e estaleiros, trânsito lento e calçadas repletas de bicicletas, aluguéis elevados e acampamentos de sem-teto agrupados ao longo da Rodovia Interestadual 5. A Amazon estava se expandindo como fogo em capim seco e todos os outros gigantes do Vale também tinham postos avançados lá, deixando a cidade agitada com os recém-chegados e repleta de ansiedade. A cena tecnológica local sempre se orgulhou de ser um pouco mais sã e lenta do que o Vale e sua cultura do finja-até-dar-certo. Agora Seattle parecia estar se transformando em uma São Francisco, mas sem o clima bom.

Yaw Anokwa e Hélène Martin poderiam ter conseguido grandes trabalhos na área da tecnologia — eles tinham diplomas de elite em Ciência da Computação e currículos banhados a ouro —, mas não queriam fazer parte da corrida maluca em Seattle ou na Bay Area. Eles sabiam que não precisavam disso. Já tinham passado três anos como nômades, viajando ao redor do mundo, escolhendo seus destinos com base no bom tempo e na disponibilidade de conexão robusta com a internet.

Eles tinham criado um negócio, à medida que perambulavam por aí, à base de software de código aberto que Anokwa tinha desenvolvido ainda como um estudante de pós-graduação, o que permitia a coleta de dados móveis em locais onde a internet não podia chegar. A empresa ajudou seus clientes a mapear as florestas tropicais brasileiras, a rastrear surtos de pólio na Somália e a monitorar a produção agrícola na Nigéria e em Ruanda. Eles não tinham financiamento de risco; as operações eram enxutas e as receitas vinham dos clientes. "Eu queria um modelo de negócio que pudesse explicar aos meus pais", disse Anokwa. A Fundação Gates foi um importante cliente e apoiante, cuja ironia não escapou a Martin, que já foi tão discípulo dos códigos abertos que pendurou na porta do seu armário na escola uma foto de Bill Gates com uma torta na cara.

NOS CARROS AUTÔNOMOS

O casal estava na casa dos 30 anos e já tinha vivido várias gerações de mudanças tecnológicas. Ambos eram imigrantes — Martin era franco-canadense e Anokwa, de Gana — e tiveram uma exposição precoce ao mundo da tecnologia. Anokwa era filho de um professor e tinha se fissurado por computadores desde os 9 anos, quando, recém-chegado a Indiana, seu pai trouxe um novo e brilhante Mac para casa, no apartamento do campus. Martin tinha crescido em Palo Alto, filha de um engenheiro elétrico, e passou a infância mexendo e desmontando computadores e dedicando muitas horas aos primórdios da internet. "Ninguém me disse que as mulheres não faziam isso", ela lembrou-se. Depois de obter sua graduação na Universidade de Washington, ela iniciou um programa de informática em uma escola pública local, esperando incentivar tanto meninas quanto minorias. "Você não entendeu algo", ela gostava de dizer, "até ter ensinado um adolescente a ensinar um computador a fazer aquilo".

O mundo tecnológico de seus anos na Universidade de Washington era dominado pelas Cinco Grandes e eles apreciaram os recursos que essas empresas poderiam trazer. O orientador de doutorado de Anokwa estava de licença no Google, permitindo que Anokwa criasse seu software em uma versão pré-lançamento do Android. Os estagiários da sua empresa aprenderam o desenvolvimento de código aberto durante o "Verão de Codificação" do Google. O abraço da Microsoft ao código aberto foi uma reviravolta bem-vinda no enredo, e as ações filantrópicas de Bill Gates tinham feito do mundo um lugar melhor, comparativamente. Esses gigantes e suas empresas sentiram e compreenderam os benefícios que colheram da infraestrutura de código aberto criada ao longo das décadas por uma comunidade global de programadores em grande parte desconhecidos. Mas o otimismo brutal de outros gigantes pode ser enervante. "Se você não tiver vivido sob uma ditadura", observou Anokwa, "pode ser ingênuo com os perigos da acumulação de grandes quantidades de dados de usuários".

Ambos optaram por não trabalhar para o Google, ou para a Microsoft, ou para todo o resto. Eles também não queriam mergulhar os próximos anos de suas vidas na construção do próximo Facebook. Eles não precisavam ser bilionários ou mesmo milionários; eles só queriam ganhar a vida decentemente. "Como é que encontramos equilíbrio?", Martin se perguntava. "Como é que evitamos entrar nesse moedor?"

Foi aí que San Diego entrou. Era uma cidade ensolarada. Havia o departamento de informática da Universidade da Califórnia em San Diego e empresas de biotecnologia, mas não foi isso que os atraiu. Era a presença de outras pessoas como eles, que tinham a sorte de poder escolher seu próprio destino, pessoas que estavam optando conscientemente por sair de lugares que tinham ficado lotados e competitivos. "É

426 O CÓDIGO

cada vez mais possível", observou Martin, "escolher onde quero estar não com base no trabalho, mas na vida que quero viver". O Vale do Silício ainda era um chamariz para muitos, mas não para eles.[6]

CARROS AUTÔNOMOS VAGAVAM PELAS RUAS. supercomputadores tornaram-se portáteis. O cérebro eletrônico tinha quase tanta capacidade quanto o cérebro humano. No entanto, o otimismo técnico que há muito impulsionava a indústria tinha mudado. As conclamações para mudar o mundo de seus líderes mais famosos suscitavam risadas e caretas, mesmo quando as próprias tecnologias, mais do que nunca, eram maravilhosas e cheias de possibilidades incríveis e temíveis. Os gritos de protesto iam de Washington a Bruxelas, dos principais jornais ao (ironia das ironias) Facebook e ao Twitter.

No entanto, marcar a tecnologia como a fonte de todos os problemas da sociedade era tão problemático quanto aquelas declarações ousadas, feitas no início da era do silício, de que os computadores e seus fabricantes consertariam tudo. A história da revolução tecnológica norte-americana não era um código binário de heróis ou vilões; era muito mais confusa e interessante do que isso. Toda essa conexão tinha reunido as pessoas, mas também tinha tornado mais fácil separá-las. Toda essa abertura tinha alimentado a liberdade individual, mas com um custo para a privacidade individual. A concentração de talento e dinheiro em certos lugares tornou possível a explosão de novas ideias, mas os benefícios financeiros fluíram para poucos privilegiados. Agora, essas cidades pareciam parques de diversão para milionários, com pouquíssimo espaço ou oportunidade para qualquer outra pessoa.

O Facebook e o Google sequer existiam duas décadas antes; a Apple e a Amazon foram, certa vez, dispensadas como fracassos certos. Agora, elas eram as maiores e mais ricas corporações do planeta, com enorme sucesso até mesmo além dos sonhos considerados ambiciosos dos seus fundadores. O escrutínio das leis e as críticas ferozes vieram como consequência desse sucesso, dessas empresas terem realizado de forma tão completa o que se propuseram a fazer — propagar publicidade, criar plataformas ubíquas, mudar o mundo.

Mas agora uma nova geração norte-americana estava prestes a assumir o comando e incluía pessoas como Yaw Anokwa e Hélène Martin. Eles queriam equilibrar trabalho e vida, em vez de criar a próxima empresa que quebraria o mercado. Eles queriam ser cidadãos do mundo e não apenas cidadãos de uma pequena e muito afortunada fatia da parte ocidental da América do Norte. Os novos empreendedores estavam tomando para si as plataformas de código aberto, as redes de banda larga e as extraordinárias invenções de hardware e software que saíram da explosão tecnológica norte-americana de sete décadas atrás, e eles estavam construindo algo novo.

Esses empreendedores não estavam necessariamente fazendo isso no Vale do Silício, e nem estavam criando o "próximo Vale do Silício". Eles estavam fazendo isso em todos os lugares, em lugares que tinham um ritmo diferente, eram mais acessíveis, mais diversificados em perspectivas e experiências. Essas pessoas estavam pensando em um tipo diferente de ética hacker. Era uma ética que construiria um software duradouro, em vez de pedir aos programadores para darem suas vidas a ajustes e atualizações constantes. Era uma ética que trazia pessoas de fora dos círculos encantados que dominaram a tecnologia por tanto tempo, e uma ética que misturava engenharia com humanismo. Uma ética que adiou a construção de colônias em Marte até que a tecnologia resolvesse primeiro as desigualdades aqui na Terra.

Eles foram capazes de pensar dessa maneira por conta do que a revolução tecnológica já tinha feito. O Vale do Silício não era apenas um lugar. Era um conjunto de ferramentas, uma rede de pessoas, com a sensibilidade de fazer as coisas do zero. Uma história tipicamente norte-americana de conquistas gloriosas e negócios inacabados, tornada possível por correntes políticas e econômicas mais amplas que moldaram mais de meio século de história. A última geração de aventureiros, nômades e recém-chegados estava pronta para construir a partir desse passado e fazer as coisas de forma diferente no futuro.

Ninguém sabe o que pode acontecer a seguir.

NOTAS SOBRE AS FONTES

Como qualquer trabalho de história, O Código repousa sobre uma base de fontes primárias e secundárias, empregando uma variedade de métodos para contar uma história que começa nos anos 1940 e termina no fim dos anos 2010. Minhas principais fontes incluem arquivos corporativos e governamentais; artigos pessoais; jornais, revistas e livros contemporâneos; memórias; publicações corporativas e prospectos financeiros; histórias orais publicadas; e entrevistas em primeira pessoa. As listas dos arquivos consultados e dos indivíduos entrevistados podem ser encontradas no fim desta seção.

As fontes secundárias usadas neste livro cobrem uma faixa igualmente ampla da moderna história tecnológica, política e econômica norte-americana. Quando estava escrevendo, brincava que o meu tema era "sobre tudo da revolução da alta tecnologia, exceto a tecnologia". Muita tecnologia entrou no livro, claro, e eu procurei trazer este vasto assunto para uma narrativa simples e legível que fosse acessível a não técnicos. Consegui fazer isso porque muitos outros escreveram a história dessa tecnologia tão bem e muito extensivamente. Sou grato aos cronistas das indústrias de hardware, software e telecomunicações, cujo trabalho alimentou meu entendimento sobre tecnologia e tecnófilos, assim como aos estudiosos da ciência, tecnologia e sociedade cujos *insights* e questionamentos moldaram as perguntas que faço e respondo nestas páginas. As notas finais fornecem dados bibliográficos completos sobre as obras consultadas. Para os leitores em geral interessados num mergulho mais profundo, listo aqui alguns títulos-chave.

Historiadores da ciência e da tecnologia teceram a história das invenções norte-americanas em um contexto amplo de mudanças sociais e estruturais. Um modelador desse campo foi Thomas P. Hughes, cujo livro *American Genesis* (1989) é um excelente ponto de partida para os leitores interessados nesta longa história. Em computação e indústrias relacionadas em particular, uma síntese indispensável é *Computer: A History of the Information Machine* (2013), de Martin Campbell-Kelly, William Aspray, Nathan Ensmenger e Jeffrey R. Yost. A última edição desse livro contém uma discussão sobre plataformas e softwares móveis e sociais, bem como uma explicação sobre os principais marcos e figuras da computação desde o século XIX até os dias de hoje. Outra visão importante é *A History of Modern Computing* (2003), de Paul E. Ceruzzi. Sobre a longa história das tecnologias de comunicação, uma fonte inspiradora e agora clássica é *The Control Revolution* (1986), de James R. Beniger. Uma contribuição mais recente e também valiosa é *The Master Switch* (2011), de Tim Wu. Uma síntese útil sobre a política de tecnologia da informação tanto nos Estados Unidos como na Europa é *The Information Society: An Introduction*, de Armand Mattelart.

Os *mainframes* transformaram o setor industrial norte-americano após a Segunda Guerra Mundial; para uma exploração mais abrangente das muitas indústrias transformadas pelo

430 O CÓDIGO

processamento eletrônico de dados, leia *The Digital Hand* (2003), de James W. Cortada. Sobre eletrônica de consumo e dispositivos de telecomunicações, uma não especialidade no início do Vale do Silício, mas que foi importante para a história da tecnologia norte-americana em meados do século XX, veja *Inventing the Electronic Century* (2005), de Alfred D. Chandler Jr., bem como *Manufacturing the Future* (1999), o estudo de Stephen B. Adams e Orville R. Butler sobre a Western Electric. Sobre a IBM, a empresa dominante e definidora do mercado da era *mainframe*, veja *IBM* (1995), de Emerson W. Pugh, bem como *The Interface* (2011), uma exploração da marca e do design industrial da empresa por John Harwood.

Muito tem sido escrito sobre o governo dos Estados Unidos durante a Segunda Guerra Mundial e os investimentos imediatos do pós-guerra em pesquisa científica. *ENIAC* (1999), de Scott McCartney, fala da fabricação do primeiro computador digital do mundo; *Endless Frontier* (1997), G. Pascal Zachary, continua a ser a biografia definitiva do influente e irreprimível Vannevar Bush. Novos insights sobre a longa sombra econômica da Segunda Guerra Mundial vieram de estudiosos da política e do capitalismo norte-americano como James T. Sparrow (*Warfare State*, 2011) e Mark R. Wilson (*Destructive Creation*, 2016).

From Cotton Belt to Sunbelt (1994), de Bruce J. Schulman, mostra como o complexo militar-industrial remodelou a geografia econômica dos Estados Unidos. Sobre Eisenhower e a Guerra Fria, incluindo uma discussão matizada sobre o Sputnik e a "lacuna dos mísseis", veja *The Age of Eisenhower* (2018), de William I. Hitchcock. Para a fascinante história da DARPA, veja *The Pentagon's Brain* (2015), de Annie Jacobsen. Sobre o papel fundamental da política no desenvolvimento tecnológico tanto nos Estados Unidos como na Europa, veja o influente e importante livro *The Entrepreneurial State* (2015), de Mariana Mazzucato.

Uma dimensão crítica desse investimento governamental foi formada nas universidades norte-americanas, que se tornaram grandes atores políticos e econômicos por direito próprio. Trabalhos importantes aqui incluem *The Cold War and American Science* (1993), de Stuart W. Leslie; *Research and Relevant Knowledge* (1993), de Roger L. Geiger; e *Between Citizens and the State* (2012), de Christopher P. Loss. Também abordei este tema no meu primeiro livro, *Cities of Knowledge* (2005). Sobre a evolução econômica da universidade em um período posterior, veja *Creating the Market University* (2012), de Elizabeth Popp Berman. Sobre a evolução de Stanford e seus "degraus de excelência", veja *Creating the Cold War University* (1997), de Rebecca S. Lowen, *e Fred Terman at Stanford* (2004), de C. Stewart Gillmor.

Sobre a história inicial da indústria eletrônica do Vale de Santa Clara, especialmente sobre empresas importantes como Ampex, Eitel-McCullough e Varian, veja *Making Silicon Valley* (2005), de Christophe Lécuyer. *Blue Sky Dream* (1996), de David Beers, é um relato pessoal vivaz do crescimento da família Lockheed em San José. Ensaios valiosos sobre o crescimento do ecossistema regional ao longo do tempo, incluindo a discussão de escritórios de advocacia, capital de risco e de outros serviços especializados, encontram-se em *Understanding Silicon Valley* (2000), de Martin Kenney (Org.), e *The Silicon Valley Edge* (2000), organizado por Chong-Moon Lee, William F. Miller, Marguerite Gong Hancock e Henry S. Rowen.

Sobre o transistor e a indústria de chips que criou, veja *Crystal Fire* (1997), de Michael Riordan e Lillian Hoddeson; *The Man Behind the Microchip* (2005), de Leslie Berlin; e *Moore's Law* (2015), de Arnold Thackray, David C. Brock, e Rachel Jones. William Shockley, o homem que trouxe o silício para o Vale do Silício, passou as últimas décadas de sua vida como um eugenista aguerrido e supremacista branco; veja *Broken Genius* (2006), a biografia de Joel N. Shurkin.

NOTAS SOBRE AS FONTES

O Vale de Santa Clara, naturalmente, possui mais do que tecnologia e tem sido tema de várias histórias que interrogam as políticas raciais e sociais mais amplas da região: *Silicon Valley, Women, and the California Dream* (2002), de Glenna Matthews; *The Devil in Silicon Valley* (2004), de Stephen J. Pitti; e *Uninvited Neighbors* (2014), de Herbert G. Ruffin II. Sobre a política mais ampla da Califórnia durante esse período, veja *The Right Moment* (2004), de Matthew Dallek; *Golden Dreams* (2011), de Kevin Starr; *California Crucible* (2012), de Jonathan Bell; e *The Browns of California* (2018), de Miriam Pawel. Sobre a Proposta 13, de 1978, um ponto de inflexão no financiamento público da Califórnia, e as correntes mais amplas de raça, propriedade e política de propriedade, veja *American Babylon* (2003), de Robert O. Self, e *The Permanent Tax Revolt* (2008), de Isaac William Martin.

A minha discussão sobre Boston e o seu ecossistema tecnológico baseou-se numa série de estudos. O "pai do capital de risco", Georges Doriot, é o tema de *Creative Capital* (2008), de Spencer E. Ante. *The Soul of a New Machine* (1981), o agora clássico de Tracy Kidder, captura a febre do ciclo de desenvolvimento do produto minicomputador, e *Hackers* (1984), de Steven Levy, captura a cena inicial do computador do MIT com uma intencionalidade vívida. *Don't Blame Us* (2014), de Lily Geismer, discute as dinâmicas demográficas e políticas impulsionadas em parte pela presença da indústria tecnológica em Boston e seus arredores. Por último, *Regional Advantage* (1996), de Annalee Saxenian, continua sendo o estudo comparativo definitivo da Rota 128 e do Vale mais de duas décadas após sua publicação.

Vários estudos importantes do Vale do Silício concentraram-se na década de 1970, demonstrando como ideias contraculturais, pontos de inflexão tecnológicos e mudanças de mercado contribuíram para o surgimento da microinformática e outras indústrias. *From Counterculture to Cyberculture* (2006), de Fred Turner, traça a linhagem intelectual da cibernética à computação pessoal e às primeiras comunidades online, como a WELL. Sobre esta confluência geracional e cultural, veja também *What the Dormouse Said* (2007), de John Markoff, e *How the Hippies Saved Physics* (2011), de David Kaiser. Michael A. Hiltzik conta a história da Xerox PARC em *Dealers of Lightning* (1999). *Troublemakers* (2017), de Leslie Berlin, traça a vida e a carreira dos empreendedores seminais do Vale durante a década e as indústrias que eles criaram. Uma fonte abrangente que ajudou a formar minha discussão sobre o início da era da microinformática é *Fire in the Valley* (1999), de Paul Freiberger e Michael Swaine.

A biotecnologia foi outra indústria importante que cresceu na Bay Area durante esse período, possibilitada pelo ecossistema de capital de risco, instituições de pesquisa baseadas em universidades, dinheiro e regulamentação governamentais. Embora TI e biotecnologia sejam frequentemente agrupadas sob uma rubrica econômica de "alta tecnologia" (e muitos dos VCs que discuto neste livro, incluindo a família Morgenthaler, eram importantes investidores em biotecnologia), o cronograma de desenvolvimento e comercialização de medicamentos e dispositivos médicos, bem como o contexto legal e regulatório, é profundamente diferente do software e hardware de computador. O setor biotecnológico também está geograficamente mais disperso; Boston pode ter cedido ao Vale do Silício sua outrora formidável liderança em hardware e software, mas permanece entre os centros mais importantes da indústria biotecnológica. O contraste se acentuou ainda mais no período pós-2000, à medida que as empresas de software de busca, mídia social, celular e de nuvem cresceram a uma escala e influência muito além de suas antecessoras de TI.

Por essas razões substantivas e narrativas, optei por manter o foco do livro nas empresas e indústrias de tecnologia da informação do Vale do Silício. Para os leitores interessados em saber mais

432 O CÓDIGO

sobre as origens e a evolução da biotecnologia, um bom lugar para começar é o excelente *Genentech* (2011), de Sally Smith Hughes. Em *Troublemakers*, Leslie Berlin discute a Genentech, bem como o importante papel do Escritório de Licenciamento de Tecnologia de Stanford, um inovador em transferência de tecnologia que ajudou a transformar a pesquisa médica em um grande centro de lucros para a universidade. Veja também *Creating the Market University* (2012), de Elizabeth Popp Berma.

A competição econômica com o Japão foi um dos momentos mais marcantes nos negócios e na política dos anos 1980, indo muito além da indústria eletrônica. Para compreender a notável evolução da economia japonesa após a Segunda Guerra Mundial, recorri ao clássico *MITI and the Japanese Miracle* (1982), de Chalmers Johnson, e ao Milagre Japonês (1982), bem como a *Capital as Will and Imagination* (2013), de Mark Metzle. Sobre o impacto dos produtos de consumo japoneses, incluindo o Sony Walkman, na sociedade norte-americana, veja *Consuming Japan* (2017), de Andrew C. McKevitt. Sobre os impactos políticos internos da globalização econômica, veja *Pivotal Decade* (2010), de Judith Stein; *Stayin' Alive* (2010), de Jefferson Cowie; e *Panic at the Pump* (2016), de Meg Jacobs. Sobre o capitalismo contracultural, veja *From Head Shops to Whole Foods* (2017), de Joshua Clark Davis.

A acumulação de defesa e as batalhas culturais da era Reagan tiveram efeitos duradouros sobre o Vale. Sobre a SDI, veja *Way Out There in the Blue* (2001), de Frances FitzGerald. Um relato sobre o programa de computação estratégica da DARPA, escrito por aqueles que o construíram, é *Strategic Computing* (2002), de Alex Roland e Philip Shiman. Os custos ambientais e sociais do *boom* tecnológico da época são explorados em *The High Cost of High Tech* (1985), de Lenny Siegel e John Markoff. Sobre as guerras culturais no campus e além, veja *A War for the Soul of America* (2015), de Andrew Hartman. Sobre a polarização cultural e política mais ampla, veja *Age of Fracture* (2012), de Daniel T. Rodgers.

A literatura sobre inteligência artificial e "máquinas pensantes" é vasta e enérgica. *Cybernetics* (1948), de Norbert Wiener, e sua popularização contemporânea — *Giant Brains, or, Machines That Think* (1949), de Edmund Callis Berkeley — continuam a ser leituras fascinantes e reveladoras. Os trabalhos secundários que ajudaram a formar esta parte da história incluem *AI* (1993), de Daniel Crevier; *Machines of Loving Grace* (2015), de John Markoff; e *Rise of the Machines* (2016), de Thomas Rid. O impacto da automação e da robótica no trabalho é um tema merecidamente quente. Para uma visão otimista, veja *The Second Machine Age* (2016), de Erik Brynjolfsson e Andrew McAfee; para uma visão mais sombria, veja *Rise of the Robots* (2015), de Martin Ford. Colocando adequadamente o fenômeno econômico no contexto de uma história mais longa de reestruturação corporativa e trabalho contingente (no Vale do Silício e em outros lugares), veja *Temp* (2018), de Louis Hyman.

No setor de capital de risco no Vale e em outros lugares, são fontes úteis *The New Venturers* (1985), de John W. Wilson; *Done Deals* (2000), de Udayan Gupta; e *The Startup Game* (2011), memórias de William H. Draper III. *eBoys* (2000), de Randall E. Stross, explora o capital de risco durante a era "pontocom". Sobre as longas batalhas dos investidores contra a tributação e regulamentação das empresas, veja *The Politics of Free Markets* (2006), de Monica Prasad; *When Wall Street Met Main Street* (2011), de Julia C. Ott; e *Rich People's Movements* (2015), de Isaac William Martin.

As mudanças no ambiente regulatório e de mercado em Wall Street tornaram possíveis os avanços tecnológicos sucessivos. Para um panorama abrangente, veja *A History of the Global Stock Market* (2004), de B. Mark Smith. Sobre o intercâmbio que se tornou o lar de muitos dos maiores nomes da

NOTAS SOBRE AS FONTES

tecnologia, veja *NASDAQ* (2002), de Mark Ingebretsen. Sobre outro fenômeno financeiro do final do século XX — os fundos de hedge — veja *More Money than God* (2010), de Sebastian Mallaby.

Para saber mais sobre as origens acadêmicas e a evolução comercial da internet, um lugar para começar é a pesquisa cuidadosa de Janet Abbate, *Inventing the Internet* (1999). Para mais informações sobre as pessoas e tecnologias seminais das primeiras redes não comerciais, veja *Where Wizards Stay Up Late* (1996), de Katie Hafner e Matthew Lyon, bem como *Weaving the Web* (1999), o relato sobre a criação da Web pelo homem que a inventou, Tim Berners-Lee, com Mark Fischetti.

Quando chegamos aos anos 1990, as histórias acadêmicas se tornaram mais escassas; em vez disso, ganhamos uma torrente de perfis de livros sobre as principais empresas de tecnologia e sobre as pessoas que as lideraram, muitos foram escritos em meses ou alguns anos após os eventos descritos. Uma fonte importante é a longa reportagem e os livros produzidos por jornalistas associados à revista *Wired*, que entre outras coisas prestaram atenção ao que acontecia em Washington, D.C., muito antes que outros o fizessem. *How to Hack a Party Line* (2001), relato de Sara Miles sobre o corte no Vale pelos democratas, é de particular relevância; *Cyberselfish* (2000), o passeio selvagem de Paulina Borsook pelo pensamento tecnolibertário; e *Pride Before the Fall* (2001), o relato fascinante de John Heilemann sobre a saga antitruste da Microsoft.

Para a minha discussão sobre Bill Gates e a Microsoft, também recorri a *Gates* (1993), de Stephen Manes e Paul Andrews, assim como a *The Road Ahead* (1996), o relato de Gates sobre a era da internet. G. Pascal Zachary documenta a corrida para construir um Windows melhor em *Showstopper!* (1994); *World War 3.0* (2001), de Ken Auletta, e *Breaking Windows* (2001), de David Bank, documentam também o tumulto dentro da empresa no fim dos anos 1990.

Sobre a Apple, *Steve Jobs* (2011), de Walter Isaacson, explora este líder complicado em todo o seu irascível e brilhante retrato de glória — com o qual, acrescente-se, alguns dos mais próximos de Jobs discordam. Sobre o Mac, veja *Insanely Great* (1994), de Steven Levy, bem como *Revolution in the Valley* (2011), o relato em primeira mão de um dos criadores do Mac, Andy Hertzfeld. *Steve Jobs and the NeXT Big Thing* (1993), de Randall Stross, conta a história do curto, mas influente, empreendimento de Jobs. Sobre a Apple nos tempos atuais, veja *Inside Apple* (2012), de Adam Lashinsky. Sobre o iPhone e seu ecossistema, assim como uma descrição dos dispositivos móveis que o precederam e ativaram, veja *The One Device* (2017), de Brian Merchant.

The Well (2001), de Katie Hafner, conta a história da influente rede online e dos seus *denizens*. Sobre a America Online e a era da rede discada, veja *AOL.com* (1998), de Kara Swisher; sobre a fusão da AOL com a Time Warner e a euforia "pontocom" que a acompanhou, veja *There Must Be a Pony in Here Somewhere* (2003), de Swisher. Michael Lewis conta a história da Netscape e do irreprimível Jim Clark em *The New Thing* (2000).

A ascensão de uma nova geração de empresas a partir das cinzas do crash das "pontocom" é o tema de *Once You're Lucky, Twice You're Good* (2008), de Sarah Lacy. John Battelle explora as tecnologias e técnicos por trás da primeira onda de ferramentas de busca, e a ascensão do Google acima de todos, em *The Search* (2005). Um excelente estudo sobre o primeiro sucesso das redes sociais é *Stealing MySpace* (2009), de Julia Angwin.

Para a minha discussão sobre o Google, recorri ao *Googled* (2009), de Ken Auletta. Sobre os primeiros anos do Facebook, consultei *The Facebook Effect* (2010), de David Kirkpatrick, bem como *The Boy Kings* (2012), um relato em primeira pessoa vívido e reflexivo de Katherine Losse. Sobre a Amazon, veja *The Everything Store* (2013), de Brad Stone, bem como *Get Big Fast* (2000), a crônica de Robert Spector sobre a empresa na era "pontocom".

434   O CÓDIGO

Conforme as maiores empresas de tecnologia inchavam em influência e riqueza, houve uma série de trabalhos cuidadosamente fundamentados por estudiosos que examinaram as limitações e os preconceitos embutidos nos produtos que essas empresas construíram (e cujos títulos por si só revelam muito sobre o estado de espírito atual). Isso inclui *The Black Box Society* (2015), de Frank Pasquale; *Technically Wrong* (2017), de Sara Wachter-Boettcher; *Algorithms of Oppression* (2018), de Safiya Umoja Noble; *Automating Inequality* (2018), de Virginia Eubanks; *Antisocial Media* (2018), Siva Vaidhyanathan; *Artificial Unintelligence* (2018), de Meredith Broussard.

ARQUIVOS

Sou grata aos arquivos cujas coleções nutriram as minhas pesquisas e aos arquivistas que as gerem e dirigem. Um profundo agradecimento também aos tecnólogos, executivos e empresas que reconheceram que uma indústria e um lugar histórico precisam preservar seu passado, e que doaram seus documentos e artefatos a repositórios de arquivos. (Nota aos atuais líderes do mundo tecnológico: por favor, façam isso também!) Os arquivos digitais foram outra grande vantagem para mim como pesquisadora, e um agradecimento especial vai para três coleções de história oral digitalizada de arquivos, nas quais eu me baseei extensivamente: o Projeto Silicon Genesis, de Stanford; as histórias orais conduzidas pelo Museu Histórico do Computador; e o projeto "Early Bay Area Venture Capitalists" do Escritório Regional de História Oral da Biblioteca Bancroft da Universidade da Califórnia, Berkeley.

Outros arquivos consultados, incluindo as abreviaturas utilizadas nas notas:

CA   Carl Albert Center Congressional and Political Collections [Centro Parlamentar e Coleções de Política Carl Albert], Norman, Okla.

CHM   Computer History Museum [Museu da História do Computador], Mountain View, Calif.

HH   Hoover Institution Library & Archives [Arquivos e Biblioteca do Instituto Hoover], Stanford, Calif.

HP   Agilent (Hewlett Packard) History Center [Centro de História Agilent], Palo Alto, Calif.

HV   Harvard University Archives [Arquivos da Universidade de Harvard], Cambridge, Mass.

MO   Museum of History and Industry (MOHAI) [Museu de História e Indústria], Seattle, Wash.

NA   U.S. National Archives [Arquivos Nacionais], College Park, Md.

PA   Palo Alto Historical Association [Associação Histórica de Palo Alto], Palo Alto, Calif.

PT   Paul E. Tsongas Collection [Coleção Paul E. Tsongas], Universidade de Massachusetts Lowell, Lowell, Mass.

RMN   Richard M. Nixon Presidential Library [Biblioteca Presidencial Richard M. Nixon], Yorba Linda, Calif.

SJ   History San José [História de San José], San José, Calif.

SU   Stanford University Special Collections and University Archives [Coleções Especiais e Arquivos Universitários da Universidade de Stanford], Stanford, Calif.

NOTAS SOBRE AS FONTES

UW   University of Washington Special Collections and Archives [Coleções Especiais e Arquivos da Universidade de Washington], Seattle, Wash.

WJC   William J. Clinton Presidential Library [Biblioteca Presidencial William J. Clinton], Little Rock, Ark.

ENTREVISTAS

Se o segredo do Vale do Silício são as pessoas, então um segredo deste livro sobre o Vale do Silício foi a oportunidade de falar com tantos dos que viveram esta história. Uma lista de entrevistas que realizei entre 2014 e 2018 está logo abaixo; entrevistados adicionais solicitaram anonimato. Sou profundamente grata pelos insights e pelas contribuições de todos os que falaram comigo.

Yaw Anokwa, 7 de junho de 2018

Pete Bancroft, 3 de novembro de 2015

John Seely Brown, 16 de dezembro de 2014; 22 de março de 2018

Luis Buhler, 8 de fevereiro de 2016

Tom Campbell, 17 de fevereiro de 2016

Jim Cunneen, 1 de fevereiro de 2016

Reid Dennis, 26 de maio de 2015

Bill Draper, 23 de junho de 2015

Trish Millines Dziko, 3 de abril de 2018

James Gibbons, 14 de novembro de 2015

Stewart Greenfield, 19 de maio de 2015

Ken Hagerty, 9 de setembro de 2015

Kip Hagopian, 8 de fevereiro de 2016

Ann Hardy, 20 de abril de 2015; 19 de setembro de 2017; 28 de agosto de 2018

Pitch Johnson, 26 de maio de 2015

Jennifer Jones, 14 de novembro de 2014

Tom Kalil, 7 de agosto de 2017

Mitch Kapor, 19 de setembro de 2017

Roberta Katz, 12 de novembro; 10 de dezembro de 2014

Guy Kawasaki, 26 de janeiro; 12 de fevereiro de 2015

Chop Keenan, 17 de março de 2016

Floyd Kvamme, 16 de fevereiro de 2016

Arthur Levitt, 7 de maio, 10 de julho de 2015

Dan'l Lewin, 21 de novembro de 2017

Audrey Maclean, 14 de maio de 2015

Hélène Martin, 4 de junho de 2018

Bob Maxfield, 28 de maio de 2015

Kathie Maxfield, 28 de maio de 2015

Pete McCloskey, 18 de fevereiro de 2016

Tom McEnery, 2 de fevereiro; 9 de março de 2016

Regis McKenna, 3 de dezembro de 2014; 21 de abril de 2015; 31 de maio de 2016

Burt McMurtry, 15 de janeiro de 2015; 2 de outubro de 2017

Bob Miller, 16 de dezembro de 2014

William F. Miller, 27 de fevereiro de 2015

Becky Morgan, 13 de maio de 2016

David Morgenthaler, 12 de fevereiro; 19 de Maio; 23 de junho; 3 de novembro; 2015

Gary Morgenthaler, 24 de novembro de 2014

Chamath Palihapitiya, 5 de dezembro de 2017

Paul Saffo, 24 de março de 2017

Allan Schiffman, 22 de março de 2018

Charles Simonyi, 4 de outubro de 2017

Larry Stone, 7 de abril de 2015

Marty Tenenbaum, 9 de fevereiro; 21 de fevereiro; 16 de março de 2018

Avie Tevanian, 13 de dezembro de 2017

Andy Verhalen, 18 de novembro de 2014

Ed Zschau, 9 de abril; 24 de junho de 2015; 19 de janeiro de 2016

NOTAS

1. Night Shift, dirigido por Ron Howard, escrito por Lowell Ganz e Babaloo Mandel (Burbank, Calif.: Warner Brothers Pictures, 1982). Reproduzido com permissão.
2. John Perry Barlow, "Uma Declaração da Independência do Ciberespaço", Electronic Frontier Foundation, 8 de fevereiro de 1996, https://projects.eff.org/~barlow/Declaration-Final.html.
3. Ellen Ullman, Life in Code: A Personal History of Technology (Nova York: Farrar, Straus e Giroux, 2017), 47.

INTRODUÇÃO: A REVOLUÇÃO NORTE-AMERICANA

1. Associated Press, "Apple, Amazon, Facebook, Alphabet, and Microsoft are Collectively Worth More Than the Entire Economy of the United Kingdom", 27 de abril de 2018, https://www.inc.com/associated-press/mindblowing-facts-tech-industry-money-amazon-apple-microsoft-facebook-alphabet.html, arquivado em: https://perma.cc/HY68-RJYG.
2. Reyner Banham, "Down in the Vale of Chips", New Society 56, n. 971 (25 de junho de 1981): 532–33.
3. John Doerr, "The Coach", entrevista por John Brockman, 1996, Edge.org, https://www.edge.org/digerati/doerr/, arquivado em: https://perma.cc/9KWX-GLWK.
4. Marc Andreessen, "Why Software Is Eating the World", *The Wall Street Journal*, 20 de agosto de 2011, C2. Bilhões de dólares em investimento público depois, muitas das tentativas de reproduzir o Vale do Silício ficaram muito aquém das expectativas; veja Margaret O'Mara, "Silicon Dreams: States, Markets, and the Transnational HighTech Suburb", em Making Cities Global: The Transnational Turn in Urban History, A. K. Sandoval-Strausz e Nancy H. Kwak (Orgs.), (Philadelphia: University of Pennsylvania Press, 2017), 17–46.
5. Chiat/Day, "Macintosh Introductory Advertising Plan FY 1984", novembro de 1983, Apple Computer Records, Box 14, FF 1, SU.
6. Ronald Reagan, "Remarks and Question and Answer Session with Students and Faculty at Moscow State University", 31 de maio de 1988, publicado por John T. Woolley e Gerhard Peters, The American Presidency Project, https://www.presidency.ucsb.edu/node/254054.
7. Steven Levy, Hackers: Heroes of the Computer Revolution (Nova York: Anchor Press/Doubleday, 1984); Reagan, "Remarks and Question and Answer Session with Students and Faculty at Moscow State University". Veja também Fred Turner, From Counterculture to Cyberculture: Stewart Brand, the Whole Earth Network, and the Rise of Digital Utopianism (Chicago: The University of Chicago Press, 2006); John Markoff, What the Dormouse Said: How the Sixties

438 O CÓDIGO

Counterculture Shaped the Personal Computer Industry (Nova York: Penguin, 2005); David Kaiser, How the Hippies Saved Physics: Science, Counterculture, and the Quantum Revival (Nova York: W. W. Norton, 2011).

8. Guy Kawasaki, entrevista com a autora, 26 de janeiro de 2015, Menlo Park, Califórnia.

PRIMEIRO ATO

1. Fred Terman, entrevistado por Jane Morgan para o 75º aniversário de Palo Alto, Palo Alto Historical Association, 1969, https://www.youtube.com/watch?v=Jwk2Y4mi87w, arquivado em: https://perma.cc/5FSW-SXBF.

CHEGADAS

1. David T. Morgenthaler, entrevista com a autora, 26 de maio de 2015, Palo Alto, Califórnia; David T. Morgenthaler, entrevista de história oral para John Hollar, 2 de dezembro de 2011, Computer History Museum, Mountain View, Califórnia, CHM Ref. X6305.2012, 21, http://archive.computerhistory.org/resources/access/text/2013/11/1027462120501acc.pdf.

2. Ann Hardy, entrevista com a autora, 20 abr. 2015, Stanford, Califórnia; Hardy, conversa por telefone, 28 de agosto de 2018; John Harwood, The Interface: IBM and the Transformation of Corporate Design, 1945–1976 (Minneapolis: University of Minnesota Press, 2011).

3. Burton J. McMurtry, entrevista com a autora, 15 de janeiro de 2015, Palo Alto, Califórnia; McMurtry, entrevista de história oral para Sally Smith Hughes, 2009, "Early Bay Area Venture Capitalists: Shaping the Economic and Business Landscape", Regional Oral History Office, The Bancroft Library, University of California, Berkeley, 12, http://digitalassets.lib.berkeley.edu/roho/ucb/text/mcmurtry_burt.pdf.

4. Alfred R. Zipser Jr., "Microwave Relay Replacing Cables", The New York Times, 21 de março de 1954, F1. Sobre o laboratório micro-ondas de Stanford, veja Christophe Lécuyer, Making Silicon Valley: Innovation and the Growth of High Tech (Cambridge, Mass.: The MIT Press, 2007) e Rebecca S. Lowen, Creating the Cold War University: The Transformation of Stanford (Berkeley: University of California Press, 1997). A relação simbiótica entre Stanford e as primeiras indústrias de eletrônicos do Vale é descrita por Robert Kargon, Stuart W. Leslie e Erica Schoenberger, "Far Beyond Big Science: Science Regions and the Organization of Research and Development", in Big Science: The Growth of Large-scale Research, ed. Peter Galison and Bruce Hevly (Stanford, Calif.: Stanford University Press, 1992), 334–54.

5. Burt McMurtry, entrevista com a autora, 15 de janeiro de 2015, Palo Alto, Calif.; entrevista com a autora, 2 de outubro de 2017, por telefone.

CAPÍTULO 1: FRONTEIRA INFINITA

1. Harold D. Watkins, "Hometown, U.S.A.: High IQ, High Income Help Palo Alto Grow", The Wall Street Journal, 10 de agosto de 1956, 1. Corrigido pela inflação, o preço médio de uma casa em 1956 equivale a aproximadamente US$180 mil em 2018.

2. The Founding Grant with Amendments, Legislation, and Court Decrees [1885] (Stanford, Calif.: Stanford University, 1987), 4; Jane Stanford, discurso na cerimônia inaugural da Universidade

de Stanford, 1º de outubro de 1891, https://sdr.stanford.edu/uploads/rr/050/nb/1367/rr050nb1367/content/sc0033b_s5_b2_f04.pdf, arquivado em: http://perma.cc/6JXE-A3U6.

3. "Crosses U.S. to Shop: San José Woman Finds New Yorkers Courteous — Tells of Prune Crops", *The New York Times*, 1º de julho de 1923, 20; "San José Campaign for Prune Week", *The Los Angeles Times*, 25 de novembro de 1916, I3; "Prune Week in United States and Canada Begins February 27th", Western Canner and Packer 13, n. 10 (fevereiro de 1922): 116; E. Alexander Powell, "Valley of Heart's Delight", Sunset 29 (agosto de 1912): 115–25.

4. O planejamento regional do pós-guerra reconheceu essa força. Como em muitas cidades dos Estados Unidos após a guerra, a elite civil e empresarial de São Francisco sentou-se em 1945 e traçou um plano para o desenvolvimento regional pós-guerra para garantir que a triste economia do tempo da Depressão não retornasse assim que a hiperativa máquina de guerra fosse desligada. A indústria pesada permaneceria em East Bay, as finanças em São Francisco e a península seria o centro da "indústria leve", dividida de acordo. Veja Margaret Pugh O'Mara, Cities of Knowledge: Cold War Science and the Search for the Next Silicon Valley (Princeton, N.J.: Princeton University Press, 2004). Sobre a Califórnia e a mobilização durante e após a Segunda Guerra Mundial, veja Roger W. Lotchin, Fortress California, 1910–1961: From Warfare to Welfare (Champaign: University of Illinois Press, 2002); Kevin Starr, Embattled Dreams: California in War and Peace, 1940–1950 (Oxford, U.K.: Oxford University Press, 2002); and Starr, Golden Dreams: California in an Age of Abundance, 1950–1963 (Oxford, 2009). Seattle e o noroeste dos Estados Unidos foram outros importantes centros de produção militar; veja Richard S. Kirkendall, "The Boeing Company and the Military-Metropolitan-Industrial Complex, 1945–1953", Pacific Northwest Quarterly 85, n. 4 (outubro de 1994): 137–49.

5. "HP tips Toward Computers", *The New York Times*, 2 de julho de 1978, p. F1. Esses seminais empreendedores e suas empresas são explorados em detalhes em Christophe Lécuyer, Making Silicon Valley: Innovation and the Growth of High Tech (Cambridge, Mass.: The MIT Press, 2007).

6. Floyd J. Healey, "Dirigible Base North's Dream", *The Los Angeles Times*, 31 de outubro de 1929, 6.

7. Larry Owens, "The Counterproductive Management of Science in the Second World War: Vannevar Bush and the Office of Scientific Research and Development", Business History Review 68, n. 4 (1994): 515–76; Time magazine, 3 de abril de 1944, capa. Veja também G. Pascal Zachary, Endless Frontier: Vannevar Bush, Engineer of the American Century (Nova York: Free Press/Simon and Schuster, 1997). A ideia de mobilizar os cientistas norte-americanos para a causa da guerra não foi algo só de Bush — ele compartilha o crédito com o reitor do MIT, Karl Compton, e com reitor de Harvard, James Conant —, mas Bush foi o rosto público e a mente operacional que colocou a ideia em prática.

8. Vannevar Bush, "As We May Think", The Atlantic, 1º de julho de 1945, reimpresso em Interactions 3, n. 2 (março de 1996): 35–46.

9. *The New York Times*, 3 de janeiro de 1943, citado por Owens: "Vannevar Bush and the OSRD." Sobre o efeito da guerra durante a construção do Estado e nas relações governo-empresa, veja Mark R. Wilson, Destructive Creation: American Business and the Winning of World War Two (Philadelphia: University of Pennsylvania Press, 2016) e James T. Sparrow, Warfare State: World War II Americans and the Age of Big Government (Oxford, 2011).

10. C. Stewart Gillmor, Fred Terman at Stanford: Building a Discipline, a University, and Silicon Valley (Stanford, Calif.: Stanford University Press, 2004); Mitchell Leslie, "The Vexing Legacy

440   O CÓDIGO

of Lewis Terman", Stanford Alumni Magazine (julho–agosto de 2000), https://alumni.stanford.edu/get/page/magazine/article/?article id=40678, arquivado em: https://perma.cc/YFZ3-HJD4.

11. Carolyn Caddes, Portraits of Success: Impressions of Silicon Valley Pioneers (Wellsboro, Penn.: Tioga Publishing, 1986), 30; Gillmor, Fred Terman at Stanford.

12. Sybil Terman, citada por Gillmor, Fred Terman at Stanford, 210.

13. Rebecca S. Lowen, Creating the Cold War University: The Transformation of Stanford (Berkeley: University of California Press, 1997); Paul H. Mattingly, American Academic Cultures: A History of Higher Education (Chicago: The University of Chicago Press, 2017).

14. Owens: "Vannevar Bush and the OSRD."

15. Franklin Delano Roosevelt, Letter to Vannevar Bush, 17 de novembro de 1944, reimpresso em Science, the Endless Frontier, A Report to the President by Vannevar Bush, Director of the Office of Scientific Research and Development (Washington, D.C.: U.S. Government Printing Office, 1945), vii.

16. Science, the Endless Frontier, vi, 6, 34.

17. Joint Committee on the Economic Report, National Defense and the Economic Outlook, 82° Congresso, 1ª Sessão (USGPO, 1951), 3.

18. Ibid., 31–38.

19. National Science Foundation, First Annual Report (USGPO, 1951), 8.

20. W. C. Bryant, "Electronics Industry: It's Due for a Vast Expansion", The Wall Street Journal, 26 de março de 1951, 3; N. E. Edlefsen, "Supersonic Era Pilots Need Help", The Los Angeles Times, 17 de junho de 1951, 27.

21. Michael Amrine, "To Mobilize Science Without Hobbling It", The New York Times, 3, dezembro de 1950, 13; National Science Foundation, "Scientific Manpower and the Graduate Fellowship Program", Annual Report (1952), 25; "Electronic Sight: $20 Billon by '56". The New York Times, 25 de agosto de 1955, 34; Charles E. Wilson, Three Keys to Strength: Production, Stability, Free-world Unity, Third Quarterly Report to the President by the Director of the Defense Mobilization Board (outubro de 1951), 11.

22. The New York Times, 6 de novembro de 1955, F11–13.

23. Amrine, "To Mobilize Science".

24. Benjamine A. Collier, "Wanted: Specialist in Electronics!", The Chicago Defender, 17 de dezembro de 1949, 4; Frank E. Bolden, "Prober of Electronic Secrets", The Pittsburgh Courier, 25 de setembro de 1954, SM7.

25. Nathan Ensmenger, The Computer Boys Take Over: Computers, Programmers, and the Politics of Technical Expertise (Cambridge, Mass.: The MIT Press, 2010), 35. A Grã-Bretanha, outro grande poder computacional dos tempos de guerra (e depois), tratou suas programadoras da mesma forma; veja Marie Hicks, Programmed Inequality: How Britain Discarded its Women Technologists and Lost its Edge in Computing (MIT, 2017). Veja também Jennifer S. Light, "When Computers Were Women", Technology and Culture 40, n. 3 (julho de 1999),: 455–83; Thomas J. Misa, ed., Gender Codes: Why Women are Leaving Computing (Hoboken, N.J.: Wiley/IEEE Computer Society Press, 2010). Para uma pesquisa mais ampla, veja Londa Schiebinger, The Mind Has No Sex? Women in the Origins of Modern Science (Cambridge: Harvard University Press, 1989).

26. Harwood G. Kolsky, Notes of Meeting with IBM at Los Alamos, 14 de março de 1956, IBM Project Stretch Collection, Lot No. X3021.2005, Computer History Museum, Mountain View, Calif. (CHM); Ann Hardy, entrevista com a autora, 20 de abril de 2015, Palo Alto, Calif.

27. Ann Hardy, entrevistas com a autora, 20 de abril de 2015 e 19 de setembro de 2017, Palo Alto, Calif.

28. Frederick E. Terman, Letter to Paul Davis, 29 de dezembro de 1943, FF2, Box 1, Series I, SC 160, SU. Citado em Stuart W. Leslie, The Cold War and American Science: The Military-academic-Industrial Complex at MIT and Stanford (Nova York: Columbia University Press, 1993), 44; Terman, para Donald Tresidder, 25 de abril de 1947, citado em Robert Kargon, Stuart W. Leslie, and Erica Schoenberger, "Far Beyond Big Science: Science Regions and the Organization of Research and Development", em Big Science: The Growth of Large-scale Research, Peter Galison and Bruce Hevly (Orgs.) (Stanford, Calif.: Stanford University Press, 1992), 341.

29. Clark Kerr, The Uses of the University (Harvard, 1963).

CAPÍTULO 2 : O ESTADO DOURADO

1. "Board Selects New President", The Stanford Daily, 19 de novembro de 1948, 1. Veja Stuart W. Leslie, The Cold War and American Science: The Military-Academic-Industrial Complex at MIT and Stanford (Nova York: Columbia University Press, 1993), e Rebecca S. Lowen, Creating the Cold War University: The Transformation of Stanford (Berkeley: University of California Press, 1997).

2. Para uma discussão sobre o Centro de Pesquisa de Stanford, veja Margaret Pugh O'Mara, Cities of Knowledge: Cold War Science and the Search for the Next Silicon Valley (Princeton, N. J.: Princeton University Press, 2004), 97–141, e John Findlay, Magic Lands: Western Cityscapes and American Culture After 1940 (Berkeley: University of California Press, 1992), 117–59.

3. Frederick E. Terman, "The University and Technology Utilization" (discurso, NASA — University Conference, Kansas City, Mo., 3 de março de 1963), SU; David Packard, "Electronics and the West" (discurso, Stanford Research Institute, San Francisco, Calif., 23 de novembro de 1954), Discursos de Packard, Mountain View, Calif. (HP).

4. Stephen B. Adams, "Growing Where You Are Planted: Exogenous Firms and the Seeding of Silicon Valley", Research Policy 40, n. 3 (abril de 2011): 368–79; "Electronic Sight: $20 Billon by '56", The New York Times, 25 de agosto de 1955, 34.

5. Burton J. McMurtry, entrevista com a autora, 2 de outubro de 2017, por telefone.

6. "Bet with a Multiple Payoff", BusinessWeek, 14 de dezembro de 1957, 107; "Hewlett CoFounder Retiring from Post", The New York Times, 20 de janeiro de 1987, D2; Ted Sell, "Defense's Packard — Low-Key Titan", The Los Angeles Times, 3 de maio de 1970, N1.

7. Jim Collins, Foreword to David Packard, The HP Way: How Bill Hewlett and I Built Our Company (Nova York: HarperBusiness, 2005). Veja também Findlay, Magic Lands, 138–39.

8. Uma década depois, esse engajamento político e o senso de serviço público convenceram Packard a passar mais de dois anos como secretário adjunto de Defesa na administração de Nixon, onde aplicou seu espírito de gestão no Pentágono, então absorvido pela guerra. Essa passagem é discutida brevemente nas memórias de Packard e mais amplamente em Dale Van Atta, With Honor: Melvin Laird in War, Peace, and Politics (Madison: The University of Wisconsin Press, 2008).

9. David Packard, "Electronics — Glamour or Substance?" (Discurso para a Associação de Agentes de Compra, 13 de fevereiro de 1958), Discurso Packard — 1958, Box 2, FF 31, HP.

10. Packard, "Acceptance of 'The American Way of Life' Award" (Discurso, Sertoma Club, Pueblo, Colorado, 19 de abril de 1963), Box 2, FF 51, HP; Packard, "Business Management and Social

442 O CÓDIGO

Responsibility" (Discurso, Children's Home Society of California, Palo Alto, Calif., 17 de abril de 1965) Discurso Packard, Box 2, FF 30, HP.

11. Sobre a importância dos líderes empresariais do Cinturão do Sol para o movimento conservador moderno emergente, bem como para as ideias emergentes de livre mercado e empreendedorismo, veja Elizabeth Tandy Shermer, Sunbelt Capitalism: Phoenix and the Transformation of American Politics (Philadelphia: University of Pennsylvania Press, 2013); Kathryn S. Olmsted, Right Out of California: The 1930s and the Big Business Roots of Modern Conservatism (Nova York: The New Press, 2015). Para um panorama mais amplo sobre corporativismo conservardor, veja Angus Burgin, The Great Persuasion: Reinventing Free Markets Since the Depression (Cambridge, Mass.: Harvard University Press, 2012); Kim Phillips-Fein, Invisible Hands: The Businessmen's Crusade Against the New Deal (Nova York: W. W. Norton, 2010).

12. Hoover escolheu Campbell por recomendação de um dos críticos mais ferozes do New Deal, o ex-assessor de Roosevelt, Raymond Moley. Veja Gary Atkins, "Attacked for Politics, Policies; Critics Center on Hoover Boss", The Stanford Daily, 7 de janeiro de 1972, 1. Sobre Campbell e Hoover, veja Mary Yuh, "Governance, bias: enduring controversies", The Stanford Daily Magazine, 18 de abril de 1986, 7; Thomas Sowell, "W. Glenn Campbell, 1924–2001", Hoover Digest No. 1, 2002, 30 de janeiro de 2002.

13. H. Myrl Stearns, Varian Associates, citado por Charles Elkind, "Riding the High-Tech Boom: The American Electronics Association Story, 1945–1990", manuscrito inédito, c. 1991, MISC 333, FF 1, SU, 17.

14. McMurtry, entrevista com a autora, 15 de janeiro de 2015.

15. David W. Kean, IBM San José: A Quarter Century of Innovation (Nova York: IBM, 1977), 47–48.

16. Adams, "Growing Where You Are Planted". Sobre política de dispersão, veja O'Mara, Cities of Knowledge, 36–54.

17. Robert Kargon, Stuart W. Leslie, e Erica Schoenberger, "Far Beyond Big Science: Science Regions and the Organization of Research and Development", em Big Science: The Growth of Large-Scale Research, Peter Galison e Bruce Hevly (Orgs.) (Stanford, Calif.: Stanford University Press, 1992), 348; "Fire in Locked Vault Destroys Missile Data", The Washington Post, 22 de dezembro de 1957, 2; "Electronic Sight". Em 1986, bem na era do computador pessoal, a Lockheed tinha uma contagem de 24 mil funcionários. Apenas a Hewlett Packard tinha mais funcionários. Veja "Companies with over 500 Employees (novembro de 1986)", Silicon Valley Ephemera Collection, Series 1, Box 5, FF 12, SU.

18. "Bias Suit at Lockheed Unit", The Wall Street Journal, 14 de novembro de 1973, 22. Veja também Herbert G. Ruffin II, Uninvited Neighbors: African Americans in Silicon Valley, 1769–1990 (Norman: University of Oklahoma Press, 2014).

19. Peter J. Brennan, "Advanced Technology Center: Santa Clara Valley, California", Silicon Valley Ephemera Collection, Series 1, Box 1, FF 17, SU.

20. James Gibbons, entrevista com a autora, 4 de novembro de 2015, Stanford, Calif.

21. Shockley conseguiu montar sua própria loja porque o governo dos Estados Unidos determinou que a Bell Labs — uma divisão do monopsônio de telecomunicações AT&T — permitisse o licenciamento gratuito da patente de transistor originalmente desenvolvida por Shockley em suas instalações. O fato de o transistor não ser uma tecnologia proprietária foi fundamental em sua ampla adaptação e iteração, principalmente pela Texas Instruments, que passou de uma

NOTAS 443

empresa de instrumentação em campos petrolíferos a uma fabricante líder de transistores e microchips, lar da equipe que coinventou o circuito integrado, liderada por Jack Kilby.

22. A fixação de Shockley em testes de QI mascarava uma aderência irrestrita e sem escrúpulos à supremacia branca. Após a desintegração de sua empresa, o vencedor do Nobel passou os últimos 12 anos de sua carreira em Stanford, concentrando-se principalmente na pseudociência da eugenia. Ao fazer isso, ele seguiu os passos infames de vários membros proeminentes do corpo docente de Stanford (incluindo, até certo ponto, o pai de Fred Terman, Lewis), que deram legitimidade acadêmica ao campo meio século antes. No fim de sua vida, Shockley passou a considerar seu trabalho em eugenia mais significativo do que a sua descoberta do transistor. Veja Wolfgang Saxon, "William B. Shockley, 79, Creator of Transistor and Theory on Race", *The New York Times*, 14 de agosto de 1989, D9; Joel N. Shurkin, Broken Genius: The Rise and Fall of William Shockley, Creator of the Electronic Age (Nova York: Macmillan Science, 2006). O supremacismo branco de Shockley muitas vezes não é mencionado nas discussões sobre seu papel na gênese do Vale do Silício. Um monumento e uma placa histórica instalados em agosto de 2018 no local onde estavam as instalações da Shockley Semicondutores não fazia nenhuma menção às pesquisas eugênicas de seu fundador, e o mesmo vale para inúmeros palestrantes que celebraram o legado de Shockley na cerimônia de inauguração do monumento. Veja Sam Harnett, "Mountain View Commemorates Lab of William Shockley, Acclaimed Physicist and Vocal Racist", The California Report, KQED Radio, 21 de agosto de 2018, https://www.kqed.org/news/11687943/mountain-view-commemorates-labofwilliam-shockley-acclaimed-physicist-and-vocal-racist, arquivado em https://perma.cc/M9CK-NZ25.

23. Gibbons, entrevista com a autora. Veja também James Gibbons, entrevista de história oral por David Morton, 31 de maio de 2000, IEEE History Center, https://ethw.org/Oral-History:James_Gibbons, arquivado em: http:// perma.cc/6Z4M-MHMG. A história do transistor, da Shockley Semicondutores e dos "Oito Traidores" vem sendo explorada por vários autores, de forma mais notável e original em duas biografias: Leslie Berlin, The Man Behind the Microchip: Robert Noyce and the Invention of Silicon Valley (Oxford, U.K.: Oxford University Press, 2005), e Arnold Thackray, David C. Brock, and Rachel Jones, Moore's Law: The Life of Gordon Moore, Silicon Valley's Quiet Revolutionary (Nova York: Basic Books, 2015).

24. Arthur Rock, entrevistas por Sally Smith Hughes, 2008 e 2009, "Early Bay Area Venture Capitalists: Shaping the Economic and Business Landscape", Regional Oral History Office, The Bancroft Library, University of California, Berkeley, California; Arthur Rock, "Strategy Versus Tactics from a Venture Capitalist", 1992, em The Book of Entrepreneurs' Wisdom: Classic Writings by Legendary Entrepreneurs, Peter Krass (Org.) (Nova York: John Wiley and Sons, 1999), 131–41.

25. Sobre a importância dos contratos federais para os primeiros anos da Farchild, veja Daniel Holbrook, "Government Support of the Semiconductor Industry: Diverse Approaches and Information Flows", Business and Economic History 24, n. 2 (inverno de 1995): 133–77. Sobre a fundação da Farchild, veja Berlin, The Man Behind the Microchip, 75–96.

CAPÍTULO 3: MIRE AS ESTRELAS

1. "Soviet Fires Earth Satellite into Space", *The New York Times*, 5 de outubro de 1957, 1; U.S. Naval Research Laboratory, "Orbits of USSR Satellite", lançado em 8 de outubro de 1957; "Presidency is Filled by Foundry Services", *The New York Times*, 10 de outubro de 1957, 51.

440   O CÓDIGO

2. Dwight D. Eisenhower, Waging Peace, 1956–1961: The White House Years (Nova York: Doubleday, 1965), retirado de "Eisenhower Describes Repercussions Over Launching of 1st Soviet Sputnik", *The Washington Post*, 21 de setembro de 1965, 1; "Moscow Denounces Dog-Lover Protests", *The Washington Post*, 6 de novembro de 1957, 3. Além do mal-estar político de Eisenhower, havia o fato de que (contra o conselho de alguns de seus consultores científicos) ele optou em 1955 por priorizar o desenvolvimento de mísseis em vez de fabricar um satélite espacial, argumentando que os mísseis eram mais importantes para a segurança nacional. Sobre Sputnik, a "lacuna de mísseis" e as mudanças no clima político causadas pelos eventos de outubro de 1957, veja William I. Hitchcock, The Age of Eisenhower: America and the World in the 1950s (Nova York: Simon & Schuster, 2018), 376–406.

3. Estados Unidos da América, President's Science Advisory Committee, Security Resources Panel, Deterrence and Survival in the Nuclear Age (the "Gaither report" of 1957) (Washington, D. C.: U.S. Government Printing Office, 1976); David L. Snead, The Gaither Committee, Eisenhower, and the Cold War (Columbus: Ohio State University Press, 1999). Muitos anos e bilhões de dólares gastos depois, ficou claro que o Comitê Gaither estava operando à base de má inteligência, e sua projeção de que os russos logo possuiriam milhares de mísseis balísticos intercontinentais passou longe do alvo. A capacidade dos mísseis soviéticos era, de fato, muito menor do que os norte-americanos acreditavam na época. Veja Annie Jacobsen, The Pentagon's Brain: An Uncensored History of DARPA, America's Top Secret Research Agency (Boston: Back Bay Books/Little, Brown, 2015), 46–54.

4. Neil H. McElroy, testemunho no Subcomitê do Departamento de Defesa; "Department of Defense: Ballistic Missile Program", Hearings, 20 e 21 de novembro de 1957, 7.

5. Don Shannon, "U.S. Missile Czar Appointed by Ike: MIT President Will Lead Drive to Speed Rockets, Satellites", *The Los Angeles Times*, 8 de novembro de 1957, 1; Richard V. Damms, "James Killian, the Technological Capabilities Panel, and the Emergence of President Eisenhower's 'Scientific Technological Elite'", Diplomatic History 24, n. 1 (1º de janeiro de 2000): 57–78. Veja também James R. Killian, Sputnik, Scientists, and Eisenhower: A Memoir of the First Special Assistant to the President for Science and Technology (Cambridge, Mass.: The MIT Press, 1977).

6. "Scientific Progress, the Universities, and the Federal Government", discurso da presidência do Comitê de Assessoria Científica, 15 de novembro de 1960, 11.

7. Richard Witkin, "Missiles Program Dwarfs First Atom Bomb Project", *The New York Times*, 7 de abril de 1957, 1.

8. John F. Kennedy, "Address at Rice University in Houston on the Nation's Space Effort", 12 de setembro de 1962, Houston, Texas, publicado por Gerhard Peters e John T. Woolley, The American Presidency Project, https://www.presidency.ucsb.edu/node/236798.

9. National Science Foundation, Federal Funds for Research, Development, and Other Scientific Activities (1972), 3; Edwin Diamond, "That Moon Trip: Debate Sharpens", *The New York Times*, 28 de julho de 1963, 150; Harold M. Schmeck Jr., "Scientists Riding Wave of Future", *The New York Times*, 3 de janeiro de 1963, 20, 22. Sobre a industrialização do sul dos Estados Unidos, veja Bruce J. Schulman, From Cotton Belt to Sunbelt: Federal Policy, Economic Development, and the Transformation of the South, 1938–1980 (Durham, N.C.: Duke University Press, 1994).

10. "… And in the Meantime at LMSC", Lockheed MSC Star (Sunnyvale, Calif.), 12 de julho de 1974, 4, Box 3, FF "STC Historical Data", Joseph D. Cusick Papers, SU; Leif Erickson, "B58's Electronic Shield Guards Against Missiles", *The Washington Post*, 25 de janeiro de 1958, C11.

11. "Discoverer XIII Life Cycle", c. 1961, 59–60, Box 3, FF "STC Historical Data", Joseph D. Cusick Papers, SU; Walter J. Boyne, Beyond the Horizons: The Lockheed Story (Nova York: Thomas Dunne/St. Martin's Press, 1998), 275.

12. Terman aumentou seu ímpeto recrutando agressivamente professores estrelas. Em 1963, Stanford tinha 5 ganhadores do Nobel em seu corpo docente. A Universidade da Califórnia em Berkeley tinha 11. A Califórnia superou Massachusetts ao ter o maior número de membros vindos da Academia Nacional de Ciências. E, uma vez que esses cientistas chegassem ao sol, eles tendiam a ficar. Veja Rebecca S. Lowen, Creating the Cold War University: The Transformation of Stanford (Berkeley: University of California Press, 1997), 180–181; Schmeck, "Scientists Riding Wave of Future".

13. Stanford University Bulletin, 15 de maio de 1958, FF "Palo Alto History", SC 486, 90052, SU.

14. "Attempts to Stir Up Union Trouble on San Francisco Visit: Touring Premier Picks Up a Cap on Surprise Visit to Union Hall", Los Angeles Times, 22 de setembro de 1959, 1; David W. Kean, IBM San José: A Quarter Century of Innovation (Nova York: IBM, 1977), 59. Veja também Harry McCracken, "Khrushchev Visits IBM: A Strange Tale of Silicon Valley History", FastCompany, 31 de outubro de 2014, https://www.fastcompany.com/3037598/khrushchev-visits-ibmastrange-taleofsilicon-valley-history, arquivado em: https://perma.cc/X96L-UZAK.

15. Lawrence E. Davies, "De Gaulle Hailed by San Francisco", *The New York Times*, 28 de abril de 1960. 2; John Markoff, troca de cartas com a autora, 21 de setembro de 2018; resposta dada à autora em uma conferência, Stanford Historical Society, Stanford, Calif., 22 de janeiro de 2004. A Waverly Street, já famosa pela garagem da HP, mais tarde ficou conhecida pelos bilionários da tecnologia que moravam lá: Larry Page, do Google, um dia moraria diretamente em frente à casa daquele Napoleão adolescente; Steve Jobs e sua família estavam logo abaixo, na mesma rua. Palo Alto era, e ainda é, uma cidade pequena.

16. Margaret O'Mara, "Silicon Dreams: States, Markets, and the Transnational High-Tech Suburb", in Making Cities Global: The Transnational Turn in Urban History, A. K. Sandoval-Strausz e Nancy H. Kwak (Orgs.) (Philadelphia: University of Pennsylvania Press, 2017); Stuart W. Leslie e Robert H. Kargon, "Selling Silicon Valley: Frederick Terman's Model for Regional Advantage", Business History Review 70, n. 4 (inverno de 1996): 435–72.

17. Leslie Berlin, The Man Behind the Microchip: Robert Noyce and the Invention of Silicon Valley (Oxford, U.K.: Oxford University Press, 2005), 130.

18. Robert N. Noyce, "Semiconductor Device-and-Lead Structure", U. S. Patent 2981877 (protocolado em 30 de julho de 1959; analisado em 25 de abril de 1961); Berlin, The Man Behind the Microchip, 108–10, 138–40; Jonathan Weber, "Chip Industry's Leaders Begin Bowing Out", *The Los Angeles Times*, 4 de fevereiro de 1991, D1.

19. Charles Elkind, "Riding the High-Tech Boom: The American Electronics Association Story, 1945–1990", manuscrito inédito, c. 1991, MISC 333, FF 1, SU,

20. "Johnson and McNamara Letters on Defense Costs", *The New York Times*, 2 de dezembro de 1963, 16; Ronald J. Ostrow, "Defense Cost-Cutting Procedures Outlined", *The Los Angeles Times*, 31 de janeiro de 1963, B7.

446   O CÓDIGO

21. Para uma discussão importante sobre as muitas alterações no sistema de contratação e as mudanças que elas precipitaram, veja Christophe Lécuyer, Making Silicon Valley: Innovation and the Growth of High Tech (Cambridge, Mass.: The MIT Press, 2007), 171–75. Veja também Jonathan D. Kowalski, "Industry Location Shift Through Technological Change — Study of the U.S. Semiconductor Industry (1947–1987)", tese de doutorado, Carnegie Mellon University, 2012.

22. Gordon E. Moore, "Cramming more components onto integrated circuits", Electronics 38, no. 8 (abril de 1965): 114–17. Para uma discussão sobre esta transição tecnológica, veja Paul E. Ceruzzi, A History of Modern Computing (Cambridge, Mass.: MIT, 1998).

23. Martin Campbell-Kelly, William Aspray, Nathan Ensmenger, e Jeffrey R. Yost, Computer: A History of the Information Machine (Boulder, Colo.: Westview Press, 2013), 221–23.

CAPÍTULO 4: EM REDE

1. Digital Equipment Corporation: Nineteen Fifty-Seven to the Present (Maynard, Mass.: Digital, 1978); AnnaLee Saxenian, Regional Advantage: Culture and Competition in Silicon Valley and Route 128 (Cambridge, Mass.: Harvard University Press, 1994), 59–82; Gene Bylinsky, The Innovation Millionaires: How they Succeed (Nova York: Charles Scribner's Sons, 1976).

2. Citado em "About Ken Olsen", Gordon College, Ken Olsen Science Center, https:// www.gordon. edu/kenolsen, arquivado em: https://perma.cc/RF3V-U8MJ; Martin Campbell-Kelly, William Aspray, Nathan Ensmenger, e Jeffrey R. Yost, Computer: A History of the Information Machine (Boulder, Colo.: Westview Press, 2013), 216–19.

3. John McCarthy, "What is Artificial Intelligence?", Computer Science Department, Stanford University, revisado em 12 de novembro de 2007; David Walden, "50th Anniversary of MIT's Compatible Time-Sharing System", IEEE Annals of the History of Computing 33, n. 4 (outubro – dezembro de 2011): 84–85; Daniel Crevier, AI: The Tumultuous History of the Search for Artificial Intelligence (Nova York: Basic Books, 1993); John Markoff, Machines of Loving Grace: The Quest for Common Ground Between Humans and Robots (Nova York: HarperCollins, 2015).

4. McCarthy, "Memorandum to P. M. Morse Proposing Time-Sharing", 1º de janeiro de 1959, collection of Professor John McCarthy, http://jmc.stanford.edu/computing-science/timesharing-memo. html, arquivado em: https://perma.cc/QU7M-7CM4.

5. Kent C. Redmond e Thomas M. Smith, From Whirlwind to MITRE: The R& D Story of the SAGE Air Defense Computer (Cambridge, Mass.: The MIT Press, 2000).

6. J. C. R. Licklider, "Man-Computer Symbiosis", IRE Transactions on Human Factors in Electronics HFE1 (março de 1960), 4–11.

7. William F. Miller, entrevista com a autora, 27 de fevereiro de 2015, Stanford, Calif.; Miller, entrevistado por Patricia L. Devaney, 9 de agosto de 2009, Stanford Oral History Program, SU.

8. Citado em Martin Campbell-Kelly, William Aspray, Nathan Ensmenger e Jeffrey R. Yost, Computer: A History of the Information Machine (2013), 211. Veja também Martin Greenberger, Computers, Communications, and the Public Interest (Baltimore: Johns Hopkins University Press, 1971); Manley R. Irwin, "The Computer Utility: Competition or Regulation?", Yale Law Journal 76, n. 7 (1967): 1299–1320; Fred Gruenberger (Org.), Computers and Communications— Toward a Computer Utility (Englewood Cliffs, N.J.: Prentice-Hall, 1967).

NOTAS 447

9. O fundador da SDS, Max Palevsky, mais tarde vendeu sua empresa para a Xerox em um acordo de US$100 milhões e se tornou um dos principais doadores da campanha democrata, despejando dinheiro e conselhos sobre política não solicitados a progressistas como George McGovern e o prefeito de Los Angeles, Tom Bradley (Bill Boyarsky, "Palevsky Dives into New Political Waters", *The Los Angeles Times*, 4 de fevereiro de 1973, F1).

10. Ann Hardy, entrevistas com a autora, 20 de abril de 2015 e 19 de setembro de 2017; "Tymshare Reunion", Collection Item #102721147, CHM. Para estatísticas, veja Martin Campbell-Kelly and Daniel D. Garcia-Swartz, "Economic Perspectives on the History of the Computer Time-Sharing Industry, 1965–1985", IEEE Annals of the History of Computing 30, n. 1 (janeiro – março de 2008): 16–36.

11. Ann Hardy, conversa por telefone com a autora, 28 de agosto de 2018.

12. LaRoy Tymes, entrevistado por George A. Michael, 1º de julho de 2006, em "Stories of the Development of Large Scale Scientific Computing at Lawrence Livermore National Laboratory", http://www.computer-history.info/Page1.dir/pages/Tymes.html, arquivado em: https://perma.cc/6KFZ-UMA7.

13. LaRoy Tymes, entrevistas de história oral por Luanne Johnson e Ann Hardy, 11 de junho de 2004, Cameron Park, Calif., CHM. Veja também Nathan Gregory, The Tym Before: The Untold Origins of Cloud Computing (publicação do autor, 2018).

14. "Tymshare Offer Sold Out", *The Wall Street Journal*, 25 de setembro de 1970, p. 18; Hardy, entrevista com a autora, 20 de abril de 2015, Stanford, Calif.

15. Andrew Pollack, "The Man Who Beat AT&T", *The New York Times*, 14 de julho de 1982, D1; Wayne E. Green, "Tiny Firm Faces AT& T, General Telephone In Battle Over Telephone-Radio Connector", *The Wall Street Journal*, 1º de março de 1968, 30; Peter Temin e Louis Galambos, The Fall of the Bell System: A Study in Prices and Politics (Cambridge, U.K.: Cambridge University Press, 1987); Katherine Maxfield, Starting Up Silicon Valley: How ROLM became a Cultural Icon and *Fortune* 500 Company (Austin, Tex.: Emerald Book Co., 2014). Um precedente do caso Carterfone foi o Hush-A-Phone, de 1956, decisão favorável a uma empresa que fabricava acessórios populares para receptores de telefone que impediam que um usuário fosse ouvido. O Hush-A-Phone era um acessório não mecânico para telefone, no entanto, não era um dispositivo eletrônico autoalimentado como o Carterfone. Veja Nicholas Johnson, "Carterfone: My Story", Santa Clara Computer & High Technology Law Journal v. 25, n. 3 (2008): 677–700. Sobre o monopsônio da AT&T e mais, veja Tim Wu, The Master Switch: The Rise and Fall of Information Empires (Nova York: Alfred A. Knopf, 2010).

16. Herbert F. Mitchell, Unsolicited Proposal for Technical Assistance to NASA Goddard Space Flight Center, n. 5656-5926 (Silver Spring, MD: Bunker-Ramo Eastern Technical Center, 1965).

17. "Bunker-Ramo Formed to do System Work", *The Washington Post*, 24 de janeiro de 1964, B6.

18. Hardy, conversa por telefone com a autora, 28 de agosto de 2018. Para um panorama histórico sobre essa mudança regulamentária, veja Gerald W. Brock, Telecommunication Policy for the Information Age: From Monopoly to Competition (Cambridge, Mass.: Harvard University Press, 1994); para uma discussão sobre o processo de decisão política do FCC, veja Michael J. Zarkin, "Telecommunications Policy Learning: The Case of the FCC's Computer Inquiries", Telecommunications Policy 27, n. 3–4 (abril–maio de 2003): 283–99. O Prodigy foi chamado originalmente de Trintex (1984–88).

448   O CÓDIGO

19. Quando a ARPANET se tornou a internet comercial no início dos anos 1990, os corretores da OTC tinham realmente aprimorado sua imagem nos bastidores. Mas eles mantiveram baixas as barreiras de entrada, tornando seu conselho acessível a empresas jovens com pouco patrimônio. O mercado deles tinha ganhado um novo nome: NASDAQ. As empresas de hardware e software compunham mais da metade de sua listagem. Veja Mark Ingebretsen, NASDAQ: A History of the Market That Changed the World (Roseville, Calif.: Forum/Random House, 2002).

20. Sobre Licklider, ARPA, e o trabalho de Bob Taylor na construção da ARPANET, veja Leslie Berlin, Troublemakers: Silicon Valley's Coming of Age (Nova York: Simon & Schuster, 2017), 6–31.

21. Bolt Beranek and Newman Inc., "A History of the ARPANET: The First Decade" (Arlington, Va.: Defense Advanced Research Projects Agency, abril de 1981).

CAPÍTULO 5: OS HOMENS DO DINHEIRO

1. AnnaLee Saxenian, Regional Advantage: Culture and Competition in Silicon Valley and Route 128 (Cambridge, Mass.: Harvard University Press, 1994), 12. O estudo de Saxenian é uma parte notável de um grande corpo de trabalho em geografia econômica que investiga a localização de distritos industriais de alta tecnologia, seguindo o conceito desenvolvido por Alfred Marshall em Principles of Economics, de 1890. Ver, por exemplo, Timothy Bresnahan e Alfonso Gambardella (Orgs.), Building High-Tech Clusters: Silicon Valley and Beyond (Cambridge, U.K.: Cambridge University Press, 2004); Maryann P. Feldman, The Geography of Innovation (Dordrecht, Netherlands: Kluwer Academic, 1994); Ann Markusen, Peter Hall, Scott Campbell, e Sabina Deitrick, The Rise of the Gunbelt: The Military Remapping of Industrial America (Oxford, U.K.: Oxford University Press, 1991); Edward J. Malecki, Technology and Economic Development: The Dynamics of Local, Regional, and National Change (Nova York: Longman Scientific & Technical, 1991).

2. Marty Tenenbaum, entrevista com a autora, 9 de fevereiro de 2018, por telefone; Stewart Greenfield, entrevista com a autora, 19 de maio de 2015, por telefone.

3. Bill Draper, entrevista com a autora, 23 de junho de 2015, Palo Alto, Calif.

4. William H. Draper III, entrevista para John Hollar, Computer History Museum, 14 de abril de 2011, Mountain View, Calif., 5. Sobre Doriot, veja Gene Bylinsky, The Innovation Millionaires: How They Succeed (Nova York: Charles Scribner's Sons, 1976), 3–23; Christina Pazzanese, "The Talented Georges Doriot", The Harvard Gazette, 24 de fevereiro de 2015, arquivado em https://perma.cc/U7JL-KD2T; Spencer E. Ante, Creative Capital: Georges Doriot and the Birth of Venture Capital (Cambridge, Mass.: Harvard Business School Publishing, 2008).

5. Bylinsky, The Innovation Millionaires, 9.

6. Ernest A. Schonberger, "Inside the Market", The Los Angeles Times, 2 de novembro de 1969, L1.

7. Arthur Rock, entrevistas para Sally Smith Hughes, 2008 e 2009, "Early Bay Area Venture Capitalists: Shaping the Economic and Business Landscape", Regional Oral History Office, The Bancroft Library, University of California, Berkeley, California, 20–21. Veja também Martin Kenney e Richard Florida, "Venture Capital in Silicon Valley: Fueling New Firm Formation", em Martin Kenney (Org.), Understanding Silicon Valley: The Anatomy of an Entrepreneurial Region (Stanford, Calif.: Stanford University Press, 2000), 98–123.

NOTAS 449

8. Leslie Berlin, "The First Venture Capital Firm in Silicon Valley: Draper, Gaither & Anderson", em *Making the American Century: Essays on the Political Culture of Twentieth Century America*, Bruce J. Schulman (Org.) (Oxford, U.K.: Oxford University Press, 2014), 155–70; William H. Draper III, entrevistado por John Hollar, 9.

9. Dwight D. Eisenhower, "Letter to Jere Cooper, Chairman, House Committee on Ways and Means, Regarding Small Business", 15 de julho de 1957, publicado por Gerhard Peters e John T. Woolley, *The American Presidency Project*, https://www.presidency.ucsb.edu/node/23; Robert Caro, *Master of the Senate*, v. 3, *The Years of Lyndon Johnson* (Nova York: Alfred A. Knopf, 2002).

10. John W. Wilson, *The New Venturers: Inside the High-Stakes World of Venture Capital* (Reading, Mass.: Addison-Wesley, 1985), 21–24.

11. William John Martin Jr. e Ralph J. Moore Jr., "The Small Business Investment Act of 1958", *California Law Review* 47, n. 1 (março de 1959): 144–70; Richard L. VanderVeld, "Small Business Symposium Set", *The Los Angeles Times*, 11 de setembro de 1960, D13.

12. Pitch Johnson, entrevista com a autora, 23 de junho de 2015, Palo Alto, Calif.

13. Reid Dennis, entrevista com a autora, 26 de maio de 2015, Palo Alto, Calif.; William H. Draper III, entrevistado por John Hollar, 5; Wilson, *The New Venturers*, 49.

14. Testemunho de Franklin P. Johnson, "Climate for Entrepreneurship and Innovation in the United States", 27 e 28 de agosto de 1984— A Silicon Valley Perspective, 167; U.S. Census, "Educational Attainment, by Race and Hispanic Origin: 1960 to 1998", *Statistical Abstract of the United States* (Washington, D.C.: United States Census Bureau, 1999), 160; William D. Bradford, "Business, Diversity, and Education", in James A. Banks (Org.), *Encyclopedia of Diversity in Education* (Los Angeles: Sage Publications, 2012).

15. O University Club de São Francisco, um dos locais de reunião do Grupo, não abriu suas portas para mulheres até 1988. Para saber mais sobre o "desaparecimento" de mulheres da tecnologia, veja Nathan Ensmenger, *The Computer Boys Take Over: Computers, Programmers, and the Politics of Technical Expertise* (Cambridge, Mass.: The MIT Press, 2010), e Marie Hicks, *Programmed Inequality: How Britain Discarded its Women Technologists and Lost its Edge in Computing* (MIT, 2017).

16. John Doerr, em entrevista para Michael Moritz, National Venture Capital Association Annual Meeting, Santa Clara, Calif., maio de 2008, citado em Scott Austin, "Doerr and Moritz Stir VCs in OneonOne Showdown", *The Wall Street Journal*, 8 de maio de 2008, http://www.wsj.com/articles/SB121025688414577219, arquivado em: https://perma.cc/FM7F-CUSS.

17. Wilson, *The New Venturers*, 31–34; Maochun Yu, *OSS in China: Prelude to Cold War* (Annapolis, Md.: Naval Institute Press, 1996).

18. Entrevista com Rock, "Early Bay Area Venture Capitalists"; Wilson, *The New Venturers*, 31–40.

19. Bylinsky, *The Innovation Millionaires*.

20. Burton J. McMurtry, entrevista com a autora, 15 de janeiro de 2015, Palo Alto, Calif.

21. McMurtry, entrevista com a autora, 2 de outubro de 2017, por telefone.

22. McMurtry, "Evolution of High Technology Entrepreneurship and Venture Capital in Silicon Valley", Apresentação na Sociedade Filosófica de Houston, 21 de abril de 2005.

23. "John Wilson", em Carolyn Caddes, *Portraits of Success: Impressions of Silicon Valley Pioneers* (Wellsboro, Penn.: Tioga Publishing, 1986); "Law firm founder John Arnot Wilson dies at 83", *The Almanac* (Menlo Park, Calif.), 22 de dezembro de 1999, https://www.almanacnews.com/morgue/1999/1999_12_ 22.oawilson.html, arquivado em: https://perma.cc/UQM3-YTM9;

450   O CÓDIGO

Paul "Pete" McCloskey e Helen McCloskey, entrevista com a autora, 18 de fevereiro de 2016, Rumsey, Calif.

24. Patrick McNulty, "They Shrugged When Pete McCloskey Challenged the President", *The Los Angeles Times*, 23 de maio de 1971, O24; Pete McCloskey, entrevista com a autora.

25. Lawrence R. Sonsini, entrevista de história oral para Sally Smith Hughes, 2011, "Early Bay Area Venture Capitalists: Shaping the Economic and Business Landscape", Regional Oral History Office, The Bancroft Library, University of California, Berkeley, 2011; Mark C. Suchman, "Dealmakers and Counselors: Law Firms as Intermediaries in the Development of Silicon Valley", em Kenney (Org.), Understanding Silicon Valley, 71–97.

26. Roberta Katz, entrevista com a autora, 10 de dezembro de 2014, Stanford, Calif.; Howard D. Hendrickson & Another v. Clark S. Sears, 365 Mass. 83, 91 (1974); Therese H. Maynard, "Ethics for Business Lawyers Representing StartUp Companies", Wake Forest Journal of Business and Intellectual Property Law 11, n. 3 (2010–11): 401–31. A observação "sem conflito, sem interesse" também foi creditada ao investidor John Doerr, mas não existe registro de quando e ou onde Doerr possa ter dito isso.

27. J. P. Mangalindan, "The Secretive Billionaire who Built Silicon Valley", *Fortune*, 7 de julho de 2014, http://*fortune*.com/2014/07/07/arrillaga-silicon-valley/, arquivado em: https://perma.cc/B347-42NW.

28. Chop Keenan, entrevista com a autora, 17 de março de 2016, Palo Alto, Calif.; Tom McEnery, entrevista com a autora, 9 de março de 2016, San José, Calif.; Pete McCloskey, e-mail para a autora, 3 de fevereiro de 2016.

29. Sobre a política da Califórnia pós-guerra, veja Jonathan Bell, California Crucible: The Forging of Modern American Liberalism (Philadelphia: University of Pennsylvania Press, 2012), e Miriam Pawel, The Browns of California: The Family Dynasty that Transformed a State and Shaped a Nation (Nova York: Bloomsbury, 2018).

30. Mary Soo e Cathryn Carson, "Managing the Research University: Clark Kerr and the University of California", Minerva 42, n. 3 (setembro de 2004): 215–36; Margaret O'Mara, "The Uses of the Foreign Student", Social Science History 36, n. 4 (inverno de 2012): 583–615.

31. Ronald J. Gilson, "The Legal Infrastructure of High Technology Industrial Districts: Silicon Valley, Route 128, and Covenants Not to Compete", New York University Law Review 74, n. 3 (junho de 1999): 575–629. No início do século XXI, o uso de cláusulas de não concorrência se espalhou para setores muito além da tecnologia e do típico "trabalho do conhecimento", levando a pedidos generalizados de reforma; Matt Marx, "Reforming Non-Competes to Support Workers", Policy Proposal 201804, The Hamilton Project, Brookings Institution, Washington, D.C., fevereiro de 2018.

CHEGADAS

1. Lyndon B. Johnson, Remarks at the Signing of the Immigration and Nationality Act of 1965, Liberty Island, New York City, 3 de outubro de 1965.

2. "Ervin Challenges Immigration Bill", *The New York Times*, 26 de fevereiro de 1965, 9. Veja também Tom Gjelten, "The Immigration Act that Inadvertently Changed America", The Atlantic, 2 de outubro de 2015, https://www.theatlantic.com/politics/archive/2015/10/immigration-act-1965/408409/, arquivado em: https://perma.cc/Z6YP-KFUD.

NOTAS 451

3. AnnaLee Saxenian, "Silicon Valley's New Immigrant Entrepreneurs" (Public Policy Institute of California, 1999); Vivek Wadhwa, AnnaLee Saxenian, Ben Rissing, and Gary Gereffi, "America's New Immigrant Entrepreneurs", Master of Engineering Management Program, Duke University; School of Information, University of California, Berkeley, 4 de janeiro de 2007.

4. Tim Larimer, "It's Still Anglo at the Top: Industry's Rainbow Coalition is Diverse", The San José Mercury News, 1º de outubro de 1989, A1.

CAPÍTULO 6: PROSPERIDADE E DECLÍNIO

1. "Digital Equipment Offer of $8,250,000 Marketed", The Wall Street Journal, 19 de agosto de 1966; "Digital Equipment's Joint Offering Sells Out", The Wall Street Journal, 30 de agosto de 1968.

2. William D. Smith, "Wang Stock Makes Lively Debut", The New York Times, 24 de agosto de 1967, 51; An Wang, Lessons: An Autobiography (New York: Da Capo Press, 1986), 77, 149.

3. Adam Osborne, "From the Fountainhead: Wall Street Embraces Micros", InfoWorld 3, n. 3 (16 de fevereiro de 1981): 16; Leslie Berlin, The Man Behind the Microchip: Robert Noyce and the Invention of Silicon Valley (Oxford, U.K.: Oxford University Press, 2005), 125.

4. David Morgenthaler, entrevistas com a autora, 13 de janeiro, 12 de fevereiro e 19 de maio de 2015.

5. Jean-Jacques Servan-Schreiber, Le Défi Américain (Paris: Éditions Denoël, 1967).

6. Henry R. Lieberman, "Technology Gap Upsets Europe: U.S. Lead Is Putting Strains on Ties of Atlantic Alliance", The New York Times, 12 de março de 1967, 1. Evidências da ansiedade europeia surgiam na multiplicidade de publicações e conferências sobre ciência e política emergentes durante esses anos de organizações supranacionais lideradas pela Europa, como a Organização para Cooperação e Desenvolvimento Econômico. (OECD); ver, por exemplo, Joseph Ben-David, Fundamental Research and the Universities: Some Comments on International Differences (Paris: OECD, 1968); Problems of Science Policy: Seminar Held at JouyenJosas (France) 19th–25th February 1967 (OECD, 1968).

7. Congresso dos Estados Unidos, Science, Technology, and the Economy: Hearings, 27, 28 e 29 de julho de 1971 (1971); William Barry Furlong, "For the Class of '71, the Party's Over; A Report from the University of Chicago Suggests the Nation's June Graduates Are Facing Some Sobering Facts of Life", The New York Times, 6 de junho de 1971, SM35.

8. Herbert G. Lawson, "In a Stunned Seattle, Only Radicals See Good in Rejection of SST", The Wall Street Journal, December 7, 1970, 1; Sharon Boswell e Lorraine McConaghy, "Lights Out, Seattle", The Seattle Times, 3 de novembro de 1996, 1. Os corretores por trás do famoso quadro de avisos declararam mais tarde que era uma brincadeira, devido ao crescente setor de serviços financeiros e administrativo. Por mais estranha que a piada pudesse ter sido (quase ninguém parecia ter a entendido na época ou depois), esses setores — com as empresas de alta tecnologia — passaram a dominar e definir a economia regional de Seattle. Veja Erik Lacitis, "Iconic 'Will the Last Person' Billboard Bubbles Up Again", The Seattle Times, 2 de fevereiro de 2009, https://www.seattletimes.com/seattle-news/iconic-will-the-last-person-seattle-bill-board-bubblesupagain/, arquivado em: https://perma.cc/3LDM-6PK4.

9. Departamento de Comércio dos Estados Unidos, "Private Nonfarm Employment by Metropolitan Statistical Area: San José-Sunnyvale, 1969–2000".

10. Burton J. McMurtry, "Evolution of High Technology Entrepreneurship and Venture Capital in Silicon Valley", Apresentação para a Sociedade Filosófica de Houston, 21 de abil de 2005.

452   O CÓDIGO

11. William F. Miller, entrevista com a autora; Entrevistas de Miller, Stanford Oral History Program, SU; Funding a Revolution: Government Support for Computing Research (Washington, D.C.: National Academies Press, 1999). Como observa o relatório, o investimento corporativo em pesquisa em Ciência da Computação pode ter sido maior, no geral, mas 70% de todos os fundos destinados às Ciência da Computação acadêmicas vieram do governo federal, financiando o desenvolvimento de software e programas de pós-graduação que foram fundamentais para as empresas e produtos de marquise do Vale nos anos 1990 e além.

12. Brad Darrach, "Meet Shaky, the First Electronic Person — The Fearsome Reality of a Machine with a Mind of Its Own" Life Magazine, 20 de novembro de 1970, 58B–68; John Markoff, Machines of Loving Grace: The Quest for Common Ground Between Humans and Robots (Nova York: HarperCollins, 2015), 7–8, 95–131.

SEGUNDO ATO

1. Floyd Kvamme, entrevista com a autora, 16 de fevereiro de 2016, Stanford, Calif.

CHEGADAS

1. Ed Zschau, entrevista com a autora, 19 de fevereiro de 2016, Stanford, Calif.; John Balzar, "A Portrait of Serendipity: Ed Zschau: An Unknown Grabs for the Brass Ring", *The Los Angeles Times*, 7 de setembro de 1986, 1.

2. Regis McKenna, entrevista com a autora, 31 de maio de 2016, Menlo Park, Calif.; "CHM Revolutionaries: Regis McKenna in Conversation with John Markoff", vídeo, The Computer History Museum, 6 de fevereiro de 2014; Jaime González-Arintero, "Digital? Every Idiot Can Count to One", Elektor, 27 de maio de 2015; Harry McCracken, "Regis McKenna's 1976 Notebook and the Invention of Apple Computer, Inc.", Fast Company, 1º de abril de 2016, https://www.fastcompany.com/3058227/regis-mckennas-1976-notebook-and-the-inventiono-fapple-computer-inc, arquivado em: https://perma.cc/P4JC-NWU8.

CAPÍTULO 7: AS OLIMPÍADAS CAPITALISTAS

1. Don C. Hoefler, "Silicon Valley, U.S.A.", Electronic News, 11 de janeiro de 1971, 1.

2. "Don C. Hoefler", Datamation 32, n. 5 (15 de maio de 1986); David Laws, "Who Named Silicon Valley?" CHM, 7 de janeiro de 2015, http://www.computerhistory.org/atchm/who-named-silicon-valley/, arquivado em: https://perma.cc/EMT2-KUCG.

3. James J. Mitchell, "Curtain to Fall on Valley Era", The San José Mercury News, 2 de outubro de 1988, Silicon Valley Ephemera Collection, MISC 33, FF 2, SU; Regis McKenna, transcrição de entrevista, 22 de agosto de 1995, Silicon Genesis Project, SU.

4. Jonathan Weber, "Chip Industry's Leaders Begin Bowing Out", *The Los Angeles Times*, 4 de fevereiro de 1991, D1.

5. Gordon Moore, transcrição de entrevista em vídeo, por Daniel S. Morrow, 28 de março de 2000, Santa Clara, Calif., Computerworld Honors Program International Archives, 32. O avanço do design do 4004 se tornou um estudo de caso familiar para gerações futuras de MBAs. Diante da difícil tarefa de fabricar um chip personalizado para cada calculadora, os projetistas Ted Hoff e Federico Faggin fabricaram um chip que poderia ser programado para se adaptar às

diferentes funções. Veja Gary P. Pisano, David J. Collis, e Peter K. Botticelli, Intel Corporation: 1968–1997, Harvard Business School Case 797-137, maio de 1997.

6. Regis McKenna, The Regis Touch: Million-Dollar Advice from America's Top Marketing Consultant (Reading, Mass.: Addison-Wesley, 1985), 23–24; McKenna, troca de cartas com a autora, 6 de setembro de 2018.

7. Citado em Gene Bylinsky, The Innovation Millionaires: How They Succeed (Nova York: Charles Scribner's Sons, 1976), 145.

8. Grove, citado em Bylinsky, The Innovation Millionaires, 156.

9. Robert Lloyd, citado em Victor K. McElheny, "There's A Revolution in Silicon Valley", The New York Times, 20 de junho de 1976, 11; Bylinsky, "California's Great Breeding Ground for Industry", Fortune, junho de 1974, 128–35; Don Hoefler, "He's on Their List", Microelectronics News, 27 de novembro de 1975, 4, Catalog #102714139, CHM.

10. Steven Brandt, citado em Bylinsky, "California's Great Breeding Ground for Industry", reimpresso em Bylinsky, The Innovation Millionaires, 55.

11. David P. Angel, "High-Technology Agglomeration and the Labor Market: The Case of Silicon Valley", em Martin Kenney (Org.), Understanding Silicon Valley: The Anatomy of an Entrepreneurial Region (Stanford, Calif.: Stanford University Press, 2000), 131; "Salesforce: 100 Best Companies to Work For 2015", Fortune, 21 de setembro de 2015, http://fortune.com/best-companies/2015/salesforce-com8/, arquivado em: https://perma.cc/96UG-X9LH.

12. Bylinsky, The Innovation Millionaires, 160.

13. Judy Vadasz, para Leslie Berlin, The Man Behind the Microchip: Robert Noyce and the Invention of Silicon Valley (Oxford, U.K.: Oxford University Press, 2005), 214. Eu também tive uma perspectiva útil sobre a cultura de trabalho da indústria durante esse período, a partir de entrevistas com vários funcionários da Intel e de outras empresas.

14. Ann Hardy, entrevista com a autora, 20 de abril de 2015, Stanford, Calif.

15. Noyce, citado em Berlin, The Man Behind the Microchip, 210.

16. Marty Goldberg e Curt Vendel, Atari Inc.: Business Is Fun (Carmel, N.Y.: Syzygy Press, 2012), 101–3.

17. William D. Smith, "Electronic Games Bringing a Different Way to Relax", The New York Times, 25 de dezembro de 1975, 33; "Atari Sells Itself to Survive Success", BusinessWeek, 15 de novembro de 1976, 120–21; Leonard Herman, "Company Profile: Atari", em Mark J. P. Wolf (Org.), The Video Game Explosion: A History from PONG to Playstation and Beyond (Westport, Conn.: Greenwood Press, 2008), 53–61. Sobre esse período e seu legado, veja também Michael Z. Newman, Atari Age: The Emergence of Video Games in America (Cambridge, Mass.: The MIT Press, 2017).

18. Tom McEnery, entrevista com a autora, 9 de março de 2016, San José, Calif.; Glenna Matthews, Silicon Valley, Women, and the California Dream: Gender, Class, and Opportunity in the Twentieth Century (Stanford, Calif.: Stanford University Press, 2002).

19. Kim-Mai Cutler, "East of Palo Alto's Eden: Race and the Formation of Silicon Valley", TechCrunch, 10 de janeiro de 2015, https://techcrunch.com/2015/01/10/eastofpalo-altos-eden/, arquivado em: https://perma.cc/7EMT-VSRD; Herbert G. Ruffin II, Uninvited Neighbors: African Americans in Silicon Valley, 1769–1990 (Norman: University of Oklahoma Press, 2014).

20. Joan Didion, "Life at Court", The New York Review of Books, 21 de dezembro de 1989, reimpresso em We Tell Ourselves Stories in Order to Live: Collected Nonfiction (Nova York: Alfred

454   O CÓDIGO

A. Knopf, 2006); Margaret Pugh O'Mara, Cities of Knowledge: Cold War Science and the Search for the Next Silicon Valley (Princeton, N.J.: Princeton University Press, 2004), 132–39.

21. Bennett Harrison, "Regional Restructuring and 'Good Business Climates': The Economic Transformation of New England Since World War II", in Sunbelt/Snowbelt: Urban Development and Regional Restructuring, Larry Sawers e William K. Tabb (Org.) (Oxford, U.K.: Oxford, 1984), 49; David Lampe (Org.), The Massachusetts Miracle: High Technology and Regional Revitalization (Cambridge, Mass.: The MIT Press, 1988), 4.

22. Lily Geismer, Don't Blame Us: Suburban Liberals and the Transformation of the Democratic Party (Princeton, N.J.: Princeton University Press, 2015), 22–23; AnnaLee Saxenian, Regional Advantage: Culture and Competition in Silicon Valley and Route 128 (Cambridge, Mass.: Harvard University Press, 1994), 59. Geismer e Saxenian são textos-chave para colocar o crescimento e a cultura da indústria de alta tecnologia da área de Boston em um contexto histórico mais amplo.

23. Michael Widmer, "Basic Change Seen Solution to N.E. Economic Rebirth", The Lowell Sun, 25 de novembro de 1970.

24. Bank of Boston, "Look Out, Massachusetts!!!", reimpresso em Lampe, The Massachusetts Miracle.

25. Fox Butterfield, "In Technology, Lowell, Mass., Finds New Life", The New York Times, 10 de agosto de 1982, 1.

26. Peter Krass (Org.), The Book of Entrepreneurs' Wisdom: Classic Writings by Legendary Entrepreneurs (Nova York: John Wiley and Sons, 1999), 156.

27. Saxenian, Regional Advantage, 162.

28. Lee Wood, "It's convert or die on '128', " The Lowell Sun, 14 de março de 1971, C10; Lampe, The Massachusetts Miracle, 11.

29. Victor K. McElheny, "High-Technology Jelly Bean Ace", The New York Times, 5 de junho de 1977, F7.

CAPÍTULO 8: PODER PARA O POVO

1. "Lee Felsenstein, 2016 Fellow", Computer History Museum, http://www.computerhistory.org/fellowawards/hall/lee-felsenstein/, arquivado em: https://perma.cc/E26P-TXVV. Sobre a prevalência de várias formas de autismo entre cientistas e técnicos notáveis, incluindo Felsenstein, veja Steve Silberman, NeuroTribes: The Legacy of Autism and the Future of Neurodiversity (Nova York: Avery/Penguin Random House, 2015), 223–60. O desenvolvimento de um megafone melhor foi um ato subversivo por si só, uma vez que os dispositivos de amplificação tinham sido banidos pelos administradores da universidade (Jerry Gillam, "Sather Gate and All That", The Los Angeles Times, 2 de novembro de 1967, B4).

2. Lee Felsenstein, entrevista de história oral por Kip Crosby, editada por Dag Spicer, 7 de maio de 2008. CHM, 3–6.

3. Michael Swaine e Paul Freiberger, "Lee Felsenstein: Populist Engineer", InfoWorld 5, n. 45 (8 de novembro de 1983): 105; Felsenstein, entrevista de história oral, 6.

4. "Free Speech Movement: Do Not Fold, Bend, Mutilate, or Spindle", FSM Newsletter, c. 1964, The Sixties Project, Institute of Advanced Technology in the Humanities, University of Virginia,

NOTAS 455

http://www2.iath.virginia.edu/sixties/HTML_docs/Resources/Primary/Manifestos/FSM_fold_bend.html, arquivado em: https://perma.cc/BT7K-3Q7S.

5. Citado em Swaine e Freiberger, "Lee Felsenstein"; Nan Robertson, "The Student Scene: Angry Militants", *The New York Times*, 20 de novembro de 1967, 1. À medida que o foco dos protestos estudantis mudou ao longo da década de 1960, uma coalizão multirracial de direitos civis se dividiu em vários movimentos — em uma esquerda antiguerra branca, e em múltiplas identidades raciais e movimentos por direitos civis liderados por pessoas de cor.

6. Daryl E. Lembke, "Police Wield Clubs in Oakland to Quell War Demonstrators", *The Los Angeles Times*, 18, outubro de 1967, 1; Felsenstein, entrevista de história oral 9; John Markoff, What the Dormouse Said: How the Sixties Counterculture Shaped the Personal Computer Industry (Nova York: Penguin, 2005), 268–69.

7. "Alumnae", Helen Temple Cooke Library, Dana Hall School, Wellesley, Mass, http://library.danahall.org/archives/danapedia/alumnae/, arquivado em: https:// perma.cc/T69P-XZRS. Liza Loop, "Inside the 'Technical Loop", Dana Bulletin 58, n. 1 (verão 1996); Loop, entrevista para Nick Demonte, 19 de julho de 2013. Ambos reproduzidos em: LO*OP Center, History of Computing in Learning and Education Virtual Museum (hcle.wikispaces.com), atualmente offline e arquivado em: https://perma.cc/X6RA-T5TN. Dana Hall, fundada no início da década de 1880 como a escola preparatória para a recém-criada Universidade Wellesley, compartilhou do compromisso de sua instituição-irmã por uma educação rigorosa; veja "The Woman's University", *The New York Times*, 4 de janeiro de 1880, 10.

8. B. F. Skinner, "Teaching Machines", Science 128, n. 1330 (24 de outubro de 1958): 969–77; Ronald Gross, "Machines that Teach: Their Present Flaws, Their Future Potential", *The New York Times* Book Review, 14 de setembro de 1969, 36; Leah N. Gordon, From Power to Prejudice: The Rise of Racial Individualism in Midcentury America (Chicago: The University of Chicago Press, 2015). A questão da reforma de tecnologia da educação foi e está envolvida em debates mais amplos sobre educação behaviorista (ou reforço e repetição) versus educação construtivista (ou aprender fazendo); veja Peter A. Cooper, "Paradigm Shifts in Designed Instruction: From Behaviorism to Cognitivism to Constructivism", Educational Technology 33, n. 5 (maio de 1993): 12–19. Sobre um panorama mais amplo da reforma da educação, veja Michael B. Katz, Reconstructing American Education (Cambridge, Mass.: Harvard University Press, 1989); David Tyack e Larry Cuban, Tinkering Toward Utopia: A Century of Public School Reform (Harvard, 1995).

9. Richard Martin, "Shape of the Future", *The Wall Street Journal*, 13 de fevereiro de 1967, 1; Gross, "Machines That Teach".

10. Dean Brown, "Learning Environments for Young Children", ACM SIGCUE Outlook 4, n. 4 (agosto de 1970): 2.

11. Kevin Savetz, ANTIC Interview 38 — "Liza Loop, Technical Writer", ANTIC: The Atari 8bit Podcast, 27 de abril de 2015, http://ataripodcast.libsyn.com/antic-interview38liza-loop-technical-writer, arquivado em: https://perma.cc/8C93-AZPP; Loop, entrevista para Nick Demonte, 19 de julho de 2013.

12. Steven Levy, Hackers: Heroes of the Computer Revolution (Nova York: Anchor Press/ Doubleday, 1984); Ron Rosenbaum, "Secrets of the Little Blue Box", Esquire 76, n. 4 (outubro de 1971): 116. Sobre a relação entre a política contracultural da era do Vietnã e o surgimento do computador pessoal, bem como um mergulho mais profundo nas vidas e carreiras das pessoas discutidas neste capítulo, veja Fred Turner, From Counterculture to Cyberculture: Stewart Brand, the Whole

456 O CÓDIGO

Earth Network, and the Rise of Digital Utopianism (Chicago: The University of Chicago Press, 2006); Markoff, What the Dormouse Said; and Michael Hiltzik, Dealers of Lightning: Xerox PARC and the Dawn of the Computer Age (Nova York: HarperBusiness, 1999).

13. Lee Felsenstein, "Resource One/Community Memory—1972–1973", http://www.leefelsenstein.com/?page_id=44, arquivado em: https://perma.cc/4K8U-2BG3; Turner, From Counterculture to Cyberculture, 69–102; Claire L. Evans, Broad Band: The Untold Story of the Women Who Made the Internet (Nova York: Portfolio/Penguin, 2018), 95–108.

14. People's Computer Company 1, n. 1 (outubro de 1972): 5, digitalizado pelo DigiBarn Computer Museum, http://www.digibarn.com/collections/newsletters/peoples-computer/peoples-1972-oct/index.html, arquivado em: https://perma.cc/57DQ-L4FW.

15. Theodor H. (Ted) Nelson, Computer Lib (publicação do autor, 1974; reimpresso por Tempus Books of Microsoft Press, 1987), 30; Andreas Kitzmann, "Pioneer Spirits and the Lure of Technology: Vannevar Bush's Desk, Theodor Nelson's World", Configurations 9, n. 3 (setembro de 2001): 452. "Nelson foi o Tom Paine e seu livro foi o Common Sense da revolução", Michael Swaine e Paul Freiberger escreveram em sua história definitiva, Fire in the Valley: The Birth and Death of the Personal Computer, (Raleigh, N.C.: The Pragmatic Bookshelf, 2014), 103. Veja também Robert Glenn Howard, "How Counterculture Helped Put the 'Vernacular' in Vernacular Webs", em Folk Culture in the Digital Age: The Emergent Dynamics of Human Interaction, Trevor J. Blank (Org.) (Logan: Utah State University Press, 2012), 25–46. A mãe de Nelson é a atriz de Hollywood Celeste Holm.

16. Turner, From Counterculture to Cyberculture.

17. Steven Lubar, "'Do Not Fold, Spindle or Mutilate': A Cultural History of the Punch Card" Journal of American Culture 15, n. 4 (inverno de 1992): 43–55; Charles E. Silberman, "Is Technology Taking Over?" Fortune, fevereiro de 1966, reimpresso em The Myths of Automation, Silberman e editores da Fortune (Nova York: Harper & Row, 1966), 97.

18. Vance Packard, The Naked Society (Nova York: David McKay, 1964; repr., New York: Ig Publishing, 2014), 29–30.

19. Jacques Ellul, The Technological Society, (Nova York: Alfred A. Knopf, 1964).

20. Alvin Toffler, Future Shock (Nova York: Random House, 1970), 186.

21. Henry Raymont, "'Future Shock': The Stress of Great, Rapid Change" The New York Times, 24 de julho de 1970, 28; Toffler, Future Shock, 155.

22. Sanford J. Ungar, Resenha de Future Shock, The Washington Post, 7 de agosto de 1970, B8; "Mom" The Washington Post, 12 de abril de 1970, N2.

23. Toffler, Future Shock, 125.

24. Congressional Record 116, parte 155, 8 de setembro de 1970, 1662.

25. Neil Gallagher, "The Right to Privacy", discurso no Instituto de Ciência da Administração, Chicago, 26 de março de 1969, reimpresso em Vital Speeches of the Day 35 (1969): 528–29; Gallagher, "The Computer as 'Rosemary's Baby'" Computers and Society 1, n. 2 (abril de 1970): 1–12.

26. Berezin para Gallagher, 10 de janeiro de 1967, aos editores do Datamation, 6 de janeiro de 1967, Box 21, FF 16, Cornelius Gallagher Papers, Carl Albert Center Archives, The University of Oklahoma; Baran, citado por John Lear, "Whither Personal Privacy?" The Saturday Review, 23 de julho de 1966, 36.

NOTAS 457

27. Privacy: The Collection, Use, and Computerization of Personal Data: Joint Hearings before the Ad Hoc Subcommittee on Privacy and Information Systems of the Committee on Government Operations and the Subcommittee on Constitutional Rights of the Committee on the Judiciary, Senado dos Estado Unidos, 18, 19 e 20 de junho de 1974 (1974), 114–16.

28. Lei 93579, S. 3418, 31 de dezembro de 1974.

29. Scott R. Schmedel, "Computer Convention Will Skip Esoterica and Focus on Layman", *The Wall Street Journal*, 21 de agosto de 1970, 4.

30. Charles Reich, excerto de The Greening of America, *The New Yorker*, 26 de setembro de 1970, 42; E. F. Schumacher, Small Is Beautiful: Economics as if People Mattered (Londres: Blond & Briggs, 1973).

31. Philip A. Hart citado em "The Industrial Reorganization Act: An Antitrust Proposal to Restructure the American Economy", Columbia Law Review 73, n. 3 (março de 1973): 635; Michael O'Brien, Philip Hart: The Conscience of the Senate (East Lansing: Michigan State University Press, 1996). O processo antitruste da IBM se prolongou até 1982, quando foi retirado pelo governo Reagan; para uma história abrangente, veja Franklin M. Fisher, John J. McGowan e Joen E. Greenwood, Folded, Spindled and Mutilated: Economic Analysis and U.S. vs. IBM (Cambridge, Mass.: The MIT Press, 1983).

32. Depoimento de Thomas R. Parkin ao Senado dos Estados Unidos, The Industrial Reorganization Act: Hearings, S. 1167 (1974), 4868.

CAPÍTULO 9: A MÁQUINA PESSOAL

1. Nancy L. Steffen, "King Calls for Further Action Before Crowd of Over 1800", The Stanford Daily 145, n. 43 (24 de abril de 1964): 1; Jon Roise, "Activists Come Home: Students Working in Strike", The Stanford Daily 148, n. 9 (6 de outubro de 1965): 2; Bob Davis, "SNCC's Stokely Carmichael Will Lead Black Power Day", The Stanford Daily 150, n. 23 (25 de outubro de 1966): 1; Nick Selby, "Crowd a Problem for Secret Service", The Stanford Daily 151, n. 17 (21 de fevereiro de 1967): 1; "Peace Vigil", The Stanford Daily 152, n. 30 (2 de novembro de 1967): 5; Gary Atkins, "Attacked for Politics, Policies; Critics Center on Hoover Boss", The Stanford Daily 160, n. 52 (7 de janeiro de 1972): 1.

2. Don Kazak, "Stanford University Under Siege", Palo Alto Times, 13 de abril de 1994, https://www.paloaltoonline.com/news_features/centennial/1960SD.php, arquivado em: https://perma.cc/P6C8-K54R.

3. Douglas C. Engelbart e William K. English, "A Research Center for Augmenting Human Intellect", em American Federation of Information Processing Societies, Proceedings of the 1968 Fall Joint Computer Conference, San Francisco, Calif., 9–11 de dezembro de 1968, 395–410; Jane Howard, "Inhibitions Thrown to the Gentle Winds", Life Magazine 65, n. 2 (12 de julho de 1968): 56; Paul Saffo, entrevista com a autora, 24 de março de 2017, por telefone.

4. Robert E. Kantor e Dean Brown, "OnLine Computer Augmentation of Bio-Feedback Processes", International Journal of Bio-Medical Computing 1, n. 4 (novembro de 1970): 265–75; Saffo, citado em Michael Swaine e Paul Freiberger, Fire in the Valley: The Birth and Death of the Personal Computer (Raleigh, N.C.: The Pragmatic Bookshelf, 2014), 265.

5. "Xerox Plans Laboratory for Research in California", *The New York Times*, 24 de março de 1970, 89.

458   O CÓDIGO

6. Lynn Conway, "Reminiscences of the VLSI Revolution", IEEE Solid-State Circuits Magazine 4, n. 4 (outono de 2012): 12. Imediatamente antes do PARC, Conway trabalhara brevemente para Ed Zschau na System Industries.

7. Stewart Brand, "Spacewar: Fanatic Life and Symbolic Death Among the Computer Bums", Rolling Stone, 7 de dezembro de 1972, 33–39; Fred Turner, From Counterculture to Cyberculture: Stewart Brand, the Whole Earth Network, and the Rise of Digital Utopianism (Chicago: The University of Chicago Press, 2006), 118.

8. Para um perfil definitivo de Taylor no PARC, veja Leslie Berlin, Troublemakers: Silicon Valley's Coming of Age (Nova York: Simon & Schuster, 2017), 89–106.

9. Swaine e Freiberger, Fire in the Valley, 102–06.

10. Ivan Illich, Tools for Conviviality (Nova York: Harper & Row, 1973), excerto de "Ivan Illich: Inverting Politics, Retooling Society", The American Poetry Review 2, n. 3 (maio – junho de 1973): 51–53.

11. Lee Felsenstein, "Tom Swift Lives!", People's Computer Company, c. 1974, 14–15; Felsenstein, "The Tom Swift Terminal or, A Convivial Cybernetic Device", c. 1975, http://www.leefelsenstein.com/?page_id=82, arquivado em https://perma.cc/Q3DM-DPFW.

12. "Ivan Illich: Inverting Politics", 52.

13. Lee Felsenstein, citado em Turner, From Counterculture to Cyberculture, 114.

14. Divorces and Divorce Rates: United States (Washington, D.C.: Government Printing Office, abril de 1980).

15. Interface 1, n. 1 (setembro de 1975), Box 1, Liza Loop Papers M1141, SU; John Markoff, What the Dormouse Said: How the Sixties Counterculture Shaped the Personal Computer Industry (Nova York: Penguin, 2005), 273–75.

16. Liza Loop, "Inside the 'Technical Loop,' " Dana Bulletin 58, n. 1 (verão de 1996); entrevista para Nick Demonte, 19 de julho de 2013; ambos arquivados em: https://perma.cc/X6RA-T5TN; Kevin Savetz, ANTIC Interview 38 — "Liza Loop, Technical Writer", ANTIC: The Atari 8bit Podcast, 27 de abril de 2015, http://ataripodcast.libsyn.com/antic-interview38liza-loop-technical-writer, arquivado em: https://perma.cc/8C93-AZPP.

17. Sol Libes, "The S100 Bus: Past, Present, and Future", Part I, InfoWorld 2, n. 3 (17 de março de 1980): 7.

CAPÍTULO 10: FEITO EM CASA

1. Newsletter, Homebrew Computer Club, n. 1 (15 de março de 1975), reproduzido em Len Shustek, "The Homebrew Computer Club 2013 Reunion", Computer History Museum, 17 de dezembro de 2013, http://www.computerhistory.org/atchm/the-homebrew-computer-club-2013-reunion/, arquivado em: https://perma.cc/RZ9J-M6ZN.

2. Sobre o ativismo de Fred Moore, veja John Markoff, What the Dormouse Said: How the Sixties Counterculture Shaped the Personal Computer Industry (Nova York: Penguin, 2005), 31–40, 186–96; Lee Felsenstein, entrevista de história oral por Kip Crosby, editada por Dag Spicer, 7 de maio de 2008, CHM, 16.

3. Shustek, "The Homebrew Computer Club 2013 Reunion".

4. Markoff, What the Dormouse Said, 272, 274; Felsenstein, entrevista de história oral, 24.

NOTAS 459

5. Felsenstein, entrevista de história oral, 23.

6. Moore, "Amateur Computer Users Group", Newsletter— Homebrew Computer Club, n. 2 (12 de abril de 1975), Box 1, M1141, Liza Loop Papers, SU.

7. Byte 1, n. 1 (setembro de 1975); Michael Swaine e Paul Freiberger, Fire in the Valley: The Birth and Death of the Personal Computer, (Raleigh, N.C.: The Pragmatic Bookshelf, 2014), 184–86.

8. Swaine e Freiberger, Fire in the Valley, 194–95; Jim Warren, "We, the People, in the Information Age", 1º de janeiro de 1991, Dr. Dobb's Journal, http://www.drdobbs.com/architecture-and-design/wethe-peopleinthe-information-age/184408478, arquivado em: https://perma.cc/KPN4-PSCW.

9. Newsletter — Homebrew Computer Club, n. 3 (10 de maio de 1975), 4, Liza Loop Papers, SU; John Doerr, "Low-cost microcomputing: The personal computer and single-board computer revolutions", Proceedings of the IEEE 66, n. 2 (feveiro 1978): 129.

10. Dr. Dobb's Journal 2, n. 2 (fevereiro de 1976), 2; Liza Loop Papers, M1141, FF 2, Box 1, SU; Warren, "We, the People"; Swaine and Freiberger, Fire in the Valley, 188–89.

11. Doerr, "Low-cost microcomputing".

12. Albert Yu, entrevista, 15 de setembro de 2005, Atherton, Calif., Silicon Genesis Project, SU.

13. Newsletter— Homebrew Computer Club, n. 3 (10 de maio de 1975), 4, Liza Loop Papers, SU; John Doerr, "Low-Cost Microcomputing: The Personal Computer and Single-Board Computer Revolutions", Proceedings of the IEEE 66, n. 2 (fevereiro de 1978), 129.

14. Lou Cannon, "The Puzzling Politics of Jerry Brown", *The Washington Post*, 5 de fevereiro de 1978, B1.

15. Duane Elgin e Arnold Mitchell, "Voluntary Simplicity", Planning Review 5, n. 6 (1977), 13–15; Joshua Clark Davis, From Head Shops to Whole Foods: The Rise and Fall of Activist Entrepreneurs (Nova York: Columbia University Press, 2017).

CAPÍTULO 11: INESQUECÍVEL

1. Sol Libes, "The S100 Bus: Past, Present, and Future", InfoWorld 2, n. 3 (17 de março de 1980,): 6.

2. Libes, "The S100 Bus"; Michael Swaine e Paul Freiberger, Fire in the Valley: The Birth and Death of the Personal Computer, (Raleigh, N.C.: The Pragmatic Bookshelf, 2014), 112–18.

3. Lee Felsenstein, entrevista de história oral para Kip Crosby, editada por Dag Spicer, 7 de maio de 2008, CHM, 24; Libes, "The S100 Bus"; Swaine e Freiberger, Fire in the Valley, 119–21.

4. "Computer Coup", Time 119, n. 12 (22 de maio de 1962), 62; Adam Osborne, Running Wild: The Next Industrial Revolution (Nova York: Osborne/ McGraw-Hill, 1979), 33–34; Vector Graphic, Inc., "Now. The Perfect Microcomputer", publicidade, Byte, Julho de 1977.

5. Steve Jobs, discurso, Cupertino, Calif., c. 1980, Computer History Museum, Gift of Regis McKenna.

6. Regis McKenna, citado por Swaine e Freiberger, Fire in the Valley, 217; Walter Isaacson, Steve Jobs (Nova York: Simon & Schuster, 2011).

7. Harry McCracken, "Regis McKenna's 1976 Notebook and the Invention of Apple Computer, Inc.", Fast Company, 1º de abril de 2016.

8. "Apple Corporate Story", Memorando Lisa/Macintosh, c. 1983, Apple Computer Inc. Records, 1977–1997, M1007, Series 7, Box 15, FF 3, SU.

9. McKenna, troca de cartas com a autora, 6 de setembro de 2018; "CHM Revolutionaries: Regis McKenna in Conversation with John Markoff", vídeo, The Computer History Museum, 6 de fevereiro de 2014; Memorando, 22 de junho de 1976, Regis McKenna Inc. Publicidade, reproduzida em McCracken, "Regis McKenna's 1976 Notebook".

10. McKenna, troca de cartas com a autora, 6 de setembro de 2018; Donald T. Valentine, entrevista para Sally Smith Hughes, em "Early Bay Area Venture Capitalists: Shaping the Economic and Business Landscape", University of California, Berkeley, 2009, 33. Sobre o papel fundamental de Markkula no lançamento e crescimento da Apple, veja Leslie Berlin, Troublemakers: Silicon Valley's Coming of Age (Nova York: Simon & Schuster, 2017), 146–58, 206–14, 292–307.

11. McKenna, troca de cartas com a autora, 6 de setembro de 2018; Mike Cassidy, "Marketing Pioneer Recalls the Early Days of Apple", *The Seattle Times*, 22 de setembro de 2008, https://www.seattletimes.com/business/marketing-pioneer-recalls-early-daysofintel-and-apple/, arquivado em: https://perma.cc/JKN2-RVMA; McCracken, "Regis McKenna's 1976 Notebook".

12. McKenna, entrevista com a autora, 3 de dezembro de 2014; Notas do encontro, em posse de Regis McKenna e reproduzidas em McCracken, "Regis McKenna's 1976 Notebook"; "Introducing Apple II", publicidade, Scientific American, setembro de 1977; Luke Dormehl, "This day in tech history: The first Apple II ships", 10 de junho de 2014, https://www.cultofmac.com/282972/day-tech-history-first-appleiiships/, arquivado em: https://perma.cc/W9K8-BE3J.

13. Harry McCracken, "Apple II Forever: A 35th-Anniversary Tribute to Apple's First Iconic Product", Time, 16 de abril de 2012, http://techland.time.com/2012/04/16/appleiiforevera35th-anniversary-tributetoapples-first-iconic-product/, arquivado em: https://perma.cc/CG5T-987V.

14. Jim C. Warren, The First West Coast Computer Faire: Proceedings, 18 de novembro de 1977, Silicon Valley Ephemera Collection, Series 1, Box 7, FF 2, SU.

15. Ted Nelson, "Those Unforgettable Next Two Years", em Warren, The First West Coast Computer Faire: Proceedings, 20–21.

16. Louise Cook, "Get Ready for Friendly Home Computers", *The Washington Post*, 27 de novembro de 1977, 166.

17. Citado em Swaine e Freiberger, Fire in the Valley, 238.

18. Lee Dembart, "Computer Show's Message: 'Be the First on Your Block,' " *The New York Times*, 26 de agosto de 1977, A10.

19. Victor K. McElheny, "Computer Show: Preview of More Ingenious Models", *The New York Times*, 16 de junho de 1977, D1.

20. Martin Campbell-Kelly, William Aspray, Nathan Ensmenger e Jeffrey R. Yost, Computer: A History of the Information Machine (Boulder, Colo.: Westview Press, 2013), 239.

21. Bill Gates, "An Open Letter to Hobbyists", Homebrew Computer Club — Newsletter 2, n. 1 (31 de janeiro de 1976), 2, Box 1, M1141, Liza Loop Papers, SU.

22. Stephen Manes e Paul Andrews, Gates (Nova York: Touchstone/Simon & Schuster, 1993), 58–60.

23. Bill Gates, The Road Ahead (Nova York: Random House, 1995), 44; Manes e Andrews, Gates, 63–71.

24. Manes e Andrews, Gates, 81.

25. Eric S. Raymond, The Cathedral and the Bazaar: Musings on Linux and Open Source by an Accidental Revolutionary (San Francisco: O'Reilly Media, 2001).

26. Christopher Evans, The Micro Millennium (Nova York: Viking, 1979), 67.

CAPÍTULO 12: NEGÓCIO ARRISCADO

1. Ian Matthews, "Commodore PET History", Commodore.ca, fevereiro de 2003, https://www.commodore.ca/commodore-products/commodore-pet-the-worlds-first-personal-computer/, arquivado em: https://perma.cc/WY6J-UXT5.

2. "Has the Bear Market Killed Venture Capital?" *Forbes*, 15 de junho de 1970, 28–37; Margaret A. Kilgore, "Public Urged to Invest in Technology", *The Los Angeles Times*, 13 de abril de 1976, D7; Gene Bylinsky, The Innovation Millionaires: How They Succeed (Nova York: Charles Scribner's Sons, 1976), 25–36; Gary Klott, "Venture Capitalists Wary of Tax Plan", *The New York Times*, 9 de janeiro de 1985, D1.

3. David Morgenthaler, entrevista com a autora, 3 de novembro de 2015, por telefone.

4. Burt McMurtry, entrevista com a autora, 15 de janeiro de 2015, Palo Alto, Calif.

5. Stewart Greenfield, entrevista com a autora, 19 de maio de 2015, por telefone.

6. Reid Dennis, "Early Bay Area Venture Capitalists: Shaping the Economic and Business Landscape", entrevistas por Sally Smith Hughes, Regional Oral History Office, The Bancroft Library, University of California, 2009, 43.

7. Ajay K. Mehrotra e Julia C. Ott, "The Curious Beginnings of the Capital Gains Tax Preference", Fordham Law Review 84, n. 6 (maio de 2016), 2517–36; "Capital Gains and Taxes Paid on Capital Gains, 1954–2009", 2012, https://www.taxpolicycenter.org/statistics/historical-capi-tal-gains-and-taxes, arquivado em: https://perma.cc/BTM4-57DV. Isso foi parte de um impulso comercial mais amplo contra o New Deal, que incluiu a formulação da retórica do "mercado livre"; veja Lawrence Glickman, "Free Enterprise versus the New Deal Order", artigo apresentado na conferência "Beyond the New Deal Order", 24–26 de setembro de 2015. Veja também Kathryn S. Olmsted, Right Out of California: The 1930s and the Big Business Roots of Modern Conservatism (Nova York: The New Press, 2015); Kim Phillips-Fein, Invisible Hands: The Businessmen's Crusade against the New Deal (Nova York: W. W. Norton, 2010); e Julia C. Ott, When Wall Street Met Main Street: The Quest for an Investors' Democracy (Cambridge, Mass.: Harvard University Press, 2011).

8. "Curb Urged on Loans: Speculation Hit by Bankers", *The Los Angeles Times*, 5 de outubro de 1928, 2; "Capital Gains Tax", *The Wall Street Journal*, 8 de novembro de 1930, 1; "Whitney Attacks 'Excessive' Relief", *The New York Times*, 27 de fevereiro de 1935, 29. Sobre Whitney, veja também Mehrotra e Ott, "The Curious Beginnings".

9. "Tax Debate: Builders, Stock Brokers are Split", *The Wall Street Journal*, 30 de janeiro de 1963, 1.

10. "Excerpts from Senator McGovern's Address Explaining His Economic Program", *The New York Times*, 30 de agosto de 1972, 22; James Reston, "The New Economic Philosophy", *The New York Times*, 31 de janeiro de 1973, 41.

11. Citado em Bylinsky, The Innovation Millionaires.

12. "Pension Fund Trustees Get Jitters Over Liability Laws", *The Los Angeles Times*, 5 de agosto de 1976, F15. Sobre a inflação da década, veja Alan S. Blinder, "The Anatomy of Double-Digit Inflation in the 1970s", in Inflation: Causes and Effects, Robert E. Hall (Org.) (Chicago: University of Chicago Press, 1982), 26182. Sobre a ERISA, veja Christopher Howard, The Hidden Welfare State: Tax Expenditures and Social Policy in the United States (Princeton, N. J.: Princeton University Press, 1997), 130–34.

13. Pete Bancroft, "Reflections of an Early Venture Capitalist", 28 de março de 2000, manuscrito inédito.

14. David Morgenthaler, entrevista com a autora, 23 de junho de 2015, Palo Alto Calif; Pete Bancroft, entrevista com a autora, 3 de novembro de 2015, San Francisco, Calif.

15. Jefferson Cowie, Stayin' Alive: The 1970s and the Last Days of the Working Class (Nova York: The New Press, 2010); Michael Reagan, "Capital City: New York in Fiscal Crisis, 1966–1978", tese de doutorado, University of Washington, 2017.

16. Departamento de Comércio dos Estados Unidos, The Role of Technical Enterprises in the United States Economy (Washington, D.C.: U.S. Government Printing Office, January 1976); Robert Wolcott Johnson, "The Passage of the Investment Incentive Act of 1978: A Case Study of Business Influencing Public Policy", tese de doutorado, Harvard University Graduate School of Business Administration, 1980, 40–52.

17. Pete Bancroft e National Venture Capital Association, Emerging Innovative Companies— An Endangered Species, 29 de novembro de 1976, manuscrito inédito, 1, 3.

18. Benjamin C. Waterhouse, Lobbying America: The Politics of Business from Nixon to NAFTA (Princeton, N. J.: Princeton University Press, 2013).

19. "Electronic firms seek broader political base", *The Los Angeles Times*, 15 de novembro de 1981, citado em AnnaLee Saxenian, "In Search of Power: The Organization of Business Interests in Silicon Valley and Route 128", Economy and Society 18, n. 1 (fevereiro de 1989): 40.

20. Patrick McNulty, "They Shrugged When Pete McCloskey Challenged the President", *The Los Angeles Times*, 23 de maio de 1971, O24; Pete McCloskey, entrevista com a autora, 18 de fevereiro de 2016, Rumsey, Calif.

21. Entrevista de McCloskey; Reid Dennis, entrevista com a autora, 26 de maio de 2015.

22. Entrevista de McCloskey.

23. Ed Zschau, entrevista com a autora, 24 de junho de 2015 e 19 de janeiro de 2016, Palo Alto, Calif.

24. Burt McMurtry, entrevista com a autora, 2 de outubro de 2017, por telefone; Kathie e Bob Maxfield, entrevista com a autora, 28 de maio de 2015, Los Gatos, Calif.

25. Entrevista de Greenfield; David Morgenthaler e Reid Dennis, entrevista com a autora, 26 de maio de 2015, Palo Alto, Calif.

26. Jimmy Carter, "Tax Reduction and Reform Message to the Congress", 20 de janeiro de 1978, publicado por Gerhard Peters e John T. Woolley, The American Presidency Project, http://www.presidency.ucsb.edu/ws/?pid=31055, arquivado em: https://perma.cc/RXG7-F57W.

27. Saxenian, "In Search of Power".

28. Entrevista de Zschau, 24 de junho de 2015; Capital gains tax bills: Hearings before the Subcommittee on Taxation and Debt Management Generally of the Committee on Finance, Senado dos Estados Unidos, 28 e 29 de junho de 1978, 269.

29. Entrevista de McCloskey.

30. William A. Steiger, Capital gains tax bills: Hearings.

31. Barry Sussman, "Surprise: Public Backs Carter on Taxes: Roper Survey Shows Fairness Rated Above Tax Cut", *The Washington Post*, 6 de agosto de 1978, D5.

32. Clayton Fritchey, "Today's 'Forgotten Man': The Investor", *The Washington Post*, 5 de agosto de 1978, A15. Dois anos depois, Massachusetts seguiria o exemplo, aprovando a Proposição 21/2 — medida que recebeu um forte impulso financeiro do recém-formado Conselho de Alta Tecnologia de Massachusetts; veja Saxenian, "In Search of Power".

33. Art Pine, "A Tax Break for the Rich in an Election Year?", *The Washington Post*, 21 de maio de 1978, A16; "Rich, Poor, and Taxes", *The Washington Post*, 2 de junho de 1978, A2; David Morgenthaler, H.R. 9549, The Capital, Investment, and Business Opportunity act: Hearing before the Subcommittee on Capital, Investment, and Business Opportunities of the Committee on Small Business, Congresso dos Estados Unidos, 22 de fevereiro de 1978.

34. Art Pine, "Capital Gains Remarks by Carter Draw Hill Fire", *The Washington Post*, 29 de junho de 1978, D12. Para uma análise mais abrangente da aprovação da lei, veja Johnson, "The Passage of the Investment Incentive Act of 1978".

35. Entrevista de Greenfield.

36. James M. Poterba, "Venture Capital and Capital Gains Taxation", em Tax Policy and the Economy, v. 3, Lawrence H. Summers (Org.) (Cambridge, Mass.: The MIT Press, 1989), 47–57.

37. Ed Zschau, troca de cartas com a autora, 13 de setembro de 2018.

38. Memorial Services held in the House of Representatives and Senate of the United States, together with remarks presented in eulogy of William A. Steiger (Washington, D.C.: USGPO, 1979).

TERCEIRO ATO

1. The Man Who Shot Liberty Valance, dirigido por John Ford, escrito por James Warner Bellah e Willis Goldbeck, baseado no argumento de Dorothy M. Johnson (Paramount Pictures, 1962).

CHEGADAS

1. Trish Millines Dziko, entrevista com a autora, 2 de abril de 2018, por telefone; troca de cartas com a autora, 7 de setembro de 2018; Trish Millines Dziko, entrevista para Jessah Foulk, 8 de junho de 2002, "Speaking of Seattle" Sophie Frye Bass Library, Museum of History and Industry, Seattle, Wash.

2. "Benjamin M. Rosen", The Rosen Electronics Letter 80, n. 10 (7 de julho de 1980), Catalog N. 102661121, Computer History Museum Archives, Mountain View, Calif.; John W. Wilson, The New Venturers: Inside the High-Stakes World of Venture Capital (Reading, Mass.: Addison-Wesley, 1985), 109–11.

3. Charles J. Elia, "Caution Increases on Semiconductor Issues Amid Signs of Slower Recovery by Industry", *The Wall Street Journal*, 4 de novembro de 1975, 43; Regis McKenna, entrevista com a autora, 3 de dezembro de 2014, Stanford, Calif.; Merrill Lynch, agosto de 1978, relatório sob a guarda de Regis McKenna.

4. "From Little Apples Do Giant Orchards Grow", The Rosen Electronics Letter 80, n. 21 (31 de dezembro de 1980), 10, Catalog N. 102661121, Computer History Museum Archives, Mountain View, Calif.; Rosen, "Memories of Steve", Through Rosen-Colored Glasses blog, 22 de outubro de 2011, http://www.benrosen.com/2011/10/memoriesofsteve.html, arquivado em: https://perma.cc/9B2M-5462.

CAPÍTULO 13: STORYTELLERS

1. Publicidade (Apple Computer Inc.), Wall Street Journal, 13 de agosto de 1980, 28.

2. Philip Shenon, "Investment Climate is Ripe for Offering by Apple Computer", *The Wall Street Journal*, 20 de agosto de 1980, 24.

3. Ben Rosen, "The Stock Market Looks Ahead — To the Golden Age of Electronics", The Rosen Electronics Letter 80, n. 15 (22 de agosto de 1980), 1.

4. "High Technology: Wave of the future or market flash in the pan?" BusinessWeek, 10 de novembro de 1980, 86–87; Moore citado em Wilson, The New Venturers, 189.

5. Carl E. Whitney, "Wall Street Discovers Microcomputers", InfoWorld 2, n. 18 (13 de outubro de 1980), 4–5; James L. Rowe, Jr., "Speculation Fever Seeping Through Wall Street", *The Washington Post*, 2 de novembro de 1980, G1; Karen W. Arenson, "A 'Hot' Offering Retrospective", *The New York Times*, 30 de dezembro de 1980, D1.

6. Ben Rosen, "Spectacular Year for Electronics Stocks", The Rosen Electronics Letter 80, n. 21 (31 de dezembro de 1980), 1. Veja também Sally Smith Hughes, Genentech: The Beginnings of Biotech (Chicago: The University of Chicago Press, 2011).

7. Robert A. Swanson, entrevistas de história oral para Sally Smith Hughes, 1996 e 1997, Regional Oral History Office, The Bancroft Library, University of California, Berkeley, 2001.

8. David Ahl, entrevista para Gordon Bell, Creative Computing 6, o. 4 (abril de 1980), 88–89, via Garson O'Toole, "There is No Reason for Any Individual to Have a Computer in Their Home", Quote Investigator, https://quoteinvestigator.com/2017/09/14/home-computer/#return-note-168831, arquivado em: https://perma.cc/5M5R-HQMA. Naquela época, o mercado de minicomputadores era de US$2,5 bilhões, e a Digital controlava 40% dele. Veja Stanley Klein, "The Maxigrowth of Minicomputers", *The New York Times*, 2 de outubro de 1977, 3. Arthur Rock, entrevistas por Sally Smith Hughes, 2008 e 2009 "Early Silicon Valley Venture Capitalists", Regional Oral History Office, The Bancroft Library, University of California, Berkeley, California, 56.

9. David Morgenthaler, entrevistas com a autora; David Morgenthaler entrevistas de história oral, 41; Brent Larkin, "Cleveland's Quiet Business Visionary", The Cleveland Plain Dealer, 15 de janeiro de 2012, G1.

10. William Bates, "Home Computers—So Near and Yet…" *The New York Times*, 26 de fevereiro de 1978, F3; Wayne Green, "80 Remarks", 80 Microcomputing, janeiro de 1980, citado em Matthew Reed, "Was the TRS80 affectionately known as the Trash80?" TRS80.org, sem data, http://www.trs80.org/trash80/, arquivado em: https://perma.cc/3J2G-7J9X.

11. Apple, "Personal Computer Market Fact Book", c. 1983, 143, M1007, Series 7, Box 15, FF 1, Apple Computer Inc. Records, 1977–1997, SU; Regis McKenna, The Regis Touch: Million-Dollar Advice from America's Top Marketing Consultant (Reading, Mass.: Addison-Wesley, 1985), 28.

12. Regis McKenna, entrevista com a autora, 3 de dezembro de 2014.

13. Tom Hannaher, "Selling Apple Personal Computing with Advertising", Apple Computer Inc., 1983; "Personal Computer Market Fact Book", 160–72.

14. "Personal Computer Market Fact Book", 141, 146. Como documentos de marketing interno como este revelam, a Apple direcionou seu marketing exclusivamente para homens até sua expansão para mercados universitários na época da introdução do Macintosh (1984). Sobre a publicação na Playboy, veja Michael Swaine and Paul Freiberger, Fire in the Valley: The Birth and Death of the Personal Computer, (Raleigh, N.C.: The Pragmatic Bookshelf, 2014), 253.

15. McKenna, entrevista com a autora, 3 de dezembro de 2014.

16. Apresentação de Steve Jobs, c. 1980, cortesia de Regis McKenna, n. 102746386, X2903.2005, CHM. Veja também Kay Mills, "The Third Wave: Whiz-Kids Make a Revolution in Computers", *The Los Angeles Times*, 5 de julho de 1981, E3.

17. Mills, "The Third Wave".

18. Esther Dyson, "My iXperiences with Steve Jobs", 26 de julho de 2011, Reuters MediaFile, http://blogs.reuters.com/mediafile/2011/08/26/myixperiences-with-steve-jobs/, arquivado em https://perma.cc/C9T3-L7WG.

19. "Osborne: From Brags to Riches", BusinessWeek, 22 de fevereiro de 1982, 82.

20. Schenker, "A Different Scenario: Personal Computers in the 80's", InfoWorld 2, n. 6 (14 de abril de 1980): 11, Box 1, Liza Loop Papers, M1141, SU; Peter J. Schuyten, "Subculture of Silicon Technology", *The New York Times*, e 10 de maio de 1979, D2.

21. McKenna, The Regis Touch, xi.

22. Alvin Toffler, Future Shock (Nova York: Random House, 1970), 29; Jobs, citado por Mills, "The Third Wave".

23. Christian Williams, "Future Shock Revisited: Alvin Toffler's 'Wave'", *The Washington Post*, 31 de março de 1980, B1.

24. "Tandy Radio Shack Assaults the Small Computer Market", The Rosen Electronics Letter 80, n. 14 (8 de agosto de 1980), n. 102661121, CHM; McKenna, The Regis Touch, 62.

25. Ben Rosen, "Memories of Steve", Through Rosen-Colored Glasses blog, 22 de outubro de 2011, http://www.benrosen.com/2011/10/memoriesofsteve.html, arquivado em: https://perma.cc/9B2M-5462.

26. C. Saltzman, "Apple for Ben Rosen: Use of Personal Computers by Securities Analysts", *Forbes* 124 (20 de agosto de 1979), 54–55; Stratford P. Sherman, "Technology's Most Colorful Investor", *Fortune*, 30 de setembro de 1985, 156.

27. Adam Osborne, discurso na Feira West Coast, 15 de março de 1980, áudio, www.bricklin.com, arquivado em: https://perma.cc/EWM5-JVF7.

28. The Rosen Electronics Letter, 8 de agosto de 1980, 14, n. 102661121, CHM.

29. McKenna, entrevista com a autora, 3 de dezembro de 2014; Shenon, "Investment Climate is Ripe for Offering by Apple Computer"; Whitney, "Wall Street Discovers Microcomputers", 4–5.

30. Entrevista de Arthur Rock, "Early Bay Area Venture Capitalists"; "Making a Mint Overnight", Time, 23 de janeiro de 1984, 44.

31. William M. Bulkeley, "In Venture Capitalism, Few Are As Successful as Benjamin Rosen", *The Wall Street Journal*, 28 de novembro de 1984, 1.

32. Frederick Golden, "Other Maestros of the Micro", Time, 3 de janeiro de 1983; "The $1795 Personal Business Computer is changing the way people go to work", Osborne Computer Corp Ad, Byte 7, n. 9 (setembro de 1982), 31.

33. Inc., Outubro de 1981.

CAPÍTULO 14: SONHO CALIFORNIANO

1. Ronald Reagan, anúncio da candidatura presidencial, 13 de novembro de 1979, https://www.reaganlibrary.gov/111379, arquivado em: https://perma.cc/E7CL-GL47.

2. Citado em Haynes Johnson, "The Perils of Paradise", *The Washington Post*, 19 de outubro de 1980, G1.

3. David Ignatius, "Political Evolution: Sen. Hart Seeks to Blur Left-Right Stereotypes in His Reelection Bid", *The Wall Street Journal*, 20 de agosti de 1980, 1.

4. Paul Tsongas, testemunho no Senado dos Estados Unidos, 2 de junho de 1986, Ed Zschau Papers, Box 51, FF "Capital Gains II", Stanford, Calif. (HH).

5. Bob Davis, "Future Gazers in the U.S. Congress", *The Wall Street Journal*, 7 de junho de 2000, 3; David Shribman, "Now and Then, Congress Also Ponders the Future", *The New York Times*, 14 de março de 1982, E10.

6. Katie Zezima, "ExGov. Edward J. King, 81, Who Defeated Dukakis, Dies", *The New York Times*, 19 de setembro de 2006, B8.

7. Elizabeth Drew, "The Democrats", *The New Yorker*, 22 de março de 1982, 130; William D. Marbach, Christopher Ma, et al., "High Hopes for High Tech", *Newsweek*, 14 de fevereiro de 1983, 61.

8. Editorial, "Jerry Brown on the 'Reindustrialization of America'", *The Washington Post*, 14 de janeiro de 1980, A23; George Skelton, "Gaining Attention by Snubbing Tradition", *The Los Angeles Times*, 17 de outubro de 1978, A1; Skelton, "Waiting in Wings for 1980", Los Angeles Times, 8 de novembro de 1978, B1.

9. Doug Moe, "35 Years On, Recalling 'Apocalypse Brown'", Wisconsin State Journal, 27 de março de 2015, https://madison.com/wsj/news/local/columnists/doug-moe/doug-moe-yearson-recalling-apocalypse-brown/article_1b614603-1d07-51b7-a984-9b793fecf730.html, arquivo em: https://perma.cc/C9KS-2594; Wayne King, "Gov. Brown, His Dream Ended, Returns to California", *The New York Times*, 3 de abril de 1980, 34; Raymond Fielding, The Technique of Special Effects Cinematography, (Burlington, Mass.: Focal Press, 2013), 387–88.

10. Johnson, "The Perils of Paradise".

11. Rowland Evans e Robert Novak, "David Packard Gets on Board", *The Washington Post*, 11 de maio de 1975, 39; Margot Hornblower, "Gold-Plated Panel Set to Raise, Spend Millions for Reagan", *The Washington Post*, 10 de julho de 1980, A3; Debra Whitefield, "Business Leaders Jubilant; Wall Street Has Busiest Day", *The Wall Street Journal*, 6 de novembro de 1980, B1; Tom Redburn and Robert Magnuson, "Stung by Tax Bill, Electronics Firms Seek Broader Political Base", *The Los Angeles Times*, 15 de novembro de 1981, F1.

12. Tom Zito, "Steve Jobs: 1984 Access Magazine Interview", *Newsweek* Access, outono de 1984, reimpresso em The Daily Beast, 6 de outubro de 2011, https://www.thedailybeast.com/steve-jobs-1984-access-magazine-interview, aqruivado em: http://perma.cc/A3W8-T4Q9; "InfoViews", InfoWorld, 10 de novembro de 1980, 12.

13. Whitefield, "Business Leaders Jubilant"; Ken Gepfert, "Defense Contractors Hail Reagan Win but Can They All Share in the Spoils?", *The Los Angeles Times*, 30 de novembro de 1980, F1; Nicholas Lemann, "New Tycoons Reshape Politics", *The New York Times*, 8 de junho de 1986, Section M, 51. A derrota dos democratas no Senado ocorreu após uma sequência de anúncios de US$700 mil feita pelo National Conservative PAC (NCPAC), ideia do ex-agente e lobista Roger Nixon, cujas campanhas presidenciais posteriores incluíram ambos os George Bush, Bob Dole e Donald Trump. Warren Weaver Jr., "Conservatives Plan $700,000 Drive to Oust 5 Democrats From Senate", *The New York Times*, 17 de agosto de 1979, 1; "Attack PAC", Time 120, n. 17 (25 de outubro de 1982), 28.

14. Tsongas e Hart citados por Lawrence Martin, "Shift to Right in U.S. Begins to Hit Home", The Globe and Mail, 8 de novembro de 1980, 1. "Carter Told Major Threats Are Democrats", United Press International, 4 de maio de 1977.

15. Sidney Blumenthal, "Whose Side is Business On, Anyway?", The New York Times, 25 de outubro de 1981, 29.

16. Reagan, Small Business Week, 1981, 23 de março de 1981; Reagan, "Remarks to the Students and Faculty at St. John's University", Nova York, 28 de maio de 1985; Arthur Levitt Jr., "In Praise of Small Business", The New York Times, 6 de dezembro ode 1981, 136; Leslie Wayne, "The New Face of Business Leadership", The New York Times, 22 de maio de 1983, B1; Don Oldenberg, "Entrepreneurs: The New Heroes?", The Washington Post, 2 de julho de 1986, D5.

17. Levitt, "In Praise of Small Business"; William M. Bulkeley, "In Venture Capitalism, Few Are as Successful as Benjamin Rosen", The Wall Street Journal, 28 de novembro de 1984.

18. Ken Hagerty, "The Power of Grassroots Lobbying", Association Management, novembro de 1979, coleção Ken Hagerty; Bacon, "Lobbyists Say Options Tax Break is Needed to Spur Innovation", The Wall Street Journal, 1º de julho de 1981, 27; Ken Hagerty, entrevista com a autora, 9 de setembro de 2015, por telefone.

19. Edward Cowan, "The Quiet Campaign to Cut Capital Gains Taxes", The New York Times, 12 de abril de 1981, F8.

20. Otto Friedrich et al., "Machine of the Year: The Computer Moves In", Time, 3 de janeiro de 1983; Jeanne Hayes (Org.), Microcomputer and VCR Usage in Schools, 1985–1986 (Denver, Colo.: Quality Education Data, 1986), 7.

21. Adam Smith, "Silicon Valley Spirit", Esquire 96, n. 11 (novembro de 1981): 13–14; Reyner Banham, "Down in the Vale of Chips", New Society 56, n. 971 (25 de junho de 1981): 532.

22. Moira Johnston, "High Tech, High Risk, and High Life in Silicon Valley", National Geographic 162, n. 4 (outubro de 1982): 459–77.

23. Citado em Michael Moritz, Return to the Little Kingdom: How Apple and Steve Jobs Changed the World (Nova York: The Overlook Press, 2009), 142.

24. Smith, "Silicon Valley Spirit".

25. Mike Hogan, "Corporate Cultures Tell a Lot", California Business, novembro de 1984, 92–6.

26. Margaret (março de 1981): 44–50; Jennifer Jones, entrevista com a autora, 14 de novembro de 2014, Woodside, Calif.

27. Margaret Comstock Tommervik, "Exec Apple: Jean Richardson", Softalk 1, n. 7 (março de 1981): 42–43.

28. C. W. Miranker, "What Makes Silicon Valley's Workforce Mostly Non-Union", Associated Press, 24 de dezembro de 1983.

29. "What Makes Tandem Run", BusinessWeek, 14 de julho de 1980, 73–74; Smith, "Silicon Valley Spirit".

30. Fox Butterfield, "Two Areas Show Way to Success in High Technology", The New York Times, 9 de agosto de 1982, 1. Veja também David Lampe (Org.), The Massachusetts Miracle: High Technology and Regional Revitalization (Cambridge, Mass.: The MIT Press, 1988).

31. Newsweek, 4 de julho de 1979; Carter, Pronunciamento à Nação, 15 de julho de 1979; McKenna, The Regis Touch, 28; Anthony J. Parisi, "Technology: Elixir for U.S. Industry", The New York Times, 28 de setembro de 1980, F1.

468   O CÓDIGO

32. Moritz, Return to the Little Kingdom, 11; Time, "Publisher's Letter", 3 de janeiro de 1983.

CAPÍTULO 15: MADE IN JAPAN

1. Harry McCracken, "The Original Walkman vs. the iPod Touch", Technologizer, 29 de junho de 2009, https://www.technologizer.com/2009/06/29/walkmanvsipod-touch/, arquivado em: https://perma.cc/P92F-3WTL; "Ubiquitous Walkman Celebrates First Decade", *The Los Angeles Times*, 21 de junho de 1989, C2.

2. Peter J. Brennan, "Advanced Technology Center: Santa Clara Valley, California", MO 443 Silicon Valley Ephemera Collection, Series 1, Box 1, FF 17, SU; Ben Rosen, "The Stock Market Looks Ahead — to the Golden Age of Electronics", The Rosen Electronics Letter 80, n. 15 (22 de agosto de 1980); Maggie Canon, "Stanford and Japan Form Joint Industry Study", InfoWorld, 24 de novembro de 1980, 3.

3. Canon, "Stanford and Japan". Para uma discussão sobre a resposta da indústria de semicondutores do Vale do Silício à concorrência japonesa e sobre a liderança de Noyce, veja Leslie Berlin, The Man Behind the Microchip: Robert Noyce and the Invention of Silicon Valley (Oxford, U.K.: Oxford University Press, 2005), 257–60.

4. Marco Casale-Rossi, "The Heritage of Mead & Conway", Proceedings of the IEEE 102, n. 2 (fevereiro de 2014): 114–19; Clair Brown and Greg Linden, "Offshoring in the Semiconductor Industry: Historical Perspectives", IRLE, n. 12005, University of California, Berkeley, 2005.

5. Brennan, "Advanced Technology Center"; William Chapman, "High Stakes Race: Japanese Search for Breakthrough in Field of Giant Computers", *The Washington Post*, 27 de fevereiro de 1978.

6. Chalmers Johnson, MITI and the Japanese Miracle: The Growth of Industrial Policy, 1925–1975 (Stanford, Calif.: Stanford University Press, 1982); Judith Stein, Pivotal Decade: How the United States Traded Factories for Finance in the Seventies (New Haven, Conn.: Yale University Press, 2010).

7. Thomas L. Friedman, "Silicon Valley's 'Underworld,'" *The New York Times*, 3 de dezembro de 1981, B1; "Valley of Thefts", Time, 14 de dezembro de 1981, 66; D. T. Friendly and Paul Abramson, "In Silicon Valley, Goodbye, Mr. Chips", *Newsweek*, 12 de maio de 1980, 78.

8. Regis McKenna, entrevistas com a autora, 3 de dezembro de 2014 e 31 de maio de 2016.

9. Audiência no Congresso dos Estados Unidos, "Chrysler Corporation Loan Guarantee Act of 1979", 19 de agosto de 1979; Charles K. Hyde, Riding the Roller Coaster: A History of the Chrysler Corporation (Detroit: Wayne State University Press, 2003); Stein, Pivotal Decade.

10. Johnson, "The Perils of Paradise"; Stone, citado em Susan Brown-Goebeler, "How Gray Is My Valley", Time 138, n. 20 (18 de novembro de 1991): 90.

11. James Flanigan, "U.S., Japan Vie for Lead in Electronics", *The Los Angeles Times*, 12 de outubro de 1980, 1; U.S. Departamento de Comércio dos Estados Unidos, A Report on the U.S. Semiconductor Industry, setembro de 1979.

12. Hobart Rowen, "Entire Data Processing Industry Target of Japanese Companies", *The Washington Post*, 23 de março de 1980, E1.

13. McKenna, entrevista com a autora, 3 de dezembro de 2014.

14. Tom Redburn e Robert Magnuson, "Stung by Tax Bill, Electronics Firms Seek Broader Political Base", *The Los Angeles Times*, 15 de novembro de 1981, F1; "AeA Supports Two Bills Asking

Tax Aid for R& D", Computerworld, 1º de junho de 1981, 67; Ken Hagerty, entrevista com a autora, 9 de setembro de 2015, por telefone; Redburn e Magnuson, "Stung by Tax Bill".

15. David Harris, "Whatever Happened to Jerry Brown?", *The New York Times*, 9 de março de 1980, SM9. Sobre a derrota de Pat Brown e suas implicações, veja Matthew Dallek, The Right Moment: Ronald Reagan's First Victory and the Decisive Turning Point in American Politics (Nova York: The Free Press, 2000).

16. McKenna, entrevista com a autora, 3 de dezembro de 2014.

17. Edmund G. Brown Jr., discurso, 8 de janeiro de 1981; "Governor Brown Boosts Microelectronics", Science 211, n. 4483 (13 de fevereiro de 1981): 688–89.

18. William D. Marbach, "High Hopes for High Tech", *Newsweek*, 14 de fevereiro de 1983, 61.

19. Comissão de Inovação Industrial da California, "Winning Technologies: A New Industrial Strategy for California and the Nation", 2 de setembro de 1982, Silicon Valley Ephemera Collection, Series 1, Box 4, FF 21, SU.

20. Ronald Reagan, "Executive Order 12428", 28 de junho de 1983.

21. Ben Rosen, "Jerry Sanders' Humor", The Rosen Electronics Letter 82, n. 12 (25 de agosto de 1982): 14–15.

22. Partido Democrata, Rebuilding the Road to Opportunity: Turning Point for America's Economy (Washington: USGPO, 1982).

23. "Steve Jobs and David Burnham", Nightline, ABC News, 10 de abril de 1981, arquivado em: https://perma.cc/4UER-Y3YV.

24. David Morrow, entrevista de história oral com Steve Jobs, Palo Alto, Calif., 20 de abril de 1995, Smithsonian Institution.

25. Citado em Audrey Watters, "How Steve Jobs Brought the Apple II to the Classroom", Hack Education.com, 25 de fevereiro de 2015, http://hackeducation.com/2015/02/25/kids-cant-wait-apple, arquivado em: https://perma.cc/3K62-ACW5.

26. Milton B. Stewart, "Polishing the Apple", Inc., 1º de fevereiro de 1983, https://www.inc.com/magazine/19830201/6207.html, arquivado em: https://perma.cc/K7UQ-4ACC.

27. Comissão Nacional de Excelência em Educação (EUA), A Nation at Risk: The Imperative for Educational Reform (abril de 1983).

28. Richard Severo, "Computer Makers Find Rich Market in Schools", *The New York Times*, 10 de dezembro de 1984, B1.

29. Alan Maltun, "Students Beg to Stay After School to Use Computers"; David Einstein, "Bellflower Paces Area Schools in Computer Field"; Bob Williams, "Computer Parade Uneven", *The Los Angeles Times*, 11 de dezembro de 1983, SB1.

30. Andrew Emil Gansky, "Myths and Legends of the Anti-Corporation: A History of Apple, Inc., 1976–1997", tese de doutorado, University of Texas at Austin, 2017; Watters, "How Steve Jobs Brought the Apple II to the Classroom"; Harry McCracken, "The Apple Story is an Education Story: A Steve Jobs Triumph Missing from the Movie", The 74, 15 de outubro de 2015, https://www.the74million.org/article/the-apple-storyisaneducation-storyasteve-jobs-triumph-missing-from-the-movie/, arquivado em: https://perma.cc/EZV6-UGLT.

31. Natasha Singer, "How Google Took Over the Classroom", *The New York Times*, 14 de maio de 2017, 1.

32. "82 House Freshmen Eschew Partisanship and Posturing" *The Washington Post*, 26 de dezembro de 1982, A1; Zschau, "Tax Policy Initiatives to Promote High Technology", 13 de maio de 1983, Box 51, FF Capital Gains 1, Ed Zschau Papers, HH.

33. Mark Bloomfield, memorando, 14 de dezembro de 1984, Box 51, Capital Gains II, Ed Zschau Papers, HH.

34. Climate for Entrepreneurship and Innovation in the United States: Hearings Before the Joint Economic Committee, 27 e 28 de agosto de 1984, 3.

35. Burt McMurtry, entrevista com a autora, 2 de outubro de 2017.

36. Comitê de Inovação em Computação e Comunicação, National Academy of Sciences, Funding a Revolution: Government Support for Computing Research (Washington, D.C.: National Academies Press, 1999), 52–61.

37. Michael Schrage, "Defense Budget Pushes Agenda in High Tech R& D", *The Washington Post*, 12 de agosto de 1984, F1; Schrage, "Computer Effort Falling Behind", *The Washington Post*, 5 de setembro de 1984, F1; Alex Roland with Philip Shiman, Strategic Computing: DARPA and the Quest for Machine Intelligence, 1983–1993 (Cambridge, Mass.: The MIT Press, 2002).

CAPÍTULO 16: BIG BROTHER

1. Paul Andrews e Stephan Manes, "If Perot's So Smart, Why Did He Let Microsoft Slip Away?" The Austin American-Statesman, 21 de junho de 1992, H1.

2. Stephen Manes e Paul Andrews, Gates (Nova York: Touchstone/Simon & Schuster, 1993), 120–21; Peter Rinearson, "Young Students Had Program to Make Millions", *The Seattle Times*, 14 de fevereiro de 1982, D3.

3. Manes e Andrews, Gates, 153.

4. Paul Andrews, "Mary Gates: She's Much More Than the Mother of Billionaire Bill", *The Seattle Times*, 9 de janeiro de 1994, A1.

5. Ironicamente, considerando que sua história tenha sido um argumento para especialistas do Vale do Silício formarem sua antipatia em relação à Microsoft, Kildall era de Seattle, graduado em Ciência da Computação pela Universidade de Washington. Embora nunca tenha alcançado a fama de Bill Gates, ele continuou produzindo e comercializando o CP/M, e tornou-se um rosto familiar na televisão pública como apresentador do The Computer Chronicles antes de sua morte prematura aos 52 anos, em 1994. Gary Kildall, Computer Connections: People, Places, and Events in the History of the Personal Computer Industry, manuscrito inédito em poder de Scott e Kristen Kildall, reproduzido online com a permissão do Computer History Museum, http://www.computerhistory.org/atchm/inhis-own-words-gary-kildall/, arquivado em: https://perma.cc/NU3B-M47B.

6. Rinearson, "Young Students".

7. Burt McMurtry, entrevista com a autora, 15 de janeiro de 2015; Leena Rao, "Sand Hill Road's Consiglieres: August Capital", TechCrunch, 14 de junho de 2014, https://techcrunch.com/2014/06/14/sand-hill-roads-consiglieres-august-capital/, arquivado em: https://perma.cc/6DN4-DERQ.

8. Charles Simonyi, entrevista com a autora, 4 de outubro de 2017, Bellevue, Wash.; Michael Hiltzik, Dealers of Lightning: Xerox PARC and the Dawn of the Computer Age (Nova York:

HarperBusiness, 1999), 194–210; Michael Swaine e Paul Freiberger, Fire in the Valley: The Birth and Death of the Personal Computer, (Raleigh, N.C.: The Pragmatic Bookshelf, 2014), 271.

9. Entrevista de Simonyi; Charles Simonyi, entrevista de história oral por Grady Booch, 6 de fevereiro de 2008, CHM, 30–34; Manes and Andrews, Gates, 167.

10. Intel Corporation, relatório anual, 1980 e 1984. A onda de crescimento ficou sob a liderança de Andy Grove, que se tornou CEO em 1987. Sob o comando de Grove, o microprocessador 386 da Intel se tornou o padrão do setor e a empresa finalmente se tornou um nome familiar com sua onipresente campanha de marketing "Intel Inside". Veja Richard S. Tedlow, Andy Grove: The Life and Times of an American (Nova York: Portfolio, 2006).

11. George Anders, "IBM Set to Announce Entry into Home-Computer Field", *The Wall Street Journal*, 11 de agosto de 1981, 35; "IBM to Announce More Small Computers", InfoWorld, 17 de agosto de 1981, 1.

12. Mike Markkula, citado por Paul Freiberger, "Apple Computer in News", InfoWorld, 31 de agosto de 1981, 1.

13. Publicidade, *The Wall Street Journal*, 24 de agosto de 1981, 7.

14. Sobre a história do Macintosh, veja Steven Levy, Insanely Great: The Life and Times of Macintosh, the Computer That Changed Everything (Nova York: Viking, 1994); Andy Hertzfeld, Revolution in the Valley: The Insanely Great Story of How the Mac Was Made (Sebastopol, Calif.: O'Reilly Media, 2004); Swaine e Freiberger, Fire in the Valley, 262–65.

15. Margaret Comstock Tommervik, "The Women of Apple", Softalk 1, n. 7 (março de 1981): 4–10, 38–39.

16. Floyd Kvamme, entrevista para a autora, 16 de fevereiro de 2016, Stanford, Calif.; Guy Kawasaki, entrevista para a autora, 26 de janeiro de 2015, Menlo Park, Calif.; Andy Hertzfeld, "Pirate Flag, August 1983", Folklore.org, https://www.folklore.org/StoryView.py?story=Pirate_Flag. txt, arquivado em: https://perma.cc/GET2-7LQN.

17. Sobre a análise interna da Apple a respeito do problema, veja Clyde Folley, "Copy Strategy, Apple Computer Inc., MIS/OFFICE/EDP, Second Draft", 5 de janeiro de 1983, Apple Computer Inc. Records, M1007, Series 7, Box 15, FF 1, SU.

18. Ben Rosen, "Evolutionary Computers Spawn Revolution: The Under-$10,000 Boom", The Rosen Electronics Letter, 9 de maio de 1980, 1, 10.

19. *Fortune* (26 de dezembro de 1983, 142) citado por Thomas & Company, "Competitive Dynamics in the Microcomputer Industry: IBM, Apple Computer, and Hewlett-Packard", 26, M1007, Series 7, Box 14, FF 5, Apple Computer Company Records, SU.

20. Martin Reynolds, "The Billionth PC Ships", 28 de dezembro de 2002; *Fortune* (26 de dezembro de1983, 142) e Jobs (WSJ, 4 de outubro de 1983, 1) ambos citados por Thomas & Company, "Competitive Dynamics in the Microcomputer Industry", 24, 26.

21. John Markoff, "Adam Osborne, Pioneer of the Portable PC, Dies at 64", *The New York Times*, 26 de março de 2003, C13; Daniel Akst, "The Rise and Decline of Vector Graphic", *The Los Angeles Times*, 20 de agosto de 1985, V_B5A; John Greenwald, Frederick Ungeheuer, e Michael Moritz, "DDay for the Home Computer", Time 122, n. 20 (7 de novembro de 1983): 74.

22. John Young, Paul Ely em BusinessWeek, 3 de outubro de 1983, citados em Thomas & Company, "Competitive Dynamics in the Microcomputer Industry".

23. Thomas & Company, "Competitive Dynamics".

472   O CÓDIGO

24. Smith, "Silicon Valley Spirit"; Robert Reinhold, "Life in High-Stress Silicon Valley Takes a Toll", *The New York Times*, 13 de janero de 1984, 1.

25. Jean Hollands, The Silicon Syndrome: A Survival Handbook for Couples (Palo Alto, Calif.: Coastlight Press, 1983).

26. Reinhold, "Life in High-Stress Silicon Valley Takes a Toll"; Smith, "Silicon Valley Spirit".

27. Thomas & Company, "Competitive Dynamics"; Paul Freiberger, "IBM Counts its Chips, Invests $250 Million in Intel", InfoWorld 5, n. 5 (31 de janeiro de 1983): 30; Jean S. Bozman, "The IBM-Rolm Connection", Information Week 37 (21 de outubro de 1985): 16; Katherine Maxfield, Starting Up Silicon Valley: How ROLM became a Cultural Icon and *Fortune* 500 Company (Austin, Tex.: Emerald Book Co., 2014).

28. Mitch Kapor, entrevista com a autora, 19 de outubro de 2017, Oakland, Calif.; Udayan Gupta, Done Deals: Venture Capitalists Tell Their Stories (Cambridge, Mass.: Harvard Business School Press, 2000), 83–88; John W. Wilson, The New Venturers: Inside the High-Stakes World of Venture Capital (Reading, Mass.: Addison-Wesley, 1985), 110–13.

29. Martin Campbell-Kelly, "Not Only Microsoft: The Maturing of the Personal Computer Software Industry, 1982–1995", The Business History Review 75, n. 1 (primavera de 2001): 103–15.

30. Jeanne Hayes (Org.), Microcomputer and VCR Usage in Schools, 1985–1986 (Denver, Colo.: Quality Education Data, 1986), 4, 36, 38; Robert Kominski, Current Population Reports, n. 155, Computer Use in the United States: 1984 (Washington, D.C.: U.S. Government Printing Office, 1988).

31. Entrevista feita pela autora com um ex-funcionário da RMI, Inc., 6 de agosto de 2018.

32. Mike Hogan, "Fighting for the Heavyweight Title", California Business, novembro de 1984, 78–83; Computer Age, 12 de dezembro de 1983, citado em Thomas & Company, "Competitive Dynamics"; Hogan, "Fighting for the Heavyweight Title".

33. O programa VALS (Values and Lifestyles) foi amplamente utilizado pela Apple para sua pesquisa de mercado. Veja Macintosh Product Introduction Plan, 7 de outubro de 1983, M1007, Series 7, Box 13, FF 21, SU.

34. Chiat/Day, Macintosh Introductory Advertising Plan FY 1984, novembro de 1983, M1007, Series 7, Box 14, FF 1, SU; Michael Moritz, Return to the Little Kingdom: How Apple and Steve Jobs Changed the World (New York: The Overlook Press, 2009), 123.

35. Haynes Johnson, "Election '84: Silicon Valley's Satisfied Society", *The Washington Post*, 10 de outubro de 1984, M3.

36. Patricia A. Bellew, "The Office Party is One Thing at Which Silicon Valley Excels", *The Wall Street Journal*, 21 de dezembro de 1984, 1.

CAPÍTULO 17: JOGOS DE GUERRA

1. Jim Treglio, "Briefing Paper for Paul Tsongas", 28 de julho de 1983, Box 36B, FF 2, Paul E. Tsongas Collection, Center for Lowell History, University of Massachusetts Lowell (PT); John Lewis Gaddis, The United States and the End of the Cold War: Implications, Reconsiderations, Provocations (Oxford, U.K.: Oxford University Press, 1992); Frances FitzGerald, Way Out There in the Blue: Reagan, Star Wars, and the End of the Cold War (Nova York: Simon & Schuster, 2000).

NOTAS 473

2. Alex Roland, com Philip Shiman, Strategic Computing: DARPA and the Quest for Machine Intelligence, 1983–1993 (Cambridge, Mass.: The MIT Press, 2002), 83–85.

3. Jim Treglio, "Briefing Paper for Paul Tsongas", 28 de julho de 1983, Box 36B, FF 2, PT; Reagan, "Address to the Nation on Defense and National Security", 23 de março de 1983; Union of Concerned Scientists, "The New Arms Race: Star Wars Weapons", artigo, outubro de 1983, Cambridge Mass, PT. Discussões úteis sobre campanhas pró e anti-SDI e o papel da comunidade científica podem ser encontradas em William M. Knoblauch, "Selling the Second Cold War: Antinuclear Cultural Activism and Reagan Era Foreign Policy", tese de doutorado, History, Ohio University, 2012.

4. R. Jeffrey Smith, "New Doubts about Star Wars Feasibility", Science 229, n. 4711 (1985), 367–68; Gary Chapman, "Dear Colleague", c. 1986, Silicon Valley Ephemera Collection, Series 1, Box 7, FF 12, SU; Catherine Rambeau, "Badham's Movies Take Good Shots at Techno-Society", Atlanta Journal-Constitution, 6 de junho de 1983, B11.

5. Robert Kominski, Current Population Reports, Series P23, n. 155, Computer Use in the United States: 1984 (Washington D.C.: USGPO, 1988); Jerry Neumann, "Heat Death: Venture Capital in the 1980s", Reaction Wheel, 8 de janeiro de 2015, http://reactionwheel.net/2015/01/80svc.html, arquivado em: https://perma.cc/F5T2-GFS9; Steven Levy, Hackers: Heroes of the Computer Revolution (Nova York: Anchor Press/ Doubleday, 1984); Fred Turner, From Counterculture to Cyberculture: Stewart Brand, the Whole Earth Network, and the Rise of Digital Utopianism (Chicago: The University of Chicago Press, 2006), 134–40.

6. Terry A. Winograd, "Strategic Computing Research and the Universities", relatório n. STANCS871160, Stanford University, março de 1987.

7. Pronunciamento do CPSR, Box 3, FF "Computer Professionals for Social Responsibility", Liza Loop Papers, c. 1982, SU.

8. Winograd, "Some Thoughts on Military Funding", CPSR Newsletter 2, n. 2 (primavera de 1984).

9. Winograd, "Strategic Computing Research and the Universities", Silicon Valley Research Group Working Paper n. 877, University of California, Santa Cruz, March 1987.

10. Roland, Strategic Computing, 86–91.

11. Zachary Wasserman, "Inventing Startup Capitalism: Silicon Valley and the Politics of Technology Entrepreneurship from the Microchip to Reagan", tese de doutorado, History, Yale University, 2015.

12. Mark Crawford, "In Defense of 'Star Wars'" Science 228, n. 4699 (1985): 563; Cathy Werblin, "Lockheed, Silicon Valley's Mysterious Giant", The Business Journal, 26 de fevereiro de 1990, 23; Nicholas D. Kristof, "Star Wars Job Near at Lockheed", The New York Times, 8 de novembro de 1985, D2.

13. "March at Lockheed; 21 Star Wars Protesters Arrested in Sunnyvale", The San Francisco Chronicle, 22 de abril de 1986, 4; Torri Minton, "50 Arrested at Star Wars Protest at Lockheed", The San Francisco Chronicle, 21 de outubro de 1986, 16.

14. Michael Schrage, "Defense Budget Pushes Agenda in High Tech R& D" The Washington Post, 12 de agosto de 1984, F1; "A Big Push for Pentagon Reform", Editorial, The New York Times, 22 de julho de 1986, A24.

15. William Trombley, "Reagan Library Strains Link Between Stanford and Hoover Institution", Los Angeles Times, 8 de março de 1987, A3.

474   O CÓDIGO

16. Ron Lillejord e Seth Zuckerman, "The Hoover Institution: The Might of the Right?" The Stanford Daily 176, n. 29 (1º de novembro de 1979): 3; Viewpoint, "Kennedy's Flawed 'Compromise' " The Stanford Daily 184, n. 31 (7 de novembro de 1983): 4.

17. Tom Bothell, "Totem and Taboo at Stanford", National Review, reimpresso em Stanford Review 2, n. 1 (novembro de 1987): 4; James Wetmore, "Former Hoover Director W. Glenn Campbell Discusses His Retirement", Stanford Review 4, n. 1 (8 de outubro de 1989): 4–5.

18. Robert Marquand, "Stanford's core 'canon' debate ends in compromise", The Christian Science Monitor, 8 abr. 1988, https://www.csmonitor.com/1988/0408/dstan.html, arquivado em: https://perma.cc/L5CV-XEXD; Andrew Hartman, A War for the Soul of America: A History of the Culture Wars (Chicago: The University of Chicago Press, 2015), esp. 222–52.

19. Goodwin Liu, "ASSU Urges Reforms", The Stanford Daily 192, n. 23 (28 de outubro de 1987): 1; Josh Harkinson, "Masters of Their Domain", Mother Jones, 20 de junho de 2007, https://www.motherjones.com/politics/2007/06/masters-their-domain2/, arquivado em: https://perma.cc/FAC9-NV7L.

20. Jodi Kantor, "A Brand-New World in Which Men Ruled" The New York Times, 23 de dezembro de 2014, 1; David O. Sacks e Peter A. Thiel, The Diversity Myth: 'Multiculturalism' and the Politics of Intolerance at Stanford (Oakland, Calif.: The Independent Institute, 1995).

21. Ann Hardy, conversa por telefone com a autora, 28 de agosto de 2018. Em contraste com uma geração posterior de executivos do Vale do Silício, empenhados em limitar o tempo das crianças no computador, Hardy colocou as filhas na frente de máquinas de teletipo assim que elas conseguiram ficar sentadas; mais de quatro décadas depois, todos concordaram que a exposição precoce foi um benefício para todos.

22. Michael Weinstein, "Tymshare Puts McDonnell Douglas in Information Processing", American Banker, 7 de março de 1984, 15; Ann Hardy, entrevista com a autora, 20 de abril de 2015; Ann Hardy: An Interview Conducted by Janet Abbate, IEEE History Center, 15 de julho de 2002, IEEE History Center, The Institute of Electrical and Electronic Engineers, Inc.

23. Michael A. Banks, On the Way to the Web: The Secret History of the Internet and its Founders (Berkeley, Calif.: Apress, 2008), 38. Redes online ainda mais robustas e patrocinadas pelo governo surgiram na mesma época em países que mantiveram a infraestrutura de telecomunicações como um serviço público, principalmente o sistema Minitel, da França. Veja Julien Mailland e Kevin Driscoll, Minitel: Welcome to the Internet (Cambridge, Mass.: MIT, 2017).

24. Claire L. Evans, Broad Band: The Untold Story of the Women Who Made the Internet (Nova York: Portfolio/Penguin, 2018), 133; Turner, From Counterculture to Cyberculture.

25. Laura Smith, "In the early 1980s, white supremacist groups were early adopters (and masters) of the internet", Medium, 11 de outubro de 2017, https://timeline.com/white-supremacist-early-internet-5e91676eb847, arquivado em: https://perma.cc/8UKG-UB8H; Kathleen Belew, Bring the War Home: The White Power Movement and Paramilitary America (Cambridge, Mass.: Harvard University Press, 2018). Um dos primeiros e principais participantes do movimento Ciberpunk foi o fundador do Wikileaks, Julian Assange, que o tornou objeto de um estudo. Cypherpunks: Freedom and the Future of the Internet (Nova York: OR Books, 2016).

26. Peter H. Lewis, "Despite a New Plan for Cooling it Off, Cybersex Stays Hot", The New York Times, 26 de março de 1995, 1.

NOTAS 475

27. A Quest for Excellence: Final Report to the President (Washington, D.C.: USGPO, junho de 1986); William J. Broad, "What's Next for 'Star Wars'? 'Brilliant Pebbles'" *The New York Times*, 25 de abril de 1989, C1.

28. R. W. Apple Jr., "After the Summit", *The New York Times*, 5 de junho de 1990, 1.

CAPÍTULO 18: CONSTRUÍDO SOBRE AREIA

1. Susan Brown-Goebeler, "How Gray Is My Valley", Time 138, n. 20 (18 de novembro de 1991): 90.

2. Zschau, troca de cartas com a autora, 11 de setembro de 2018; McKenna, troca de cartas com a autora, 6 de setebro de 2018; "Cranston Rides into Zschau Country — Silicon Valley", *The Los Angeles Times*, 25 de outubro de 1986, 37; Tom Campbell, entrevista com a autora, 17 de fevereiro de 2016, por telefone. Outros truques sujos estragaram a disputa de Zschau-Cranston e, possivelmente, incluindo um esquema de pagamento de eleitores no Condado de Orange que enviou seu autor para a prisão.

3. Tom Kalil, entrevista com a autora, 15 de agosto de 2017, por telefone; John Endean, "Let the 'Chips' Quote Fall on Whom It May" (Letter to the Editor), *The Wall Street Journal*, 16 de janeiro de 1992, A13.

4. Mitchel Benson e David Kutzmann, "EPA Calls Valley Water Treatment, Air Pollution the Chief Cancer Risks", San José Mercury News, 12 de outubro de 1985, A1.

5. Judith E. Ayres, "Controlling the Dangers from High-Tech Pollution", EPA Journal 10, n. 10 (dezembro de 1984), 14–15; Judith Cummings, "Leaking Chemicals in California's 'Silicon Valley' Alarm Neighbors", *The New York Times*, 20 de maio de 1982, A22; Chop Keenan, entrevista com a autora, 17 de março de 2016, Palo Alto, Calif. Sobre ideais e realidades ambientalmente "limpas" da indústria ao longo do tempo, veja Margaret O'Mara, "The Environmental Contradictions of High-Tech Urbanism", em Now Urbanism: The Future City is Here, Jeffrey Hou, Ben Spencer, Thaisa Way e Ken Yocom (Org.) (Abingdon, U.K.: Routledge, 2015), 26–32.

6. Lenny Siegel e John Markoff, The High Cost of High Tech: The Dark Side of the Chip (Nova York: Harper & Row, 1985); Glenna Matthews, Silicon Valley, Women, and the California Dream: Gender, Class, and Opportunity in the Twentieth Century (Redwood City, Calif.: Stanford University Press, 2002). Os riscos da fabricação de chips também podem ser mortais para os trabalhadores das fábricas; veja "Ailing Computer-Chip Workers Blame Chemicals, Not Chance", *The New York Times*, 28 de março de 1996, B1.

7. David Olmos, "Electronics Industry Resists Organized Labor", Computerworld, 10 de setembro de 1984, 113. Como Timothy J. Sturgeon observa, ao usar empreiteiros dessa maneira, as empresas de eletroeletrônica estavam na vanguarda do que se tornou uma forma amplamente adaptada de organização industrial por fabricantes norte-americanos. Sturgeon, "Modular production networks: a new American model of industrial organization", Industrial and Corporate Change 11, n. 3 (2002). Para saber mais sobre as práticas de força de trabalho da indústria de tecnologia e o uso de prestadores de serviços, veja Louis Hyman, Temp: How American Work, American Business, and the American Dream Became Temporary (Nova York: Viking, 2018).

8. Kenneth R. Sheets, "Silicon Valley Doesn't Hold All the Chips", U.S. News & World Report, 26 de agosto de 1985, 45.

9. Regis McKenna, "Marketing is Everything", Harvard Business Review, janeiro–fevereiro de 1991, https://hbr.org/1991/01/marketingiseverything, arquivado em: https://perma.cc/3RUZ-GVV5.

10. Scott Mace, "Apple Bets on the Macintosh", InfoWorld, 13 de fevereiro de 1984, 20; Dan'l Lewin, entrevista com a autora, 21 de novembro de 2017, Seattle, Wash.; "Macintosh Product Introduction Plan", 7 de outubro de 1983, M1007, Series 7, Box 13, FF 12, SU.

11. Matthew Creamer, "Apple's First Marketing Guru on Why '1984' is Overrated", Advertising Age, 1º de março de 2012.

12. Barbara Rudolph, Robert Buderi e Karen Horton, "Shaken to the Very Core: After Months of Anger and Anguish, Steve Jobs Resigns as Apple Chairman" Time 126, n. 13 (30 de setembro de 1985): 64; Walter Isaacson, Steve Jobs (Nova York: Simon & Schuster, 2011), 192–211.

13. Phil Patton, "Steve Jobs: Out for Revenge", The New York Times, 6 de agosto de 1989, SM23.

14. Ron Wolf, "Amid Hoopla, 'Next' Computer is Unveiled by PC Pioneer Jobs", The Washington Post, 13 de outubro de 1988, C1; Mark Potts, "Computer Industry Wary of Jobs-Perot Alliance", The Washington Post, 8 de fevereiro de 1987, H2.

15. "NeXT", Entrepreneurs, dir. John Nathan, WETATV, Washington, D.C., 1986.

16. Doron P. Levin, Irreconcilable Differences: Ross Perot versus General Motors (Nova York: Little, Brown, 1989), 18; Ross Perot, "A Life of Adventure", The West Point Center for Oral History, 2010, arquivado em: https://perma.cc/5T96-SLJU; Herbert W. Armstrong, "An Interview with H. Ross Perot", The Plain Truth Magazine 39, n. 3 (março de 1974).

17. Robert Fitch, "H. Ross Perot: America's First Welfare Billionaire", Ramparts Magazine, novembro de 1971, 42–51. Veja também Fitch, "Welfare Billionaire", The Nation 254, n. 23 (15 de junho de 1992): 815–16; Eric O'Keefe, A Unique One-Time Opportunity: The Story of How EDS Created Outsourcing, publicação do autor (2013); Stuart Auerbach, "Perot Medicare Bonanza Revealed", The Washington Post, 29 de setembro de 1971, A3.

18. Jon Nordheimer, "Billionaire Texan Fights Social Ills", The New York Times, 28 de novembro de 1969, 41; O'Keefe, A Unique One-Time Opportunity; Todd Mason, Perot: An Unauthorized Biography (Homewood, Ill.: Dow Jones–Darwin, 1990), 5.

19. Brenton R. Schlender, "Jobs, Perot Become Unlikely Partners in the Apple Founder's New Concern", The Wall Street Journal, 2 de fevereiro de 1987, 28.

20. Potts, "Computer Industry Wary of Jobs-Perot Alliance".

21. Lewin, entrevista com a autora, 21 de novembro de 2017.

22. G. Pascal Zachary e Ken Yamada, "What's Next? Steve Jobs's Vision, So on Target at Apple, Now is Falling Short", The Wall Street Journal, 25 de maio de 1993, A1.

23. Wes Smith, "Booming Seattle Tells Hip Californians Just to Stay Away", The Chicago Tribune, 19 de setembro de 1989, http://articles.chicagotribune.com/19890919/features/8901140398_1_seattle-area-greater-seattle-californians, arquivado em: https://perma.cc/G4K7-HBST.

24. Peter Huber, "Software's Cash Register", Forbes, 18 de outubro de 1993, 314.

25. Trish Millines Dziko, entrevista com a autora, 2 de abril de 2018, por telefone.

26. Paul Andrews, "Inside Microsoft: A 'Velvet Sweatshop' or a High-Tech Heaven?", The Seattle Times, 23 de abril de 1989, PM 8–17. Sobre o preço das ações da Microsoft e a riqueza dos funcionários, veja O. Casey Corr, "What's $1 Million Times 2,000?", The Seattle Times, 27 de fevereiro de 1992, A1.

NOTAS   477

27. Mark Leibovich, "Alter Egos: Two Sides of a High-Tech Brain Trust Make Up a Powerful Partnership", *The Washington Post*, 31 de dezembro de 2000, A1; John Heilemann, Pride Before the Fall: The Trials of Bill Gates and the End of the Microsoft Era (Nova York: CollinsBusiness, 2001), 49.

28. Rachel Lerman, "Pam Edstrom was Voice Behind Microsoft's Story, Dies at 71", *The Seattle Times*, 30 de março de 2017, https://www.seattletimes.com/seattle-news/obituaries/pam-edstrom-was-voice-behind-microsofts-story/, arquivado em: https://perma.cc/3ZNJ-53HL.

29. Stephen Manes e Paul Andrews, Gates (Nova York: Touchstone/Simon & Schuster, 1993), 148, 244.

30. Kara Swisher, AOL.com: How Steve Case Beat Bill Gates, Nailed the Netheads, and Made Millions in the War for the Web (Nova York: Crown Business, 1998), xvii; Manes e Andrews, Gates, 403.

31. Brenton R. Schlender, "Computer Maker Aims to Transform Industry and Become a Giant", *The Wall Street Journal*, 18 de março de 1988, 1.

32. "April Fool Pranks in Sun Microsystems Over the Years", Hacker News, 14 de fevereiro de 2006, https://news.ycombinator.com/item?id=7121224, arquivado em: https://perma.cc/G5GH-FN6F.

33. Nancy Householder Hauge, "Misogyny in the Valley", e "Life in the Boy's Dorm: My Career at Sun Microsystems", Consulting Adult, 29 de janeiro de 2010, http://consultingadultblog.blogspot.com/2010/01/lifeinboys-dormmycareeratsun.html, arquivado em: https://perma.cc/26WB-KTV9.

34. AnnaLee Saxenian, "Regional Networks and the Resurgence of Silicon Valley", California Management Review 33, n. 1 (outono de 1990): 89–113.

35. Mark Potts, "Rebellious Apple Finally Grows Up", *The Washington Post*, 14 de junho de 1987, D1; Haynes Johnson, "Future Looks Precarious to Silicon Valley Voters", *The Washington Post*, 24 de outubro de 1988, A1; Brown-Goebeler, "How Gray Is My Valley".

36. "White House Won't Back Chip Subsidy", *The New York Times*, 30 de novembro de 1989, B1.

37. Constance L. Hays, "An Inventor of the Microchip, Robert N. Noyce, Dies at 62", *The New York Times*, 4 de junho de 1990, A1.

38. "Companies with over 500 Employees", novembro de 1986, Silicon Valley Ephemera Collection, Series 1, Box 5, FF 12, SU; Ken Siegmann, "Lockheed Cutting Thousands of Jobs", San Francisco Chronicle, 4 de agosto de 1993, B1; Michelle Quinn, "The Turbulence at Lockheed", San Francisco Chronicle, 23 de junho de 1995, B1; Alan C. Miller, "Berman Feels the Heat Over Defense Cuts", *The Los Angeles Times*, 23 de junho de 1991, A3.

39. Glenn Rifkin, "Light at the End of Digital's Tunnel", *The New York Times*, 29 de outubro de 1991, D1.

40. Fox Butterfield, "Chinese Immigrant Emerges as Boston's Top Benefactor", *The New York Times*, 5 de maio de 1984, 1; Dennis Hevesi, "An Wang, 70, is Dead of Cancer; Inventor and Maker of Computers", *The New York Times*, 25 de março de 1990, 38.

41. David Morgenthaler, entrevistas com a autora.

QUARTO ATO

1. Christopher E. Martin, Khary Turner, "Ten Crack Commandments", Sony/ATV Music Publishing, 1997.

478   O CÓDIGO

CHEGADAS

1. Brent Schlender, "How a Virtuoso Plays the Web", *Fortune* 141, n. 5 (6 de março de 2000): 79–83.
2. Censo norte-americano, 1970, 1990. Para saber mais sobre o crescimento da população asiático-americana de South Bay e os impactos sociais e políticos de seu crescimento, veja Willow S. Lung-Amam, Trespassers? Asian Americans and the Battle for Suburbia (Berkeley: University of California Press, 2017), especialmente 19–52.
3. Lowell B. Lindsay, "A Long View of America's Immigration Policy and the Supply of Foreign-Born STEM Workers in the United States", American Behavioral Scientist 53, n. 7 (2010): 1029–44; AnnaLee Saxenian, "Silicon Valley's New Immigrant Entrepreneurs" (Public Policy Institute of California, 1999); Vivek Wadhwa, AnnaLee Saxenian, Ben Rissing e Gary Gereffi, "America's New Immigrant Entrepreneurs" Duke University; University of California, Berkeley, 4 de janeiro de 2007. Outro impulso significativo para essa imigração: intercâmbio educacional internacional e programas de estudantes estrangeiros, originários da diplomacia da Guerra Fria; veja Margaret O'Mara, "The Uses of the Foreign Student", Social Science History 36, n. 4 (inverno de 2012): 583–615.
4. Stanford School of Engineering, Yahoo!: Jerry & Dave's Excellent Venture, vídeo (Mill Valley, Calif.: Kantola Productions, 1997), Stanford Libraries, Stanford, Calif.

CAPÍTULO 19: INFORMAÇÃO É PODER

1. Rory J. O'Connor e Tom Schmitz, "U.S. Raids Hackers", San José Mercury News, 9 de maio de 1990, A1.
2. Neil Steinberg, "Hacker Sting Nets Arrests in 14 Cities", Chicago Sun-Times, 11 de maio de 1990, 16.
3. John Markoff, "Drive to Counter Computer Crime Aims at Invaders", *The New York Times*, 3 de junho de 1990, 1.
4. Mitch Kapor, entrevista com a autora, 19 de setembro de 2017, Oakland, Calif.
5. Fred Turner, From Counterculture to Cyberculture: Stewart Brand, the Whole Earth Network, and the Rise of Digital Utopianism (Chicago: The University of Chicago Press, 2006), 168–72; Alexei Oreskovic, "Who's Who in the Digital Revolution", Upside 6, n. 12 (dezembro de 1994): 52.
6. Rachel Parker, "Kapor Strives to Establish Rules for Living in a Computer Frontier", InfoWorld, 23 de julho de 1990, 39; John Perry Barlow, citado em Turner, From Counterculture to Cyberculture, 172. Como a fronteira eletrônica, o oeste norte-americano não era tão instável ou sem lei quanto Kapor e Barlow entendiam, mas a comparação histórica não era totalmente fora do tom. Em vez de um domínio puramente individualista, o Oeste era um mundo tornado possível pela intervenção do governo — traçando linhas de fronteira, distribuindo terras e recursos, removendo povos nativos e os substituindo por proprietários norte-americanos, e o pesado subsídio de grandes projetos de infraestrutura como a ferrovia transcontinental. Veja Richard White, Railroaded: The Transcontinentals and the Making of Modern America (Nova York: W. W. Norton, 2011).
7. Tim Berners-Lee, "Information Management: A Proposal", março de 1989, maio de 1990, w3.org, https://www.w3.org/History/1989/proposal.html, arquivado em: https://perma.cc/56D4-RJLE.

NOTAS 479

8. Sobre o papel crítico da comunicação acadêmica na formação da NSFNET e da internet comercial subsequente, veja Juan D. Rogers, "Internetworking and the Politics of Science: NSFNET in Internet History", The Information Society 14, n. 3 (2006): 213–18. Veja também John Markoff, "The Team That Put the Net in Orbit", *The New York Times*, 9 de dezembro de 2007, B5.

9. Mitchell Kapor, audiência no Congresso dos Estados Unidos, 12 de março de 1992; Katie Hafner e Matthew Lyon, Where Wizards Stay Up Late: The Origins of the Internet (Nova York: Simon & Schuster, 1996), 253–67.

10. Marty Tenenbaum, entrevista com a autora, 9 de fevereiro de 2018, por telefone.

11. Tim Berners-Lee, "Longer Biography", https://www.w3.org/People/Berners-Lee/Longer.html, arquivado em: https://perma.cc/VHJ4-C8GG. Veja também Janet Abbate, Inventing the Internet (Cambridge, Mass.: The MIT Press, 1999), 214–18.

12. Tim Berners-Lee, citado em Abbate, Inventing the Internet, 215. Veja também, Tim Berners-Lee com Mark Fischetti, Weaving the Web: The Original Design and Ultimate Destiny of the World Wide Web (San Francisco: HarperSanFrancisco, 1999).

13. National Research Council, Toward a National Research Network (Washington, D.C.: National Academies Press, 1988); Armand Mattelart, The Information Society: An Introduction (SAGE, 2003), 110–21.

14. Jane Bortnick (Org.), transcrição de "Information and Communications", Congresso dos Estados Unidos, 12 de junho de 1979; Cindy Skrzycki, "The Tekkie on the Ticket", *The Washington Post*, 18 de outubro de 1992, H1; Entrevista com W. Daniel Hillis, "Al Gore, 'the Ozone Man'", Web of Stories, https://www.webofstories.com/play/danny.hillis/173, arquivado em: https://perma.cc/KGK5-NKWB.

15. Lei da Computação de Alto Desempenho, 1991. Uma década depois, como vice-presidente em exercício concorrendo com George W. Bush para a presidência, Gore declarou deselegantemente que "tinha tomado a iniciativa de criar a internet", precipitando zombaria generalizada de oponentes políticos, especialistas e comediantes noturnos. As críticas negligenciaram o fato de que Gore realmente desempenhou um papel importante na abertura da internet ao comércio. (CNN Late Edition, 9 de março de 1999.)

16. John Heilemann, "The Making of the President 2000", WIRED, 1º de dezembro de 1995, https://www.wired.com/1995/12/gorenewt/, arquivado em: https://perma.cc/YE76-4JG4. Sobre o momento propício da retirada das restrições comerciais e o subsequente crescimento dos ISPs (Internet Service Providers), veja Shane Greenstein, "Commercialization of the Internet: The Interaction of Public Policy and Private Choices, or Why Introducing the Market Worked so Well", em Innovation Policy and the Economy, v. 1, Adam B. Jaffe, Josh Lerner e Scott Stern (Orgs.) (Cambridge, Mass.: The MIT Press, 2001), 151–66.

17. Timothy C. May, "The Crypto Anarchist Manifesto" setembro de 1992, https://www.activism.net/cypherpunk/crypto-anarchy.html, arquivado em: https://perma.cc/F584-5SDY.

18. "Names of 40 Who Gave Democrats Each $100,000 Disclosed", *The Washington Post*, 3 de novembro de 1988, N1; Mitchell Kapor, Management of NSFNET, 2.

19. Kapor, entrevista com a autora.

20. Jill Abramson, "Once Again, Clinton Has Met the Enemy, and He is Brown, Not Bush", *The Wall Street Journal*, 27 de março de 1992, A16.

21. Margaret O'Mara, Pivotal Tuesdays: Four Elections That Shaped the Twentieth Century (Philadelphia: University of Pennsylvania Press, 2015), 178–82.

22. Lawrence (Larry) Stone, entrevista com a autora, 7 abr. 2015, San José, Calif. Um relato completo sobre a corte dos democratas no Vale do Silício da década de 1990 pode ser encontrado em Sara Miles, How to Hack a Party Line: The Democrats and Silicon Valley (Nova York: Farrar, Straus and Giroux, 2001).

23. Regis McKenna, troca de cartas com a autora, 6 de setembro de 2018.

24. Michael S. Malone, "Democrat Days in Silicon Valley", *The New York Times*, 7 de março de 1993, B27.

25. Senado dos Estados Unidos, sessão inaugural, 15 de setembro de 1993 (1995); Malone, "Democrat Days in Silicon Valley"; Entrevista de Stone; Regis McKenna, entrevistas com a autora, 3 de dezembro de 2014 e 21 de abril de 2015.

26. Entrevista de Stone.

27. Skrzycki, "The Tekkie on the Ticket".

28. Calvin Sims, "Silicon Valley Takes a Partisan Leap of Faith", *The New York Times*, 29 de outubro de 1992, B1; Daniel Southerland, "The Executive With Clinton's Ear: Hewlett-Packard CEO John Young Finds Ally on Competitiveness", *The Washington Post*, 20 de outubro de 1992, C1.

29. Southerland, "The Executive with Clinton's Ear".

30. Sims, "Silicon Valley Takes a Partisan Leap of Faith".

31. Martha Groves e James Bates, "California Prospecting: State Business Executives Rumored as Possible Clinton Appointees", *The Los Angeles Times*, 6 de novembro de 1992, B5; "Excerpts from Clinton's Conference on the State of the Economy", *The New York Times*, 15 de novembro de 1992, B10.

32. Dan Pulcrano, "Guess Who's Coming to Dinner?", Los Gatos Weekly-Times, 28 de fevereiro de 1993, 1.

33. Lee Gomes, "Bridging the Culture Gap", San José Mercury News, 24 de janeiro de 1994, D1.

34. Philip J. Trounstine, "Clinton's High-Tech Initiative", San José Mercury News, 23 de fevereiro de 1993, A1.

35. Lee Gomes, "Silicon Graphics Staff Impressed by Visitors", San José Mercury News, 23 de fevereiro de 1993, A1; John Markoff, "Conversations/T. J. Rodgers: Not Everyone in the Valley Loves Silicon-Friendly Government", *The New York Times*, 7 de março de 1993, E7; "William J. Clinton: Remarks and a Question-and-Answer Session With Silicon Graphics Employees in Mountain View, California", 23 de fevereiro de 1993.

36. Banco Mundial, Internet Users (per 100 people), https://data.worldbank.org/indicator/IT.NET. USER.P2?view=map&year=1993, arquivado em: https://perma.cc/YTL8-WSKD; Tom Kalil, entrevista para a autora, 8 de agosto de 2017.

37. Significativamente, a operação não era da FCC (mesmo que o homem responsável por executá-la, Reed Hundt, fosse amigo íntimo de Gore desde que eram colegas de escola). Era da Administração Nacional de Telecomunicações e Informação (NTIA), chefiada por um assessor de Ed Markey, gregário e experiente na tecnologia, chamado Larry Irving. Jube Shiver, Jr., "Agency Steps into the Telecomm Limelight", *The Los Angeles Times*, 20 de setembro de 1993, D1.

38. Thomas Kalil, "Public Policy and the National Information Infrastructure", Business Economics 30, n. 4 (outubro de 1995): 15–20; Departamento de Comércio dos Estados Unidos, "20/20 Vision: The Development of a National Information Infrastructure", NTIA-Spub9428, março de 1994; "NII Advisory Council Members", Domestic Policy Council, Carol Rasco, and Meetings,

Trips, Events Series, "NII Advisory Meeting February 13, 1996", Clinton Digital Library, https://clinton.presidentiallibraries.us/items/show/20743.

39. CPSR, "Serving the Community: A Public-Interest Vision of the National Information Infrastructure", outubro de 1993, http://cpsr.org/prevsite/cpsr/nii_policy.html/, arquivado em: https://perma.cc/3VRD-Z9BU; Kapor, "Where is the Digital Highway Really Heading? The Case for a Jeffersonian Information Policy", WIRED, 1º de março de 1993, https://www.wired.com/1993/03/kaporonnii/, arquivado em: https:// perma.cc/ VXZ6-NA56.

40. John Schwartz e John Mintz, "Gore: Federal Encryption Plan Flexible", *The Washington Post*, 12 de fevereiro de 1994, C1.

41. Domestic Policy Council, Carol Rasco e Meetings, Trips, Events Series, "NII Advisory Meeting February 13, 1996", Clinton Digital Library, https://clinton.presidentiallibraries.us/items/show/20743.

42. Heilemann, "The Making of the President 2000".

CAPÍTULO 20: PALETÓS PELO VALE

1. John Doerr, "The Coach", entrevista por John Brockman, 1996, Edge.org, https://www.edge.org/digerati/doerr/, arquivado em: https://perma.cc/9KWX-GLWK.

2. John Markoff, entrevista por Kara Swisher, Recode: Decode podcast, 17 de fevereiro de 2017, https://www.recode.net/2017/2/17/14652832/full-transcript-tech-reporter-john-markoff-silicon-valley-recode-decode-podcast, arquivado em: https://perma.cc/XE3U-FCPC.

3. Michael Schrage, "Nation's High-Tech Engine Fueled by Venture Capital", *The Washington Post*, 20 de maio de 1984, G1; Udayan Gupta, Done Deals: Venture Capitalists Tell Their Stories (Cambridge, Mass.: Harvard Business School Press, 2000), 374–5; Regis McKenna, entrevista com a autora, 31 de maio de 2016.

4. Michael Lewis, The New New Thing: A Silicon Valley Story (Nova York: W.W. Norton, 1999).

5. Gupta, Done Deals, 380.

6. Marc Andreessen, entrevista por David K. Allison, Computerworld Honors Program Archives, junho de 1995, Mountain View, Calif.

7. David Bank, "Why Sun Thinks Hot Java Will Give You a Lift", San José Mercury News, 23 de março de 1995, 1A; Karen Southwick, High Noon: The Inside Story of Scott McNealy and the Rise of Sun Microsystems (Nova York: Wiley, 1999), 131.

8. Malia Wollan, "Before Sheryl Sandberg Was Kim Polese–the Original Silicon Valley Queen", The Telegraph.co.uk, 11 de novembro de 2013, https://www.telegraph.co.uk/technology/peopleintechnology/10430933/Before-Sheryl-Sandberg-was-Kim-Polese-the-original-Silicon-Valley-queen.html, arquivado em: https://perma.cc/Z7Y6-G2HM.

9. Elizabeth Corcoran, "Mother Hen to an Industry", *The Washington Post*, 13 de outubro de 1996, H1.

10. James Gibbons, entrevista com a autora, 4 de novembro de 2015.

11. Brent Schlender, "How a Virtuoso Plays the Web", *Fortune* 141, n. 5 (6 de março de 2000): 79–83.

12. Vindu Goel, "When Yahoo Ruled the Valley: Stories of the Original 'Surfers,' " *The New York Times*, 16 de julho de 2016, B1.

13. "Don Valentine", in Gupta, Done Deals, 173; "History", Yahoo.com, outubro de 1996, Archive.org,https://web.archive.org/web/19961017235908/http://www2.yahoo.com:80/.

14. Jared Sandberg, "Group of Major Companies is Expected to Offer Goods, Services on the Internet", *The Wall Street Journal*, 8 de abril de 1994, B2; John Markoff, "Commerce Comes to the Internet", *The New York Times*, 13 de abril de 1994, D5.

15. Elizabeth Perez, "Store on Internet is Open Book", *The Seattle Times*, 19 de setembro de 1995, E1; Brad Stone, The Everything Store: Jeff Bezos and the Age of Amazon (Nova York: Little, Brown, 2013); Randall E. Stross, The eBoys: The True Story of the Six Tall Men who Backed eBay and Other Billion-Dollar Startups (Nova York: Ballantine Books, 2000), 48–57.

16. Craig Torres, "Computer Powerhouse of D. E. Shaw & Co. May be Showing Wall Street's Direction", *The Wall Street Journal*, 15 de outubro de 1992, C1.

17. Robert Spector, Amazon.com: Get Big Fast (Nova York: HarperBusiness, 2000), 2–5.

18. Bezos, publicado em Cadabra.Inc, Usenet, c. 1994, reproduzido em Kif Leswing, "Check out the first job listing Jeff Bezos ever posted for Amazon", Business Insider, 22 de agosto de 2018, https://www.businessinsider.com/amazon-first-job-listing-postedbyjeff-bezos24years-ago-20188, arquivado em: https://perma.cc/B3WS-PXS5.

19. "Eu realmente levei a Amazon para Seattle por causa da Microsoft", declarou Bezos a um entrevistador em 2018. "Eu imaginei que aquele grande manancial de talento técnico seria um bom lugar para recrutar bons funcionários." Jeff Bezos, entrevista para David M. Rubenstein, The Economic Club of Washington, D.C., 13 de setembro de 2018.

20. "Jeff Bezos, Founder and CEO, Amazon.com.", Charlie Rose (interview #12656), 16 de novembro de 2012.

21. Julia Kirby e Thomas A. Stewart, "The Institutional Yes", Harvard Business Review, outubro de 2007, https://hbr.org/2007/10/the-institutional-yes, arquivado em https://perma.cc/XV5H-GULN.

22. United States Securities and Exchange Commission, Form. 10Q, Amazon.com, Inc., 30 de junho de 1997; 60 Minutes, "Amazon.com", Janeiro de 1999.

23. Michael McCarthy, "Brand Innovators: Virtual Reality", Adweek, 14 de junho de 1999, https://www.adweek.com/brand-marketing/brand-innovators-virtual-reality-31935/, arquivado em https://perma.cc/JC4A-6Z2W.

24. Bart Ziegler, "Internet Bulls Get On Line for Performance Systems", *The Wall Street Journal*, 28 de março de 1995, C1; Joseph E. Stiglitz, "The Roaring Nineties", The Atlantic 290, n. 3 (outubro de 2002): 75–89; Sebastian Mallaby, The Man Who Knew: The Life and Times of Alan Greenspan (Nova York: Bloomsbury, 2016).

25. David Einstein, "Netscape Mania Sends Stock Soaring", The San Francisco Chronicle, 10 de agosto de 1995, D1; Lewis, The New New Thing, 85.

26. Rory J. O'Connor, "Microsoft Previews OnLine Service", San José Mercury News, 15 de novembro de 1994, D1.

27. Saul Hansell, "Flights of Fancy in Internet Stocks", *The New York Times*, 22 de novembro de 1998, B7; Patrick McGeehan, "Research Redux: Morgan Prints a Sleeper", *The Wall Street Journal*, 20 de março de 1996, C1.

28. Susanne Craig, "A Female Wall St. Financial Chief Avoids Pitfalls that Stymied Others", *The New York Times*, 10 de novembro de 2010, B1; John Cassidy, "The Woman in the Bubble", *The New Yorker*, 26 de abril de 1999, 48. Marc, irmão de Ruth Porat, também é o autor do Sui Generis, estudo de 1977 sobre a economia da informação do Departamento de Comércio dos Estados Unidos, (em parte provinda de sua tese de doutorado em Stanford): Marc Uri Porat e

Michael Rogers Rubin, The Information Economy, U.S. Department of Commerce, Office of Telecommunications (1977). Sobre a General Magic, a empresa fundada por Marc Porat e de onde muitos funcionários saíram para desempenhar papéis cruciais no desenvolvimento do iPhone, da Apple, e no Android, do Google, veja Sarah Kerruish, Matt Maude e Michael Stern, General Magic: The Movie (Palo Alto, Calif.: Spellbound Productions, 2018).

29. Michael Siconolfi, "Under Pressure: At Morgan Stanley, Analysts Were Urged to Soften Harsh Views", *The Wall Street Journal*, 14 de julho de 1992, A1.

30. Peter H. Lewis, "Once Again, Wall Street is Charmed by the Internet", *The New York Times*, 3 de abril de 1996, D1.

31. Laurence Zuckerman, "With Internet Cachet, Not Profit, A New Stock is Wall Street's Darling", *The New York Times*, 10 de agosto de 1995, A1.

32. "New Accounting Rule Will Affect Employee Stock Options", Morning Edition, National Public Radio, 11 de abril de 1994. Veja também Steve Kaufman, "FASB Foes Make Last Stand", San José Mercury News, 24 de março de 1994, 1E.

33. Arthur Levitt, entrevistas com a autora, 7 de maio e 10 de julho de 2015, Nova York e Westport, Conn.; Levitt, entrevista no "Bigger than Enron", PBS Frontline, 2002; Roger Lowenstein, "Coming Clean on Company Stock Options", *The Wall Street Journal*, 26 de junho de 1997, C1; Max Walsh, "No Free Lunch but Lots of Options", The Sydney Morning Herald, 8 de julho de 1997, 25; James J. Mitchell, "Stock Options Accounting Bill Already Panned", San José Mercury News, 16 de abril de 1997, 1C.

34. Janelle Brown, "Startupcum-Goliath Works Hard to Get Help", Wired, 22 de agosto de 1997, https://www.wired.com/1997/08/startupcum-goliath-works-hardtoget-help/, arquivado em: https://perma.cc/U62L-PRRS.

35. Julia Angwin e Laura Castaneda, "The Digital Divide: High-tech boom a bust for blacks, Latinos", San Francisco Chronicle, 4 de maio de 1998, A1.

36. Trish Millines Dziko, entrevista com a autora, 3 de abril de 2018; Millines Dziko, entrevista de história oral para Jessah Foulk, Museu de História e Indústria, "Speaking of Seattle", 8 de agosto de 2002, 28–29.

CAPÍTULO 21: CARTA MAGNA

1. Esther Dyson et al., "Cyberspace and the American Dream: A Magna Carta for the Knowledge Age" (22 de agosto de 1994), The Information Society 12, n. 3 (1996): 295–308; Boyce Rensberger, "White House Science Advisor is Cheerleader for Reagan", *The Washington Post*, 12 de novembro de 1985, A6; Philip M. Boffey, "Science Advisor Moves Beyond Rocky First Year", *The New York Times*, 20 de outubro de 1982, B8; Henry Allen, "The Word According to Gilder", *The Washington Post*, 18 de fevereiro de 1981, B1; Edward Rothstein, "The New Prophet of a Techno Faith Rich in Profits", *The New York Times*, 23 de setembro de 2000, B9; Fred Turner, From Counterculture to Cyberculture: Stewart Brand, the Whole Earth Network, and the Rise of Digital Utopianism (Chicago: The University of Chicago Press, 2006), 229. Veja também Paulina Borsook, Cyberselfish: A Critical Romp Through the Terribly Libertarian Culture of High Tech (Nova York: PublicAffairs, 2000).

2. Paulina Borsook, "Release", Wired, (1993); "Esther Dyson", em Internet: A Historical Encyclopedia, v. 2, Laura Lambert, Chris Woodford, Hilary W. Poole, Christos J. P. Moschovitis (Orgs.; Santa

484   O CÓDIGO

Barbara, Calif.: ABC-CLIO, 2005), 88–92. Outros conectores importantes do Vale na época da internet foram Tim O'Reilly e Stewart Alsop, tendo ambos construído impérios influentes por meio de conferências anuais e publicações direcionadas ao setor.

3. Citado em Lambert et al., "Esther Dyson".

4. Ver, por exemplo, o incendiário relato de Richard Barbrook e Andy Cameron's sobre a criação do mito do Vale do Silício, "The Californian Ideology", Science as Culture 6, n. 1 (janeiro de 1996): 44–52. Sobre a National Performance Review, veja Al Gore, The Gore Report on Reinventing Government: Creating a Government that Works Better and Costs Less (Nova York: Three Rivers Press, 1993). O Vale do Silício também desempenhou um papel na formação da agenda Clinton-Gore; o vice-presidente congratulou Sunnyvale (cujo prefeito era então Larry Stone) como um exemplo — e cobaia — pela a reinvenção de um município, e muitas políticas públicas originais de lá tornaram-se recomendações da publicação.

5. Claudia Dreifus, "Present Shock", The New York Times, 11 de junho de 1995, SM46.

6. Dyson, "Friend and Foe", Wired, 1º de agosto de 1995, https://www.wired.com/1995/08/newt/, arquivado em https://perma.cc/NCP6-FHBP; Dyson et al., "Cyberspace and the American Dream".

7. Gingrich, notas sobre o lançamento do Thomas.gov, 5 de janeiro de 1995, Washington, D.C.

8. John Heilemann, "The Making of the President 2000", WIRED, 1º de dezembro de 1995, https://www.wired.com/1995/12/gorenewt/.

9. Daniel Pearl, "Futurist Schlock", The Wall Street Journal, 7 de setembro de 1995, 1.

10. Brett D. Fromson e Jay Mathews, "Executives Wary But Hopeful About Prospects", The Washington Post, 10 de novembro de 1994, B13; David Hewson, "McNealy Trains His Sights on Computing's Big Guns", The Sunday Times (UK), 28 de janeiro de 1996, via Nexis Uni (acessado em 30 de agosto de 2018).

11. Mitch Betts, "The Politicizing of Cyberspace", Computerworld 29, n. 3 (16 de janeiro de 1995): 20.

12. John Heilemann, "The Making of the President 2000".

13. Philip Elmer-Dewitt, "Online Erotica: On a Screen Near You", Time, 24 de junho de 2001, http://content.time.com/time/magazine/article/0,9171,134361,00.html, arquivado em https://perma.cc/DX42-A8JD.

14. Kara Swisher e Elizabeth Corcoran, "Gingrich Condemns OnLine Decency Act", The Washington Post, 22 de junho de 1995, D8; Steve Lohr, "A Complex Medium That Will Be Hard to Regulate", The New York Times, 13 de junho de 1996, B10; Nat Hentoff, "The Senate's Cybercensors", The Washington Post, 1º de julho de 1995, A27; 47 U.S. Code, Section 230.

15. Daniel S. Greenberg, "Porn Does the Internet", The Washington Post, 16 de julho de 1997, A19.

16. Elizabeth Darling, "Farewell to David Packard", Palo Alto Times, 3 de abril de 1996, https://www.paloaltoonline.com/weekly/morgue/news/1996_Apr_3.PACKARD.html, arquivado em: https://perma.cc/5B2A-HDPE.

17. Becky Morgan, entrevista com a autora, 13 de maio de 2016, por telefone; Jim Cunneen, entrevista com a autora, 1º de fevereiro de 2016, San José, Calif.; entrevista de Tom Campbell; entrevista de Ed Zschau.

18. História do National Economic Council e Projeto de História da Administração Clinton, "NEC — Education/Technology Initiative [2]", Bilbioteca Digital Clinton, acessada em 7 de agosto de 2017, https://clinton.presidentiallibraries.us/items/show/4837.

NOTAS

19. William J. Clinton: "Remarks on NetDay in Concord, California", 9 de maço de 1996, postado por Gerhard Peters e John T. Woolley, The American Presidency Project, https://www.presidency.ucsb.edu/node/222473, arquivado em https://perma.cc/48LT-X5ZB.

20. Regis McKenna, entrevista com a autora; Don Bauder, "Out of Prison, Living in Luxury", San Diego Reader, 26 de maio de 2010, https://www.sandiegoreader.com/news/2010/may/26/city-light1/#, arquivado em https://perma.cc/3WAB-GD6P; Karen Donovan, "Bloodsucking Scumbag", Wired, 1º de novembro de 1996, https://www.wired.com/1996/11/eslarach/, arquivado em https://perma.cc/8TC6-JDRX.

21. Douglas Jehl, "Clinton to Fight Measure Revising Rules on Lawsuits", The New York Times, 6 de março de 1995, A1; Jerry Knight, "A Measure of Security on Securities Suits", The Washington Post, 7 de dezembro de 1995, B11; Mark Simon, "Even Republicans Endorse Clinton", San Francisco Chronicle, 21 de agosto de 1996, C1.

22. John Markoff, "A Political Fight Marks a Coming of Age for a Silicon Valley Titan", The New York Times, 21 de outubro de 1996, D1.

23. John Doerr, "The Coach", entrevistado por John Brockman, 1996, Edge.org, https://www.edge.org/digerati/doerr/, arquivado em https://perma.cc/9KWX-GLWK.

24. Lawrence (Larry) Stone, entrevista com a autora, 7 de abril de 2015, San José, Calif.; Sara Miles, How to Hack a Party Line: The Democrats and Silicon Valley (Nova York: Farrar, Straus and Giroux, 2001); Philip Trounstine, "Clinton Opposes Lawsuit Measure", San José Mercury News, 8 de agosto de 1996, A1.

25. "Telephone Conversation with President Bill Clinton, Vice President Al Gore, and California Technology Executives", The White House, 20 de agosto de 1996, Arquivos do Escritório do Vice-presidente e Projeto de História da Administração Clinton, "OVP — Gore Tech/Tech Outreach [1]", Clinton Digital Library, acessado em 10 de agosto de 2017, https://clinton.presidentialli braries.us/items/show/5066.

26. Mark Simon, "GOP Voice in Silicon Valley", The San Francisco Chronicle, 25 de setembro de 1996, A13.

27. T. J. Rodgers, "Why Silicon Valley Should Not Normalize Relations with Washington, D.C.", Cato Institute, 1997.

28. Tom Campbell, entrevista com a autora, 17 de fevereiro de 2016; Luis Buhler, entrevista com a autora, 8 de fevereiro de 2016, por telefone; Markoff, "A Political Fight Marks a Coming of Age".

29. Michelle Quinn, "Valley Execs Celebrate Decisive Ballot Victory", The San José Mercury News, 6 de novembro de 1996, EL1.

30. Brockman, "The Coach".

31. Lizette Alvarez, "High-Tech Industry, Long Shy of Politics, Is Now Belle of Ball", The New York Times, 26 de dezembro de 1999, 1.

CAPÍTULO 22: DON'T BE EVIL

1. Michele Matassa Flores, "Gore Tells CEOs to Put Their Hearts Into It", The Seattle Times, 9 de maio de 1997, A18; Howard Fineman, "The Microsoft Primary", Newsweek, 19 de maio de 1997, 55; Alex Fryer, "Gates' Techno-Home Still a Work in Progress", The Seattle Times, 7 de maio de 1997, A1.

486   O CÓDIGO

2. "Microsoft Juggernaut Keeps on Rolling", *The Los Angeles Times*, 20 de abril de 1994, 4; Clinton, discurso na Faculdade Comunitária Shoreline, 24 de fevereiro de 1996; e James (Terry) Edmonds, "Seattle, WA (Shoreline Community College) 2/24/96 [1]", Clinton Digital Library, acessado em 15 de agosto de 2017, https://clinton.presidentiallibraries.us/items/show/33816. Nathan Myhrvold, CTO da Microsoft fazia parte do conselho da Casa Branca; os encontros Gore-Tech de 1997, pesadamente frequentado pelo Vale do Silício, não incluíram representantes da Microsoft.

3. BusinessWeek, 24 de fevereiro de 1992, citado em Gary L. Reback, Free the Market! Why Only Government Can Keep the Marketplace Competitive (Nova York: Portfolio, 2009).

4. John Heilemann, Pride Before the Fall: The Trials of Bill Gates and the End of the Microsoft Era (Nova York: CollinsBusiness, 2001), 58, 91.

5. Karen Southwick, High Noon: The Inside Story of Scott McNealy and the Rise of Sun Microsystems (Nova York: Wiley, 1999), 45, 48.

6. Bill Gates, The Road Ahead (Nova York: Random House, 1995), x. Mais tarde, Andreessen disse que estava citando Bob Metcalfe quando ele fez aquela famosa piada com o Windows; veja Chris Anderson, "The Man Who Makes the Future", Wired, 24 de abril de 2014, https://www.wired.com/2012/04/ffandreessen/, arquivado em https://perma.cc/6D5K-XGWJ.

7. Gates, Memorando, "The Internet Tidal Wave", 26 de maio de 1995, United States vs. Microsoft Corporation 253 F.3d 34 (D.C. Cir. 2001).

8. Reback, Free the Market!; Heilemann, Pride Before the Fall, 64–77; Joel Brinkley e Steve Lohr, The U.S. vs. Microsoft: The Inside Story of the Landmark Case (Nova York: McGraw-Hill Education, 2000), 4, 48–59.

9. Time, "The Golden Geeks", 19 de fevereiro de 1996, capa; "Whose Web Will It Be?", 16 de setembro de 1996, capa.

10. James Lardner, "Trying to Survive the Browser Wars", U.S. News & World Report 124, n. 13 (6 de abril de 1998); Heilemann, Pride Before the Fall, 91.

11. Brinkely e Lohr, The U.S. vs. Microsoft, 38–40.

12. Heilemann, Pride Before the Fall, 42.

13. James Taranto, "Nader's Raiders Try to Storm Bill's Gates", *The Wall Street Journal*, 18 de novembro de 1997, A22; Nader, "The Microsoft Menace", Slate, 30 de outubro de 1997, http://www.slate.com/articles/briefing/articles/1997/10/the_microsoft_menace.html, arquivado em https://perma.cc/9ZEQ-8UWK.

14. Elizabeth Corcoran e Rajiv Chandrasekaran, "Nader Joins Chorus of Microsoft Critics", *The Washington Post*, 14 de novembro de 1997, G1; Gerald F. Seib, "Freedom Fighters: Antitrust Suits Expand and Libertarians Ask, Who's The Bad Guy?" *The Wall Street Journal*, 9 de junho de 1998, A1.

15. Corcoran e Chandrasekaran, "Nader Joins Chorus".

16. Neukom, citado em David Lawsky, "Microsoft Urges Government to Drop Antitrust Case", Reuters, reimpresso em The Times of India, 26 de novembro de 1998, 15; veja também Steve Lohr, "Microsoft Presses Its View About Rivals' 3Way Deal", *The New York Times*, 7 de janeiro de 1999, C2.

17. Lizette Alvarez, "High-Tech Industry, Long Shy of Politics, Is Now Belle of Ball", *The New York Times*, 26 de dezembro de 1999, 1.

NOTAS 487

18. Hiren Shah, "Y2K: The Bug of the Millennium", The Times of India, 19 de outubro de 1998, 14; Stephen Barr, "Social Security Killed Y2K Bug, President Says", *The Washington Post*, 29 de dezembro de 1998, A2; Eric Lipton, "2Digit Problem Means 9Digit Bill for Local Governments", *The Washington Post*, 4 de agosto de 1998, A1.

19. Abhi Raghunathan, "Thanks for Coming. Now Go", *The New York Times*, 15 de julho de 2001, NJ1.

20. Kathleen Kenna, "Commander in Geek", Toronto Star, 24 de maio de 1999, 1; Paul A. Gigot, "Gore Slams Doerr on Silicon Valley", *The Wall Street Journal*, 21 de maio de 1999, 21.

21. Jon Swartz, "Tech's Star Capitalist", The San Francisco Chronicle, 13 de novembro de 1997, D3; Marc Gunther e Adam Lashinsky, "Cleanup Crew", *Fortune* 156, n. 11 (26 de novembro de 2007): 82–92.

22. Citado em John Schwartz, "A Judge Overturned by an Appearance of Bias", *The New York Times*, 29 de junho de 2001, p. C1.

23. Joel Brinkley, "U.S. vs. Microsoft: The Lobbying", *The New York Times*, 7 de setembro de 2001, C5.

24. Citado em Alvarez, "High-Tech Industry".

25. James Gibbons, entrevista com a autora, 4 de novembro de 2015.

26. "Bill Gates Stanford Dedication — 30 de janeiro de 1996", Microsoft News, https://news.microsoft.com/1996/01/30/bill-gates-stanford-dedication-jan301996/, arquivado em https://perma.cc/XCK6-9SS6.

27. Ellen Ullman, Life in Code: A Personal History of Technology (Nova York: Farrar, Straus and Giroux, 2017), 100.

28. "Turning an Info-Glut into a Library", Science 266 (7 de outubro de 1994), 20; Bruce Schatz e Hsinchun Chen, "Building Large-Scale Digital Libraries", Computer 29, n. 5 (maio de 1996): 22–36.

29. John Battelle, The Search: How Google and Its Rivals Rewrote the Rules of Business and Transformed Our Culture (New York: Portfolio, 2005), 65–75; Rich Scholes, "Uniquely Google", Stanford Technology Brainstorm, Stanford Office of Technology Licensing, março de 2000.

30. Scholes, "Uniquely Google".

31. Battelle, The Search, 90; "Sergey Brin's Home Page", http://infolab.stanford.edu/~sergey/, acessado em 20 de maio de 2018, arquivado em https://perma.cc/XH2S-RW58.

CHEGADAS

1. Chamath Palihapitiya, entrevista com a autora, 5 de dezembro de 2017.

2. Walter Mossberg, "Behind the Lawsuit: Napster Provides Model for Music Distribution", *The Wall Street Journal*, 11 de maio de 2000, C1.

3. Cyrus Farivar, "Winamp's Woes: How the Greatest MP3 Player Undid Itself", Ars Technica, 3 de julho de 2017; "The Biggest Media Merger Yet", *The New York Times*, 11 de janeiro de 2000, A24. Sobre a fusão AOL/Time Warner e seus efeitos, veja Kara Swisher, com Lisa Dickey, There Must Be a Pony in Here Somewhere: The AOL Time Warner Debacle (Nova York: Three Rivers Press, 2003).

488   O CÓDIGO

CAPÍTULO 23: A INTERNET É VOCÊ

1. Joint Venture Silicon Valley, 2002 Index (Palo Alto, Calif.: Joint Venture Silicon Valley, 2002); Gregory Zuckerman, "A Year After the Peak, How the Mighty Have Fallen", *The Wall Street Journal*, 5 de março de 2001, C1; Scott Berinato, "What When Wrong at Cisco in 2001", CIO Magazine 14, n. 20 (agosto de 2001): 52–59.

2. Edward Helmore, "Lost Stock & Two Smoking Analysts", The Guardian, 15 de março de 2001, B12.

3. Zach Schiller, "Morgenthaler Scores in IPO", Cleveland Plain Dealer, 4 de março de 2000, C3; Alex Berenson, "Stocks End Gloomy First Quarter", *The New York Times*, 31 de março de 2001, C1; Burt McMurtry, entrevista com a autora, 2 de outubro de 2017; Ann Hardy, entrevista com a autora, 19 de setembro de 2017.

4. Mike Tarsala, "Pets.com Killed by Sock Puppet", MarketWatch, 8 de novembro de 2000, https://www.marketwatch.com/story/sock-puppet-kills-petscom, arquivado em https://perma.cc/T6WU-HKW5. Veja também Jennifer Thornton e Sunny Marche, "Sorting Through the Dot Bomb Rubble: How did High-Profile Etailers Fail?" International Journal of Information Management 23, n. 2 (abril de 2003): 121–28.

5. Joint Venture Silicon Valley, 2002 Index, 6–7; Julekha Dash, "Former dot-com Workers Find Slow Start in New Year", Computerworld, 8 de janeiro de 2001, https://www.computerworld.com/article/2590192/itcareers/former-dot-com-workers-find-slow-startinnew-year.html, arquivado em https://perma.cc/X4J2-JS7M.

6. Fred Vogelstein, "Google @ $165: Are These Guys for Real?", *Fortune*, 13 de dezembro de 2004, http://archive.*fortune*.com/magazines/*fortune*/fortune_archive/2004/12/13/8214226/index.htm, arquivado em https://perma.cc/YQU9-QV94; "Liorean", sequência de comentários "Google 1G Mail", CodingForums.com, 2 de junho de 2004, https://www.codingforums.com/geek-news-and-humour/39589-google1gmail.html, arquivado em https://perma.cc/549J-5HNY; veja também Kevin Marks, "Epeus' epigone", 21 de março de 2012, http://epeus.blogspot.com/2012/03/when-youre-merchandise-not-customer.html, arquivado em https://perma.cc/EP7P-ZBTN.

7. "From the Garage to the Googleplex", Alphabet, Inc., https://www.google.com/about/our-story/, arquivado em https://perma.cc/63XD-AZCA; "A Building Blessed with Tech Success", CNET, 14 de outubro de 2002, https://www.cnet.com/news/abuilding-blessed-with-tech-success/, arquivado em https://perma.cc/H4W8-RSJE; Verne Kopytoff, "The Internet Kid is Growing Up Fast", The San Francisco Chronicle, 11 de setebro de. 2000, A24.

8. Ken Auletta, Googled: The End of the World as We Know It (New York: Penguin Press, 2010), 20.

9. Stephanie Schorow, "Web Heads Go GaGa for Google, for Good Reason", Boston Herald, 4 de dezembro de 2001, 51.

10. Fred Turner, "Burning Man at Google: A Cultural Ifrastructure for New Media Production", New Media & Society 11, n. 1 e 2 (2009): 73–74; "Ten Principles of Burning Man", https://burningman.org/culture/philosophical-center/10principles/, arquivado em https://perma.cc/KS28-9M36.

11. Auletta, Googled, 80.

12. John Battelle, The Search: How Google and Its Rivals Rewrote the Rules of Business and Transformed Our Culture (Nova York: Portfolio, 2005).

13. Google, "Ten Things We Know to be True", https://www.google.com/intl/en/about/philoso phy. html, arquivado em https://perma.cc/G865-BALX.

14. Doerr, citado por Matt Marshall, "Is Google Like Microsoft? In Some Ways", The San José Mercury News, 25 de setembro de 2003, 1C.

15. Vogelstein, "Google @ $165".

16. Shirin Sharif, "Web Site Allows Students to Make Friends from Faces in the Crowd", The Stanford Daily, 5 de março de 2004, 1.

17. Sharif, "Web Site Allows"; U.S. Securities and Exchange Commission Form S1, Facebook, Inc., 1º de fevereiro de 2012.

18. Sobre o surgimento das redes sociais e as lutas e triunfos das companhias pré-Facebook, veja Julia Angwin, Stealing MySpace: The Battle to Control the Most Popular Web Site in America (Nova York: Random House, 2009).

19. A história definitiva dos primeiros anos do Facebook (base para o não muito caridoso retrato de Zuckerberg e sua empresa no A Rede Social, filme de 2011) está em David Kirkpatrick, The Facebook Effect: The Inside Story of the Company that is Connecting the World (Nova York: Simon & Schuster, 2010).

20. Esses dados vieram, naturalmente, da Wikipedia. "List of Most Popular Websites", Wikipedia, março de 2018, https://en.wikipedia.org/wiki/List_of_most_popular_websites, arquivado em https://perma.cc/9QBA-ABF6.

21. Lev Grossman, "You — Yes, You — Are TIME's Person of the Year", Time, 25 de dezembro de 2006.

22. Esther Dyson et al., "Cyberspace and the American Dream: A Magna Carta for the Knowledge Age" (22 de agosto de 1994), The Information Society 12, n. 3 (1996): 295–308.

23. Ryan Singel, "Silicon Valley Lacks Vision? Facebook Begs to Differ", Wired, 8 de outubro de 2010, https://www.wired.com/2010/10/facebook-matters/, arquivado em https://perma.cc/ VV4J-2JMS.

24. Chamath Palihapitiya, entrevista com a autora; Palihapitiya, entrevistado por Kara Swisher, Recode Decode, 20 de março de 2016, https://www.recode.net/2016/3/21/11587128/silicon-val-leys-homogeneous-rich-douchebags-wont-win-forever-says, arquivado em https://perma. cc/PK2L-DDCR; Evelyn M. Rusli, "In Flip-Flops and Jeans, An Unconventional Venture Capitalist", DealBook, The New York Times, 6 de outubro de 2011, https://dealbook.nytimes. com/2011/10/06/inflip-flops-and-jeans-the-unconventional-venture-capitalist/, arquivado em https://perma.cc/C7X7-KWJ2; Eugene Kim, "Early Facebook Executive on Mark Zuckerberg", Business Insider, 23 de novembro de 2014, https://www.businessinsider.com.au/chamath-pali-hapitiyaonmark-zuckerberg-201411, arquivado em https://perma.cc/9CLK-S8RS.

25. Caroline McCarthy, "Facebook f8: One Graph to Rule them All", CNET, 21 de abril de 2010, https://www.cnet.com/news/facebookf8one-graphtorule-them-all/, arquivado em https://perma. cc/W4T5-49CM. Pesquisadores começaram a acender o sinal de alerta a respeito da ética dessas práticas de compartilhamento de informação logo que elas começaram. Ver, por exemplo, Michael Zimmer, "'But the Data is Already Public': On the Ethics of Research in Facebook", Ethics and Information Technology 12, n. 4 (dezembro de 2010): 313–35; Rebecca McKee, "Ethical Issues in Using Social Media for Health and Health Care Research", Health Policy 110, n. 2–3 (maio de 2013): 298–301. Conforme a base de usuários do Facebook disparou e os botões de "like" contaminaram toda a web, a empresa atraiu a atenção da FTC, que exigiu

490   O CÓDIGO

que o Facebook adotasse padrões de privacidade mais rígidos e transparentes (Federal Trade Commission, Decisão a Respeito do Facebook, Inc., 10 de agosto de 2012).

26. Nick Bilton, "A Walk in the Woods with Mark Zuckerberg", *The New York Times*, 7 de julho de 2011, https://bits.blogs.nytimes.com/2011/07/07/awalkinthe-woods-with-mark-zuckerberg/, arquivado em https://perma.cc/86DU-LAWF.

27. Heather Brown, Emily Guskin, e Amy Mitchell, "The Role of Social Media in the Arab Uprisings", Pew Research Center, 28 de novembro de 2012; Benjamin Gleason, "#Occupy Wall Street: Exploring Informal Learning About a Social Movement on Twitter", American Behavioral Scientist 57, n. 7 (2013): 966–72; André Brock, "From the Blackhand Side: Twitter as a Cultural Conversation", Journal of Broadcasting and Electronic Media 56, n. 4 (2012): 529–39; Russell Rickford, "Black Lives Matter: Toward a Modern Practice of Mass Struggle", New Labor Forum 25, n. 1 (2016): 34–42.

28. Joshua Green, "The Amazing Money Machine", The Atlantic, 1º de junho de 2008, https://www.theatlantic.com/magazine/archive/2008/06/the-amazing-money-machine/306809/, arquivado em https://perma.cc/V67S-PX4W; Brian Stelter, "The Facebooker Who Friended Obama", *The New York Times*, 7 de julho de 2008, https://www.nytimes.com/2008/07/07/technology/07hughes.html, arquivado em https:// perma.cc/U74U-XQ7Z.

29. Kristina Peterson, "Obama Opening Silicon Valley Office", Palo Alto Daily News, 13 de janeiro de 2008, 1; Green, "The Amazing Money Machine"; Cecilia Kang and Perry Bacon Jr., "Obama Holds Silicon Valley Summit with Tech Tycoons", *The Washington Post*, 18 de fevereiro de 2011, C1.

30. "I am Barack Obama, President of the United States — AMA", Reddit, 29 de agosto de 2012, https://www.reddit.com/r/IAmA/comments/z1c9z/i_am_barack_obama_president_of_the_united_states/, arquivado em https://perma.cc/BB8Z-D7GZ; Brody Mullins, "Google Makes Most of Close Ties to the White House", *The Wall Street Journal*, 24 de março de 2015, https://www.wsj.com/articles/google-makes-mostofclose-tiestowhite-house-1427242076; David Dayen, "The Android Administration", The Intercept, 22 de abril de 2016 https://theintercept.com/2016/04/22/googles-remarkably-close-relationship-with-the-obama-white-houseintwo-charts/, arquivado em https://perma.cc/NUP2-6XW6; Cecilia Kang e Juliet Eilperin, "A Clear Affinity Between White House, Silicon Valley", *The Washington Post*, 28 de fevereiro de 2015, http:// www.pressreader.com/usa/the-washington-post/20150228/281784217548185. Veja também Thomas Kalil, "Policy Entrepreneurship at the White House", Innovations 11:, n. 3/4 (2017): 4–12.

31. "The 'Anti-Business' President Who's Been Good for Business", Bloomberg Businessweek, 27 de junho de 2016, https://www.bloomberg.com/features/2016-obama-anti-business-president/, arquivado em https://perma.cc/RG5N-VP2P.

32. Barack Obama, discurso no Encontro de Cibersegurança da Casa Branca, Stanford, Calif., 13 de fevereiro de 2015. Os autores dos discursos de Obama produziram uma série de metáforas sobre software catedral versus software bazar, tão familiares para os conhecedores do Vale do Silício, gloriosamente atualizadas para uma era de mídia social.

CAPÍTULO 24: O SOFTWARE JANTOU O MUNDO

1. John C. Abell, "Aug. 6, 1997: Apple Rescued — By Microsoft", Wired, 6 de agosto de 2009, https://www.wired.com/2009/08/dayintech-0806/, arquivado em https://perma.cc/2RRH-FUBH.

NOTAS 491

2. Ken Siegmann, "Veteran Apple Exec Leaves for Top Job at Go", The San Francisco Chronicle, 19 de janeiro de 1991, 1C; Walter Isaacson, Steve Jobs (Nova York: Simon & Schuster, 2011), 308.

3. Brian Merchant, The One Device: The Secret History of the iPhone (Nova York: Little, Brown, 2017), 148–52.

4. A Morgenthaler Partners foi um investidor na empresa que criou aquele software de reconhecimento de voz chamado Siri, dado ter sido desenvolvido no SRI. Um subsídio da DARPA ajudou a bancar o seu desenvolvimento inicial. Veja SRI International, "Siri", https://www.sri.com/work/timeline-innovation/timeline.php?timeline=computing-digital#!& innovation=siri, arquivado em https://perma.cc/7SNR-V6MQ.

5. "For Apple Chief, Gadgets' Glitter Outshines Scandal", The New York Times, 9 de janeiro de 2007, B1; Erica Sadun, "Macworld 2007 Keynote Liveblog", Engadget, 9 de janeiro de 2007, https://www.engadget.com/2007/01/09/macworld-2007-keynote-liveblog/, arquivado em https://perma.cc/4394-QYDG.

6. Martyn Williams, "In His Own Words: The Best Quotes of Steve Ballmer", PC World, 19 de agosto de 2014.

7. Merchant, The One Device, 162–71; Doug Gross, "Apple trademarks 'There's an App for That,'" CNN, 12 de outubro de 2010.

8. Ken Auletta, Googled: The End of the World as We Know It (Nova York: Penguin Press, 2010), 204, 207–310.

9. "Mobile Fact Sheet", Pew Research Center, 5 de fevereiro de 2018, http://www.pewinternet.org/fact-sheet/mobile/, arquivado em https://perma.cc/44L8-W6EN.

10. Horace Dediu, "The iOS Economy, Updated", blog Asymco, 8 de janeiro de 2018, http://www.asymco.com/2018/01/08/the-ios-economy-updated/, arquivado em https://perma.cc/W2Z5-MT6G.

11. Bruce Newman, "Steve Jobs, Apple CoFounder", San José Mercury News, 5 de outubro de 2011.

12. "Remembering Steve", Apple.com, https://www.apple.com/stevejobs/, arquivado em https://perma.cc/7SES-3F5F; Maria L. LaGanga, "Steve Jobs' Death Saddens Apple Workers and Fans", The Los Angeles Times, 6 de outubro de 2011.

13. "Steve Jobs' Memorial Service: 6 Highlights", The Week, 25 de outubro de 2011.

14. "What Happened to the Future?" Founders Fund, http://foundersfund.com/the-future/, arquivado em https://perma.cc/82XW-VA2A.

15. Adam Lashinsky, "Amazon's Jeff Bezos: The Ultimate Disrupter", Fortune (dezembro de 2012); Jeff Bezos, "1997 Letter to Shareholders", Investor Relations, Amazon.com.

16. Jeff Bezos, "2005 Letter to Shareholders", Amazon.com; Julia Kirby e Thomas A. Stewart, "The Institutional Yes", Harvard Business Review, 8 de outubro de 2007, https://hbr.org/2007/10/the-institutional-yes, arquivado em https://perma.cc/XV5H-GULN.

17. Jeff Bezos, "2011 Letter to Shareholders", Amazon.com.

18. Ingrid Burrington, "Why Amazon's Data Centers are Hidden in Spy Country", The Atlantic, 8 de janeiro de 2016.

19. Frank Konkel, "Daring Deal", Government Executive, 9 de julho de 2014. Uma vantagem para a Amazon na disputa pelo negócio de computação de nuvem da segurança nacional, era que ela não era uma das empresas de tecnologia norte-americana enrascadas no PRISM, o programa de coleta de informações revelado em 2013 por Edward Snowden, funcionário da NSA. Quase todos os

492   O CÓDIGO

outros nomes de peso da tecnologia apareceriam no cache de documentos secretos, mas 98% dos dados vieram de apenas três: Yahoo!, Google e Microsoft. A NSA estava no negócio de vigilância eletrônica desde seu início, em 1947, mas o envolvimento das maiores marcas de tecnologia de consumo — incluindo o império "Don't be Evil" de Page e Brin provocou um grande escândalo. Veja Barton Gellman e Laura Poitras, "U.S., British Intelligence Mining Data from Nine U.S. Internet Companies in Broad Secret Program", *The Washington Post*, 7 de junho de 2013, A1.

20. Nick Wingfield, "Amazon Reports Annual Net Profit for the First Time", *The Wall Street Journal*, 28 de janeiro de 2004; Ron Miller, "How AWS Came to Be", TechCrunch, 2 de julho de 2016; Jordan Novet, "Microsoft Narrows Amazon's Lead in Cloud, But the Gap Remains Large", CNBC, 27 de abril de 2018.

21. Ashton B. Carter, com Marcel Lettre e Shane Smith, "Keeping the Technological Edge", em Keeping the Edge: Managing Defense for the Future, Ashton B. Carter e John Patrick White (Orgs.) (Cambridge, Mass.: The MIT Press, 2001), 130–53.

22. Peter Thiel, "The Education of a Libertarian", The Cato Institute, 13 de abil de 2009.

23. Rachel Riederer, "Libertarians Seek a Home on the High Seas", The New Republic, 1º de junho de 2017; George Packer, "No Death, No Taxes", *The New Yorker*, 28 de novembro de 2011.

24. Andy Greenberg, "How a 'Deviant Philosopher' Built Palantir, A CIA-Funded Data-Mining Juggernaut", *Forbes*, 2 de setembro de 2013.

25. Rick E. Yannuzzi, "InQTel: A New Partnership between the CIA and the Private Sector", Defense Intelligence Journal (2000), CIA, https://www.cia.gov/library/publications/intelligence-history/inqtel#copy, arquivado em https://perma.cc/AV9M-JTCA.

26. Greenberg, "How a 'Deviant Philosopher' Built Palantir"; Ellen Mitchell, "How Silicon Valley's Palantir Wired Washington", Politico, 14 de agosto de 2016.

27. Anonymous, comentário a "What is the Interview Process Like at Palantir?", Quora, 17 de fevereiro de 2011, arquivado em https://perma.cc/R4FM-LPXL.

28. Julie Bort, "What It's Like to Work at the Valley's Most Secretive Startup", Business Insider, 31 de julho de 2016; Ryan Singel, "Anonymous vs. EFF?" Wired, 14 de novembro de 2011.

29. Andrew Ruiz, Twitter, 30 de abril de 2018, arquivado em https://perma.cc/FZ6X-VU84.

CAPÍTULO 25: MESTRES DO UNIVERSO

1. Adam Gorlick, "'I wanted to see with my own eyes the origin of success' Russian president tells Stanford audience", Stanford Report, 23 de junho de 2010; "Dmitry Medvedev visits Twitter HQ and tweets", The Telegraph (UK), 24 de junho de 2010.

2. "Medvedev Targeted with Mock Twitter Account", The Telegraph (UK), 5 de julho de 2010; @ KermlinRussia, Twitter, 8 de janeiro de 2011, arquivado em https://perma.cc/K4V8-K7VK.

3. Vivek Wadhwa, AnnaLee Saxenian e F. Daniel Siciliano, Then and Now: America's New Immigrant Entrepreneurs, parte VII, Kauffman Foundation Research, 2012; "International Students", Stanford, acessado em 27 de maio de 2018, arquivado em https://perma.cc/EFS3-3X7N.

4. Marc Andreessen, "Why Software is Eating the World", *The Wall Street Journal*, 20 de agosto de 2011.

5. Richard L. Florida e Martin Kenney, "Venture Capital, High Technology and Regional Development", Regional Studies 22, n. 1 (1988): 33–48; Florida, "America's Leading Metros

for Venture Capital", CityLab, 17 de junho de 2013; Chris DeVore, "The Venture Capital Stack + Regional Seed VC", Crash/ Dev, 15 de junho de 2017, arquivado em https://perma.cc/T493-FALD.

6. Tim Wu, tuíte, 24/05/2018, 8:14; Regis McKenna, entrevista com a autora, 3 de dezembro de 2014. Peter Thiel acredita tanto nessa estratégia de dominação de mercado que ele é coautor de um livro sobre o assunto, Zero to One: Notes on Startups, or How to Build the Future (Nova York: Random House, 2014).

7. Zuckerberg, post no Facebook, 30 de março de 2015, arquivado em https://perma.cc/S9DW-RVPW.

8. Margaret O'Mara, "The Other Tech Bubble", The American Prospect, 2016.

9. Katie Hafner, "Google Options Make Masseuse a Multimillionaire", *The New York Times*, 12 de novembro de 2007; Kevin Maney, "Marc Andreessen Puts His Money Where His Mouth Is", *Fortune*, 10 de julho de 2009.

10. Em setembro de 2018, depois de ter sido informada de lutas internas na Kleiner, Meeker renunciou abruptamente, levando consigo vários dos seus investidores seniores para iniciar uma nova empresa sob a sua liderança. Theodore Schleifer, "Mary Meeker, the Legendary Internet Analyst, is Leaving Kleiner Perkins", Recode, 14 de setembro de 2018, https://www.recode.net/2018/9/14/17858582/kleiner-perkins-mary-meeker-split, arquivado em https://perma.cc/FJ8S-DVUM.

11. Jesse Drucker, "Kremlin Cash Behind Billionaire's Twitter and Facebook Investments", *The New York Times*, 5 de novembro de 2017; Michael Wolff, "How Russian Tycoon Yuri Milner Bought His Way into Silicon Valley", Wired, 21 de outubro de 2011.

12. Chris William Sanchirico, "As American as Apple Inc.: International Tax and Ownership Nationality", Tax Law Review 68, n. 2 (2015): 207–14; Rebecca Greenfield, "Senators Turn Tim Cook's Hearing into a Genius Bar Visit", The Atlantic, 21 de maio de 2013.

13. David Kirkpatrick, "Inside Sean Parker's Wedding", Vanity Fair, 1º de agosto de 2013.

14. "Yammer Raises $17 Million in Financing Round Led by The Social+Capital Partnerhip", Marketwire, 27 de setembro de 2011.

15. Ben Horowitz, The Hard Thing about Hard Things: Building a Business When There Are No Easy Answers (Nova York: HarperBusiness, 2014), 62.

16. Ellen McGirt, "Al Gore's $100 Million Makeover", Fast Company, 1º de julho de 2007.

17. John Doerr, "Salvation (and profit) in Greentech", TED2007, março de 2007; Marc Gunther e Adam Lashinsky, "Cleanup Crew", *Fortune* 156, n. 11 (26 de novembro de 2007).

18. Jon Gertner, "Capitalism to the Rescue", *The New York Times*, 3 de outubro de 2008.

19. Jerry Hirsch, "Elon Musk's Growing Empire is Fueled by $4.9 Billion in Government Subsidies", *The Los Angeles Times*, 30 de maio de 2015; Sarah McBride and Nichola Groom, "Insight: How Cleantech Tarnished Kleiner and VC tar John Doerr", Reuters Business News, 15 de janeiro de 2013.

20. David Streitfeld, "Kleiner Perkins Denies Sex Bias in Response to a Lawsuit", *The New York Times*, 14 de janeiro de 2012; Ellen Huet, "Kleiner Perkins' John Doerr and Ellen Pao: A Mentorship Sours", *Forbes*, 4 de março de 2015.

21. Gené Teare e Ned Desmond, "The first comprehensive study on women in venture capital and their impact on female founders", TechCrunch, 19 de abril de 2016; "Despite More Women, VCs Still Mostly White Men", The Information, 14 de dezembro de 2016.

494   O CÓDIGO

22. Laszlo Bock, "Getting to Work on Diversity at Google", Google, 28 de maio de 2014; Maxine Williams, "Building a More Diverse Facebook", Facebook Newsroom, 25 de janeiro de 2014; Mallory Pickett, "The Dangers of Keeping Women out of Tech", Wired, 26 de janeiro de 2018.

23. Emily Chang, Brotopia: Breaking Up the Boys' Club of Silicon Valley (Nova York: Portfolio, 2018), 145–56; John Doerr, entrevista para Emily Chang, Bloomberg TV, 18 de junho de 2015.

24. Graham, "Why to Move to a Startup Hub", PaulGraham.com, outubro de 2007, arquivado em https://perma.cc/TYF6-G3KT.

25. Kara Swisher, entrevista com Chamath Palihapitiya, Recode/Decode, 20 de março de 2016; Palihapitiya, entrevista com a autora, 5 de dezembro de 2017.

26. Ashley Carroll, "CapitalasaService: A New Operating System for Early-Stage Investing", Medium, 25 de outubro de 2017, https://medium.com/social-capital/capitalasaserviceanew-operating-system-for-early-stage-investing-6d001416c0df, arquivado em https://perma.cc/G5QD-DUCF. A Social Capital não teve muita oportunidade de testar se o novo modelo faria uma diferença significativa na diversidade dos empreendimentos financiados. A parceria implodiu no início do outono de 2018, após um êxodo dos cofundadores de Palihapitiya e outros executivos-chave, deixando nebuloso o futuro da empresa e do "CaaS".

27. Trish Millines Dziko, entrevista com a autora, 3 de abril de 2018.

28. Issie Lapowsky, "Clinton Owns Silicon Valley's Vote Now That Bloomberg's Out", Wired, 8 de março de 2016.

29. Thiel, "Trump has Taught us This Year's Most Valuable Political Lesson", *The Washington Post*, 6 de setembro de 2016.

30. Mitch Kapor, entrevista com a autora, 19 de setembro de 2017.

PARTIDAS: NOS CARROS AUTÔNOMOS

1. Este também foi um lembrete de que o Pentágono ainda está por trás da audácia empresarial do Vale, pois, uma década antes, o "Grande Desafio" da DARPA tinha reavivado a corrida para criar veículos autônomos para o mercado. Como sempre, a próxima geração do Vale foi ajudada pela vontade dos militares de fazer apostas de longo prazo. Veja Alex Davies, "Inside the Races that Jump-Started the Self-Driving Car", Wired, 10 de novembro de 2017, https://www.wired.com/story/darpa-grand-urban-challenge-self-driving-car/, arquivado em https://perma.cc/EWN5-8XCD.

2. Tiernan Ray e Alex Eule, "John Doerr on Leadership, Education, Google, and AI", Barron's, 5 de maio de 2018, https://www.barrons.com/articles/john-doerronleadership-education-google-andai1525478401, arquivado em https://perma.cc/S2W5-5GMY; James Morra, "Groq to Reveal Potent Artificial Intelligence Chip Next Year", ee News: Europe, 17 de novembro de 2017, http://www.eenewseurope.com/news/groq-reveal-potent-artificial-intelligence-chip-next-year, arquivado em https://perma.cc/FQ3G-YAEK.

3. Maria di Mento, "Technology Investor Pledges $32 Million to Rice U", Chronicle of Philanthropy 18, n. 18 (29 de junho de 2006), via Nexis Uni, acessado em 30 de agosto de 2018; Burt e Deedee McMurtry, "Remarks at the McMurtry Building Groundbreaking Ceremony", 15 de maio de 2013, Stanford Arts, https://arts.stanford.edu/remarksbyburt-and-deedee-mcmurtry/, arquivado em https://perma.cc/H59G-B2LW; McMurtry, entrevista com a autora 2 de outubro de 2017.

4. Gary Morgenthaler, troca de e-mails com a autora, 17 de agosto de 2016; "Startup Developing New Battery Technology Wins $12,000 in First MIT ACCELERATE Contest", MIT News, 6 de março de 2012, http://news.mit.edu/2012/battery-technology-startup-wins-accelerate-contest, arquivado em https://perma.cc/QAN9-ZHXB; Morgenthaler, entrevistas com a autora, 2015 e 2016. David Morgenthaler morreu em 16 de junho de 2016, aos 96 anos, deixando a esposa, Lindsay, os filhos Gary e Todd e a filha Lissa, sete netos, e quatro bisnetos. Katie Benner, "David T. Morgenthaler, Who Shaped Venture Capitalism, Dies at 96", *The New York Times*, 21 de junho de 2016, A21.

5. Ann Hardy, entrevista com a autora, 19 de setembro de 2017; conversa por telefone com a autora, 28 de agosto de 2018. Os contínuos desequilíbrios demográficos na tecnologia e as consequências para os produtos que ela constrói e comercializa, produziram uma onda de livros durante este período.; ver, por exemplo: Emily Chang, Brotopia: Breaking Up the Boys' Club of Silicon Valley (Nova York: Portfolio, 2018); Safiya Umoja Noble, Algorithms of Oppression: How Search Engines Reinforce Racism (Nova York: New York University Press, 2018); Virginia Eubanks, Automating Inequality: How High-Tech Tools Profile, Police, and Punish the Poor (Nova York: St. Martin's Press, 2018); Sara Watcher-Boettcher, Technically Wrong: Sexist Apps, Biased Algorithms, and Other Threats of Toxic Tech (Nova York: W. W. Norton, 2017).

6. Yaw Anokwa e Hélène Martin, entrevista com a autora, 7 de junho de 2018, Seattle, Wash.

ÍNDICE

A

Adam Osborne 195
Adele Goldberg 136
Advanced reduced-instruction-set microprocessor (ARM) 390
Advanced Research Projects Agency (ARPA) 51, 139
Alan Kay 136, 326
Albert Yu 148
Alfabetização digital 229, 231
Al Gore 302, 346, 391, 410
Allan Bloom 265
AltaVista 376, 379
Alvin Toffler 127, 196, 383
Amazon 5, 327, 368, 373, 394, 407
  Amazon Web Services 395
American Electronics Association (AEA) 176, 180
American Research and Development Corporation (ARD) 76
America Online (AOL) 319, 329, 372
Andy Bechtolsheim 368
Andy Grove 109, 222, 295, 317
Ann Doerr 387
Ann Hardy 16, 49, 81, 210, 267, 374, 423
Ann Winblad 287
Apple 5, 158, 190, 230, 277, 389, 407
  Apple I 155, 317
  Apple II 155, 230, 389
  Apple III 190, 245
  Apple Park 407
  App Store 391
  iMac 282, 389
  iPhone 282, 391, 405
  iPod 282, 389
  iTunes 389
  Lisa 248
  Mac 277
  Macintosh 245, 254

ARPANET 70, 136, 269, 299, 318
Arthur Rock 82
Atari 112, 154
  Pong 112
Ativismo estudantil 133
Ato de Reorganização Industrial 132
AT&T 68, 250
AWS 406

B

Barack Obama 386, 399
Barbara Boxer 345
Bayh-Dole Act 189
Ben Rosen 184, 198, 207, 247, 338
Berkeley 120, 271
Big Blue, IBM 41, 132, 239, 286
Bill Campbell 378
Bill Clinton 304, 344
Bill Draper 75
Bill Gates 7, 160, 239, 286, 354, 392, 417
Bill Hewlett 23, 55, 345
Bill Millard 151
Bill Shockley 110
Bill Steiger 177, 180
BlackBerry 390
Bob Albrecht 124
Bob Marsh 151
Bob Metcalfe 136
Bob Noyce 56, 94, 112, 173, 220, 290
Bob Taylor 71, 136
Boeing 33, 96, 244, 284, 327, 398
  boom da 160
Brin 415
Bug do milênio 361, 362
Bunker Ramo 69
Burning Man 377, 383
Burt McMurtry 37, 49, 96, 175, 241, 374, 414

C

Capital de risco 60, 78, 167
Carole Ely 152
Carterfone, o caso 68
Chamath Palihapitiya 371, 384, 410
Charles Reich 131
Charles Simonyi 242, 286, 295
Cibernética social 139
Circuito integrado (CI) 56
Cisco 289
Clipper Chip 313
Clube de Computação do Condado de
Sonoma 140
Comércio eletrônico 395
  sistema de 300
Comissão de Inovação Industrial da
Califórnia 224, 230
CommerceNet 323
  Amazon 327
Commodore 165, 191
  PET 165, 191
Community Memory 137
CompuServe 70, 269
  MicroNET 269
Computação em nuvem 396
Computer Lib 125
Computer Professionals for Social
Responsibility (CPSR) 260, 312
Construtores imobiliários da alta
tecnologia 86
Criptoprivacidade 313
Cypherpunks 303

D

Dan Ingalls 136
DARPA 236, 299, 366
Data General 61, 117, 190, 213
Dave Barram 306
Dave Packard 83, 112, 115, 308
David Boggs 136
David Marquardt 241
David Morgenthaler 15, 49, 93, 170, 191,
233, 292, 374, 414
David Sacks 414
Davis & Rock 82
Dean Brown 123, 131, 134, 140
Democratas Atari 202, 228, 233, 235, 302
Depressão McNamara 58
Diamond versus Chakrabarty, caso 189

Digital 117, 190, 213, 280, 291, 376
Digital Libraries, projeto 366
Diversidade 90, 265, 335, 416
  falta de 42
Don Hoefler 105
Doug Engelbart 135
Dwight D. Eisenhower 27, 50, 78

E

eBay, leilão online 324
E-Business 60
Ed Roberts 142, 161
Edward Teller 271
Ed Zschau 101, 180, 233, 273, 345
Eitel-McCullough 58
Electronic Frontier Foundation (EFF) 298,
312, 338, 344, 401
Embargo petrolífero 166
Emenda Steiger 234
Employee Retirement Income Security Act
(ERISA) 169
  regra de prudência 169
ENIAC 193
Enterprise Integration Technologies
(EIT) 300, 318
Environmental Protection Agency
(EPA) 275
Era
  Clinton 350
  da computação pessoal 232
  da informação 128, 269, 357
  da internet 90, 289, 357, 398
  de Aquário 139
  digital 60
  do Facebook 385
  do mainframe 10
  dos direitos civis 120
  dos empreendedores 207
  do silício 316
  dos microcomputadores 288
  Dourada dos Eletrônicos 198
  do Vietnã 116
  online 316
  "pontocom" 319, 363
  pós-pontocom 375
  pós-Watergate 171
  Reagan 261, 337
Eric Raymond 162
  a catedral vs. o bazar 162
Eric Schmidt 377, 391
Erosão do capital de investimento 172

ÍNDICE 499

Esther Dyson 337
Ethernet 136

F

Facebook 5, 387, 392, 410
  Open Graph 385
Fairchild Semiconductor 46, 94, 184, 275, 280, 319
  Fairchildren 58, 156
Federal Telegraph 23
Feminismo radical 126
Financial Accounting Standards Board (FASB) 332
Franklin Delano Roosevelt 168
Franklin Roosevelt 26
Fred Bucy 222
Frederick Emmons Terman 25, 115, 133
Fred Moore 143, 153
Fundo "Sprout" 167

G

Gary Ingram 151
Gary Reback 356
Genentech 189, 201
General Electrics (GE) 29, 36
General Microeletrônica 103
General Telephone & Electronics (GTE) 68
Georges Doriot 44, 79
Georges F. Doriot 76
George Shultz 263, 271
Glenn Campbell 40
Globalização da produção 277
Google 5, 366, 376, 392
  AdSense 379
  AdWords 379
  Android 392
  Gmail 379
  Google News 379, 386
  Googleplex 377, 392
  YouTube 379, 419
Gordon French 143, 153
Gordon Moore 56, 58, 94, 184, 321
  lei de Moore 58
Grande Depressão 168
Grande Sociedade 39
Guerra
  da Coreia 19, 35
  dos browsers 357
  dos cânones 265
  do Vietnã 92, 133, 172

Fria 18, 50, 108, 290

H

Harry Truman 27
Henry Blodget 373
Herbert Hoover 40, 168, 263
Hewlett-Packard 36, 249, 306, 383
Hillary Clinton 418
Homebrew Computer Club 143, 160, 241, 381
HP 55, 111, 274, 366
H. Ross Perot 280

I

IBM 7, 41, 127, 239, 354, 397
  e os sete anões 59
  linha System/360 132
  MS-DOS 251
  PCjr 254
  System/360 247
IMSAI 151
Indústrias System 174
Instituto Hoover 40, 133, 263, 398
Instituto Portola 124, 134
  Whole Earth Catalog 124, 134
Intel 46, 94, 190, 243, 284, 317
  fundação 106
  Intel 8080 142
Inteligência artificial (IA) 62, 97, 260, 321, 421
Internet 299, 304, 315
Ivan Illich 138

J

Jack Kilby 56
James Gibbons 44
Janet Steiger 180
Java 320, 355
J. C. R. Licklider 70
Jean Richardson 210
Jeff Bezos 324, 369, 394, 417
Jerry Brown 148, 223, 305
  Governador de Lua 223
  O Espírito Livre 149
Jerry Sanders 7, 218, 226
Jerry Yang 295
Jim Bidzos 324–325
Jim Gibbons 365
Jimmy Carter 171, 180
Jimmy T 212–216

500   O CÓDIGO

John Arrillaga 86
John Doerr 317, 349, 362, 395, 411
John F. Kennedy 52
John Foster Dulles 27
John McCarthy 61, 62, 97
　inteligência artificial 62
Joseph C. R. Licklider 63

K

Ken Olsen 60–61, 92, 190, 291
Kepler's Books 134
KeyLogic 268
Keynesianismo 171
Klystron, tecnologia 23
Kodak 36

L

Laboratório Lincoln 43
Lacuna tecnológica 94
LaRoy Tymes 66, 67
Larry Page 366
Lee Felsenstein 119, 132, 137, 195, 200, 204, 269
Lei
　antitruste 358
　Apple 229, 235
　da Computação de Alto Desempenho 303
　de Decência das Comunicações 343, 361
　de Moore 58, 105, 141, 188
　de Privacidade de 1974 130
　de Tecnologia Educacional de 1982 229
　de Telecomunicações 344
　Hart-Celler 295
Lewis Terman 25
Lincoln Lab 116
LinkedIn 381, 387
Liza Loop 122, 132, 140, 145, 155, 204
Lockheed Missiles and Space Company 41, 194, 261
LO*OP Center 141, 155, 231
Lore Harp 152
Lyndon B. Johnson 39, 89

M

Marc Andreessen 318, 355, 384, 408, 414
Mark Bloomfield 177
Mark Zuckerberg 381, 419
Martin Luther King Jr. 133
Marty Tenenbaum 300, 303, 318
Marvin Minsky 62
Mary Meeker 330, 373

Max Palevsky 82
Mayfield Fund 94
Melinda Gates 353, 418
Memex 24, 69, 366
Michael Bloomberg 418
Michael Murphy 134
Microelectronics and Computer Technology Consortium (MCC) 226
Microsoft 5, 162, 180, 239, 284, 326, 353, 380, 407
　Azure 397
　BASIC 241
　Excel 334
　Internet Explorer (IE) 356
　Microsoft Excel 286
　Microsoft Office 380
　Microsoft Windows 333
　Microsoft Word 286
　MS-DOS 241, 333
　versus Cruzados Antitruste 359
　Windows 287, 355
　Windows 3.0 287
　Word 334
Mike Markkula 156
Milagre
　de Massachusetts 118, 214
　econômico japonês 217
Ministry of International Trade and Industry (MITI) 219, 223, 236
Mitch Kapor 252
MITS 141, 151
　Altair 141

N

Napster 372, 389, 409
NASA 23, 69, 109, 217, 366
NASDAQ 6
National Association of Securities Dealers (NASD) 69
National Information Infrastructure (NII) 312, 338, 364
National Science Foundation (NSF) 27, 299, 303, 366
National Semiconductor 103, 109
National Venture Capital Association (NVCA) 170, 176
Neil Armstrong 72
Netscape 318, 329, 354
　Navigator 319
New Deal 168, 171, 178, 206
New Look, estratégia militar 27

Í N D I C E   501

Newt Gingrich 303, 339, 354
NeXT Computer 279
Nikita Khrushchev 54
Norbert Wiener, pai da cibernética 62
NSC-68 27
NSFNET 299

O

O Grupo 80
Oito traidores 46, 56, 358
Operação Demônio do Sol 298, 305

P

Palo Alto Investment Company 84
Palo Alto Research Center (PARC) 135, 326
Pam Edstrom 286, 357
Pam Hardt 124
Paul Allen 161, 239
Paul Ely 249
Paul Tsongas 304
PayPal 369, 399
People's Computer Company
(PCC) 138, 143, 231
Pete Bancroft 170
Pete McCloskey 173
Peter Thiel 264, 369, 399, 414, 418
Phreaking 2.0 297
Pierre Omidyar 324
Pitch Johnson 75, 79
Plano Marshall 77
Prime Computer 61
Processador de dados programável (PDP) 60
   PDP-8 60, 61
Prodigy 70
Progress & Freedom Foundation (PFF) 337
Projeto Manhattan 26, 52, 239, 418
Proposição 211 349
Proposta 13 178, 228

R

Radio Shack 165, 191
   TRS-80 165, 191
   TRS-80 II 197
Rad Lab 26
Raytheon 44
RCA 222
Redes sociais 381, 382
Redução fiscal de 1978 180
Regis McKenna 102, 108, 156, 185, 204, 223, 273, 338, 407

Regis McKenna Inc. (RMI) 210
Reid Dennis 80, 167, 173
Relatório de Gaither 51, 72, 77
Resource One 137
Revolução
   da alta tecnologia 10
   da internet 330, 380
   dos computadores 8
   dos computadores pessoais 184
   do silício 166
   dos videogames 114
   feminista 67
   Gingrich 341, 348
   high-tech 9
   Reagan 168, 236
Richard Nixon 125, 169
Richard Peery 86
Robert McNamara 58, 71, 95
   depressão McNamara 58
ROLM 175, 261
Ronald Reagan 7, 8, 201, 271
Ross Perot 305
Roy Kepler 134
Ruth Porat 408

S

SBIC, programa 82
Scott McNealy 355
SDS 82
Sean Parker 409
Segunda Guerra Mundial 11, 24, 42, 87, 366
Sematech 290
Semi-Automatic Ground Environment
(SAGE) 63
Semiconductor Association Industry
(SAI) 174
Semiconductor Industry Association
(SAI) 220
Sergey Brin 366
Sherman Fairchild 46
Sheryl Sandberg 378, 384
Shirley Temple Black 85
Shockley Semiconductor Laboratory 44
SIA 226
Silicon Graphics 310, 318
Simbiose homem-computador 63, 64, 71
Small Business Investment Company
(SBIC) 79
Smalltalk 136
Sol Libes 152, 155, 195
Sony Walkman 217

502 O CÓDIGO

Sputnik 60, 101, 120, 231
  boom pós-Sputnik 51
  desintegração 53
  lançamento do Sputnik I 50
  pós-Sputnik 79
  satélite 47
Stanford 74, 263, 366
  Torre Hoover 263
Stanford Research Institute (SRI) 133, 222
Stanford Research Park (SPR) 383
Steve Ballmer 240, 354
Steve Jobs 7, 144, 209, 245, 277, 389
Steve Wozniak 144, 153
Stewart Brand 136, 259
  Spacewar 136
Stewart Greenfield 167
Strategic Computing Initiative (SCI) 236
Strategic Defense Initiative (SDI) 258
Stretch, projeto da IBM 30
Stuart Cooney 141
Sun Microsystems 234, 279, 287, 303, 346
System Industries 102, 274

T

Tandem Computers 212
TechNet 351, 352, 358
Technology Access Foundation 336
Technology Reinvestment Program
(TRP) 323, 324
Tecnologia educacional (ed tech) 346
Ted Nelson 158
Terminal Tom Swift 138
Terry Winograd 260
Terry Winograds 383
Texas Instruments 56, 105, 190,
197, 222, 249
  TI-99/4 197
The Billionaire Boys Club 297
The Source 70
The WELL 270, 298, 383
Thomas F. Carter 68
Tim Berners-Lee 301
Tim Cook 393, 409
Time-sharing 63
  Electronic Data Systems 64
  o boom 64–67
  University Computing Company 64
Tim Wirth 317
Tom Ford 173
Tom O'Roarke 112

Tom Swift Terminal 152
Tom Watson Jr 55
Trish Millines Dziko 183, 283, 333, 416
Twitter 386, 414
Tymshare 65, 66–69, 111, 267, 396
  Tymnet 67, 267

U

UNIVAC 32, 160
Usenet 270

V

Vale de Santa Clara 74
Vale do Silício 5, 73, 163, 201,
275, 315, 405
  cultura do 11, 112
  desequilíbrio de gênero 413
  ethos calvinista predatório 209
  fundação 46
  história do 12
Vance Packard 127
Vannevar Bush 24, 49, 69, 126, 239, 366
Varejo de internet 353, 375
Varian 58
  Associates 23, 36
Vector Graphic 152, 249
  Vector 1 152
Venture capitalists (VCs) 207, 292, 378, 409
Venture capital (VC) 167, 180, 188
Very Large Scale Integration (VLSI) 219
VisiCalc 198, 247

W

Wallace Sterling 35
Wang 117, 202, 247
Web 2.0 375
West Coast Electronics Manufacturers
Association (WEMA) 39, 40, 172, 174
Western Union 68
William Henry Draper III 75
Winamp 371
World Wide Web 299, 316

X

Xerox 135, 242, 366
  PARC 242

Y

Y2K, bug do milênio 362
Yahoo! 322, 323, 376